CAD 2D & 3D 작업형 실기시험용
일반기계기사 실기 출제 도면집

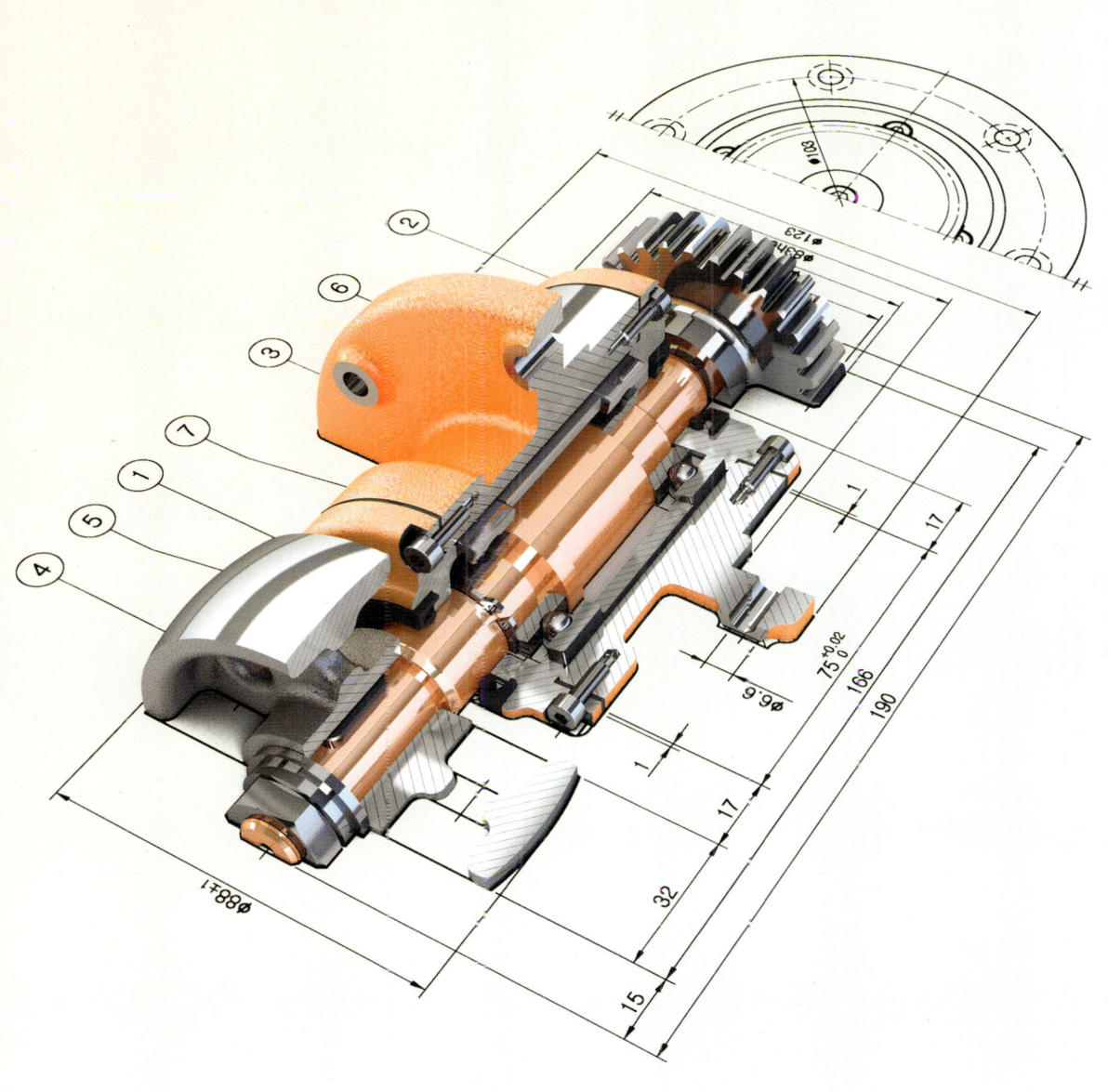

CAD 2D & 3D 작업형 실기시험용
일반기계기사 실기 출제 도면집

발행일	제1판 1쇄 2022년 05월 10일 발행
저 자	메카피아
발행인	노수황
발행처	도서출판 메카피아
출판등록	제2014-000036호
등록일자	2010년 02월 01일
주 소	서울특별시 영등포구 국회대로76길 18, 3층 3호
전 화	1544-1605(대)
팩 스	02-6008-9111
홈페이지	www.mechapia.com
이메일	mechapia@mechapia.com
ISBN	979-11-6248-139-4 13550
정가	26,000원

· 이 책은 저작권법에 의해 보호를 받는 저작물로 무단 전재나 복제를 금지하며,
  이 책 내용의 전부 또는 일부를 이용하려면 반드시 저작권자나 발행인의 서면 동의를 받아야 합니다.
· 파본 및 낙장은 구입하신 서점에서 교환하여 드립니다.

지금 실행하지 않으면 할 수 있는 일은 아무 것도 없습니다.

책으로 펴내고 싶은 분은 원고나 아이디어를 (mechapia@mechapia.com)으로 보내주시기 바랍니다.
도서출판 메카피아는 여러분의 소중한 경험과 실무 지식을 가치있게 만들어 드리겠습니다.

머 리 말

우리가 올바른 사회의 구성원으로 살아가는데 있어서 중요한 것은 자기 역할을 다하면서 살아가는 것이라고 생각합니다. 필자가 고등학교에서 기능 훈련을 하던 시절이 떠오릅니다. 그 당시에는 제대로 된 교재가 없어 어렵고 힘들게 훈련을 해야했고, 대개는 선배들이 작업한 도면으로 공부하거나, 직접 지도를 받아 훈련했던 기억이 생생합니다. 하지만 아직까지도 이러한 훈련방식이 이어져 오고 있다는 현실에 책임감을 느끼고 기존의 훈련 방식을 개선해야겠다는 결심을 하게 되었습니다.

또 일선 교육기관에서는 현장실무 중심 교육과 지역 사회에서 필요로 하는 맞춤형 산업 인력 양성이 우선시 되어야 한다고 생각합니다. 하지만 교육기관에서 활용하는 대부분의 교재는 올바른 도면 작성법을 등한시 한 채 오직 자격증 취득만을 목적으로 나와있어 시중 교재들의 단점을 극복하고 교육을 하고 있는 한 사람으로서 이 현실이 마음 속의 짐으로 남아 본 교재의 집필을 시작하게 되었습니다.

현재 산업현장에서는 전자·컴퓨터 기술의 급속한 발전에 따라 기계설계 분야에서도 컴퓨터에 의한 설계 및 생산시스템(CAD/CAM)이 광범위하게 이용되고 있습니다. 그러나 이러한 시스템을 효율적으로 적용하고 응용할 수 있는 인력은 부족한 편입니다. 이에 따라 국가기술자격시험에서도 산업현장에서 필요로 하는 기계 설계 분야의 기능인력을 양성하고자 3D CAD를 도입하여 응시하도록 자격이 제정 되었습니다.

그러므로 수험생들은 시험 요구사항에 준하여 2D 과제도면을 이해하여 3D CAD를 사용해 부품 모델링을 해야하고 모델링 데이터를 이용해 작업한 2D 부품도와 3D 렌더링 등각 투상도를 작성해 제출하여야 합니다. 따라서 시험에 응시할 때 기계 제도법과 도면 해독법 외에 사용할 3D CAD도 익혀야 원하는 결과를 얻을 수 있을 것입니다.

본서는 전산응용기계제도기능사, 기계설계산업기사 뿐만 아니라 기계설계관련 분야의 산업기사 그리고 일반기계기사까지 준비하는 수험생들에게 필요한 과제를 엄선해 수록하였습니다. 구성으로는 과제 도면과 기계요소 기술에 대한 표현을 중점적으로 한 2D 부품도 예제도면, 3D 렌더링 등각 투상도 예제도면을 수록하였으며 수험생들의 이해를 돕기 위해 3D 등각 분해도 및 조립도 예제도면까지 함께 구성되어 있습니다. 그리고 앞으로 기계설계 엔지니어를 꿈꾸며 열심히 훈련에 매진할 '기계설계/CAD' 기능 훈련생들이 기본기를 다지기 위하여 본서를 이용한다면 많은 도움이 될 것 입니다.

기계설계를 공부하는 이들에게 올바른 지식을 전달하겠다는 취지로 시작한 집필 작업은 본서를 시작으로 다양한 시리즈가 기획되어 있습니다. 앞으로 독자 여러분의 많은 성원과 아낌없는 충고를 부탁드리며, 본서를 보며 발생하는 궁금증들은 메카피아 홈페이지나 이메일을 통해 질의하시면 최선을 다해 정성껏 답변 드릴 수 있도록 노력하겠습니다.

끝으로 본 교재의 출판을 위해 애써 주신 도서출판 메카피아의 모든 분들과 일선 교육기관에서 후진 양성을 위해 애쓰시는 모든 선생님들에게 깊은 감사를 드립니다.

대표전화 1544-1605
이메일 mechapia@mechapia.com
웹사이트 www.mechapia.com
네이버카페 cafe.naver.com/techmecha

도서출판 메카피아 도서 리스트

저자 : 테크노공학기술연구소
정가 : 35,000원

저자 : 테크노공학기술연구소
정가 : 35,000원

저자 : 테크노공학기술연구소
정가 : 28,000원

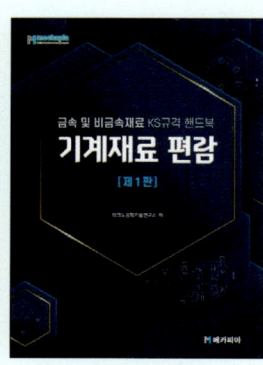
저자 : 테크노공학기술연구소
정가 : 32,000원

저자 : 유태열, 강기원, 노수황
정가 : 25,000원

저자 : 성윤모, 신광수, 이경백
정가 : 28,000원

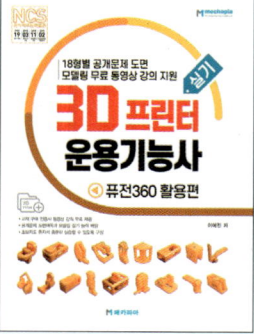
저자 : 이예진
정가 : 22,000원

저자 : 예인수, 노수황, 이상원
정가 : 32,000원

저자 : 메카피아 교육사업부
정가 : 30,000원

저자 : 메카피아
정가 : 28,000원

저자 : 노수황, 정인수
정가 : 35,000원

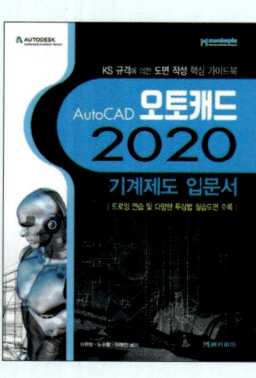
저자 : 이원모, 노수황, 이예진
정가 : 28,000원

저자 : 예인수, 노수황
정가 : 20,000원

저자 : 김진원, 노수황
정가 : 26,000원

저자 : 김진원
정가 : 20,000원

저자 : 정인수, 이승열, 노수황, 이예진
정가 : 38,000원

저자 : 정인수, 노수황, 김애림, 이승열
정가 : 25,000원

저자 : 김재호, 김성렬 외
정가 : 38,000원

저자 : 김진원
정가 : 32,000원

저자 : 정인수
정가 : 70,000원

도서출판 메카피아 도서 리스트

저자 : 노수황, 정인수, 강성민
정가 : 35,000원

저자 : 이예진, 김홍윤, 하영민
정가 : 28,000원

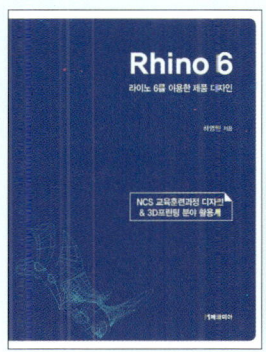
저자 : 하영민
정가 : 27,000원

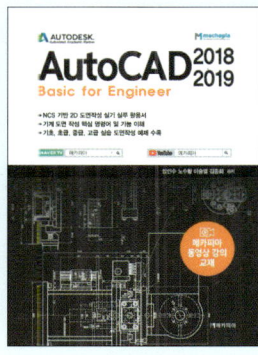
저자 : 정인수, 노수황, 이승열 외
정가 : 28,000원

저자 : 김랑기, 송원석
정가 : 26,000원

저자 : 김화정
정가 : 24,000원

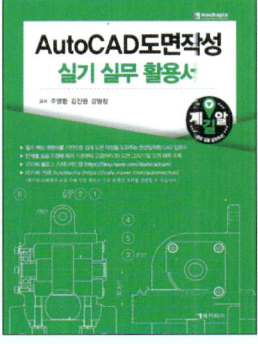
저자 : 주영환, 김진원, 강명창
정가 : 26,000원

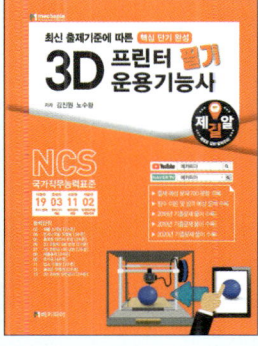
저자 : 김진원, 노수황
정가 : 26,000원

저자 : 메카피아
정가 : 23,000원

저자 : 노수황, 주영환, 이원모 외
정가 : 27,000원

저자 : 메카피아
정가 : 34,000원

저자 : 송기웅
정가 : 10,000원

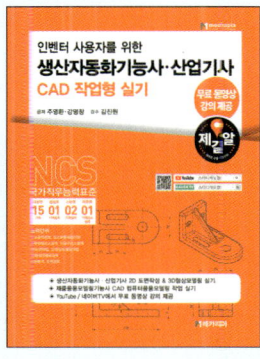
저자 : 주영환, 강명창
정가 : 28,000원

저자 : 이홍우, 노수황
정가 : 25,000원

저자 : 주영환, 강명창
정가 : 25,000원

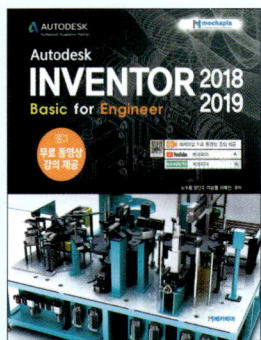
저자 : 노수황, 정인수, 이승열 외
정가 : 32,000원

저자 : 민경훈, 주태환
정가 : 28,000원

저자 : 김차희, 노수황
정가 : 15,000원

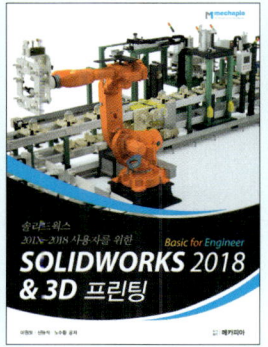
저자 : 이원모, 신충식, 노수황
정가 : 32,000원

저자 : 윤병호, 이희진, 이예진 외
정가 : 27,000원

이 책의 주요 구성

Chapter 1 과제 분석 방법과 실기시험 출제 기준

이 장은 보다 효율적인 시험 준비를 위하여 기능검정 과제 분석 및 작업방법과 전산응용기계제도기능사, 기계설계산업기사 작업형 실기 시험의 최신 출제 기준과 요구사항을 정리해 놓았습니다.

Chapter 2 기능검정 실기 도면 예제 풀이

이 장은 전산응용기계제도기능사 또는 일반기계기사 실기 시험에서 출제 빈도가 높은 과제 도면들을 엄선하여 수록 하였습니다. 각 과제별로 과제 도면을 포함하여 제출해야 하는 부품도 풀이 예제도면과 등각 투상도 예제 도면이 수록되어 있으며 수험생들이 과제를 이해하는데 도움을 드리고자 등각 분해도 및 조립도 예제 도면까지 포함하여 구성되어 있습니다.

1. 과제 도면

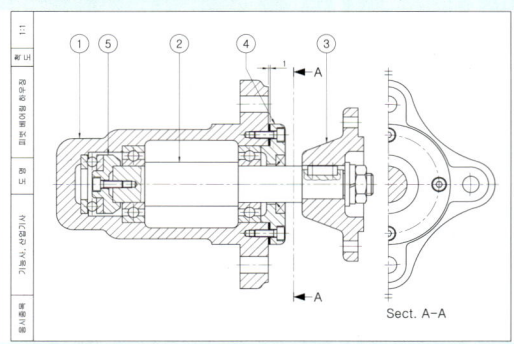

기능검정 실기 시험에서 주어지는 과제 도면

수험생들은 척도 1:1로 그려진 과제 도면을 측정 도구를 사용해 요구하는 부품의 형상을 측정하여 작업한다.

*과제 도면 표제란 우측 하단에 본서에 수록된 부품도(2D)와 등각투상도(3D)에 작성된 예제 도면의 부품번호가 표기되어 있다.

2. 부품도 풀이 예제 도면

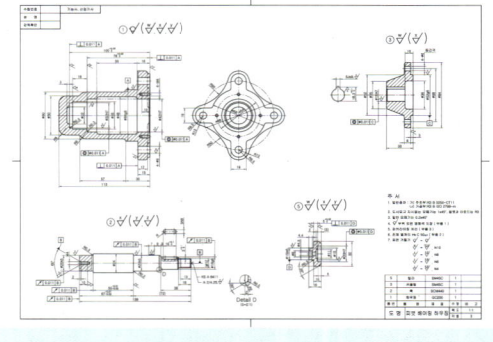

수험생이 작업하여 제출해야 하는 부품도 (2D)

수험생들은 부품도 작업 완료후 기계요소 기술 표현법에 중점을 둔 부품도 풀이 예제 도면을 참고하여 작업한 도면을 검도한다.

*부품도 풀이 예제 도면에 기입된 기하공차값은 정해진 계산에 의하거나 공차값의 기준이 별도로 시험에 규정 되어 있는 사항이 아니므로 수험자가 공차값을 선정해서 기입하면 됩니다. 본서에서는 편의상 일괄적인 기하 공차값을 적용하였습니다.

3. 렌더링 등각 투상도 예제 도면

수험생이 작업하여 제출해야 하는 렌더링 등각 투상도 (3D)

수험생들은 렌더링 등각 투상도 작업 완료후 본 예제 도면의 등각투상도 배치 상태, 명암 등을 참고하여 작업한 도면을 검도한다.

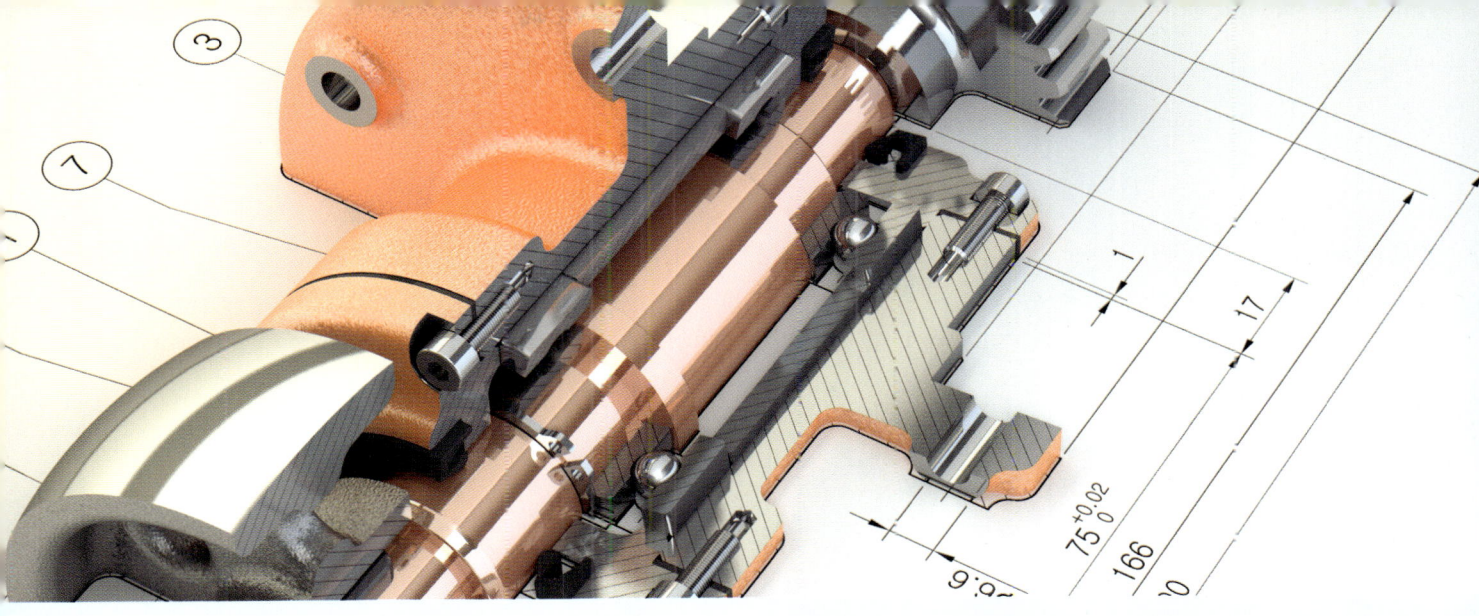

4. 3차원 모델링도 예제 도면

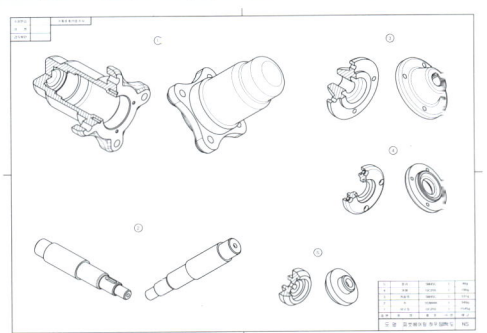

수험생이 작업하여 제출해야 하는 3차원 모델링도
(시험 요구사항에 따라 다름)

수험생들은 3차원 모델링도 작업 완료후 본 예제 도면의 등각투상도 배치 및 단면 상태, 명암 등을 참고하여 작업한 도면을 검토한다.

*본서에서 나타낸 부품의 질량은 비중을 강 7.85, 알루미늄 2.7, 동 8.47 로 지정하여 소수점 첫째 자리에서 반올림하여 나타내었다.

*기계설계산업기사 3차원 모델링도 작성시 부품을 렌더링 처리하여도 무방하나 렌더링 처리시 단면부 해칭은 하지 않는다.

5. 등각 분해도 예제 도면

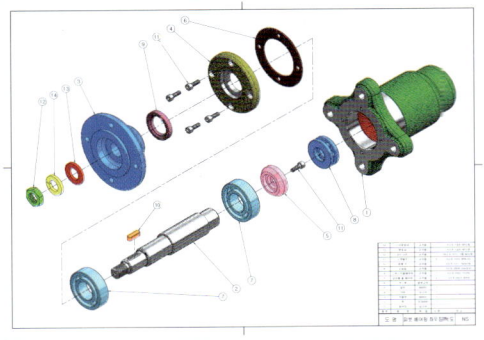

수험생들의 과제 이해를 돕기 위한
등각 분해도 예제 도면

각 과제의 부품을 조립 순서대로 분해하였고 부품 리스트를 작성하여 각 부품의 품명, 재질, 수량 그리고 규격 등을 확인할 수 있다.

6. 등각 조립도 예제 도면

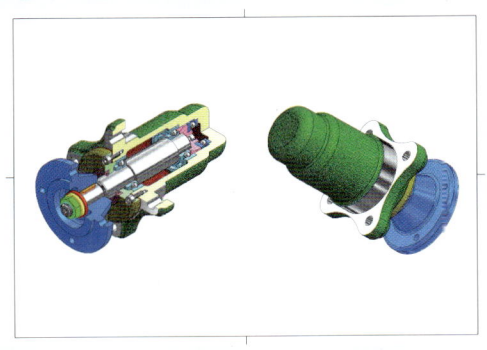

수험생들의 과제 이해를 돕기 위한
등각 조립도 예제 도면

각 과제의 내부 형상 확인이 필요한 경우 단면을 하여 도시 하였고 가공품의 단면부는 부품 색상을 그대로 사용하였으나 주조품의 단면부는 부품과 다른 색상을 지정하여 보다 이해하기 쉽도록 하였다.

*실제 등각 조립도 예제 도면은 세로로 배치되어 있다.

Chapter 3 자주 출제되는 KS 규격의 설계 적용법

2D 도면을 작도하고 실제 제작할 수 있는 수준의 부품도를 작성할 때는 수험자 임의대로 기입하는 것이 아니라 기계 제도법을 준수하여야 하고, 또한 실기 시험장에서 배포하는 파일 형태의 KS 규격 데이터를 찾아 올바른 끼워맞춤 공차 및 표면거칠기 기입, 치수 기입 등을 해야합니다. 이 장에서는 자주 출제되는 KS 규격에 대한 도면 적용법에 대해 상세하게 기술하였습니다.

Chapter 4 기계설계산업기사 최신 실기시험 설계 변경 작업 예시

2018년 기사 3회 실기시험부터 적용되는 기계설계산업기사 설계 변경에 대한 과제 작업 예시를 수록하였습니다. 이 장을 통해 기계설계산업기사의 최신 실기시험에 대한 내용을 익힐 수 있습니다.

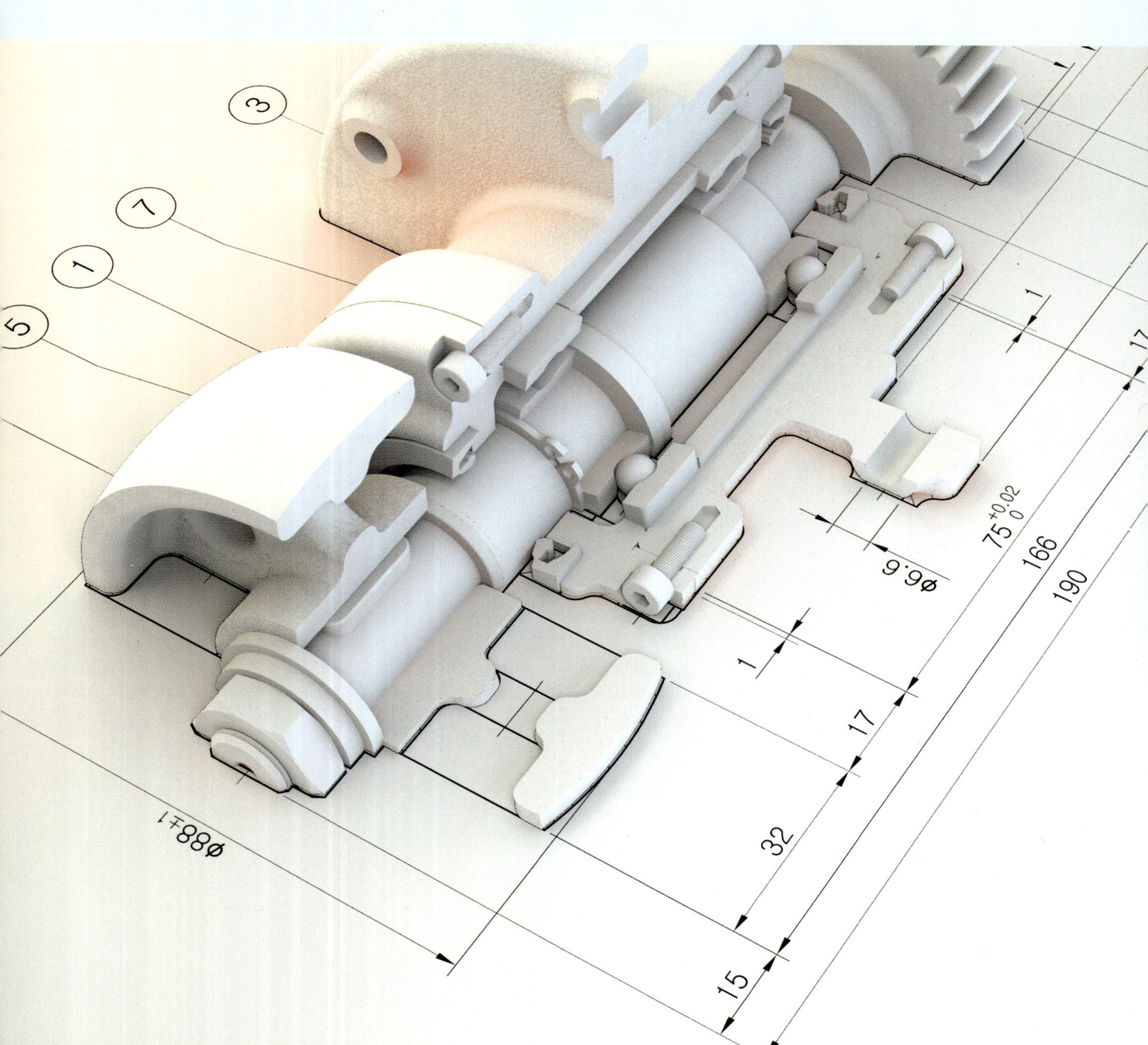

목차

Chapter 1 과제 분석 방법과 실기시험 출제 기준 · 16

1. 기능검정 과제 분석 및 작업 방법 · 18
2. 전산응용기계제도기능사 실기시험 변경 안내 · 19
3. 기계설계산업기사 실기시험 변경 안내 · 20
4. 전산응용기계제도기능사 실기 출제 기준 (최신 실기시험 변경 기준 반영) · 21
5. 기계설계산업기사 실기 출제 기준 (최신 실기시험 변경 기준 반영) · 23
6. 개인 PC 사용 CAD 프로그램 활용 관련 안내 · 25
7. 전산응용기계제도기능사 실기 요구사항 예 · 26
8. 기계설계산업기사 실기 요구사항 예 · 30

Chapter 2 기능검정 실기 도면 예제 풀이 · 34

| 1 동력전달장치-1 p.36 | 2 동력전달장치-2 p.42 | 3 동력전달장치-3 p.48 |
| 4 기어박스-1 p.54 | 5 기어박스-2 p.60 | 6 기어박스-3 p.66 |

7 기어박스-4 p.72
8 V-벨트 전동장치 p.78
9 축 받침 장치 p.84

10 평 벨트 전동장치	11 피벗 베어링 하우징	12 편심왕복장치
 p.90	 p.96	 p.102
13 래크와 피니언 구동장치	14 아이들러	15 스퍼기어 감속기
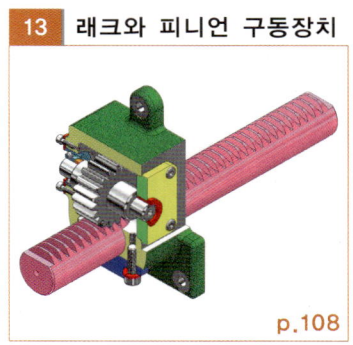 p.108	 p.114	 p.120
16 증 감속장치	17 기어펌프-1	18 기어펌프-2
 p.126	 p.132	 p.138
19 기어펌프-3	20 오일기어펌프	21 바이스-1
 p.144	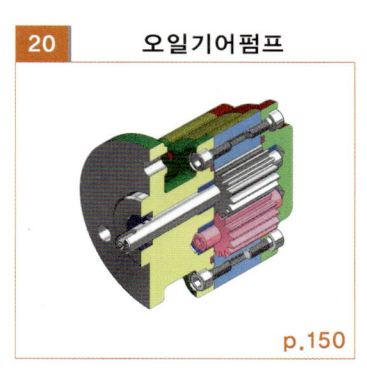 p.150	 p.156
22 바이스-2	23 드릴지그-1	24 드릴지그-2
 p.162	 p.168	 p.174

25 드릴지그-3	26 드릴지그-4	27 드릴지그-5
 p.180	 p.186	 p.192
28 드릴지그-6	29 드릴지그-7	30 드릴지그-8
 p.198	 p.204	 p.210
31 드릴지그-9	32 드릴지그-10	33 리밍지그-1
 p.216	 p.222	 p.228
34 리밍지그-2	35 리밍지그-3	36 클램프-1
 p.234	 p.240	 p.246
37 클램프-2	38 에어척-1	39 에어척-2
 p.252	 p.258	 p.264

목차

40 에어척-3

p.270

Chapter 3 자주 출제되는 KS 규격의 설계 적용법 — 276

- 1 키 — 278
- 2 반달키 — 284
- 3 경사키 — 286
- 4 키 및 키홈의 끼워맞춤 — 287
- 5 자리파기, 카운터보링, 카운터싱킹 — 289
- 6 치공구용 지그 부시 — 292
- 7 기어의 제도 — 299
- 8 V-벨트 풀리 — 307
- 9 나사 — 315
- 10 V-블록 — 317
- 11 더브테일 — 319
- 12 롤러 체인 스프로킷 — 322
- 13 T홈 — 325
- 14 멈춤링(스냅링) — 326
- 15 오일실 — 333
- 16 널링 — 339
- 17 표면거칠기 기호의 크기 및 방향과 품번의 도시법 — 340
- 18 구름베어링 로크 너트 및 와셔 — 341
- 19 센터 — 344
- 20 오링 — 346
- 21 구름 베어링의 적용 — 349

Chapter 4 기계설계산업기사 최신 실기시험 설계 변경 작업 예시 ... 356

1 동력전달장치-1 ... 358
2 동력전달장치-2 ... 360
3 동력전달장치-3 ... 362
4 V-벨트 전동장치 ... 364
5 평 벨트 전동장치 ... 366
6 피벗 베어링 하우징 ... 368
7 아이들러 ... 370
8 기어박스 ... 372
9 축 받침 장치 ... 374

Chapter 1
과제 분석 방법과 실기시험 출제 기준

1. 기능검정 과제 분석 및 작업 방법 · 18
2. 전산응용기계제도기능사 실기시험 변경 안내 · 19
3. 기계설계산업기사 실기시험 변경 안내 · 20
4. 전산응용기계제도기능사 실기 출제 기준 (최신 실기시험 변경 기준 반영) · · · · · 21
5. 기계설계산업기사 실기 출제 기준 (최신 실기시험 변경 기준 반영) · · · · · · · · 23
6. 개인 PC 사용 CAD 프로그램 활용 관련 안내 · 25
7. 전산응용기계제도기능사 실기 요구사항 예 · 26
8. 기계설계산업기사 실기 요구사항 예 · 30

1. 기능검정 과제 분석 및 작업 방법

가. 도면 분석 및 이해

1. 작동 이해
요구사항 및 조립 도면을 보고 작동을 이해한다. (이때는 작업하지 않는 부품도 모두 이해한다)

2. 투상 이해
각 부품의 투상(형상)을 이해한다. (정면도, 우/좌측면도, 평면도 및 저면도 등을 비교하며...)

3. 주요 치수 및 공차
도면에 표기 되어 있는 치수를 포함하여 작동, 조립에 관한 치수 및 공차를 이해한다.

4. 규격품 정리
베어링, 오일실, 오링, Key, Pin 등의 기계요소 부품들을 과제도면 기준으로 KS기계제도 규격(PDF)에서 찾아 정리한다.

5. 재질 및 표면처리
기계의 작동 및 각 부품에 맞는 재질과 표면처리(열처리, 도장) 방법을 정리한다.

6. 주요 형상기하 공차
기계의 작동 및 특징에 맞도록 형상기하 공차를 정리한다.

7. 부품의 투상 방법
각 부품의 정투상도(6면도 기준)를 결정하고, 각 부품의 단면도, 확대도, 부분 투상도 등을 정리한다.

8. 시간 관리
위와 같이 도면을 이해하였다면 시간의 안배를 결정하고, 조정/관리 할 수 있도록 체크한다.

나. 3D 모델링 작업

1. 형상을 파악한 각 부품을 한 부분씩 나누어 3D 모델링을 한다.
2. 모델링이 완료되었으면 형상을 확인하여 모따기와 필렛을 작업한다.
3. 형상의 누락 및 오작업이 없는지 확인/검토 한다.
4. 각 부품마다 하나씩 위와 같이 작업한다.

다. 등각 투상도(3D) 작업 (3차원 모델링도)

1. 부품의 형상 및 특징을 가장 잘 표현해 주는 Angle에서의 등각 투상도를 결정한다.
2. 기능사의 경우 등각 투상도를 렌더링 처리하여 나타내고 산업기사의 경우 등각 투상도를 모서리선 또는 렌더링 처리하여 나타낸다.
3. 산업기사의 경우 제품의 특징이 잘 나타나도록 단면하여 나타낸다.
4. 부품의 크기와 유사하게 1:1 크기 또는 도면 크기에 알맞게 배치하여 나타낸다.

라. 부품도(2D) 작업

1. 도면의 분석에서 정리한 것과 같이 각 부품의 투상도(6면도 및 단면도, 확대도, 부분 투상도 등)를 작업 및 배열 한다.
2. 각 부품 별로 치수의 기준면을 결정하고 부품의 특징과 목적 및 가공 공정에 맞도록 치수를 기입한다.
3. 부품조립 및 가공 공정에 맞도록 주요공차 및 표면거칠기를 기입한다.
4. 가공과 기능에 알맞는 주요 형상기하 공차를 기입한다.
5. 도면의 크기에 맞추어 부품별로 확실하게 구분이 되도록 도면을 배치 및 정리한다.
6. 표면처리(열처리, 도장), 부품의 명칭, 재질 및 수량 등을 표제란에 기입한다.

마. 자체 도면 검도

도면 검도 요령 의거 또는 상기 내용을 기준으로 도면을 검도한다.

2. 전산응용기계제도기능사 실기시험 변경 안내

1. 변경사항

	현 행
과제명	부품도 및 모델링도 작업 - 질량 해석 추가
작업 시간	5시간
적용 시기	2018년 기능사 3회 실기시험부터

2. 주요 작업 내용

□ 부품도 및 모델링도 작업

1. 조립도 형식의 문제도면에서 지시한 부품에 대해 2D 부품도 및 3D 모델링도 작업을 실시합니다.

2. 기능과 동작을 이해하여 투상도, 치수, 치수공차, 끼워맞춤 공차 등 한국산업표준(KS)에 따라 도면을 작성합니다.

3. 3D 모델링도는 형상을 잘 나타내는 등각축을 잡아서 각 부품당 2개의 렌더링 등각 투상도를 나타내며, 이 때 음영 및 렌더링 처리를 하여 표현합니다.

- 여기서 3D 모델링도의 부품란 비고에 주어진 밀도 조건에 따른 질량을 산출하여 기입합니다. (질량해석 추가)

4. 그 외 사항은 기계 설계 및 KS 제도법을 기준으로 문제지 요구사항에 따라 2장(2D 부품도, 3D 모델링도)의 도면을 작성하여 제출합니다.

3. 기계설계산업기사 실기시험 변경 안내

1. 변경사항

	현 행
과제명	설계 변경 작업 및 부품도/모델링도 작업
작업 시간	5시간 정도
적용 시기	2018년 기사 3회 실기시험부터

2. 주요 작업 내용

☐ 설계 변경 작업(변경 사항)

1. 조립도 형식의 문제 도면을 보고 주어진 설계 변경 조건에 따라 설계 변경 작업을 실시합니다.

설계 변경 조건(예)

○ 베어링 사양을 XXXX에서 YYYY로 변경하시오.
○ 도면에서 "A"부 치수를 "XX"에서 "YY"로 변경하시오.
○ 기어의 잇수를 "XX"에서 "YY"로 변경하시오.
○ "A"번 부품의 볼트 조립부 결합 개소를 "X"개에서 "Y"개로 변경하시오.

---

2. 설계 변경 대상 부품이 변경될 경우 관련되는 다른 부품 역시 조건에 맞도록 설계 변경이 수반되어야 합니다.
3. 설계 변경 요구조건과 관계되는 항목만 설계 변경을 실시하며 그 외 관련이 없는 부분은 설계 변경하지 않아야 합니다.

☐ 부품도/모델링도 작업(기존 작업과 동일)

1. 문제에서 지시한 부품에 대하여 설계 변경 사항을 반영한 후 2D 부품도 및 3D 모델링도 작업을 실시합니다.
2. 기능과 동작을 이해하여 투상도, 치수, 치수공차, 끼워맞춤 공차 등 한국산업표준(KS)에 따라 도면을 작성합니다.
3. 3D 모델링도는 형상을 잘 나타내는 등각축을 잡아서 각 부품당 2개의 View를 나타내며, 이 때 음영 및 렌더링 처리를 하여 표현합니다.
4. 그 외 지시되지 않은 사항은 기계 설계 및 KS 제도법을 기준으로 문제지 요구사항에 따라 2장(2D 부품도, 3D 모델링도)의 도면을 작성하여 제출합니다.

4. 전산응용기계제도기능사 실기 출제 기준 (최신 실기시험 변경 기준 반영)

직무분야	기계	중직무분야	기계제작	자격종목	전산응용기계제도기능사	적용기간	2022. 1. 1. ~ 2024. 12. 31.

○ 직무내용 : 산업체에서 제품개발, 설계, 생산기술 부문의 기술자들이 기술정보를 목적에 따라 산업표준 규격에 준하여 도면으로 표현하는 업무를 수행하는 직무이다.

○ 수행준거
1. CAD 프로그램을 활용하여 제도 규칙에 따른 2D 도면을 작성하고, 확인하여 가공 및 제작에 필요한 2D도면 정보를 도출할 수 있다.
2. 기계설계 규정에 따라 치수 및 공차를 표현하고, 도면 데이터를 관리 할 수 있다.
3. CAD 프로그램을 사용자 작업 환경에 맞도록 설정하고, 모델링할 수 있다.
4. 형상 설계 오류를 사전에 검증하고 수정하여, 가공 및 제작에 필요한 형상에 관한 정보를 도출할 수 있다.
5. 기계가공 전후의 결과를 기본측정기를 이용하여 정량적으로 나타낼 수 있다.
6. 기계장치의 정확한 설치 조립을 위하여, 조립도와 부품도를 파악할 수 있다.

실기검정방법			작업형	시험시간	5시간 정도

실기 과목명	주요 항목	세부 항목	세세 항목
기계설계 제도실무	1. 2D도면작업	1. 작업환경 설정하기	1. 보조 명령어를 이용하여 CAD 프로그램을 사용자 환경에 맞게 설정할 수 있다. 2. 도면작도에 필요한 부가 명령을 설정할 수 있다. 3. 도면영역의 크기를 설정하고 작도를 제한할 수 있다. 4. 선의 종류와 용도에 따라 도면층을 설정할 수 있다. 5. 작업 환경에 적합한 템플릿을 제작하여 도면의 형식을 균일화 시킬 수 있다.
		2. 도면작성 하기	1. 정확한 치수로 작도하기 위하여 좌표계를 활용할 수 있다. 2. 도면요소를 선택하여 작도, 지우기, 복구를 수행할 수 있다. 3. 도형작도 명령을 이용하여 여러 가지 도면요소들을 작도 및 수정할 수 있다. 4. 도면요소를 복사, 이동, 스케일, 다중 배열 등 편집하고 변환할 수 있다. 5. 선분을 분할하고 도면요소를 조회하여 활용할 수 있다. 6. 자주 사용되는 도면요소를 블록화하여 사용할 수 있다. 7. 관련 산업표준을 준수하여 도면을 작도할 수 있다. 8. 요구되는 형상에 더하여 파악하고, 이를 2D CAD 프로그램의 기능을 이용하여 작도할 수 있다. 9. 요구되는 형상과 비교·검토하여 오류를 확인하고, 발견되는 오류를 즉시 수정할 수 있다.
	2. 2D도면관리	1. 치수 및 공차 관리하기	1. KS 및 ISO 규격 또는 사내 규정에 맞는 도면 유형을 설정하여 도면요소의 투상 및 치수 등 관련정보를 생성할 수 있다. 2. 생성된 관련 정보를 수정하고 편집할 수 있다. 3. 대상물의 치수에 관련된 가공상에 적합한 공차를 표현할 수 있다. 4. 대상물의 모양, 자세, 위치 및 흔들림에 관한 기하공차를 표현할 수 있다. 5. 대상물의 표면거칠기를 고려하여 다듬질공차 기호를 표현할 수 있다.
		2. 도면출력 및 데이터 관리하기	1. 요구되는 데이터 형식에 맞도록 저장하거나 출력할 수 있다. 2. 프린터, 플로터 등 인쇄 장치의 설치와 출력 도면 영역설정으로 실척 및 축(배)척으로 출력 할 수 있다. 3. CAD 데이터 형식에 대하여 각각의 용도 및 특성을 파악하고 이를 변환할 수 있다. 4. 작업된 도면의 용도 및 활용성을 파악하고 분류하여 저장할 수 있다.
	3. 3D형상모델링 작업	1. 3D형상모델링 작업 준비하기	1. 명령어를 이용하여 3D CAD 프로그램을 사용자 환경에 맞도록 설정할 수 있다. 2. 3D형상모델링에 필요한 부가 명령을 설정할 수 있다. 3. 작업 환경에 적합한 템플릿을 제작하여 도면의 형식을 균일화 시킬 수 있다.
		2. 3D형상모델링 작업하기	1. KS 및 ISO 관련 규격을 준수하여 형상을 모델링할 수 있다. 2. 스케치 도구를 이용하여 디자인을 형상화할 수 있다. 3. 디자인에 치수를 기입하여 치수에 맞게 형상을 수정할 수 있다. 4. 기하학적 형상을 구속하여 원하는 형상을 유지시키거나 선택되는 요소에 다양한 구속 조건을 설정할 수 있다. 5. 특징형상 설계를 이용하여 요구되어지는 3D형상모델링을 완성할 수 있다. 6. 연관복사 기능을 이용하여 원하는 형상으로 편집하고 변환할 수 있다. 7. 요구되어지는 형상과 비교, 검토하여 오류를 확인하고 발견되는 오류를 즉시 수정할 수 있다.

4. 전산응용기계제도기능사 실기 출제 기준 (최신 실기시험 변경 기준 반영)

실기 과목명	주요 항목	세부 항목	세세 항목
기계설계 제도실무	4. 3D형상모델링 검토	1. 3D형상모델링 검토하기	1. 3D형상모델링의 관련 정보를 도출하고 수정할 수 있다. 2. 각각의 단품으로 조립형상 제작 시 적절한 조립 구속조건을 사용하여 조립품을 생성할 수 있다. 3. 조립품의 간섭 및 조립여부를 점검하고 수정할 수 있다. 4. 편집기능을 활용하여 모델링을 하고 수정할 수 있다.
		2. 3D형상모델링 출력 및 데이터 관리하기	1. KS 및 ISO 국내외 규격 또는 사내 규정에 맞는 2D 도면 유형을 설정하여 투상 및 치수 등 관련정보를 생성할 수 있다. 2. 도면에 대상물의 치수에 관련된 공차를 표현할 수 있다. 3. 대상물의 모양, 자세, 위치 및 흔들림에 관한 기하공차를 도면에 표현할 수 있다. 4. 대상물의 표면거칠기를 고려하여 다듬질공차 기호를 표현할 수 있다. 5. 요구되는 데이터 형식에 맞도록 저장하거나 출력할 수 있다. 6. 프린터, 플로터 등 인쇄 장치를 설치하고 출력 도면 영역을 설정하여 실척 및 축(배)척으로 출력할 수 있다. 7. 3D CAD 데이터 형식에 대한 각각의 용도 및 특성을 파악하고 이를 변환할 수 있다. 8. 작업된 도면의 용도 및 활용성을 파악하고 분류하여 저장할 수 있다.
	5. 기본측정기 사용	1. 작업계획 파악하기	1. 작업지시서와 도면으로부터 측정하고자 하는 부분을 파악할 수 있다. 2. 작업지시서와 도면으로부터 측정방법을 파악할 수 있다.
		2. 측정기 선정하기	1. 제품의 형상과 측정 범위, 허용공차, 치수정도에 알맞은 측정기를 선정할 수 있다. 2. 측정에 필요한 보조기구를 선정할 수 있다.
		3. 기본측정기 사용하기	1. 측정에 적합하도록 측정물을 설치할 수 있다. 2. 측정기의 0점 세팅을 수행할 수 있다. 3. 측정오차요인이 측정기나 공작물에 영향을 주지 않도록 조치할 수 있다. 4. 작업표준 또는 측정기의 사용법에 따라 측정을 수행할 수 있다. 5. 측정기 지시값을 읽을 수 있다. 6. 측정된 결과가 도면의 요구사항에 부합하는지 판단할 수 있다.
	6. 조립도면해독	1. 부품도 파악하기	1. 수요자의 요구사항에 따라 기계 조립 도면을 해독할 수 있다. 2. 기계 조립 도면에 따라 유공압 장치조립, 전기장치조립 도면을 구분하여 해독할 수 있다. 3. 기계 조립의 수정 보완을 위하여 조립 도면의 설계 변경 내용과 개정 내용을 확인할 수 있다.
		2. 조립도 파악하기	1. 기계 부품 도면을 파악하기 위하여 조립도 내의 부품리스트를 작업 계획에 반영할 수 있다. 2. 기계 부품 도면에 따라 각 기계 부품의 치수 공차를 해석할 수 있다. 3. 기계 부품 도면에 따라 표면 거칠기와 열처리 유무를 확인할 수 있다.

5. 기계설계산업기사 실기 출제 기준 (최소 실기시험 변경 기준 반영)

직무분야	기계	중직무분야	기계제작	자격종목	기계설계산업기사	적용기간	2022. 1. 1. ~ 2024. 12. 31.

○ 직무내용 : 산업체에서 제품개발, 설계, 생산기술 부문의 기술자들이 치공구를 포함한 기계의 부품도, 조립도 등을 설계하며, 연구, 생산관리, 품질관리 및 설비관리 등을 수행하는 직무이다.

○ 수행준거
1. 기 작성된 조립도 및 부품도에서 표준부품을 파악하여 설계 규격을 준비하고, 투상도법으로부터 입체 형상을 구현하여 조립부분의 형상을 분석할 수 있다.
2. 요소부품의 기능에 최적한 형상, 치수 및 주요 공차를 파악하고, 조립도와 부품도에서 설계방법, 재질, 작업설비 및 방법을 결정할 수 있다.
3. CAD 프로그램을 활용하여 제도 규칙에 따른 2D 도면을 작성하고, 확인하여 가공 및 제작에 필요한 2D도면 정보를 도출할 수 있다.
4. 단순형상과 복잡형상의 모델링 데이터를 생성하기 위해 모델링 작업을 수행할 수 있다.
5. 설계도면에 준하여 모델링을 분석하고 모델링 데이터를 출력할 수 있다.
6. 각 기계 구성품의 체결을 목적으로 강도, 강성, 경제성, 수명을 고려하여 체결요소를 설계할 수 있다.
7. 치공구 구성에 필요한 치공구요소의 요구기능을 파악하고 선정하여 설계할 수 있다.
8. 동력전달시스템에서 요구되는 동력전달요소의 구조와 기능을 파악하여 설계할 수 있다.
9. 요소부품의 요구기능과 특성을 고려하여 재질을 검토하고 결정할 수 있다.
10. 기계가공 전후의 결과를 기본측정기를 이용하여 정량적으로 나타낼 수 있다.

실기검정방법		작업형	시험시간	5시간 30분 정도

실기 과목명	주요 항목	세부 항목	세세 항목
기계설계실무	1. 도면분석	1. 도면 분석하기	1. 작업 요구사항에 적합한 설계 자료를 수집하고 도면을 준비할 수 있다. 2. 설계사양서 및 관련 도면을 파악하여 전체기능과 작동원리를 검토할 수 있다. 3. 해당도면의 개정, 설계 변경사항을 확인할 수 있다. 4. 조립도 및 부품도에서 표준부품을 파악하여 설계 규격 및 설계 공식을 준비할 수 있다.
		2. 요소부품 투상하기	1. KS 및 ISO 제도통칙에서 투상도법을 확인할 수 있다. 2. 조립도 및 부품도를 파악하여 각각의 요소부품의 품명과 재질을 확인할 수 있다. 3. 조립도 및 부품도를 파악하여 2D 부품도에서 입체 형상을 구현할 수 있다. 4. 도면에서 표준부품과 호환성을 파악하여 조립부분의 형상을 검토할 수 있다.
	2. 도면검토	1. 주요치수 및 공차 검토하기	1. KS 및 ISO 제도통칙에서 치수기입방법 및 공차를 확인할 수 있다. 2. 조립도에서 요소부품들의 조립관계를 파악하고 주요 치수 및 공차를 검토할 수 있다. 3. 요소부품의 가공정밀도를 파악하고 표면거칠기 및 공차를 검토할 수 있다. 4. 도면에서 요소부품과 표준부품의 호환성을 파악하여 표준부품의 편람을 참조하여 공차를 결정할 수 있다.
		2. 도면해독 검토하기	1. 조립도에서 요소부품의 주요 기능을 파악하고 특이사항을 정의하여 설계방법을 결정할 수 있다. 2. 조립도 및 부품도에서 품명, 설계계산, 제작을 고려하여 재질을 결정할 수 있다. 3. 도면을 파악하여 개략적인 설계시간을 산정하고 예상되는 작업방법을 검토할 수 있다. 4. 요소부품의 가공정밀도와 열처리를 고려하여 작업 설비 및 방법을 결정할 수 있다.
	3. 2D도면작업	1. 작업환경 설정하기	1. 보조 명령어를 이용하여 CAD 프로그램을 사용자 환경에 맞게 설정할 수 있다. 2. 도면작도에 필요한 부가 명령을 설정할 수 있다. 3. 도면영역의 크기를 설정하고 작도를 제한할 수 있다. 4. 선의 종류와 용도에 따라 도면층을 설정할 수 있다. 5. 작업 환경에 적합한 템플릿을 제작하여 도면의 양식을 균일화 시킬 수 있다.
		2. 도면작성하기	1. 정확한 치수로 작도하기 위하여 좌표계를 활용할 수 있다. 2. 도면요소를 선택하여 작도, 지우기, 복구를 수행할 수 있다. 3. 도형작도 명령을 이용하여 여러 가지 도면요소들을 작도 및 수정할 수 있다. 4. 도면요소를 복사, 이동, 스케일, 다중 배열 등 편집하고 변환할 수 있다. 5. 선분을 분할하고 도면요소를 조회하여 활용할 수 있다. 6. 자주 사용되는 도면요소를 블록화하여 사용할 수 있다. 7. 관련 산업표준을 준수하여 도면을 작도할 수 있다. 8. 요구되는 형상에 대하여 파악하고, 이를 2D CAD 프로그램의 기능을 이용하여 작도할 수 있다. 9. 요구되는 형상과 비교·검토하여 오류를 확인하고, 발견되는 오류를 즉시 수정할 수 있다.

5. 기계설계산업기사 실기 출제 기준 (최신 실기시험 변경 기준 반영)

실기 과목명	주요 항목	세부 항목	세세 항목
기계설계실무	4. 형상모델링 작업	1. 모델링 작업 준비하기	1. 모델링 데이터 생성에 필요한 정보를 정의하여 수집할 수 있다. 2. 모델링 프로그램의 환경을 효율적으로 설정할 수 있다. 3. 모델트리 구성을 결정하여 모델링 작업시간을 단축할 수 있다. 4. 단순형상과 복잡형상을 확인하기 위해 모델링 데이터의 오류여부를 확인할 수 있다.
		2. 모델링 작업하기	1. 모델링 명령어를 사용하여 요구되는 형상을 완벽하게 구현할 수 있다. 2. 모델링의 수정 및 편집을 용이하게 할 수 있다. 3. 관련 산업표준을 준수하여 모델링할 수 있다. 4. 영역, 길이, 각도, 공차, 지시 등 모델링에 관련된 추가적인 정보를 도출하고 생성할 수 있다.
	5. 형상모델링검토	1. 모델링 분석하기	1. 도면과 모델링을 비교·검토하여 모델링의 오류 발생 정보를 최소화하고, 오류 발생 시 수정할 수 있다. 2. 제작상의 문제점 및 핵심부를 검토하여 오류 발생 시 관계부서와 협의하여 모델링 데이터를 수정할 수 있다. 3. 제작성을 고려하여 모델링 작업의 결과물을 수정·보정할 수 있다. 4. 부품 간 상호 결합상태를 검증할 수 있다.
		2. 모델링 데이터 출력하기	1. 작업 표준서에 의하여 요구되는 2D 데이터 형식의 파일로 저장하거나 출력할 수 있다. 2. 작업 표준서에 의하여 요구되는 3D 모델링 데이터 형식의 파일로 저장하거나 출력할 수 있다. 3. 출력된 모델링 데이터에 요구되는 소요자재목록, 부품목록 등의 정보를 산출할 수 있다.
	6. 체결요소설계	1. 요구기능 파악하기	1. 기계 구성품의 체결 요구 기능을 파악하여 문서로 작성할 수 있다. 2. 요구 기능의 적합성을 판단할 수 있다. 3. 요구 기능 미 충족시 대응 방안을 수립할 수 있다.
		2. 체결요소 선정하기	1. 기계 시스템의 운동관계, 설치환경 및 유지보수 조건에 부합하는 방식의 체결요소를 선정할 수 있다. 2. 선정된 체결 방식에 따른 필요 목록을 작성할 수 있다. 3. 선정된 체결 방식에 관한 자료를 정리하여 체결요소 설계에 반영하기 위한 준비 자료를 작성할 수 있다.
		3. 체결요소 설계하기	1. 자립조건을 만족하는 체결요소의 풀림방지 방안을 고려하여 설계할 수 있다. 2. 체결요소의 강도를 고려하여 설계할 수 있다. 3. 체결요소의 강도, 강성, 피로, 부식방지 등을 고려하여 설계할 수 있다.
	7. 치공구요소설계	1. 요구기능 파악하기	1. 사용 기계와 부품의 요구 정밀도를 파악하고 확인할 수 있다. 2. 부품의 생산수량과 치공구의 요구 수명을 파악하고 확인할 수 있다. 3. 치공구의 사용법과 기능을 파악할 수 있다. 4. 요구기능을 파악하여 문서로 작성할 수 있다.
		2. 치공구요소 선정하기	1. 요구되는 가공 정밀도에 적합한 치공구요소를 선정할 수 있다. 2. 치공구 수명에 적합한 치공구요소의 재질을 선정할 수 있다. 3. 생산성 향상에 적합한 치공구요소를 선정할 수 있다. 4. 가공품의 품질 확보와 유지에 적합한 치공구요소를 선정할 수 있다. 5. 생산량에 적합한 방식의 치공구요소를 선정할 수 있다. 6. 안전한 작업방식의 치공구요소를 선정할 수 있다.
		3. 치공구요소 설계하기	1. 변형을 고려한 형상과 크기를 설계할 수 있다. 2. 가공정밀도, 열처리 및 공차 등을 종합적으로 고려하여 설계할 수 있다. 3. 작업시 안전성을 고려하여 설계할 수 있다. 4. 설계도면을 종합적으로 검토하여 문제점을 개선할 수 있다.
	8. 동력전달요소 설계	1. 요구기능 파악하기	1. 동력전달요소설계에 요구되는 특성 및 기구적 동작에 관한 내용을 분석할 수 있다. 2. 동력전달시스템에서 요구되는 동력전달요소를 파악하여 사용 용도와 목적을 작성할 수 있다. 3. 시스템이 사용되는 장소와 요구되는 기구적 조건을 분석할 수 있다.
		2. 동력전달요소 선정하기	1. 시스템에 포함되는 동력전달요소를 파악하여 기능별로 분류할 수 있다. 2. 시스템도면을 확인하여 용도에 맞는 동력전달요소의 크기와 형태를 구성할 수 있다. 3. 기능별 분류와 상호연결을 고려하여 기능별 연결방법과 요소를 선정할 수 있다. 4. 요소부품에 따라 단면계수, 강도, 강성 등을 고려하여 재질을 선정할 수 있다.

5. 기계설계산업기사 실기 출제 기준 (최신 실기시험 변경 기준 반영)

실기 과목명	주요 항목	세부 항목	세세 항목
기계설계실무		3. 동력전달요소 설계하기	1. 시스템 기능을 고려하여 동력전달요소를 설계할 수 있다. 2. 목적과 용도에 따른 동력전달 사양을 설정하고 구현방법을 작성할 수 있다. 3. 동력의 입출력을 정의하고 동력전달요소를 구성할 수 있다. 4. 동력전달요소 기능에 맞는 부품의 형상과 크기를 결정할 수 있다.
	9. 요소부품재질 선정	1. 요소부품 재료 파악하기	1. 요소부품별 요구기능과 특성을 파악할 수 있다. 2. 재료 별로 재질의 종류를 검토할 수 있다. 3. 재료조달의 난이도에 따른 자료의 종류를 파악할 수 있다.
		2. 최적요소부품 재질 선정하기	1. 용도에 따른 재료의 종류 및 재질을 파악할 수 있다. 2. 설계사양서의 요구사항에 관한 재질 적합성을 검토할 수 있다. 3. 설계계산서와의 적합성을 검토할 수 있다. 4. 요구사항에 맞는 요소부품의 재질을 선정할 수 있다.
		3. 요소부품 공정 검토하기	1. 요소부품의 가공공정을 검토할 수 있다. 2. 재료조달의 방법을 검토할 수 있다. 3. 요소부품 재료의 제조공정을 검토할 수 있다.
		4. 열처리 방법 결정하기	1. 요구조건에 부합하는 열처리 방법을 확인할 수 있다. 2. 요구되는 강도와 열처리 방법의 적합성을 검토할 수 있다. 3. 요소부품의 열처리방법을 결정할 수 있다.

6. 개인 PC 사용 CAD 프로그램 활용 관련 안내

개인 PC를 사용한 CAD 프로그램 활용 실기시험 응시와 관련, 공정한 국가기술자격 시험을 위하여 아래와 같이 사전 안내를 드리오니 수험자께서는 양지하시어 협조해 주시기 바랍니다.

o 만약 시험장에 사용하려는 CAD 소프트웨어가 없을 경우 본인이 지참(정품 CAD 소프트웨어 또는 개인 PC)하여 사용할 수 있으나, 호환성 및 설치, 출력 등으로 인해 발생되는 모든 관련사항은 수험자의 책임입니다.

 - 본인 지참 시 시험 시작 전에 시험장 PC에 S/W 설치를 하거나 감독위원에게 개인 PC 검수를 받으셔야 시험을 응시할 수 있습니다.
 - 개인 PC 지참시 PC 내용에는 CAD 파일 등 부정행위와 관련된 어떤 파일도 있어서는 안되며, 시험 전에 포맷 후 CAD 소프트웨어와 PDF Viewer 만을 설치하여 시험장에 오시기 바라며, 검수 결과 포맷이 이루어지지 않았을 시 시험장의 PC를 사용하여야 합니다.
 - 특히 시험장 출력용 PC에 사용을 권하는 CAD 소프트웨어가 없을 경우 PDF 파일 형태로 출력한 후 종이로 출력해야 하오니 이 점 양지하시어 시험을 준비하시기 바랍니다.
 - 이 때 폰트 깨짐 등의 문제가 발생할 수 있기 때문에 CAD 사용 환경 등을 충분히 숙지하시기 바랍니다.

o 제도 작업에 필요한 KS 관련 데이터는 시험장에서 파일 형태로 제공되므로 기타 데이터와 관련된 노트 또는 서적을 열람하면 부정행위자로 처리됩니다.

o 미리 작성된 Part program(도면, 단축 키 셋업 등) 또는 Block(도면양식, 표제란, 부품란, 요목표, 주서 및 표면 거칠기 비교표 등)을 사용할 경우 부정행위자로 처리됩니다.

o 수험자가 원할 경우 수험자 개인이 사용하는 마우스, 키보드는 지참하여 사용하실 수 있습니다.
 - 다만, 설치나 호환성 관련 문제가 있을 경우 전적으로 수험자 책임이오니 양지하시기 바랍니다.

7. 전산응용기계제도기능사 실기 요구사항 예

국가기술자격 실기시험문제

자격종목	전산응용기계제도기능사	과 제 명	도면참조

※ 문제지는 시험종료 후 반드시 반납하시기 바랍니다.

비번호		시험일시		시험장명	

※ 시험시간 : 5시간

1. 요구사항

※ 지급된 재료 및 시설을 사용하여 아래 작업을 완성하시오.

가. 부품도(2D) 제도

1) 주어진 문제의 조립도면에 표시된 부품번호 (○, ○, ○, ○, ○)의 부품도를 CAD프로그램을 이용하여 A2용지에 척도는 1:1로 하여, 투상법은 제3각법으로 제도하시오.
2) 각 부품들의 형상이 잘 나타나도록 투상도와 단면도 등을 빠짐없이 제도하고, 설계목적에 맞는 기능 및 작동을 할 수 있도록 치수 및 치수공차, 끼워 맞춤 공차와 기하공차 기호, 표면거칠기 기호, 표면처리, 열처리, 주서 등 부품 제작에 필요한 모든사항을 기입하시오.
3) 제도 완료 후 지급된 A3(420×297) 크기의 용지(트레이싱지)에 수험자가 직접 흑백으로 출력하여 확인하고 제출하시오.

나. 렌더링 등각 투상도(3D) 제도

1) 주어진 문제의 조립도면에 표시된 부품번호 (○, ○, ○, ○, ○)의 부품을 파라메트릭 솔리드 모델링을 하고, 모양과 윤곽을 알아보기 쉽도록 뚜렷한 음영, 렌더링 처리를 하여 A2용지에 제도하시오.
2) 음영과 렌더링 처리는 예시 그림과 같이 형상이 잘 나타나도록 등각 축 2개를 정해 척도는 NS로 실물의 크기를 고려하여 제도하시오.(단, 형상은 단면하여 표시하지않습니다.)
3) 부품란 "비고"에는 모델링한 부품 중 (○, ○, ○) **부품의 질량을 g단위로 소수점 첫째자리에서 반올림하여 기입**하시오.
   - 질량은 **렌더링 등각 투상도(3D) 부품란의 비고에 기입**하며, 반드시 **재질과 상관없이 비중을 7.85**로 하여 계산하시기 바랍니다.
4) 제도 완료 후, 지급된 A3(420×297) 크기의 용지(트레이싱지)에 수험자가 직접 흑백으로 출력하여 확인하고 제출하시오.

다. 도면 작성 기준 및 양식

1) 제공한 KS 데이터에 수록되지 않은 제도규격이나 데이터는 과제로 제시된 도면을 기준으로 하여 제도하거나 ISO규격과 관례에 따라 제도하시오.
2) 문제의 조립도면에서 표시되지 않은 제도규격은 지급한 KS규격 데이터에서 선정하여 제도하시오.
3) 문제의 조립도면에서 치수와 규격이 일치하지 않을 때는 해당규격으로 제도하시오.
   (단, 과제도면에 치수가 명시되어 있을 때는 명시된 치수로 작성하시오.)

자격종목	전산응용기계제도기능사	과 제 명	도면참조

4) 도면 작성 양식과 3D 렌더링 등각 투상도는 아래 그림을 참고하여 나타내고, 좌측상단 A부에 수험번호, 성명을 먼저 작성하고, 오른쪽 하단에 B부에는 표제란과 부품란을 작성한 후 제도작업을 하시오.
 (단, A부와 B부는 부품도(2D)와 렌더링 등각 투상도(3D)에 모두 작성하시오.)

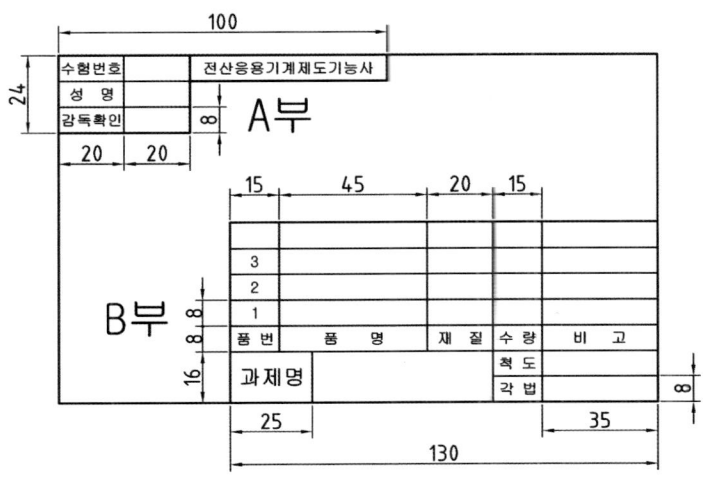

〈 도면 작성 양식 (부품도 및 등각 투상도) 〉

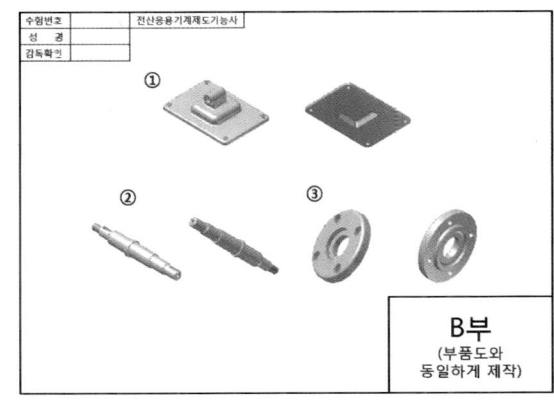

〈 3D 렌더링 등각 투상도 예시 〉

5) 도면의 크기 및 한계설정(Limits), 윤곽선 및 중심마크 크기는 다음과 같이 설정하고, a와 b의 도면의 한계선(도면의 가장자리 선)이 출력되지 않도록 하시오.

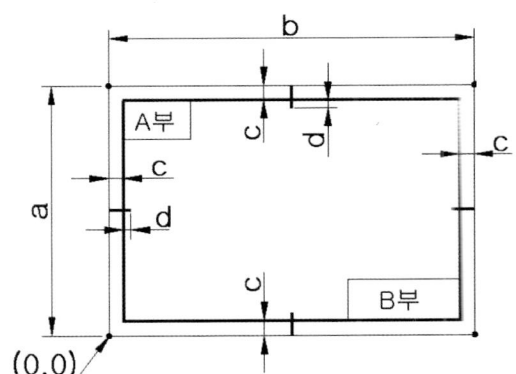

구분	도면의 한계		중심마크	
기호 도면크기	a	b	c	d
A2(부품도)	420	594	10	5

〈 도면의 크기 및 한계설정, 윤곽선 및 중심마크 〉

6) 선 굵기에 따른 색상은 다음과 같이 설정하시오.

선 굵기	색 상	용 도
0.70 mm	하늘색 (Cyan)	윤곽선, 중심 마크
0.50 mm	초록색 (Green)	외형선, 개별주서 등
0.35 mm	노란색 (Yellow)	숨은선, 치수문자, 일반주서 등
0.25 mm	빨강 (Red), 흰색 (White)	치수선, 치수보조선, 중심선, 해칭선 등

※ 위 표는 Autocad 프로그램 상에서 출력을 용이하게 위한 설정이므로 다른 프로그램을 사용할 경우 위 항목에 맞도록 문자, 숫자, 기호의 크기, 선 굵기를 지정하시기 바랍니다.

7. 전산응용기계제도기능사 실기 요구사항 예

| 자격종목 | 전산응용기계제도기능사 | 과 제 명 | 도면참조 |

7) 문자, 숫자, 기호의 높이는 7.0mm, 5.0mm, 3.5mm, 2.5mm 중 적절한 것을 사용하시오.
8) 아라비아 숫자, 로마자는 컴퓨터에 탑재된 ISO표준을 사용하고, 한글은 굴림 또는 굴림체를 사용하시오.

2. 수험자 유의사항

※ 다음 유의사항을 고려하여 요구사항을 완성하시오.

1) 시작 전 감독위원이 지정한 곳에 본인 비번호로 폴더를 생성한 후 이 폴더에서 비번호를 파일명으로 작업 내용을 저장하고, 작업이 끝나면 비번호 폴더 전체를 감독위원에게 제출하시오. (파일제출 후에는 도면(파일) 수정 불가) 그리고 시험 종료 후 PC의 작업내용은 삭제합니다.
2) 수험자에게 주어진 문제는 비번호, 시험일시, 시험장명을 기재하여 반드시 제출합니다.
3) 마련한 양식의 A부 내용을 기입하고 감독위원의 확인 서명을 받아야 하며, B부는 수험자가 작성합니다.
4) 정전 또는 기계고장으로 인한 자료손실을 방지하기 위하여 수시로 저장합니다.
   - 이러한 문제 발생 시 "작업정지시간 + 5분"의 추가시간을 부여합니다.
5) 수험자는 제공된 장비의 안전한 사용과 작업 과정에서 안전수칙을 준수합니다.
6) 연속적인 컴퓨터 작업 시에는 신체에 무리가 가지 않도록 적절한 몸 풀기(스트레칭) 동작을 취하여야 합니다.
7) 도면에는 문제와 관련 없는 불필요한 낙서나 특이한 기록사항 등을 기재하여서는 안되며, 인적사항 기재란 외의 부분에 도면과 관련 없는 특수한 표시를 하거나 특정인임을 암시하는 경우 전체를 0점 처리합니다.
8) 다음 사항에 대해서는 채점 대상에서 제외하니 특히 유의하시기 바랍니다.

가) 기권
(1) 수험자 본인이 수험 도중 기권 의사를 표시한 경우

나) 실격
(1) 시험 시작 전 program 설정을 조정하거나 미리 작성된 Part program(도면, 단축키 셋업 등) 또는 LISP 등과 같은 Block(도면양식, 표제란, 부품란, 요목표, 주서및 표면 거칠기 등)을 사용한 경우
(2) 채점 시 도면 내용이 다른 수험자와 일부 또는 전부가 동일한 경우
(3) 파일로 제공한 KS 데이터에 의하지 않고 지참한 노트나 서적을 열람한 경우
(4) 수험자의 장비조작 미숙으로 파손 및 고장을 일으킨 경우

다) 미완성
(1) 시험시간 내에 부품도(1장), 렌더링 등각투상도(1장)를 하나라도 제출하지 아니한 경우
(2) 수험자의 직접 출력시간이 10분을 초과한 경우(다만, 출력시간은 시험시간에서 제외하며, 출력된 도면의 크기 또는 색상 등이 채점하기 어렵다고 판단될 경우에는 감독위원의 판단에 의해 1회에 한하여 재출력이 허용됩니다.)
   - 단, 재출력 시 출력 설정만 변경해야 하며 도면 내용을 수정하거나 할 수는 없습니다.
(3) 요구한 부품도, 렌더링 등각 투상도 중에서 1개라도 투상도가 제도되지 않은 경우(지시한 부품번호에 대하여 모두 작성해야 하며 하나라도 누락되면 미완성 처리)

자격종목	전산응용기계제도기능사	과 제 명	도면참조

라) 오작

(1) 요구한 도면 크기에 제도되지 않아 제시한 출력용지와 크기가 맞지 않는 작품
(2) 투상법이나 척도가 요구사항과 전혀 맞지 않은 도면
(3) 전반적으로 KS 제도규격에 의해 제도되지 않았다고 판단된 도면
(4) 지급된 용지(트레이싱지)에 출력되지 않은 도면
(5) 끼워 맞춤공차 기호를 부품도에 기입하지 않았거나 아무 위치에 지시하여 제도한 도면
(6) 끼워 맞춤 공차의 구멍 기호(대문자)와 축 기호(소문자)를 구분하지 않고 지시한 도면
(7) 기하공차 기호를 부품도에 기입하지 않았거나 아무 위치에 지시하여 제도한 도면
(8) 표면거칠기 기호를 부품도에 기입하지 않았거나 아무 위치에 지시하여 제도한 도면
(9) 조립상태(조립도 혹은 분해조립도)로 제도하여 기본지식이 없다고 판단되는 도면

※ 출력은 수험자 판단에 따라 CAD 프로그램 상에서 출력하거나 PDF 파일 또는 출력 가능한 호환성 있는 파일로 변환하여 출력하여도 무방합니다.
 - 이 경우 폰트 깨짐 등의 현상이 발생될 수 있으니 이점 유의하여 CAD 사용 환경을 적절히 설정하여 주시기 바랍니다.

※ 국가기술자격 시험문제는 저작권법상 보호되는 저작물이고, 저작권자는 한국산업인력공단입니다. 시험문제의 일부 또는 전부를 무단 복제, 배포, (전자)출판하는 등 저작권을 침해하는 일체의 행위를 금합니다.

〈국가기술자격 부정행위 예방 캠페인 : "부정행위, 묵인하면 계속됩니다."〉

3. 지급재료 목록

		자격종목	전산응용기계제도기능사		
일련번호	재료명	규격	단위	수량	비고
1	프린터 용지	트레이싱지 A3(297×420)	장	2	1인당

※ 국가기술자격 실기시험 지급재료는 시험종료 후(기권, 결시자 포함) 수험자에게 지급하지 않습니다.

자격종목	전산응용기계제도기능사	과 제 명	○○○○○○	척도	1:1

4. 도면

도면 생략

※ 동력전달장치, 치공구장치, 그 외 기계조립도면이 문제로 제시되며, 이 부분은 공개 시 변별력 저하가 우려되기 때문에 공개될 수 없음을 알려드립니다.

8. 기계설계산업기사 실기 요구사항 예

국가기술자격 실기시험문제 (예)

| 응시종목 | 기계설계산업기사 | 도 명 | 도면참조 |

비번호 :

※시험시간 : [O 표준시간 : 5시간 30분]

1. 요구사항

※ 다음의 요구사항을 시험시간 내에 완성하시오.

(1) 2차원 부품도 작업

A) 지급된 조립 도면에서 부품 ①, ②, ③, ④번 부품 제작도를 CAD 프로그램을 이용하여 제도 하시오.

B) 제도는 제3각법에 의해 A2 크기 도면의 윤곽선 (아래2-6 참조) 영역 내에 1:1로 제도하시오.

C) 부품제작도는 과제의 기능과 동작을 정확히 이해하여 투상도, 치수, 치수 공차와 끼워맞춤 공차 기호, 기하공차 기호, 표면거칠기 기호 등 부품 제작에 필요한 모든 사항을 기입하시오.

D) 제도는 지급한 KS 데이터를 참고하여 제도하고, 규정되지 아니한 내용은 과제 도면을 기준으로 하여 통상적인 KS규격 및 ISO규격과 관례에 따르시오.

E) 도면에 아래 양식에 맞추어 좌측상단 A부에 수험번호, 성명을 먼저 작성하고, 오른쪽 하단 B부에는 표제란과 부품란을 작성한 후 부품 제작도를 제도하시오.

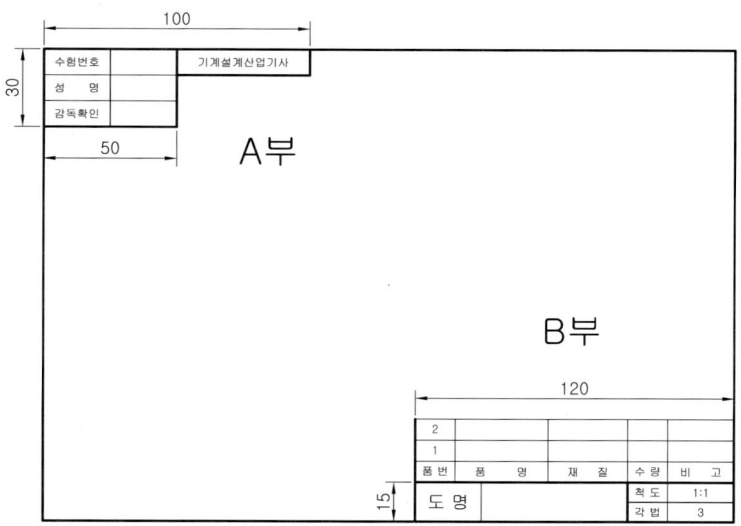

F) 출력은 지급된 용지(A3 용지)에 본인이 직접 흑백으로 출력하여 제출하시오.

| 응시종목 | 기계설계산업기사 | 도 명 | 도면참조 |

(2) 3차원 모델링도 작도

A) 지급된 조립 도면에서 부품 ②, ③번 부품을 솔리드 모델링 후 흑백으로 출력시 형상이 잘 나타나도록 등각투상도로 나타내시오.
 - 등각투상도를 렌더링 처리하여 나타내어도 무방합니다.(단, 출력시 형상이 잘 나타나도록 색상 및 그 외 사항을 적절히 지정하며, 렌더링시에는 단면부 해칭 처리는 하지 않습니다.)

B) 도면의 크기는 A2로 하며 윤곽선 영역 내에 적절히 배치하도록 합니다.

C) 척도는 NS로 A3로 출력시 형상이 잘 나타나도록 실물의 형상과 배치를 고려하여 임의로 합니다.

D) 부품마다 실물의 특징이 가장 잘 나타나는 등각축을 2개 선택하여 등각 이미지를 2개씩 나타내시오.

E) 좌측상단 A부에 수험번호, 성명을 먼저 작성하고, 오른쪽 하단 B부에는 표제란과 부품란을 작성한 후 모델링도 작업을 하시오.

F) 부품란의 "비고"에는 모델링한 모든 부품의 질량을 g단위로 소수점 첫째자리에서 반올림하여 기입하시기 바랍니다.
 - 질량 계산시 한쪽단면(1/4단면) 처리한 상태에서 질량을 계산하지 않도록 주의하시기 바랍니다.
   (모델이 완전한 형상에서 질량을 계산해야 함.)
 - 질량은 3차원 모델링도 비고란에 기입하며, 재질과 상관없이 비중을 7.85로 하여 계산하시기 바랍니다.

[3차원 모델링도 작업 예시]

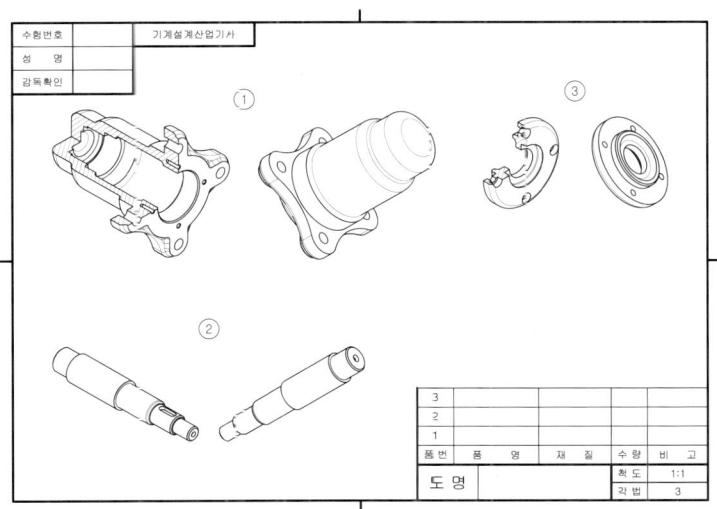

G) 출력은 등각투상도로 나타낸 도면을 지급된 용지에 본인이 직접 흑백으로 출력하여 제출합니다.

■ 8. 기계설계산업기사 실기 요구사항 예

| 응시종목 | 기계설계산업기사 | 도 명 | 도면참조 |

2. 수험자 유의사항

1) 미리 작성된 Part program 또는 Block은 일체 사용할 수 없습니다.
2) 시작 전 바탕화면에 본인 비번호로 폴더를 생성한 후 이 폴더에 비번호를 파일명으로 하여 작업 내용을 저장하고, 시험을 종료한 후 하드디스크의 작업 내용은 삭제하시기 바랍니다.
3) 출력물을 확인하여 다른 수험자와 동일 작품이 발견될 경우 모두 부정 행위로 처리됩니다.
4) 정전 또는 기계고장으로 인한 자료 손실을 방지하기 위하여 10분에 1회 이상 저장(save)하시기 바랍니다.
5) 제도 작업에 필요한 KS 데이터는 지급한 KS 데이터 파일을 참조하시고, 지참한 KS 규격집이나, 투상도가 수록되어 있는 노트 및 서적 등은 열람하지 못합니다.
6) 도면의 한계와 선의 굵기와 문자의 크기를 구분하기 위한 색상을 다음과 같이 정합니다.

   A) 도면의 한계설정 (Limits)
      a와 b의 도면의 한계선(도면의 가장자리 선)은 출력되지 않도록 합니다.

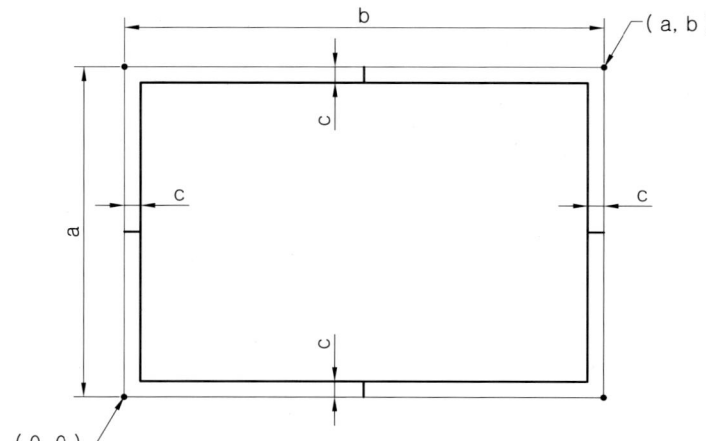

구분	도면의 한계		중심마크
	a	b	c
도면크기 (A2)	420	594	10

   B) 선 굵기와 문자, 숫자 크기 구분을 위한 색상 지정

선 굵기	색상(Color)	용도
0.35mm	초록색(Green)	윤곽선, 외형선, 부품번호, 개별주서 등
0.25mm	노란색(Yellow)	숨은선, 치수, 문자, 기호 일반주서 등
0.18mm	흰색(White), 빨강(Red)	치수(보조)선, 해칭선, 가상선, 중심선 등

   C) 사용 문자의 크기는 7.0, 5.0, 3.5, 2.5 중 적절한 것을 사용함.
7) 과제에 표시되지 않은 표준부품은 지급한 KS 데이터에서 적당한 것을 선정하여 해당 규격으로 제도하고, 도면의 치수와 규격이 일치하지 않을 때에도 해당 규격으로 제도합니다.
8) 좌측상단 A부에 감독위원 확인을 받아야 하며, 안전 수칙을 준수해야 합니다.

| 응시종목 | 기계설계산업기사 | 도 명 | 도면참조 |

9) 표제란 위에 있는 부품란에는 각 도면에서 제도하는 해당 부품만 기재합니다.
10) 작업이 끝나면 제공된 USB에 바탕화면의 비번호 폴더 전체를 저장하고, 출력시는 시험 위원이 USB를 삽입한 후 수험자 본인이 시험위원 입회하에 직접 출력하며, 출력 소요 시간은 시험 시간에서 제외합니다.
11) 장비 조작 미숙으로 인해 파손 및 고장을 일으킬 염려가 있거나 출력 시간이 20분을 초과할 경우 시험위원 합의 하에 실격 처리합니다. (단, 출력 횟수는 2회로 제한합니다.)
12) 다음 사항에 해당하는 작품은 채점 대상에서 제외됩니다.
   A) 시험시간 내에 1개의 부품(2D, 3D)이라도 제도되지 않은 작품
   - 2차원 부품도 작업과 3차원 모델링도 작업에서 제시한 모든 부품이 설계, 제도되어야 하며, 하나라도 누락되면 채점 대상에서 제외
   B) 요구한 각법을 지키지 않고 제도한 작품
   C) 요구한 척도를 지키지 않고 제도한 작품
   D) 요구한 도면 크기에 제도되지 않아 제시한 출력 용지와 크기가 맞지 않은 작품
   E) 지급된 용지에 출력되지 않은 작품
   F) 끼워맞춤 공차 기호를 기입하지 않았거나 아무 위치에 기입하여 제도한 작품
   G) 기하공차 기호를 기입하지 않았거나 아무 위치에 기입하여 제도한 작품
   H) 표면거칠기 기호가 기입되지 않았거나 아무 위치에 기입하여 제도한 작품
   I) 2D 부품도나 3D 등각도 중 하나라도 제출하지 않은 작품
   J) KS 제도 통칙을 준수하지 않고 제도한 작품

13) 지급된 시험 문제는 비번호 기재 후 반드시 제출합니다.
14) 출력은 사용하는 CAD 프로그램 상에서 출력하는 것이 원칙이나, 출력에 애로사항이 발생할 경우 pdf 파일로 변환하여 출력하는 것도 무방합니다.
   - 이 경우 폰트 깨짐 등의 현상이 발생될 수 있으니 이점 유의하여 CAD 사용 환경을 적절히 설정하여 주시기 바랍니다.

| 응시종목 | 기계설계산업기사 | 도 명 | 도면참조 |

Chapter 2
기능검정 실기 도면 예제 풀이

1. 동력전달장치-1 ········· 36
2. 동력전달장치-2 ········· 42
3. 동력전달장치-3 ········· 48
4. 기어박스-1 ············· 54
5. 기어박스-2 ············· 60
6. 기어박스-3 ············· 66
7. 기어박스-4 ············· 72
8. V-벨트 전동장치 ········ 78
9. 축 받침 장치 ··········· 84
10. 평 벨트 전동장치 ······· 90
11. 피벗 베어링 하우징 ····· 96
12. 편심왕복장치 ·········· 102
13. 래크와 피니언 구동장치 · 108
14. 아이들러 ············· 114
15. 스퍼기어 감속기 ······· 120
16. 증, 감속장치 ·········· 126
17. 기어펌프-1 ··········· 132
18. 기어펌프-2 ··········· 138
19. 기어펌프-3 ··········· 144
20. 오일기어펌프 ········· 150
21. 바이스-1 ············· 156
22. 바이스-2 ············· 162
23. 드릴지그-1 ··········· 168
24. 드릴지그-2 ··········· 174
25. 드릴지그-3 ··········· 180
26. 드릴지그-4 ··········· 186
27. 드릴지그-5 ··········· 192
28. 드릴지그-6 ··········· 198
29. 드릴지그-7 ··········· 204
30. 드릴지그-8 ··········· 210
31. 드릴지그-9 ··········· 216
32. 드릴지그-10 ·········· 222
33. 리밍지그-1 ··········· 228
34. 리밍지그-2 ··········· 234
35. 리밍지그-3 ··········· 240
36. 클램프-1 ············· 246
37. 클램프-2 ············· 252
38. 에어척-1 ············· 258
39. 에어척-2 ············· 264
40. 에어척-3 ············· 270

1. 동력전달장치-1

과제 도면

| 응시종목 | 기능사, 산업기사 | 도 명 | 동력전달장치-1 | 척 도 | 1:1 |

부품도(2D) : 1, 2, 4, 5
등각 투상도(3D) : 1, 2, 3, 4, 5

1. 동력전달장치-1

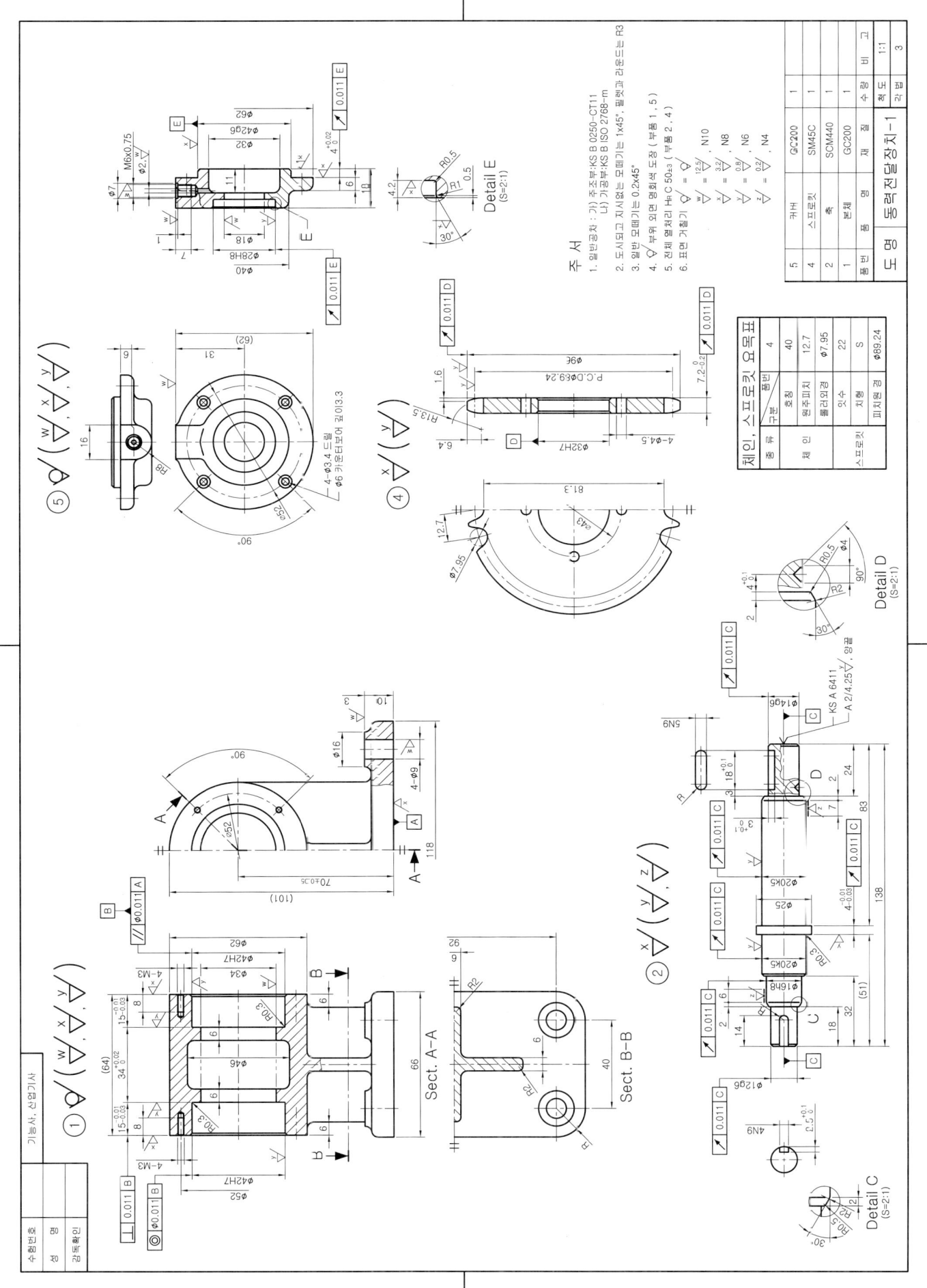

1. 동력전달장치-1

전산응용기계제도기능사 렌더링 등각 투상도 예제 도면

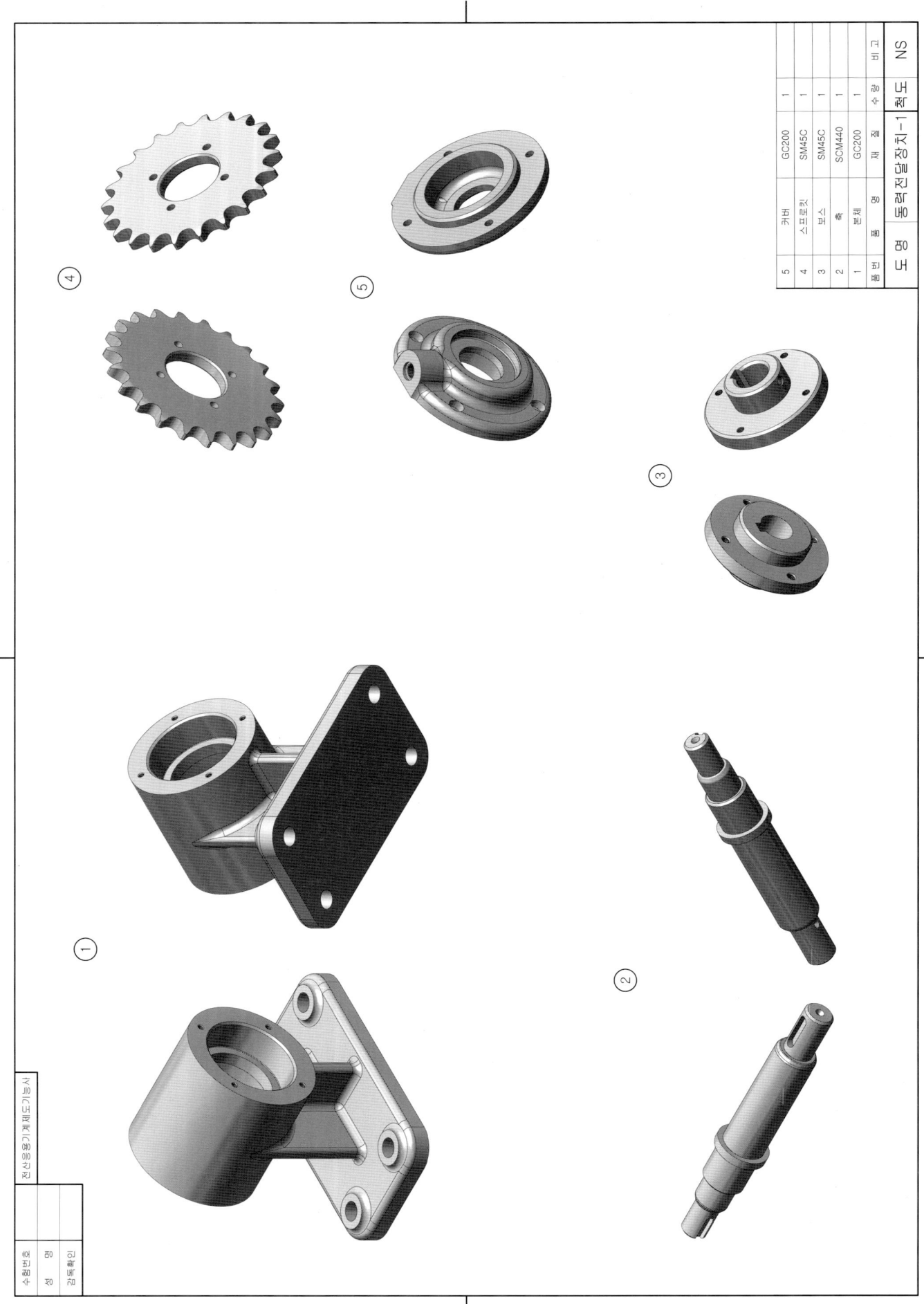

1. 동력전달장치-1

기계설계산업기사 3차원 모델링도 예제 도면

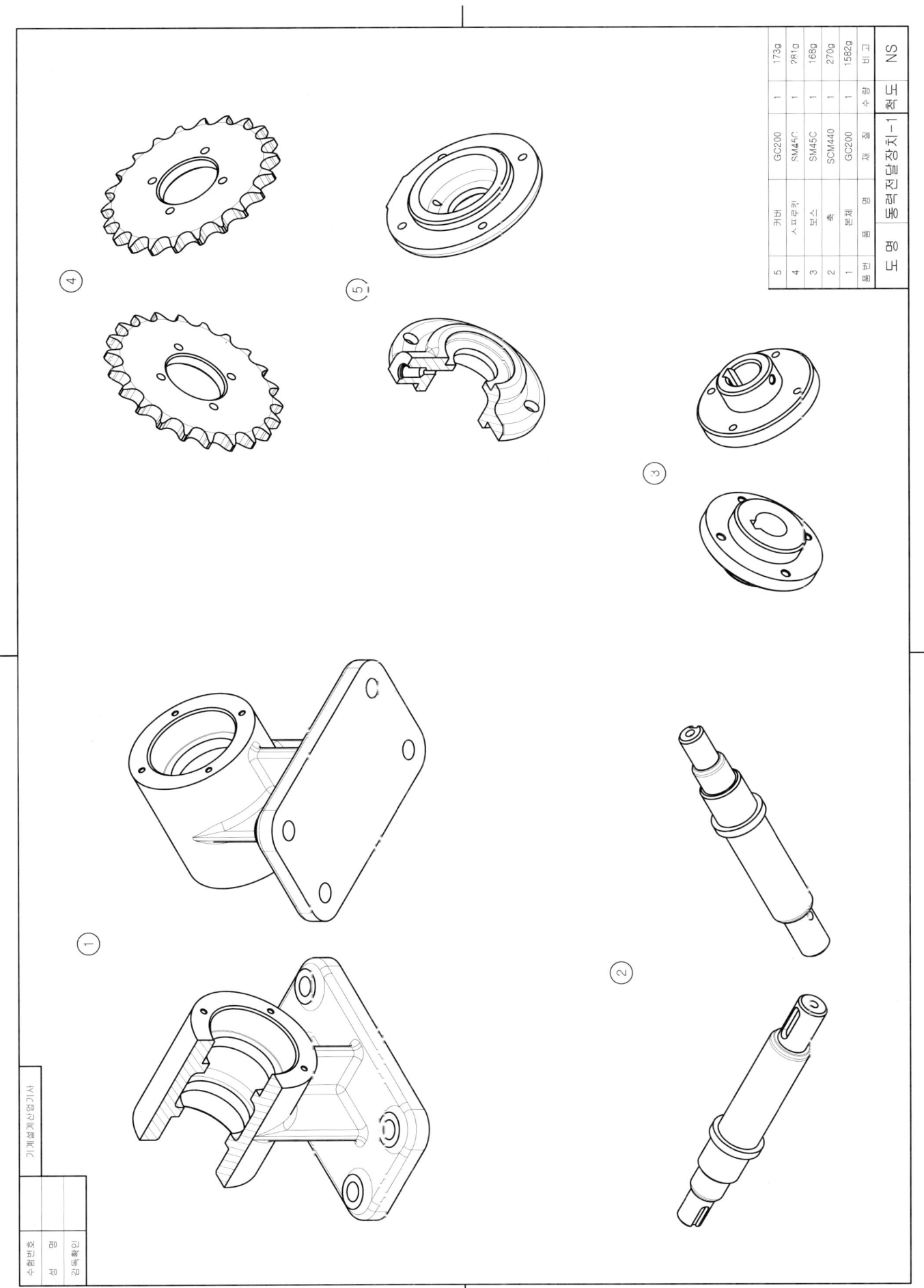

1. 동력전달장치-1

등각 분해도 예제 도면

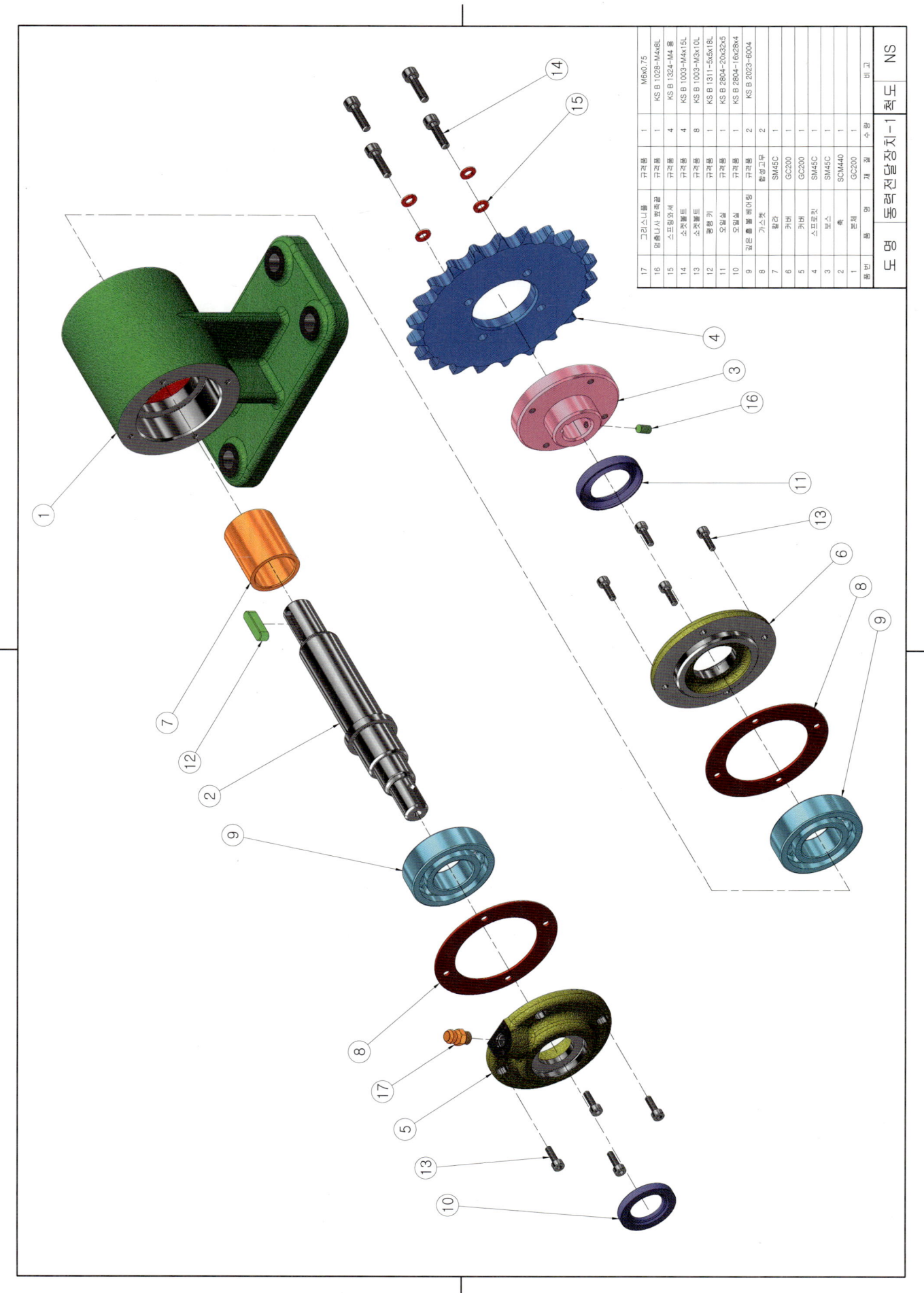

품번	품명	재질	수량	비고
1	본체	GC200	1	
2	축	SCM440	1	
3	보스	SM45C	1	
4	스프로킷	GC200	1	
5	커버	GC200	1	
6	커버	SM45C	1	
7	묻힘키	SM45C	1	
8	가스켓	개스킷고무	2	KS B 2023-6004
9	베어링	규격품	2	KS B 2804-16x28x4
10	오일실	규격품	1	KS B 2804-20x32x5
11	오일실	규격품	1	KS B 1311-5x5x18L
12	평행키	규격품	1	KS B 1003-M3x10L
13	소켓볼트	규격품	8	KS B 1003-M4x15L
14	소켓볼트	규격품	4	KS B 1324-M4 8
15	스프링와셔	규격품	4	KS B 1028-M4x8L
16	멈춤나사 평끝형	규격품	1	
17	그리스니플	규격품	1	M6x0.75

도명: 동력전달장치-1 척도: NS

1. 동력전달장치-1

등각 조립도 예제 도면

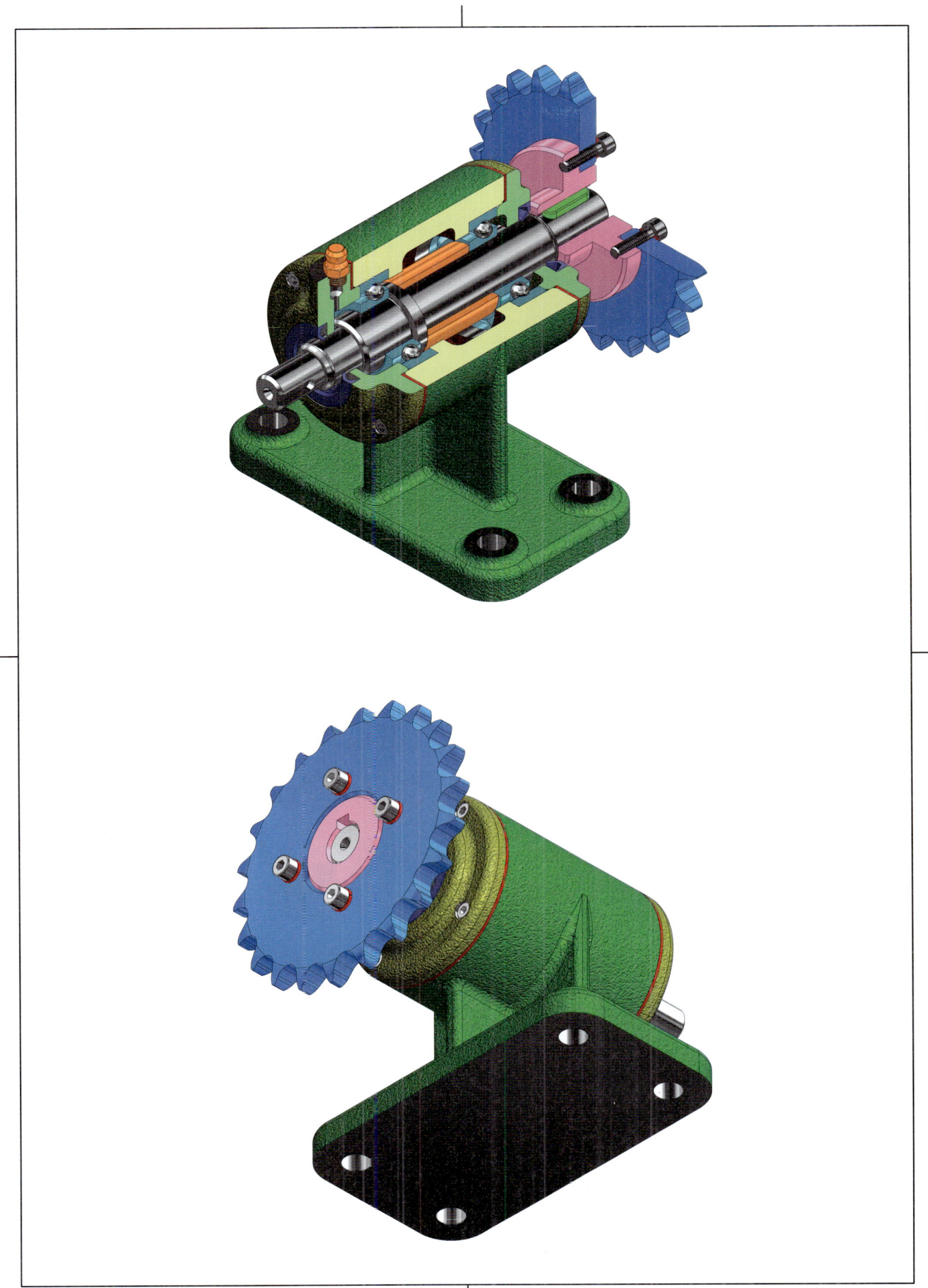

2. 동력전달장치-2

과제 도면

| 응시종목 | 기능사, 산업기사 | 도 명 | 동력전달장치-2 | 척도 | 1:1 |

부품도(2D) : 1, 2, 3, 4
등각 투상도(3D) : 1, 2, 3, 4, 5

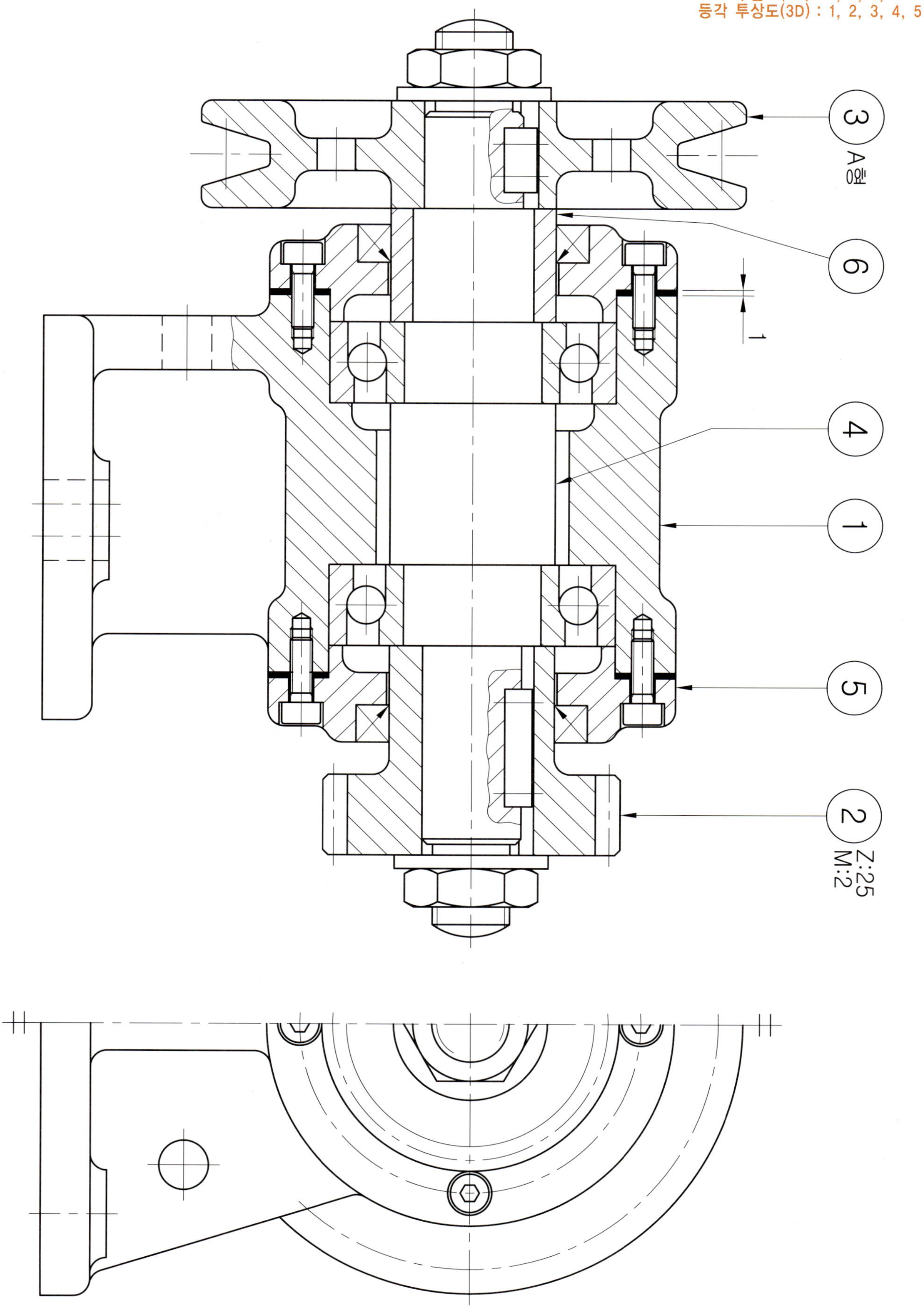

③ A형
⑥
④
①
⑤
② Z:25 M:2

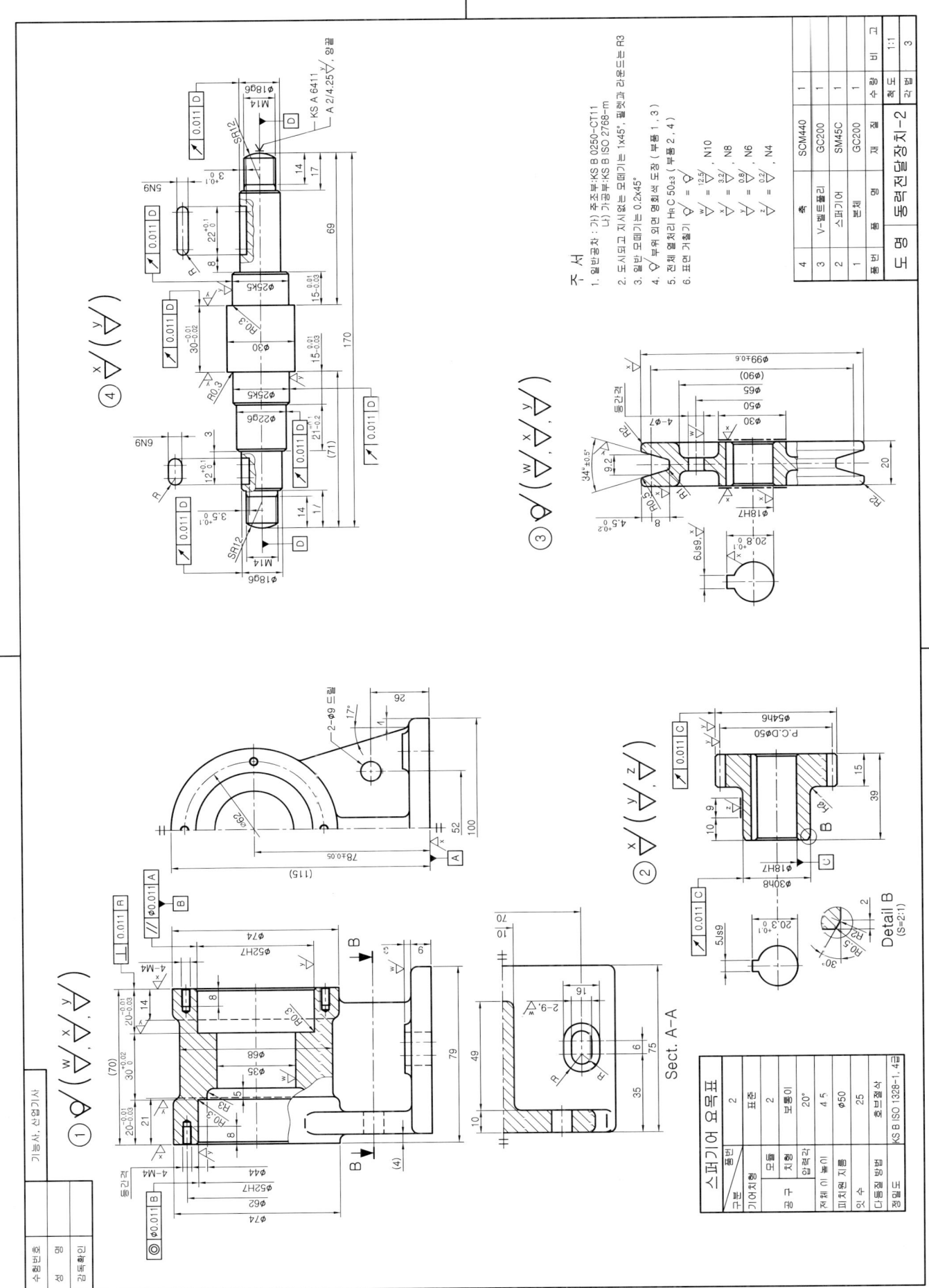

2. 동력전달장치-2

전산응용기계제도기능사 렌더링 등각 투상도 예제 도면

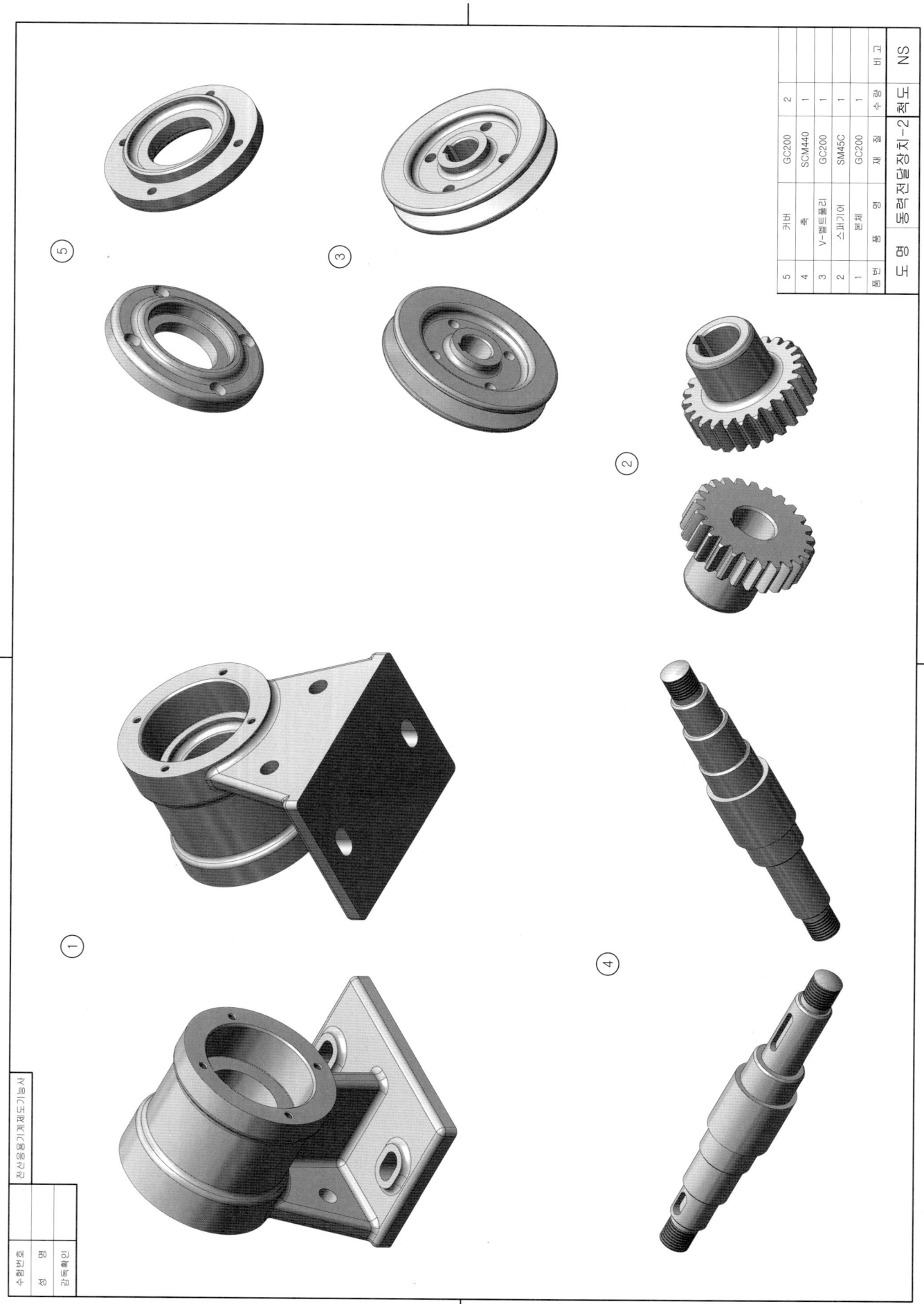

품번	품 명	재 질	수량	비 고
5	커버	GC200	2	
4	축	SCM440	1	
3	V-벨트풀리	GC200	1	
2	스퍼기어	SM45C	1	
1	본체	GC200	1	
도 명	동력전달장치-2		척 도	NS

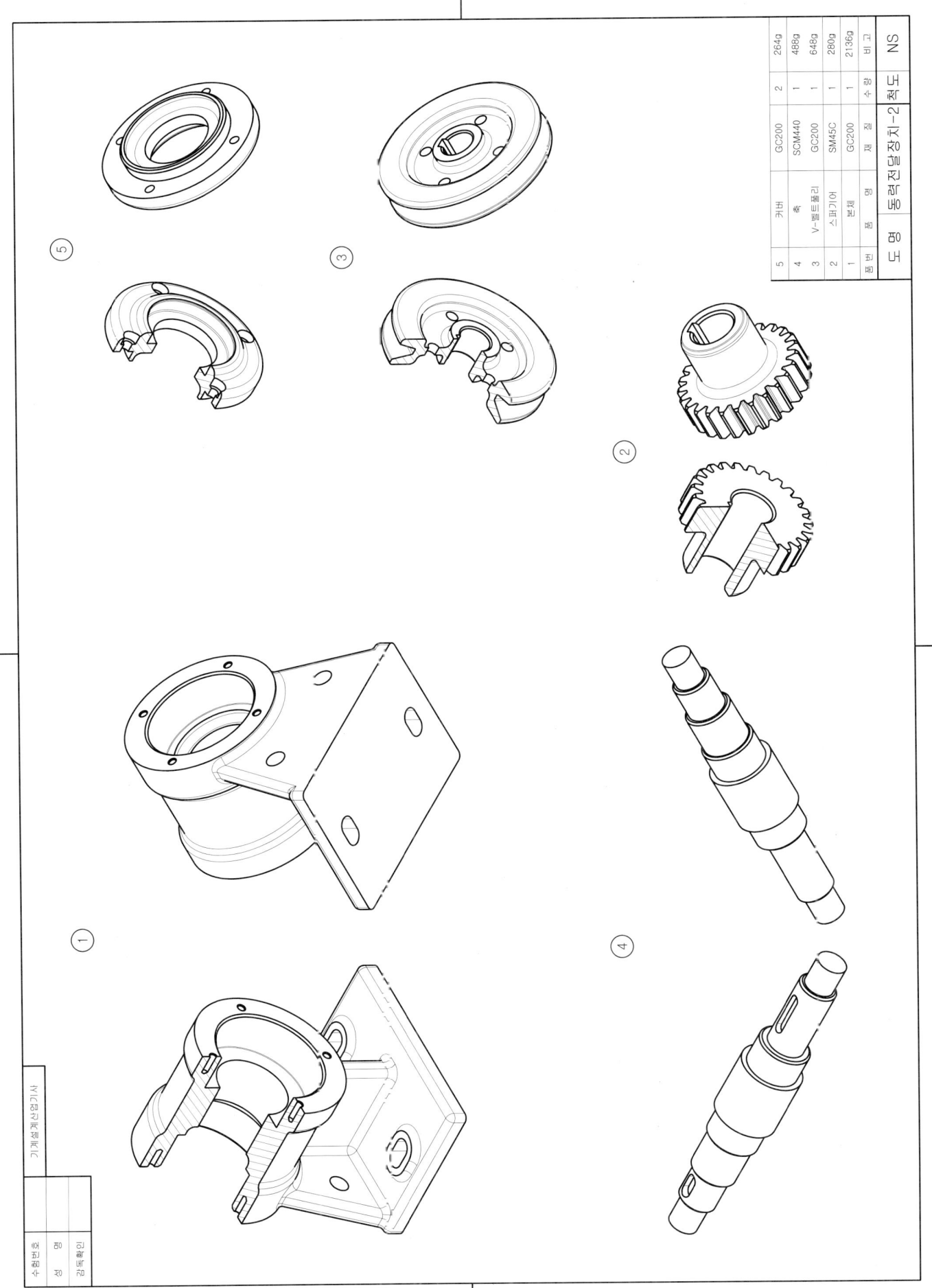

2. 동력전달장치-2

등각 분해도 예제 도면

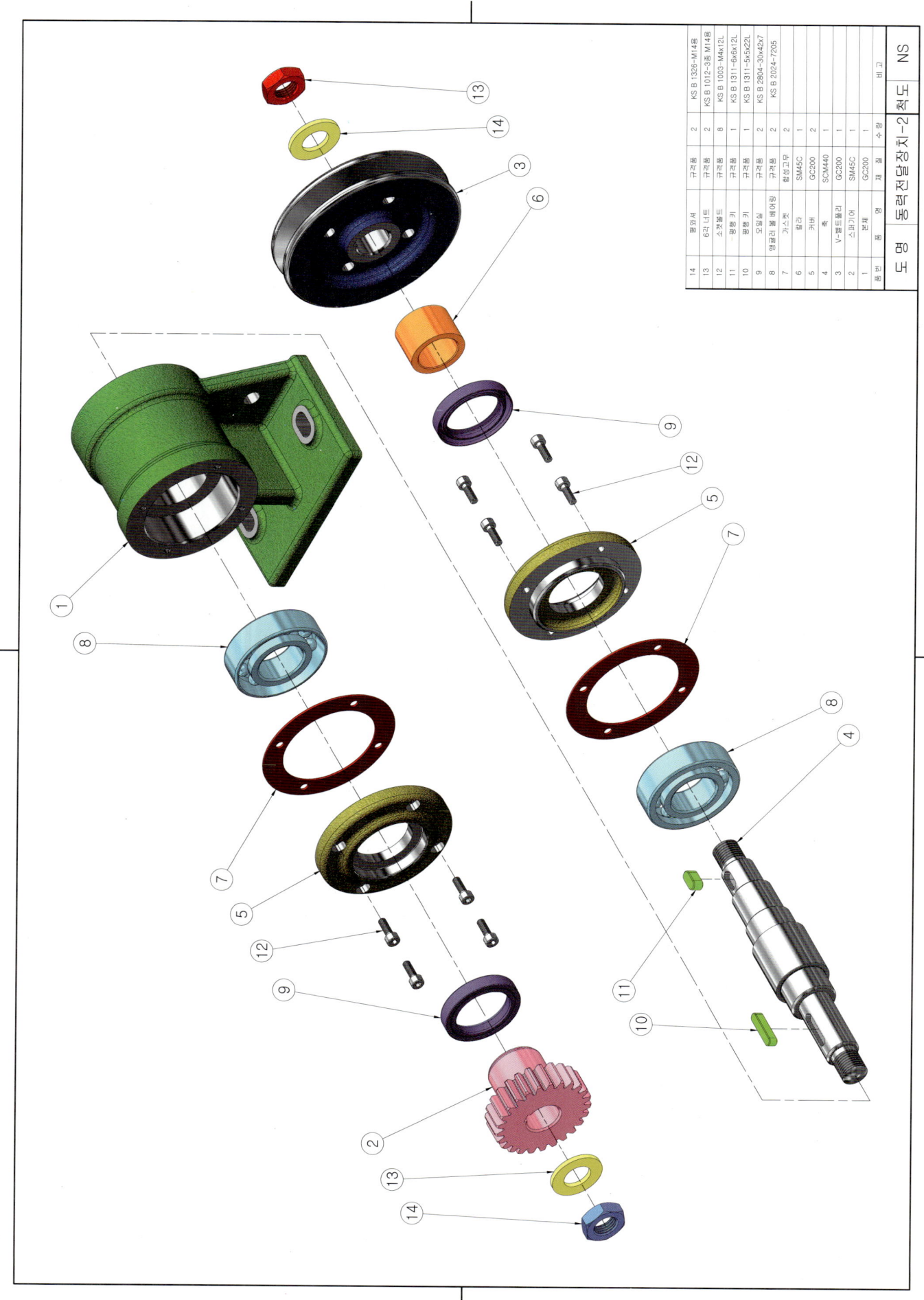

2. 동력전달장치-2

등각 조립도 예제 도면

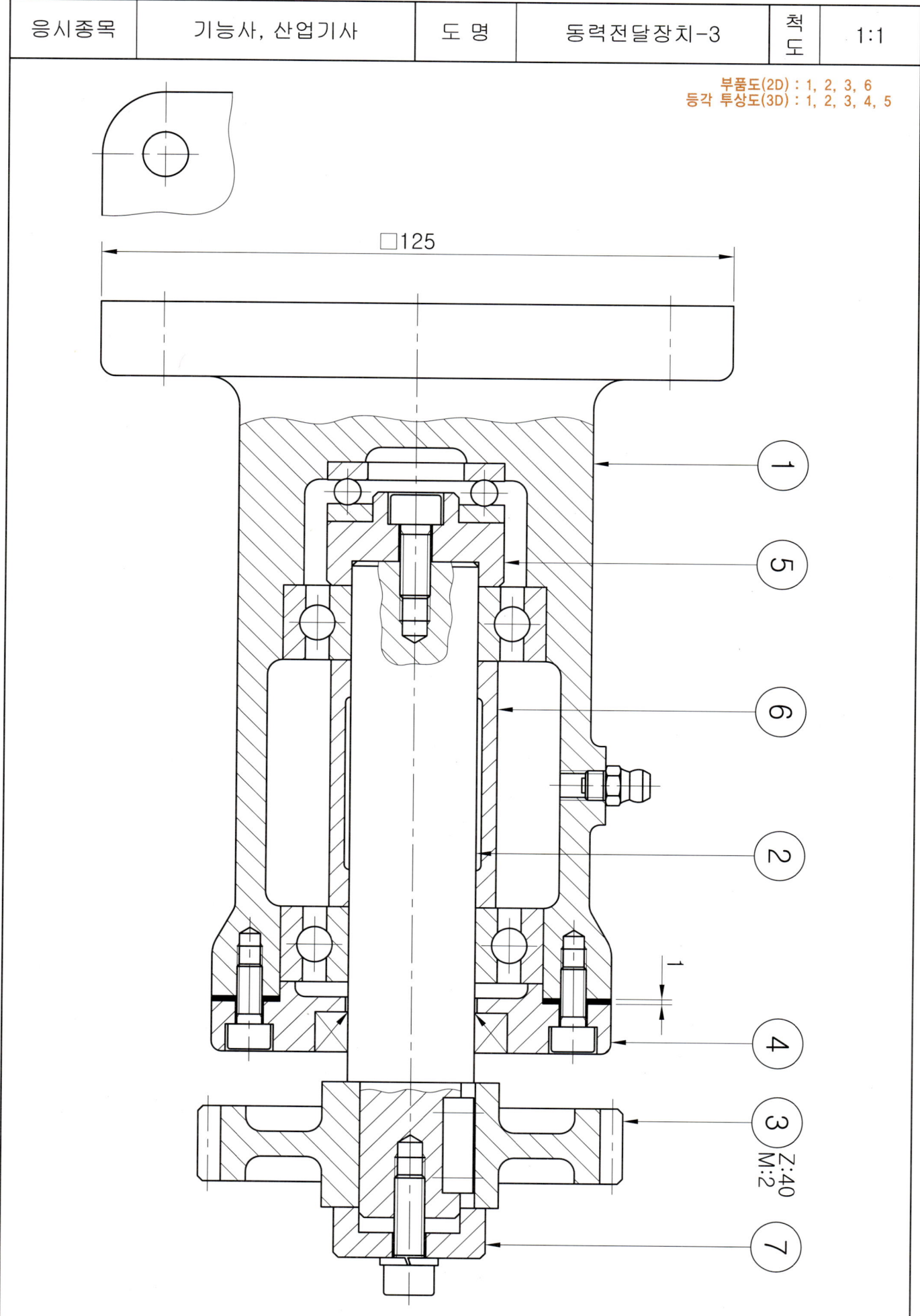

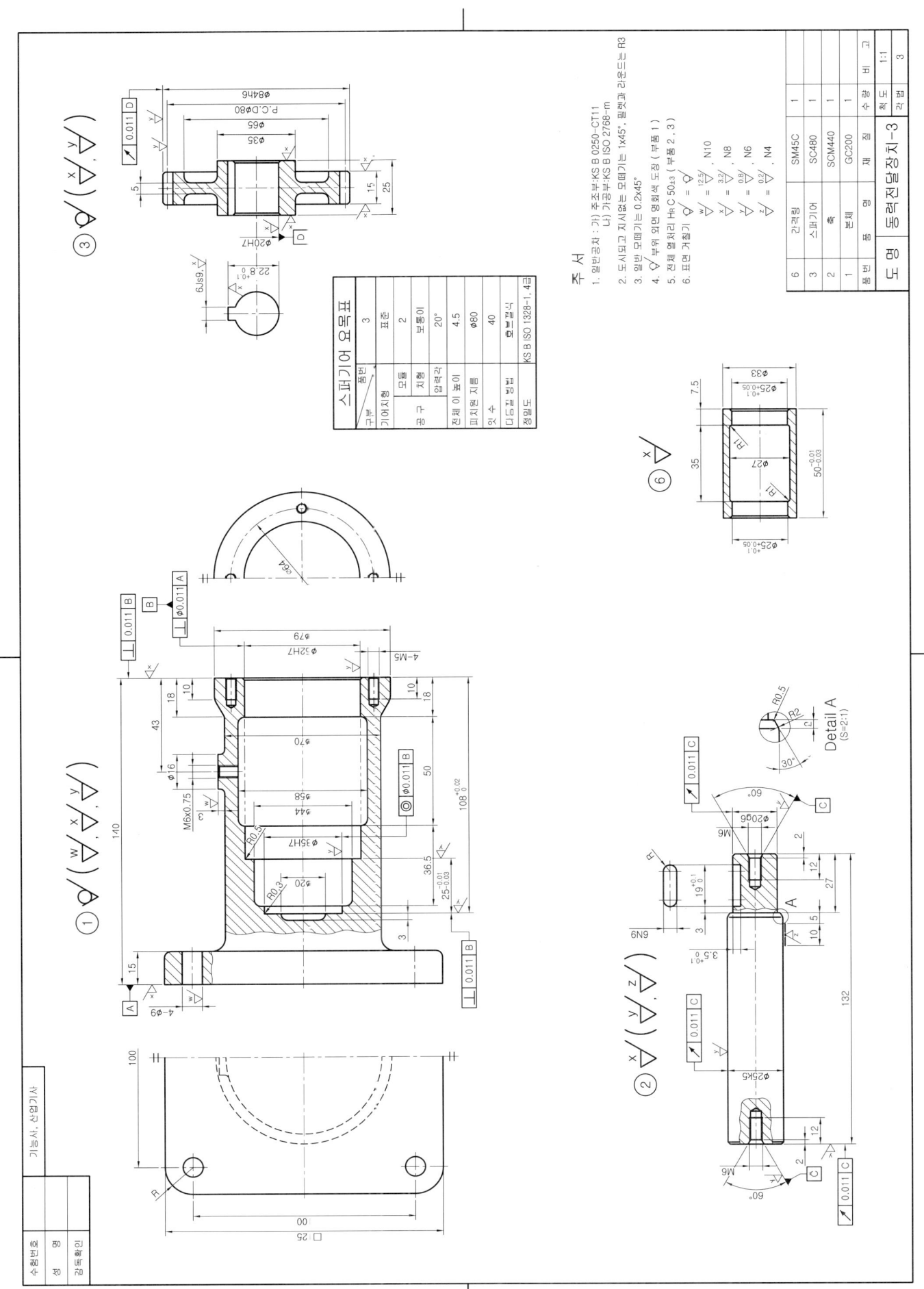

3. 동력전달장치-3

전산응용기계제도기능사 렌더링 등각 투상도 예제 도면

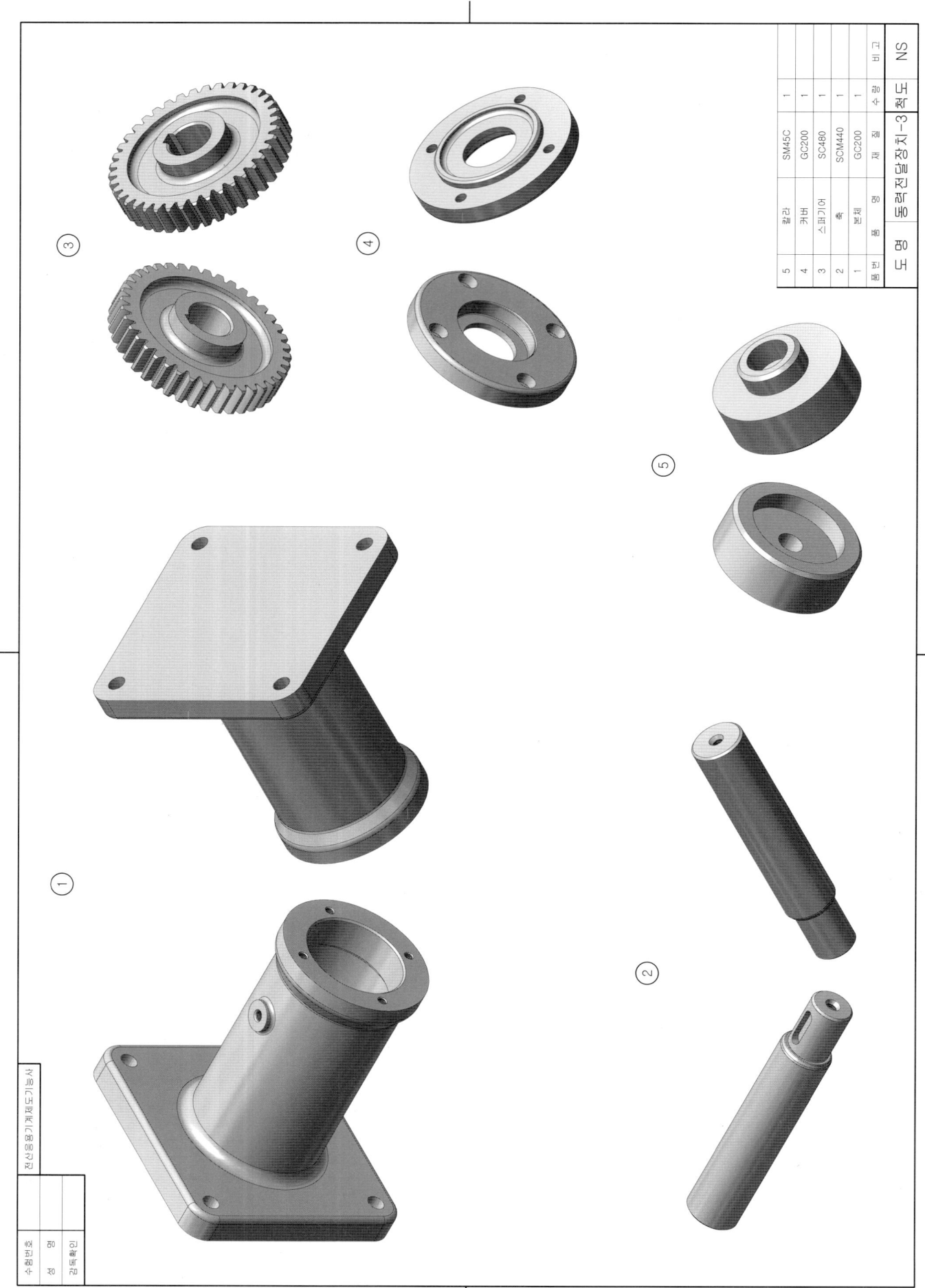

3. 동력전달장치-3

기계설계산업기사 3차원 모델링도 예제 도면

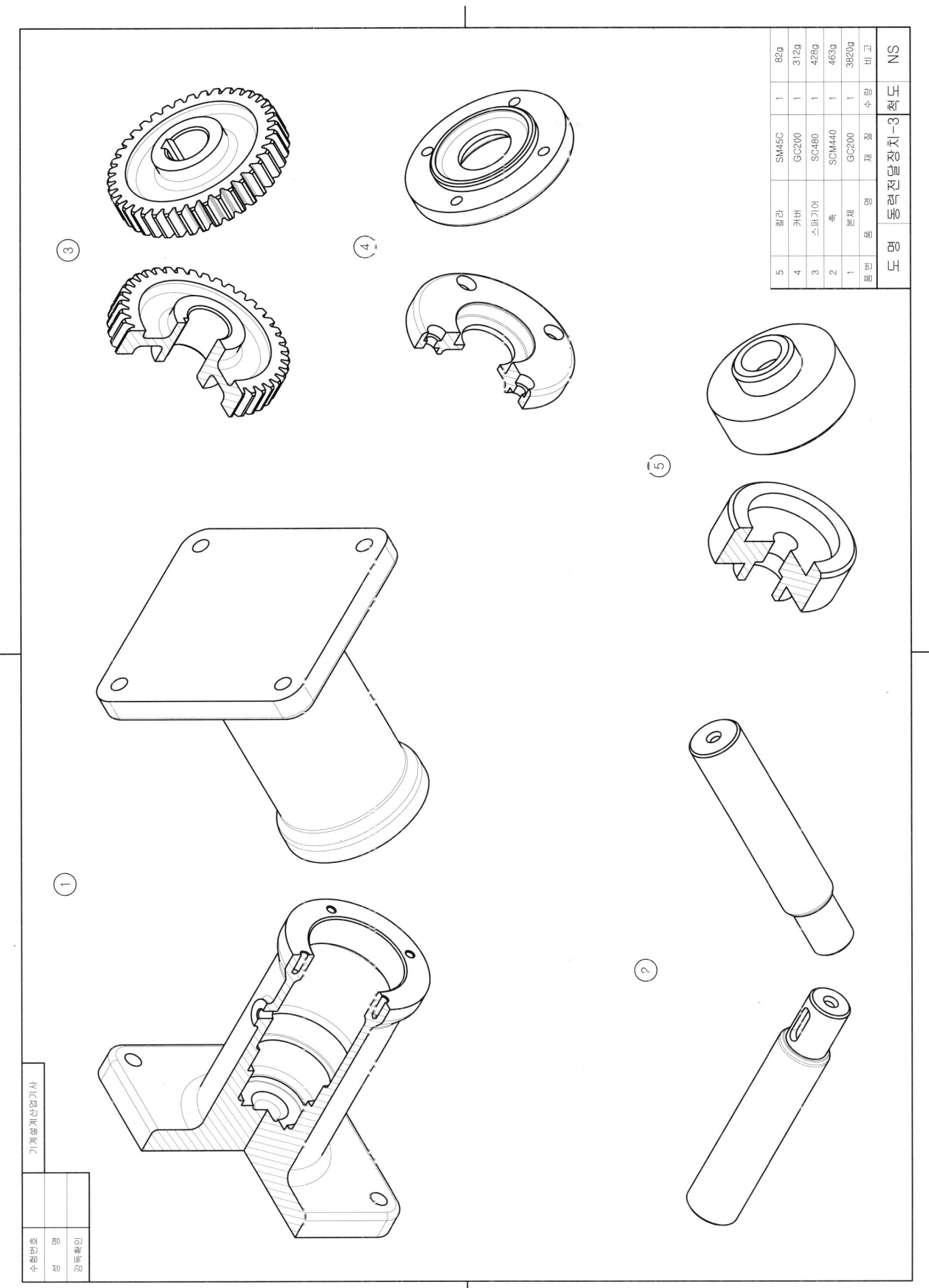

5	칼라	SM45C	1	82g
4	커버	GC200	1	312g
3	스퍼기어	SC480	1	428g
2	축	SCM440	1	463g
1	본체	GC200	1	3820g
품번	품명	재질	수량	비고

도명: 동력전달장치-3 척도: NS

3. 동력전달장치-3

등각 분해도 예제 도면

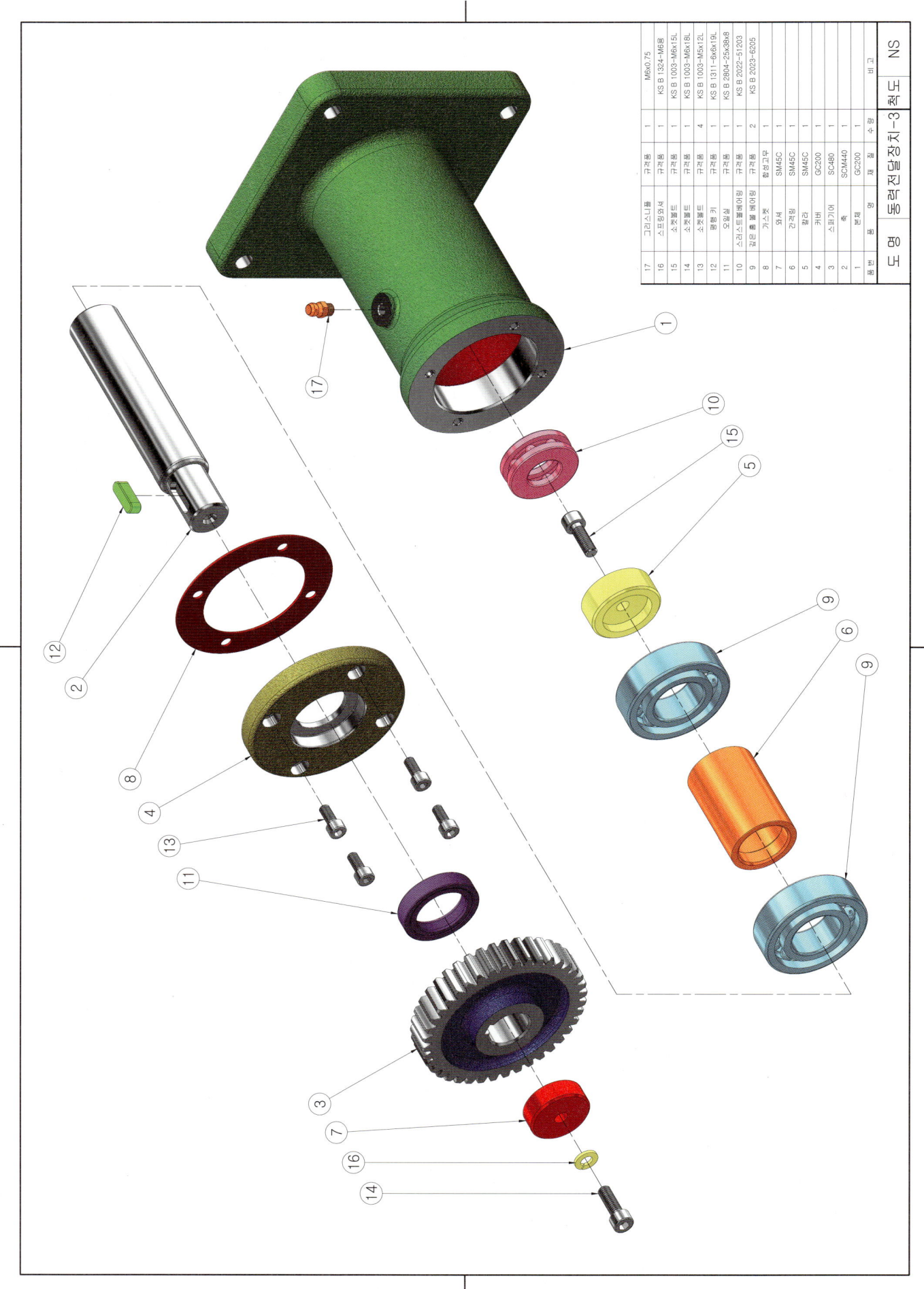

3. 동력전달장치-3

등각 조립도 예제 도면

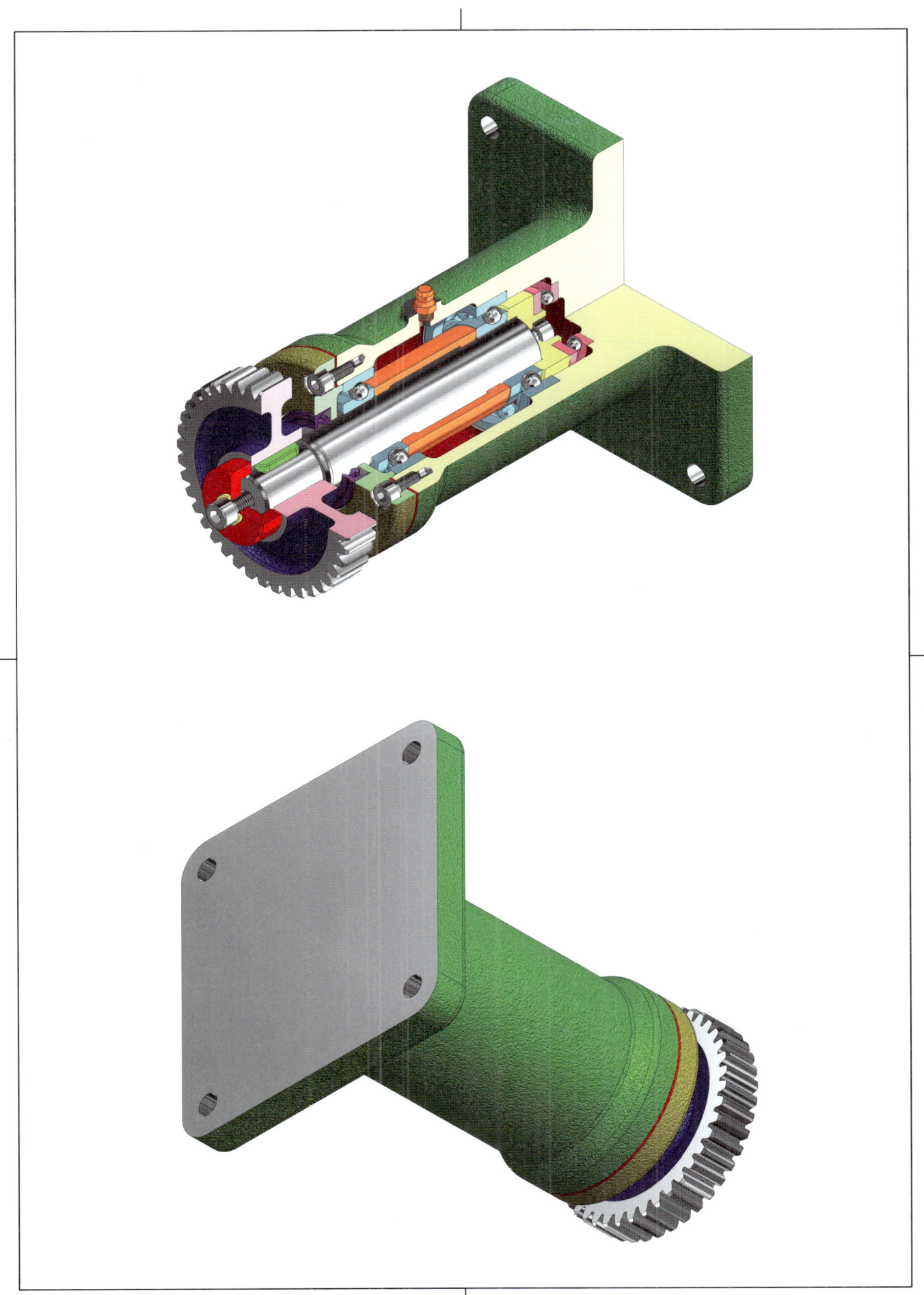

4. 기어박스-1

| 응시종목 | 기능사, 산업기사 | 도 명 | 기어박스-1 | 척도 | 1:1 |

부품도(2D) : 1, 2, 3, 5
등각 투상도(3D) : 1, 2, 3, 5

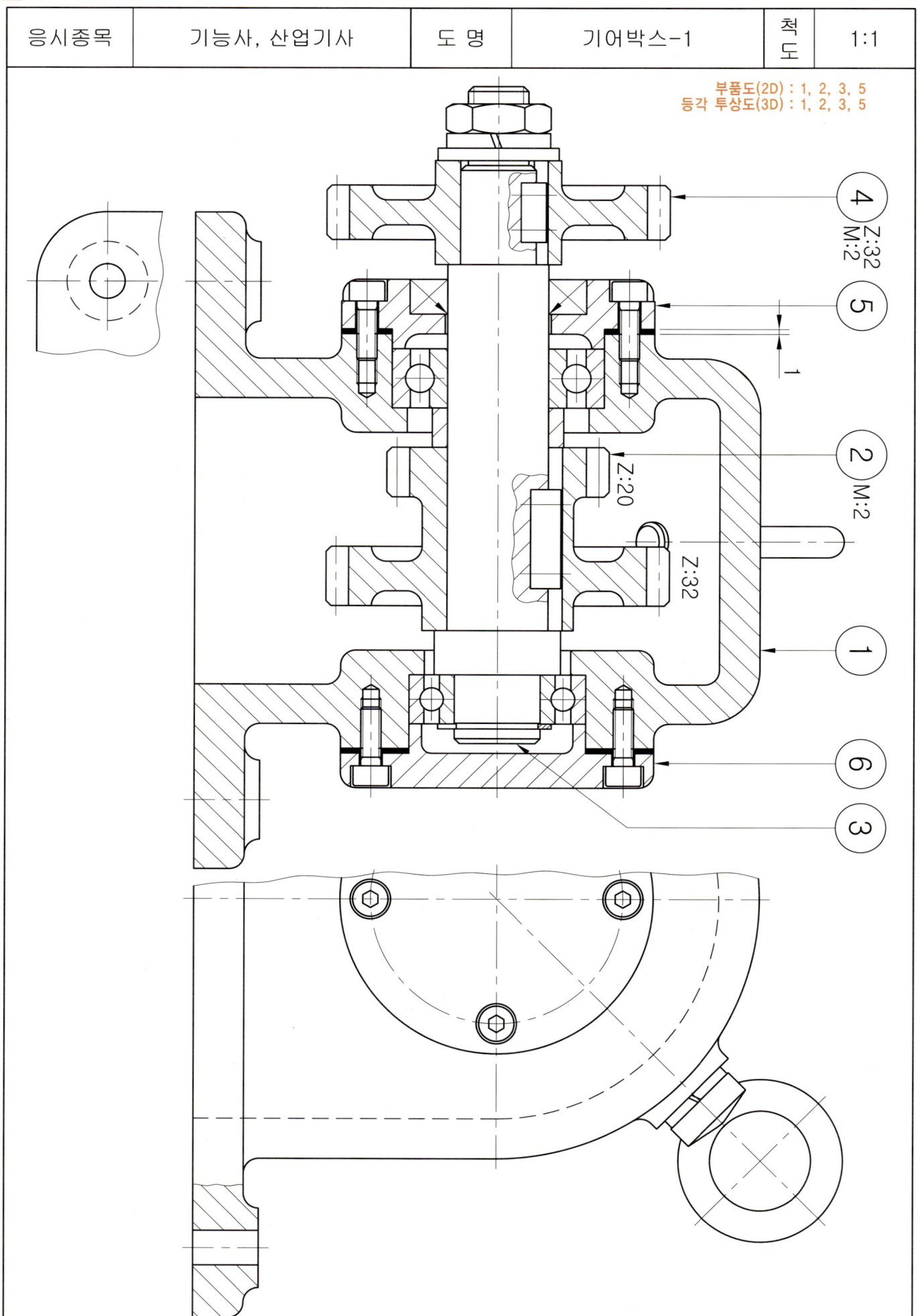

4. 기어박스-1

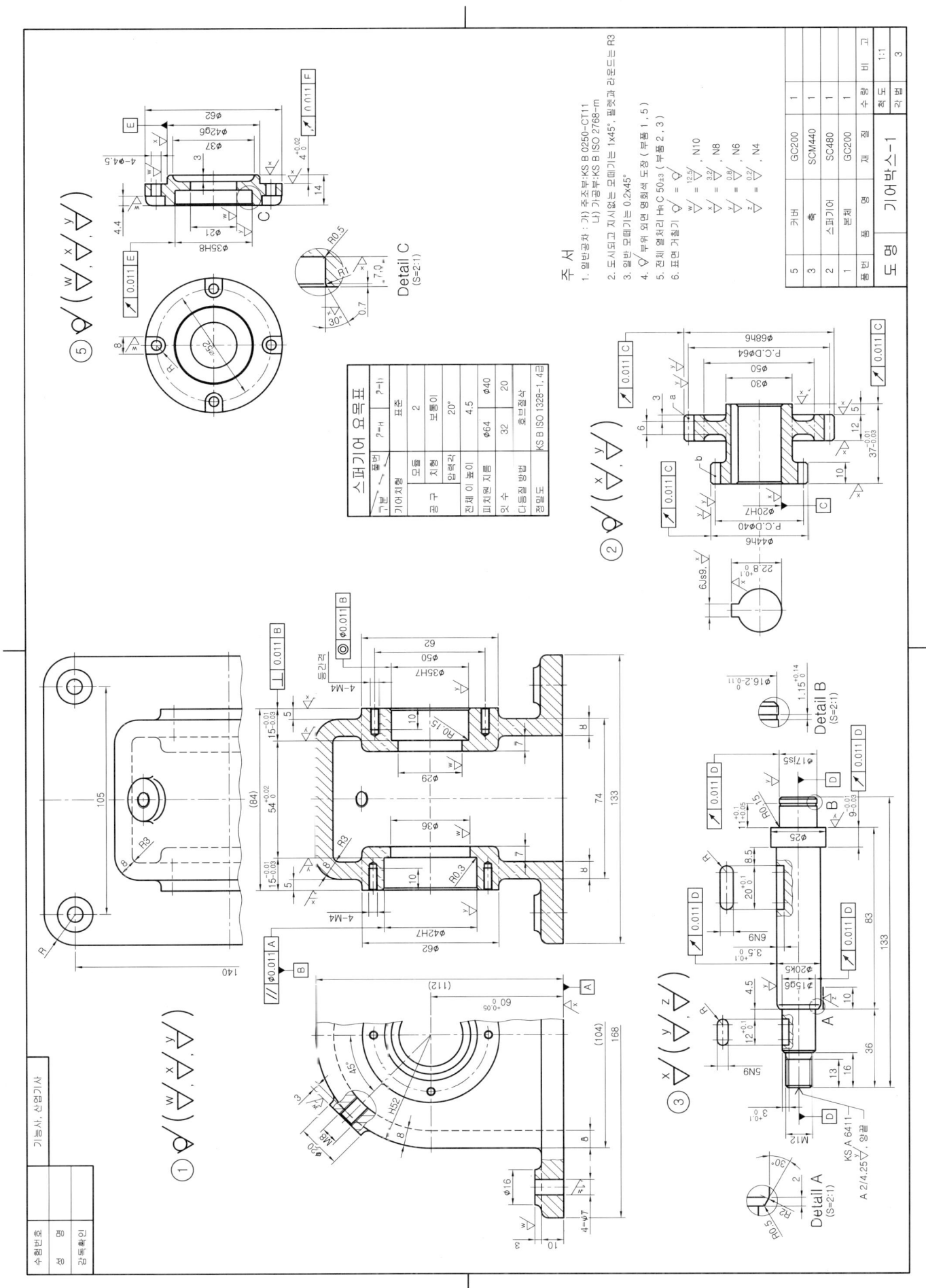

4. 기어박스-1

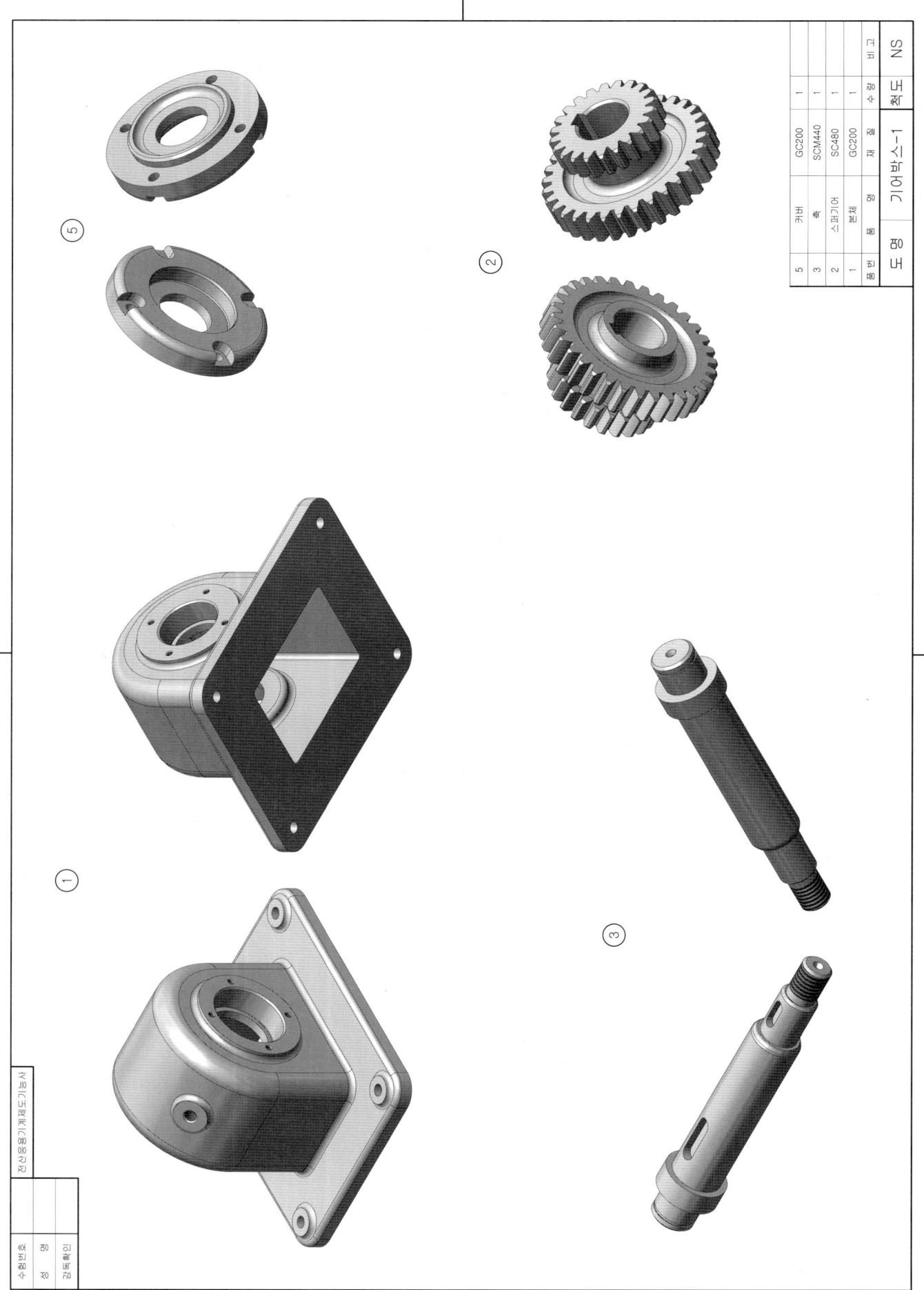

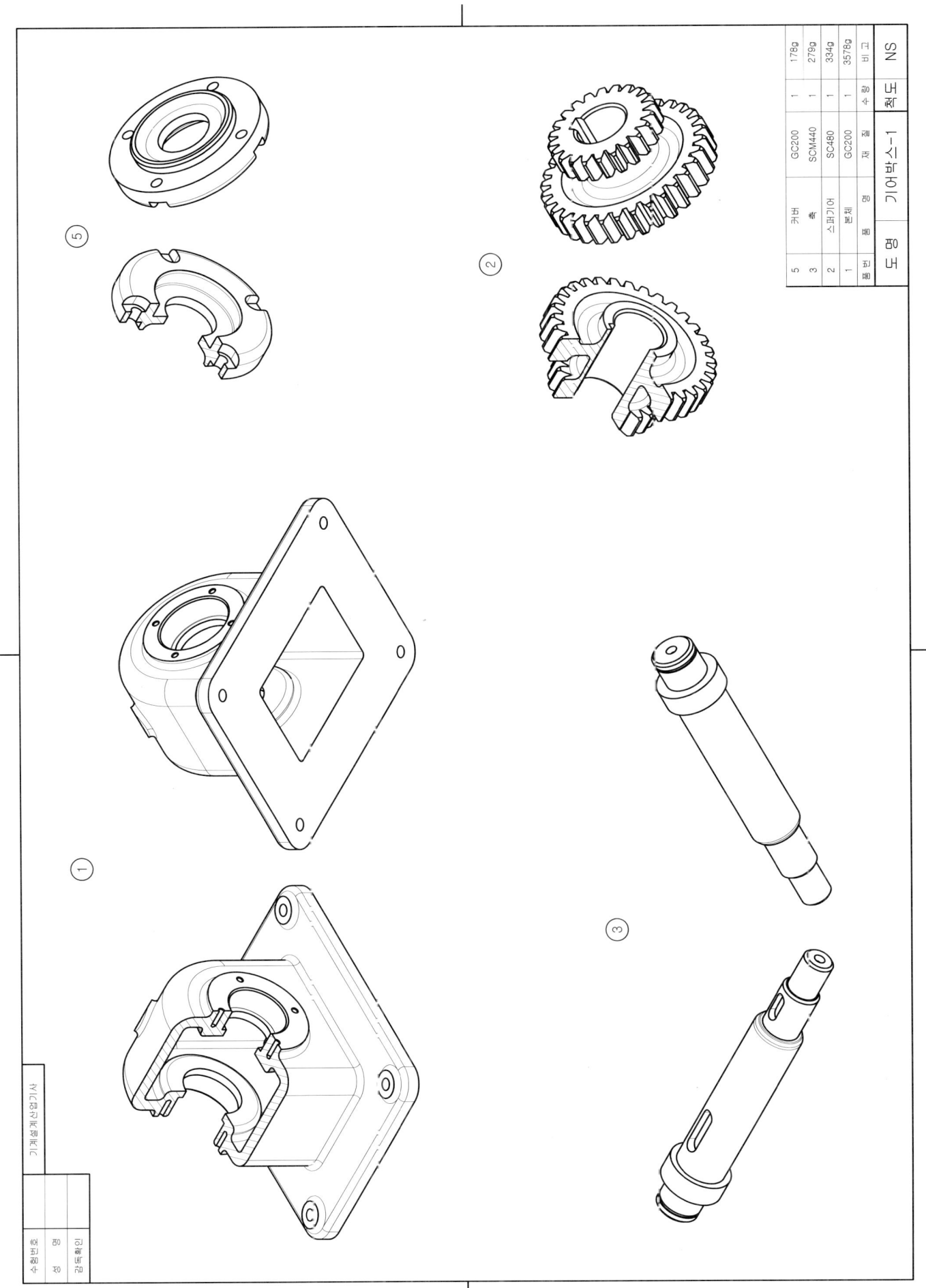

4. 기어박스-1

등각 분해도 예제 도면

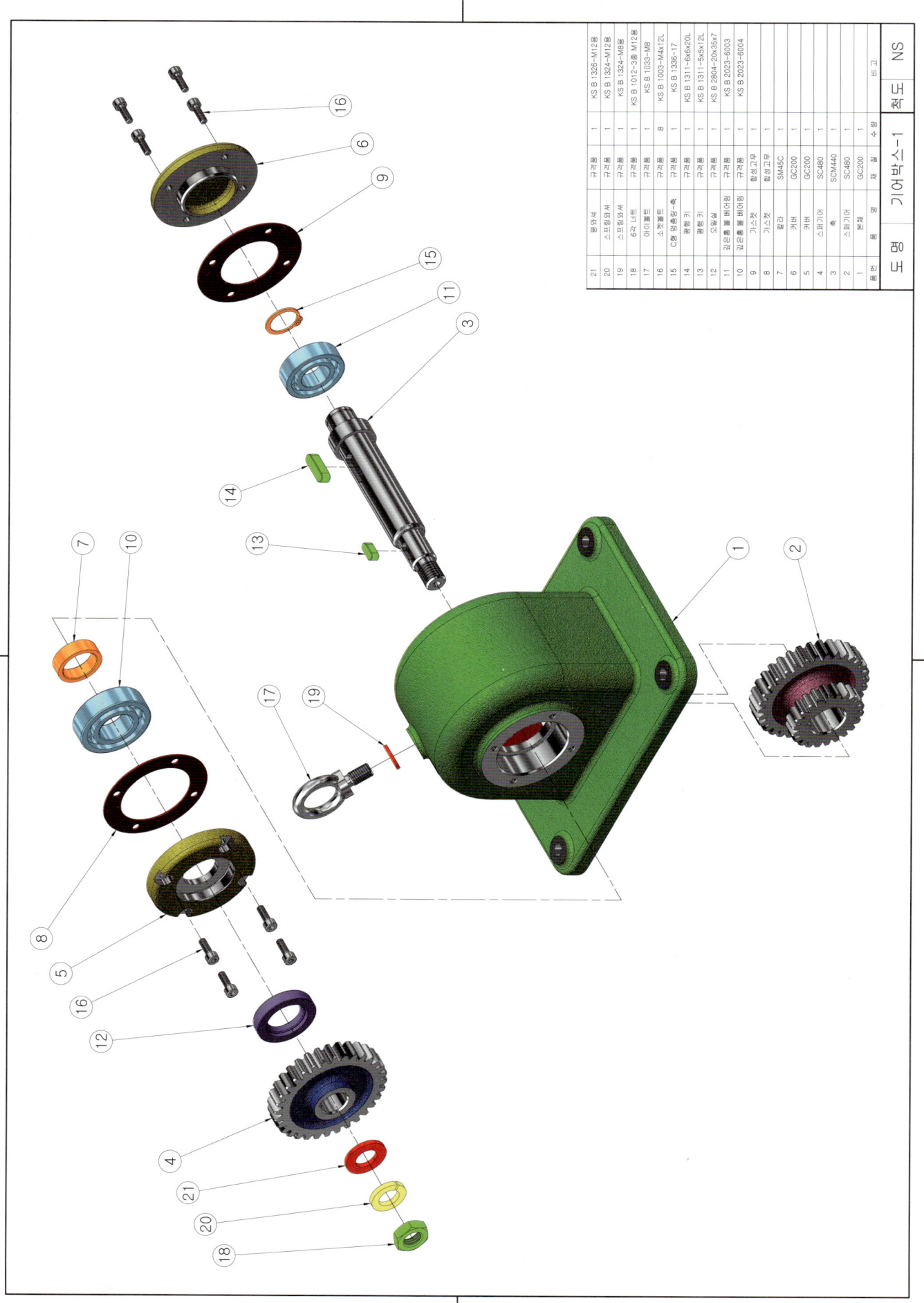

4. 기어박스-1

등각 조립도 예제 도면

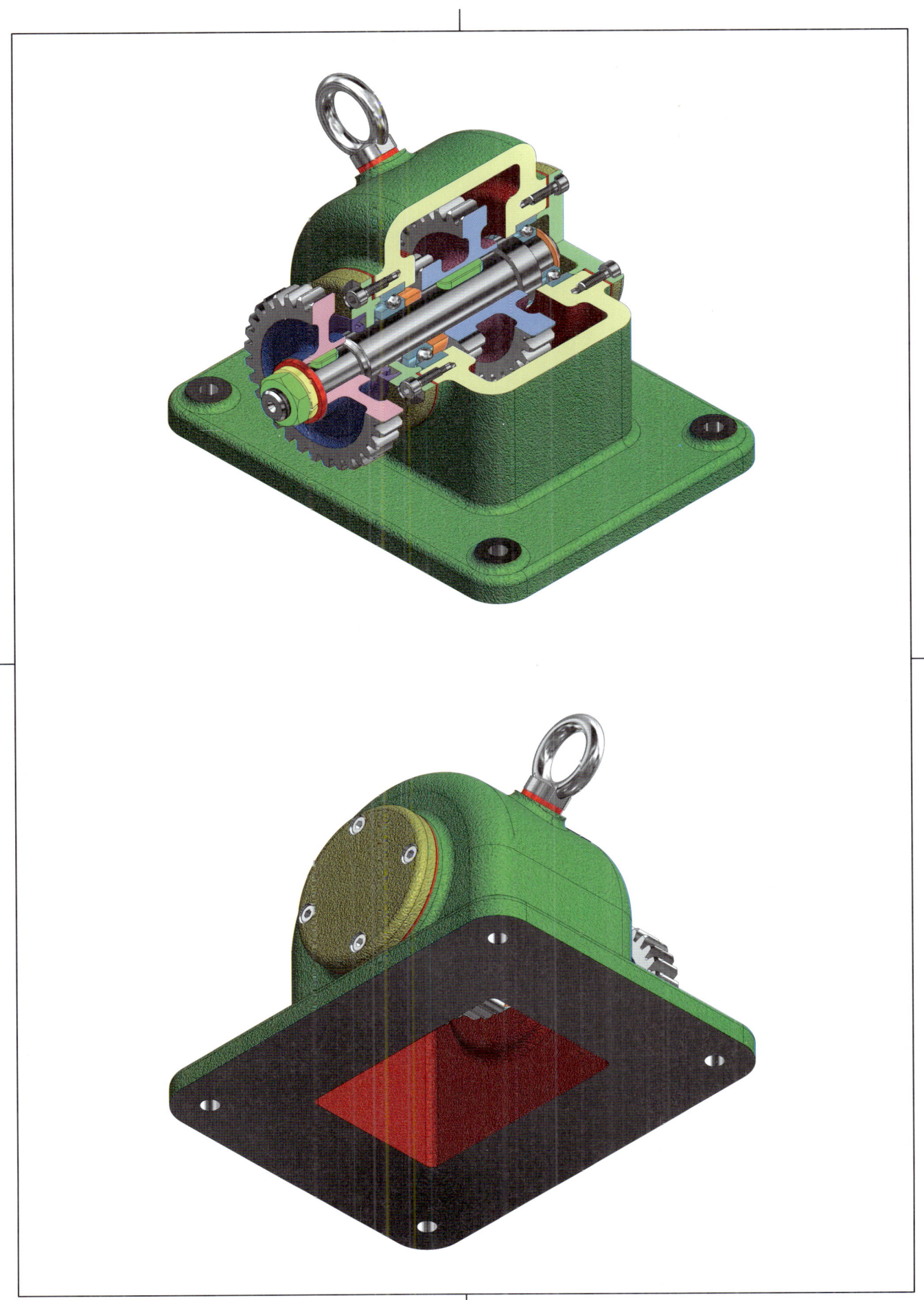

5. 기어박스-2

| 응시종목 | 기능사, 산업기사 | 도 명 | 기어박스-2 | 척도 | 1:1 |

부품도(2D) : 1, 3, 4, 5
등각 투상도(3D) : 1, 2, 3, 4, 5

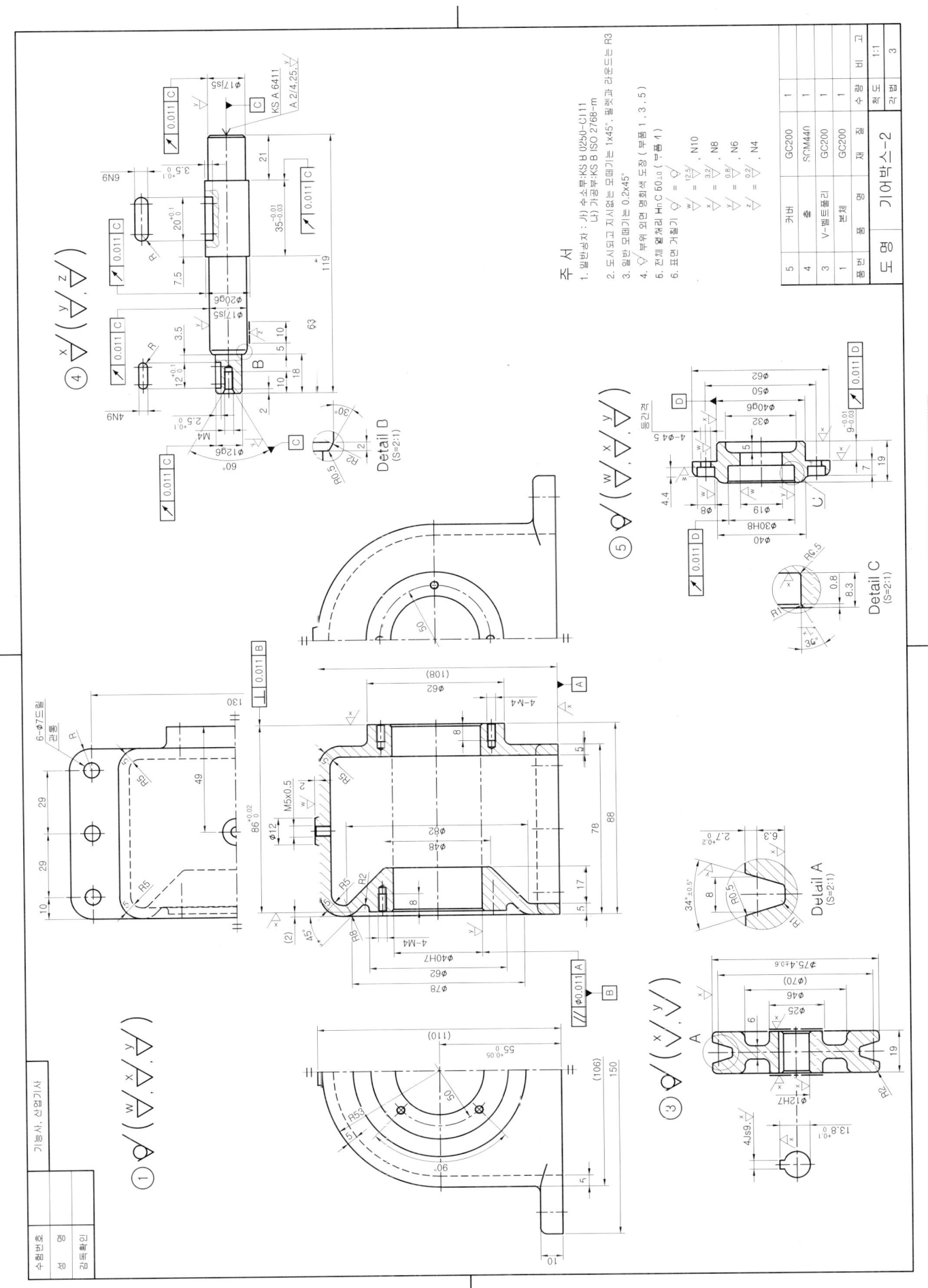

5. 기어박스-2

전산응용기계제도기능사 렌더링 등각 투상도 예제 도면

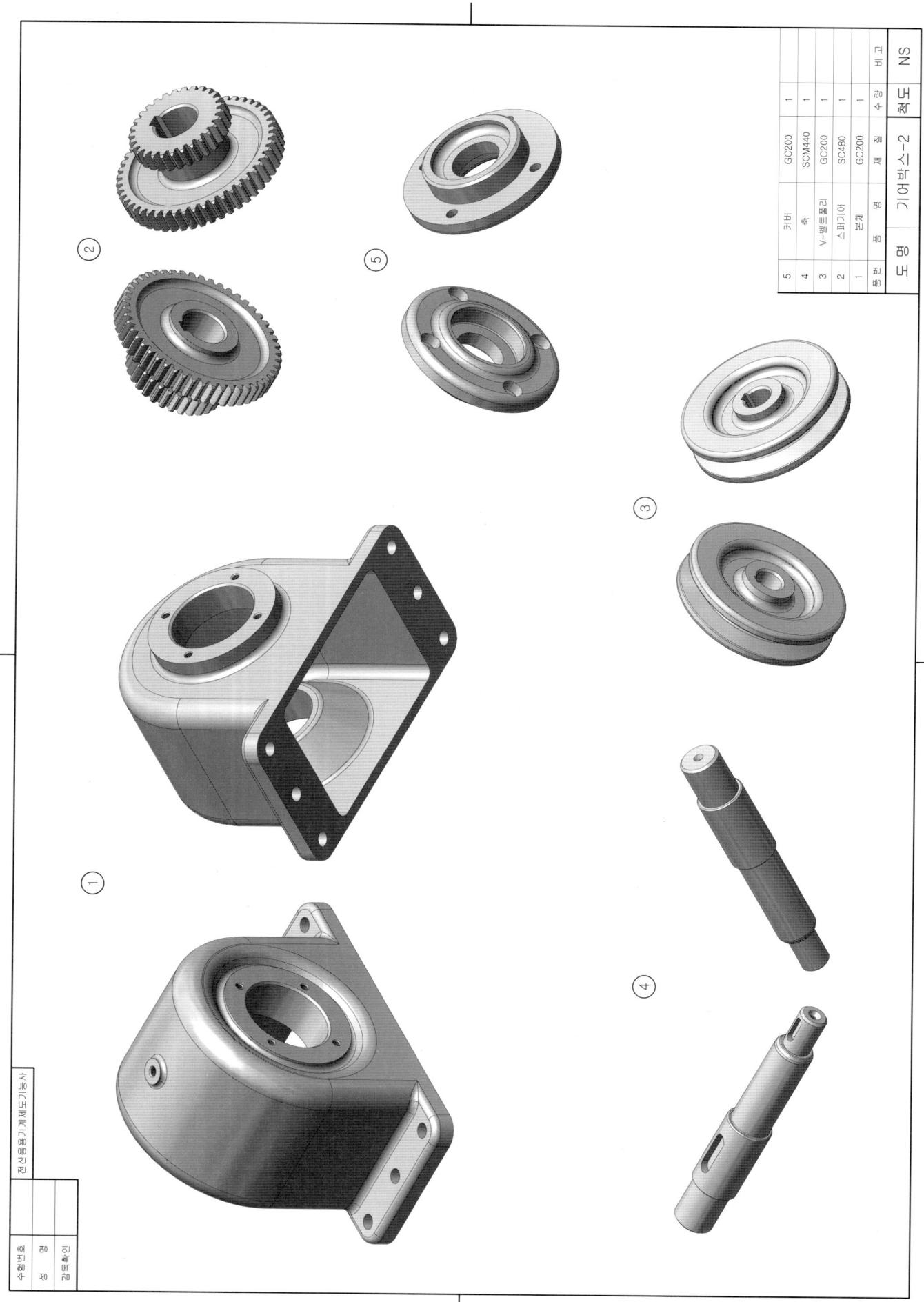

5. 기어박스-2

기계설계산업기사 3차원 모델링도 예제 도면

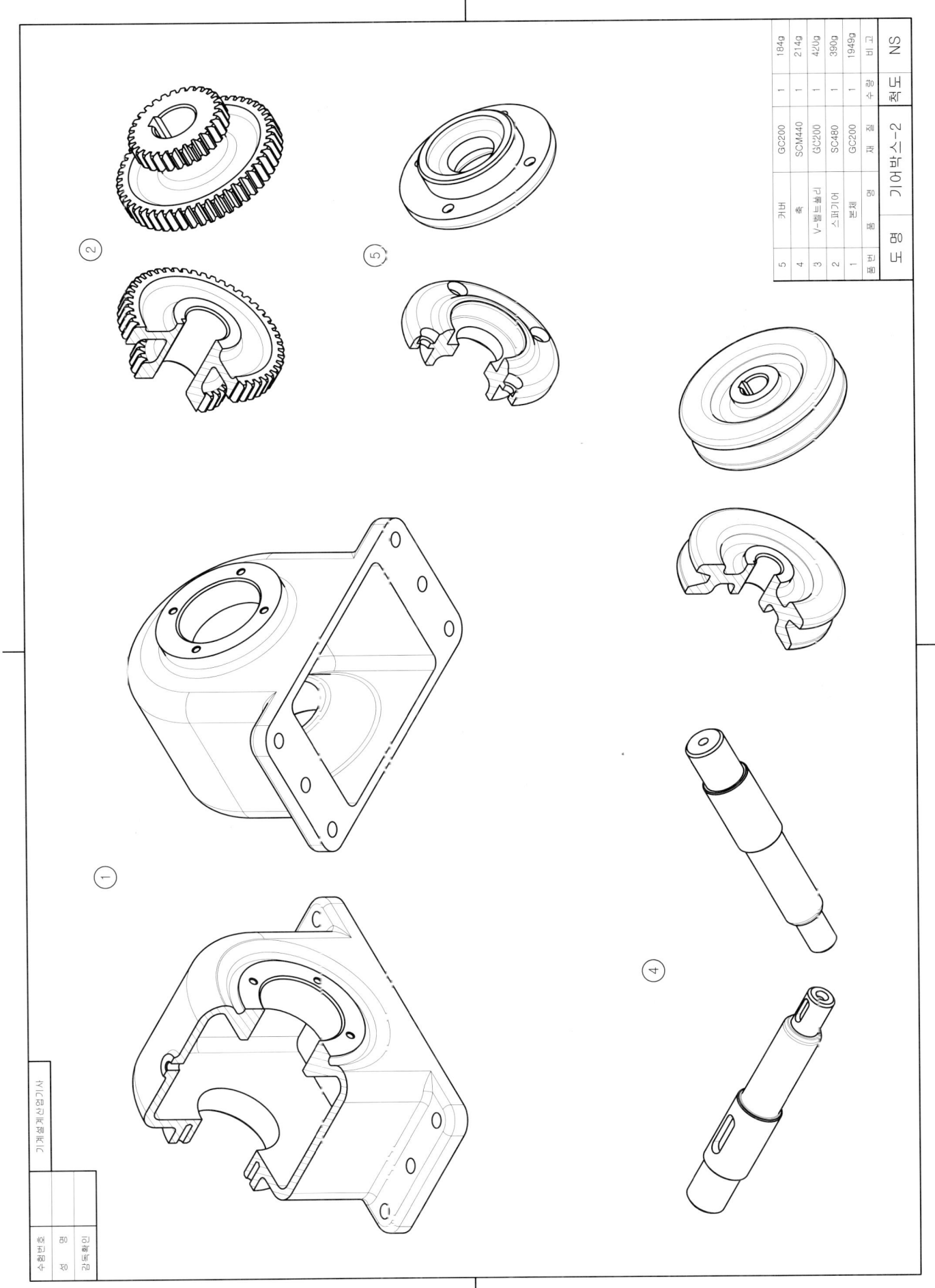

5. 기어박스-2

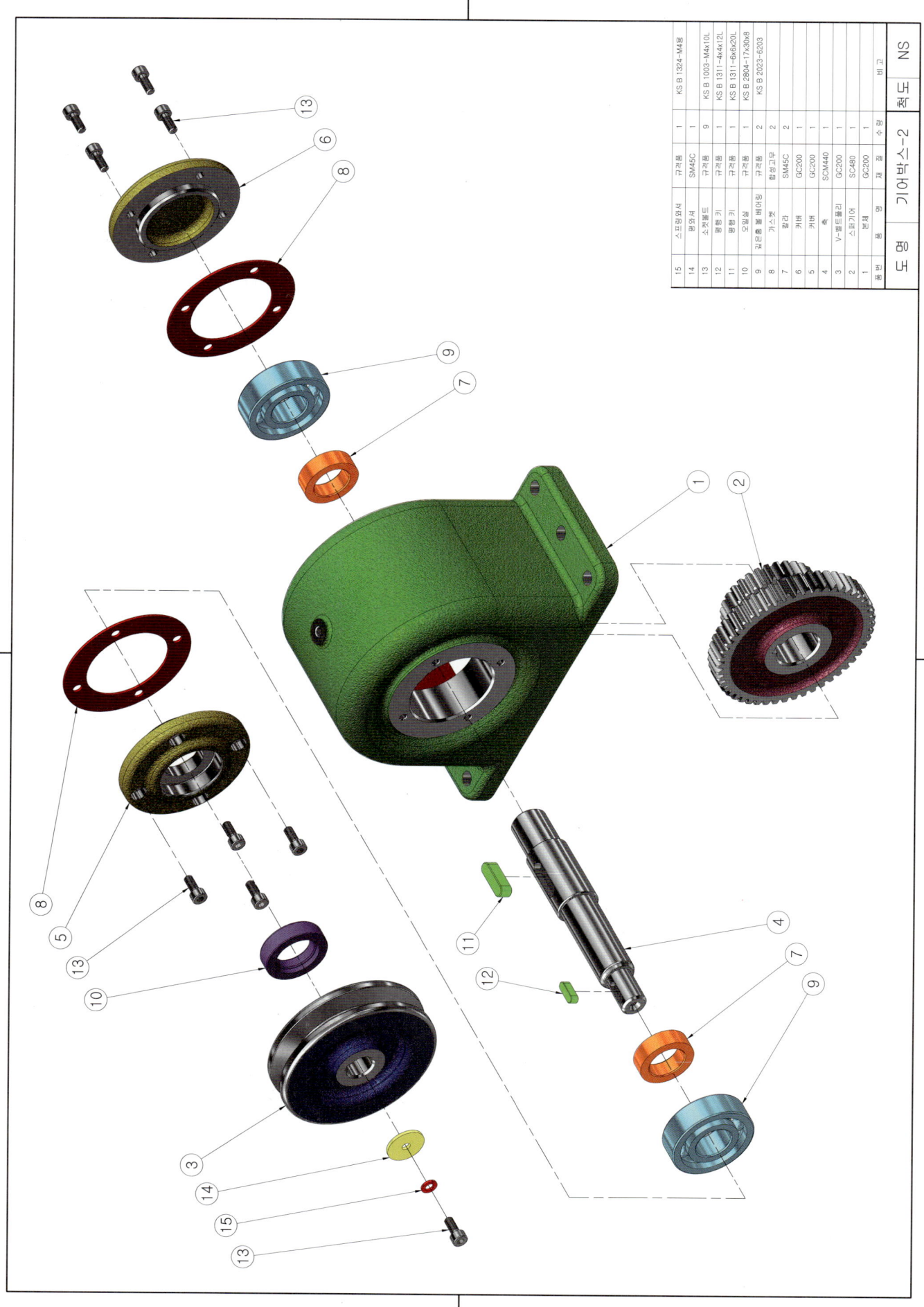

5. 기어박스-2

등각 조립도 예제 도면

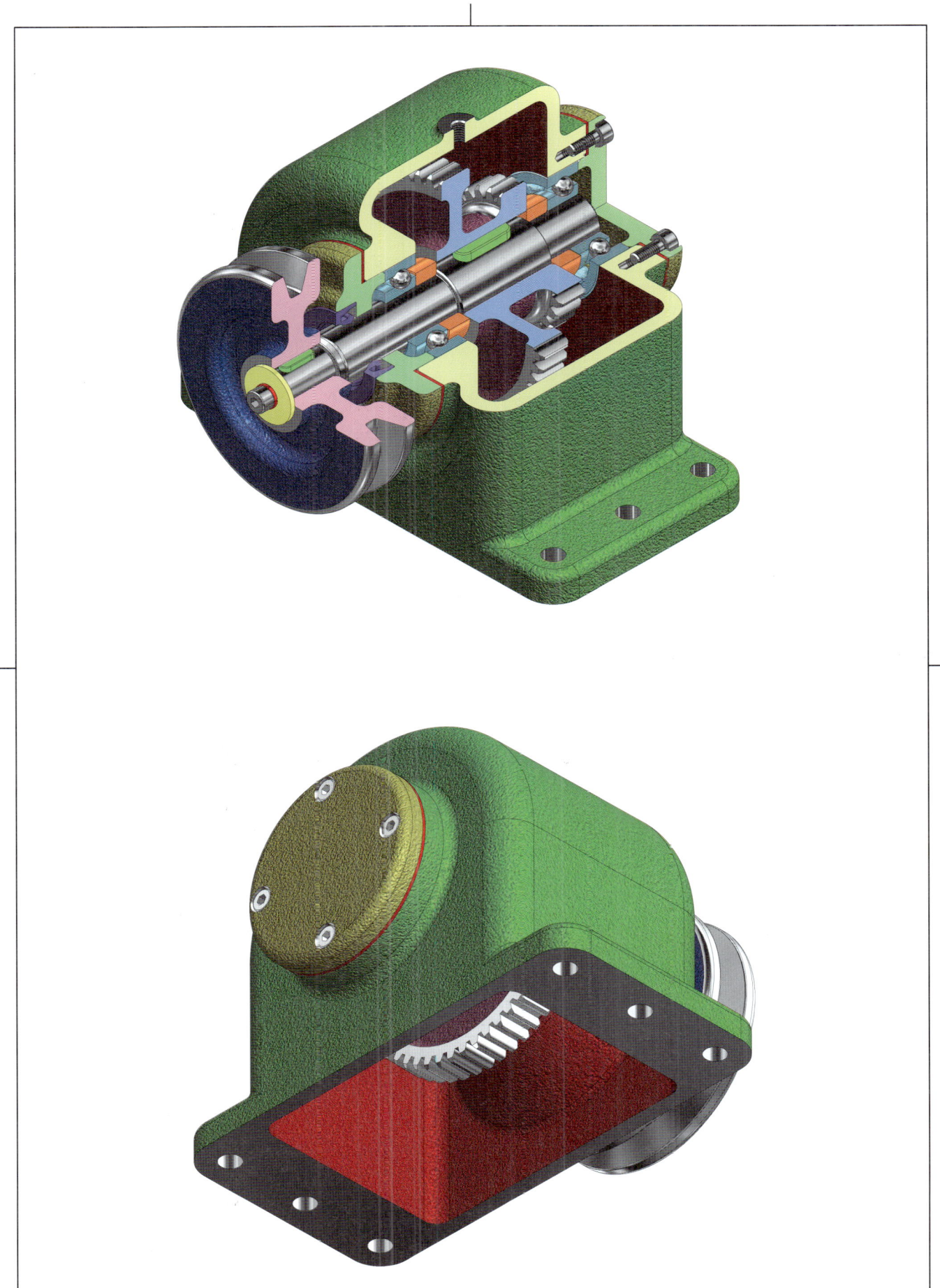

6. 기어박스-3

| 응시종목 | 기능사, 산업기사 | 도 명 | 기어박스-3 | 척도 | 1:1 |

부품도(2D) : 1, 3, 4, 5
등각 투상도(3D) : 1, 2, 3, 4

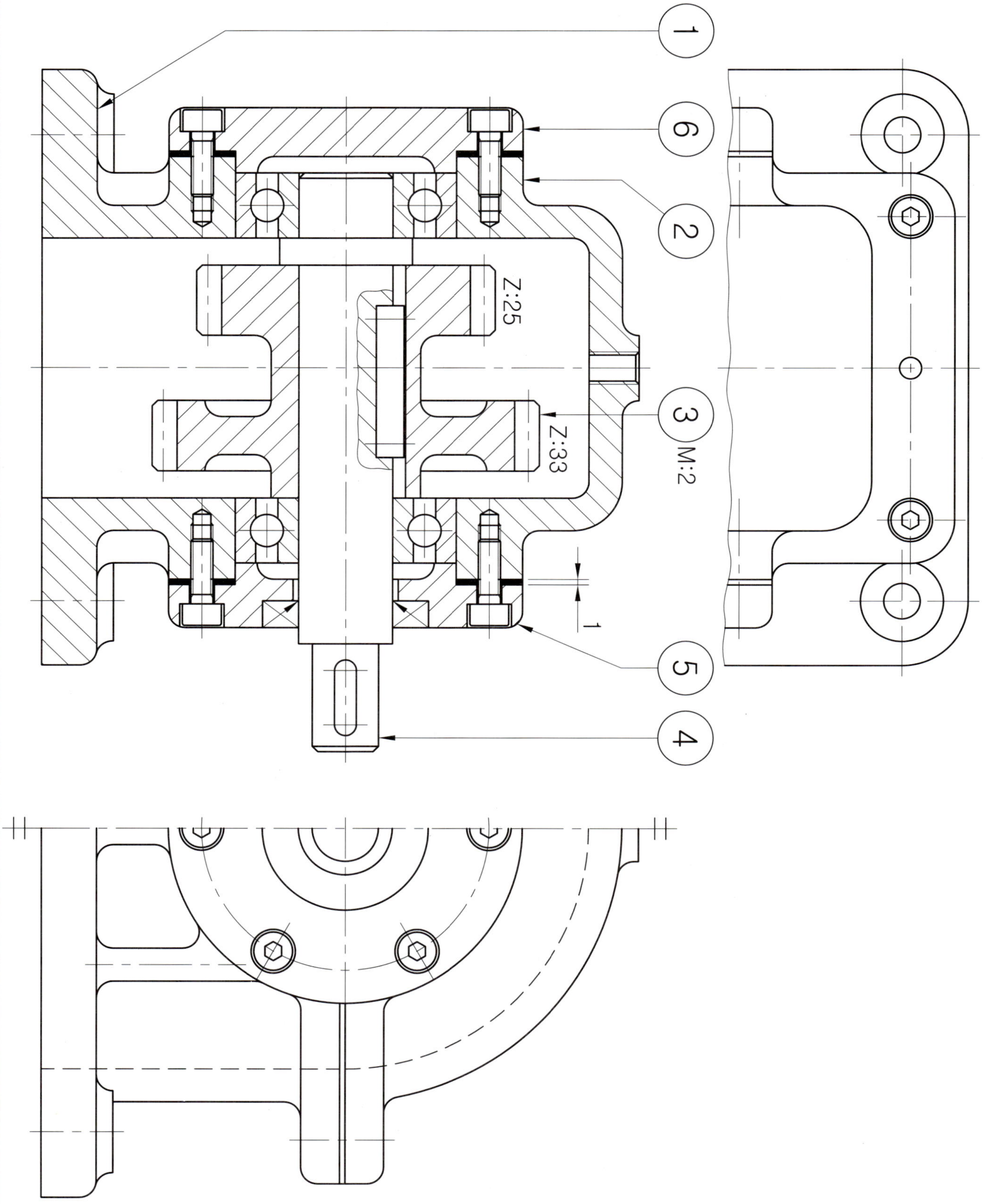

Z:25
Z:33
M:2

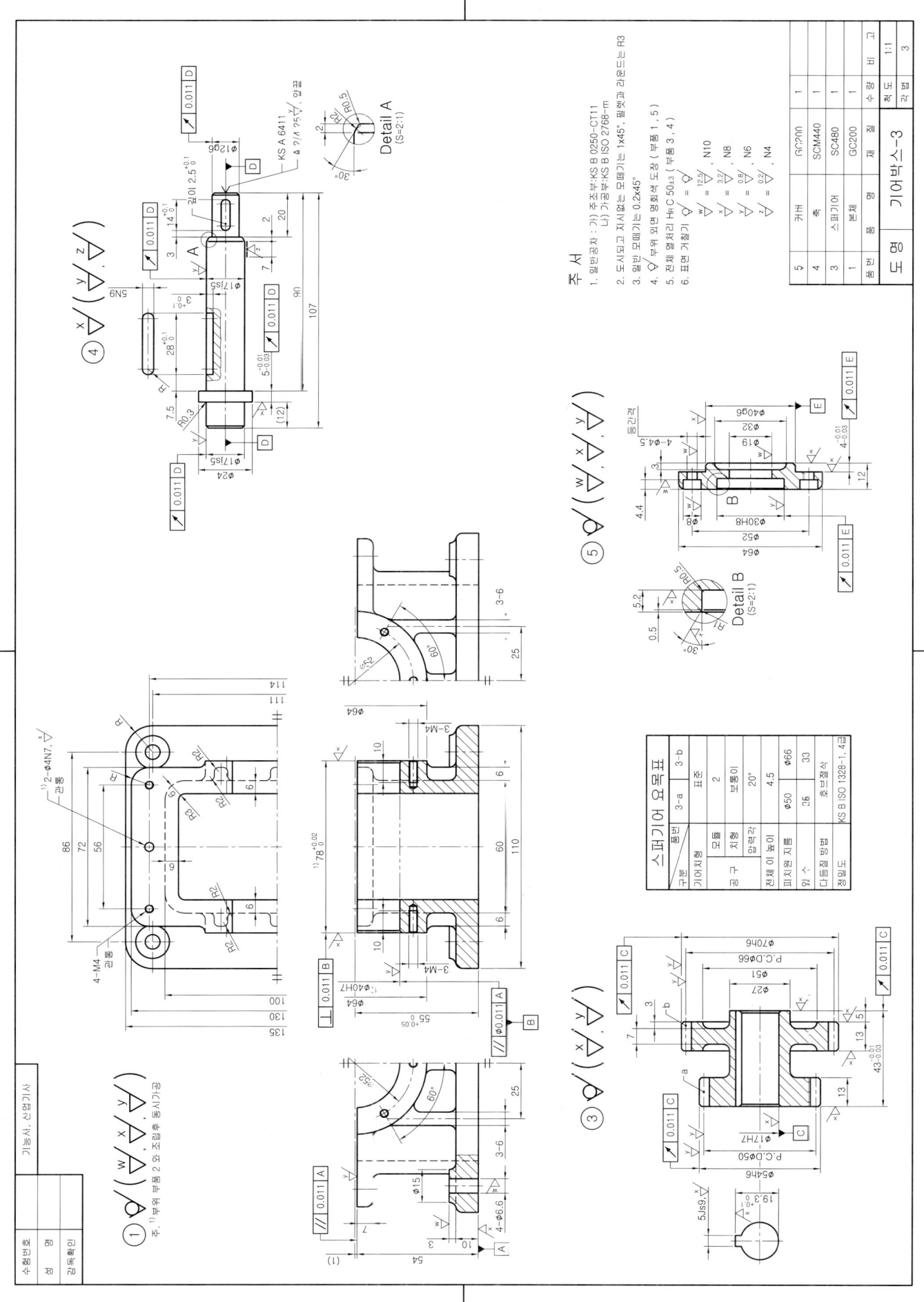

6. 기어박스-3

전산응용기계제도기능사 렌더링 등각 투상도 예제 도면

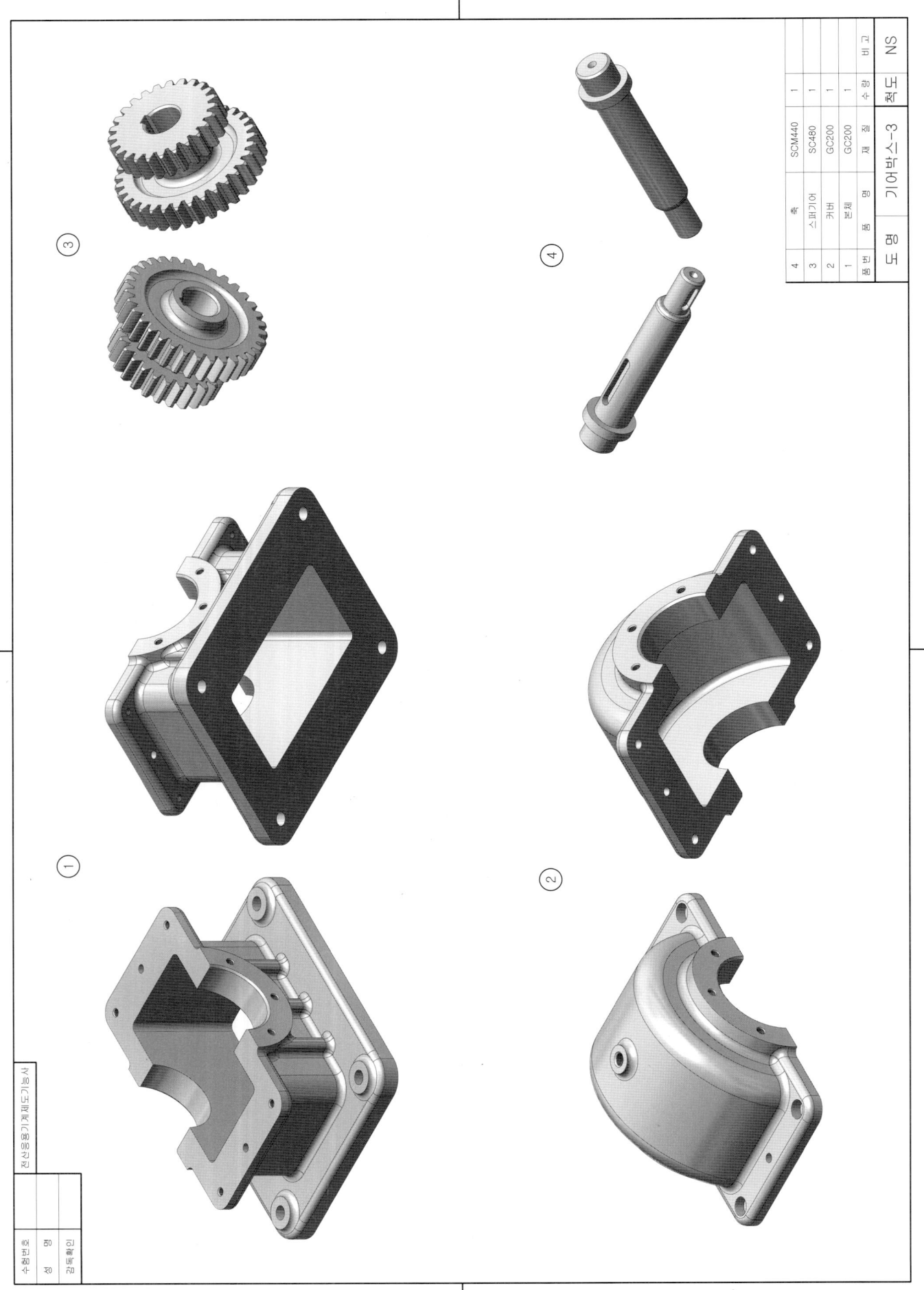

6. 기어박스-3

기계설계산업기사 3차원 모델링도 예제 도면

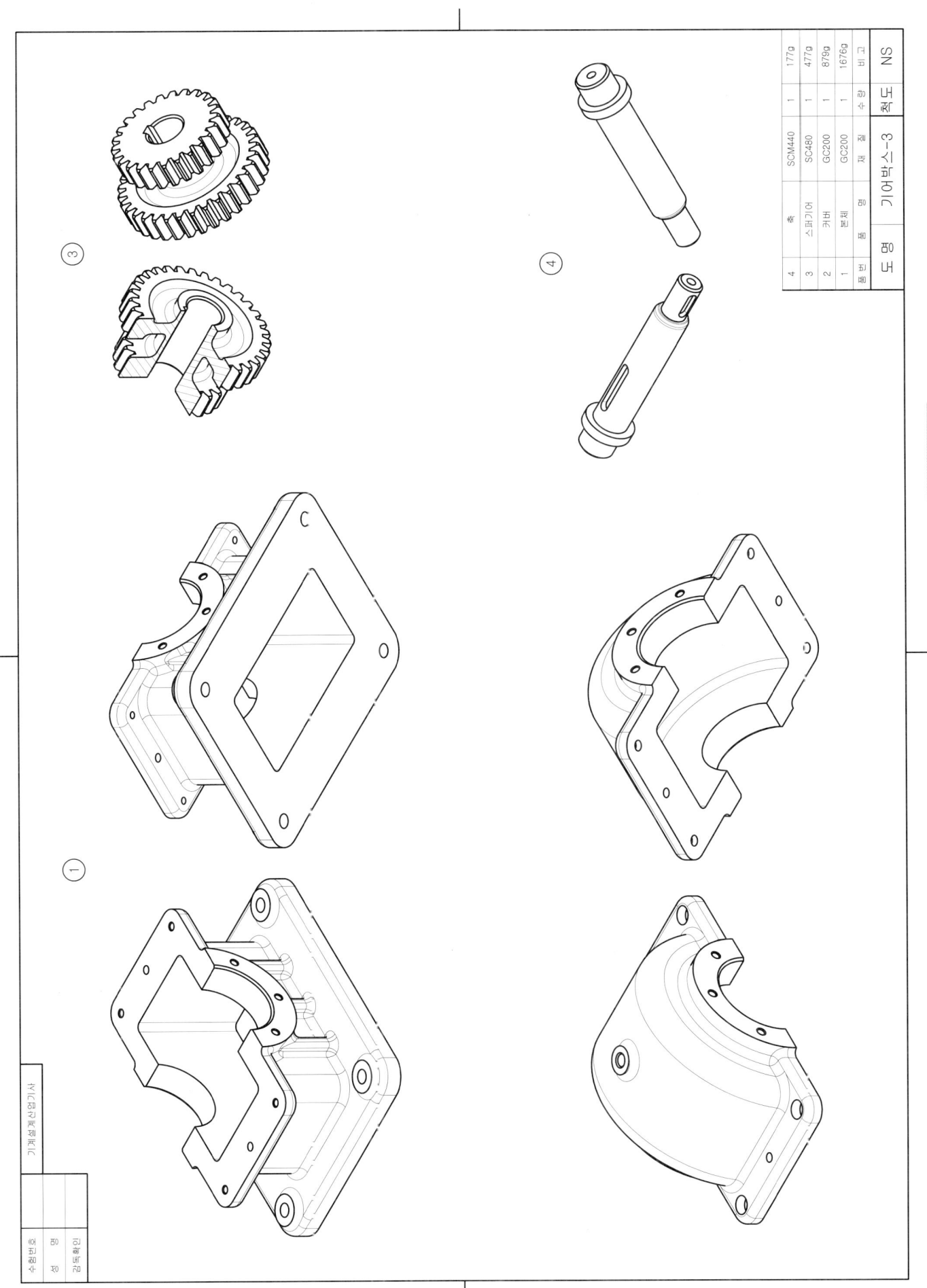

6. 기어박스-3

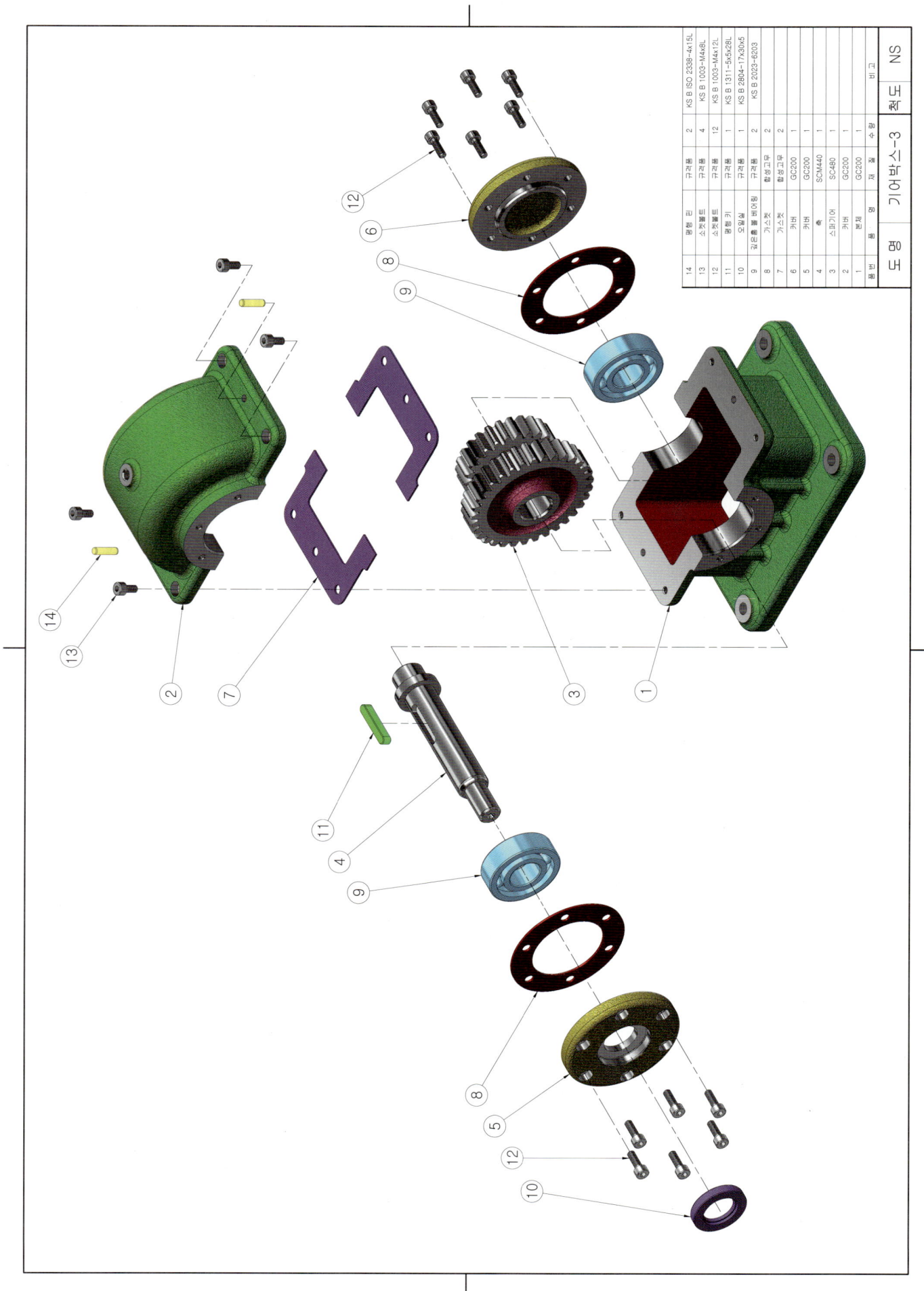

6. 기어박스-3

등각 조립도 예제 도면

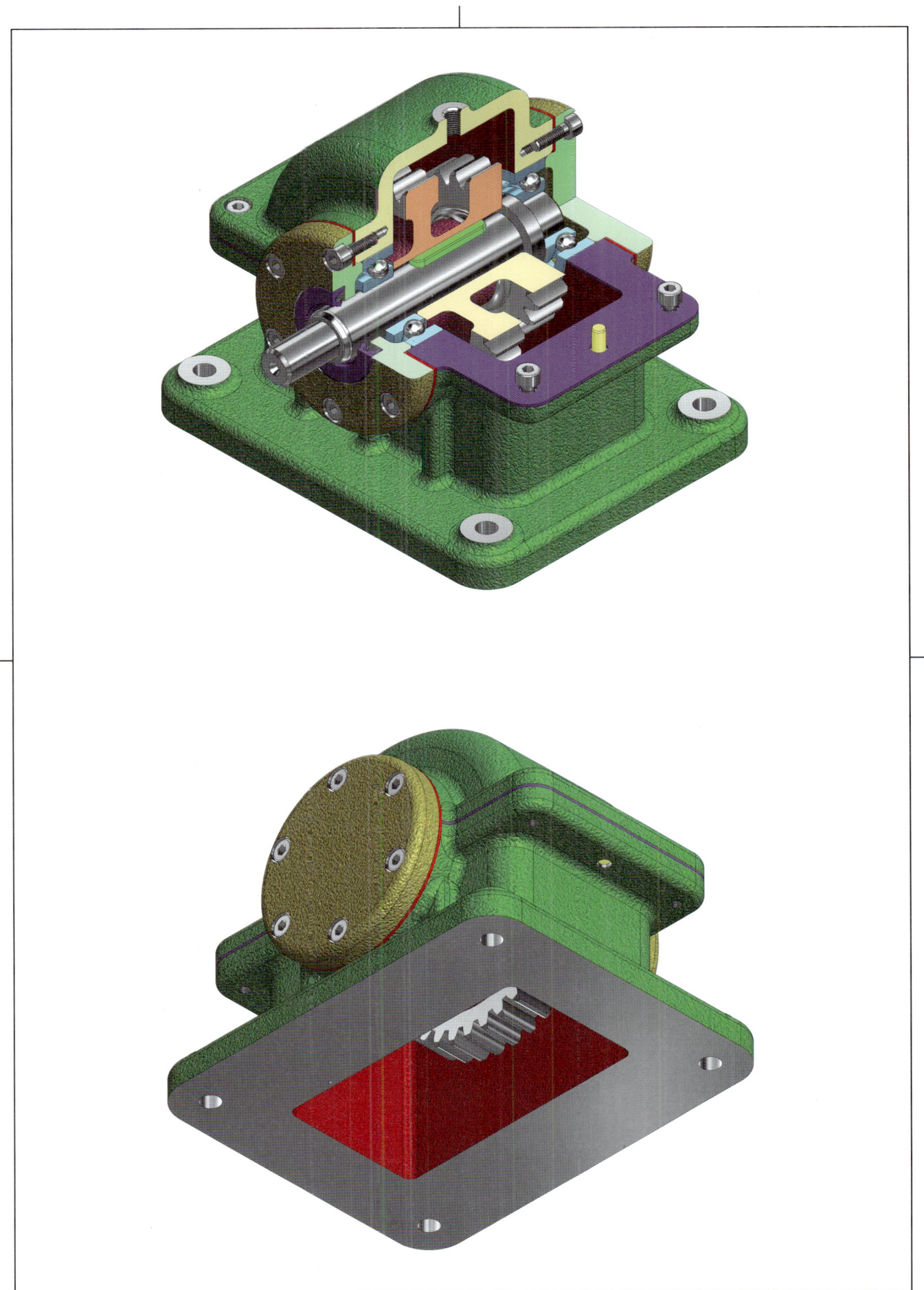

7. 기어박스-4

| 응시종목 | 기능사, 산업기사 | 도 명 | 기어박스-4 | 척도 | 1:1 |

부품도(2D) : 1, 2, 5, 8
등각 투상도(3D) : 1, 4, 5, 7, 8

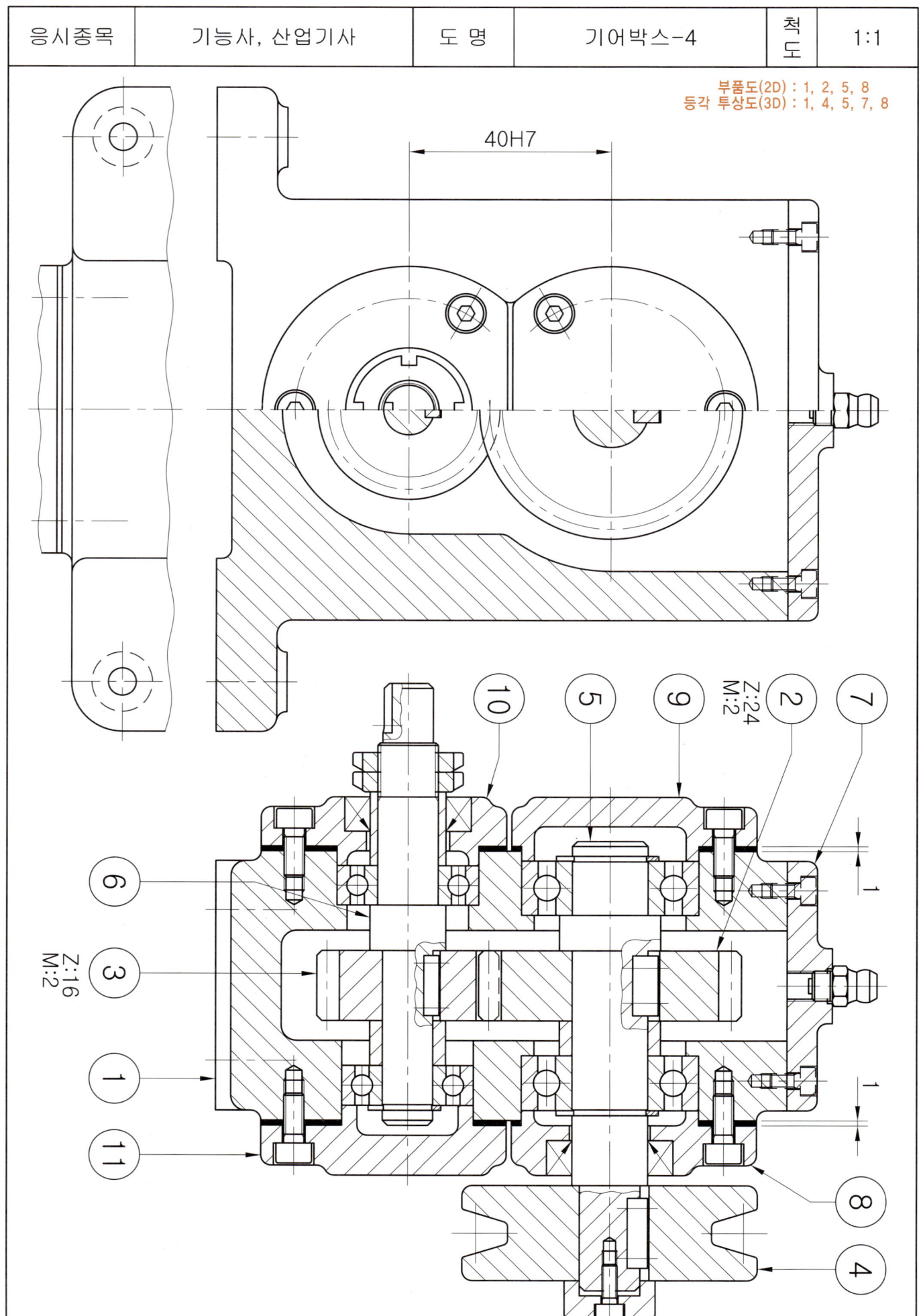

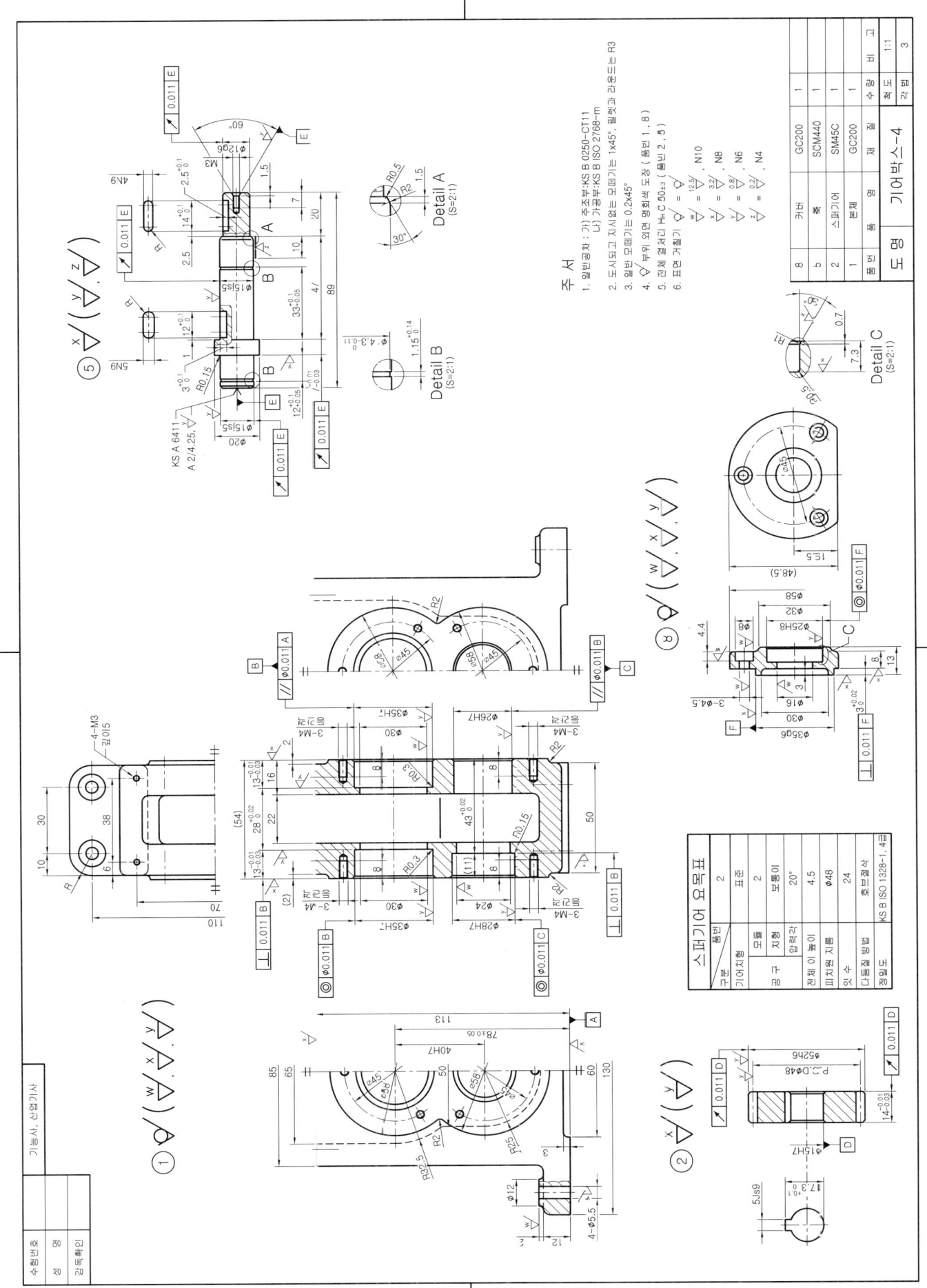

7. 기어박스-4

전산응용기계제도기능사 렌더링 등각 투상도 예제 도면

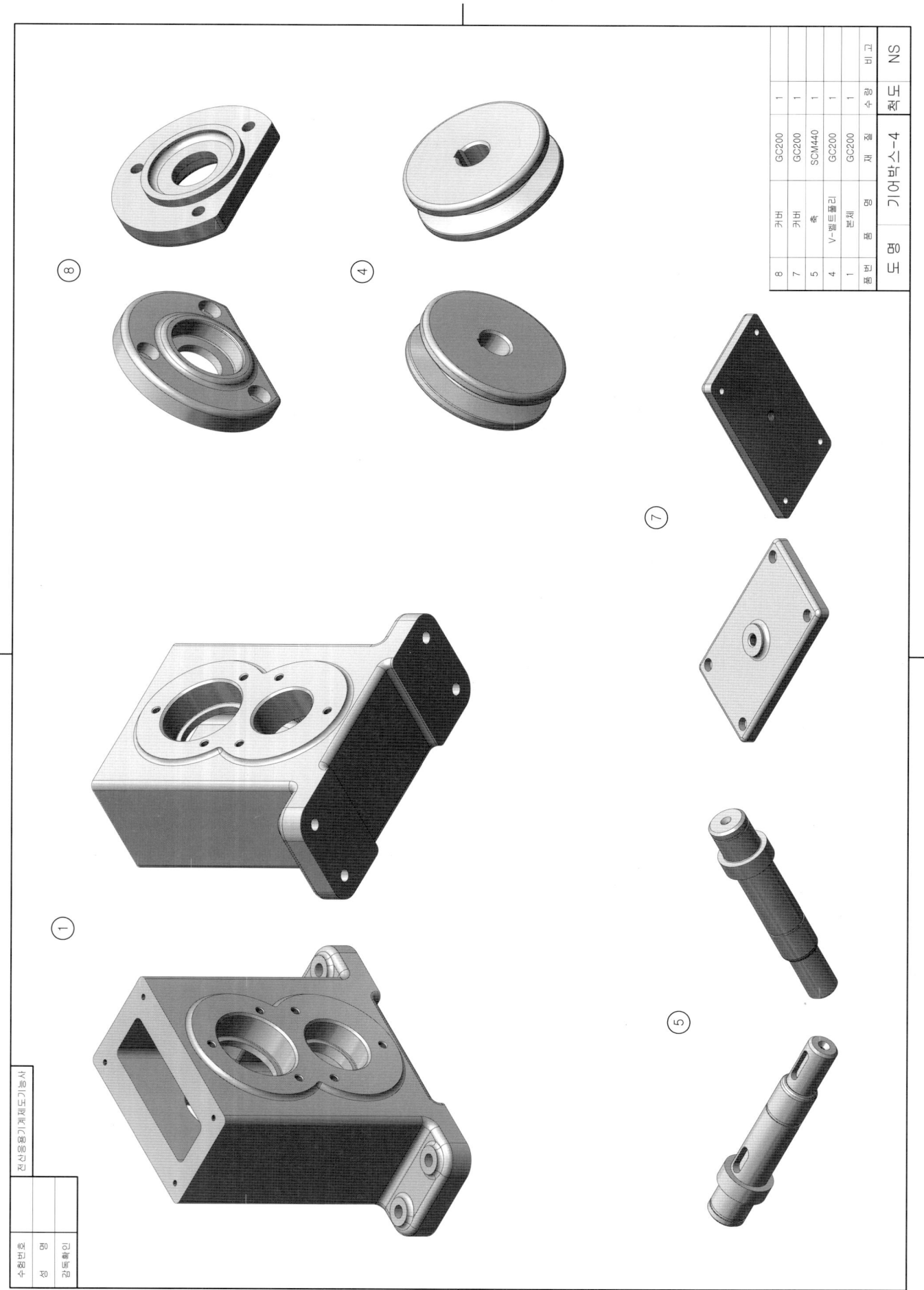

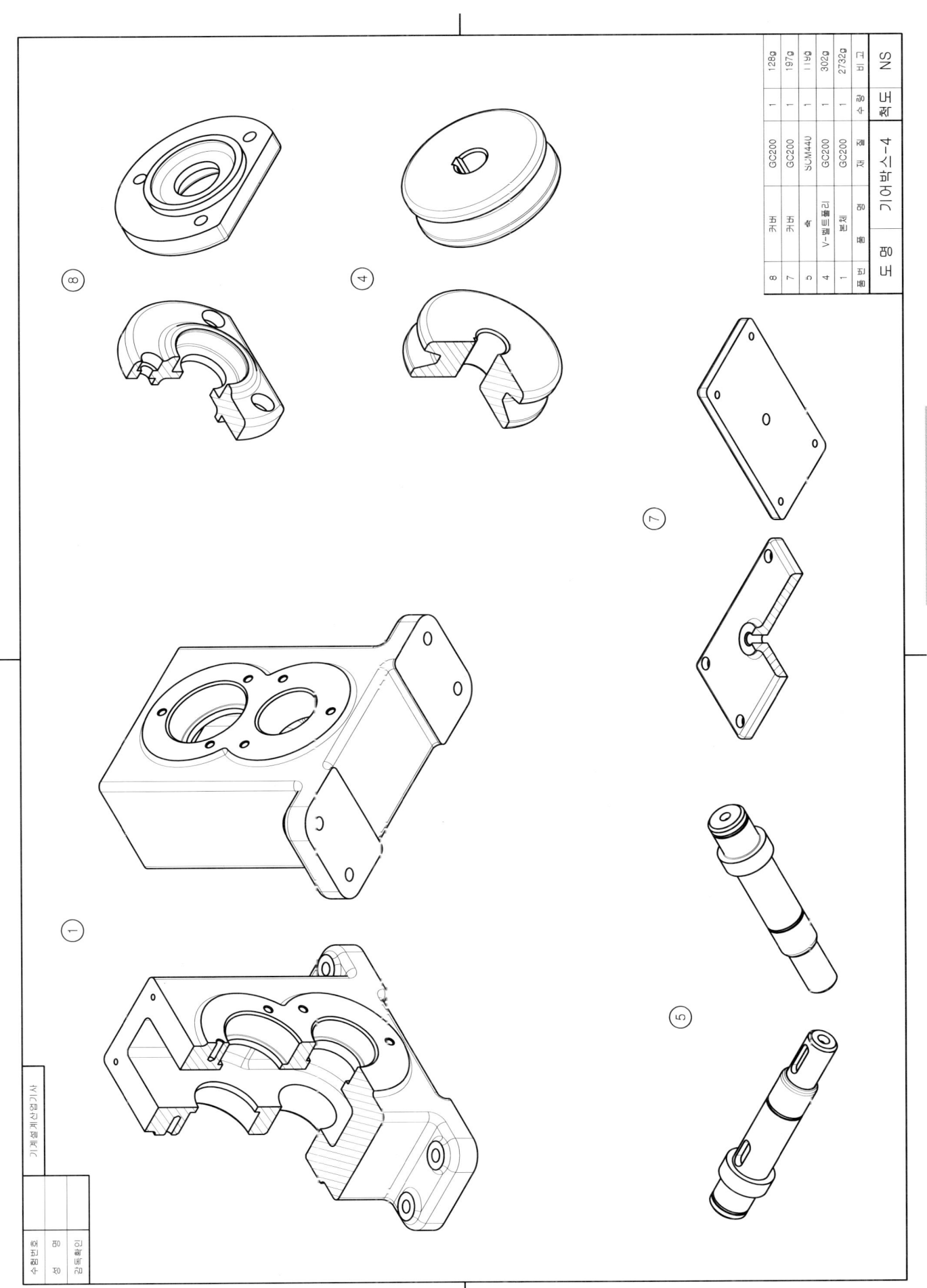

7. 기어박스-4

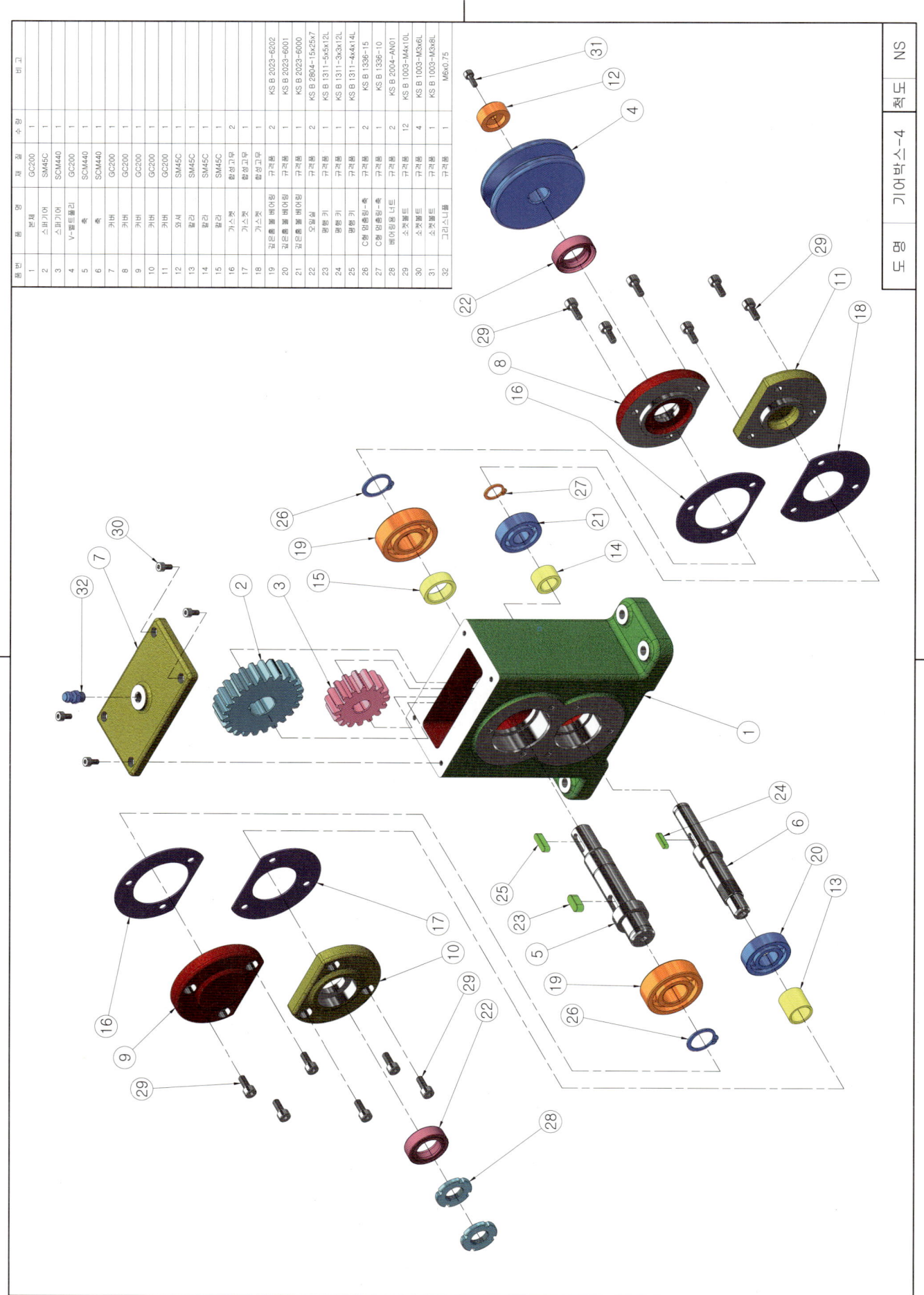

7. 기어박스-4

등각 조립도 예제 도면

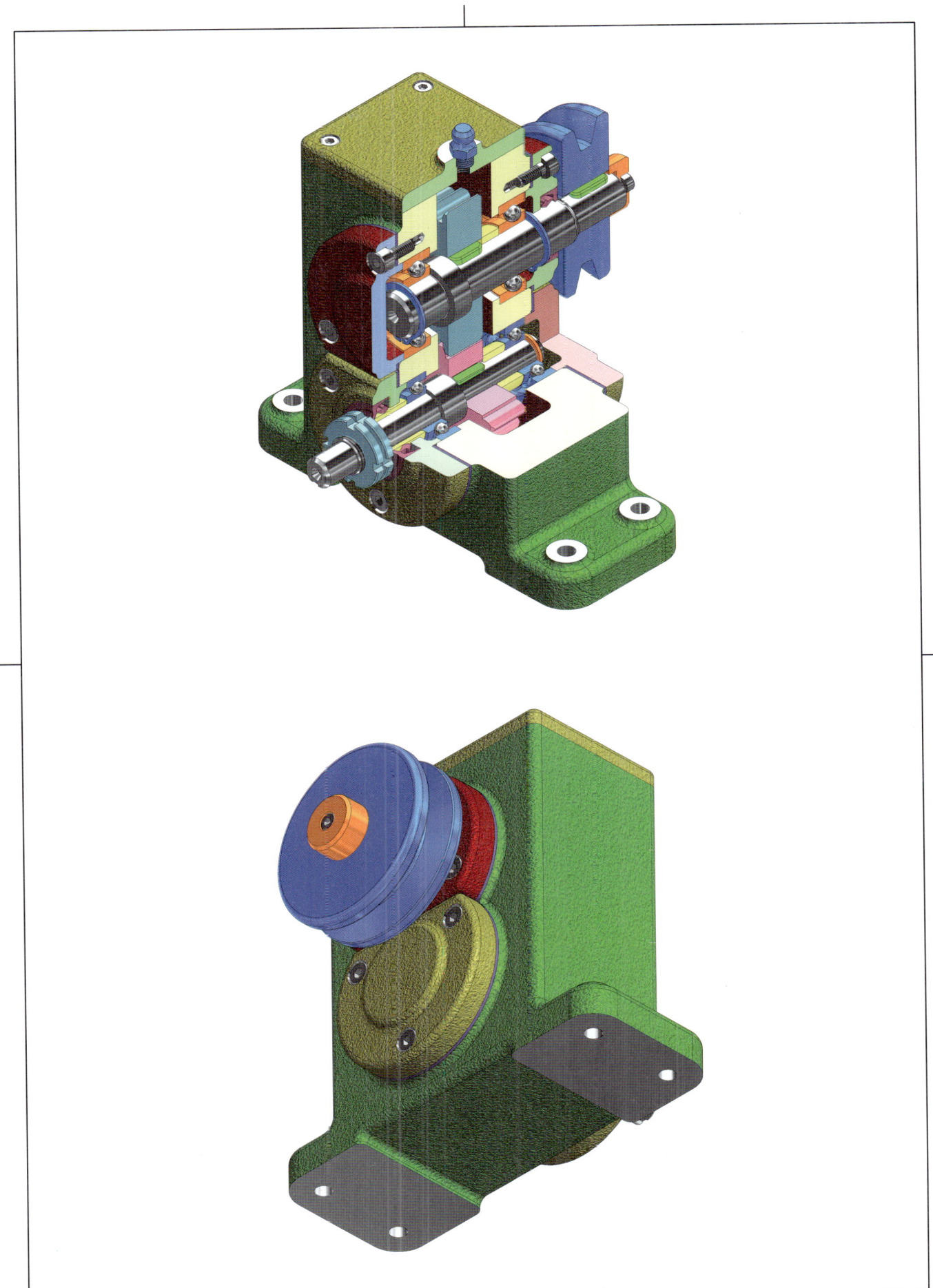

8. V-벨트 전동장치

과제 도면

| 응시종목 | 기능사, 산업기사 | 도 명 | V-벨트 전동장치 | 척도 | 1:1 |

부품도(2D) : 1, 2, 3
등각 투상도(3D) : 1, 2, 3

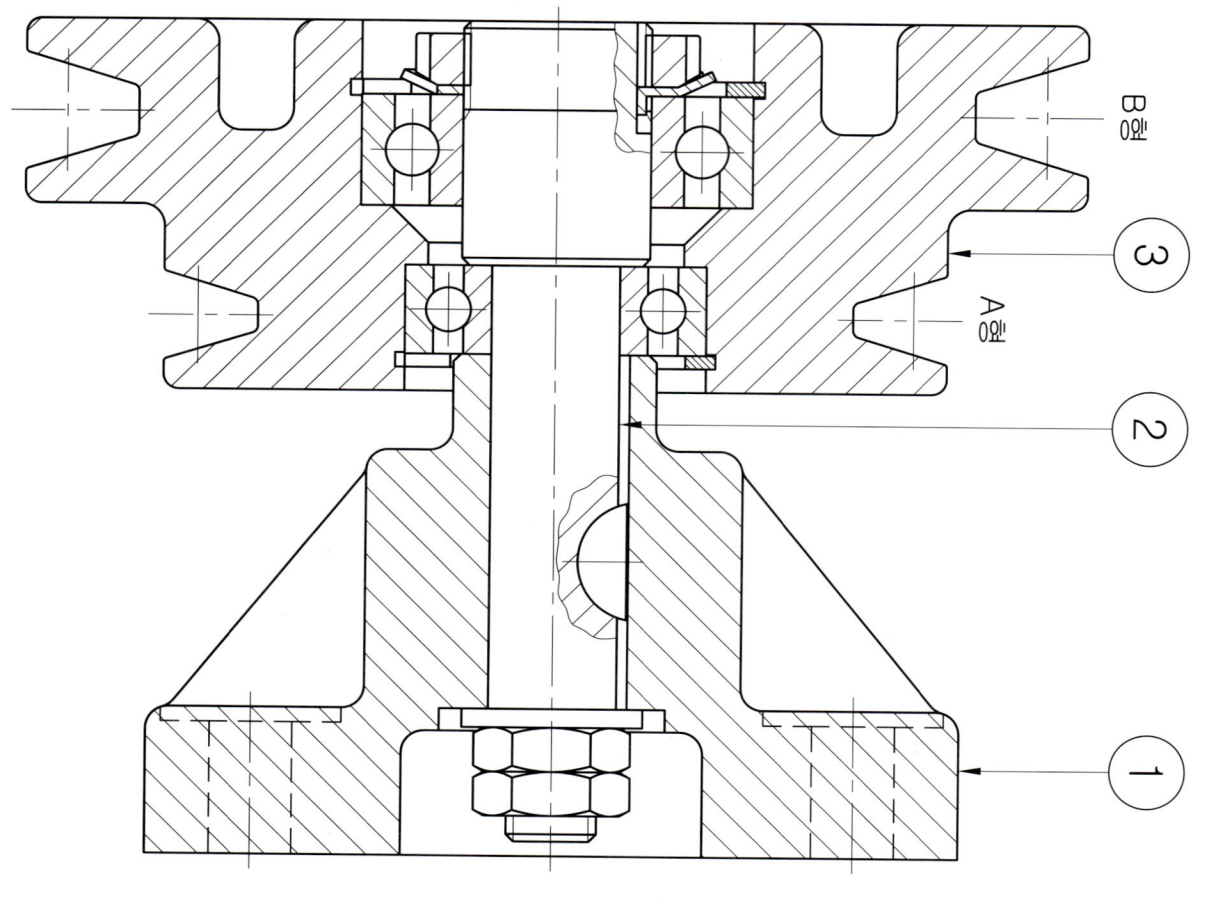
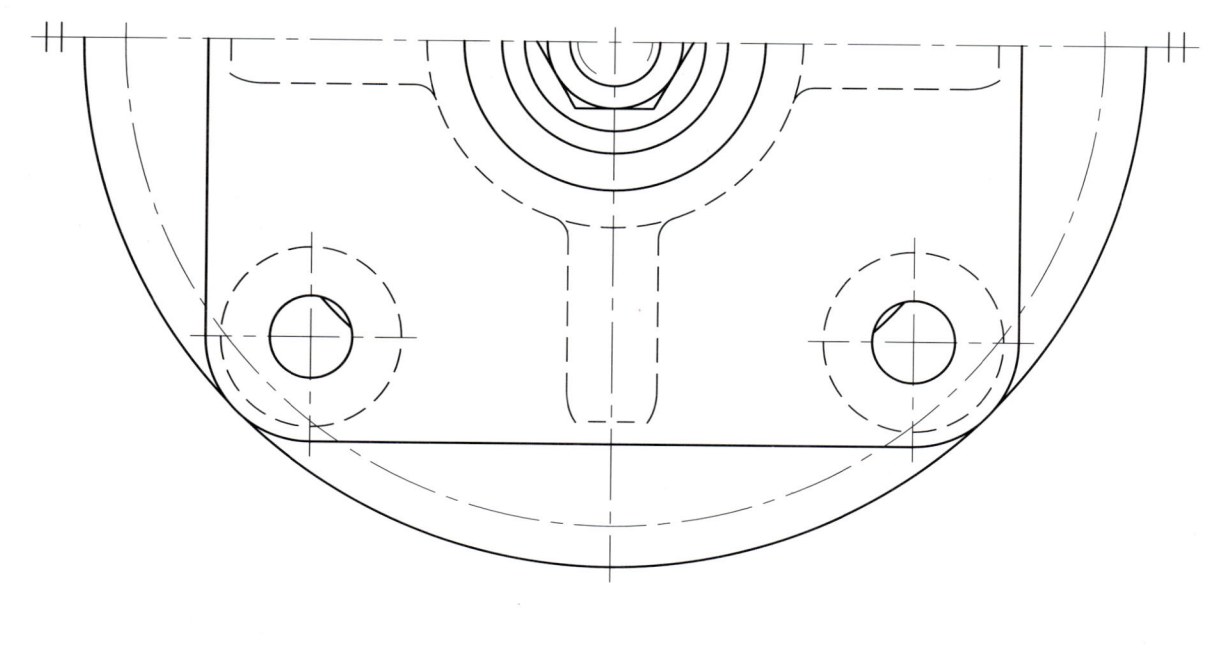

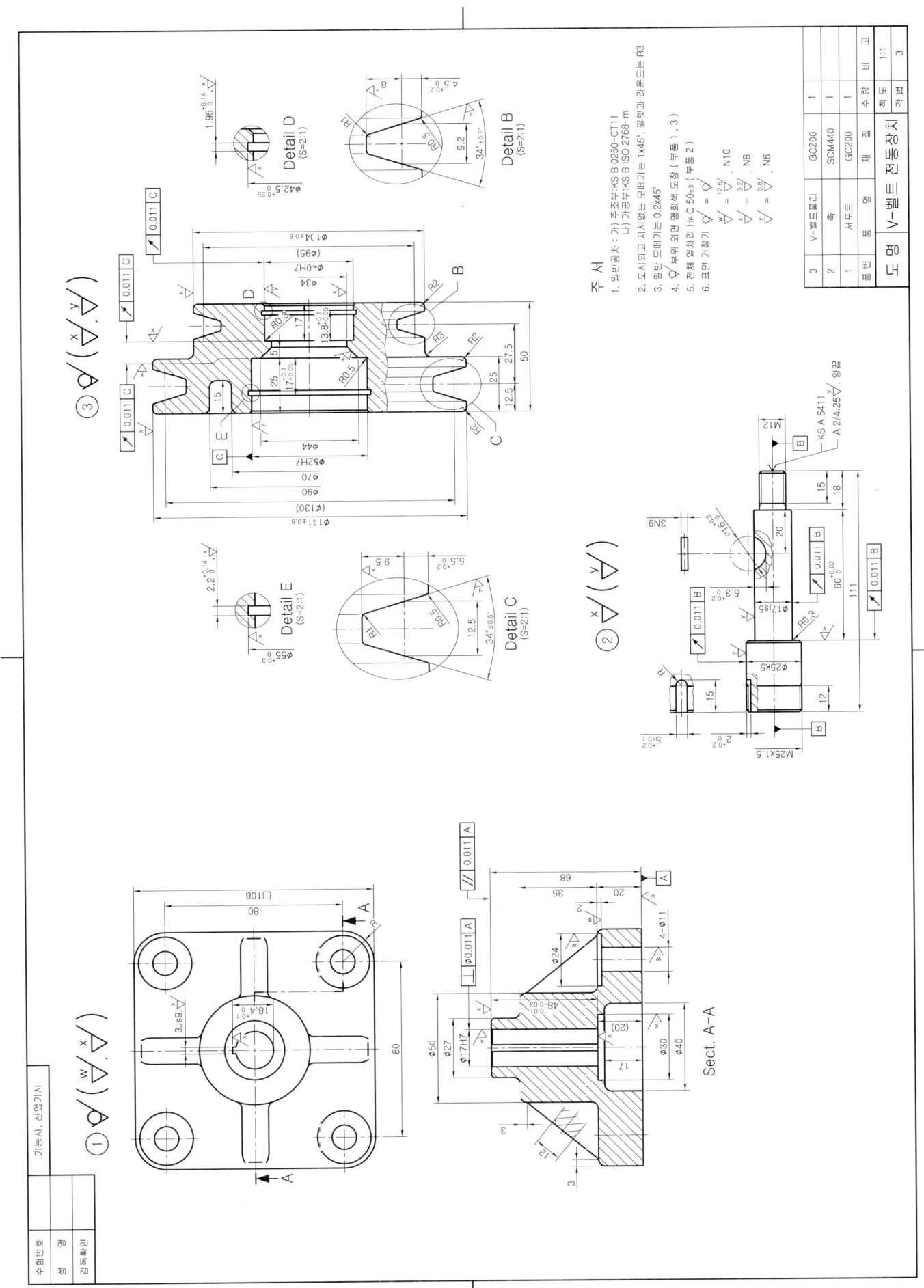

8. V-벨트 전동장치

전산응용기계제도기능사 렌더링 등각 투상도 예제 도면

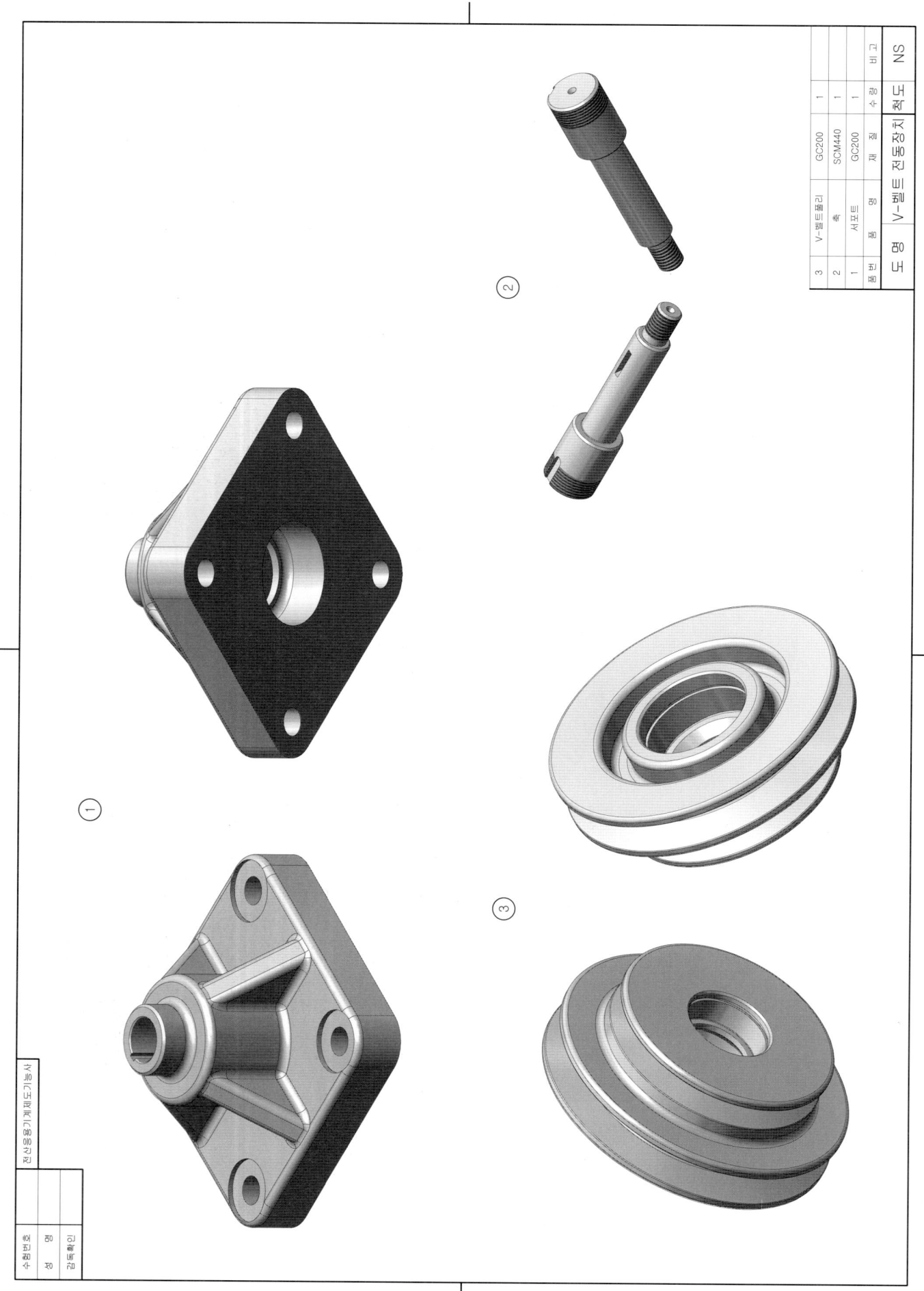

8. V-벨트 전동장치

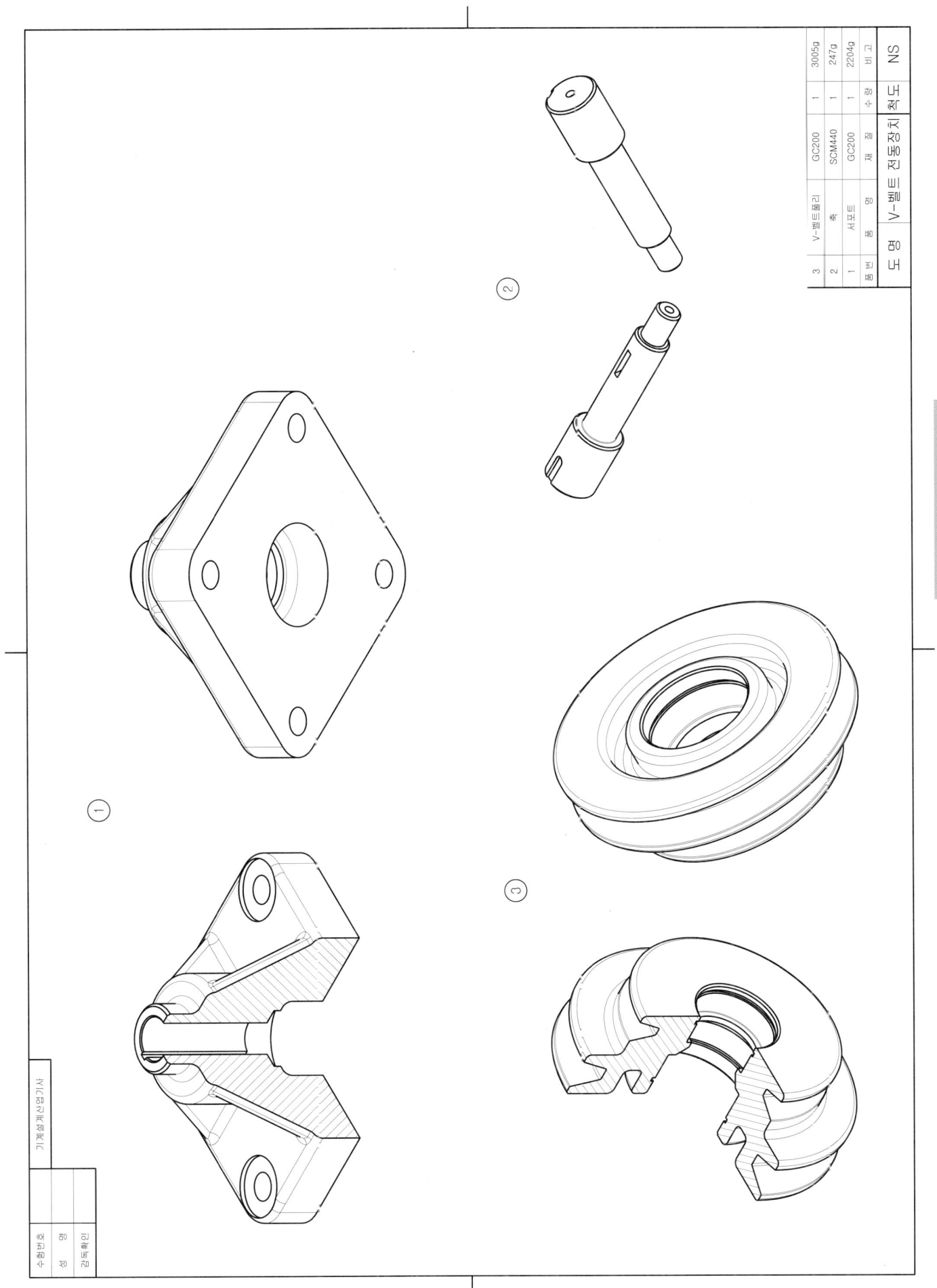

8. V-벨트 전동장치

등각 분해도 예제 도면

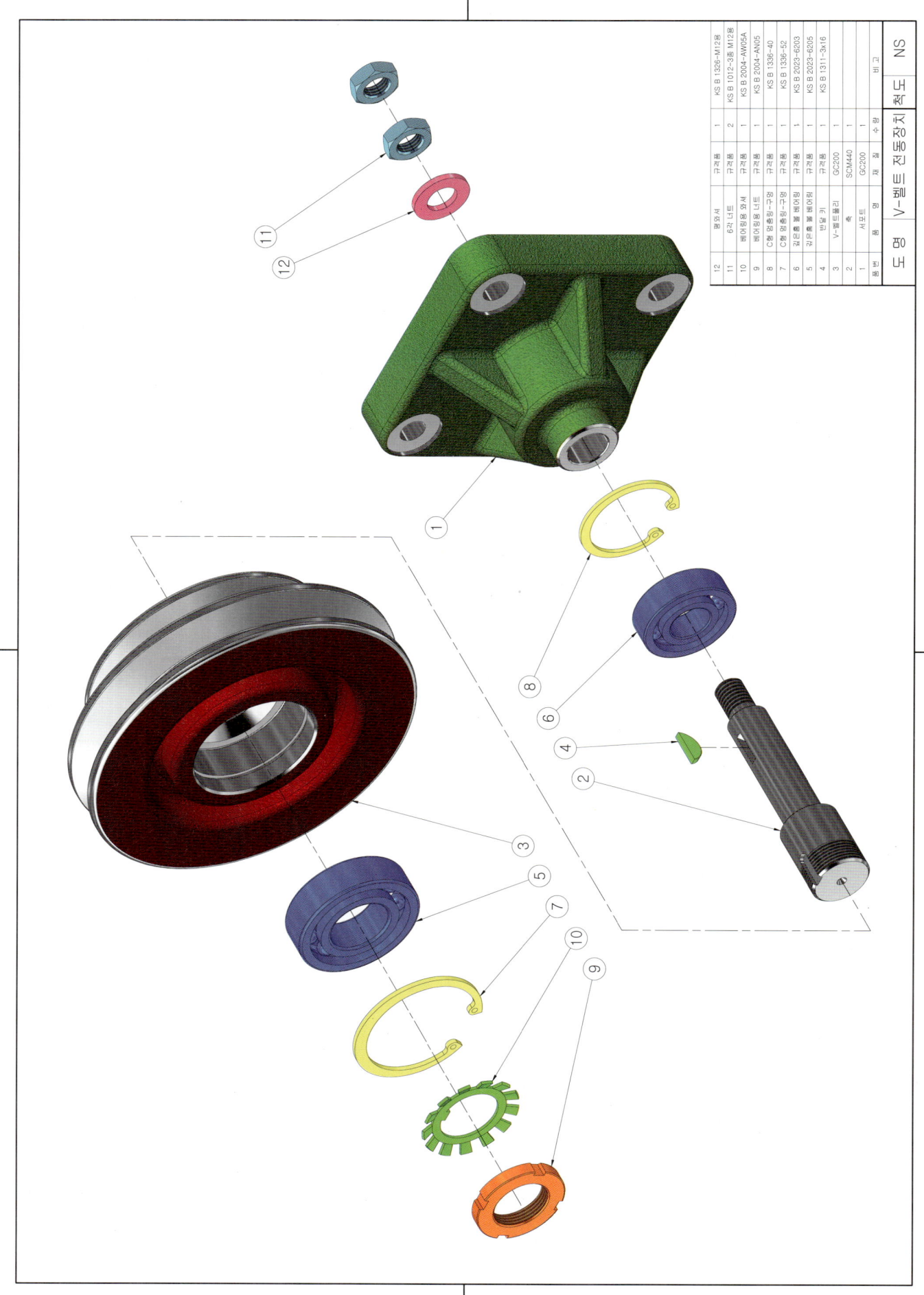

8. V-벨트 전동장치

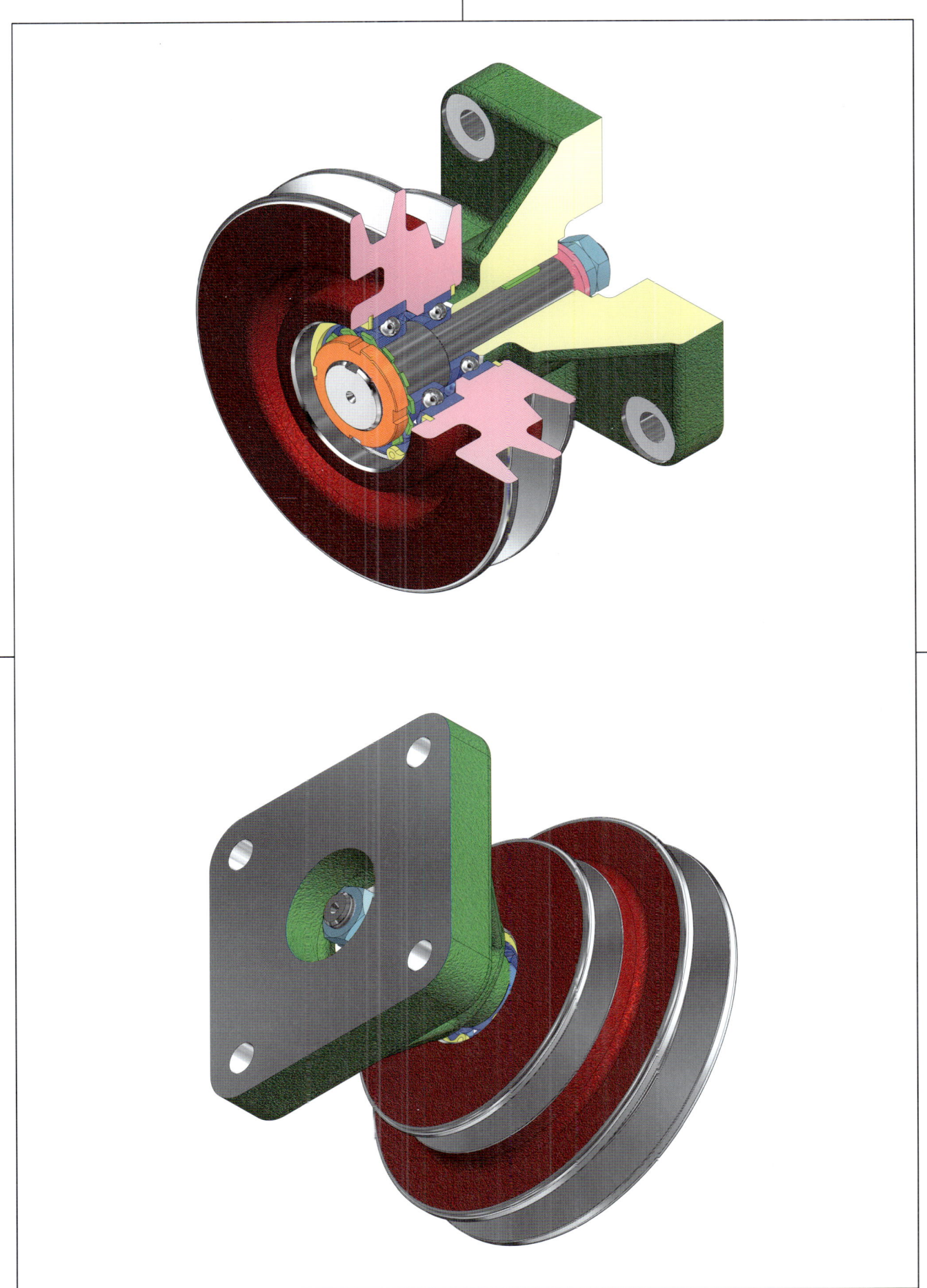

9. 축 받침 장치

응시종목	기능사, 산업기사	도 명	축 받침 장치	척도	1:1

부품도(2D) : 1, 2, 3, 4
등각 투상도(3D) : 1, 2, 3, 4

Z:38
M:2

9. 축 받침 장치

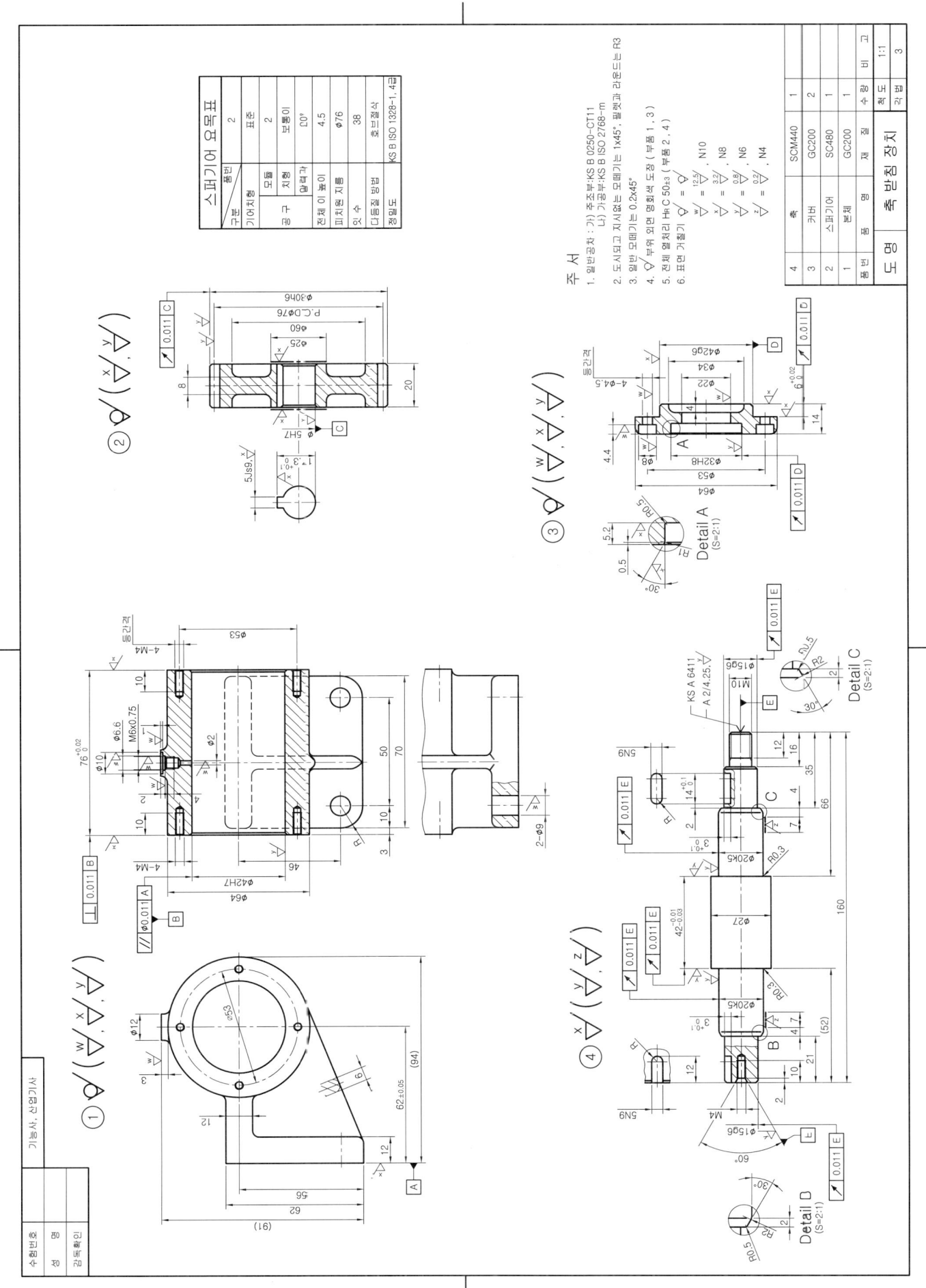

9. 축 받침 장치

전산응용기계제도기능사 렌더링 등각 투상도 예제 도면

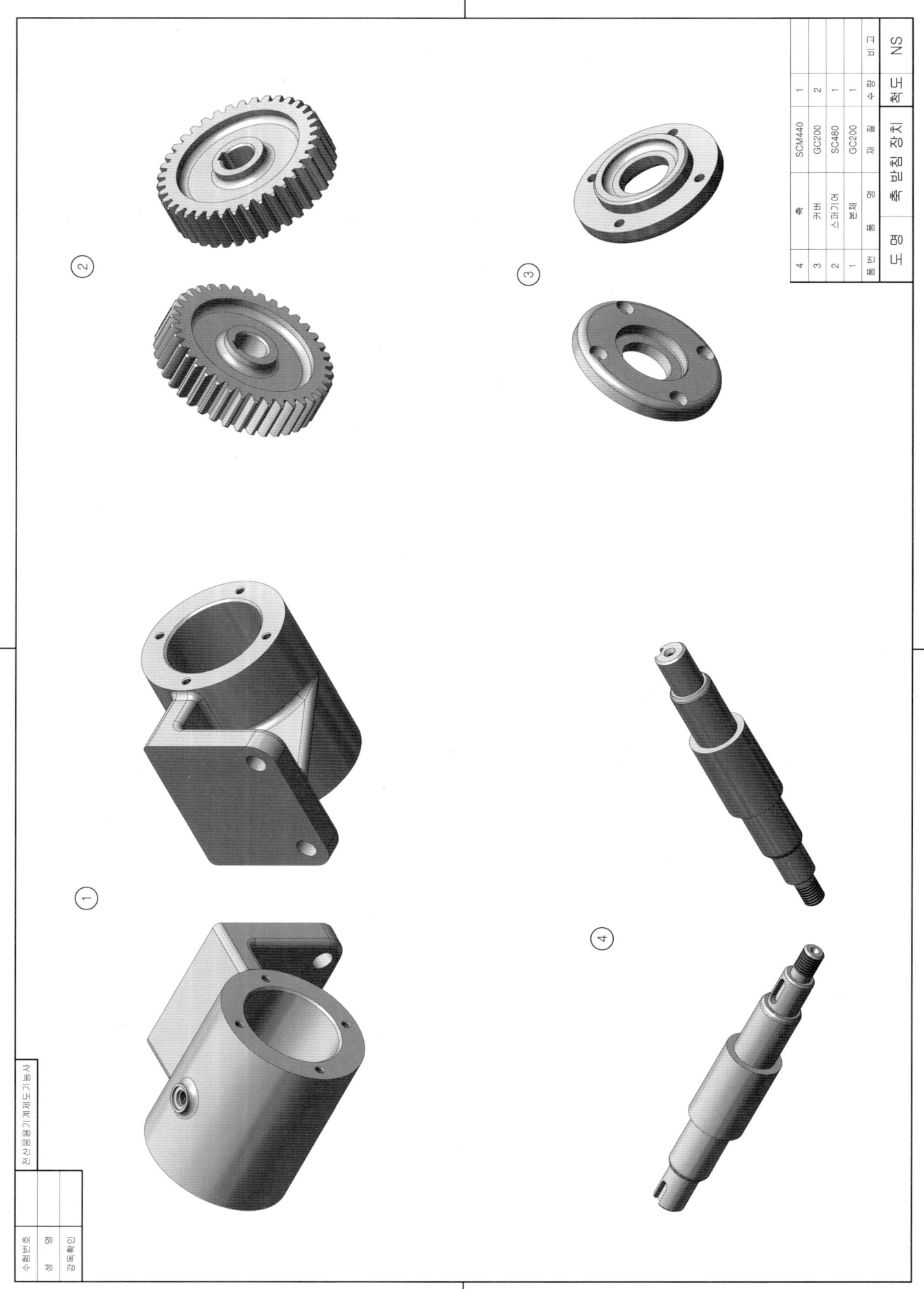

품번	품명	재질	수량	비고
1	본체	GC200	1	
2	스퍼기어	SC480	1	
3	커버	GC200	2	
4	축	SCM440	1	

도명: 축받침장치

9. 축 받침 장치

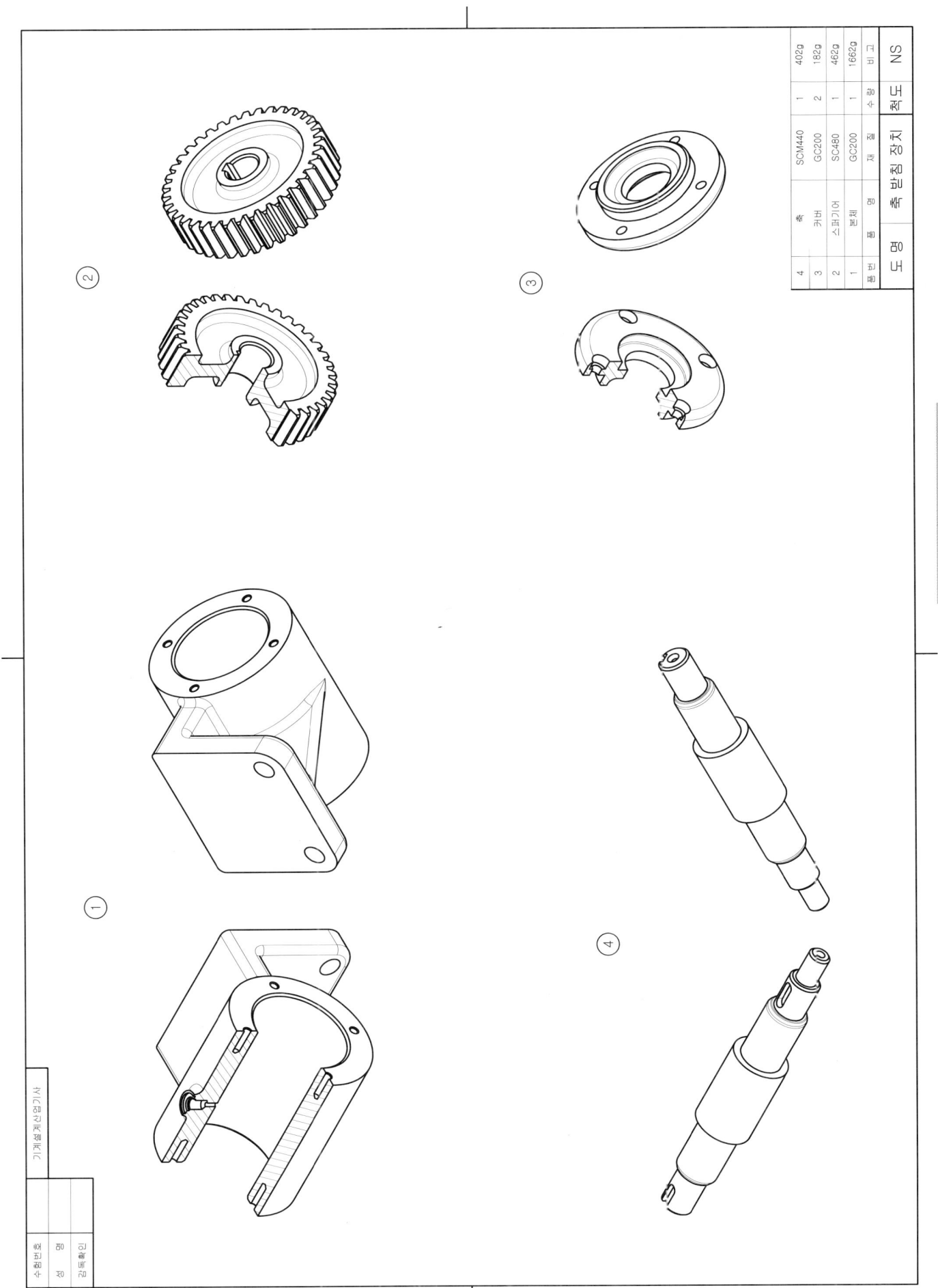

9. 축 받침 장치

등각 분해도 예제 도면

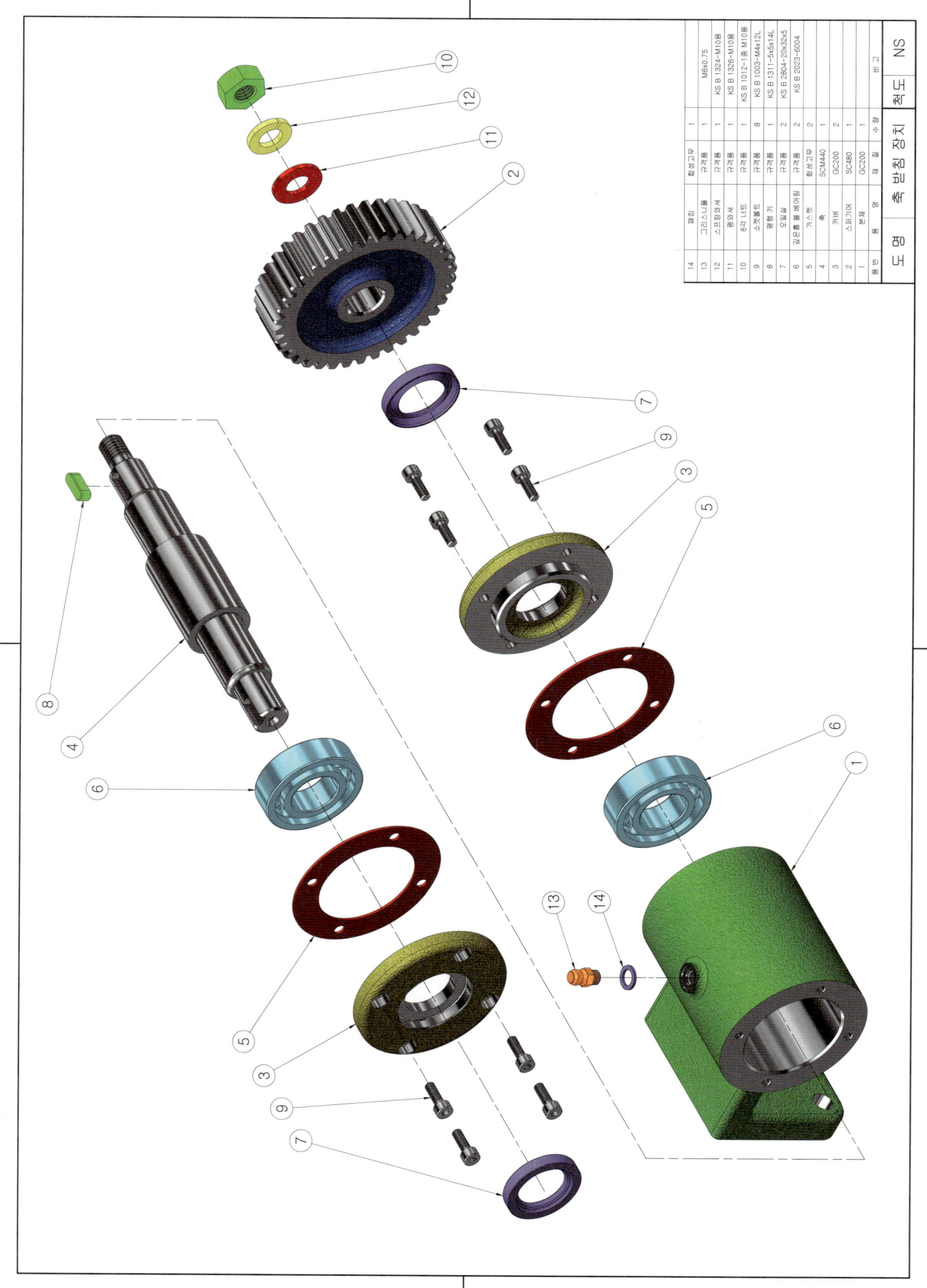

9. 축 받침 장치

등각 조립도 예제 도면

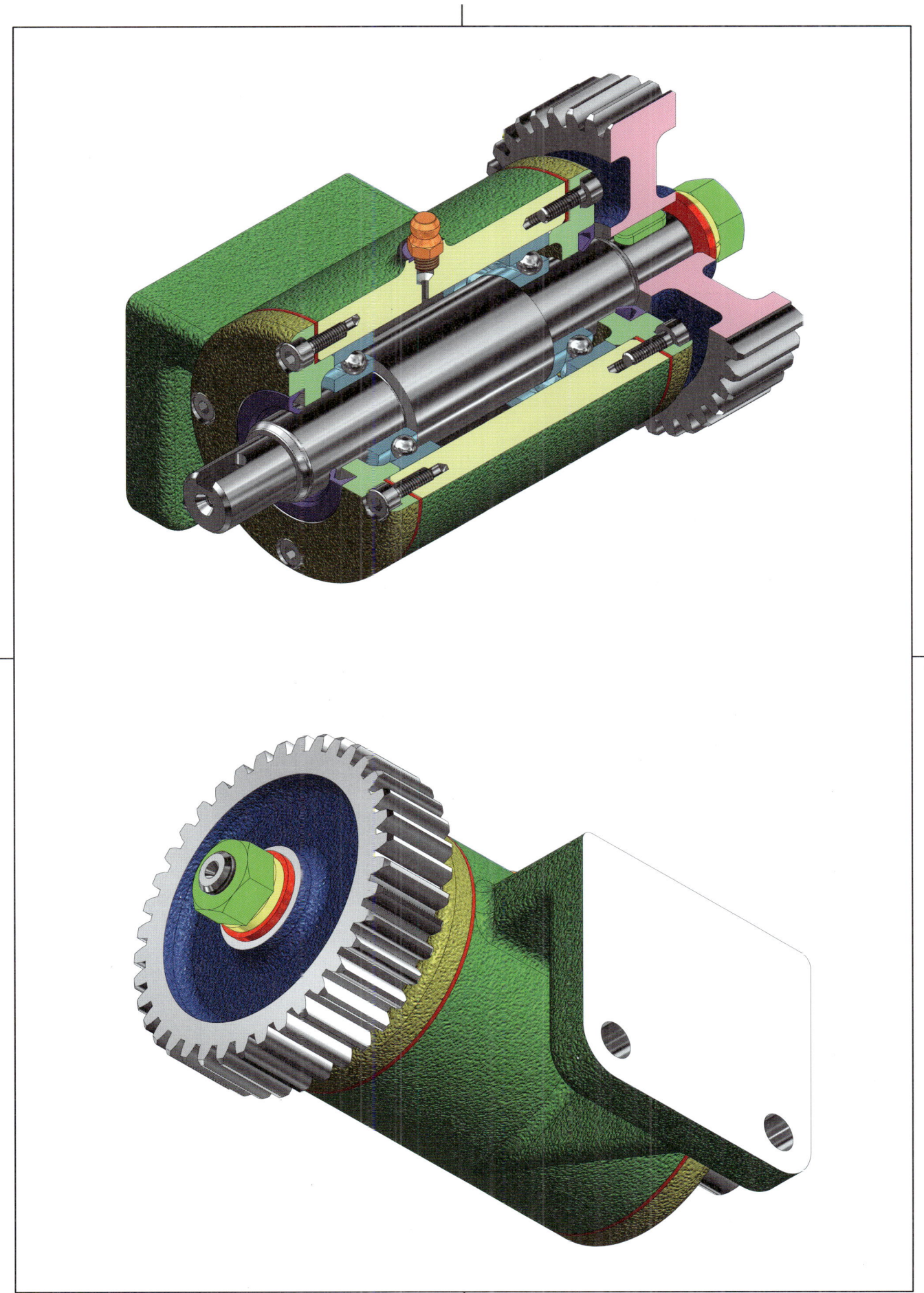

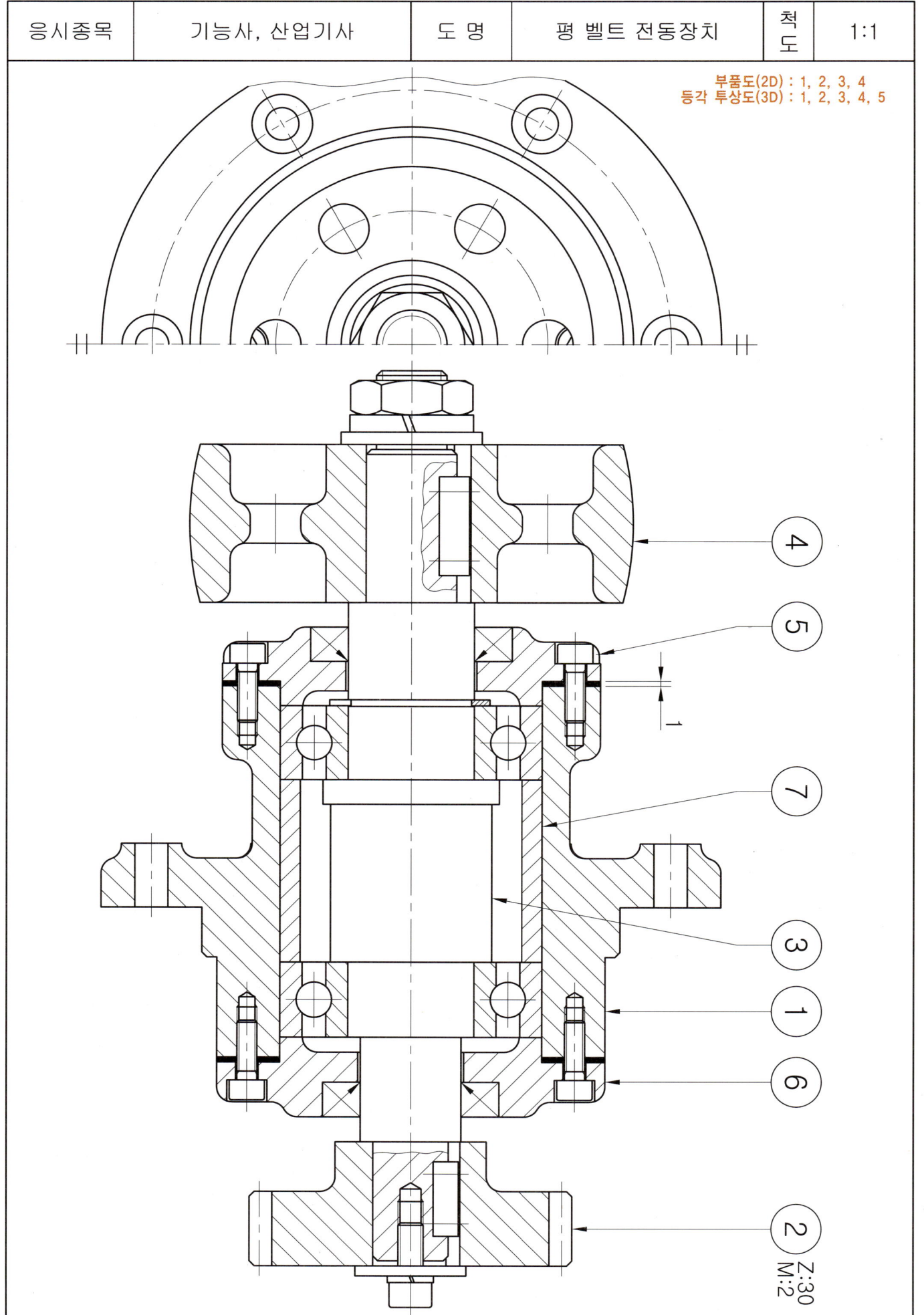

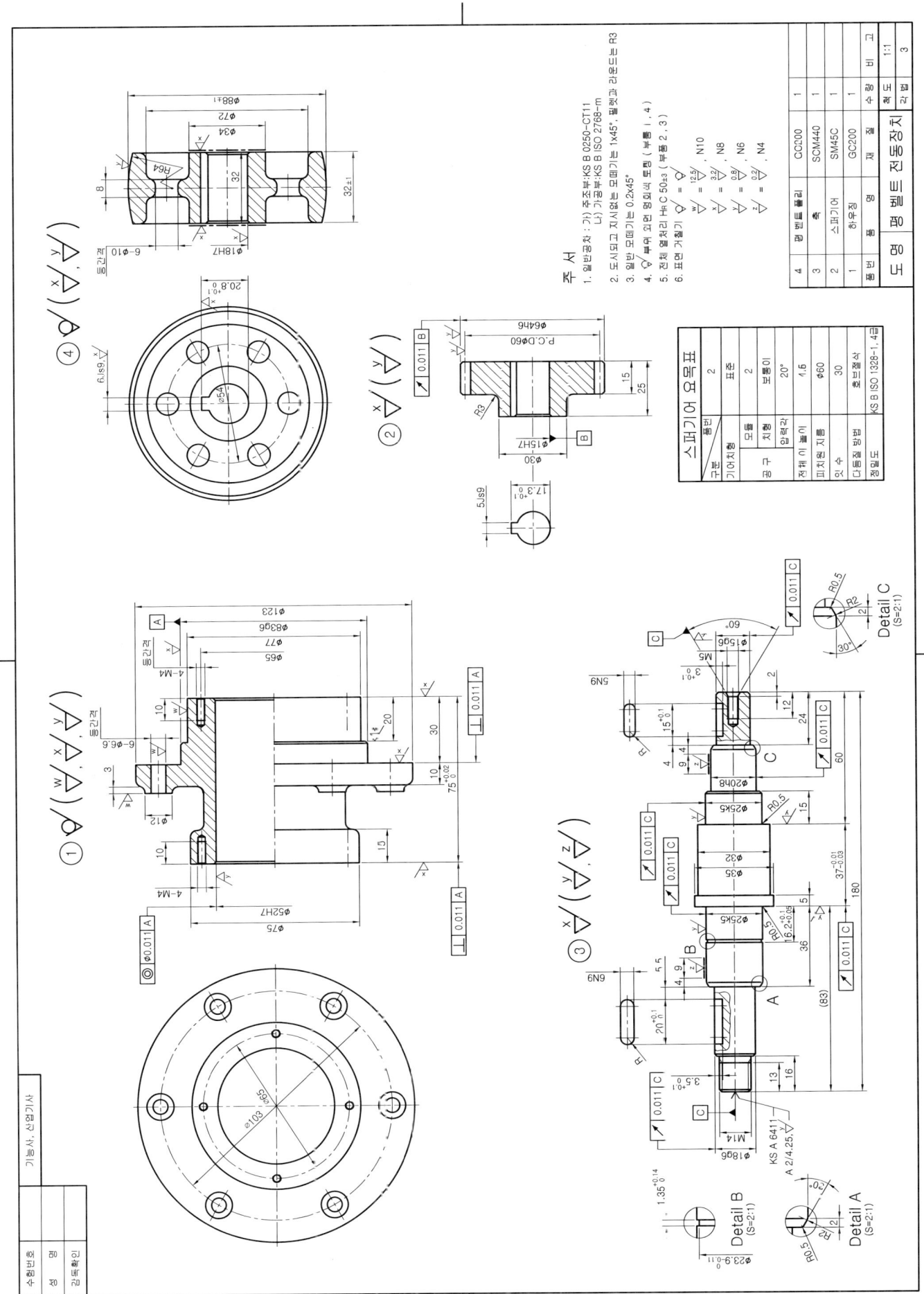

10. 평 벨트 전동장치

전산응용기계제도기능사 렌더링 등각 투상도 예제 도면

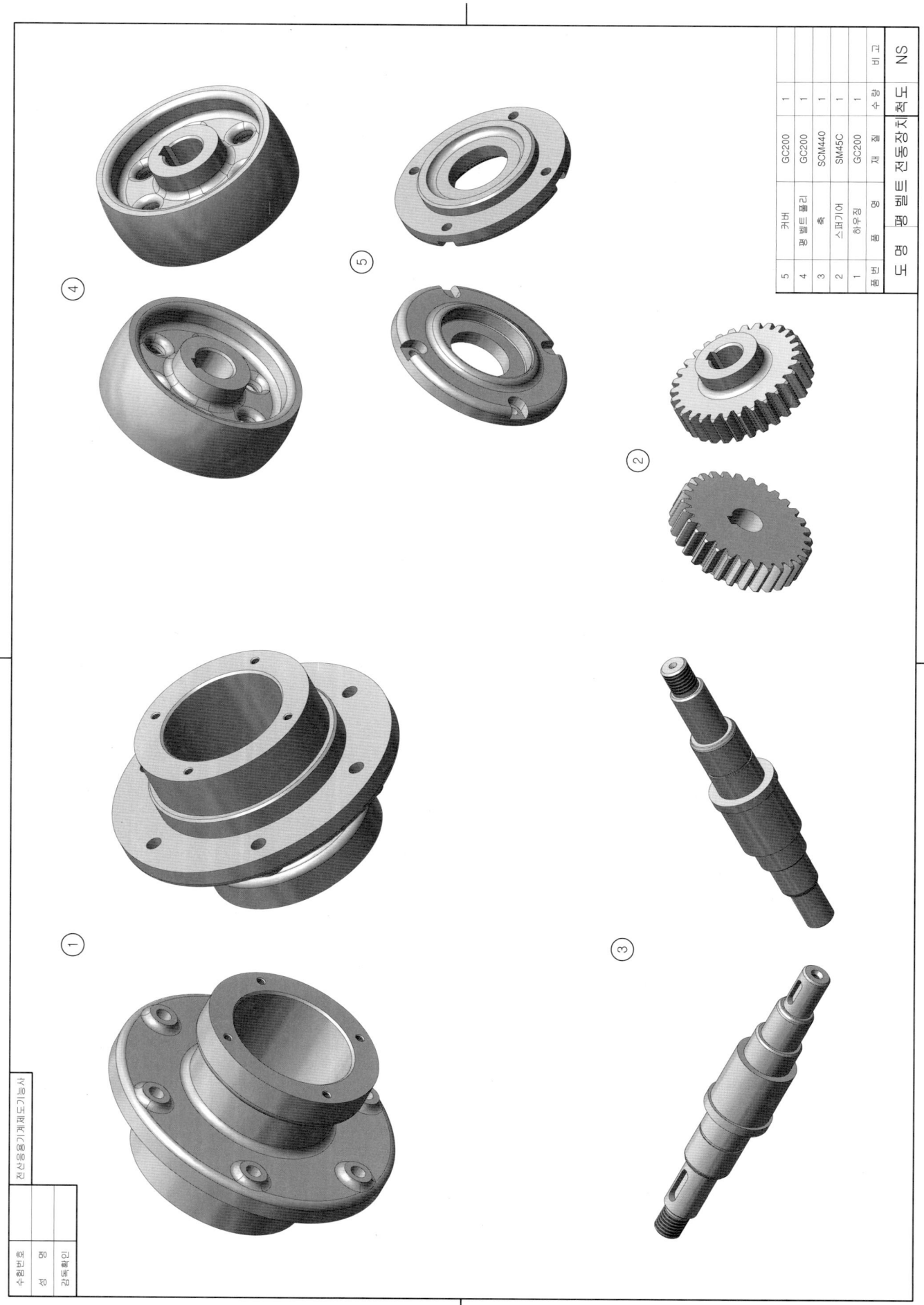

10. 평 벨트 전동장치

기계설계산업기사 3차원 모델링도 예제 도면

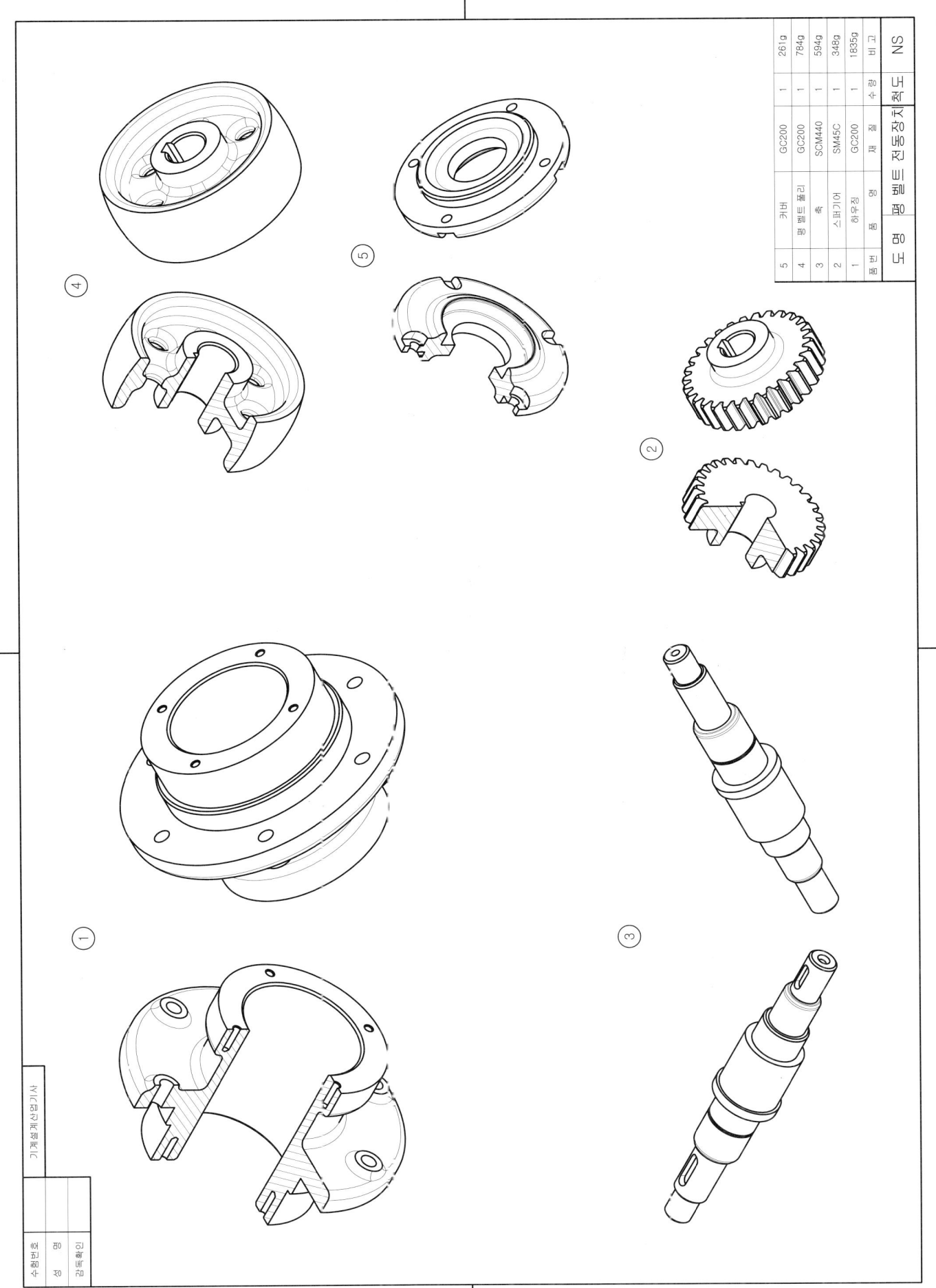

10. 평 벨트 전동장치

등각 분해도 예제 도면

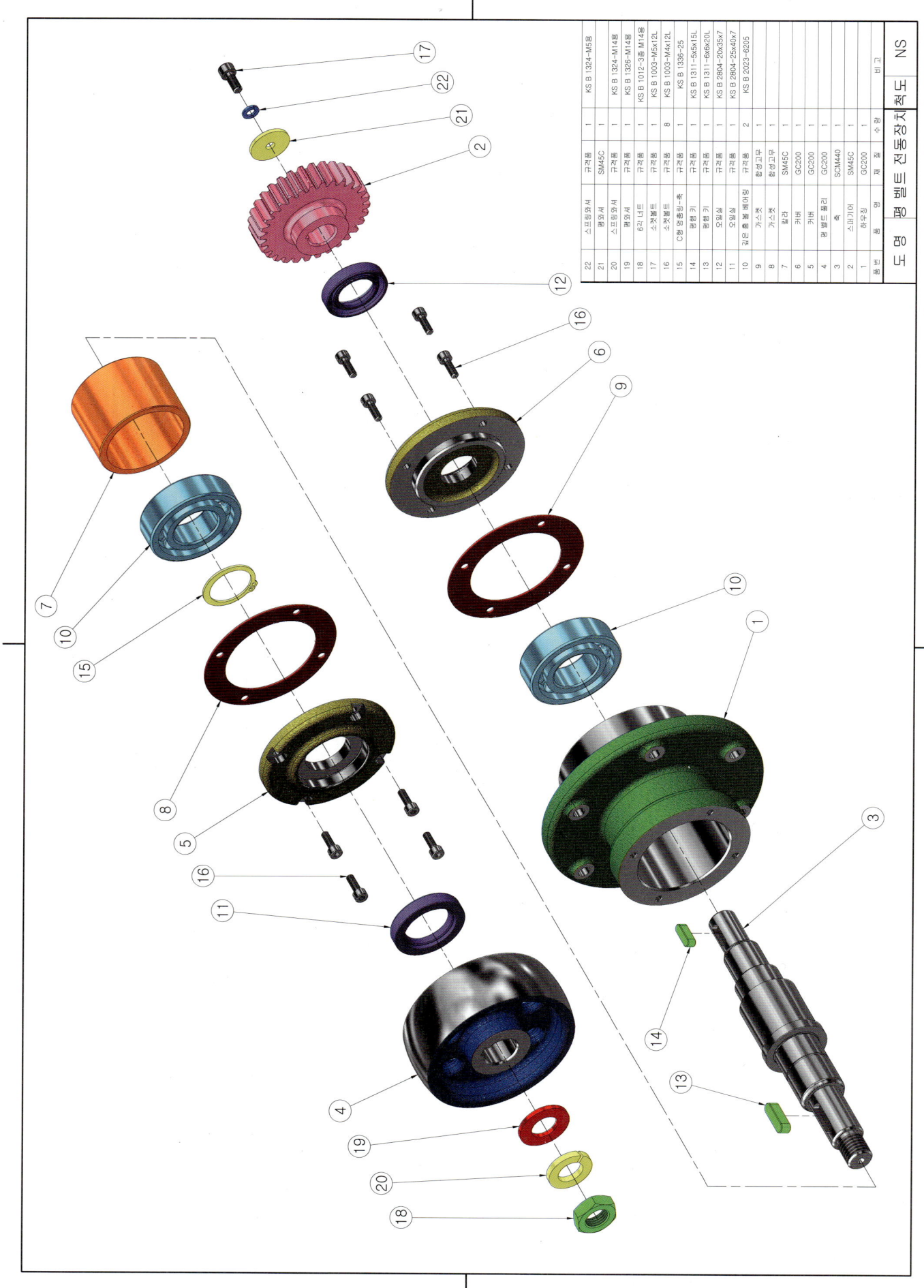

10. 평 벨트 전동장치

등각 조립도 예제 도면

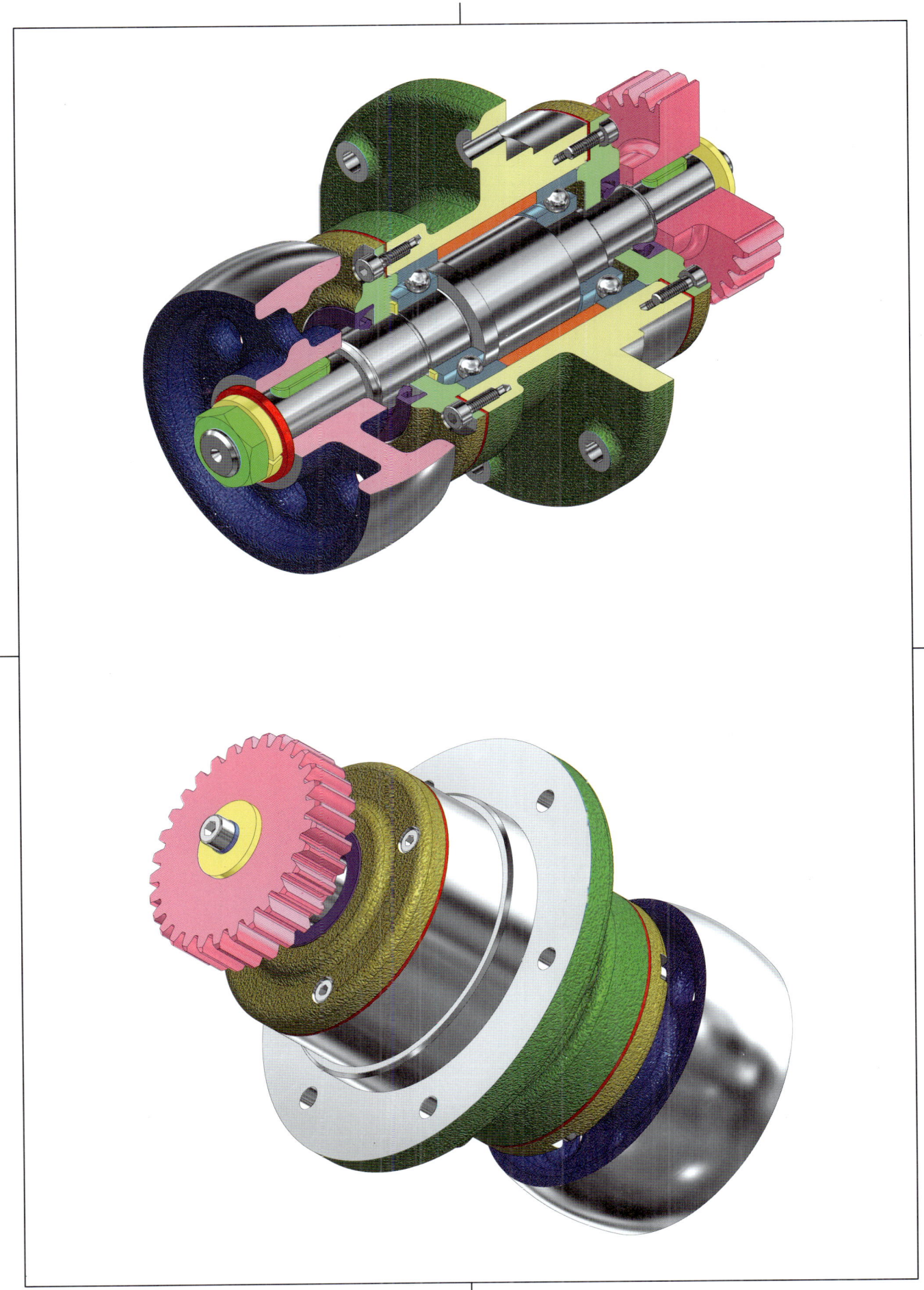

11. 피벗 베어링 하우징

응시종목	기능사, 산업기사	도 명	피벗 베어링 하우징	척도	1:1

부품도(2D) : 1, 2, 3, 5
등각 투상도(3D) : 1, 2, 3, 4, 5

Sect. A-A

11. 피벗 베어링 하우징

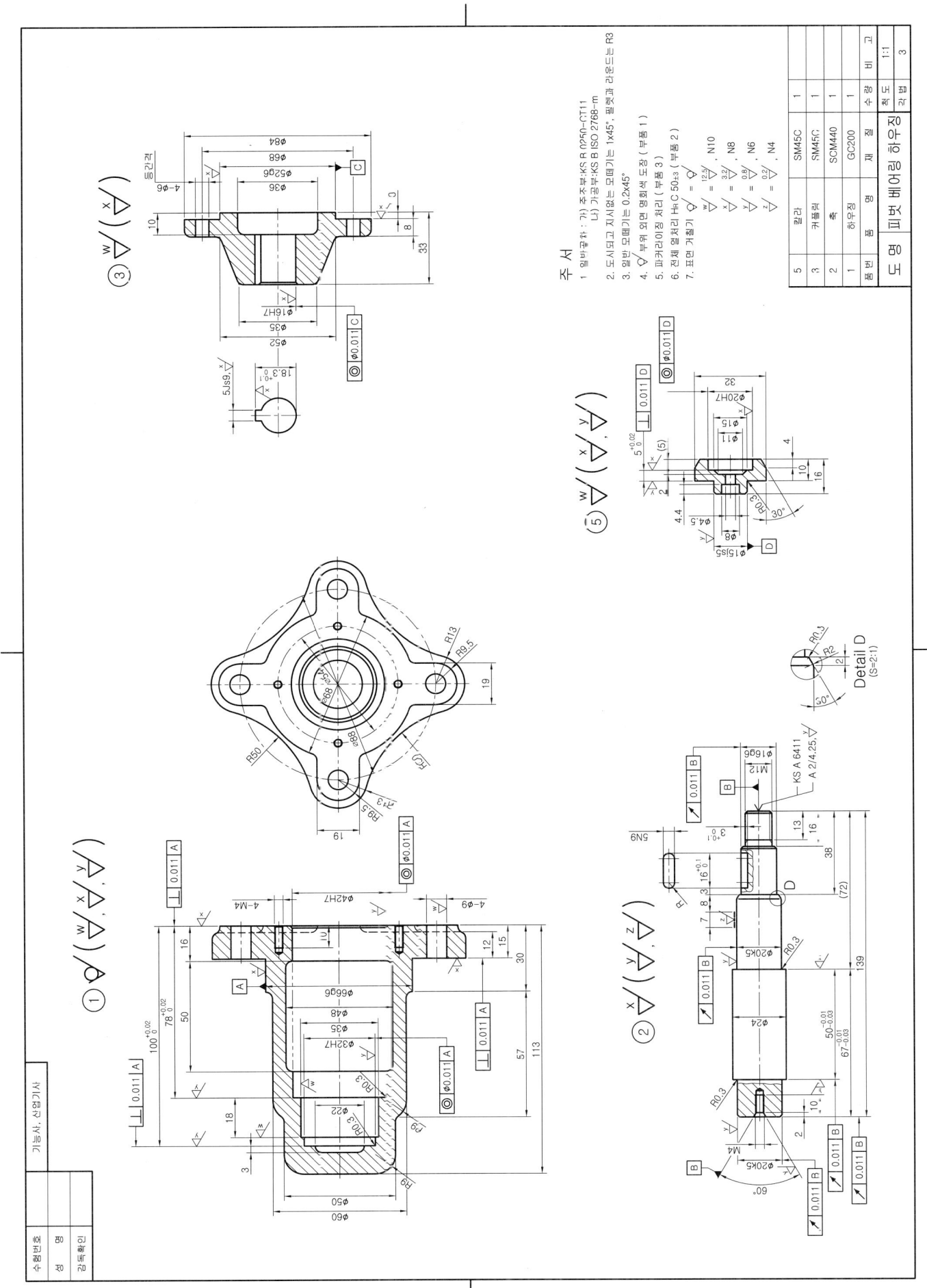

11. 피벗 베어링 하우징

전산응용기계제도기능사 렌더링 등각 투상도 예제 도면

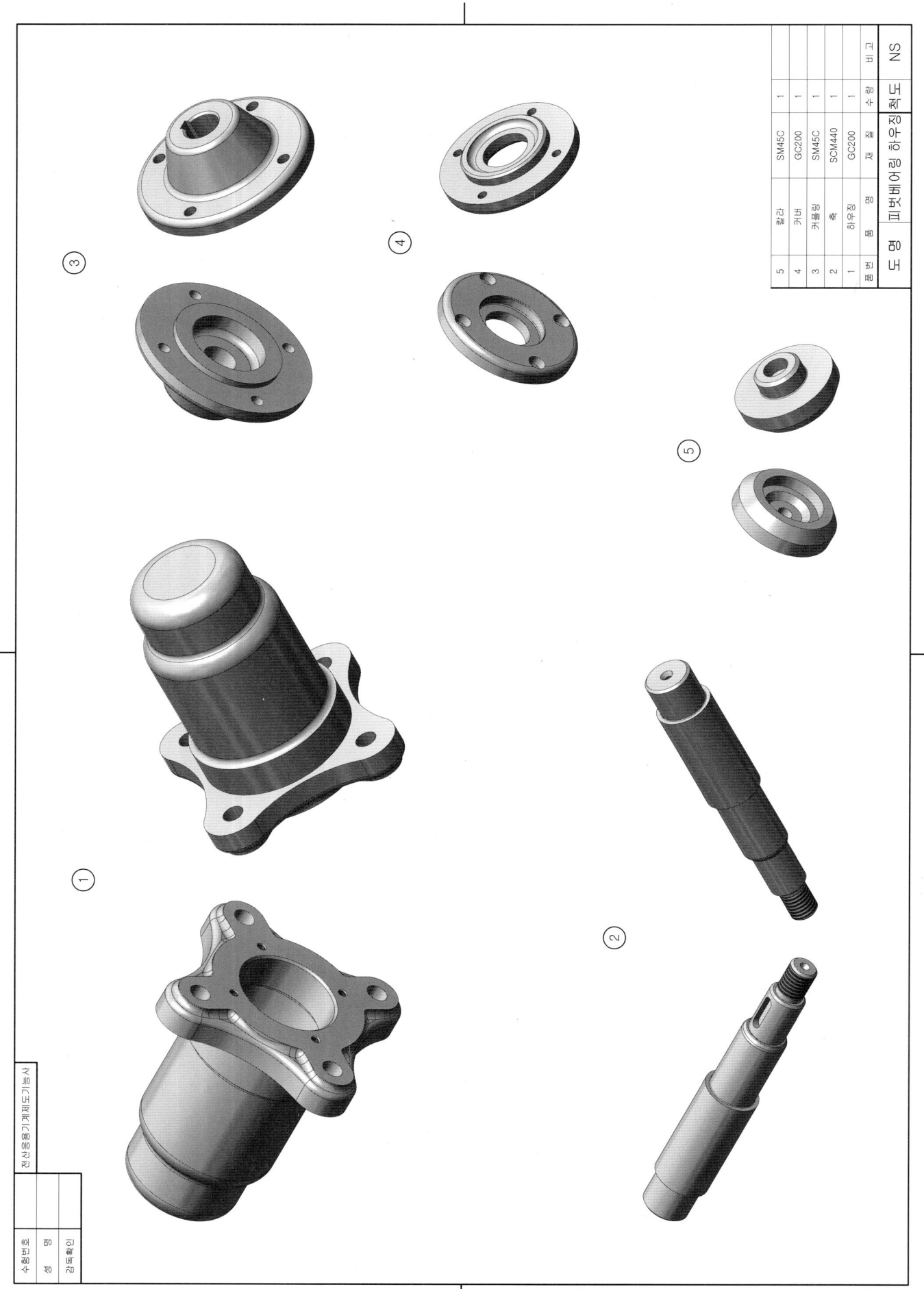

11. 피벗 베어링 하우징

기계설계산업기사 3차원 모델링도 예제 도면

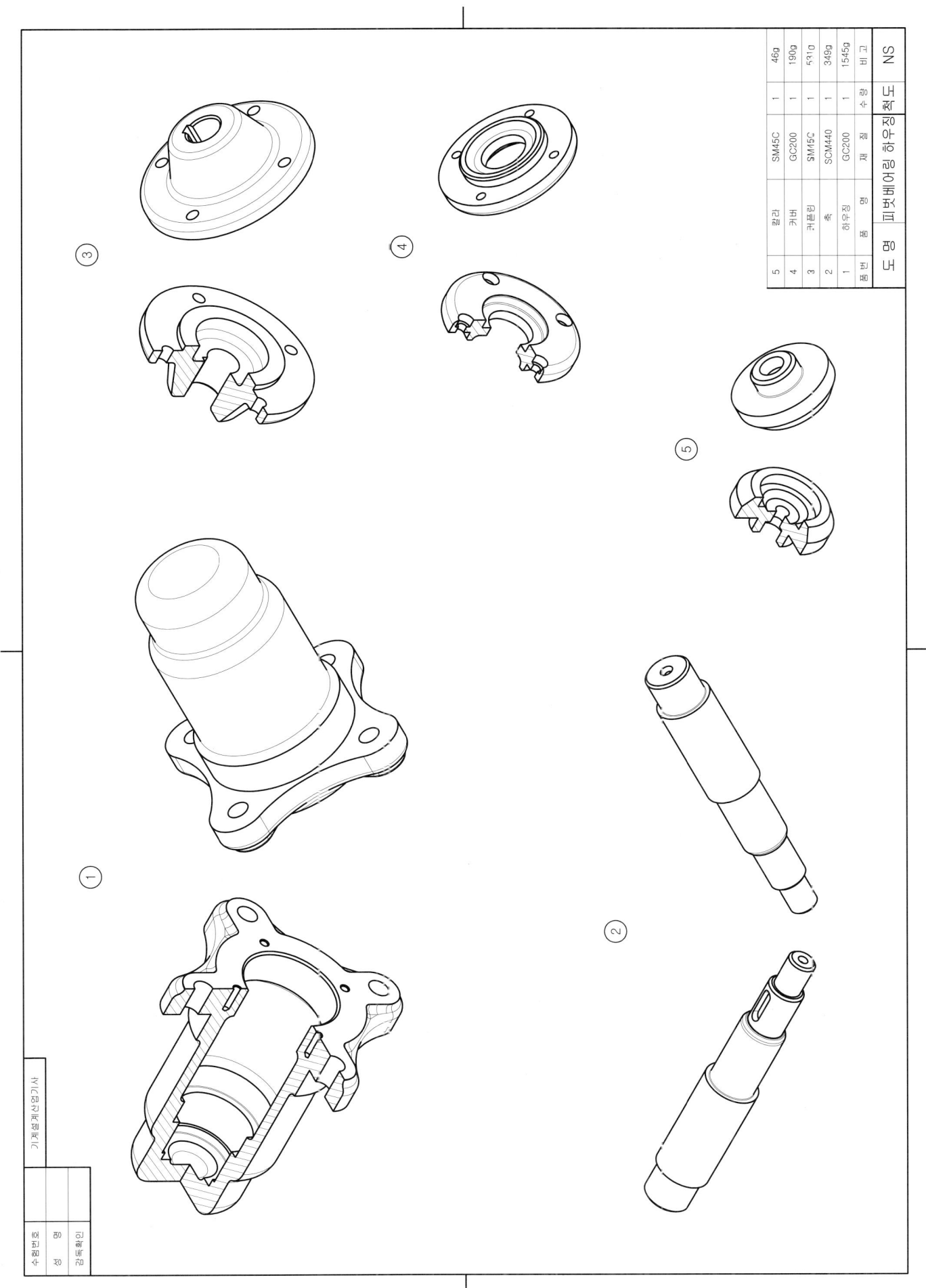

11. 피벗 베어링 하우징

등각 분해도 예제 도면

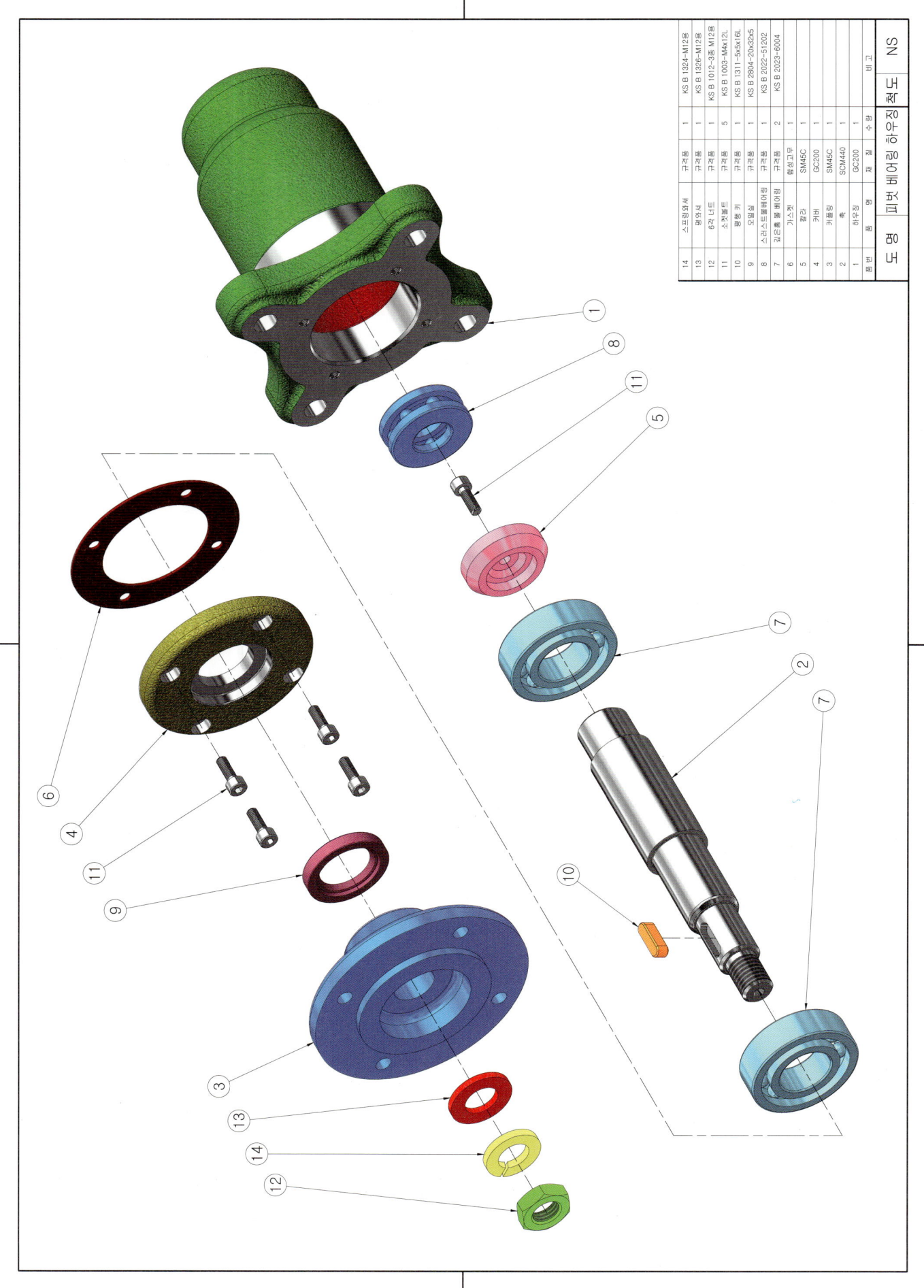

11. 피벗 베어링 하우징

등각 조립도 예제 도면

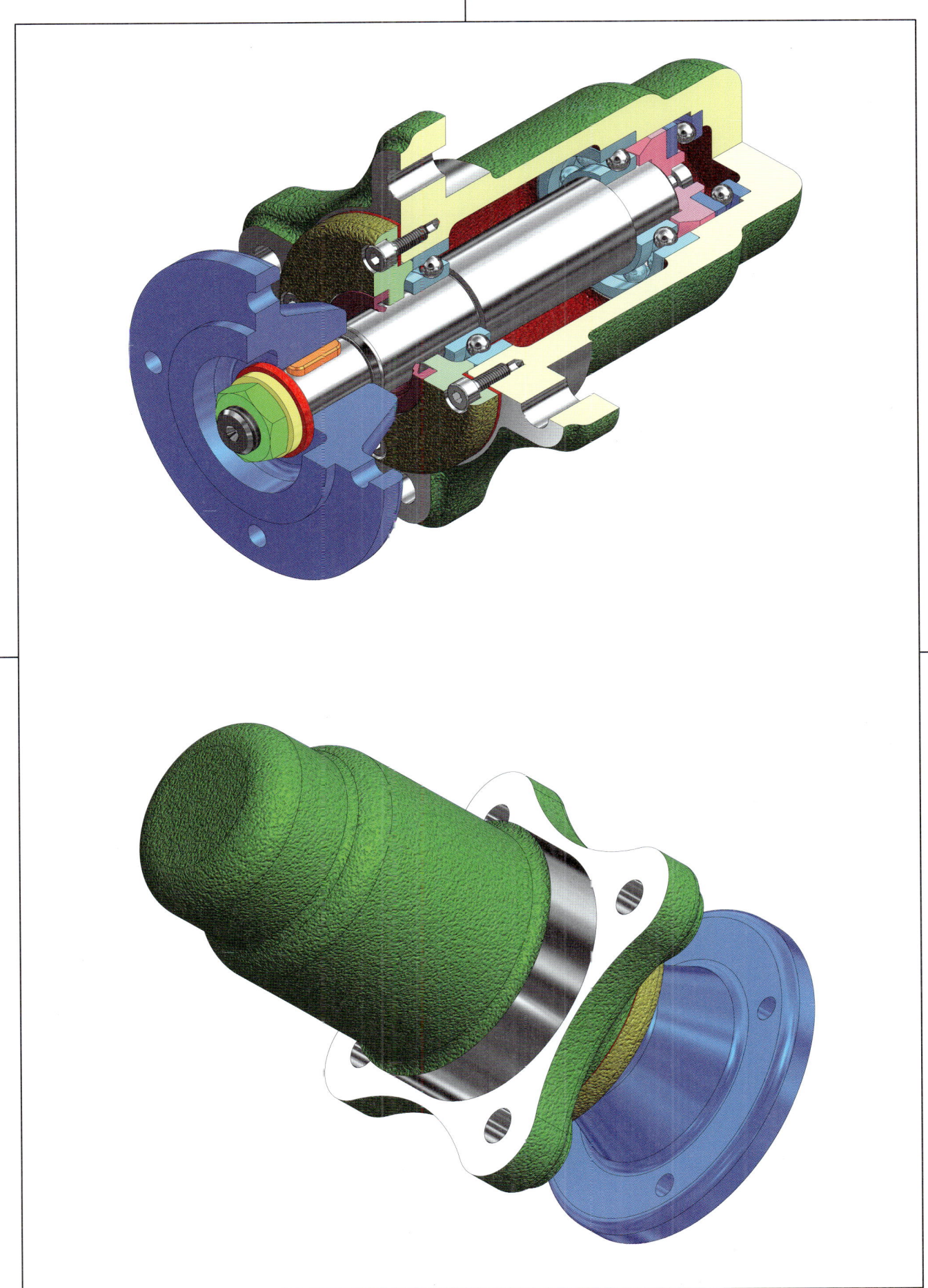

12. 편심왕복장치

응시종목	기능사, 산업기사	도 명	편심왕복장치	척 도	1:1

부품도(2D) : 1, 2, 4, 5, 7
등각 투상도(3D) : 1, 3, 4, 5, 7

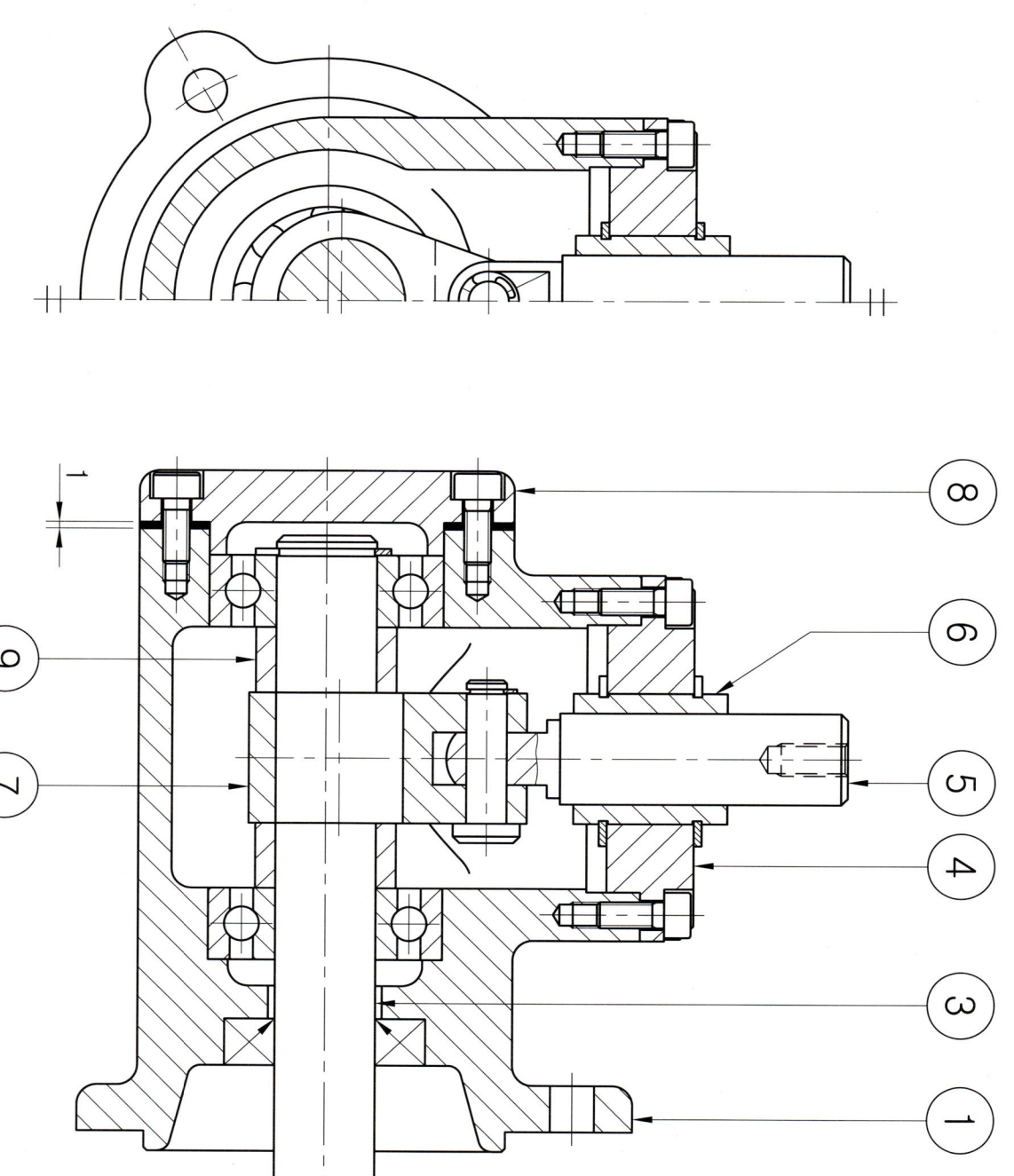

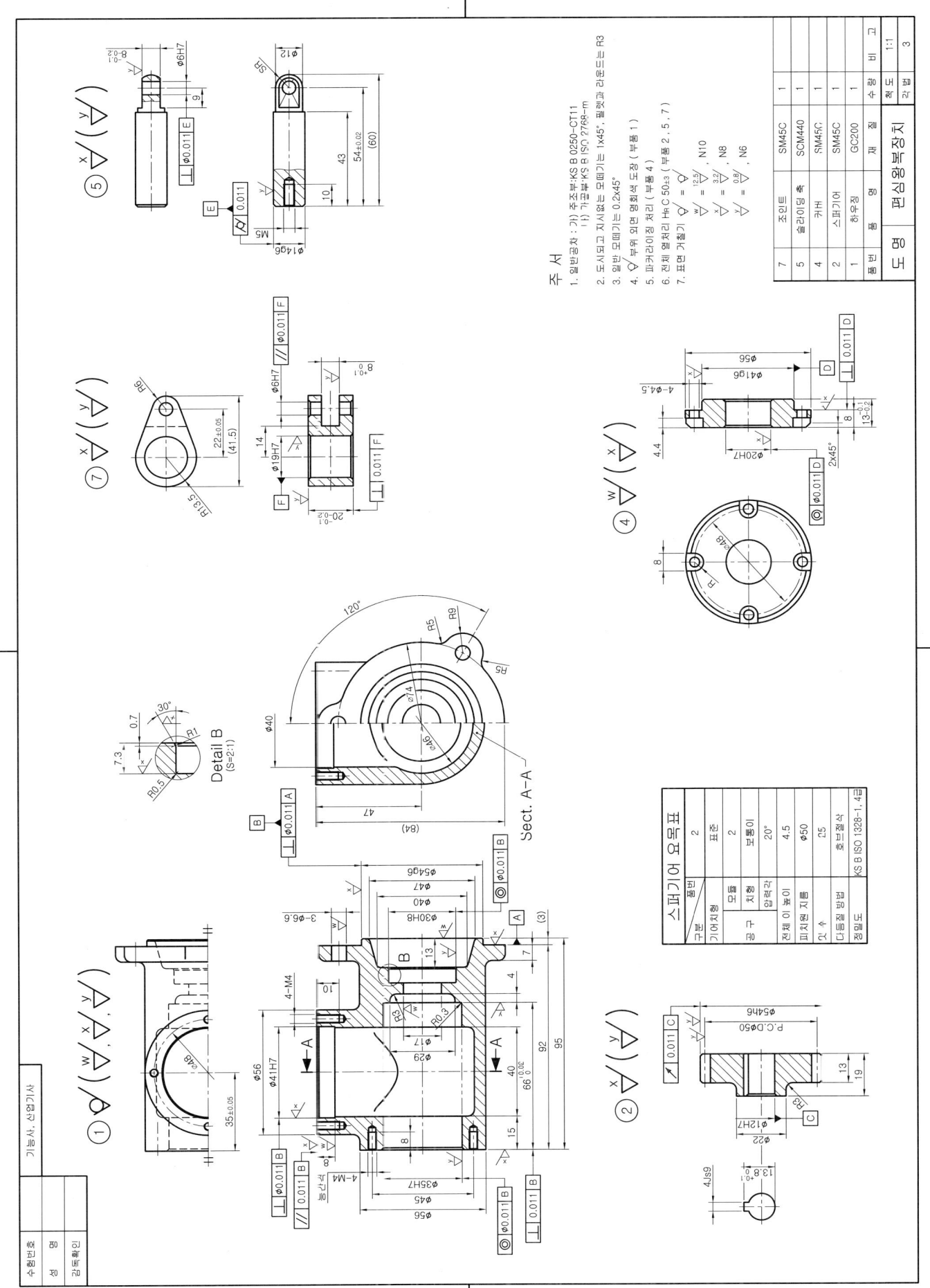

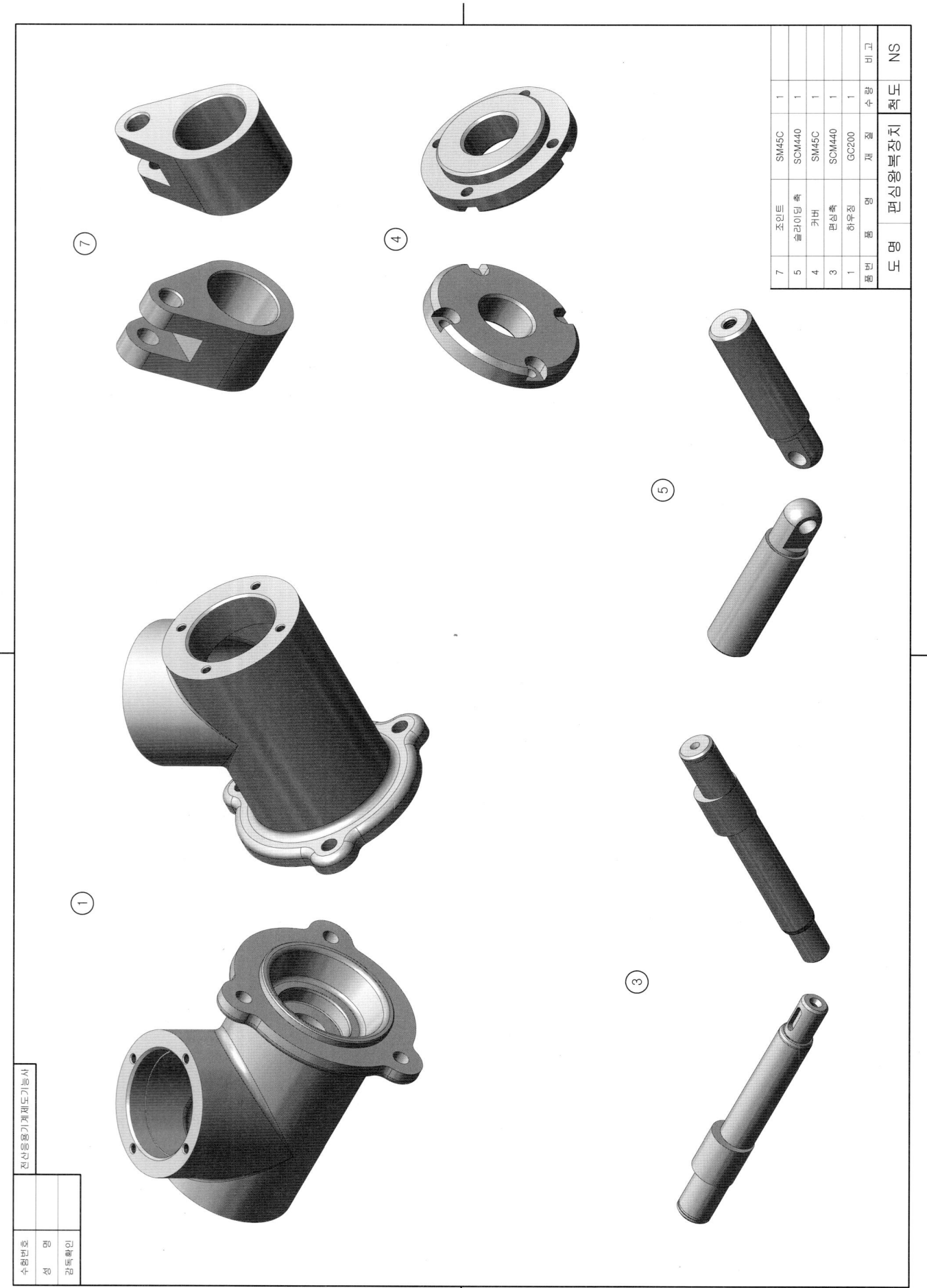

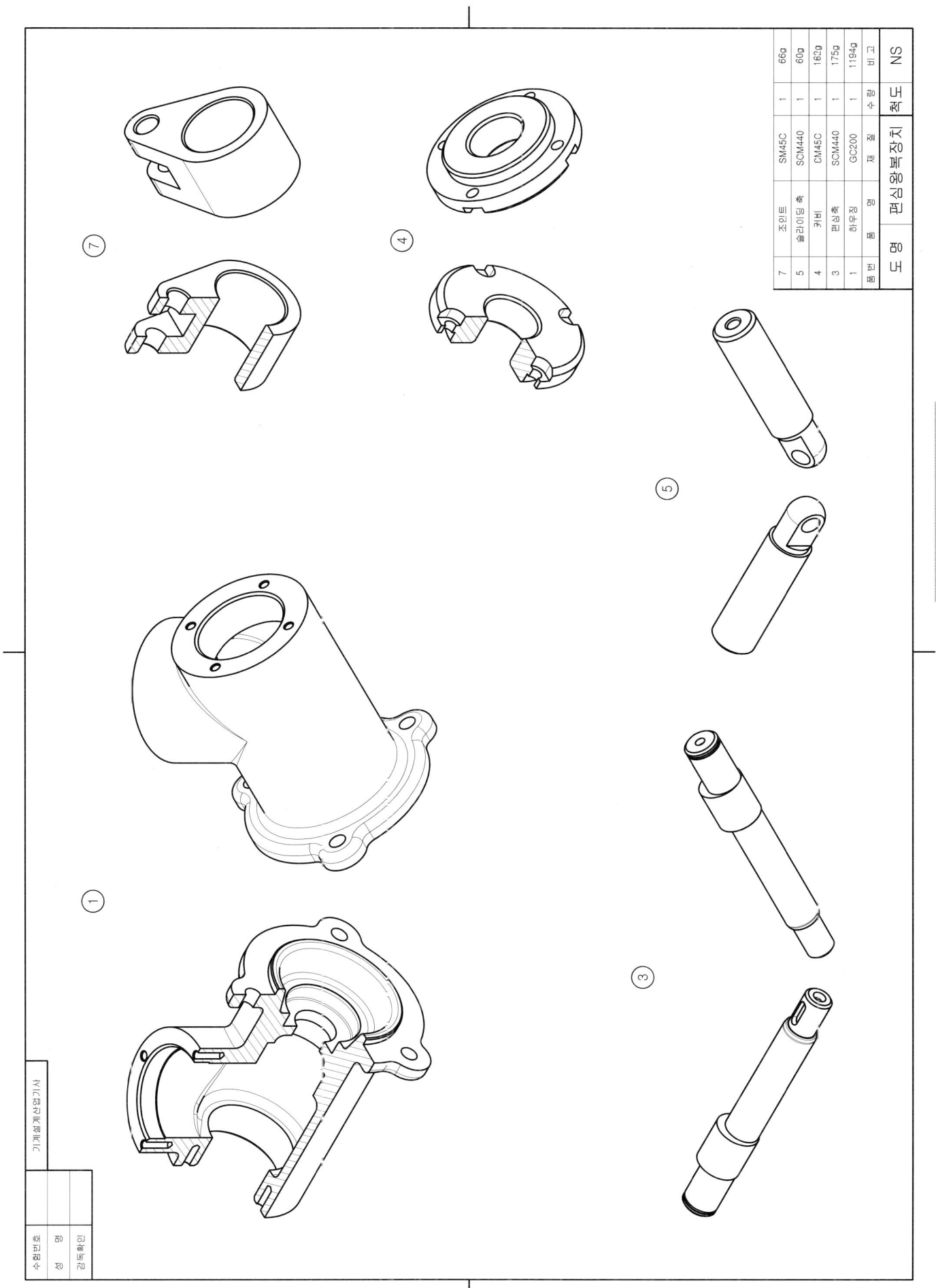

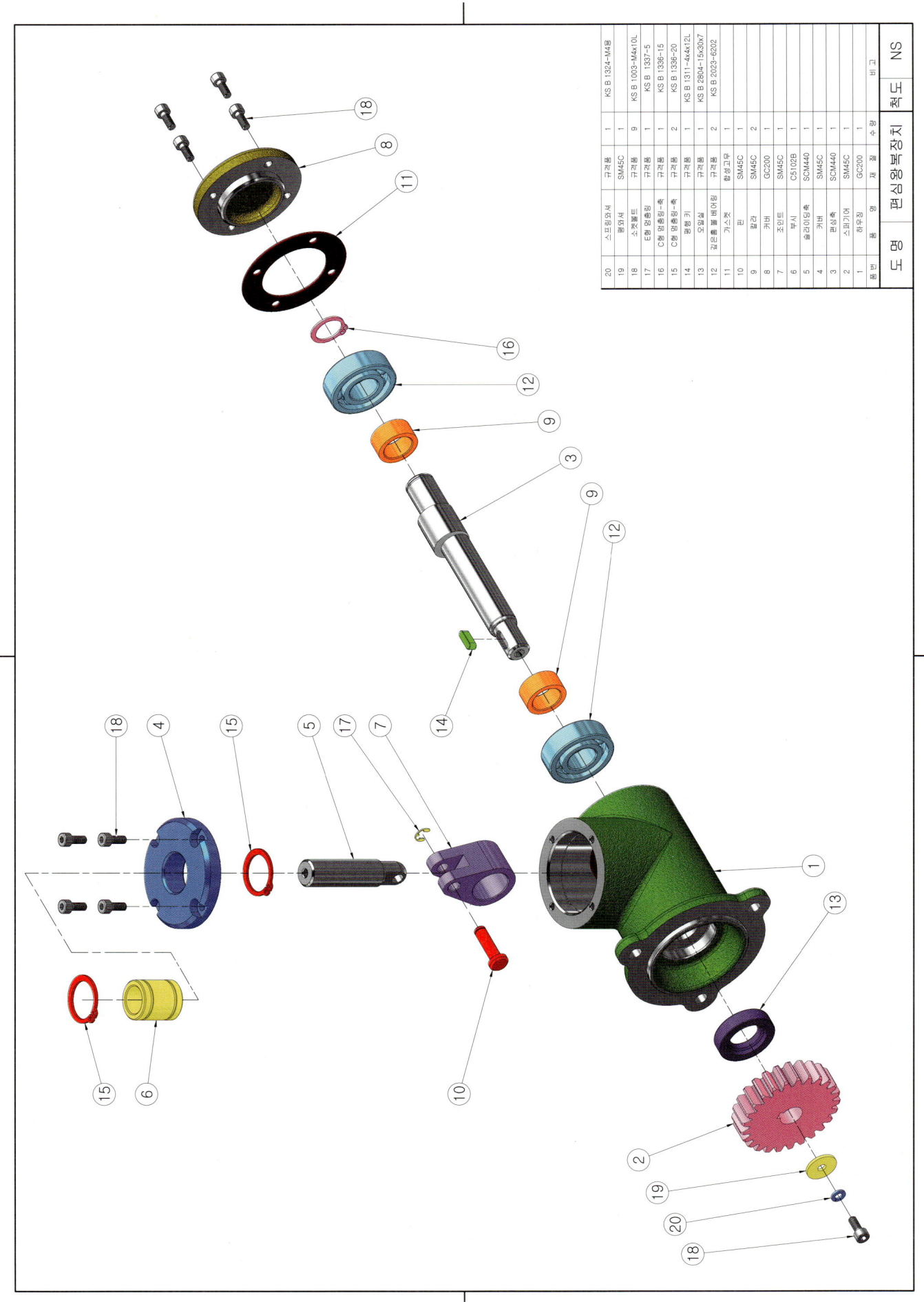

12. 편심왕복장치

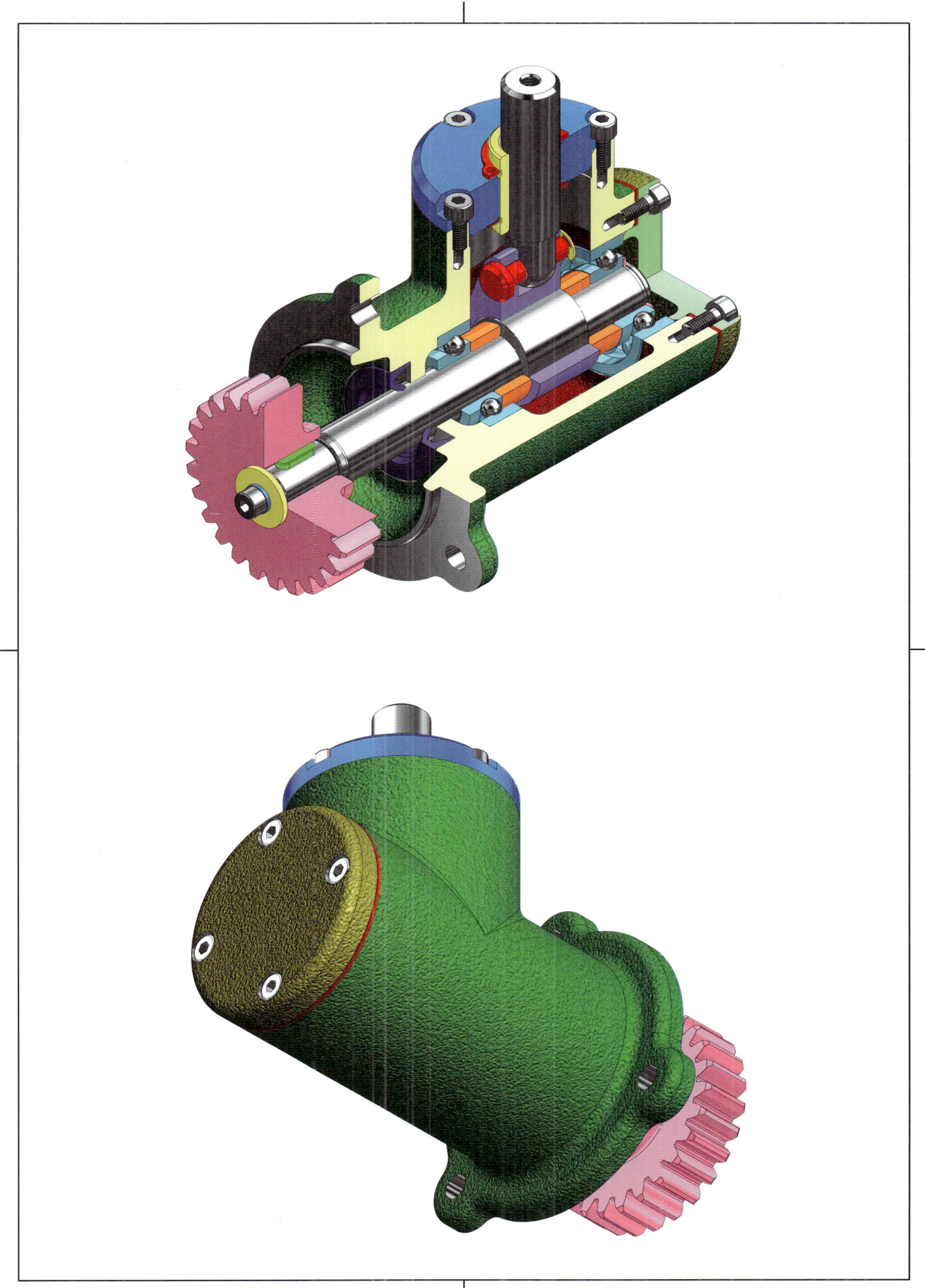

13. 래크와 피니언 구동장치

| 응시종목 | 기능사, 산업기사 | 도 명 | 래크와 피니언 구동장치 | 척도 | 1:1 |

부품도(2D) : 1, 2, 3, 4, 5
등각 투상도(3D) : 1, 2, 3, 4, 5

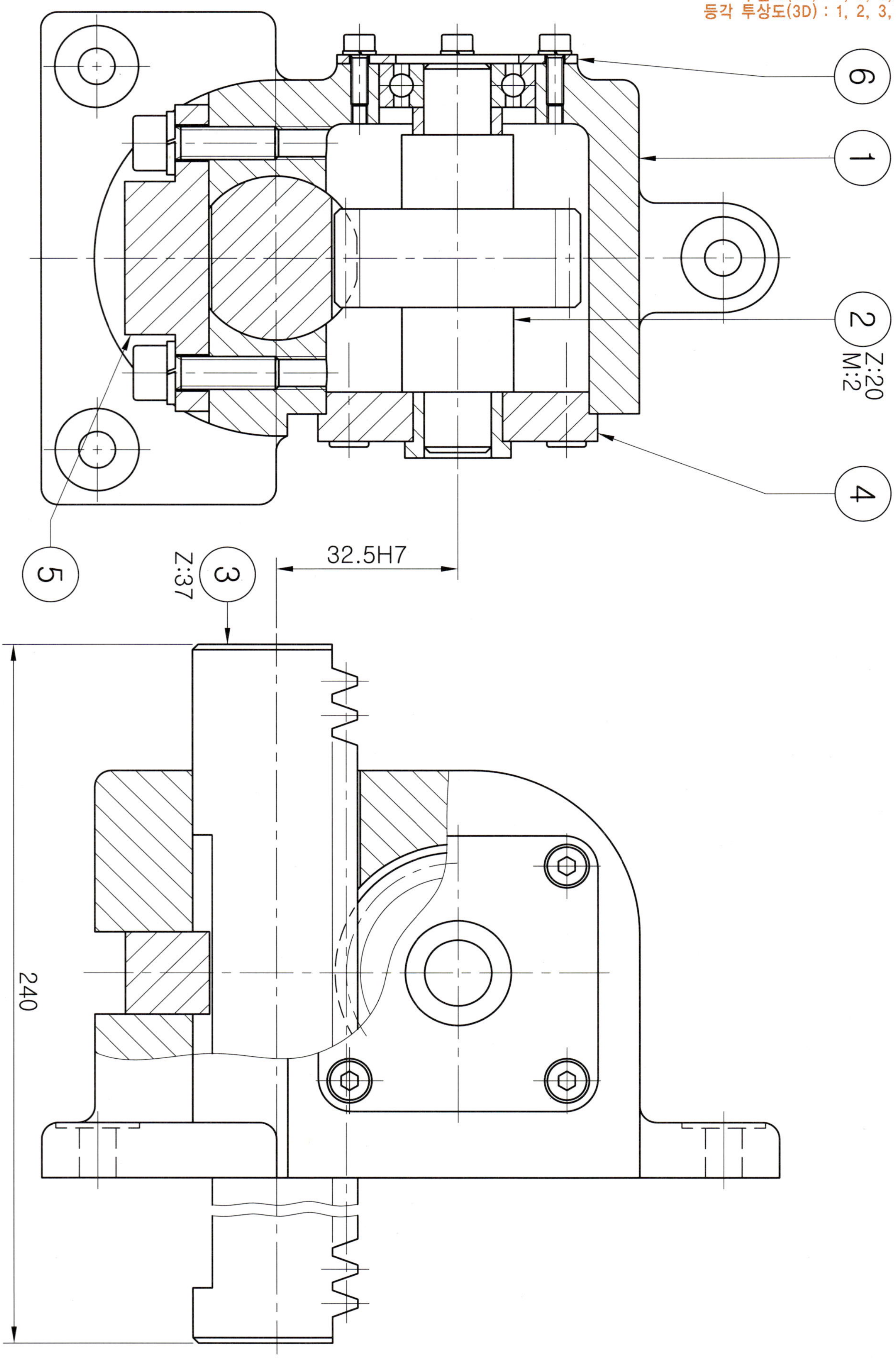

② Z:20 M:2
③ Z:37

32.5H7

240

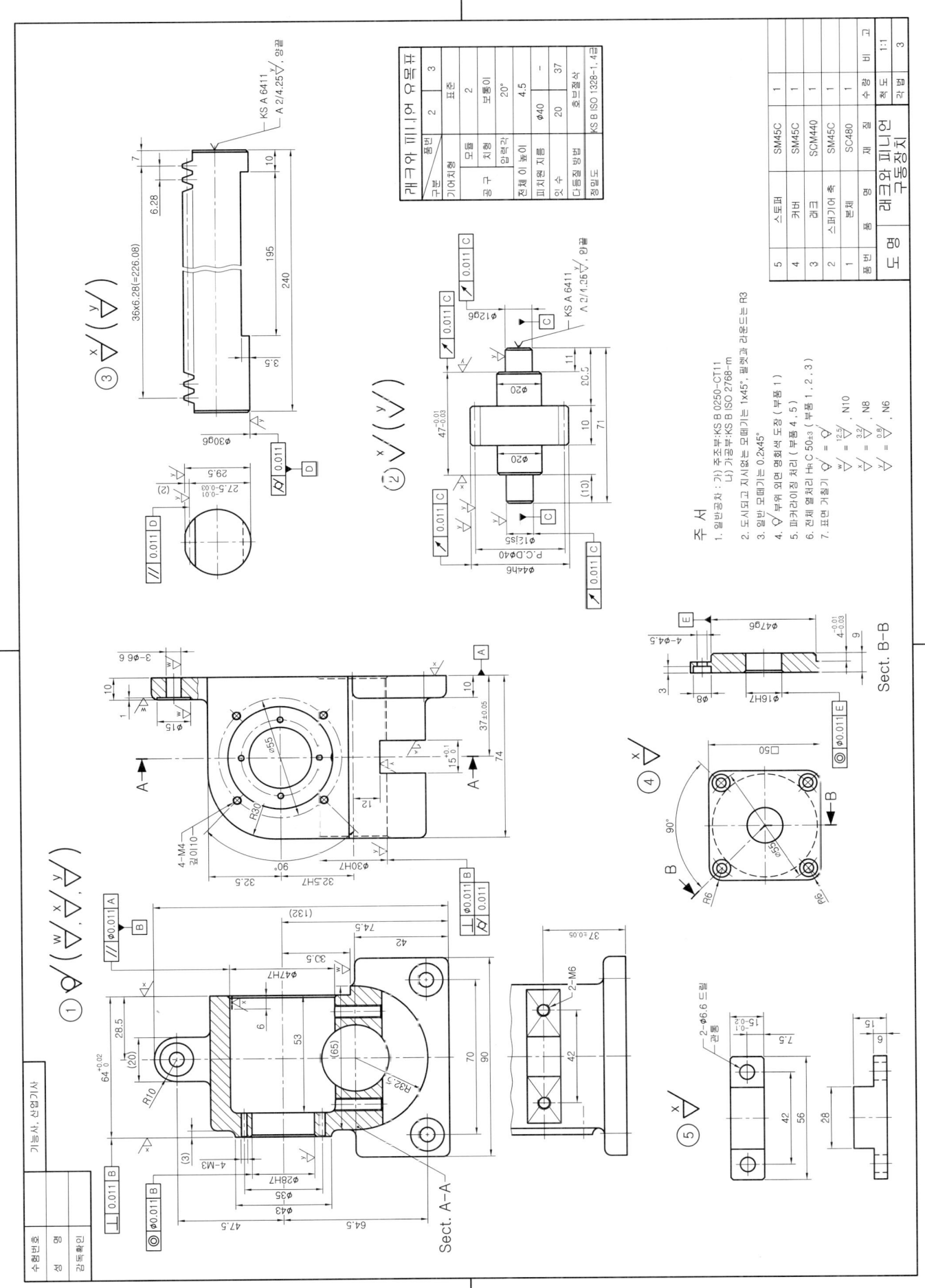

13. 래크와 피니언 구동장치

전산응용기계제도기능사 렌더링 등각 투상도 예제 도면

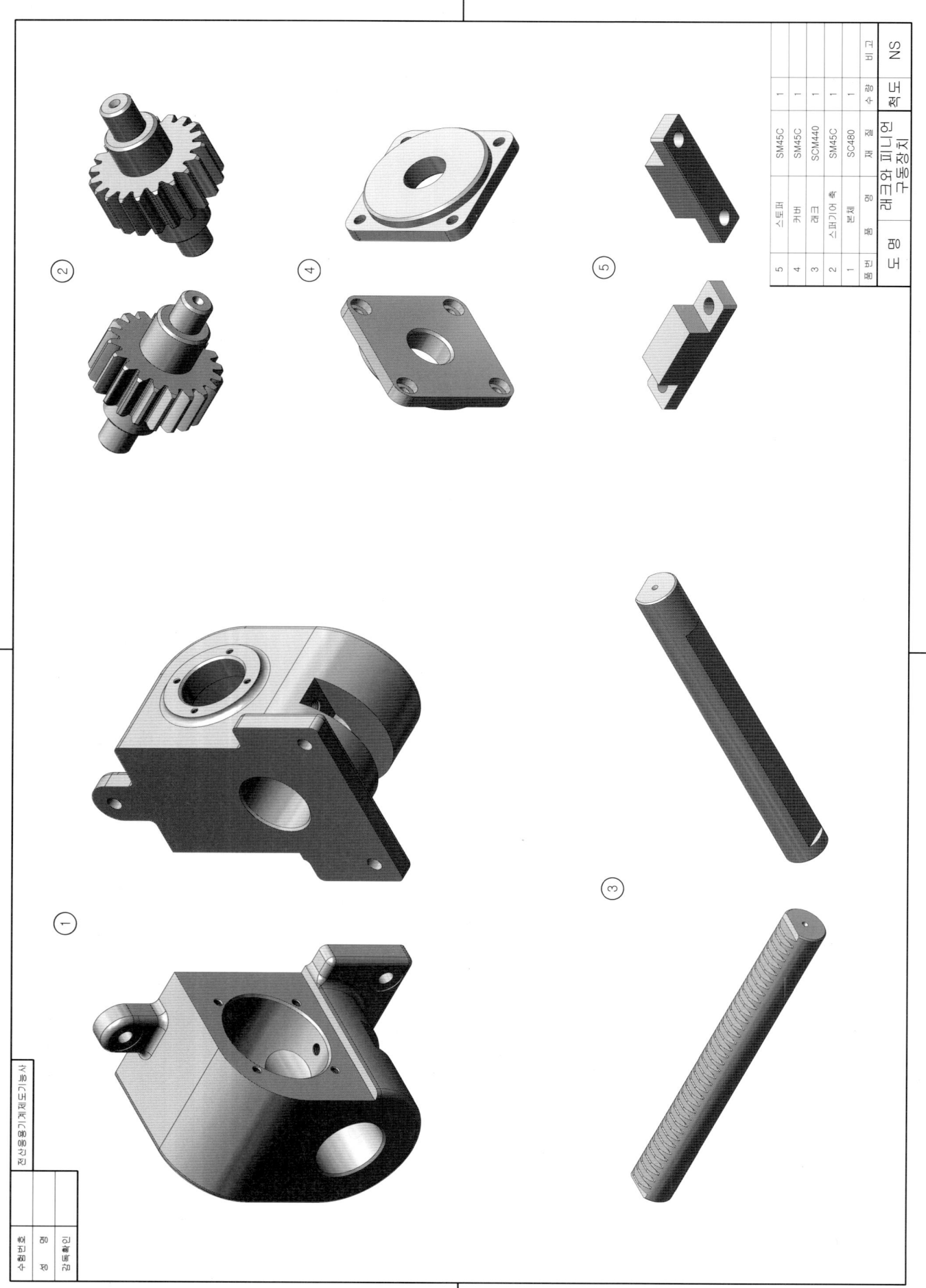

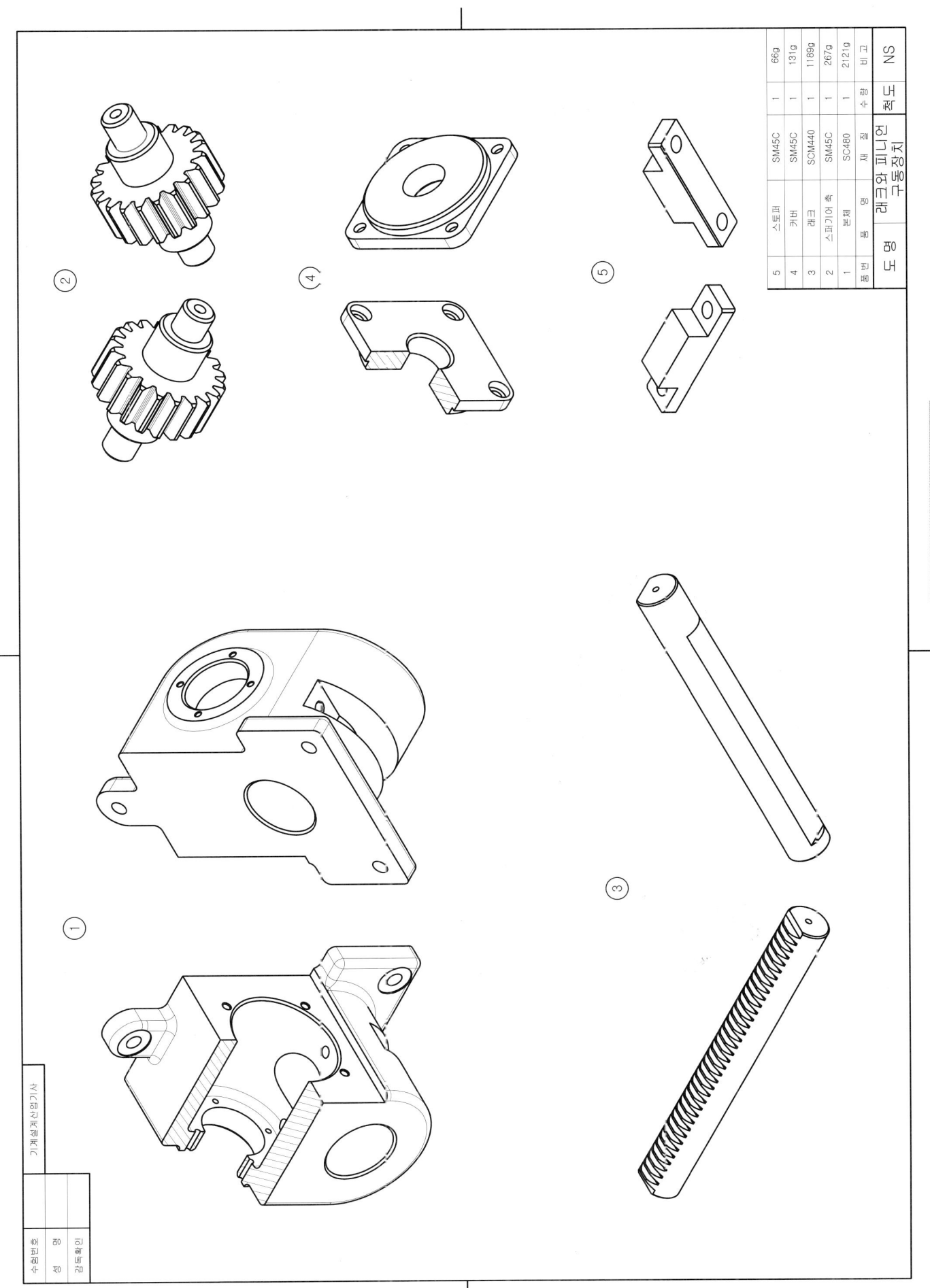

13. 래크와 피니언 구동장치

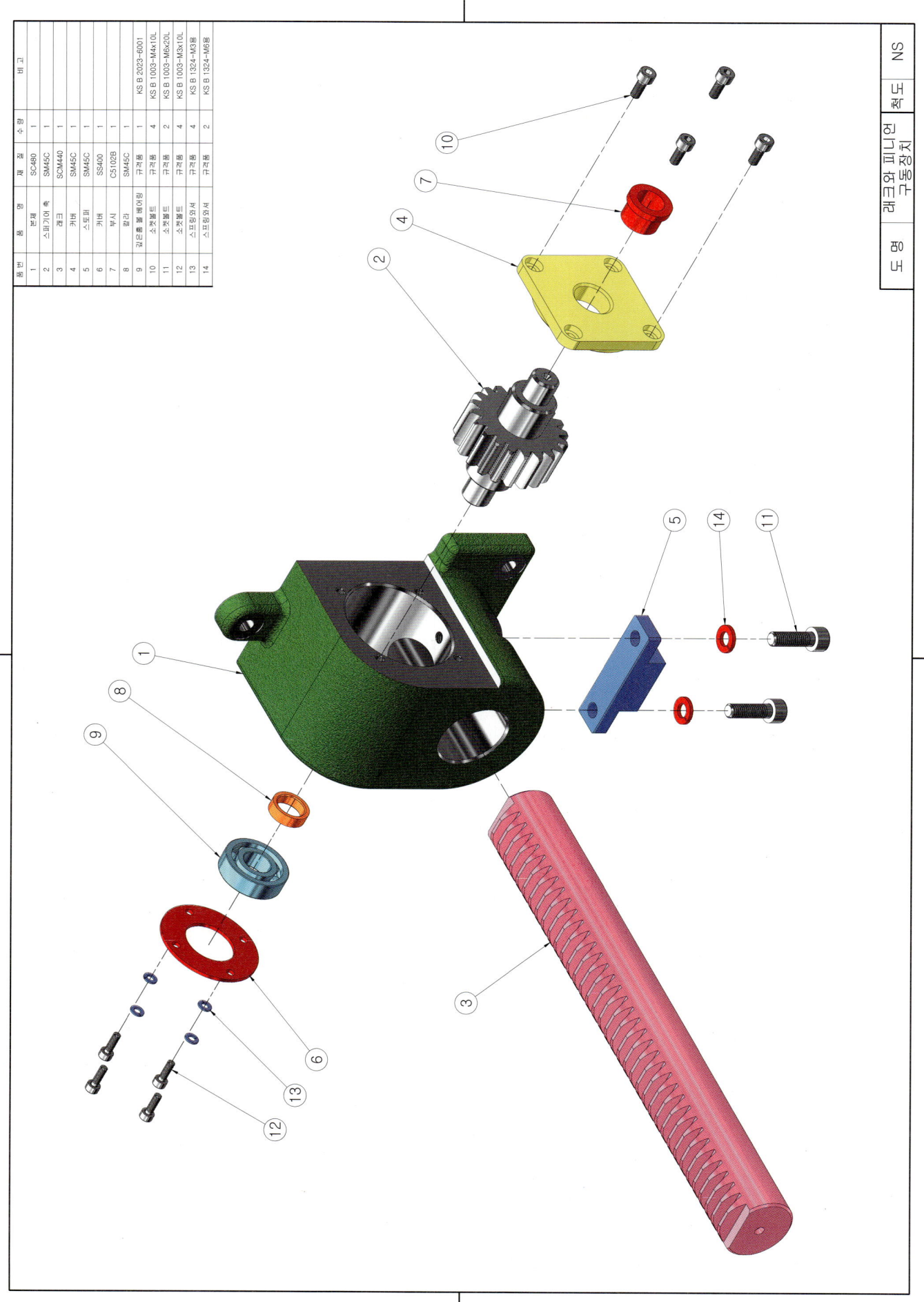

13. 래크와 피니언 구동장치

등각 조립도 예제 도면

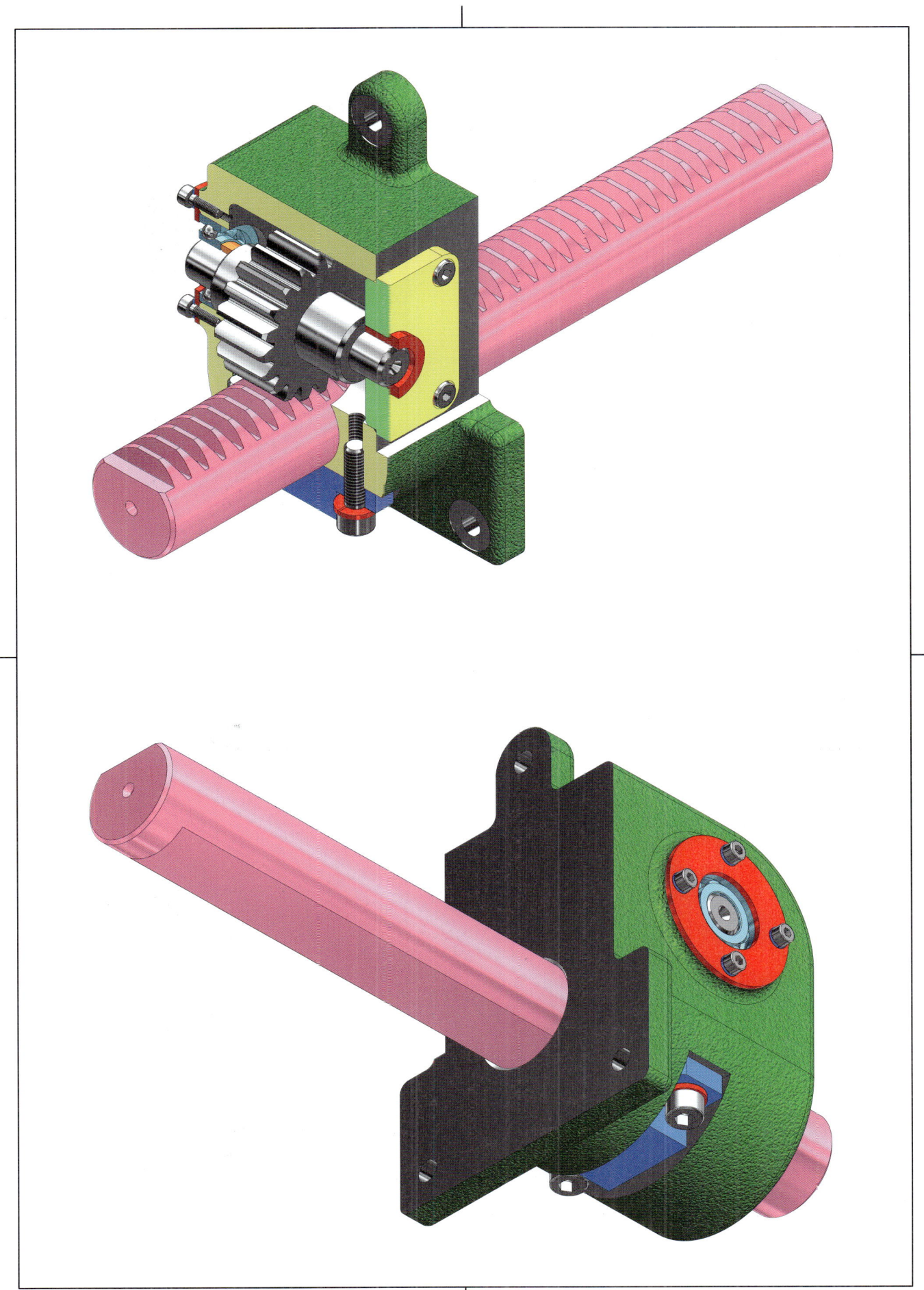

14. 아이들러

| 응시종목 | 기능사, 산업기사 | 도 명 | 아이들러 | 척도 | 1:1 |

부품도(2D) : 1, 2, 3, 4
등각 투상도(3D) : 1, 2, 3, 4

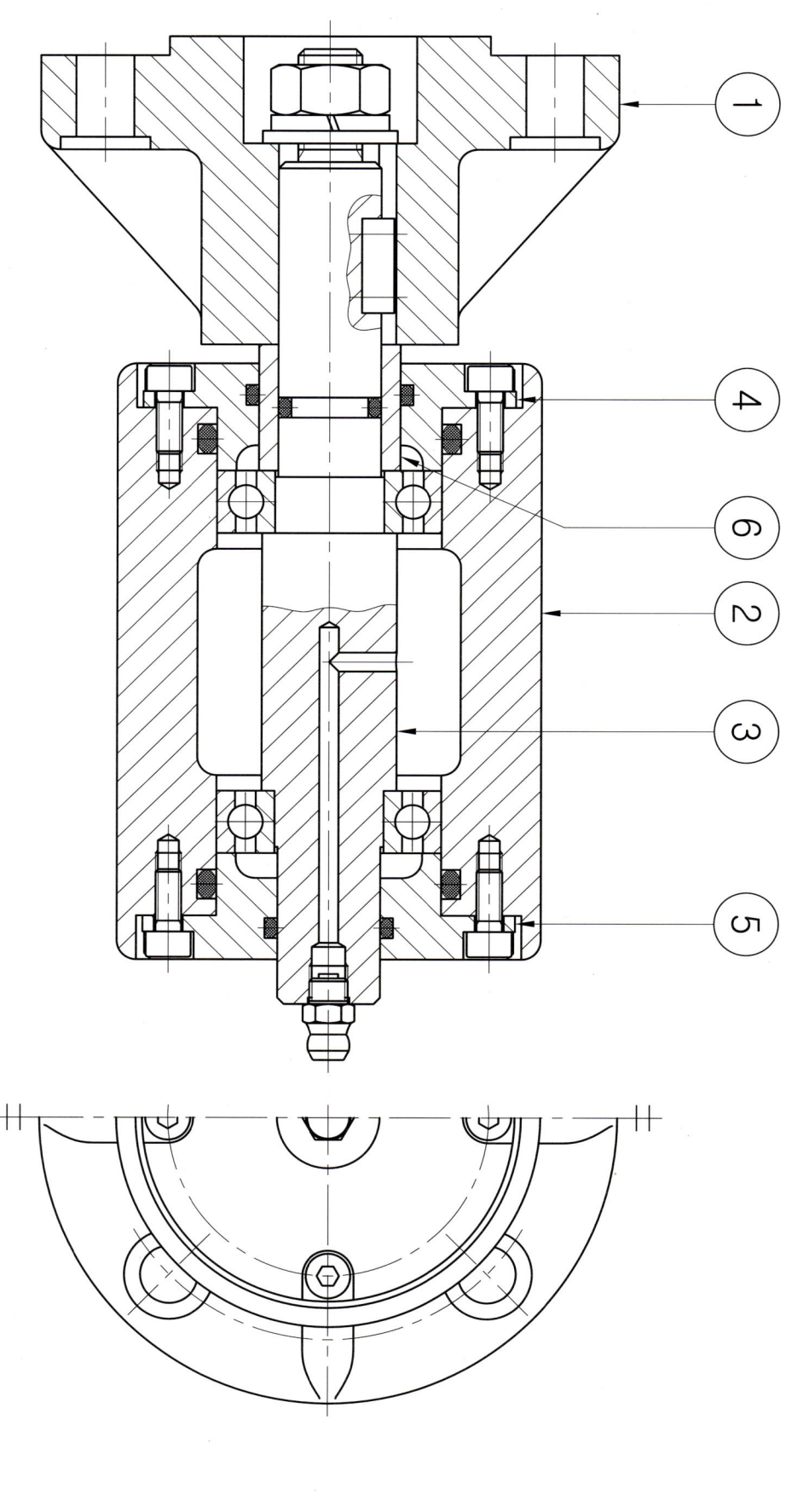

14. 아이들러

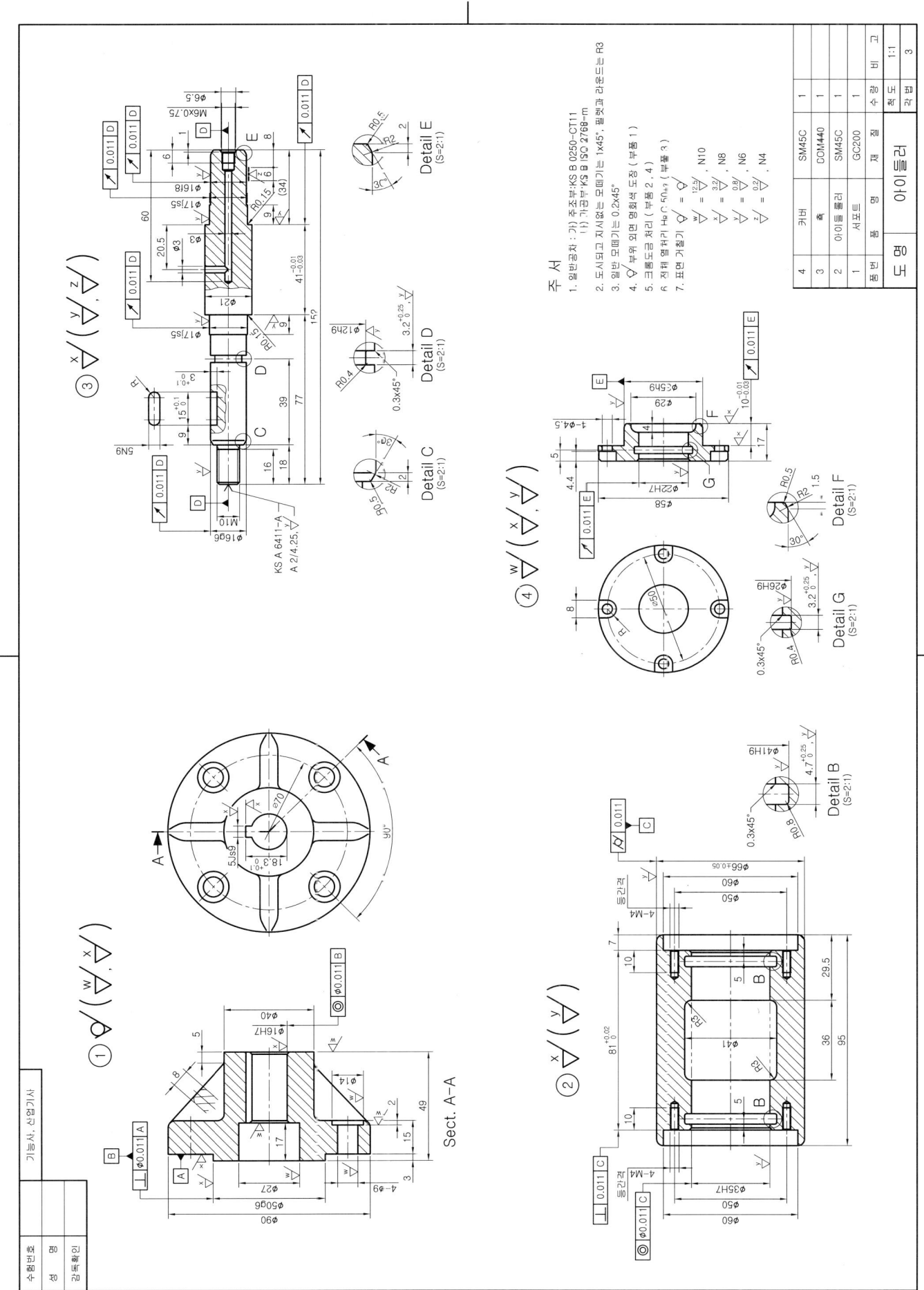

14. 아이들러

전산응용기계제도기능사 렌더링 등각 투상도 예제 도면

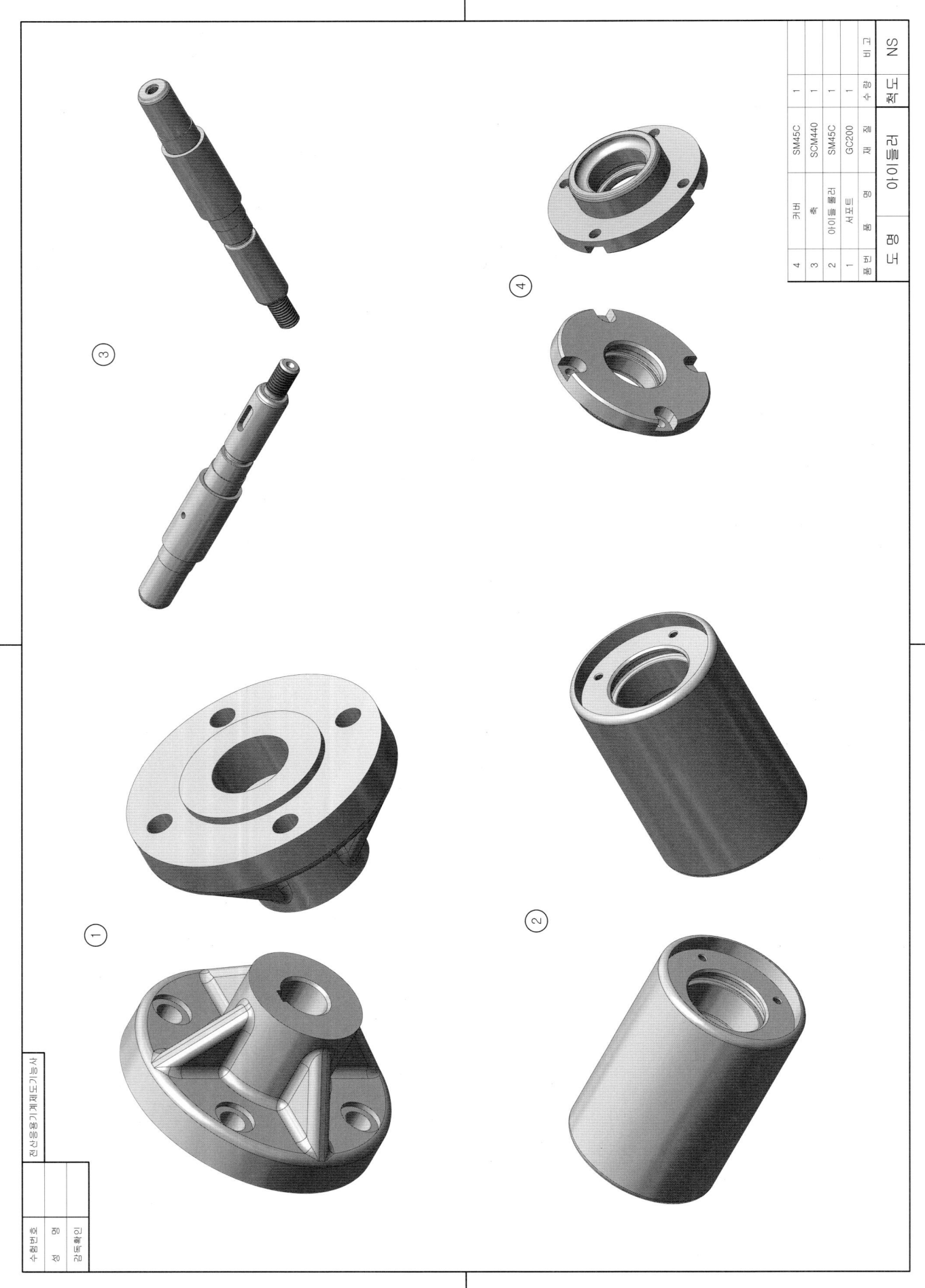

14. 아이들러

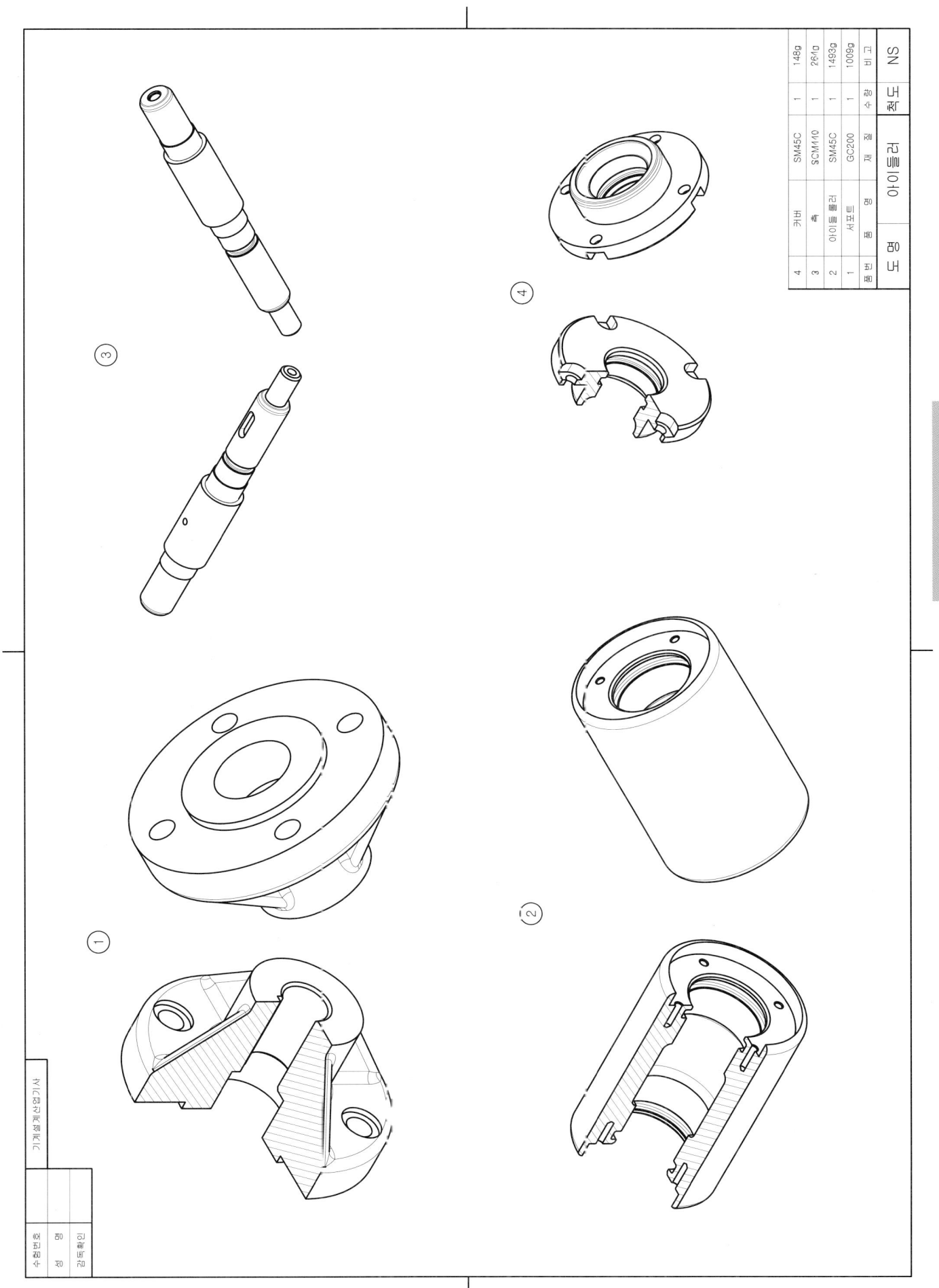

14. 아이들러

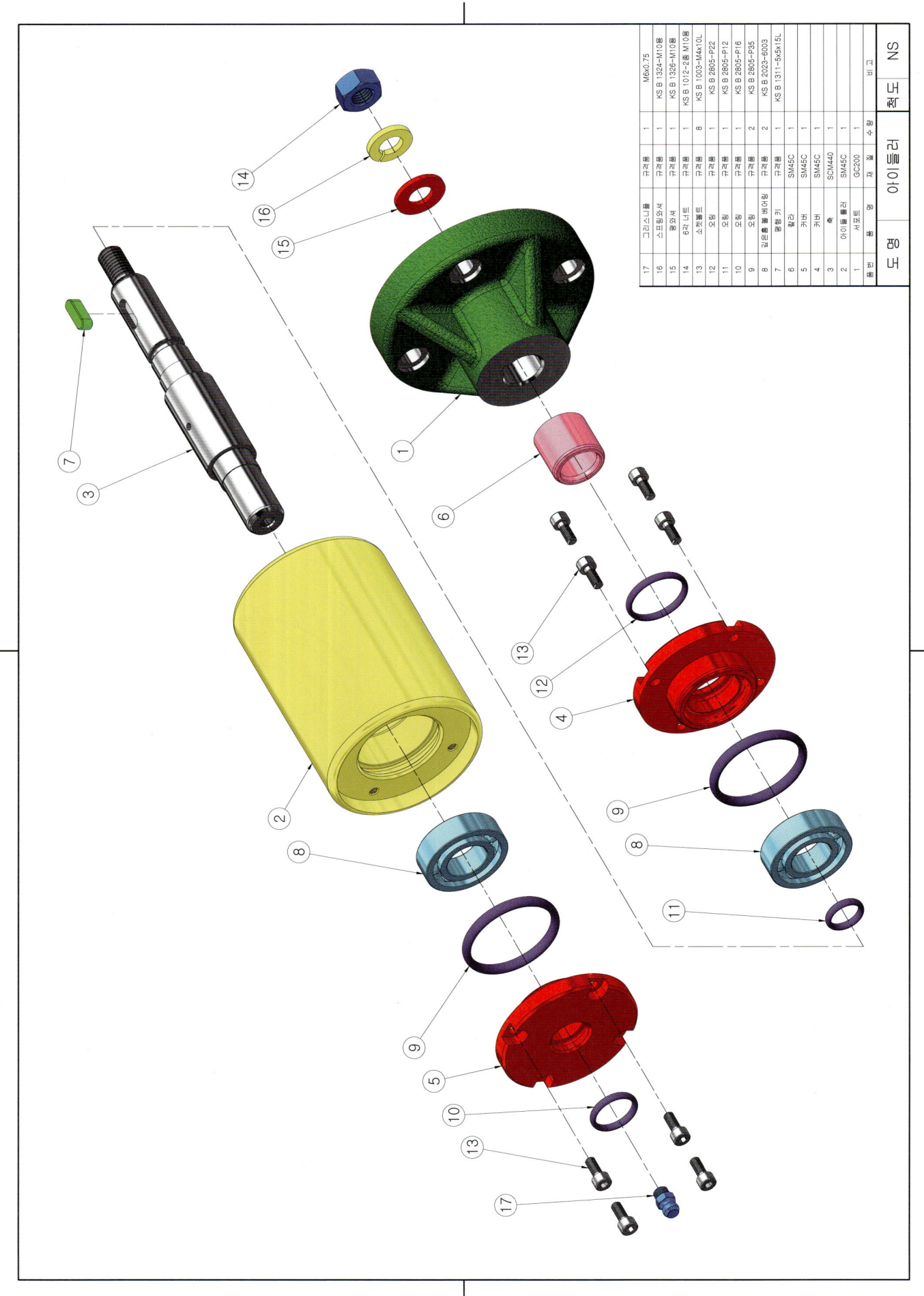

14. 아이들러

등각 조립도 예제 도면

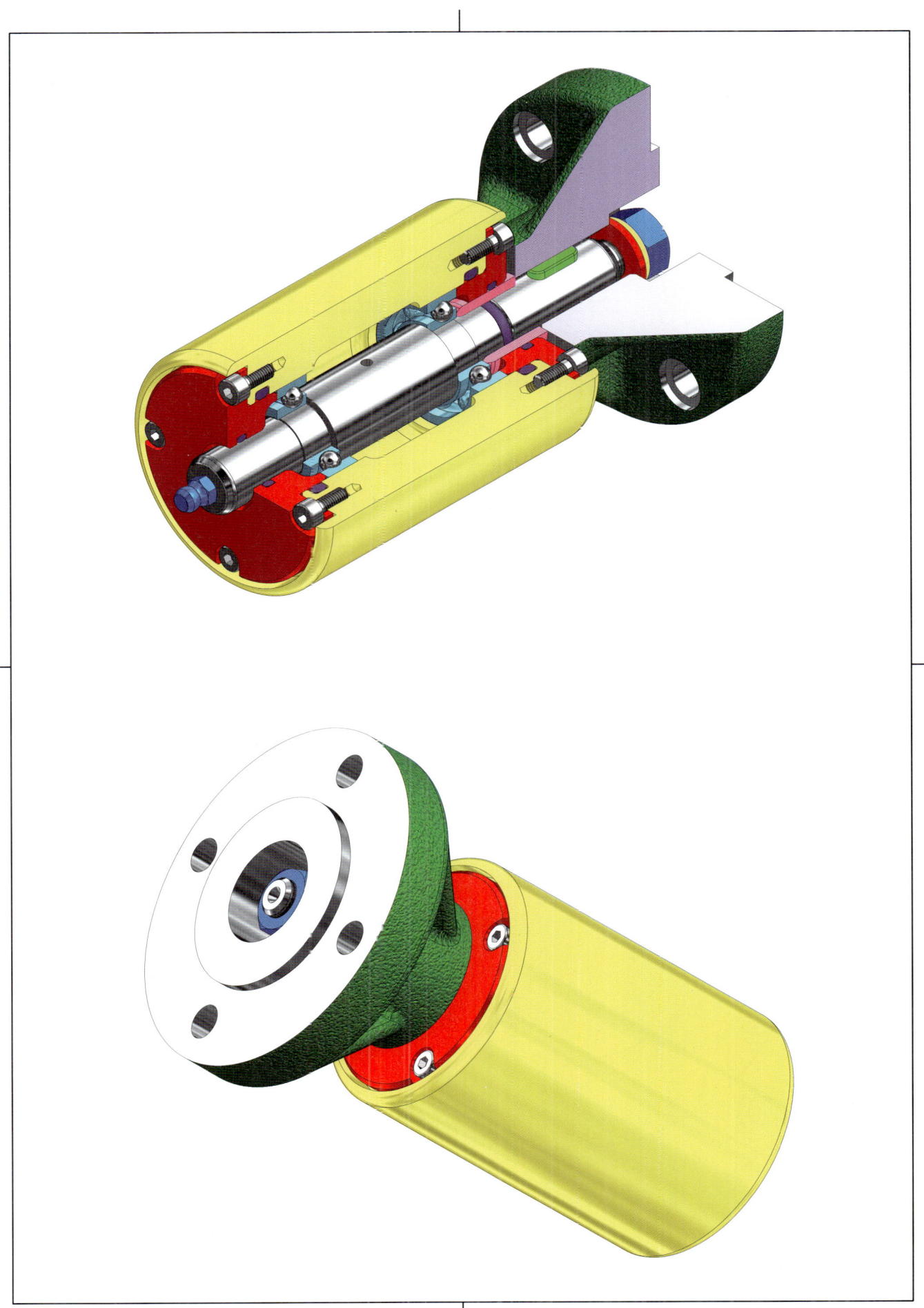

15. 스퍼기어 감속기

| 응시종목 | 기능사, 산업기사 | 도 명 | 스퍼기어 감속기 | 척도 | 1:1 |

부품도(2D) : 1, 3, 4, 5
등각 투상도(3D) : 1, 2, 3, 4, 5

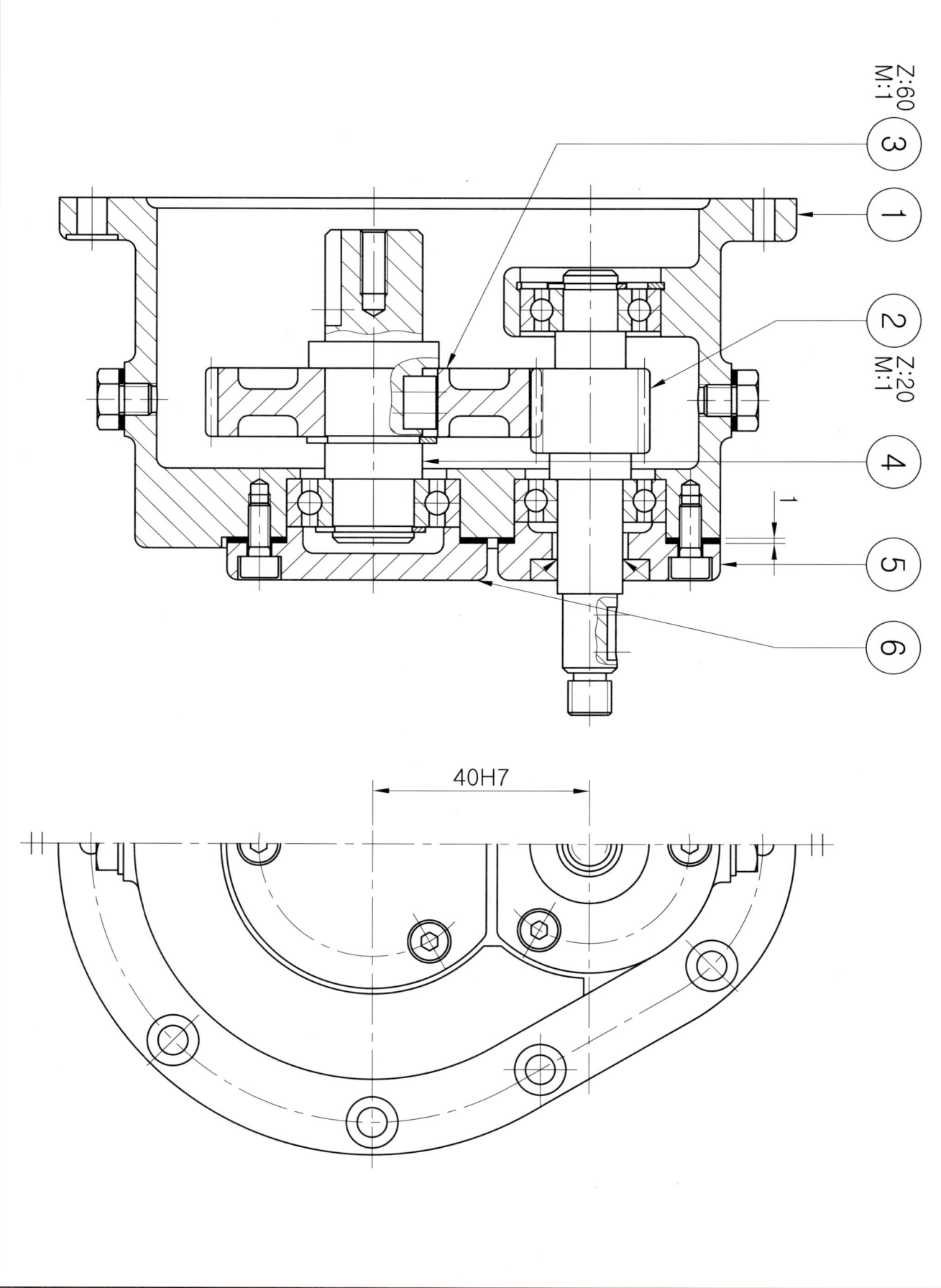

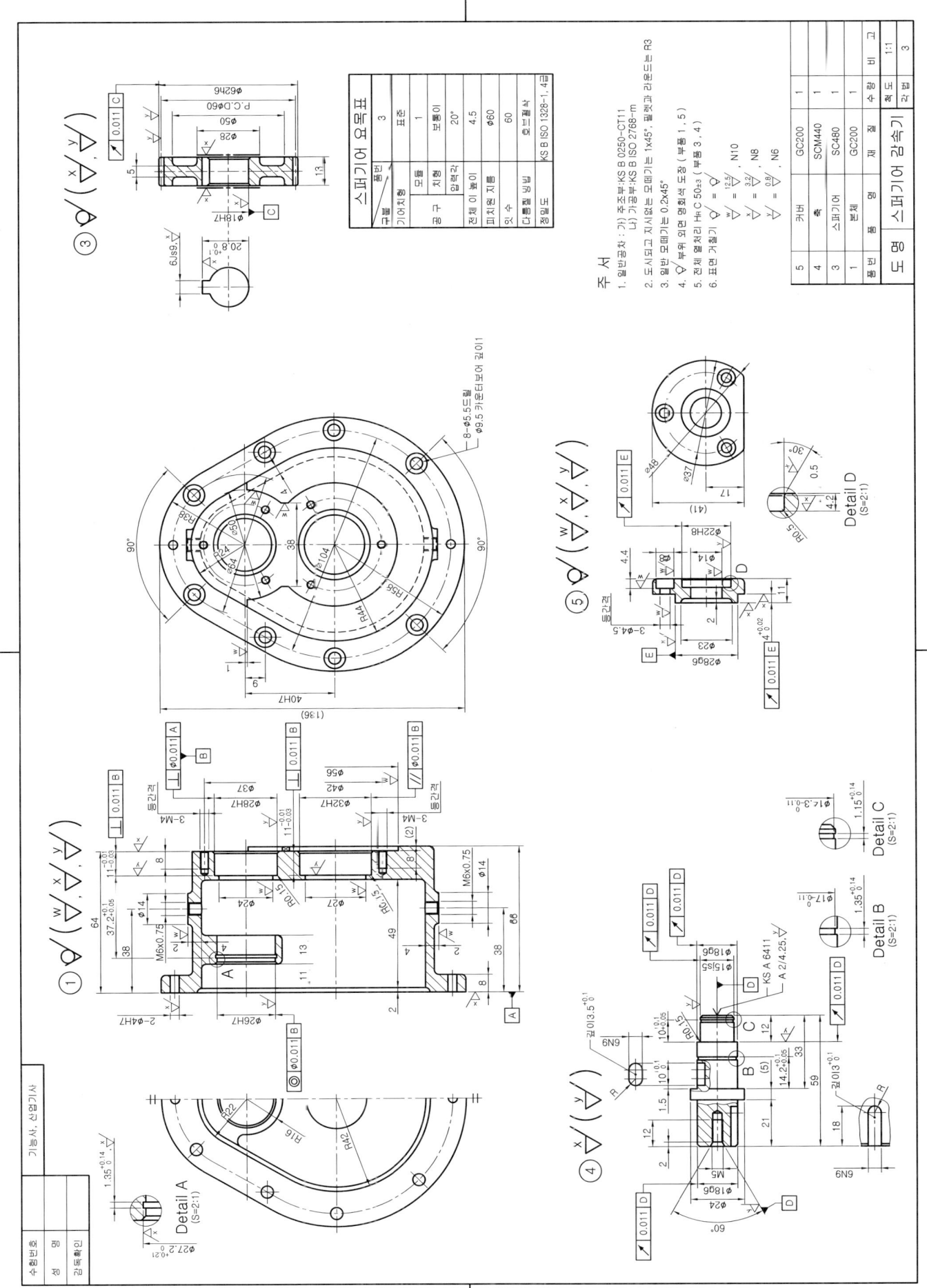

15. 스퍼기어 감속기

전산응용기계제도기능사 렌더링 등각 투상도 예제 도면

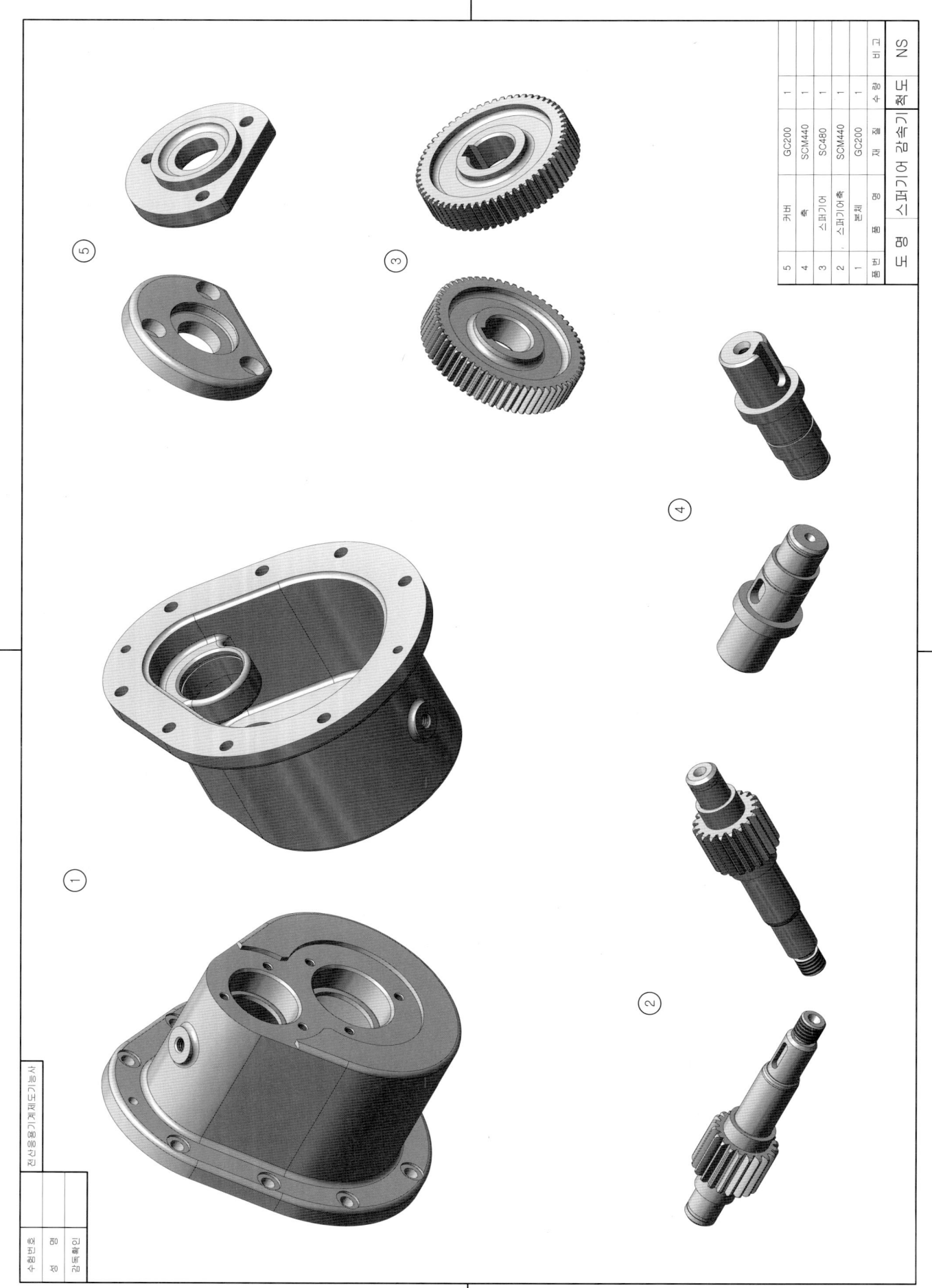

15. 스퍼기어 감속기

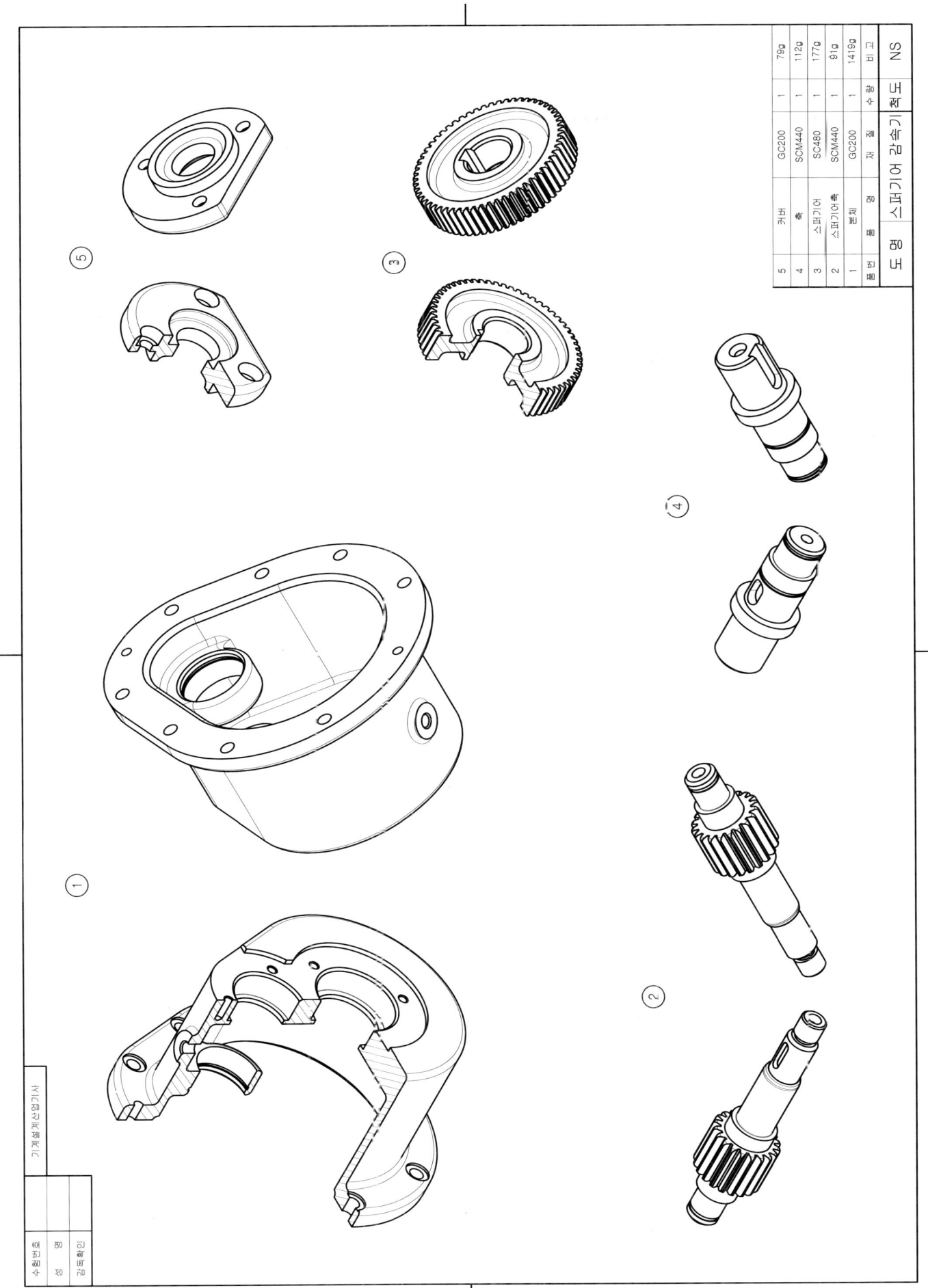

15. 스퍼기어 감속기

등각 분해도 예제 도면

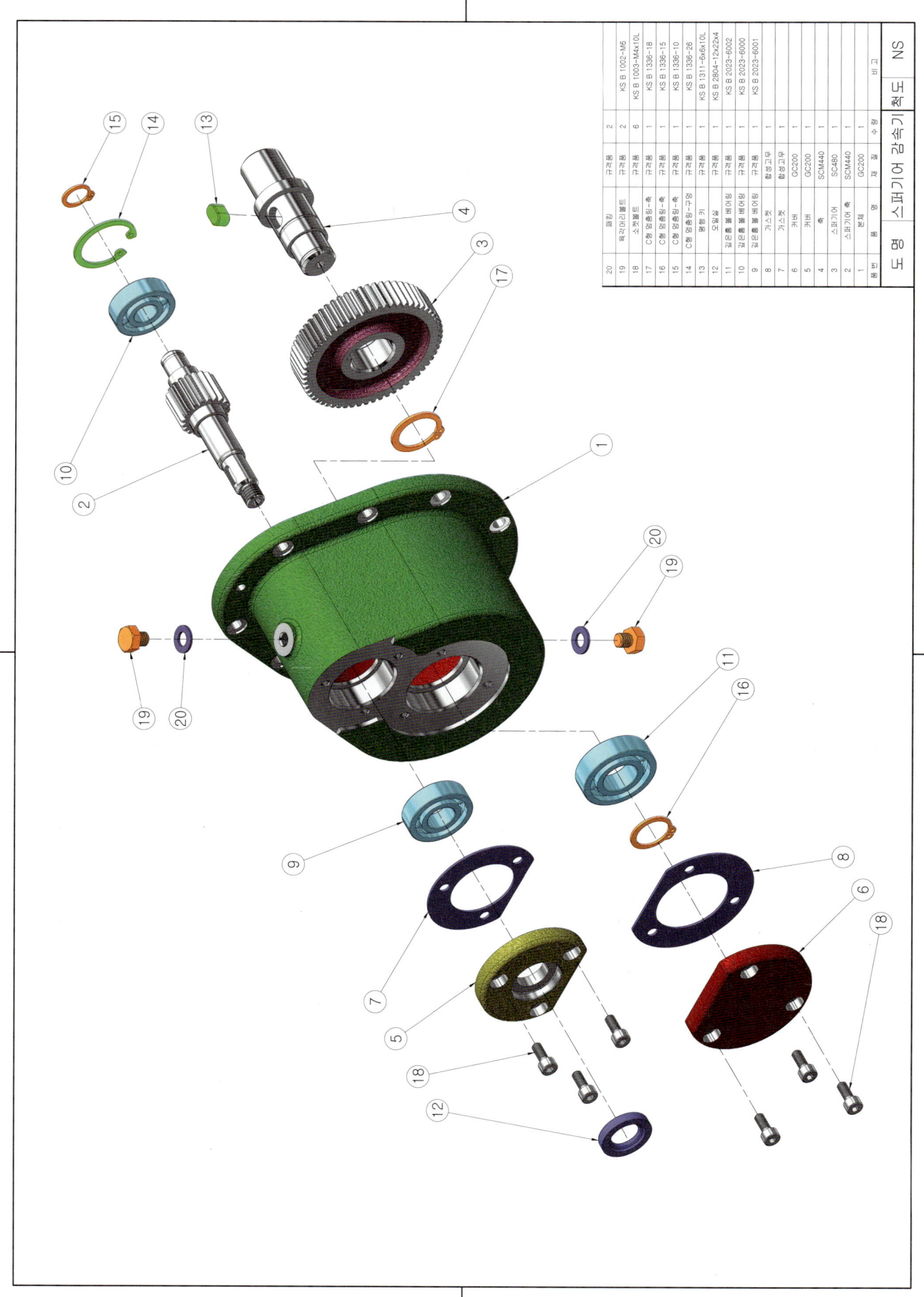

15. 스퍼기어 감속기

등각 조립도 예제 도면

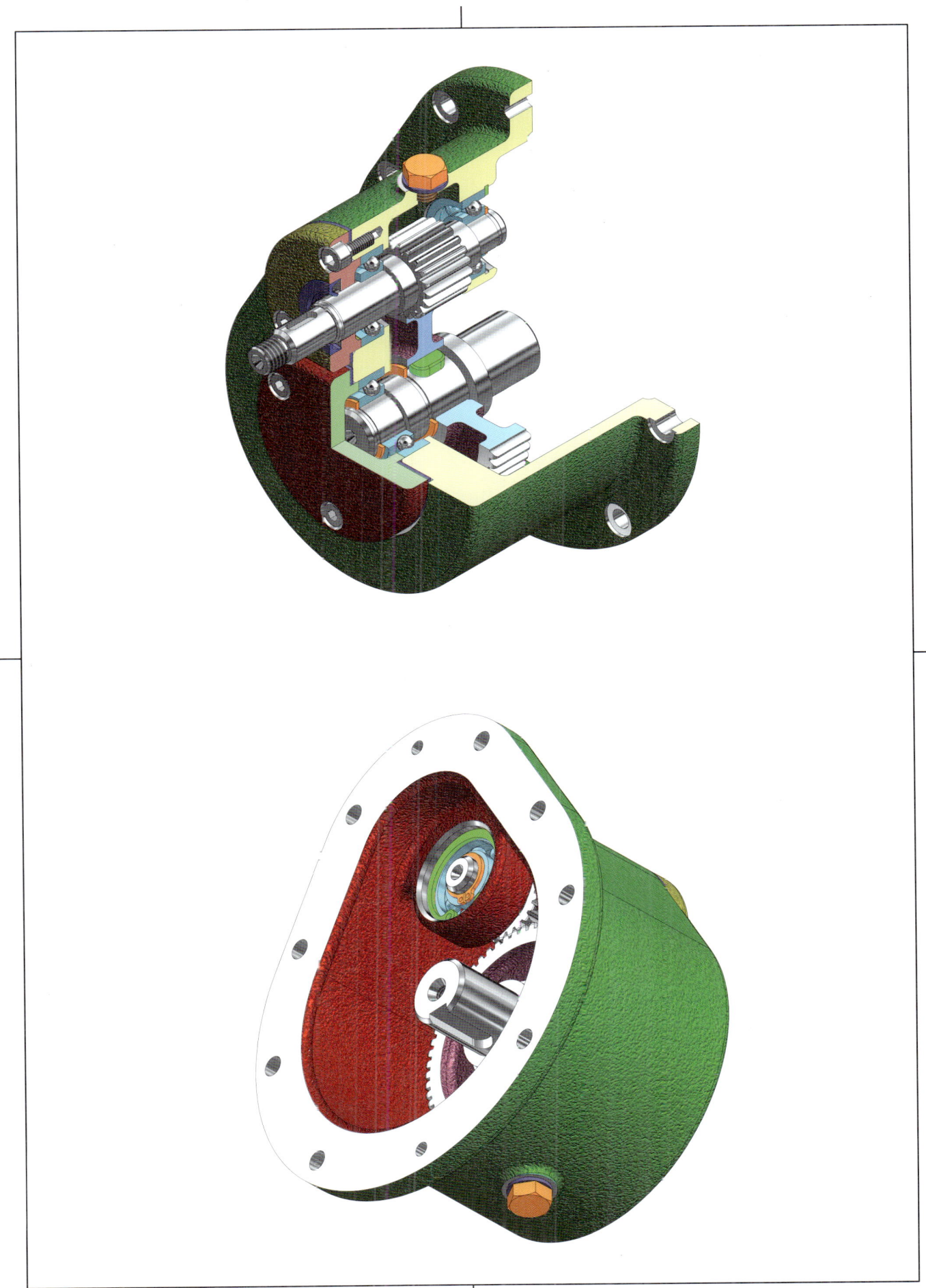

16. 증 감속 장치

응시종목	기능사, 산업기사	도 명	증 감속 장치	척 도	1:1

부품도(2D) : 1, 2, 3, 5
등각 투상도(3D) : 1, 2, 3, 5, 7

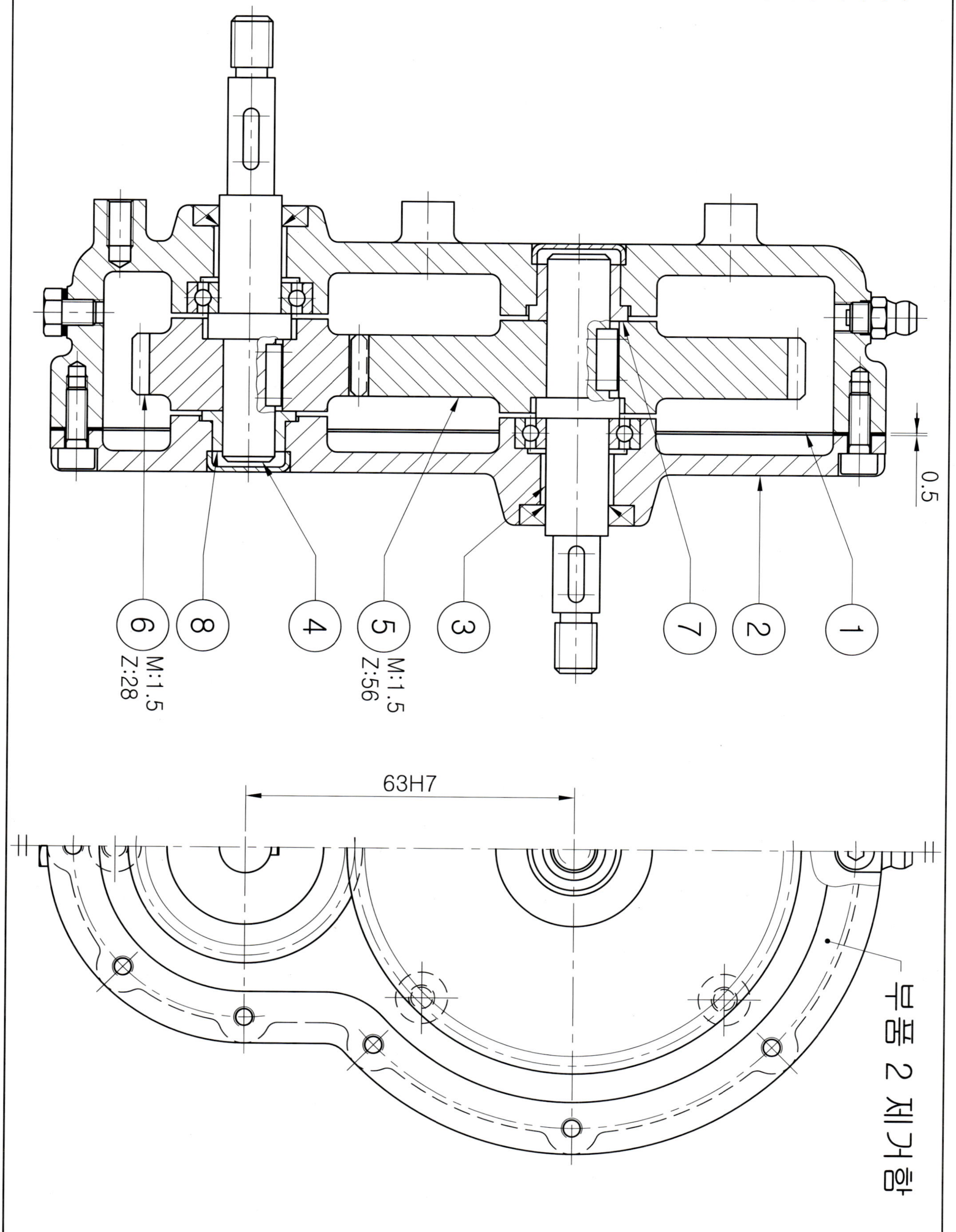

6 M:1.5 Z:28
8
4
5 M:1.5 Z:56
3
7
2
1

0.5

63H7

부품 2 제거함

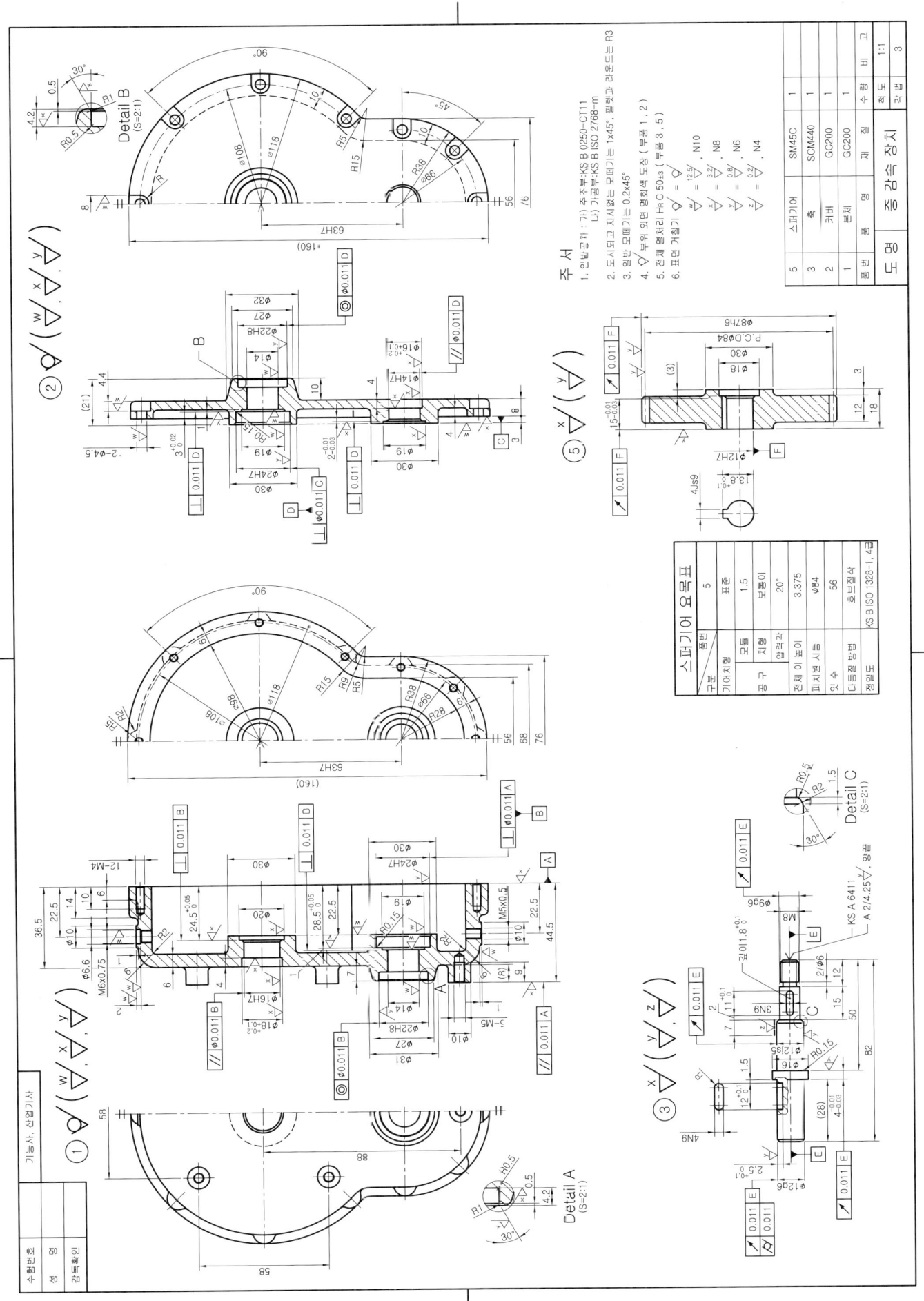

16. 증 감속 장치

전산응용기계제도기능사 렌더링 등각 투상도 예제 도면

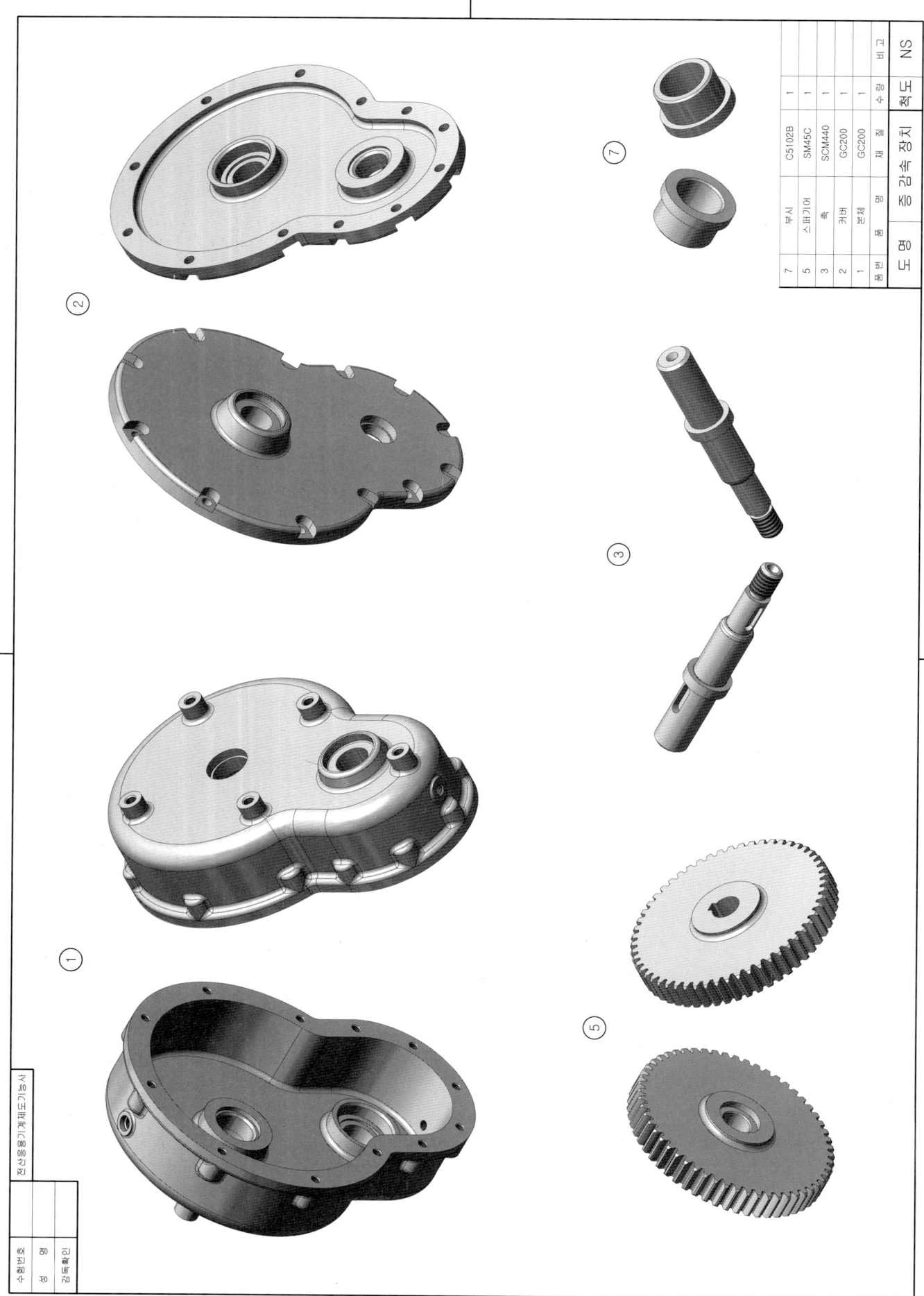

16. 증 감속 장치

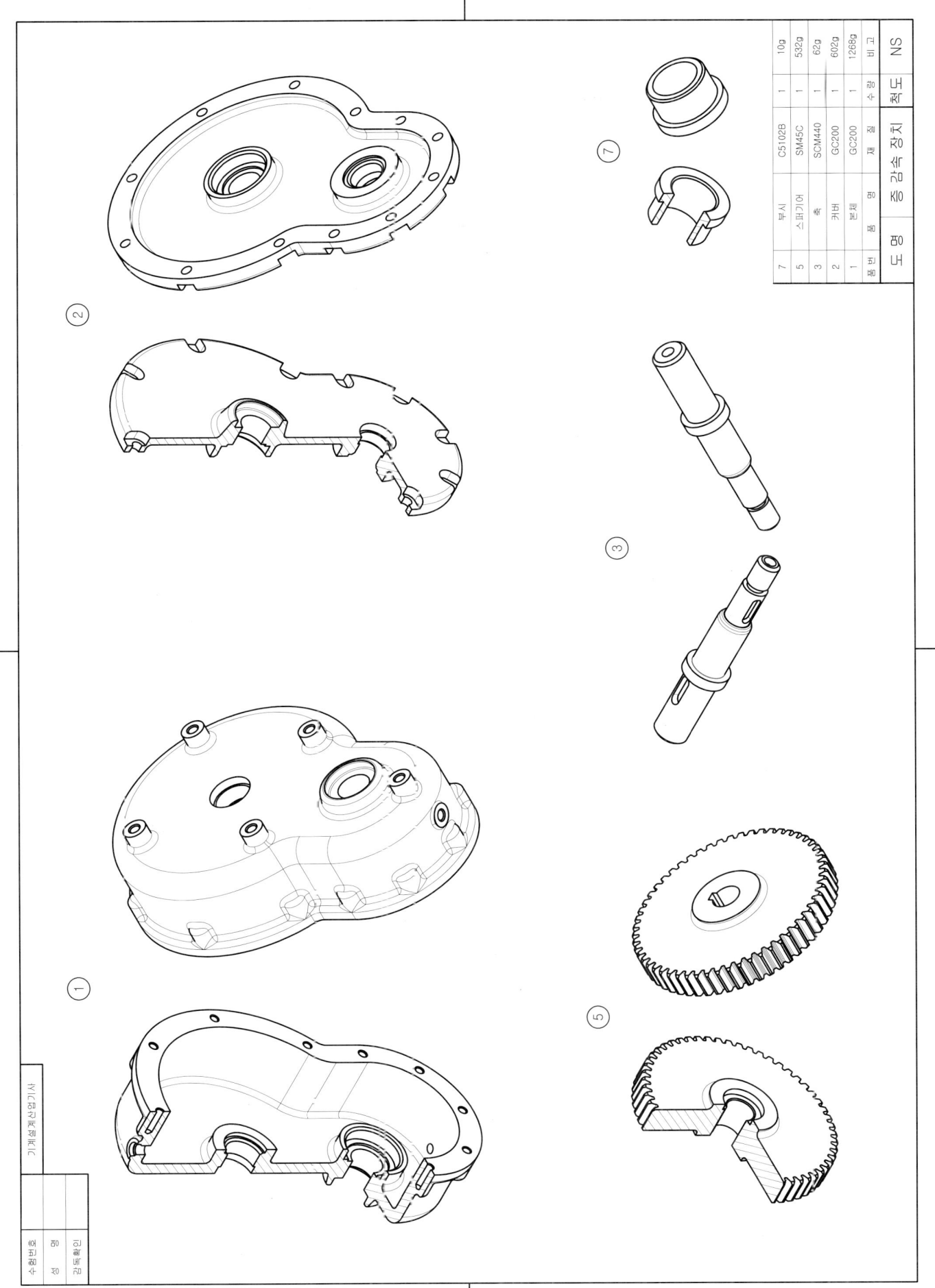

품번	품 명	재 질	수량	비고
1	본체	GC200	1	1268g
2	커버	GC200	1	602g
3	축	SCM440	1	62g
5	스퍼기어	SM45C	1	532g
7	부시	C5102B	1	10g

16. 증 감속 장치

등각 분해도 예제 도면

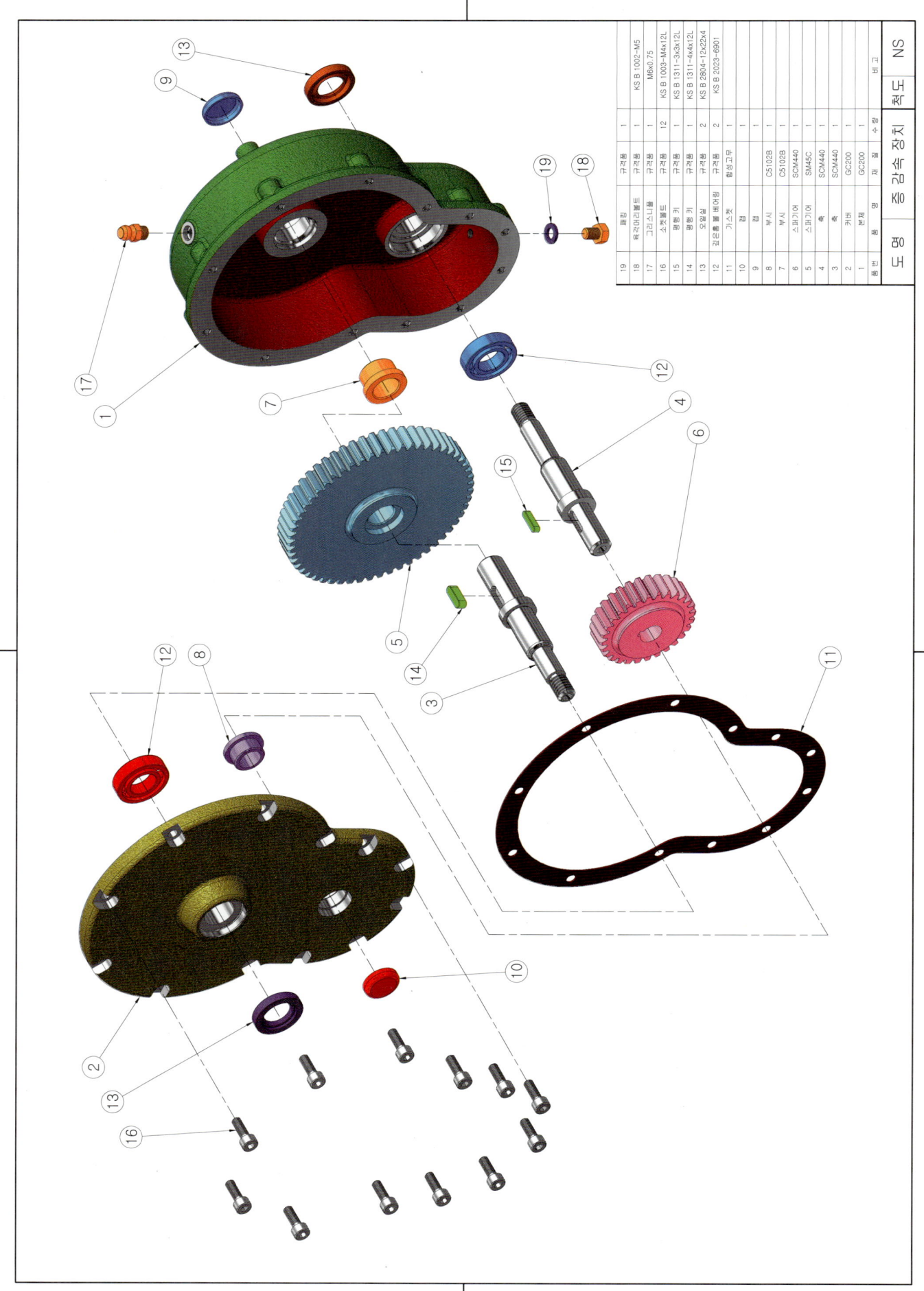

16. 증 감속 장치

등각 조립도 예제 도면

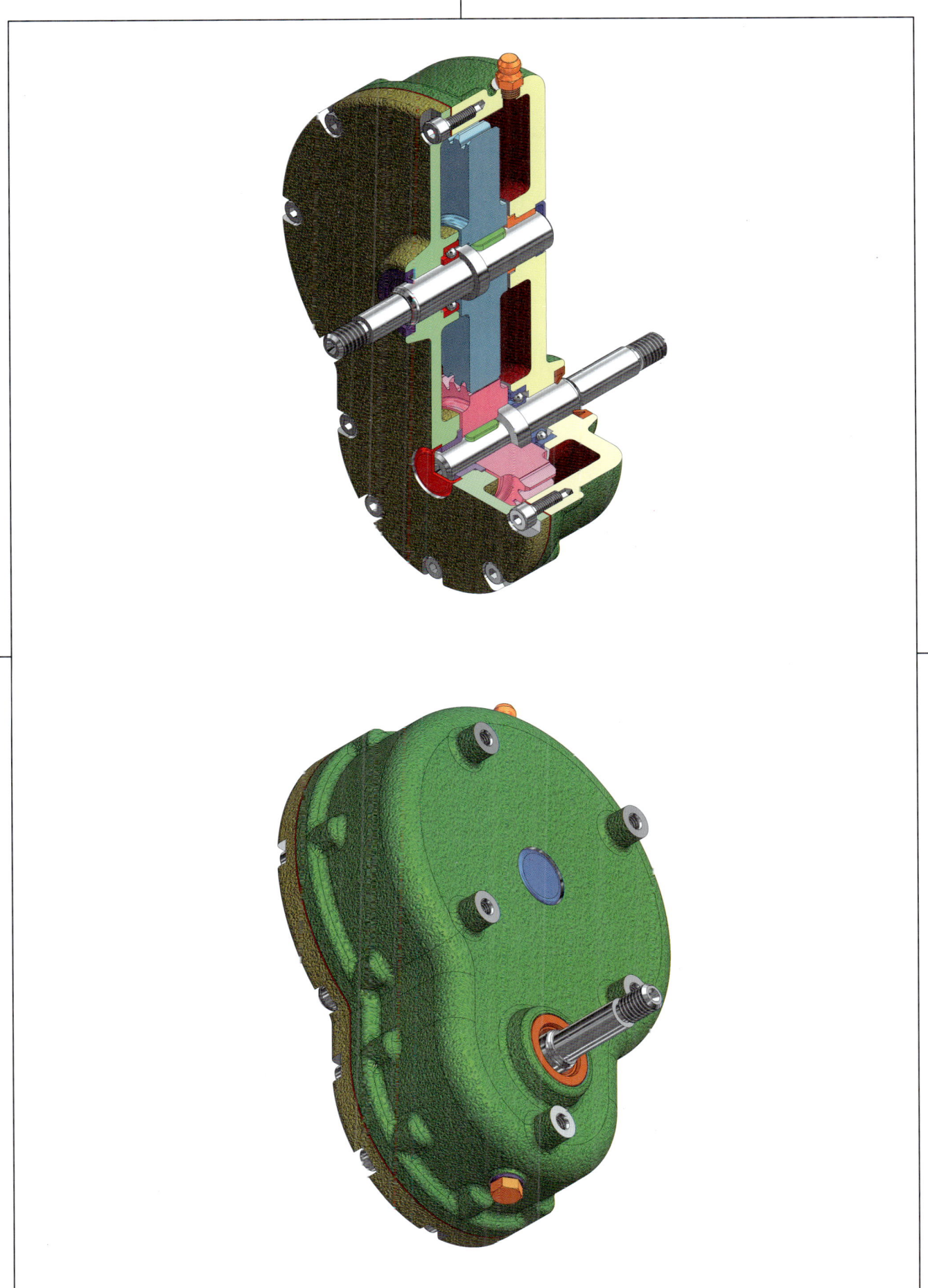

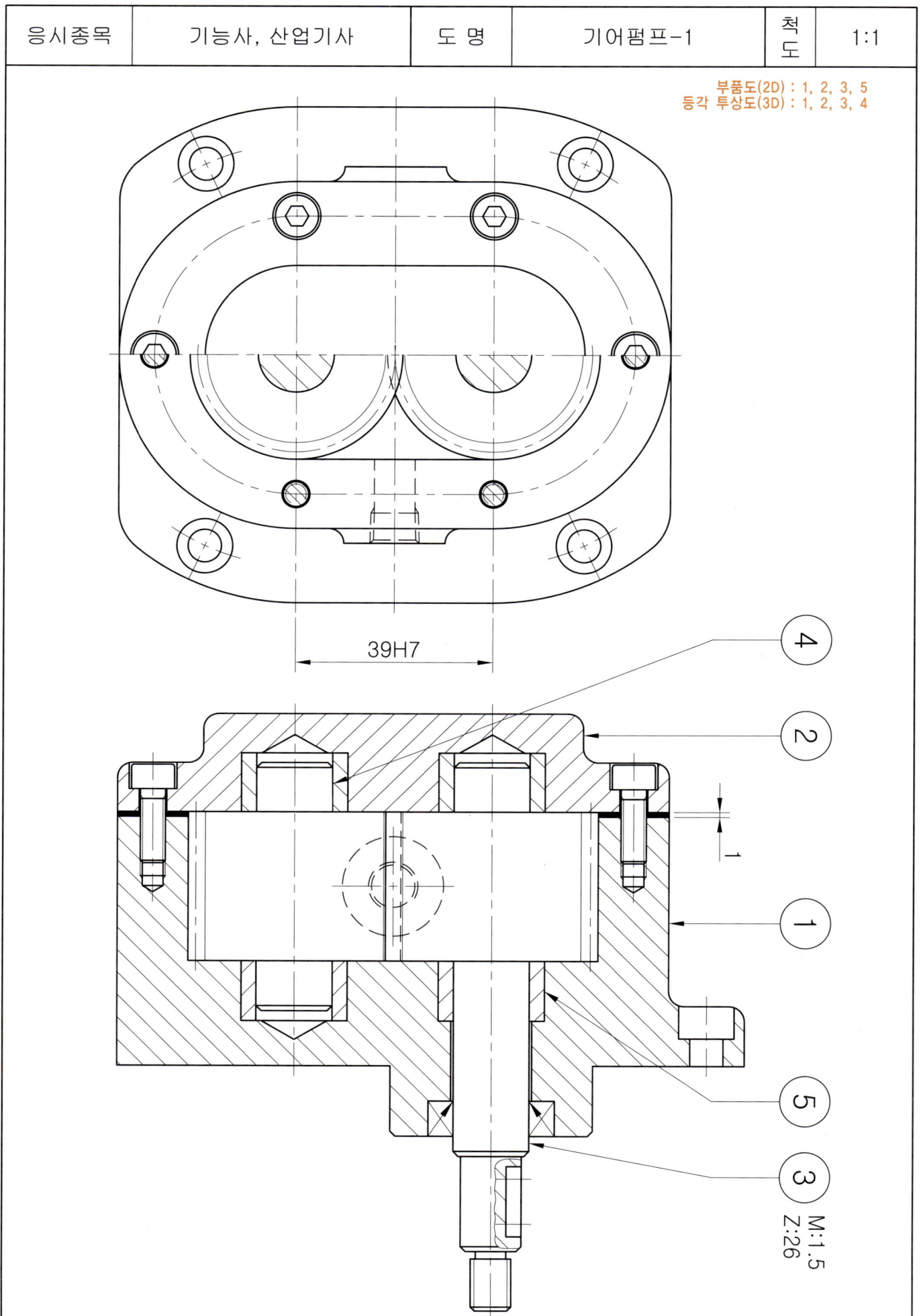

17. 기어펌프-1

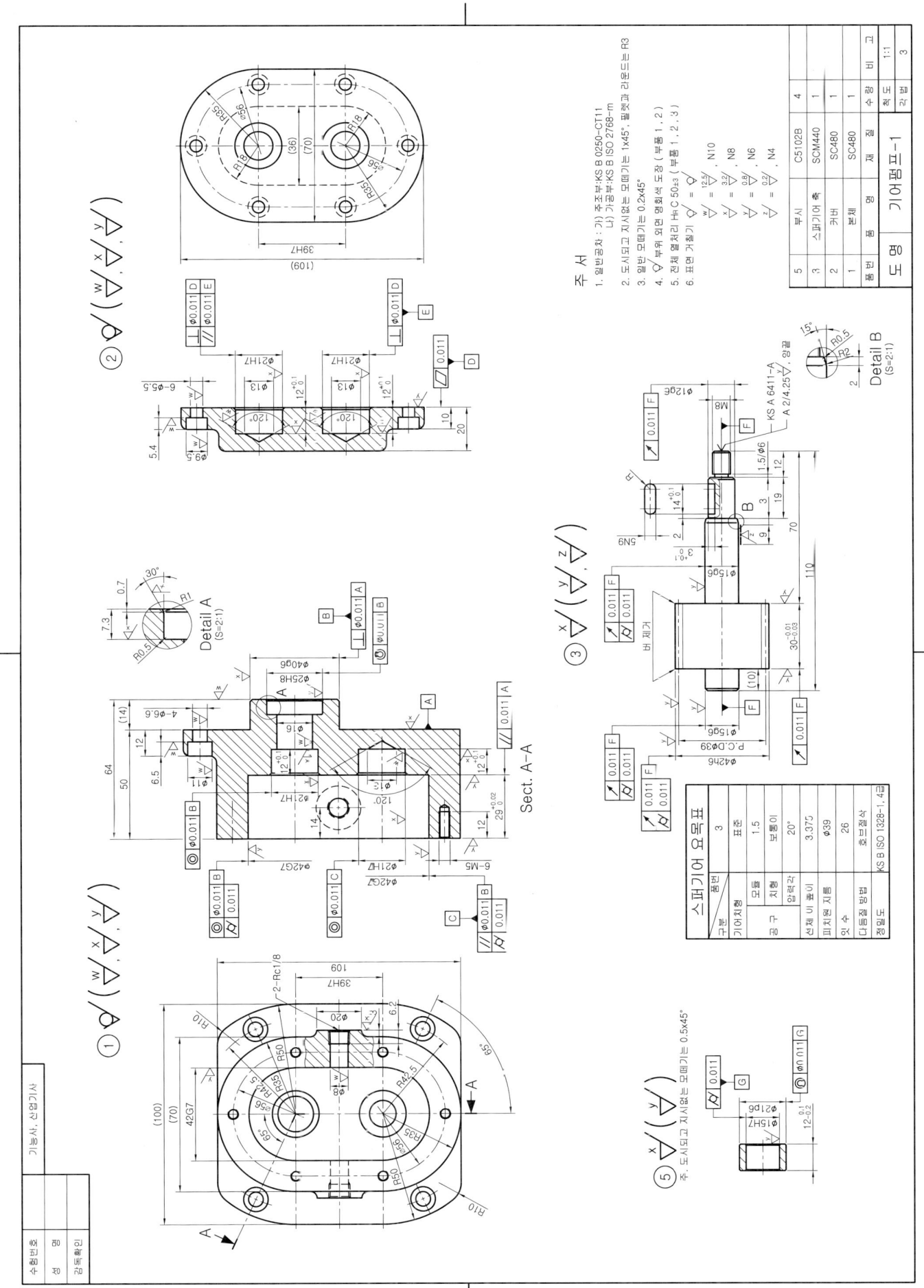

17. 기어펌프-1

전산응용기계제도기능사 렌더링 등각 투상도 예제 도면

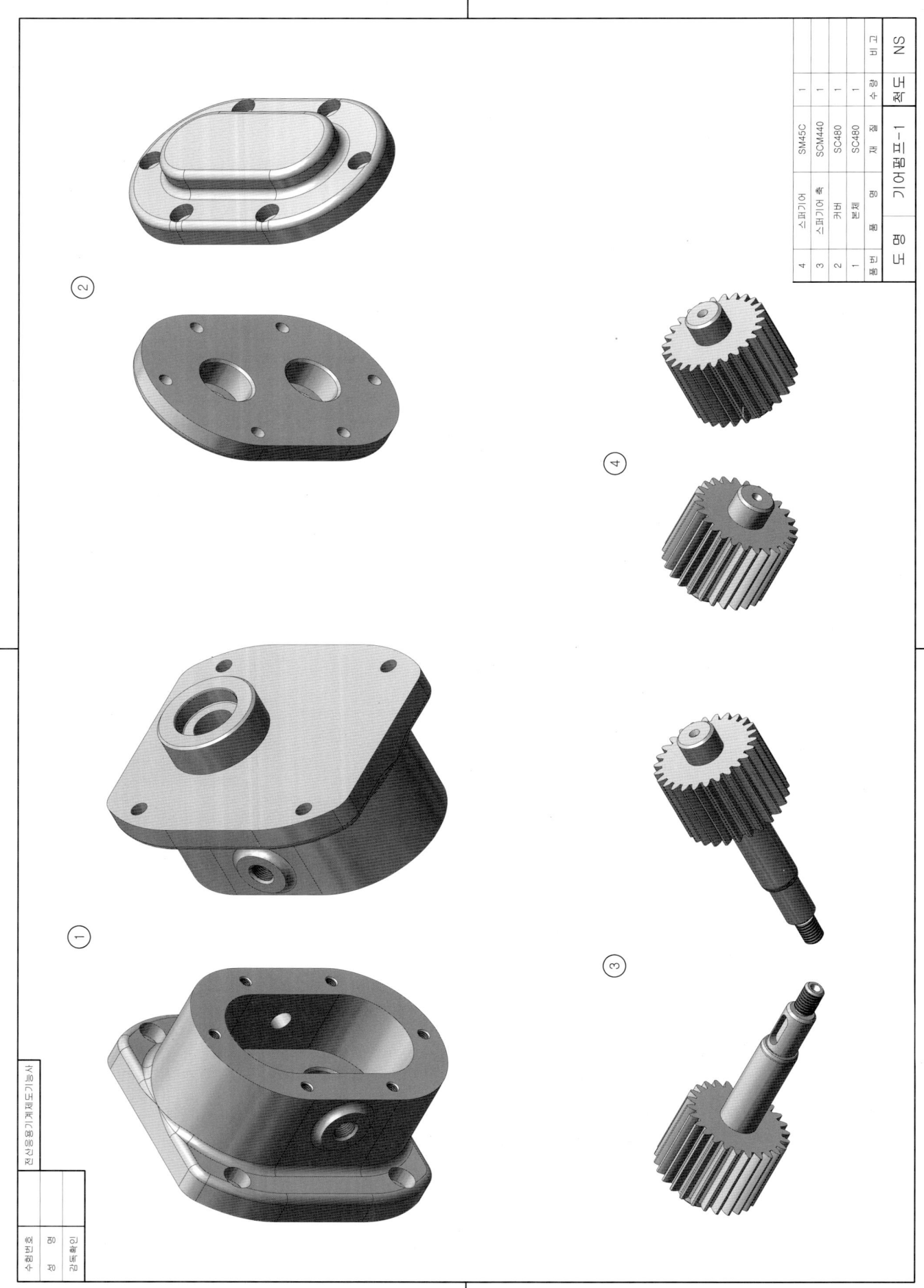

17. 기어펌프-1

기계설계산업기사 3차원 모델링도 예제 도면

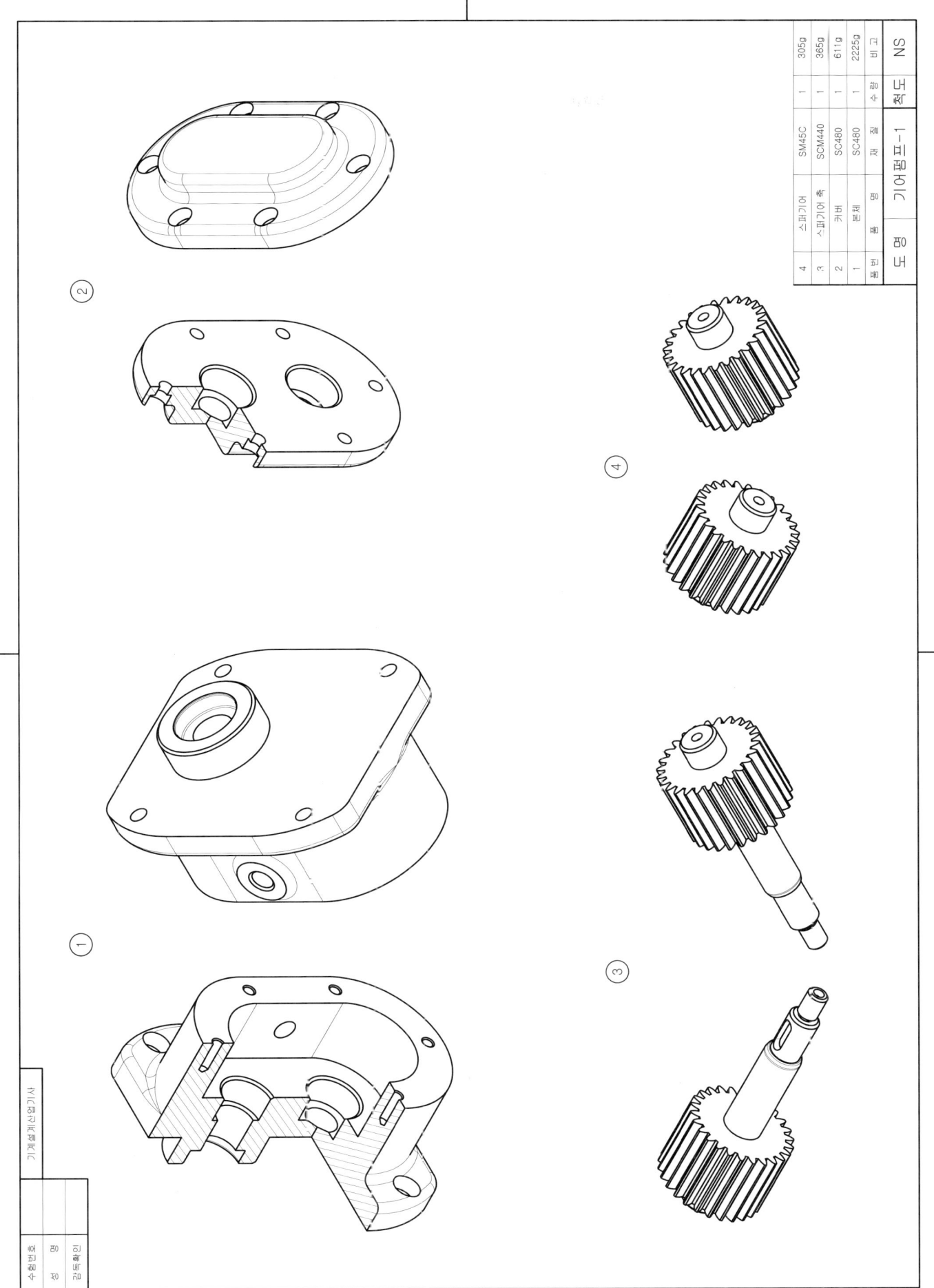

품번	품명	재질	수량	비고
4	소피기어	SM45C	1	305g
3	소피기어 축	SCM440	1	365g
2	커버	SC480	1	611g
1	본체	SC480	1	2225g

도명 기어펌프-1

17. 기어펌프-1

등각 분해도 예제 도면

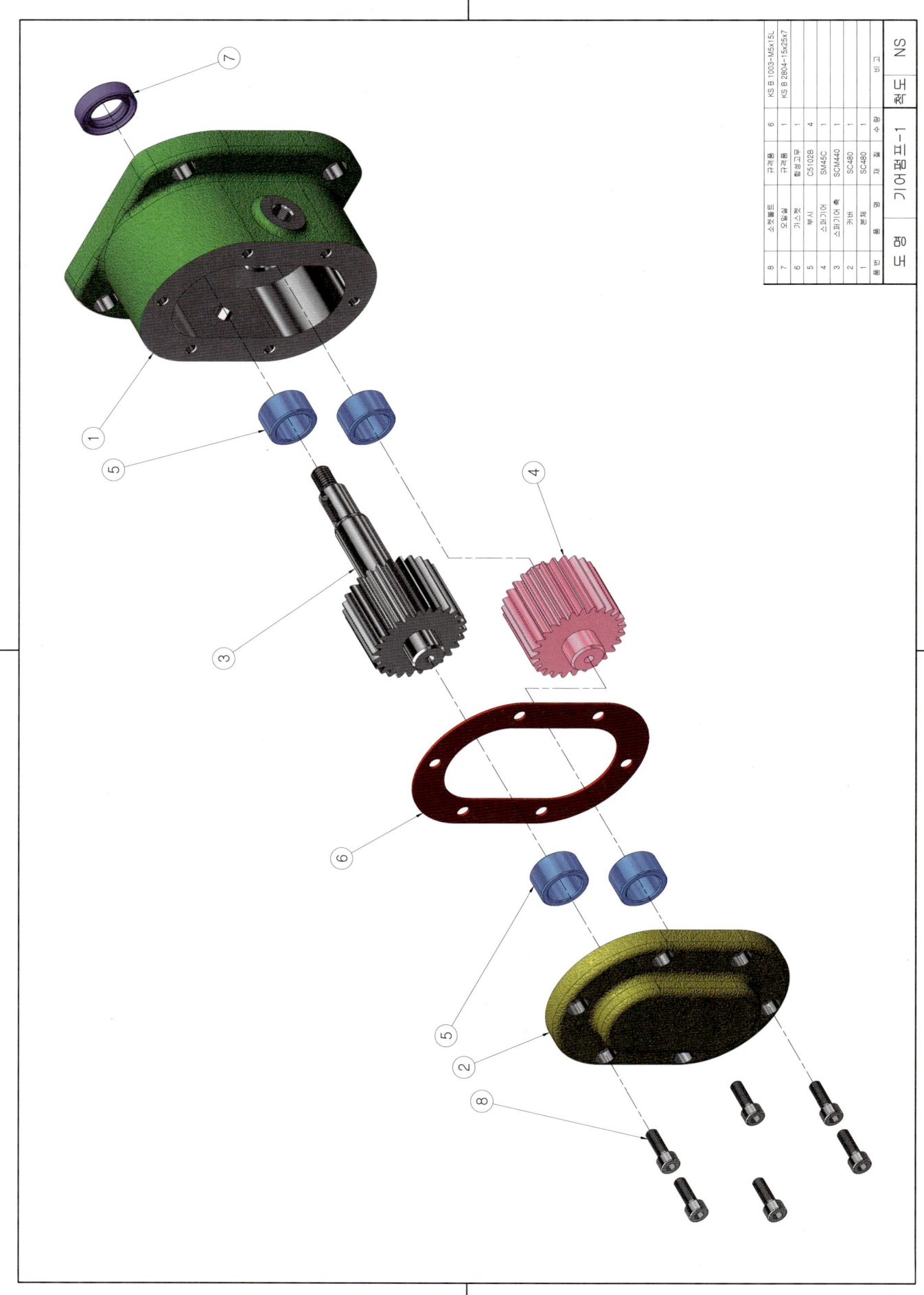

17. 기어펌프-1

등각 조립도 예제 도면

18. 기어펌프-2

| 응시종목 | 기능사, 산업기사 | 도 명 | 기어펌프-2 | 척도 | 1:1 |

부품도(2D) : 1, 2, 4, 5
등각 투상도(3D) : 1, 2, 3, 4

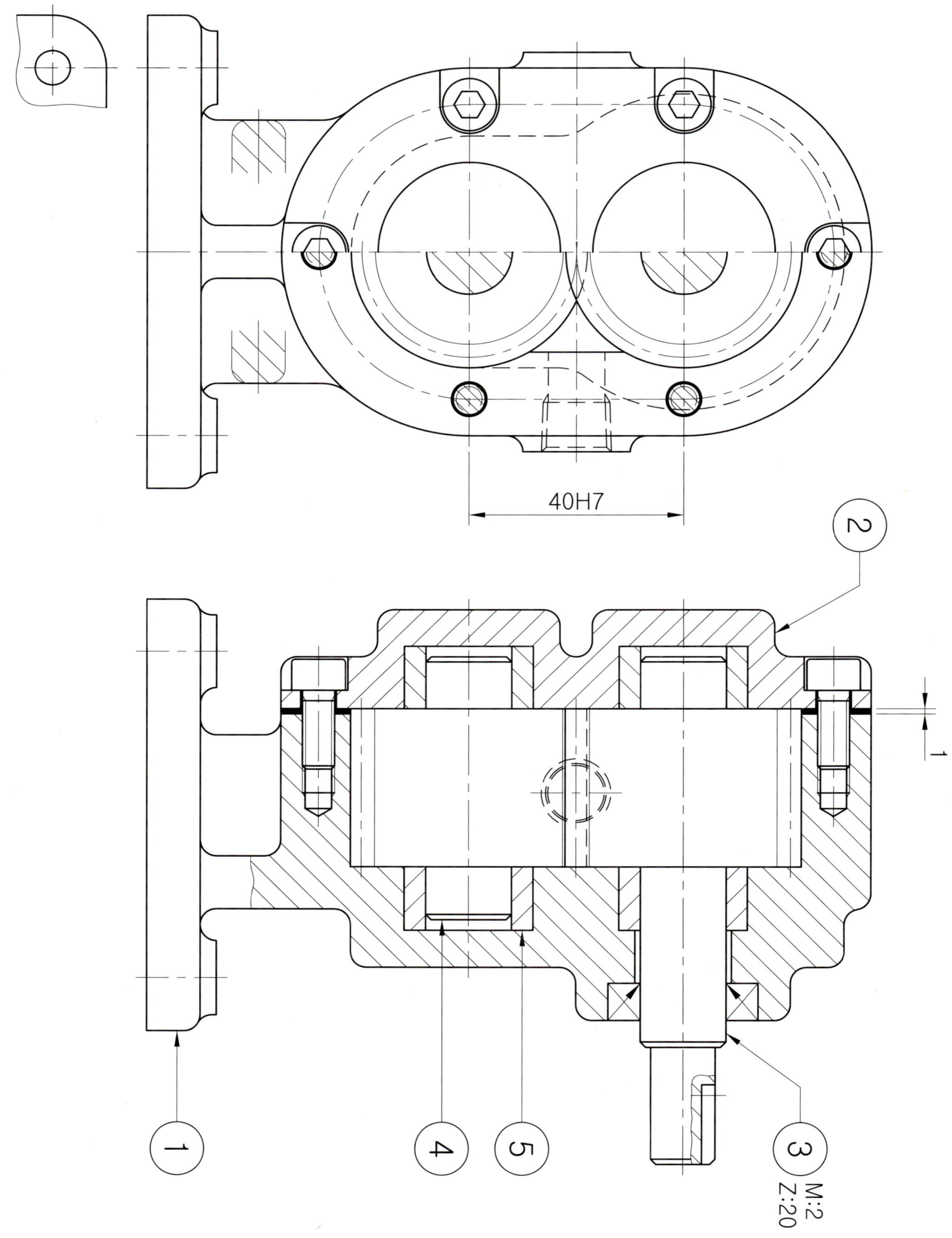

40H7

M:2
Z:20

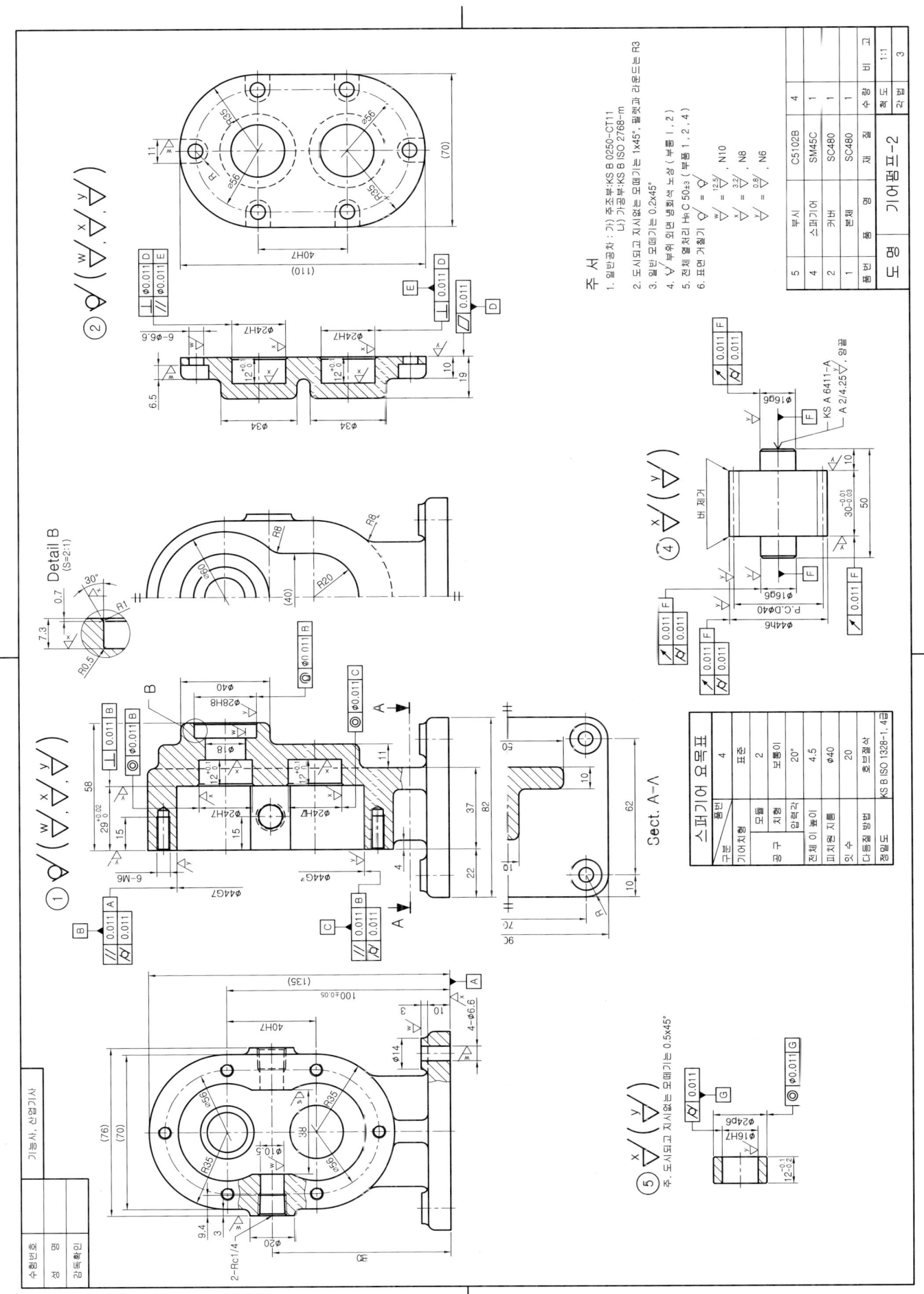

18. 기어펌프-2

전산응용기계제도기능사 렌더링 등각 투상도 예제 도면

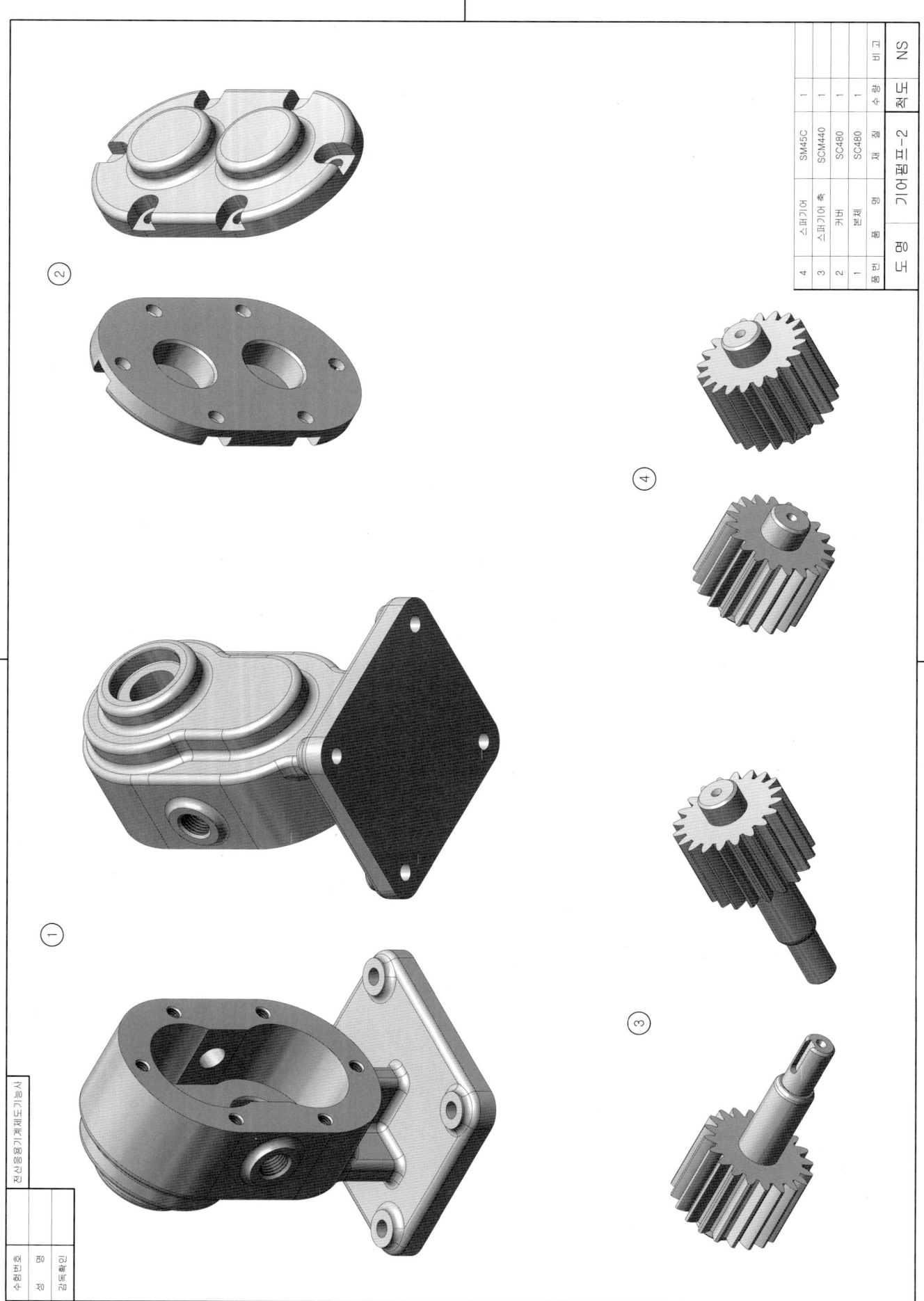

18. 기어펌프-2

기계설계산업기사 3차원 모델링도 예제 도면

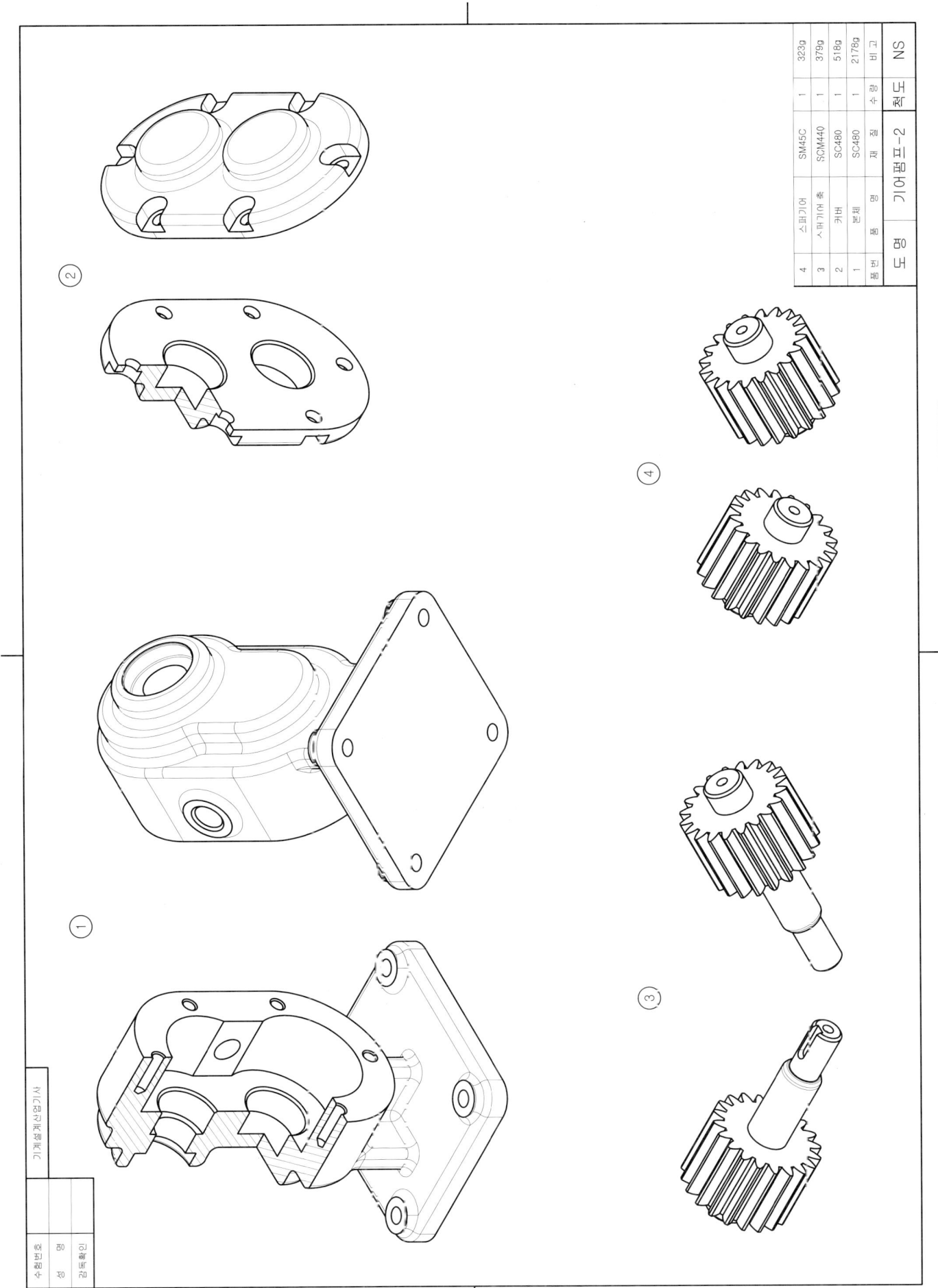

품번	품명	재질	수량	비고
1	본체	SC480	1	2178g
2	커버	SC480	1	518g
3	스퍼기어 축	SCM440	1	379g
4	스퍼기어	SM45C	1	323g

도명 기어펌프-2

18. 기어펌프-2

등각 분해도 예제 도면

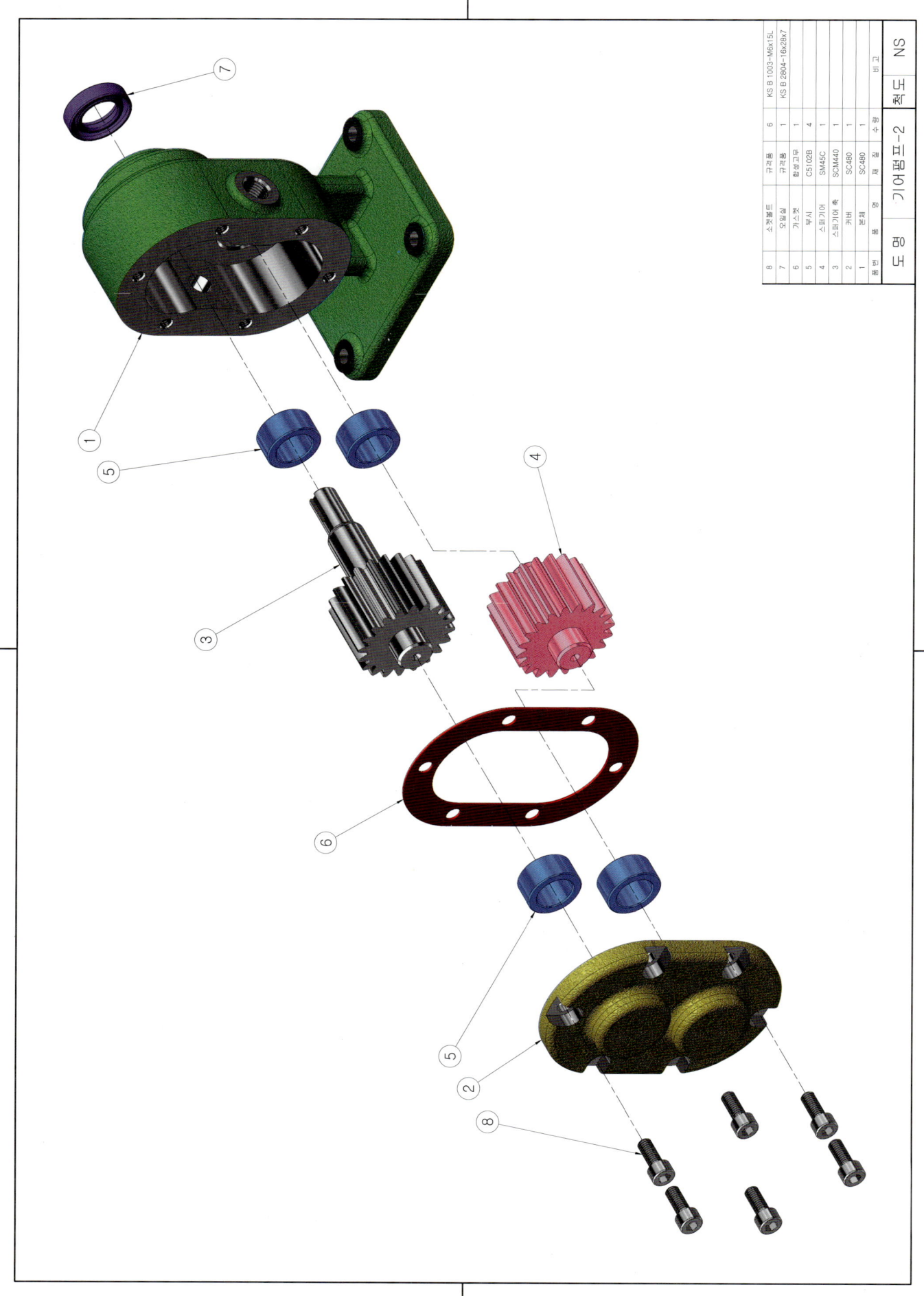

18. 기어펌프-2

등각 조립도 예제 도면

19. 기어펌프-3

| 응시종목 | 기능사, 산업기사 | 도 명 | 기어펌프-3 | 척도 | 1:1 |

부품도(2D) : 1, 2, 3, 4
등각 투상도(3D) : 1, 2, 3, 4

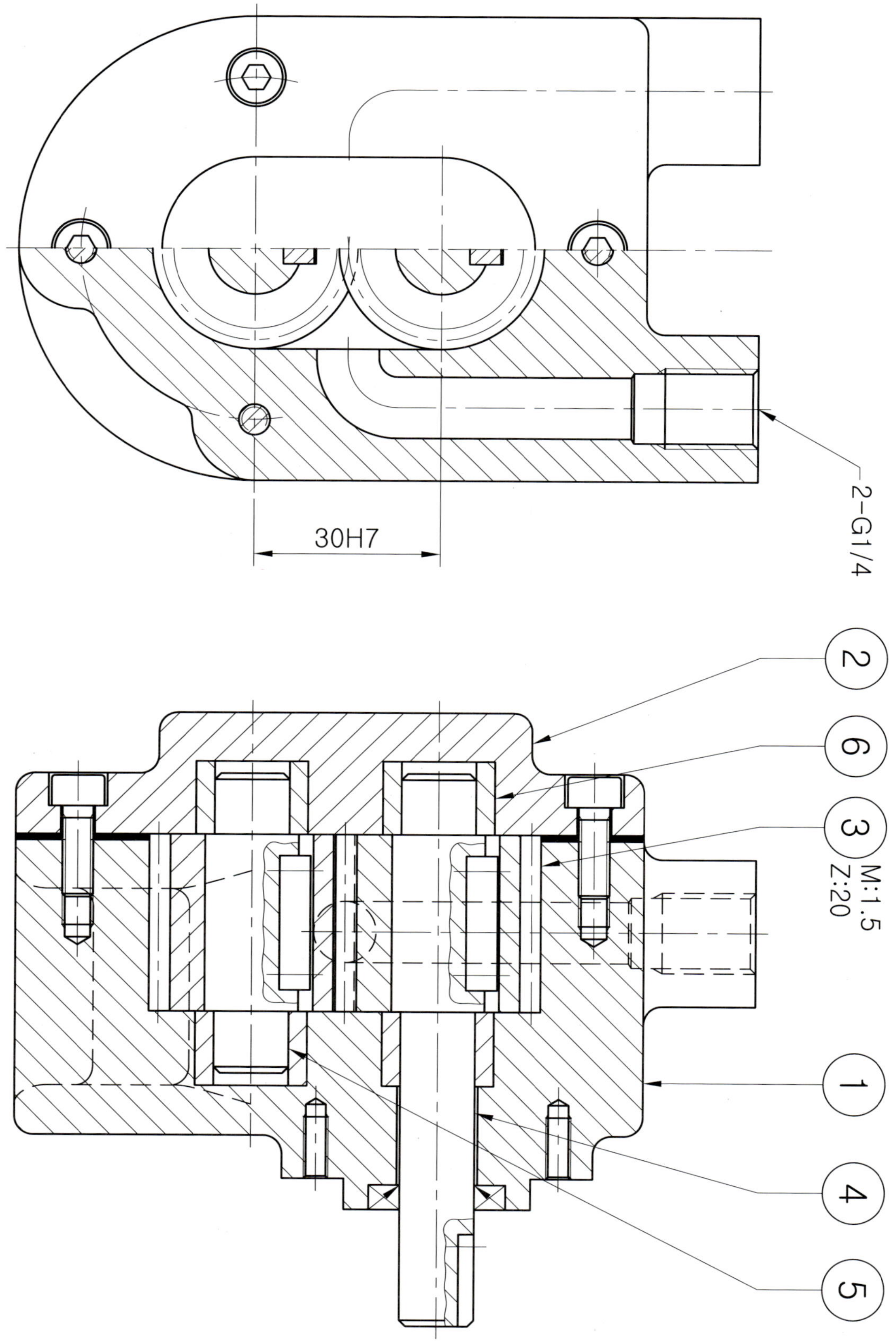

30H7

2-G1/4

M:1.5
Z:20

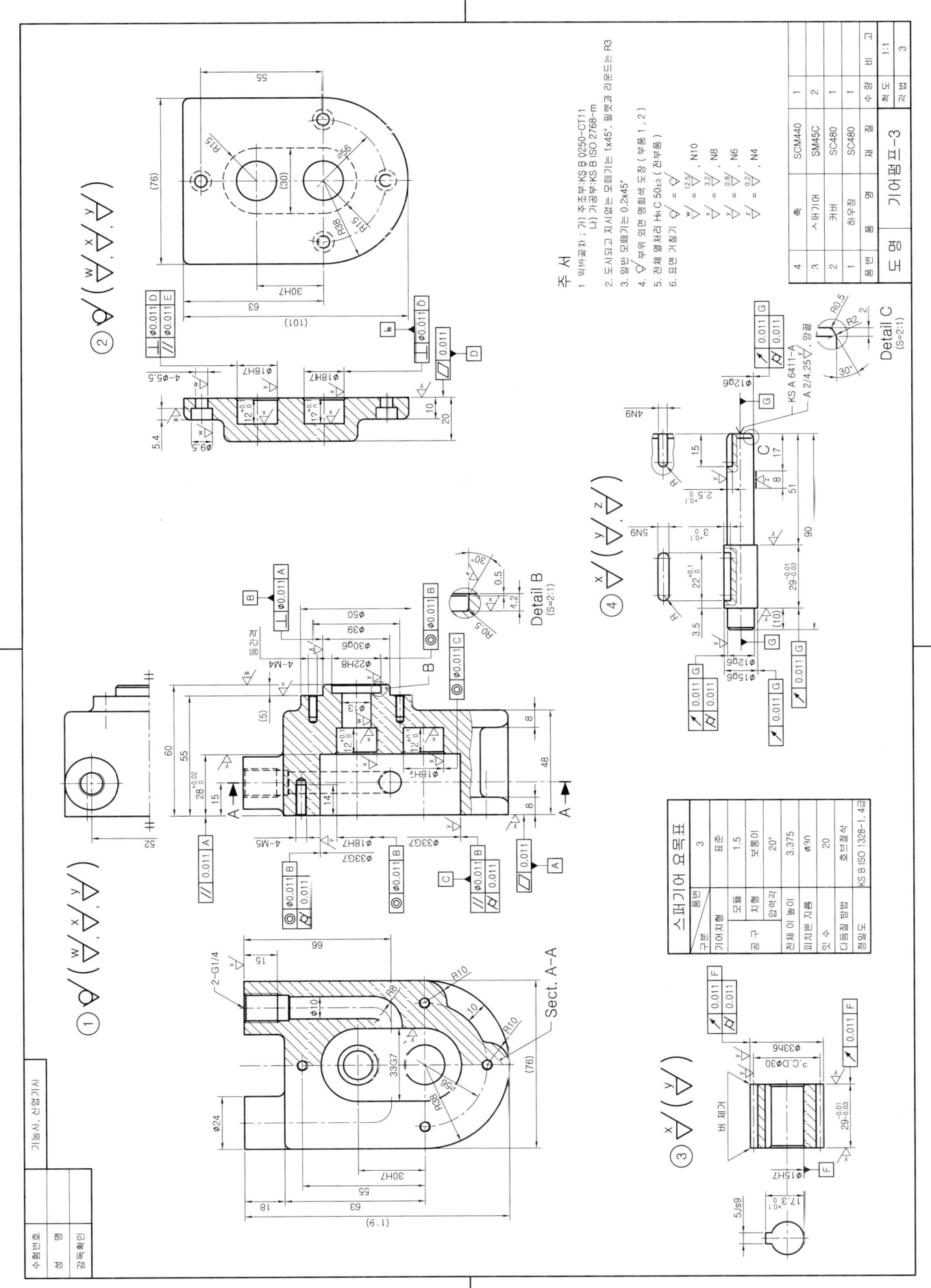

19. 기어펌프-3

전산응용기계제도기능사 렌더링 등각 투상도 예제 도면

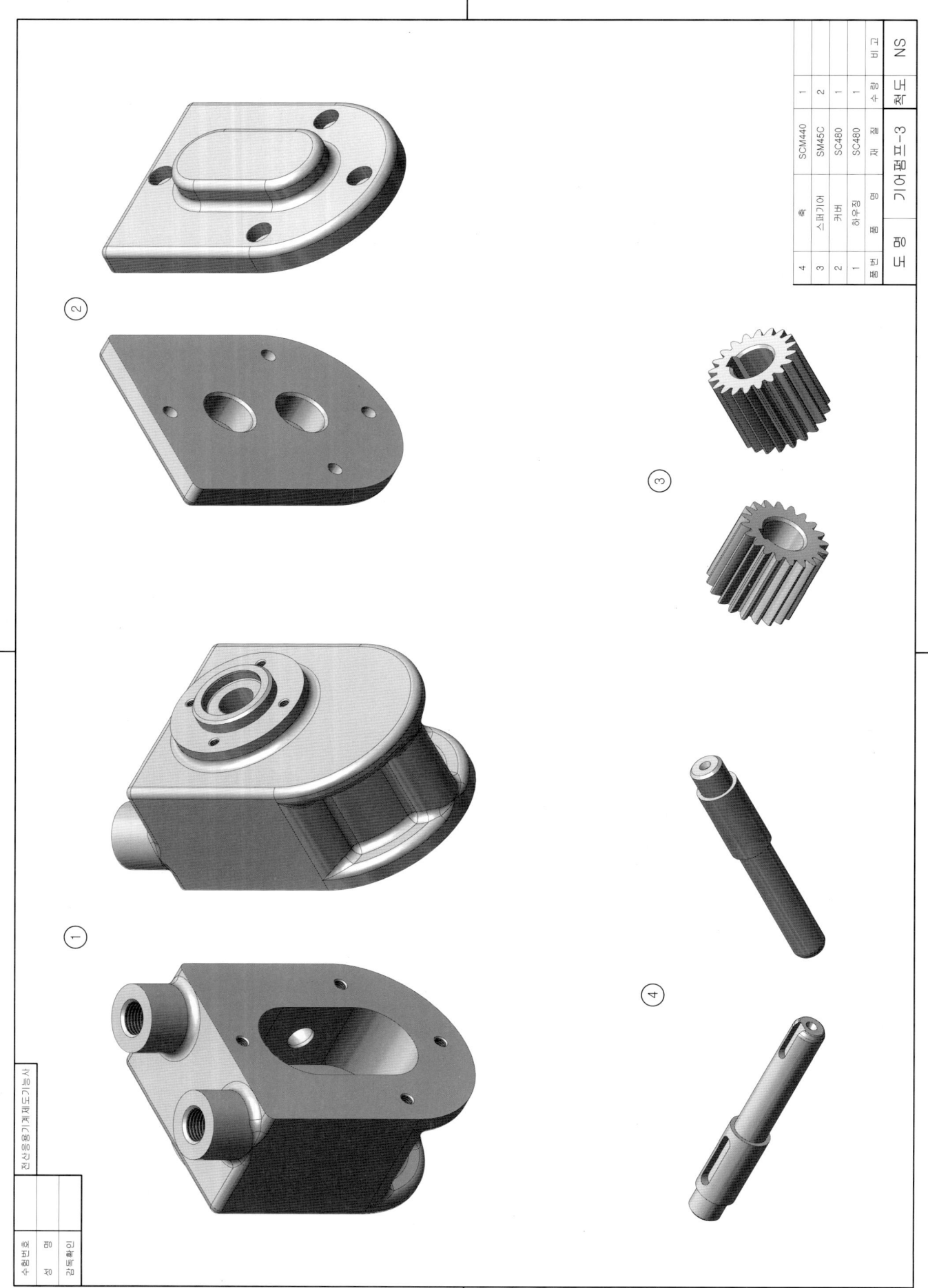

19. 기어펌프-3

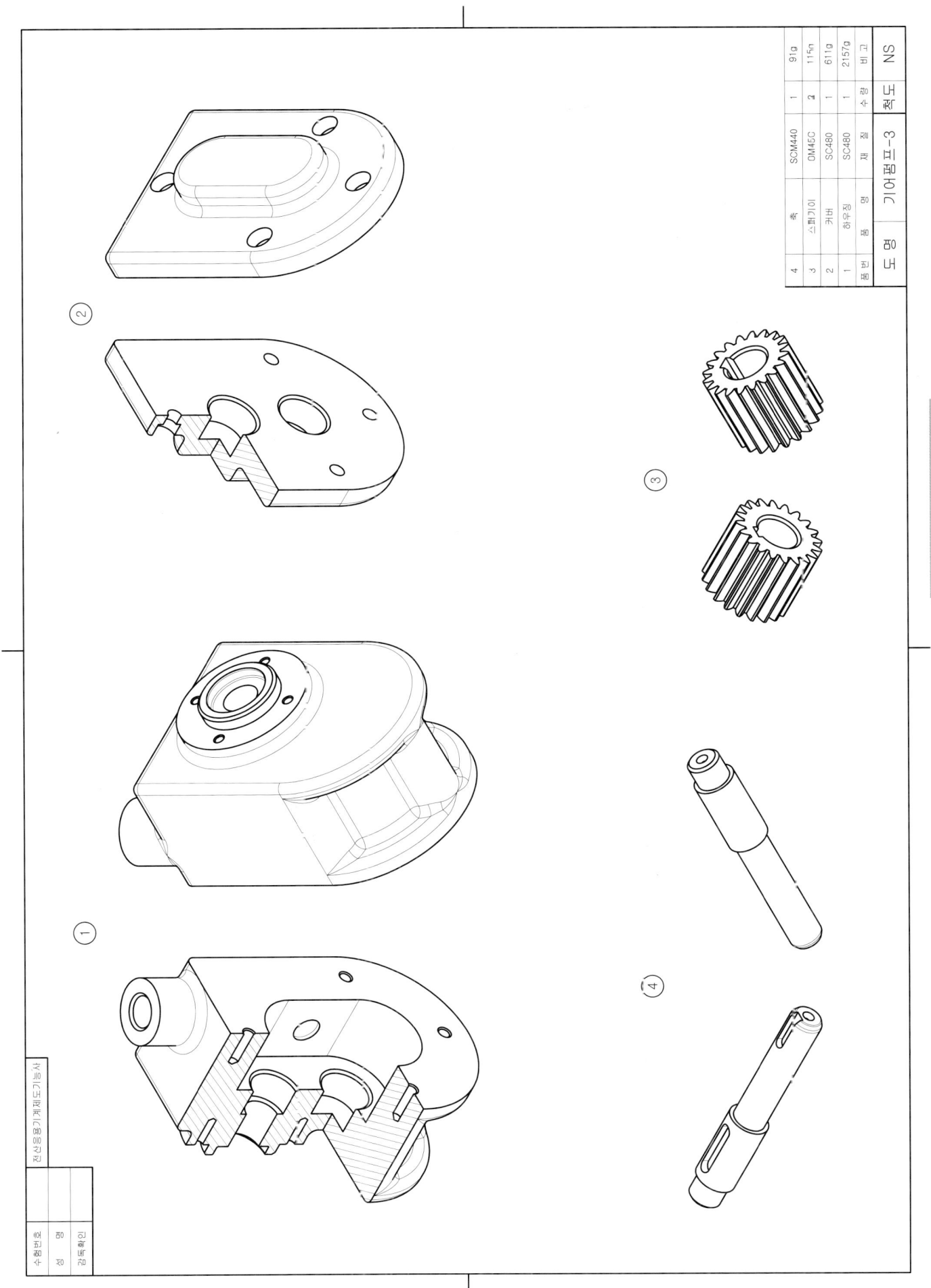

19. 기어펌프-3

등각 분해도 예제 도면

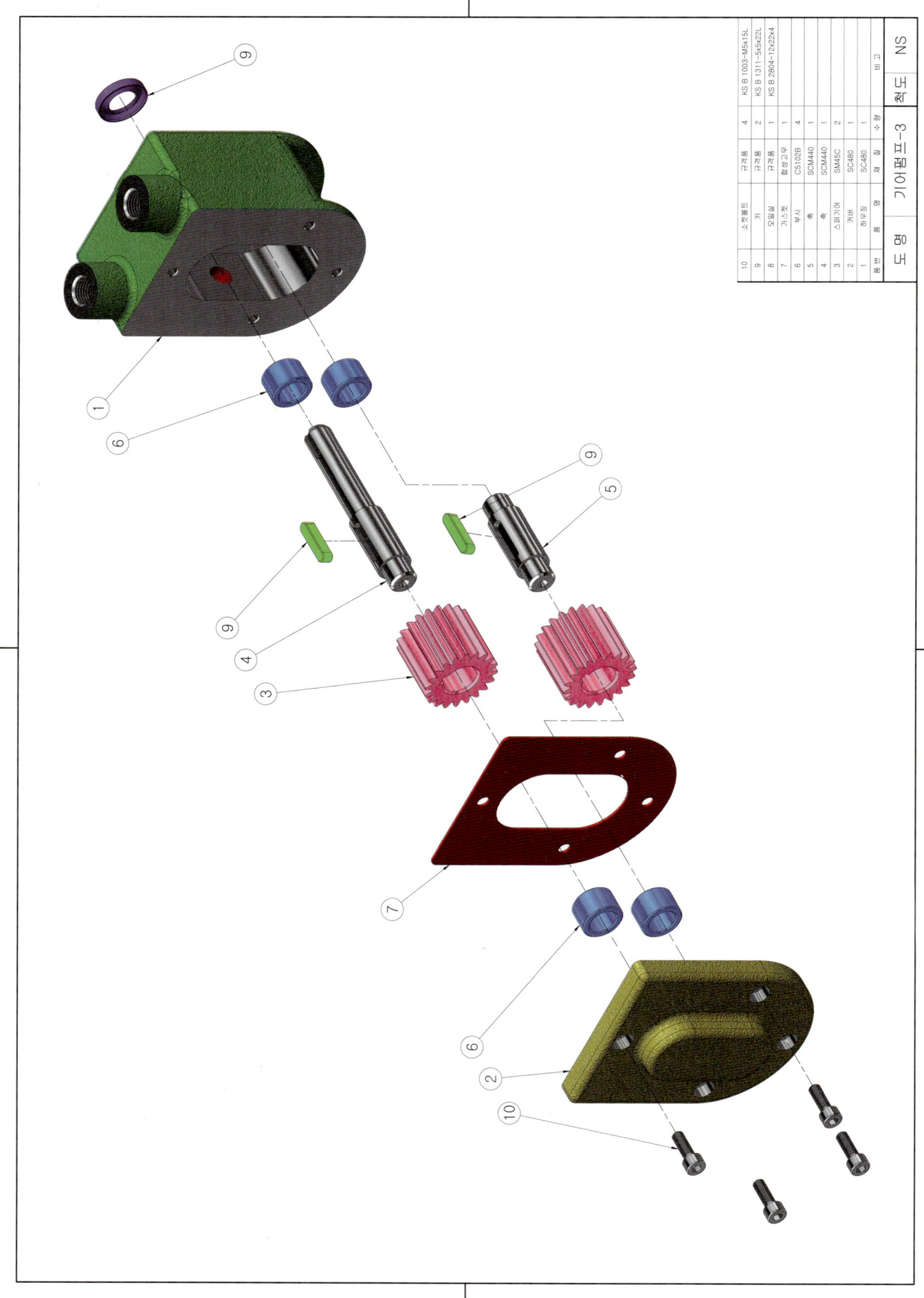

19. 기어펌프-3

등각 조립도 예제 도면

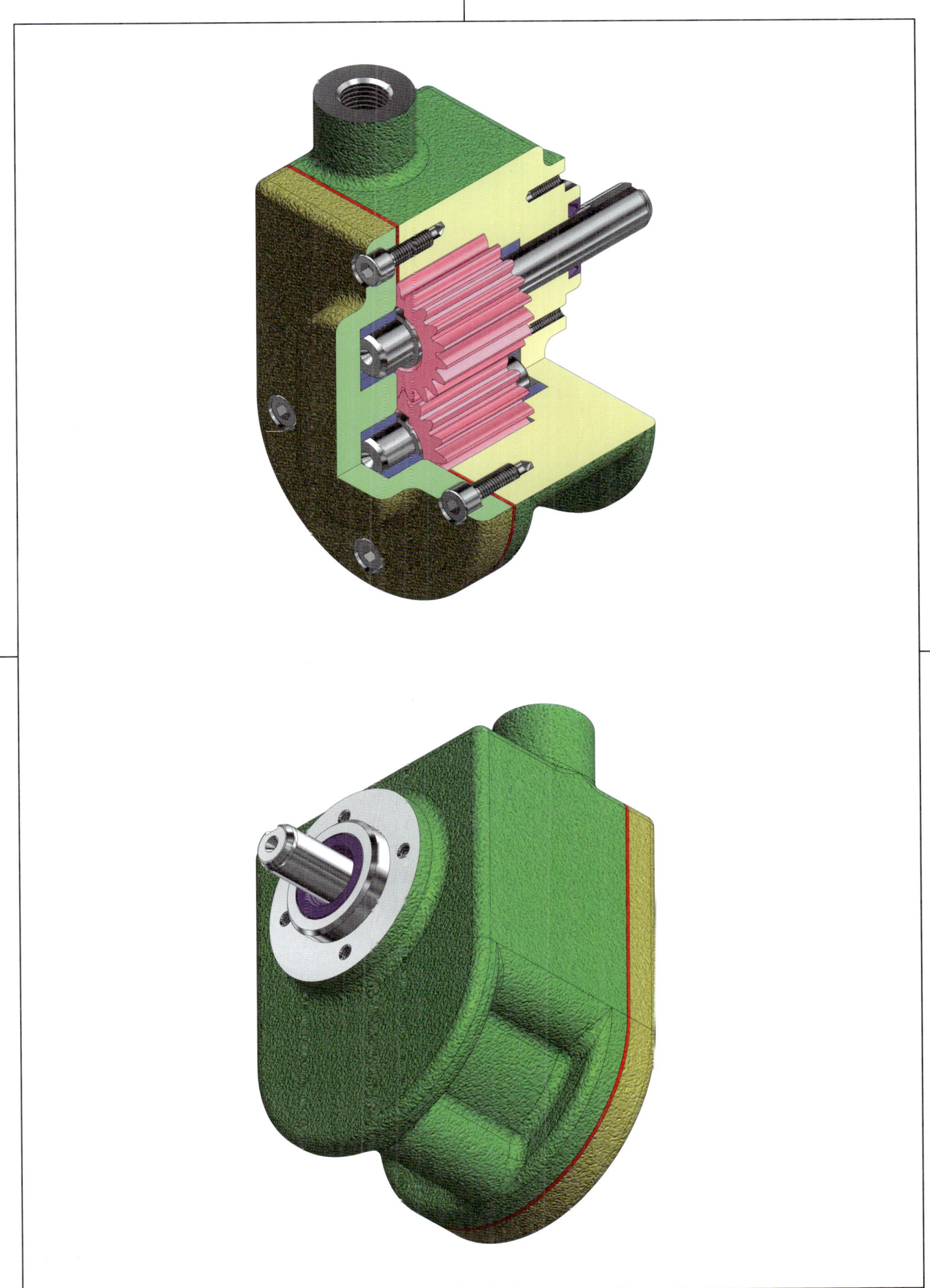

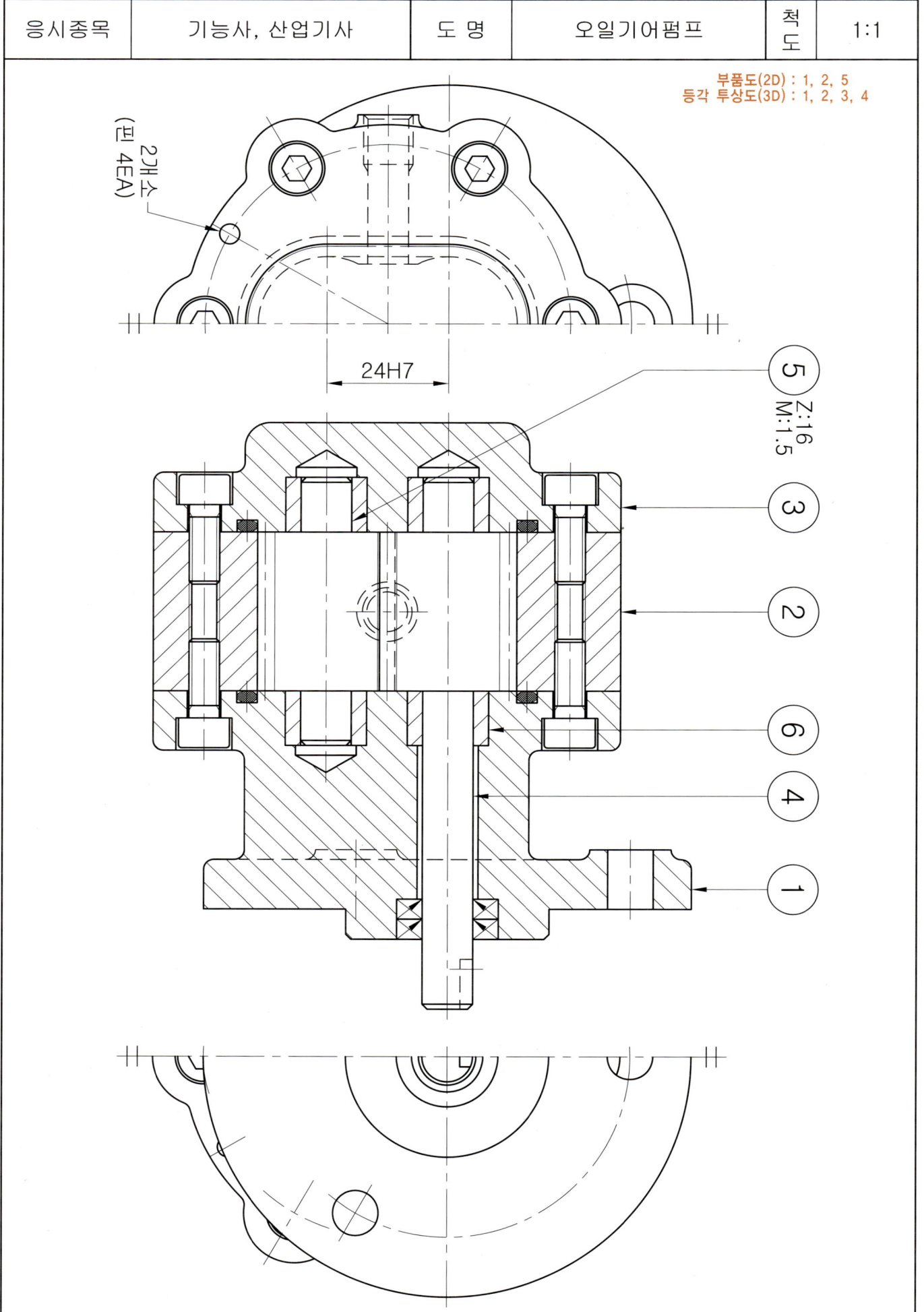

20. 오일기어펌프

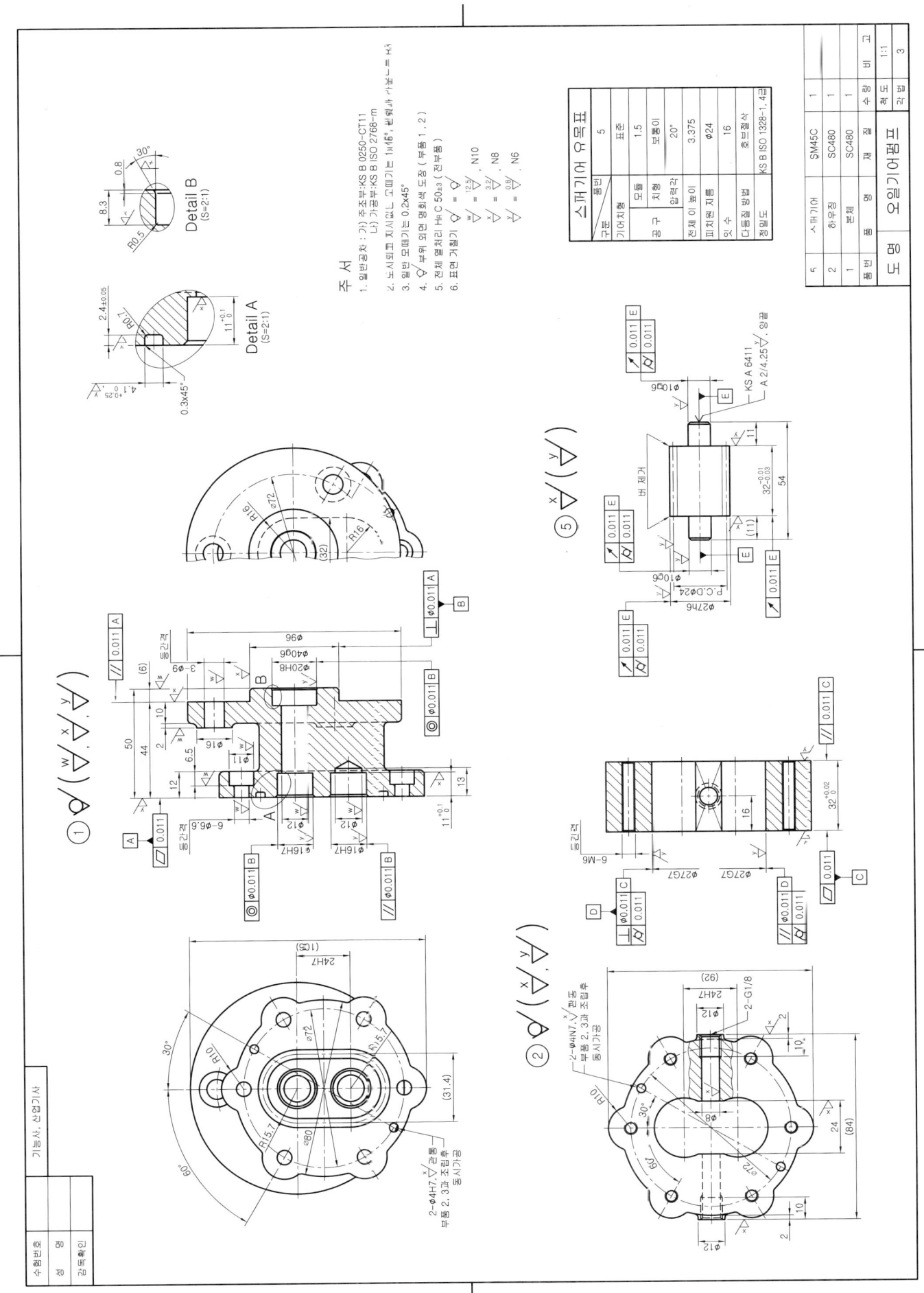

20. 오일기어펌프

전산응용기계제도기능사 렌더링 등각 투상도 예제 도면

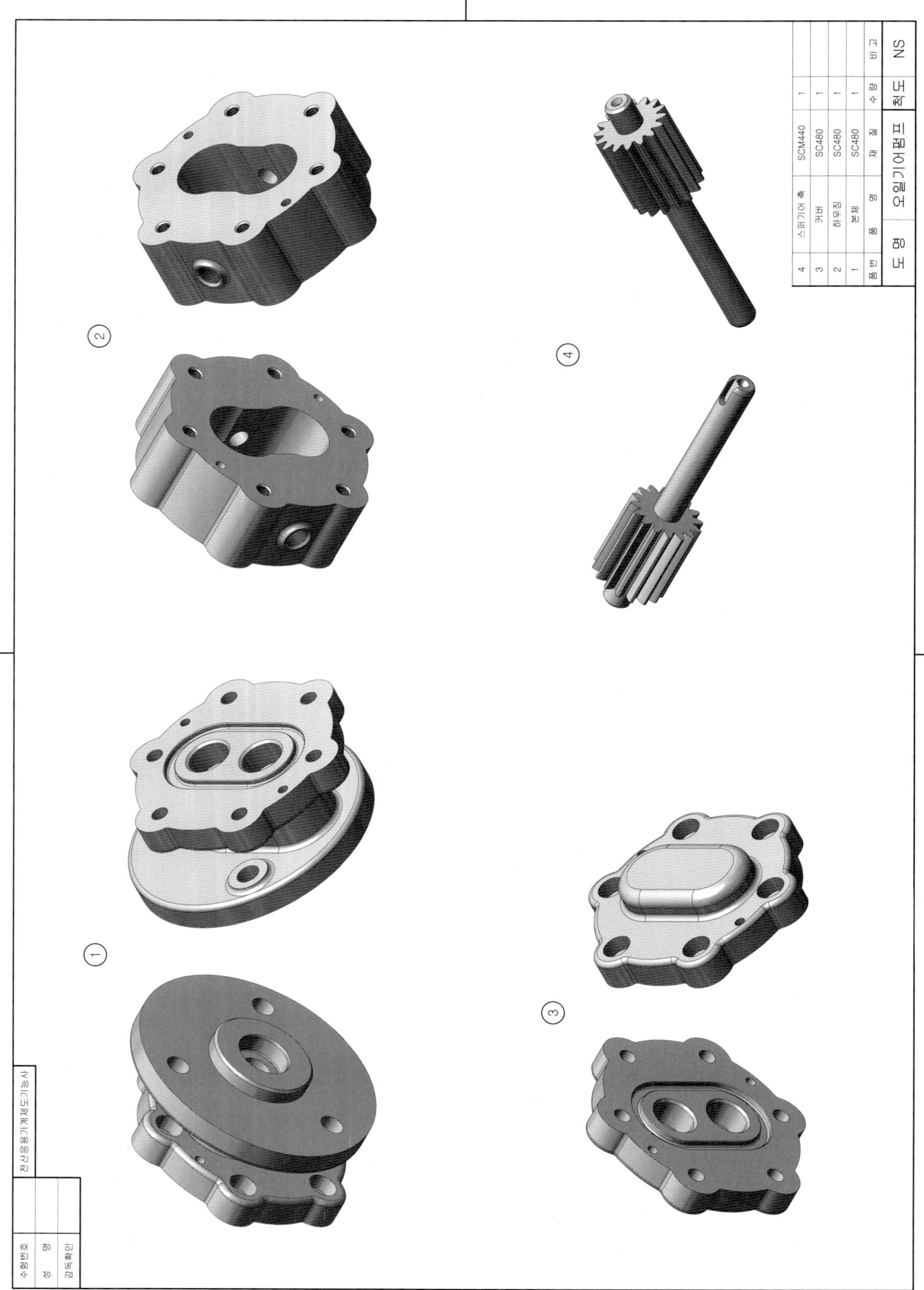

20. 오일기어펌프

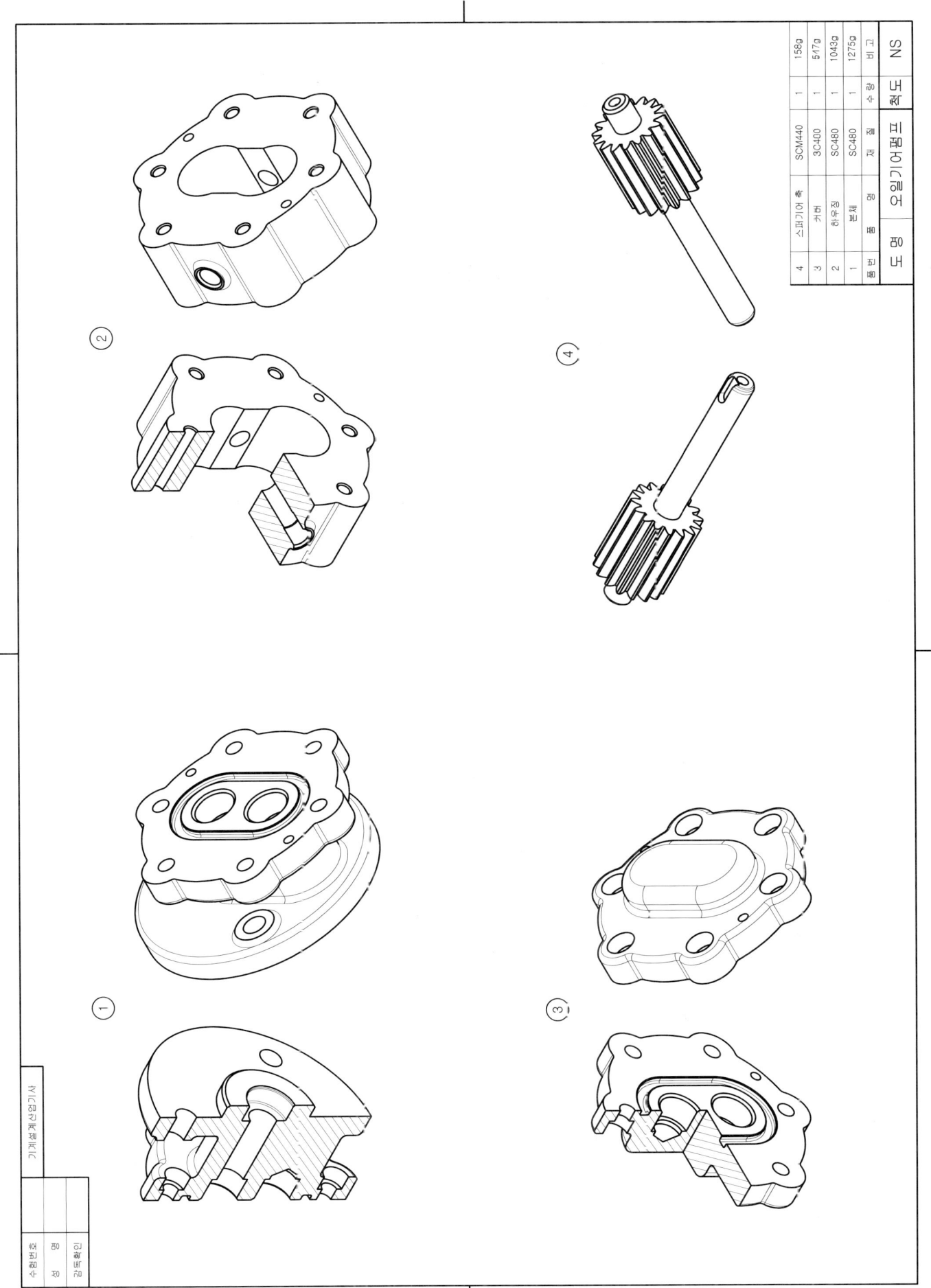

20. 오일기어펌프

등각 분해도 예제 도면

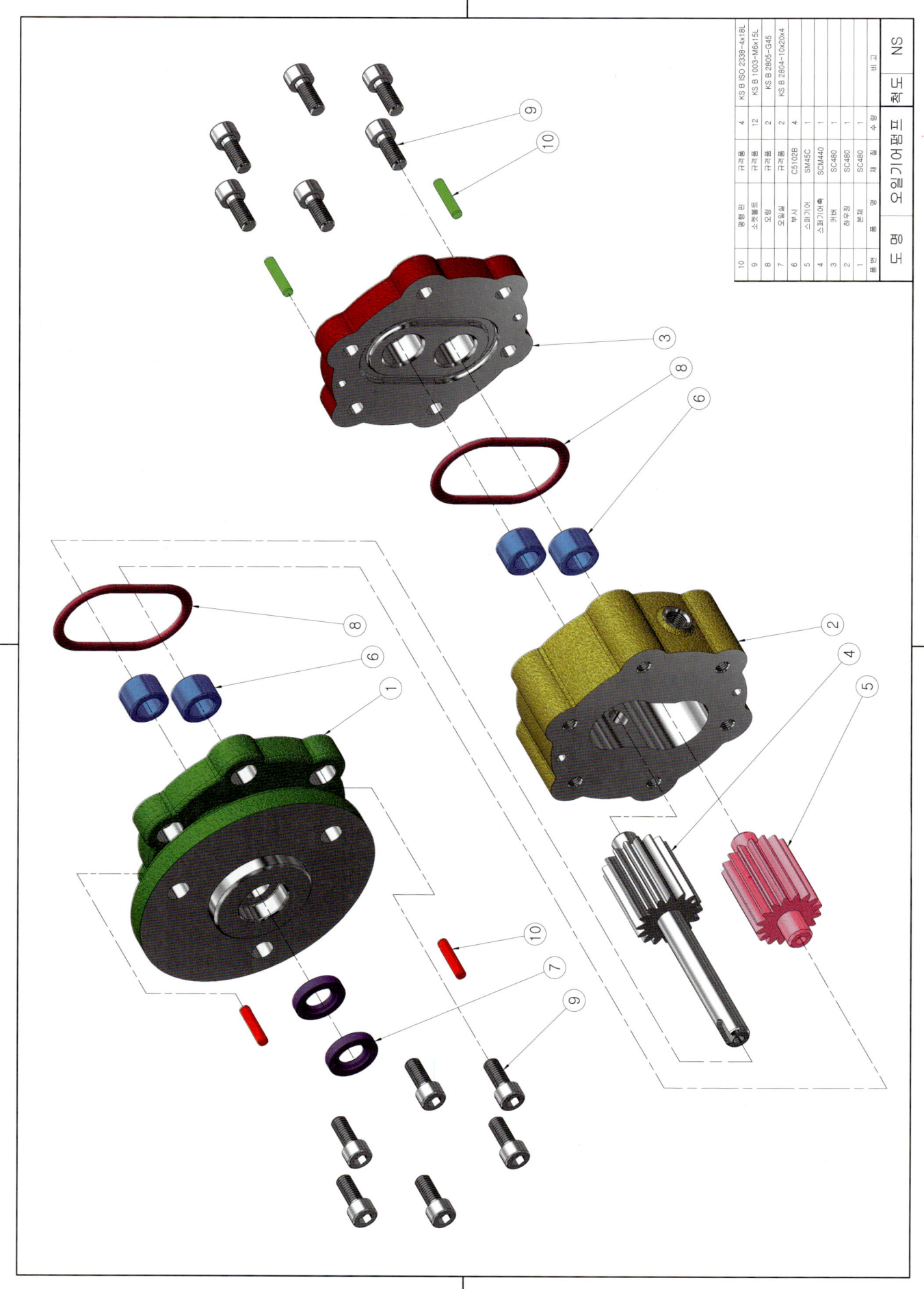

20. 오일기어펌프

등각 조립도 예제 도면

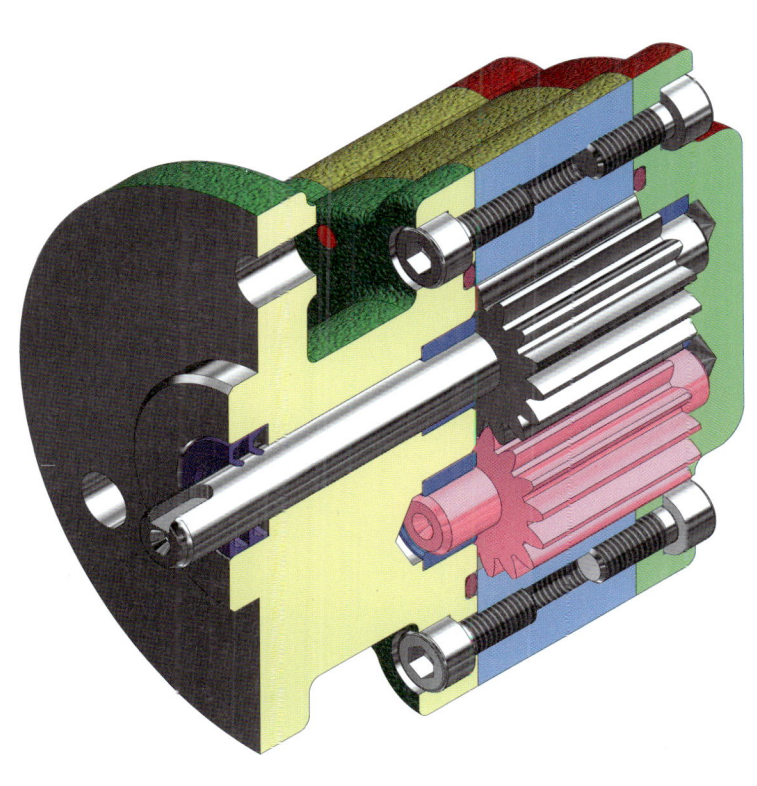

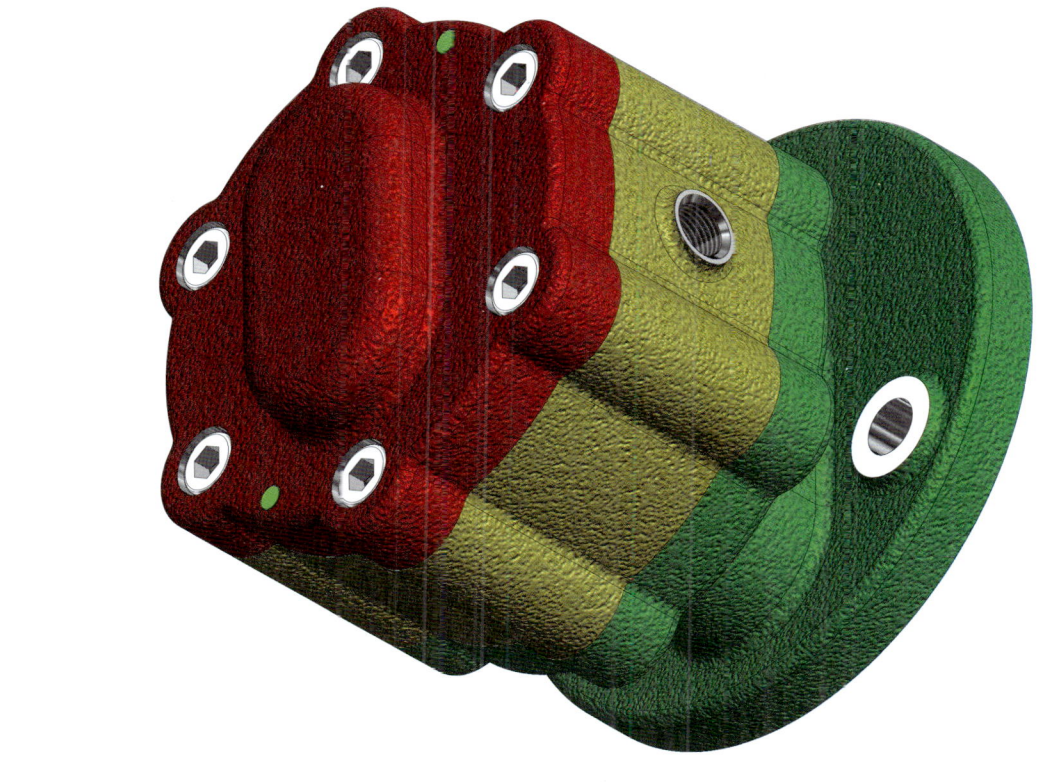

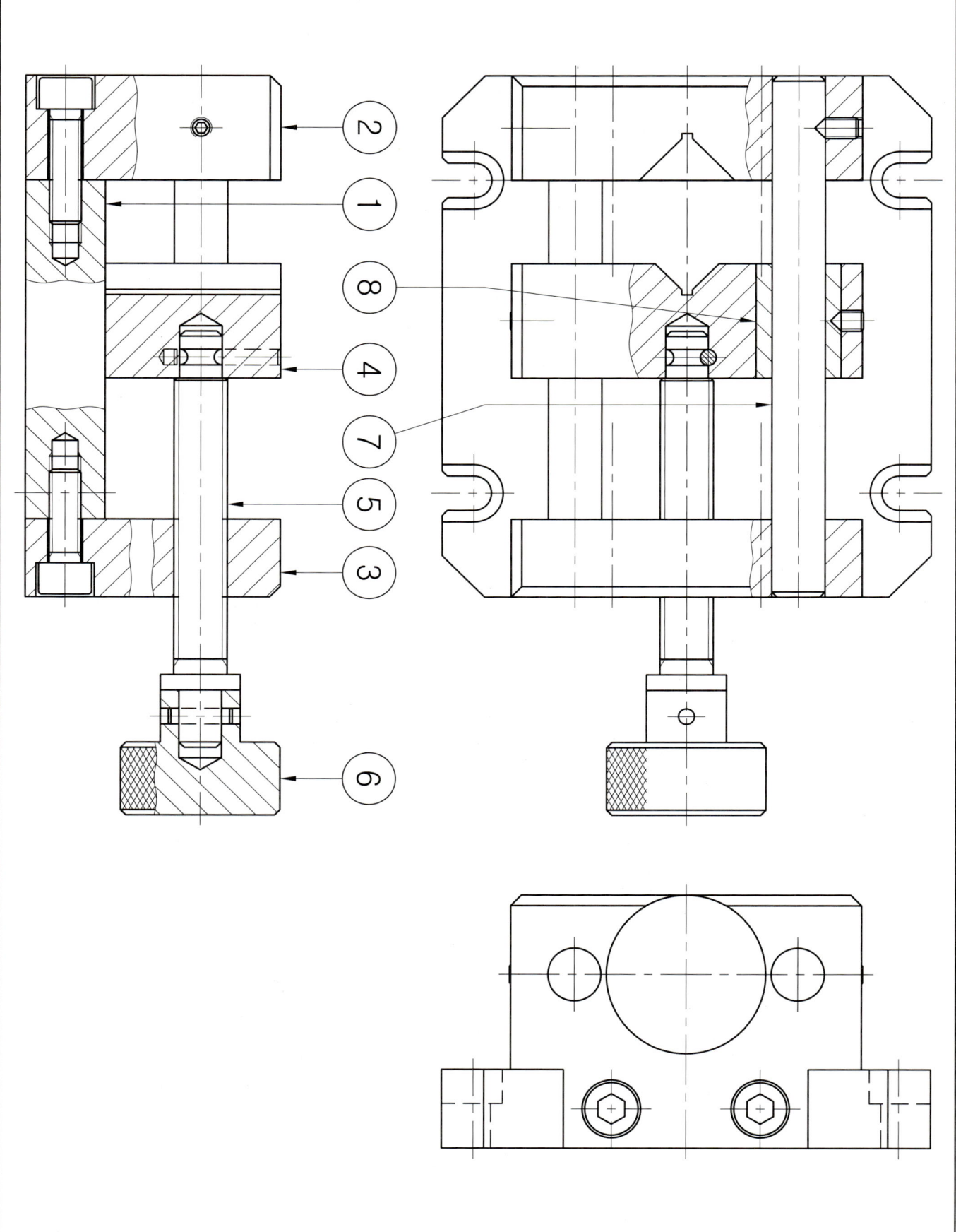

21. 바이스-1

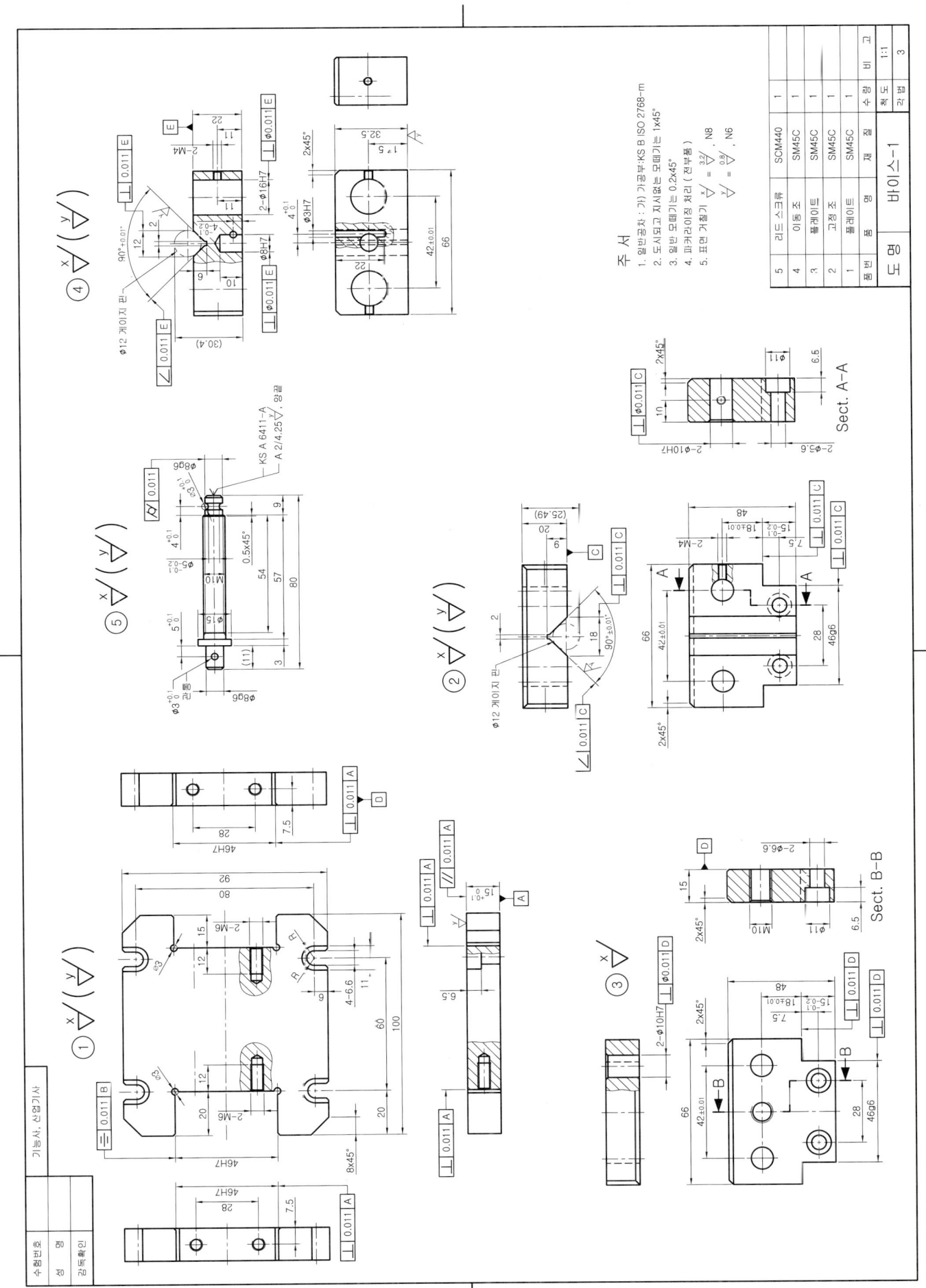

21. 바이스-1

전산응용기계제도기능사 렌더링 등각 투상도 예제 도면

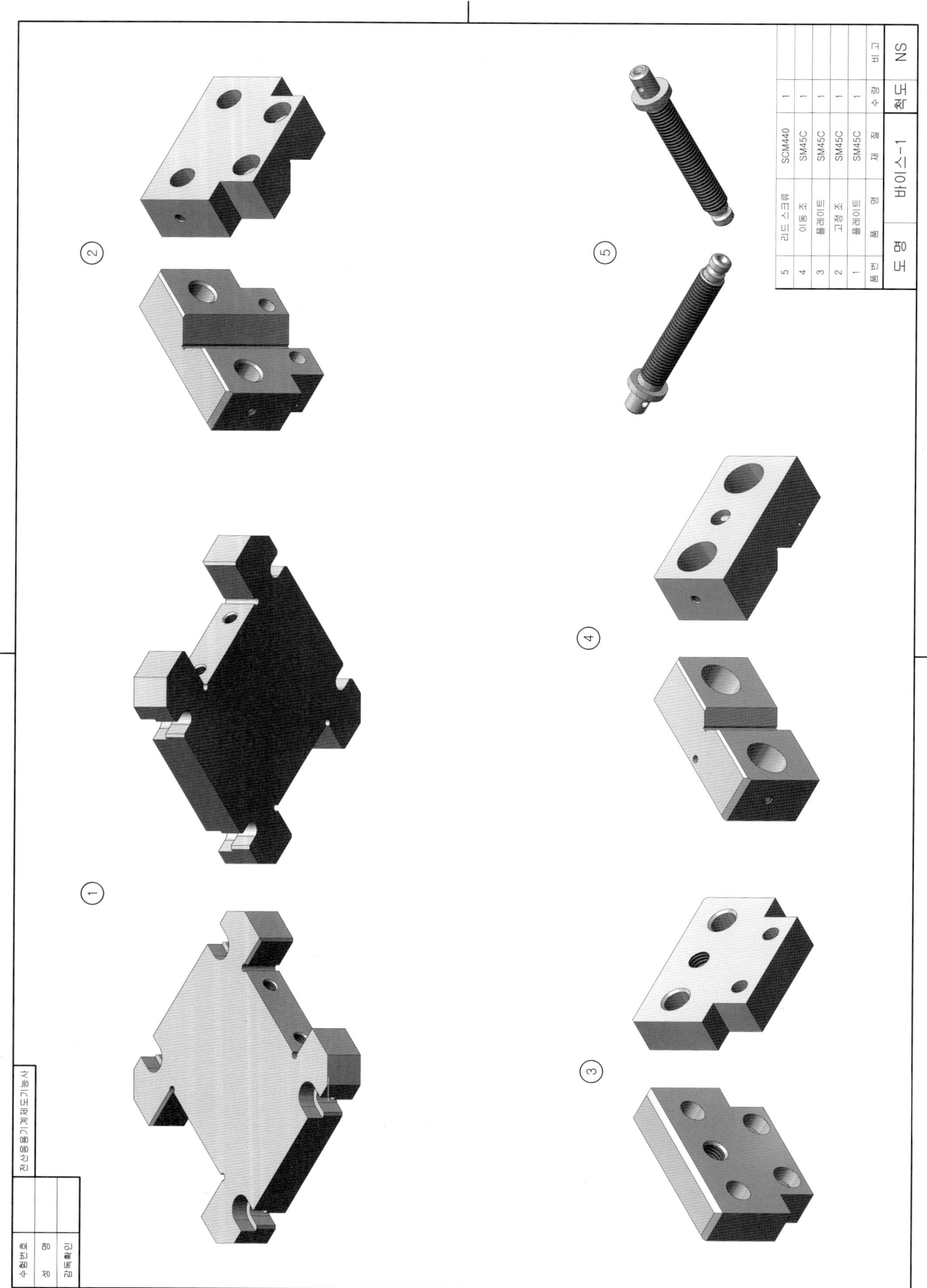

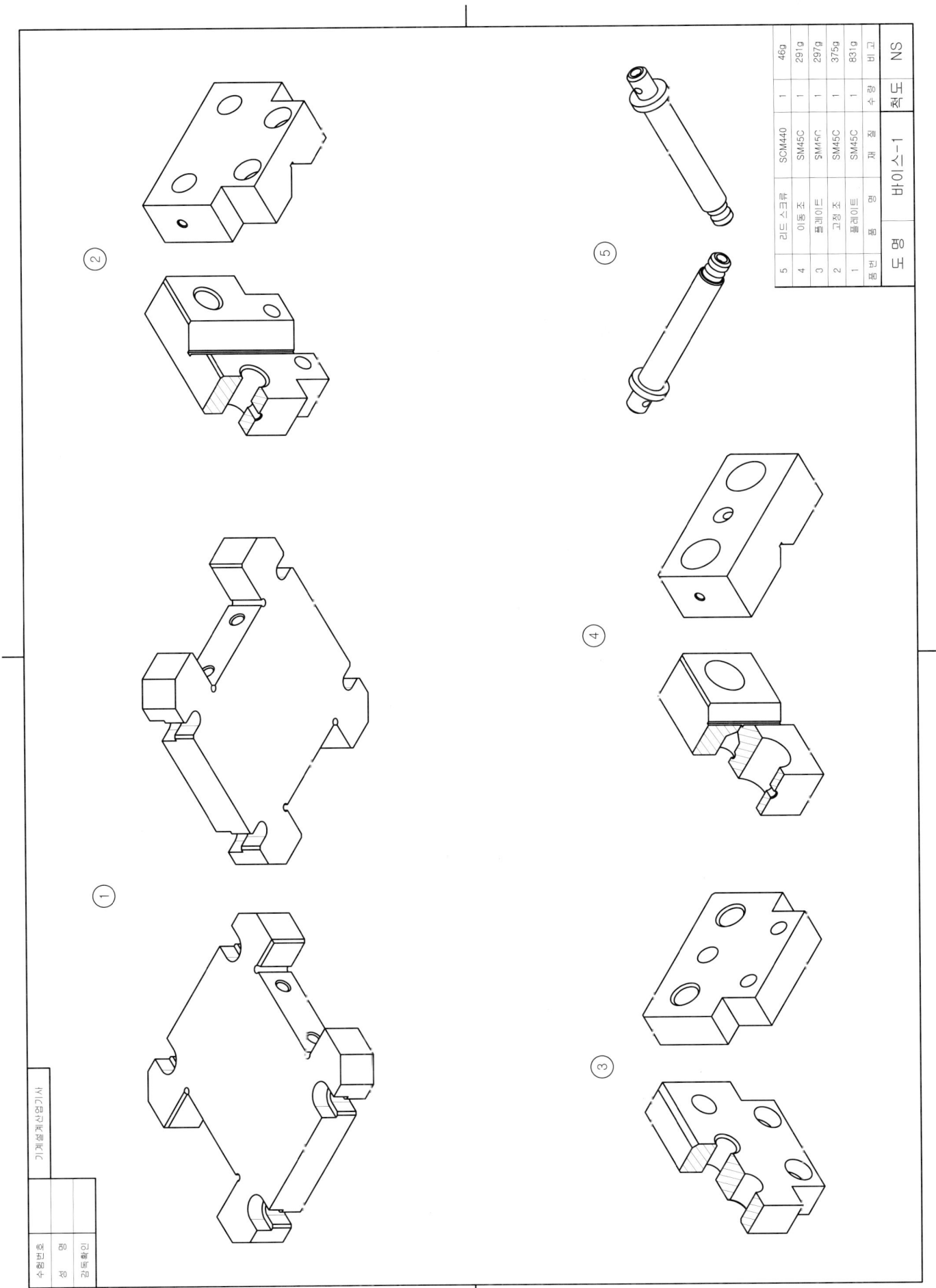

21. 바이스-1

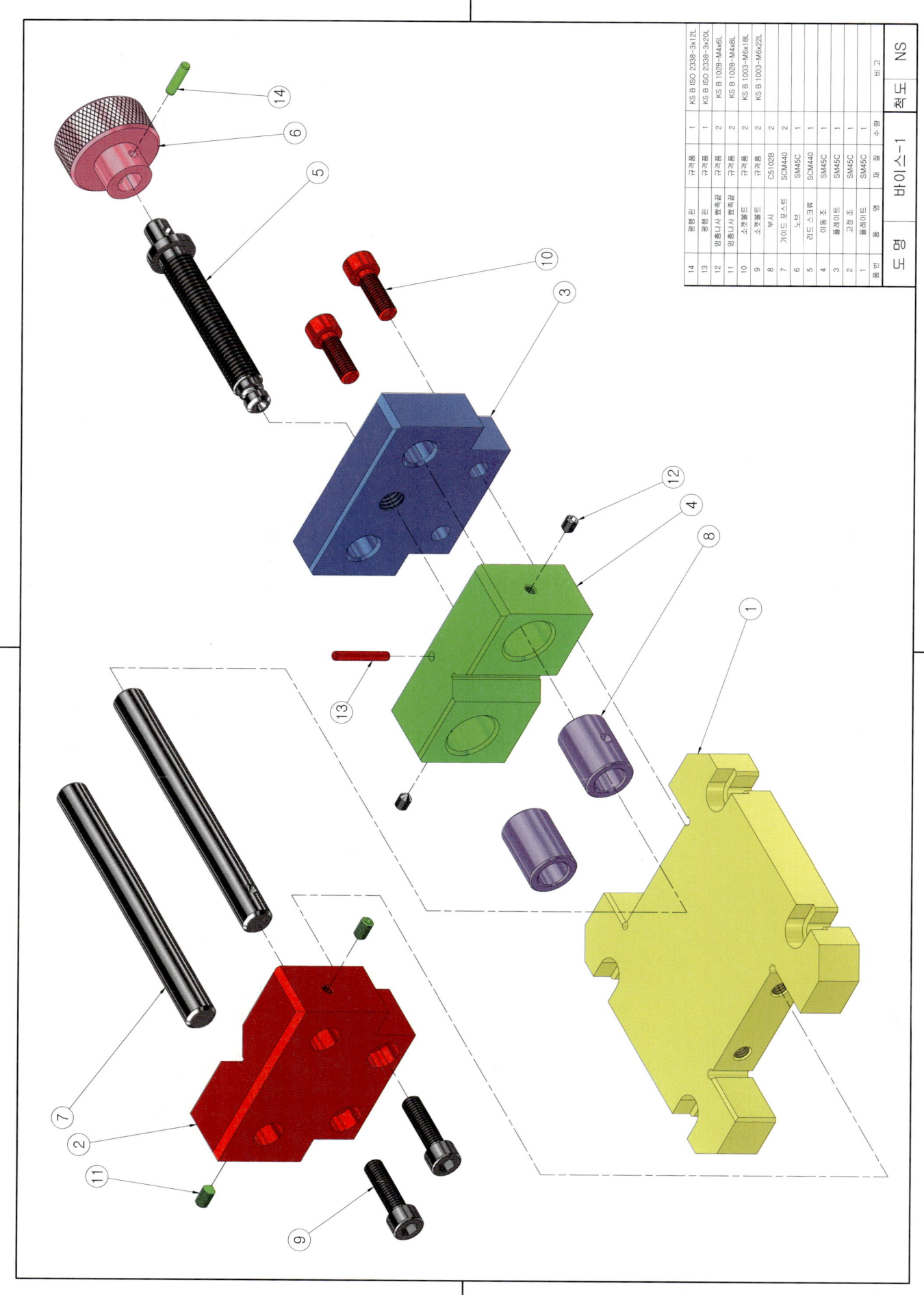

21. 바이스-1

등각 조립도 예제 도면

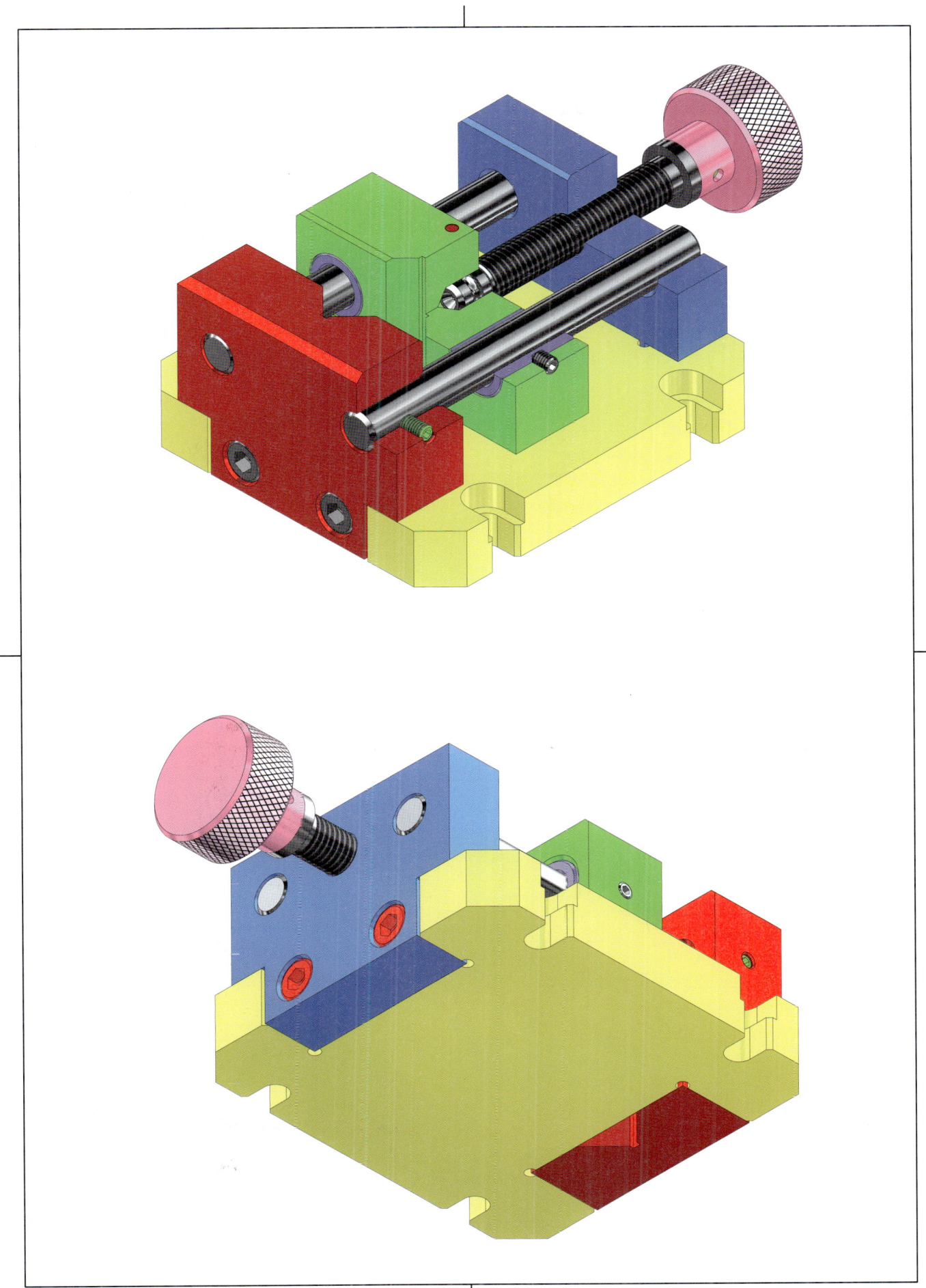

22. 바이스-2

| 응시종목 | 기능사, 산업기사 | 도 명 | 바이스-2 | 척도 | 1:1 |

부품도(2D) : 1, 2, 3, 5
등각 투상도(3D) : 1, 2, 3, 4, 5

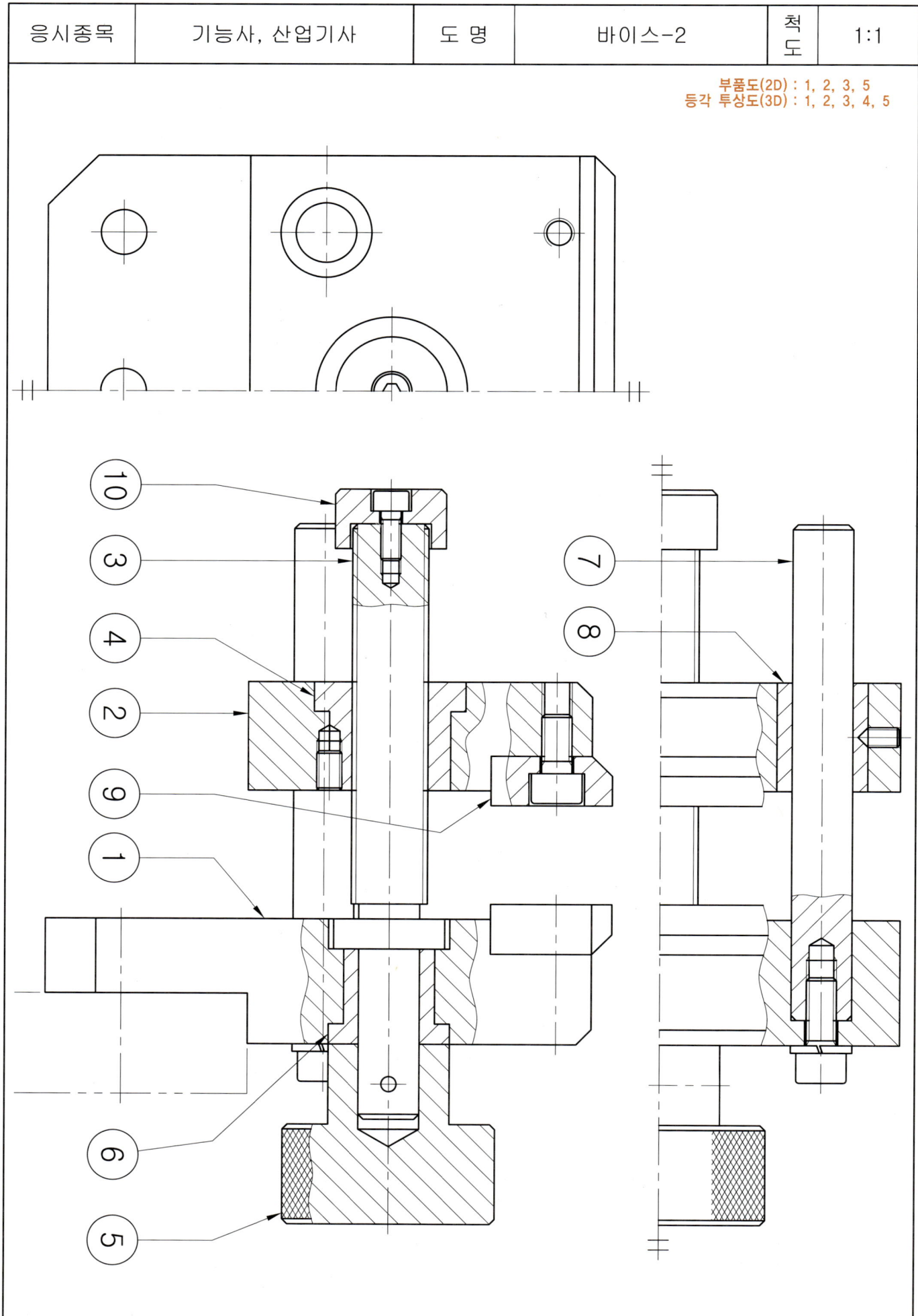

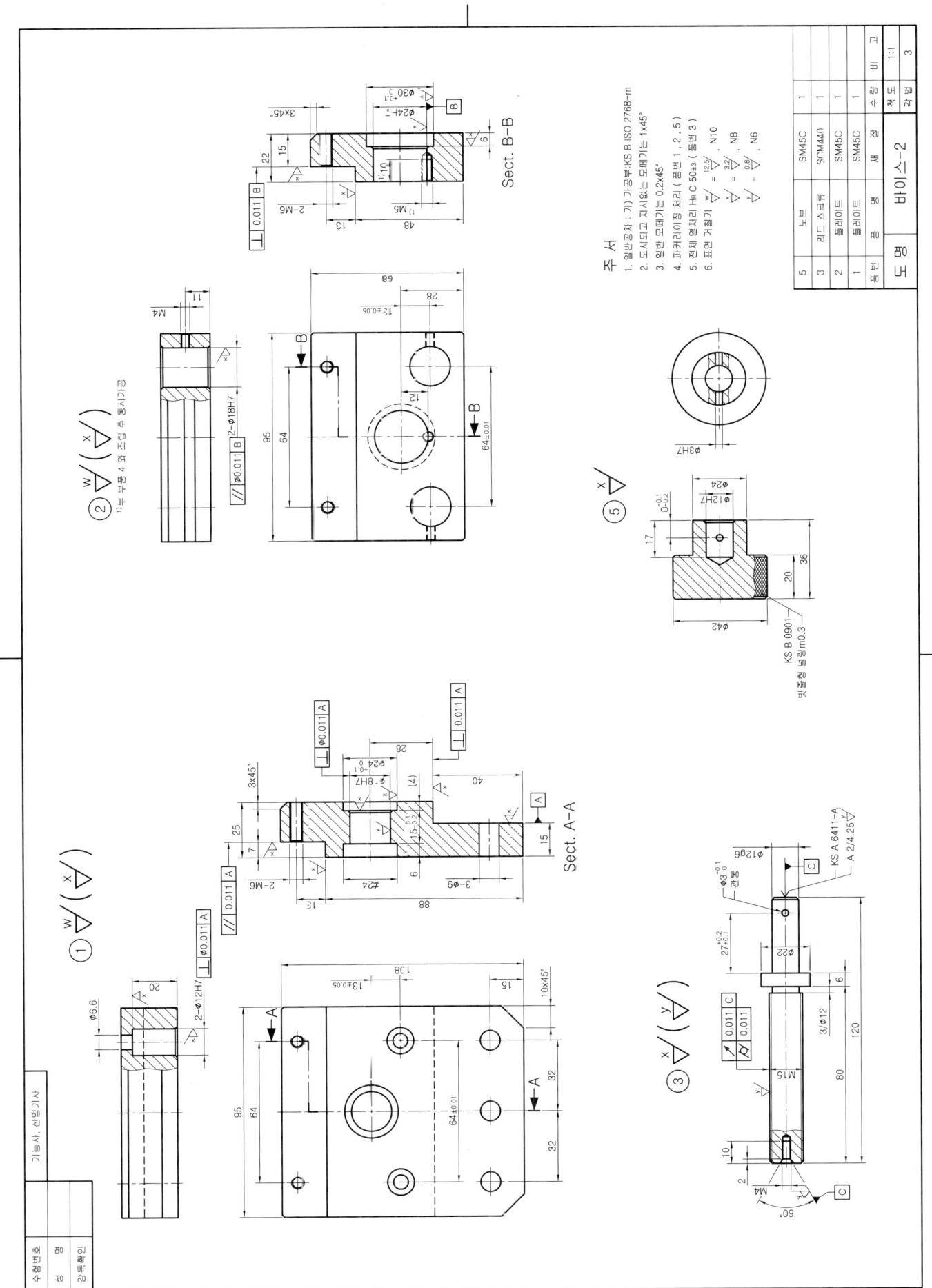

22. 바이스-2

전산응용기계제도기능사 렌더링 등각 투상도 예제 도면

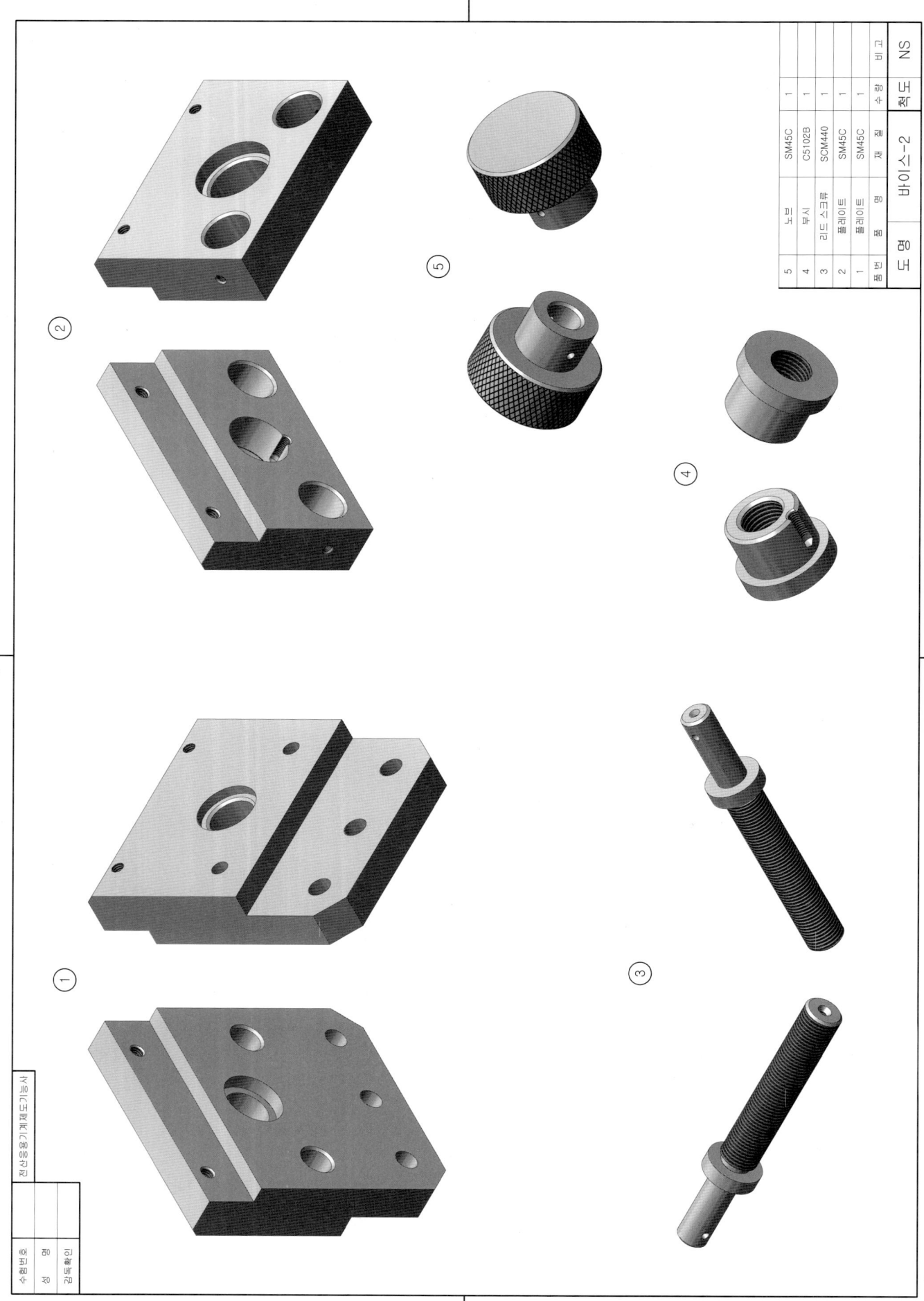

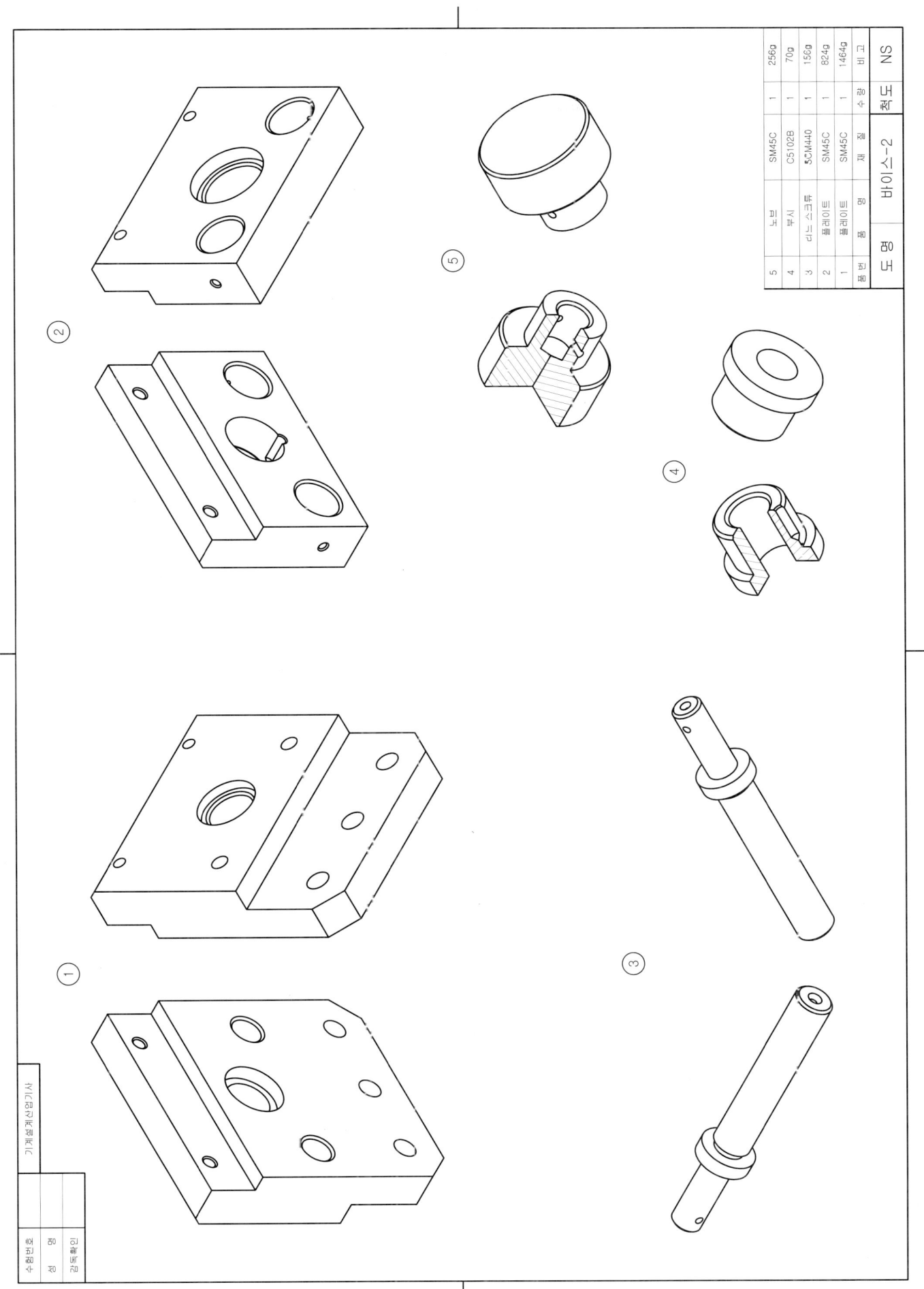

22. 바이스-2

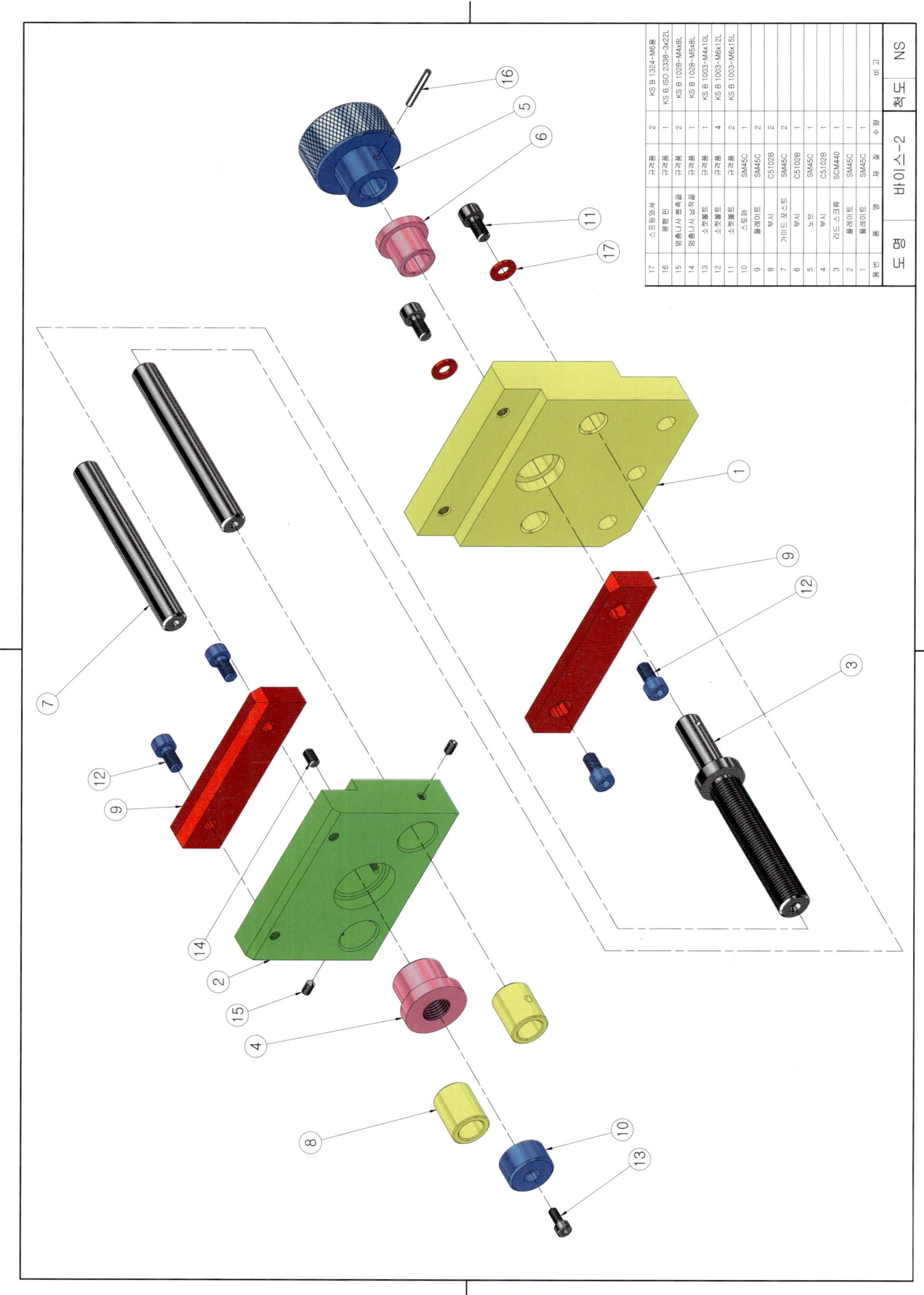

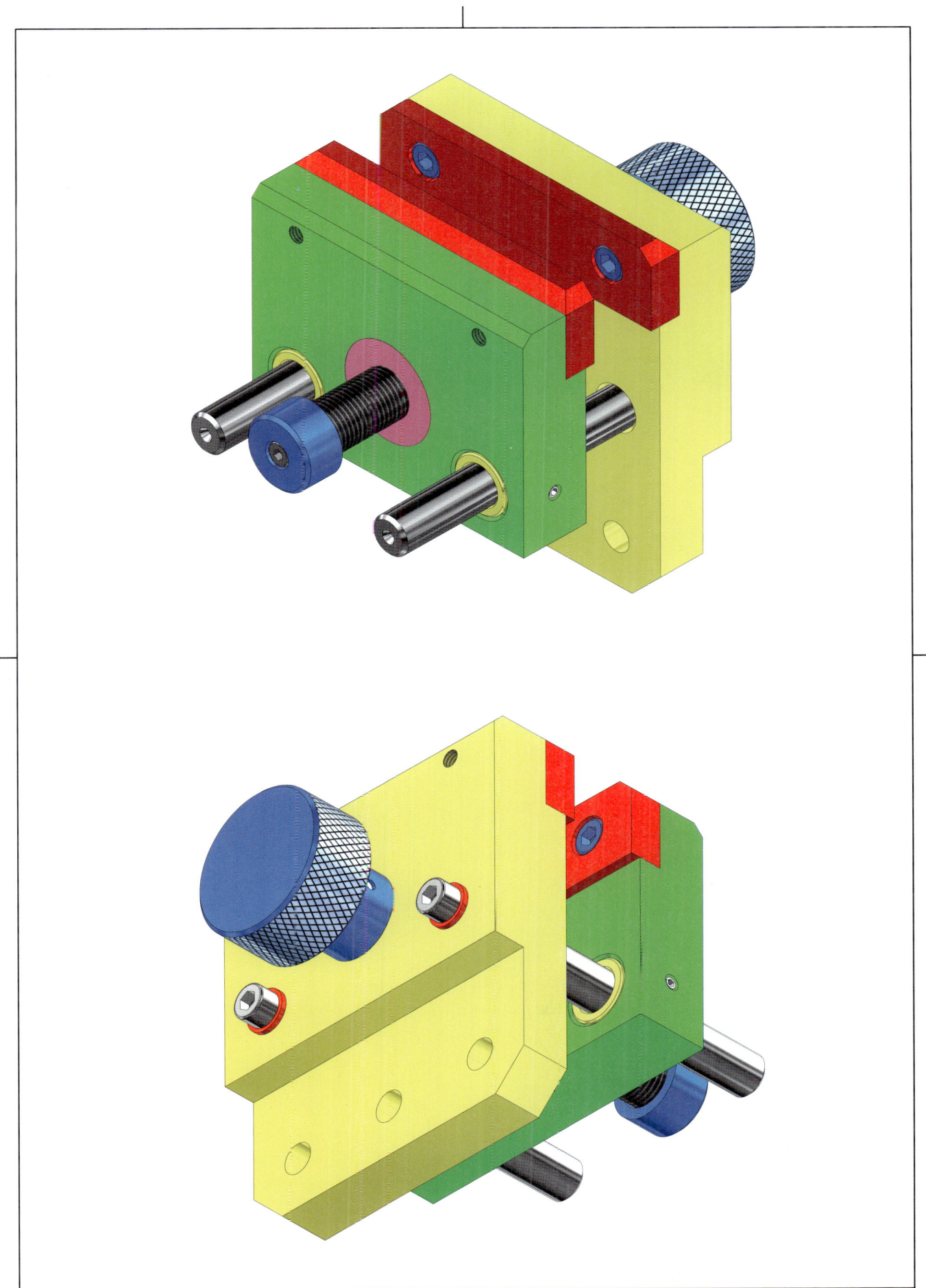

23. 드릴지그-1

| 응시종목 | 기능사, 산업기사 | 도 명 | 드릴지그-1 | 척도 | 1:1 |

부품도(2D) : 1, 2, 3, 4, 5, 6
등각 투상도(3D) : 1, 2, 3, 4, 5, 6

가공품

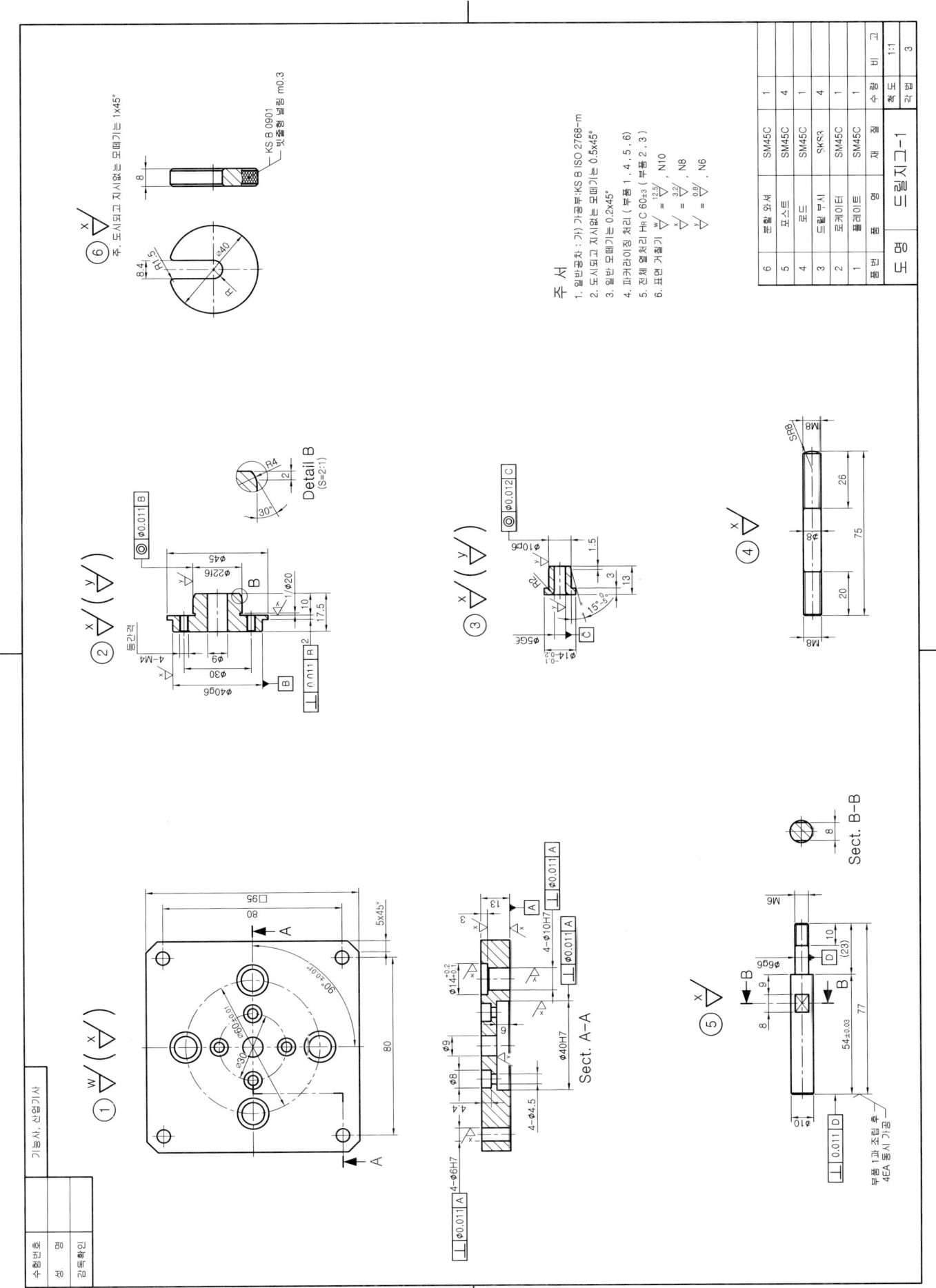

23. 드릴지그-1

전산응용기계제도기능사 렌더링 등각 투상도 예제 도면

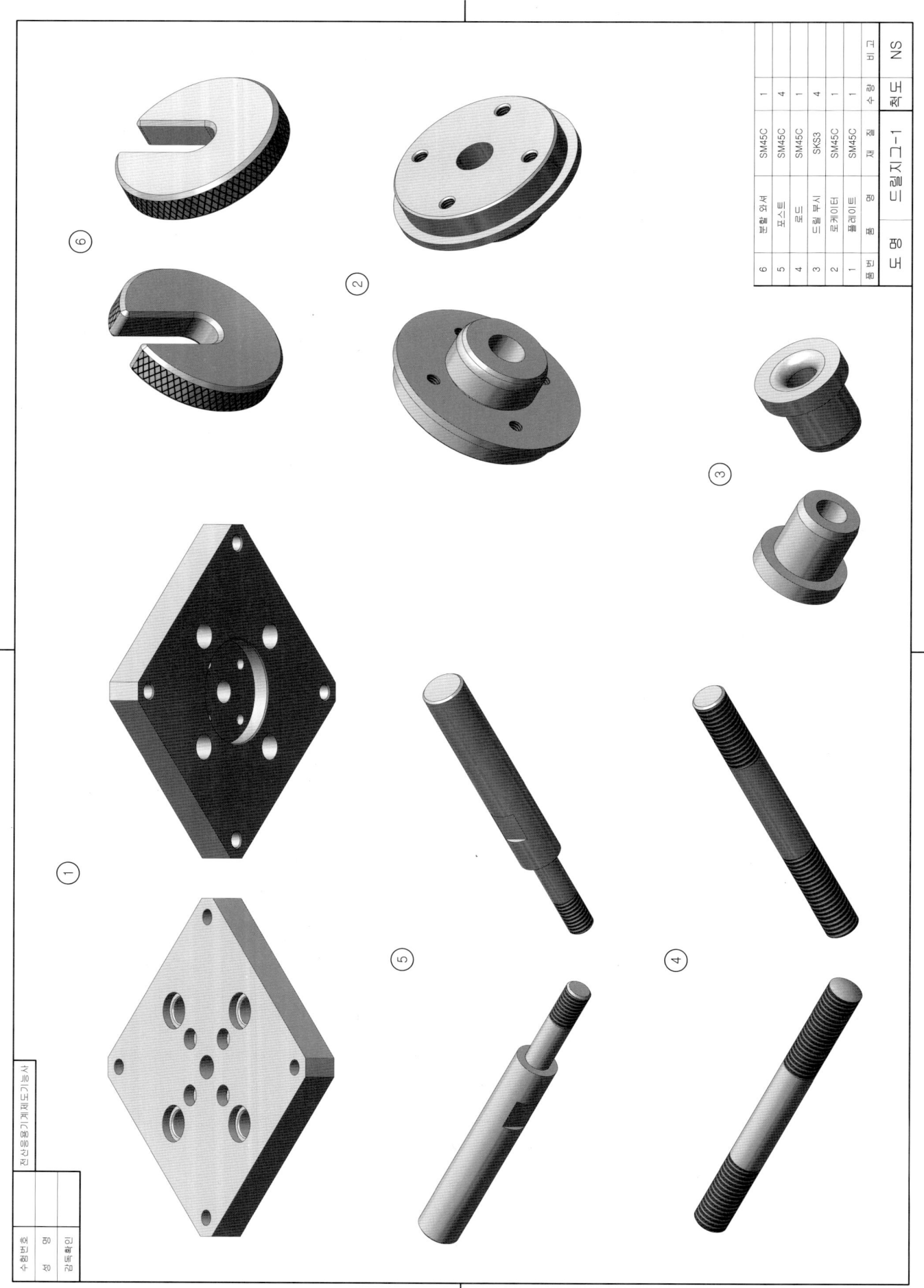

23. 드릴지그-1

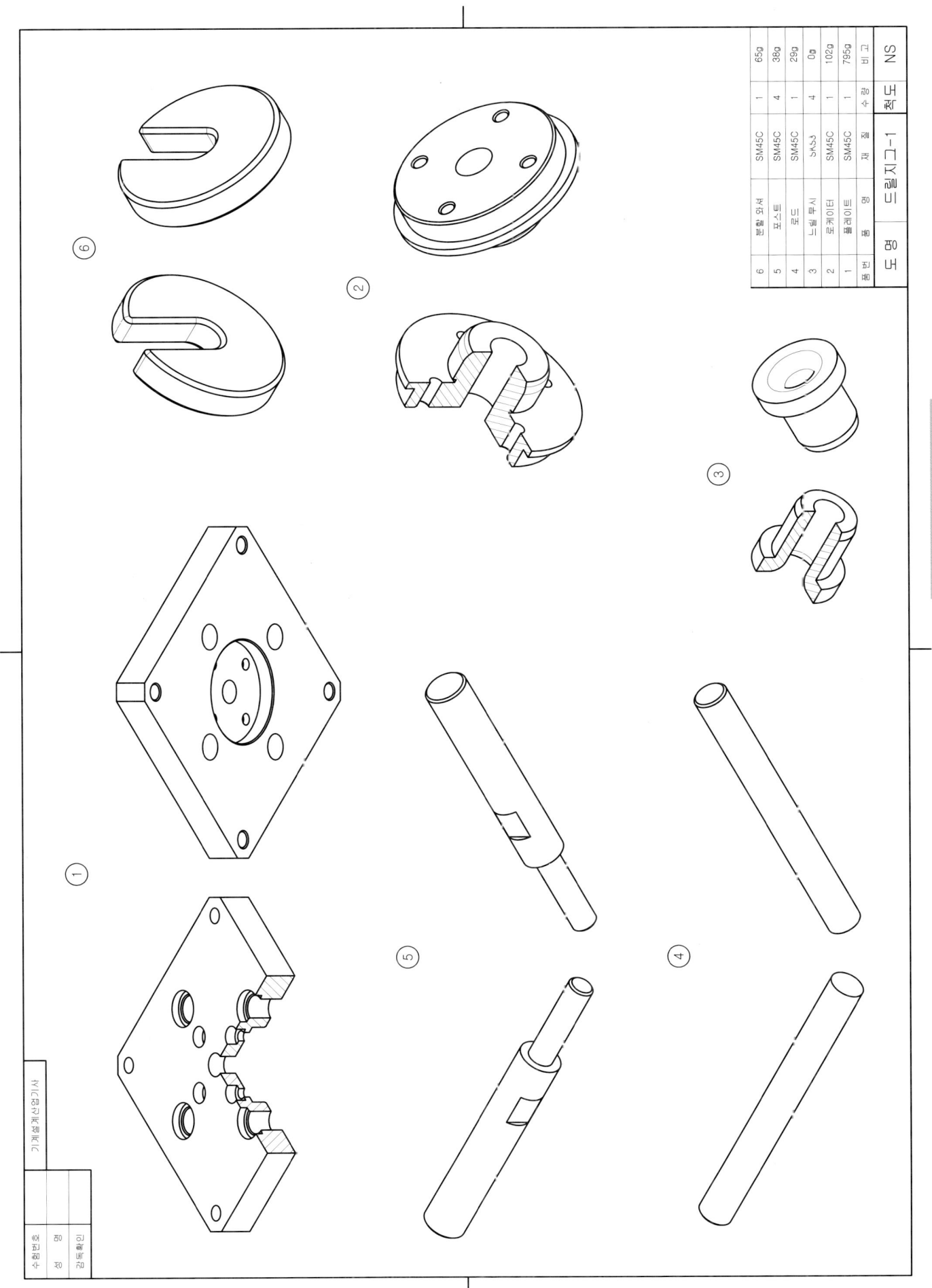

23. 드릴지그-1

등각 분해도 예제 도면

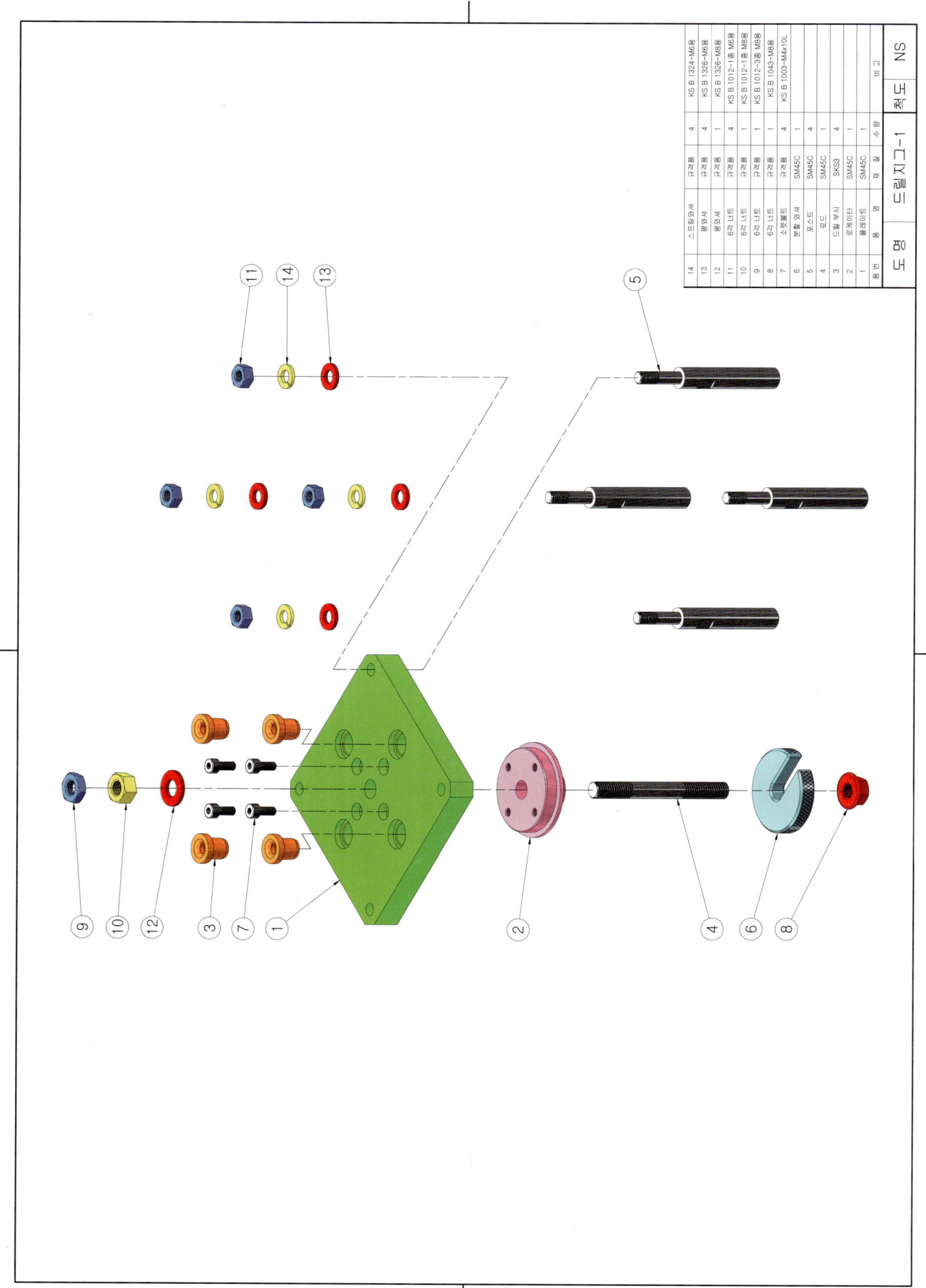

23. 드릴지그-1

등각 조립도 예제 도면

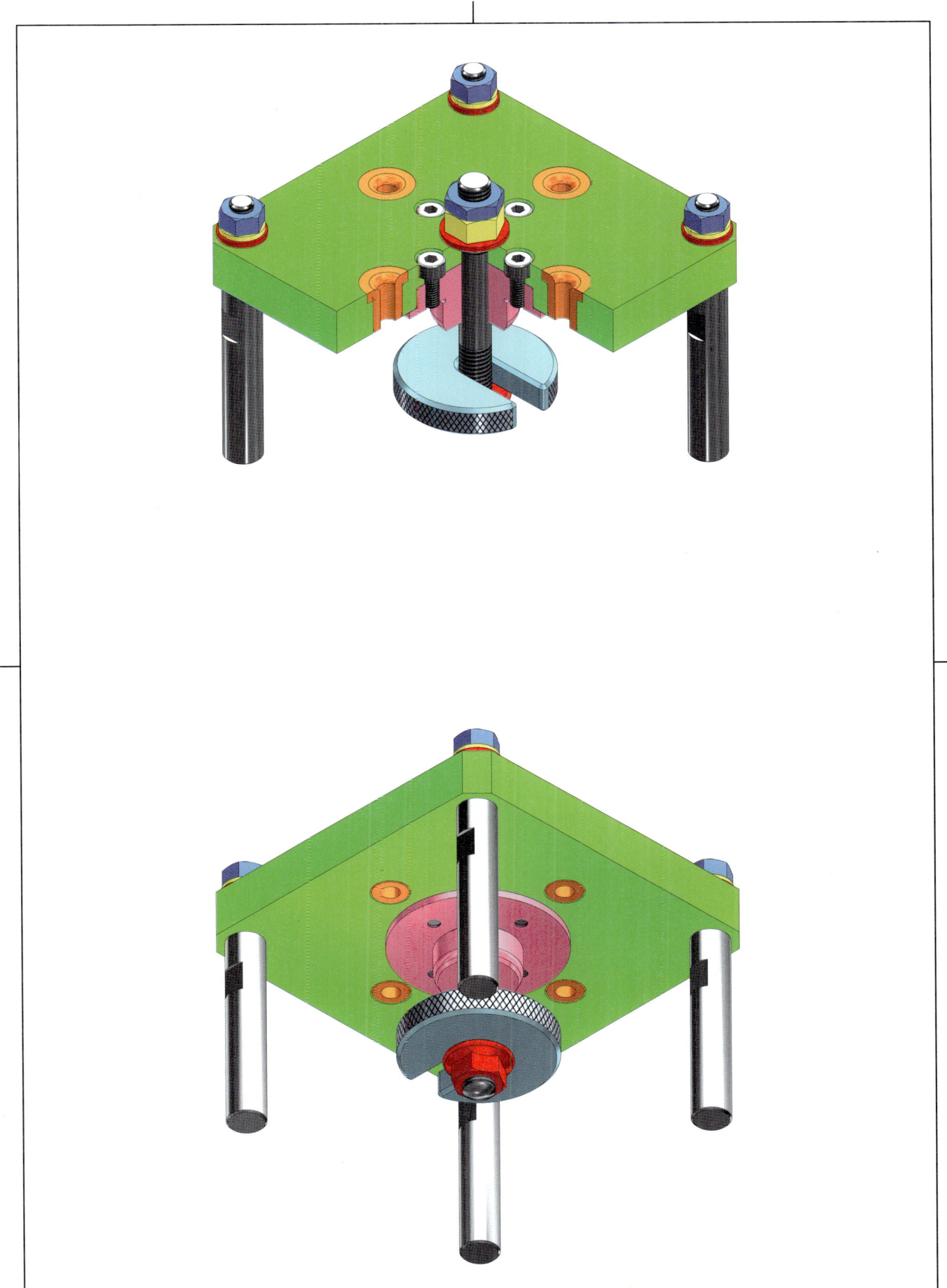

24. 드릴지그-2

응시종목	기능사, 산업기사	도 명	드릴지그-2	척도	1:1

부품도(2D) : 1, 2, 3, 4, 6
등각 투상도(3D) : 1, 2, 3, 4, 5, 6

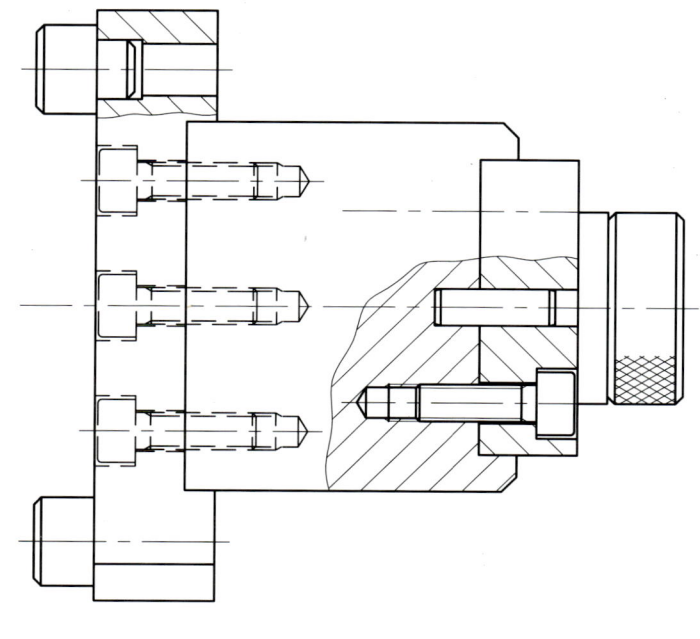

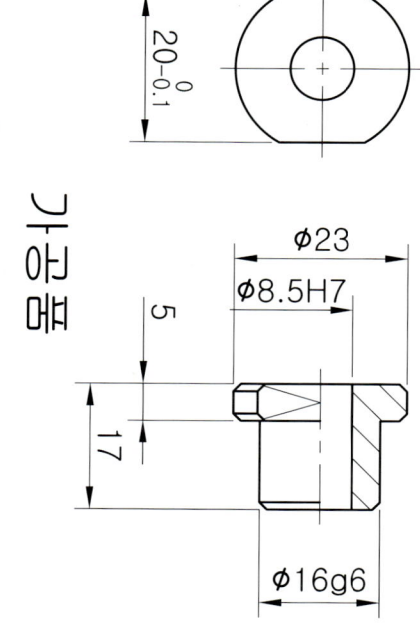

가공품

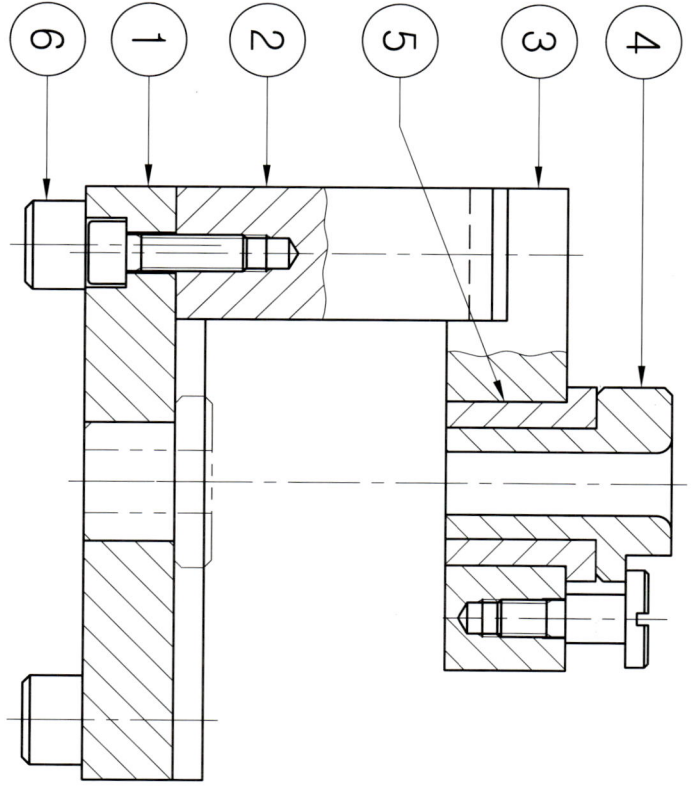

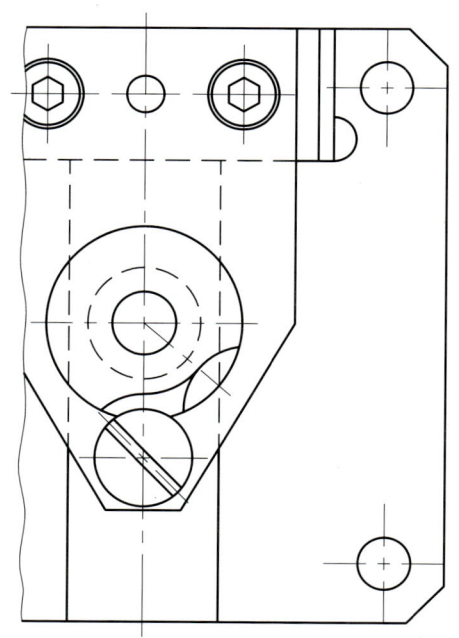

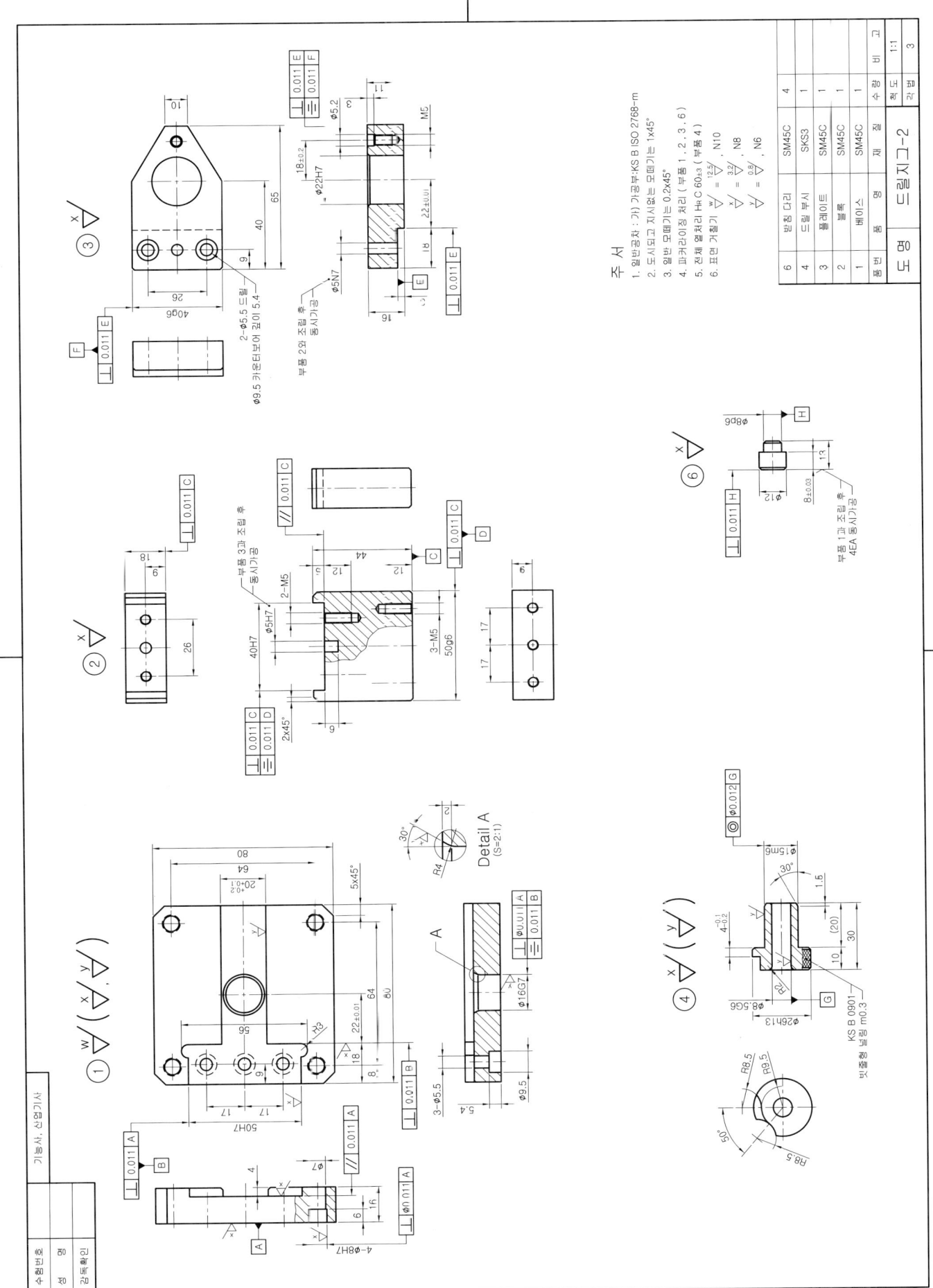

24. 드릴지그-2

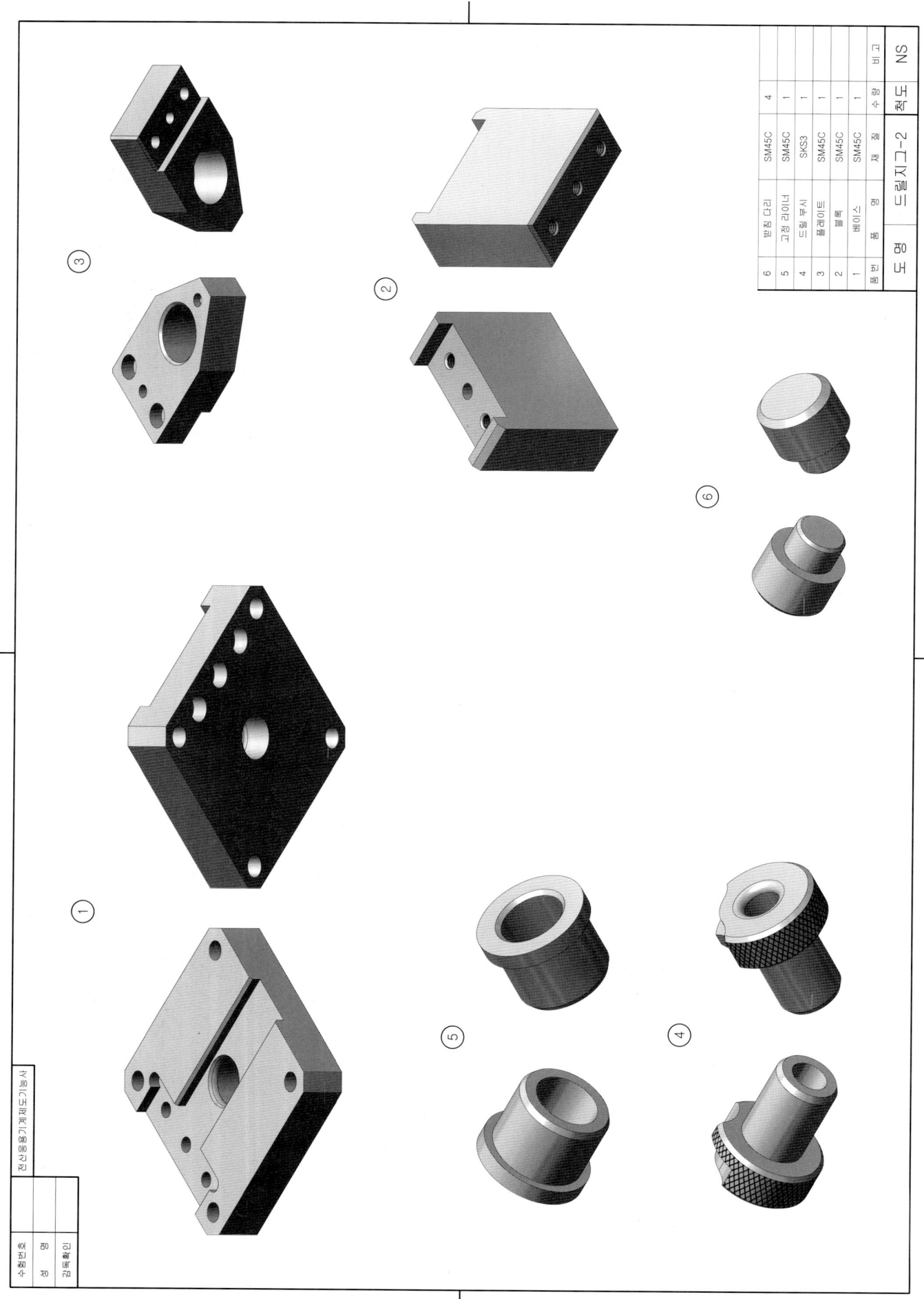

품번	품명	재질	수량	비고
1	베이스	SM45C	1	
2	블록	SM45C	1	
3	플레이트	SM45C	1	
4	드릴부시	SKS3	1	
5	고정 라이너	SM45C	1	
6	받침 다리	SM45C	4	

도명: 드릴지그-2

24. 드릴지그-2

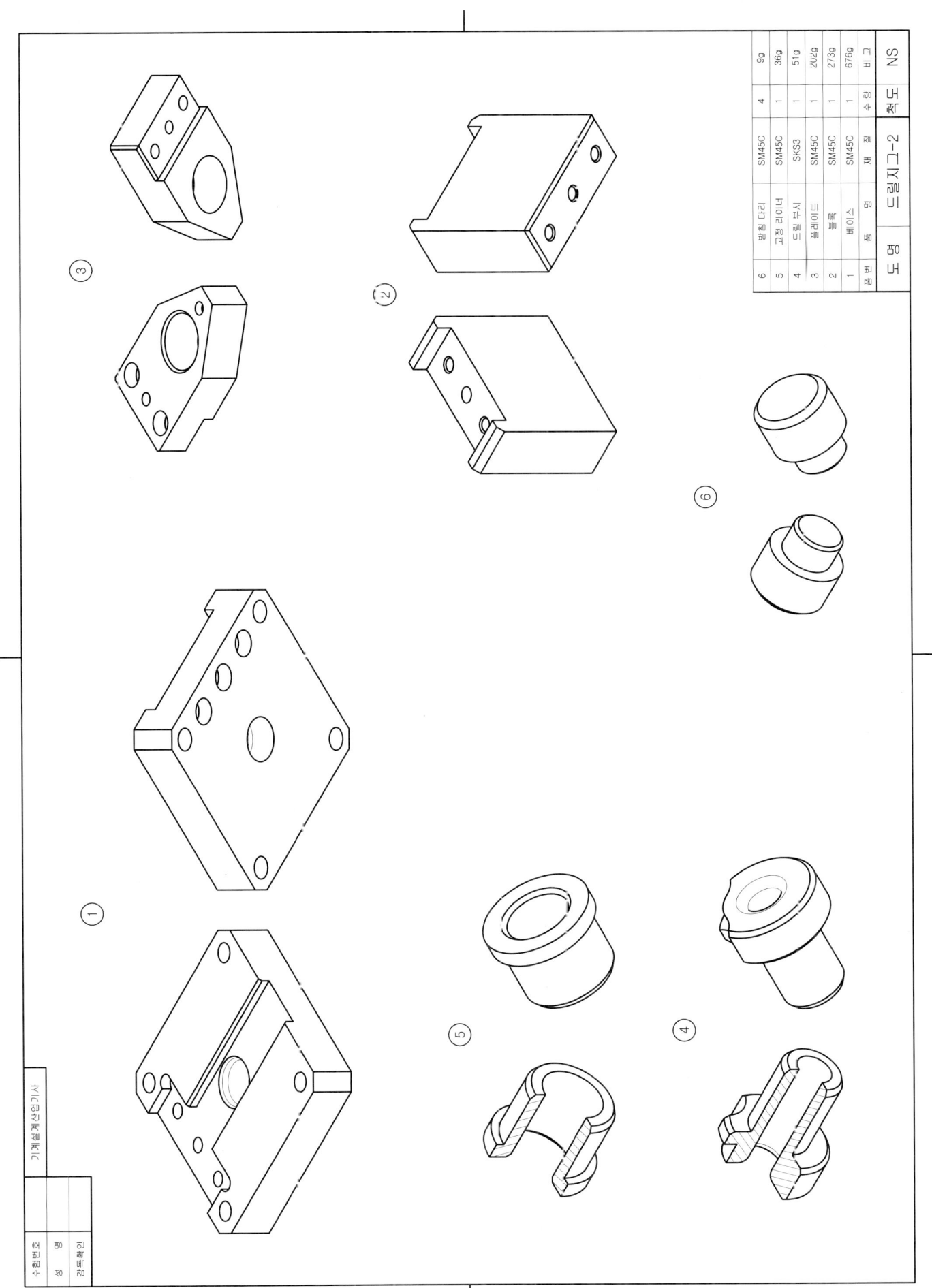

24. 드릴지그-2

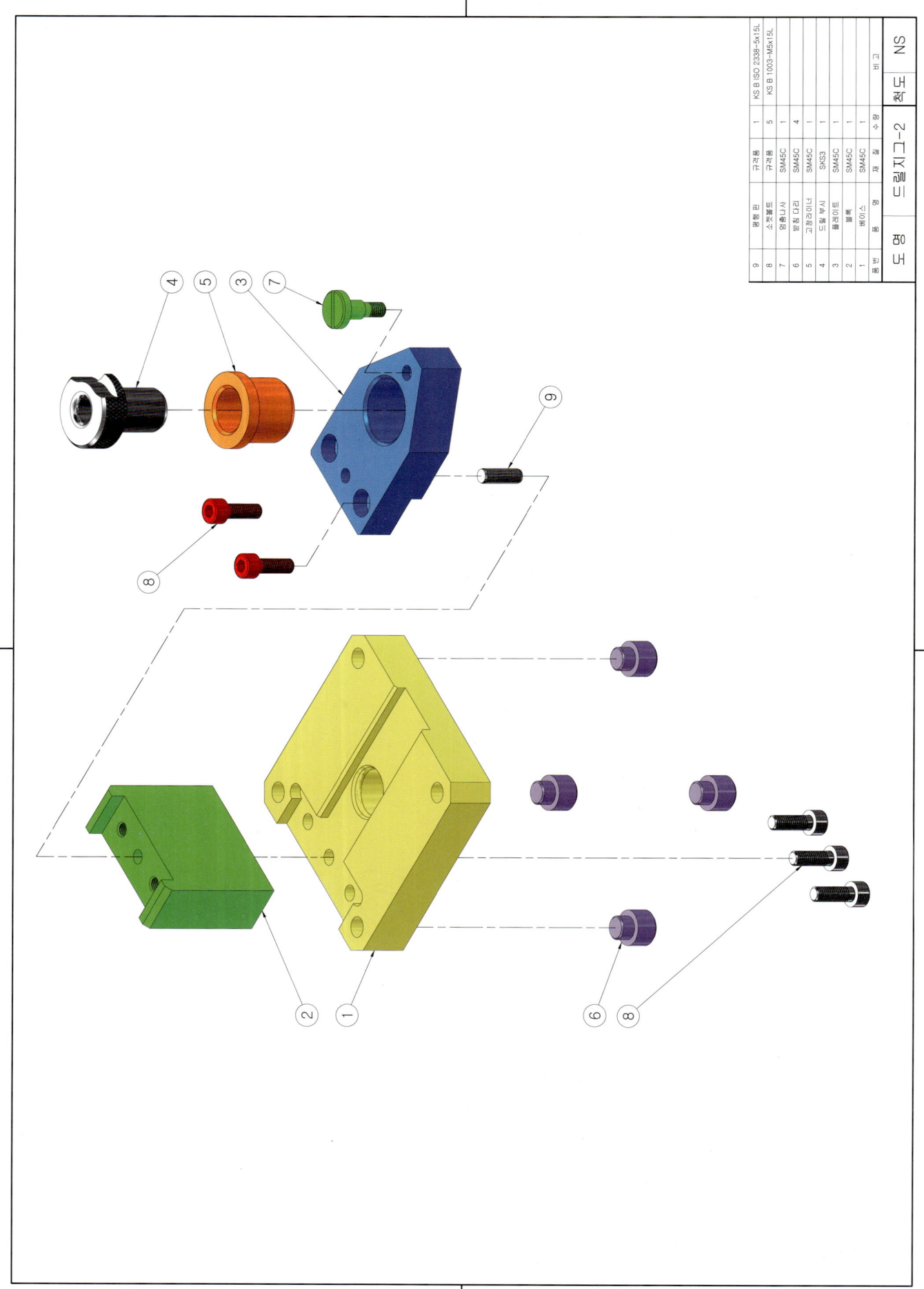

24. 드릴지그-2

등각 조립도 예제 도면

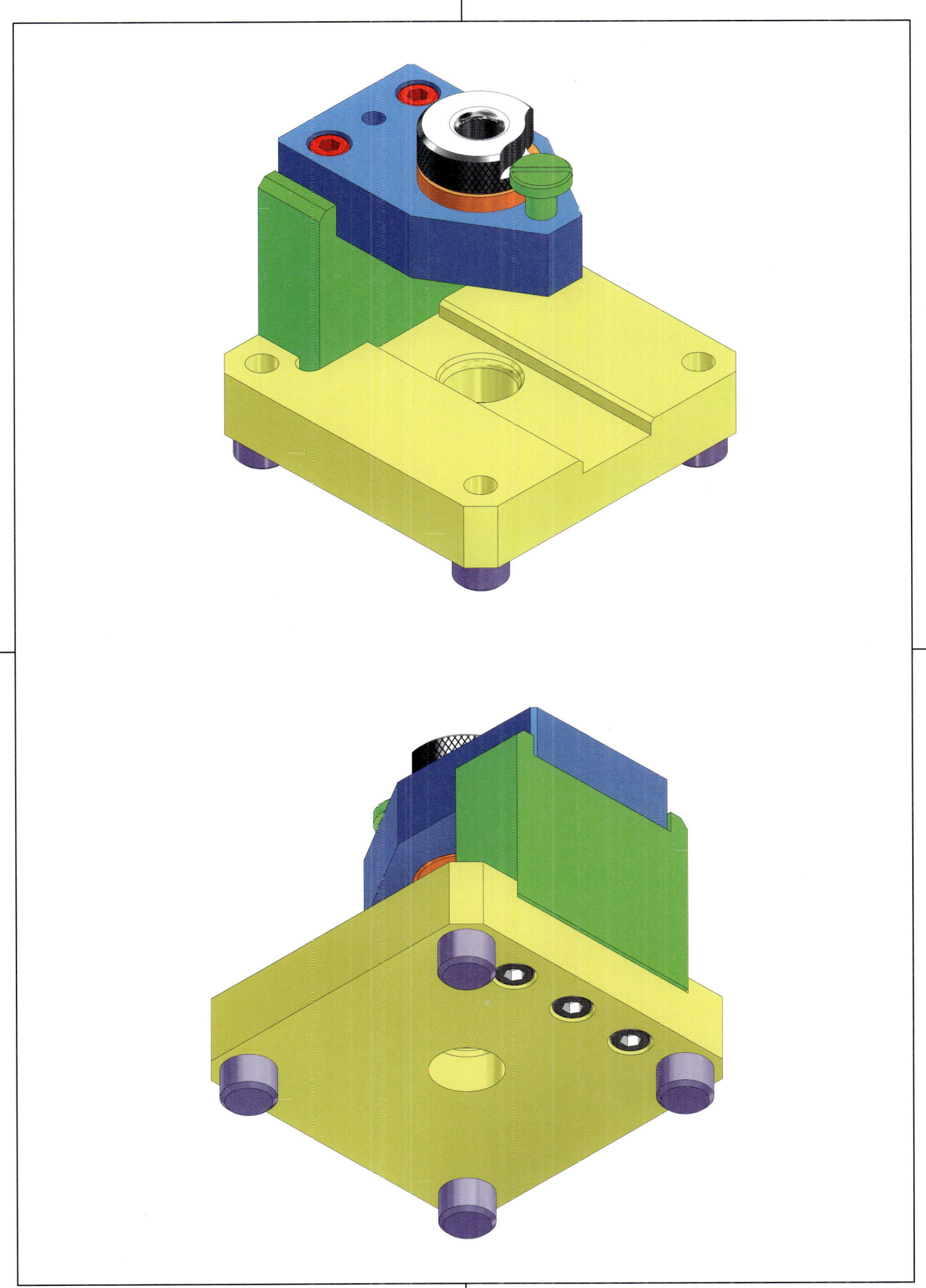

25. 드릴지그-3

| 응시종목 | 기능사, 산업기사 | 도 명 | 드릴지그-3 | 척도 | 1:1 |

부품도(2D) : 1, 2, 3, 4, 5
등각 투상도(3D) : 1, 2, 3, 4, 5, 8

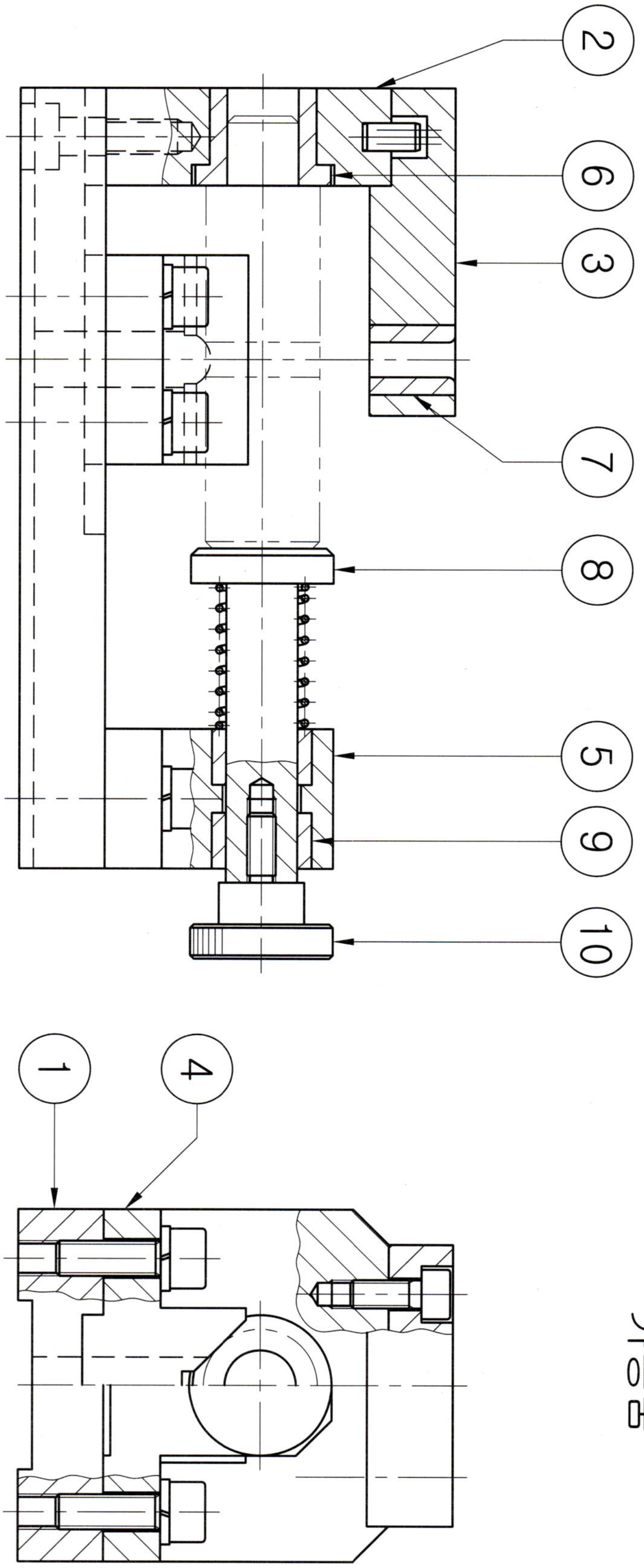

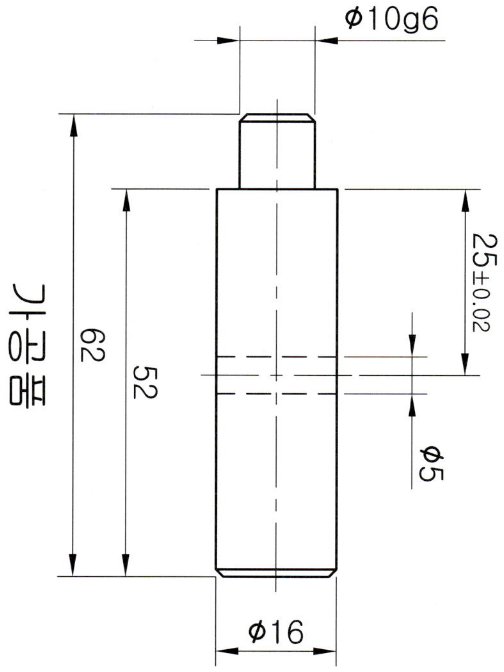

가공품

Ø10g6
25±0.02
62
52
Ø5
Ø16

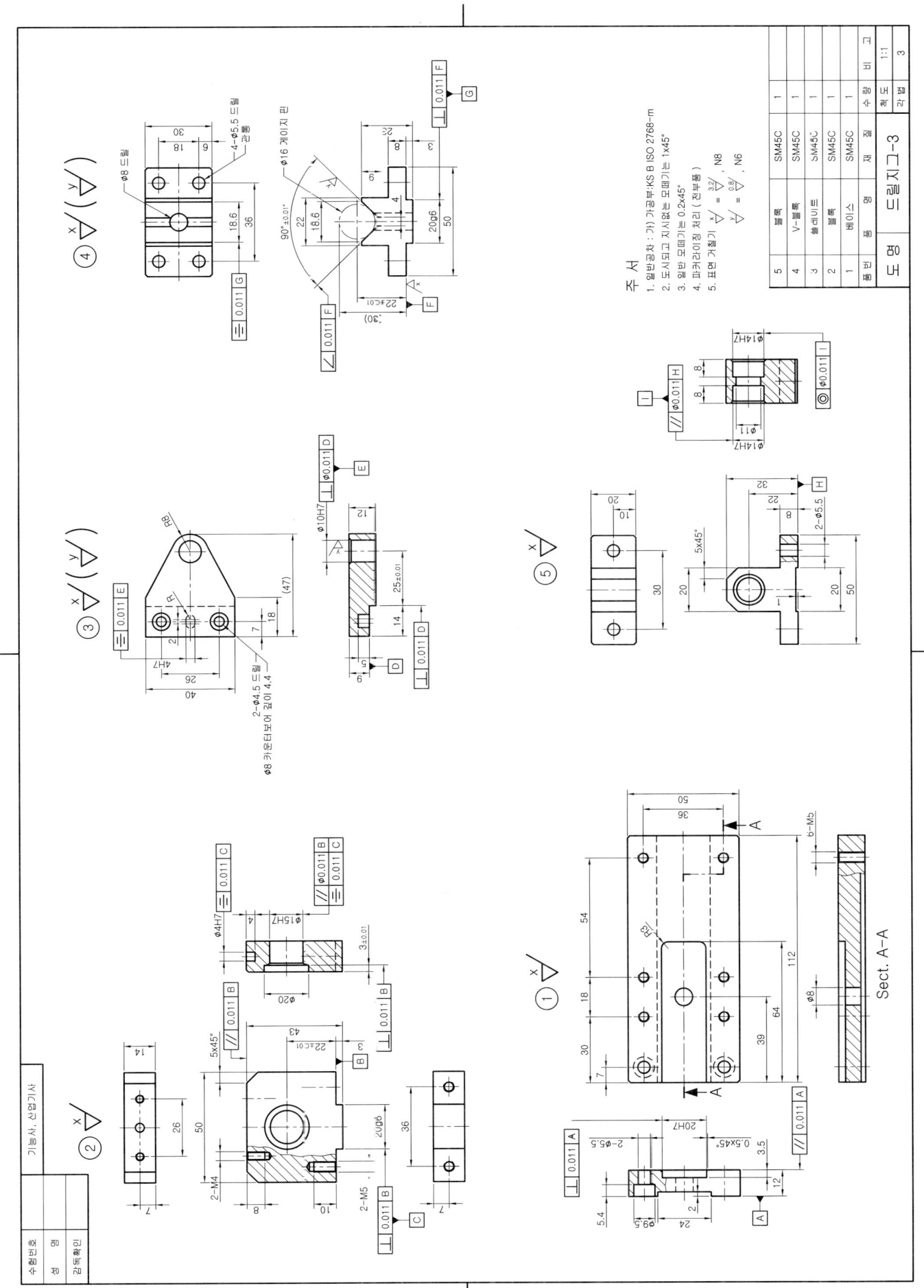

25. 드릴지그-3

전산응용기계제도기능사 렌더링 등각 투상도 예제 도면

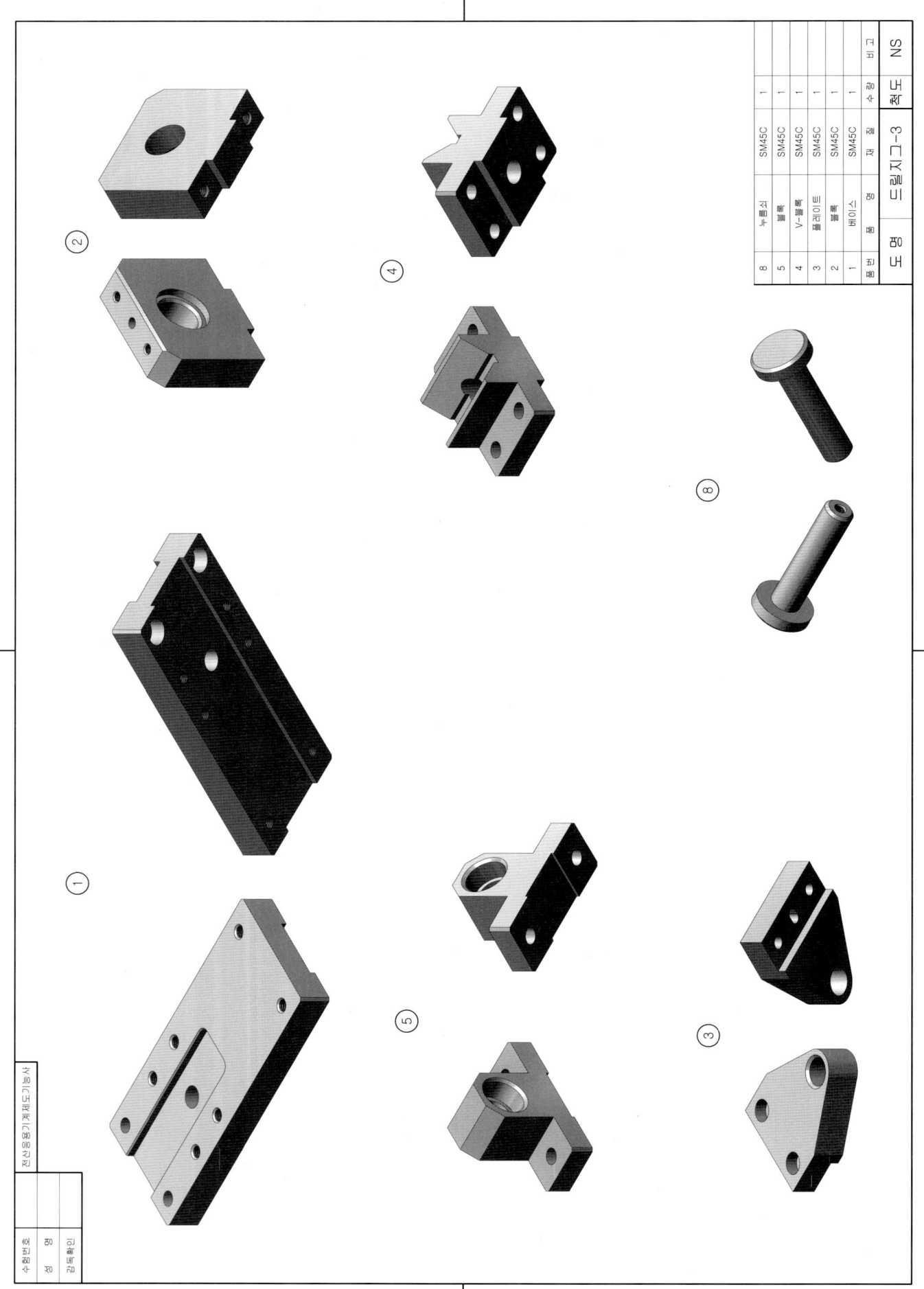

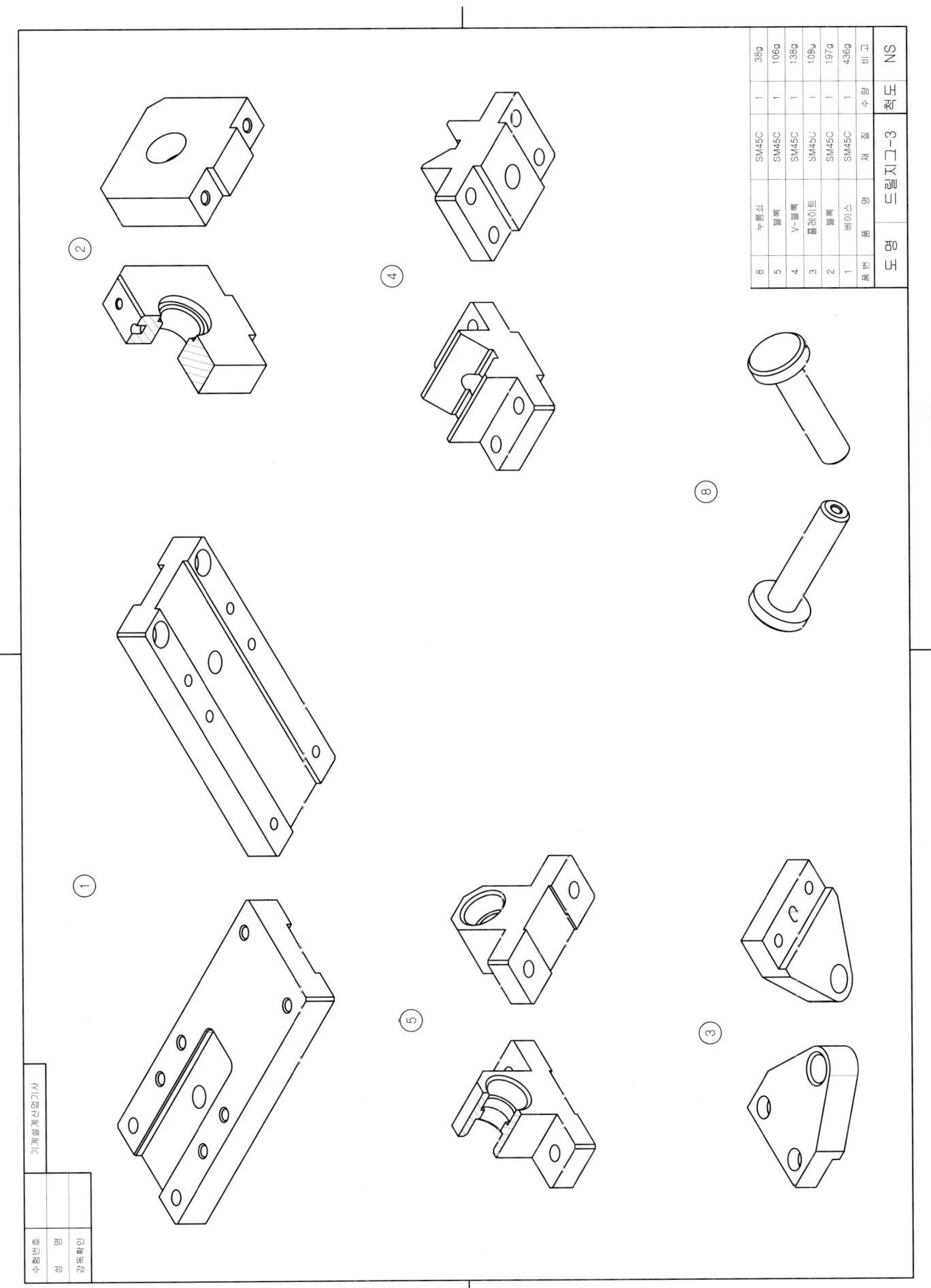

25. 드릴지그-3

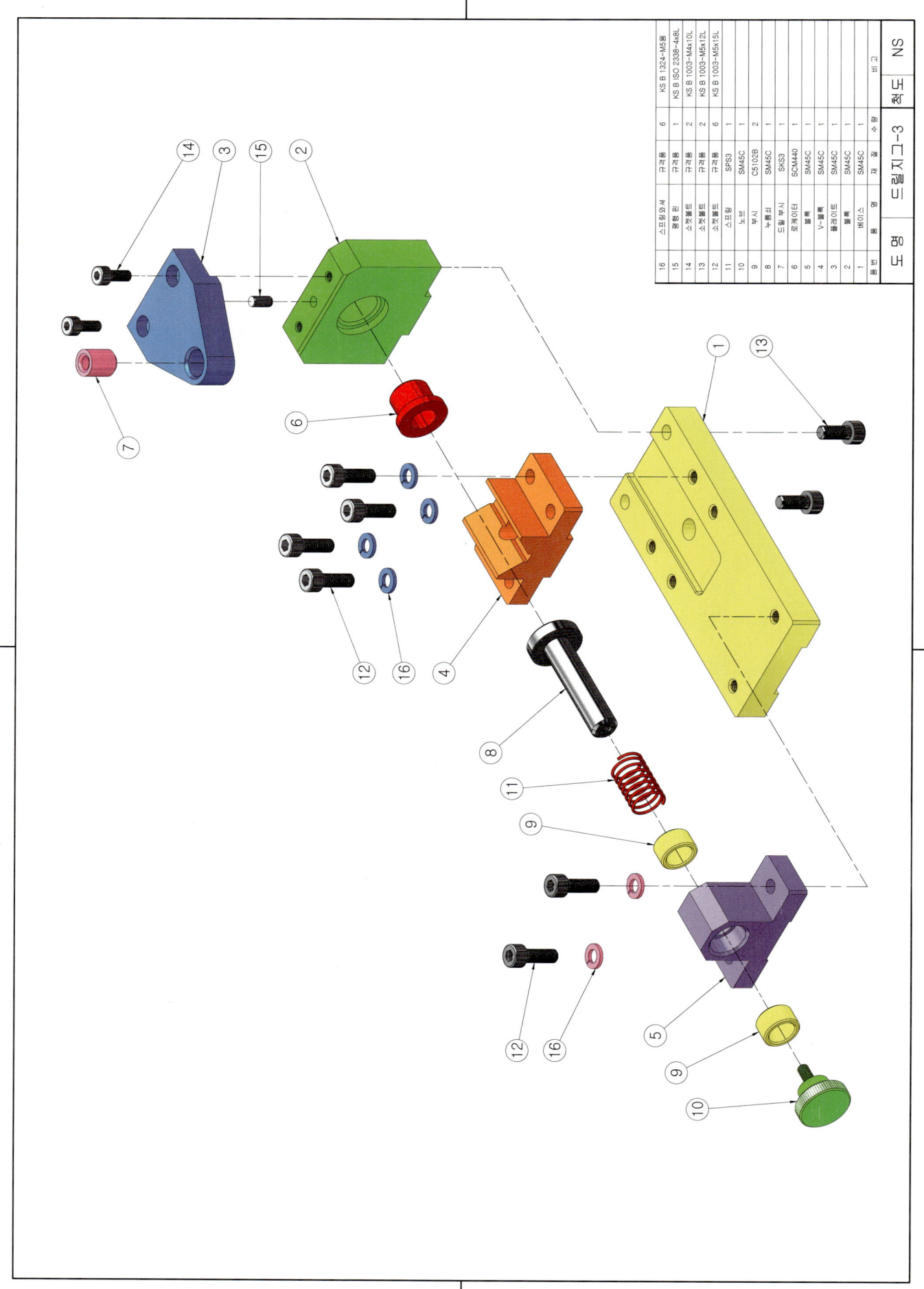

25. 드릴지그-3

등각 조립도 예제 도면

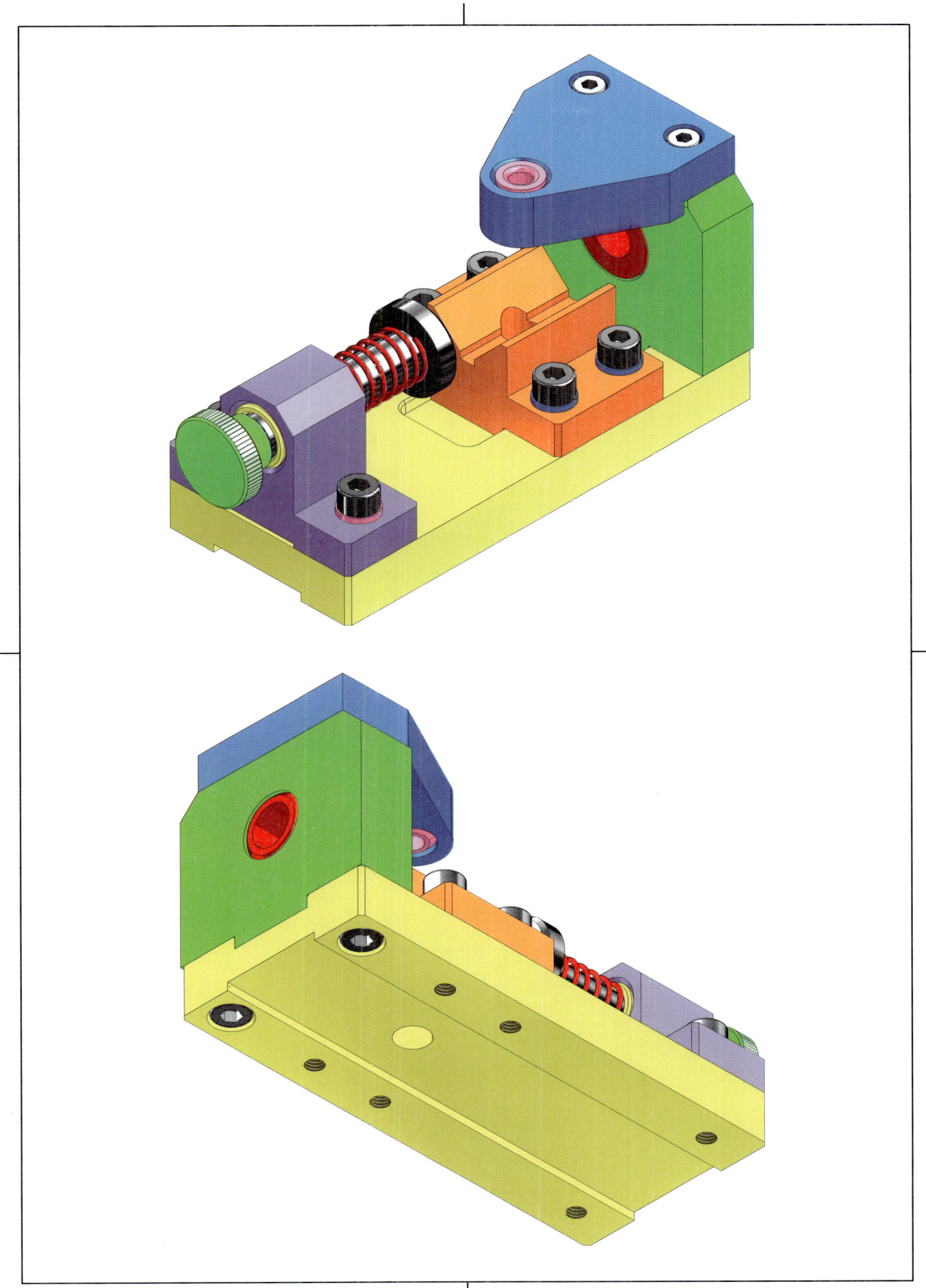

26. 드릴지그-4

| 응시종목 | 기능사, 산업기사 | 도 명 | 드릴지그-4 | 척도 | 1:1 |

부품도(2D) : 1, 3, 5, 6, 8
등각 투상도(3D) : 1, 2, 3, 4, 6

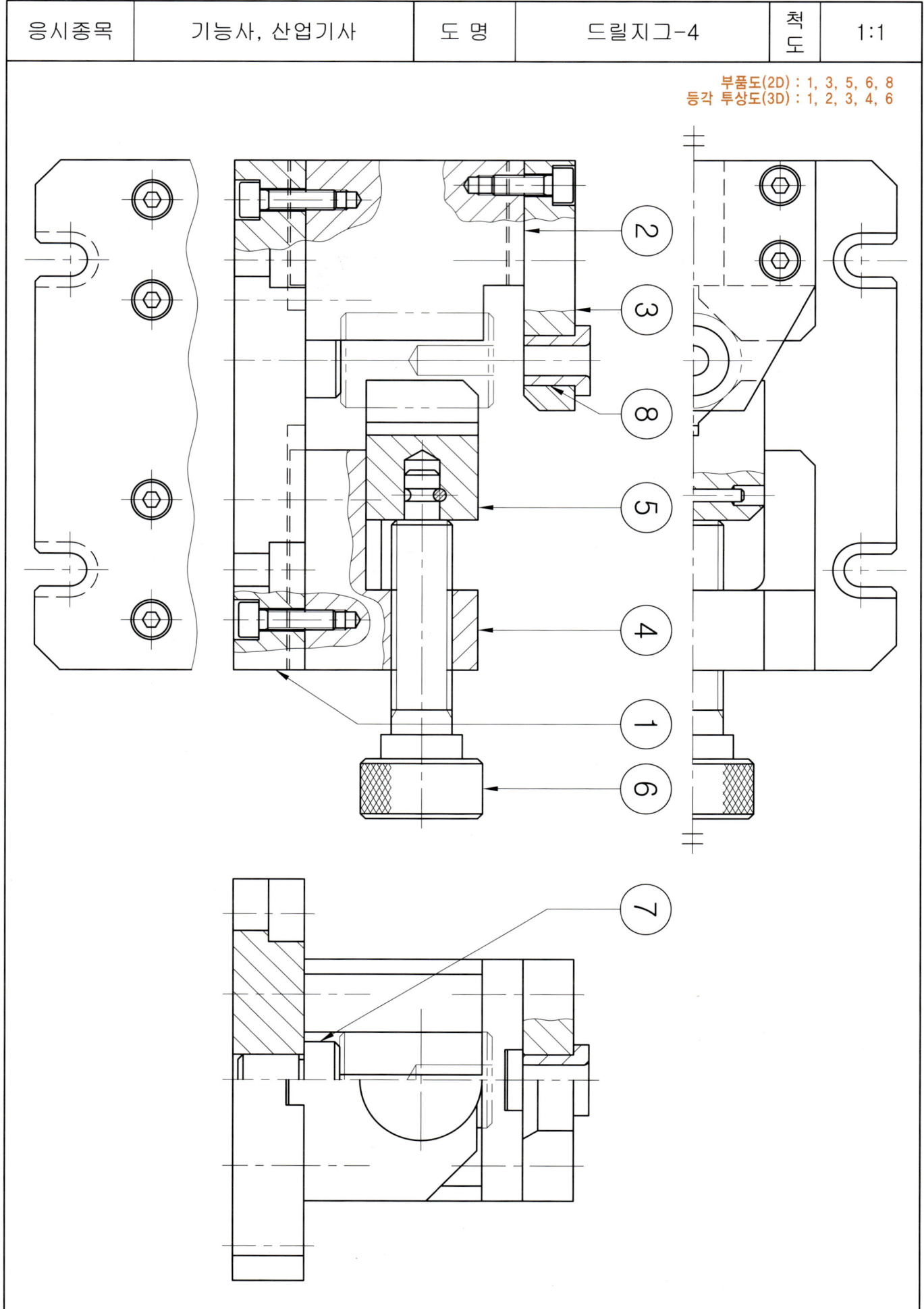

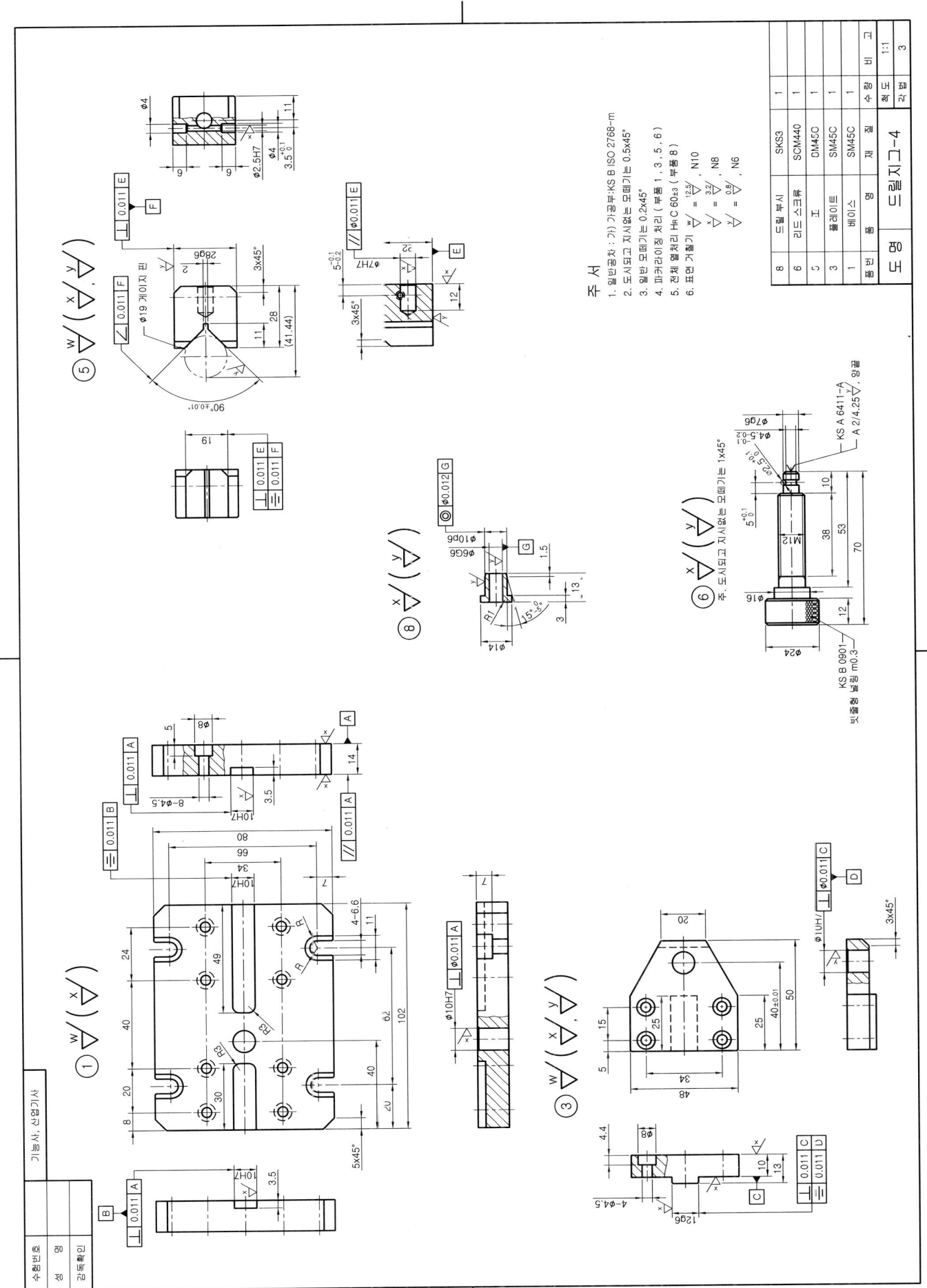

26. 드릴지그-4

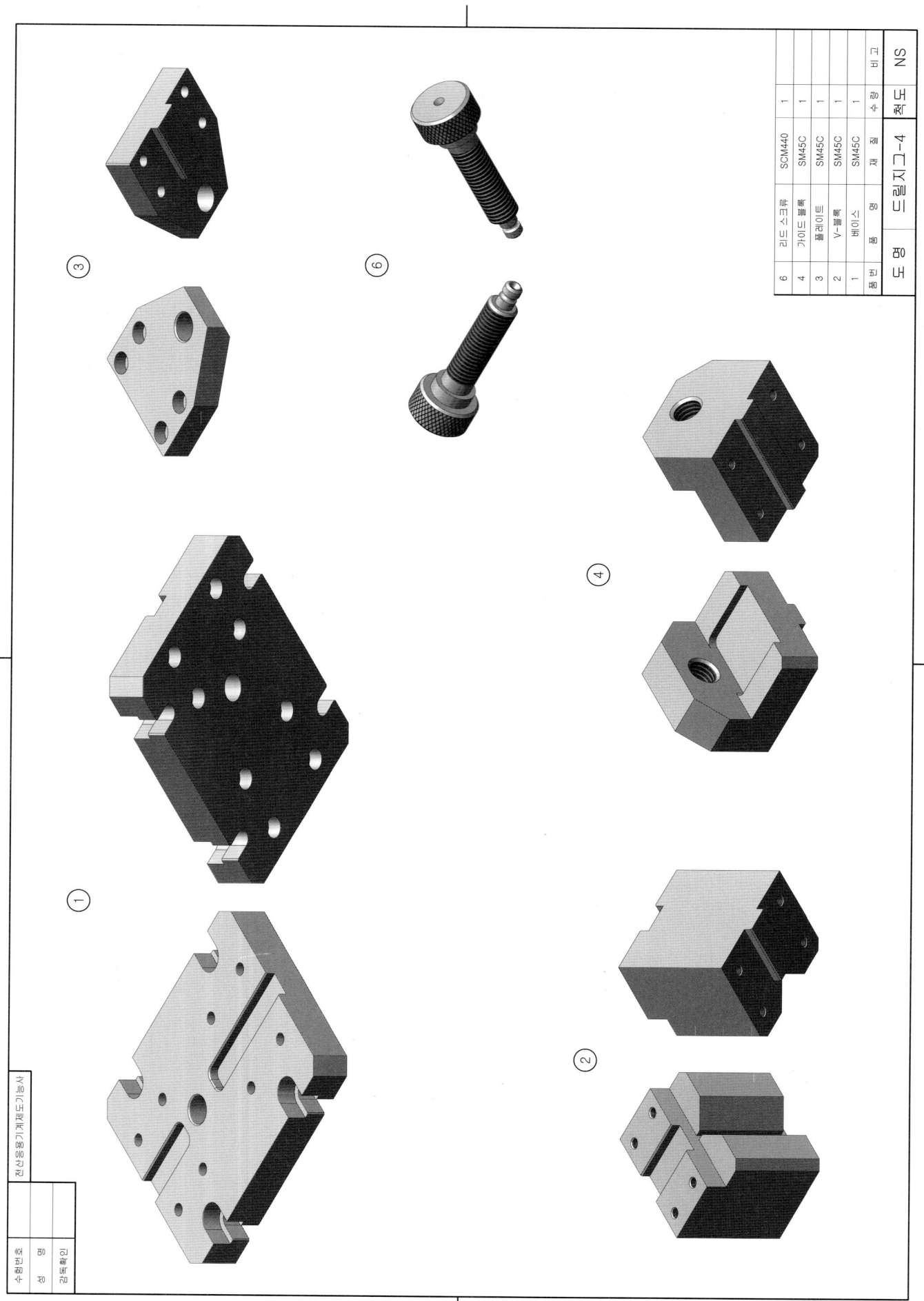

26. 드릴지그-4

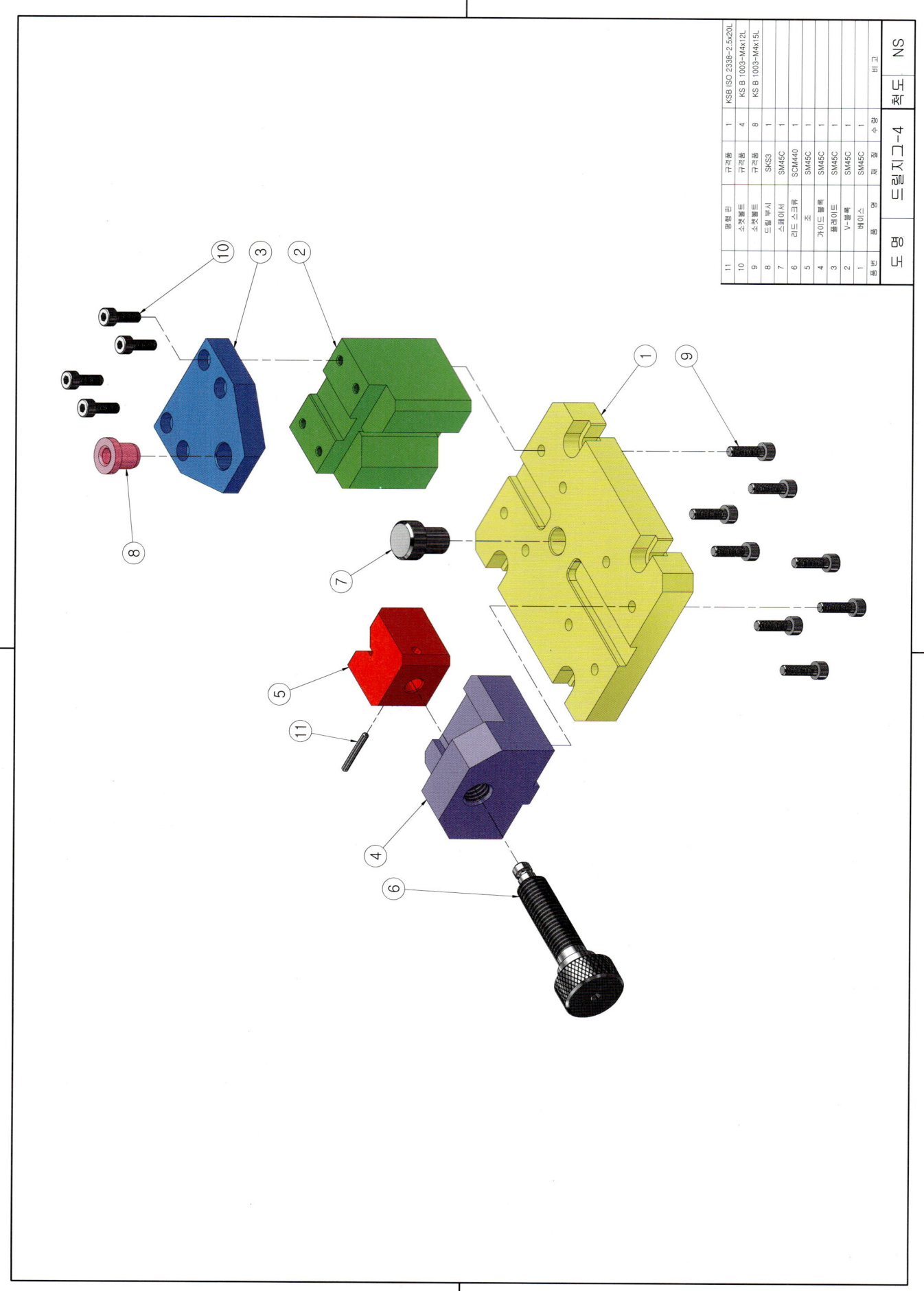

26. 드릴지그-4

등각 조립도 예제 도면

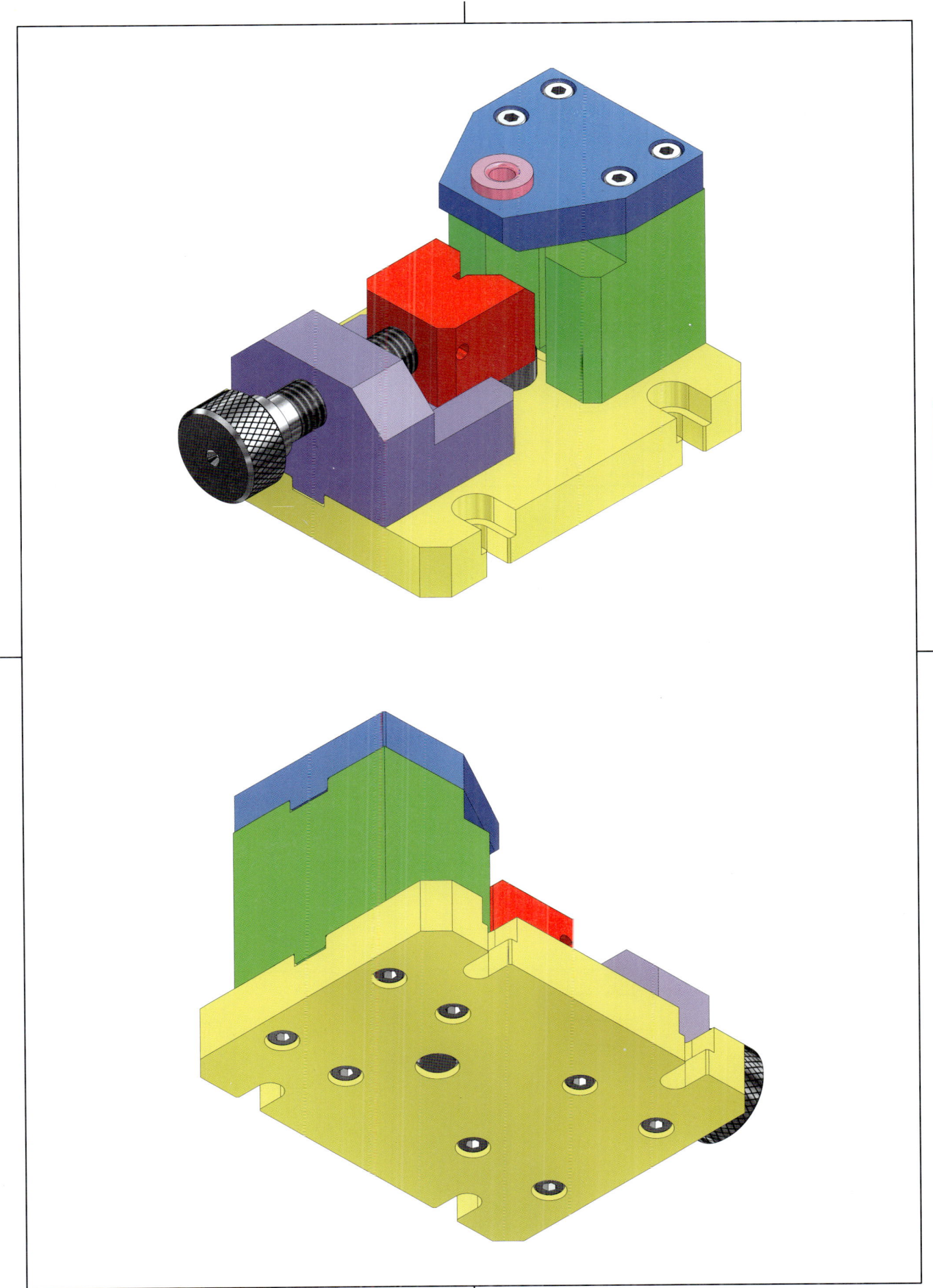

27. 드릴지그-5

| 응시종목 | 기능사, 산업기사 | 도 명 | 드릴지그-5 | 척 도 | 1:1 |

부품도(2D) : 1, 2, 3, 4, 7
등각 투상도(3D) : 1, 2, 3, 4, 5, 7

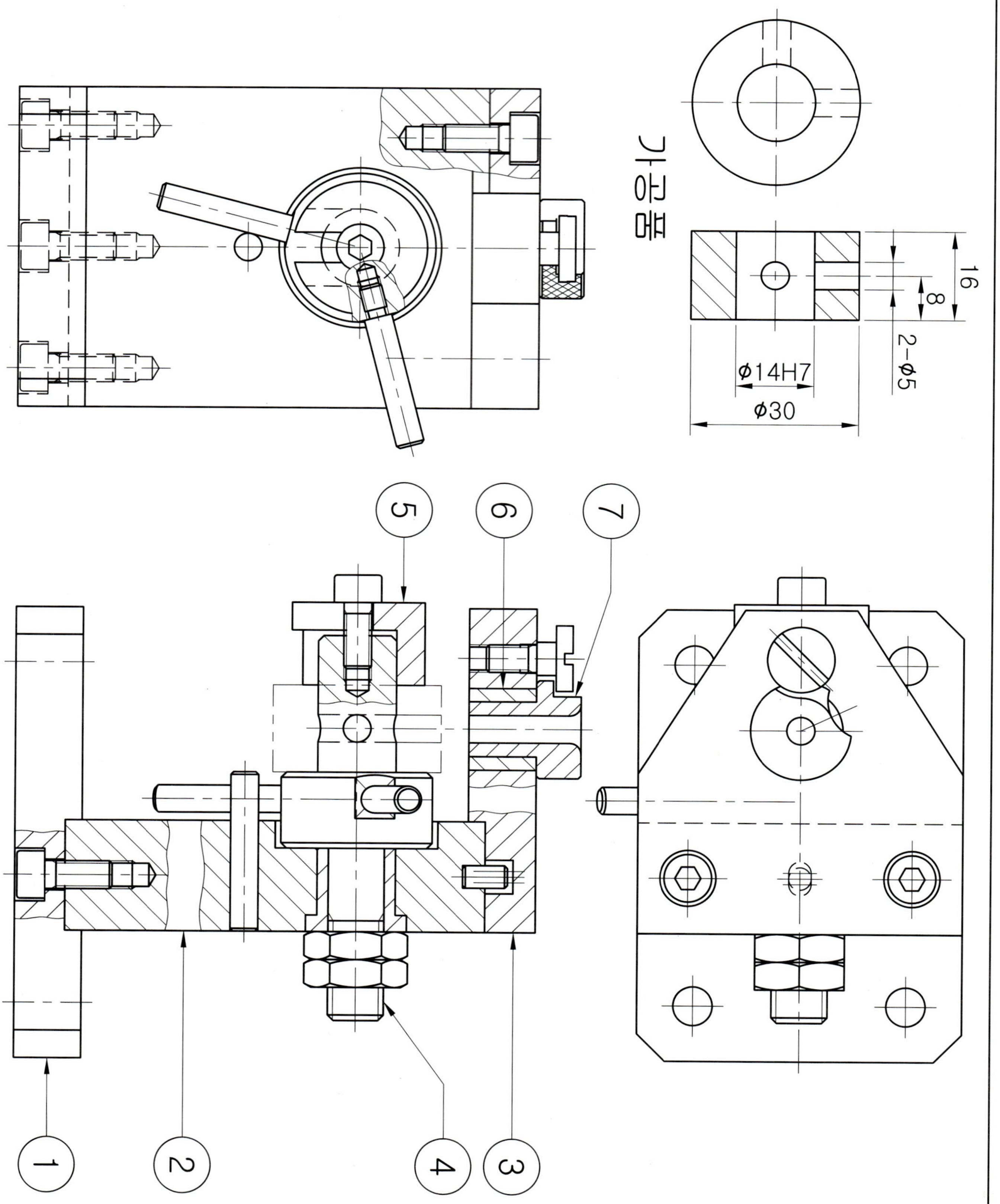

가공물

⌀14H7
⌀30
16
8
2-⌀5

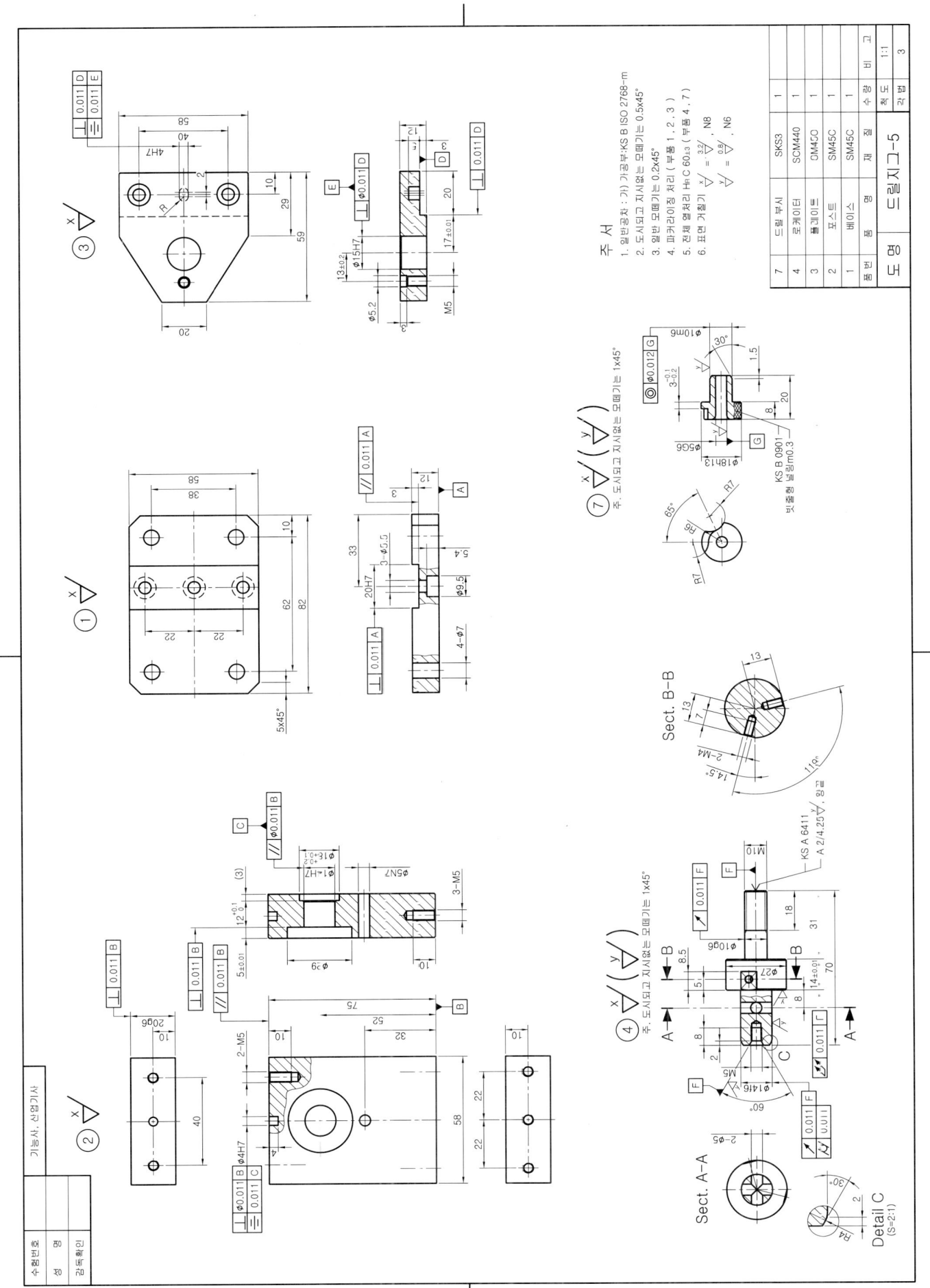

27. 드릴지그-5

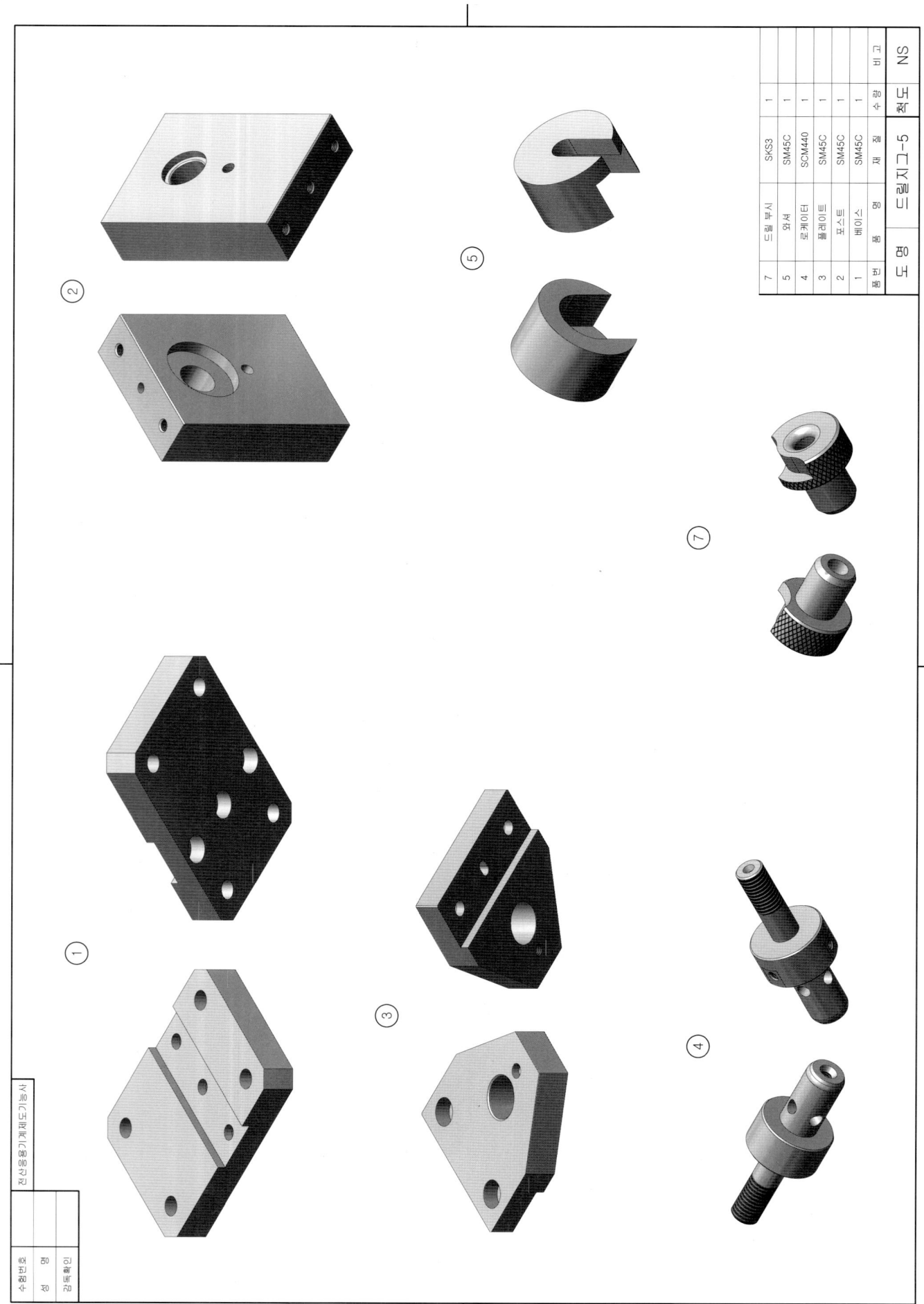

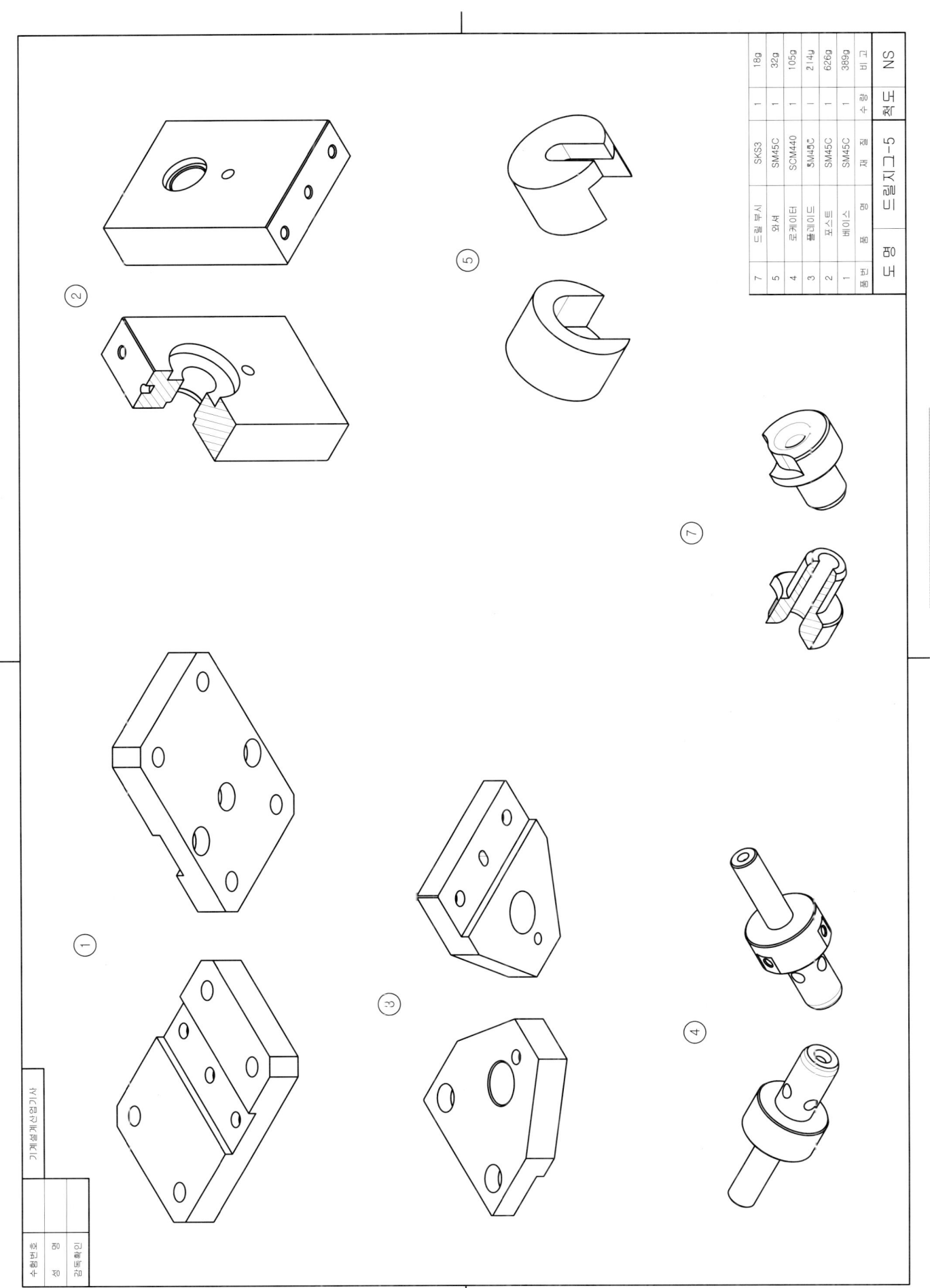

27. 드릴지그-5

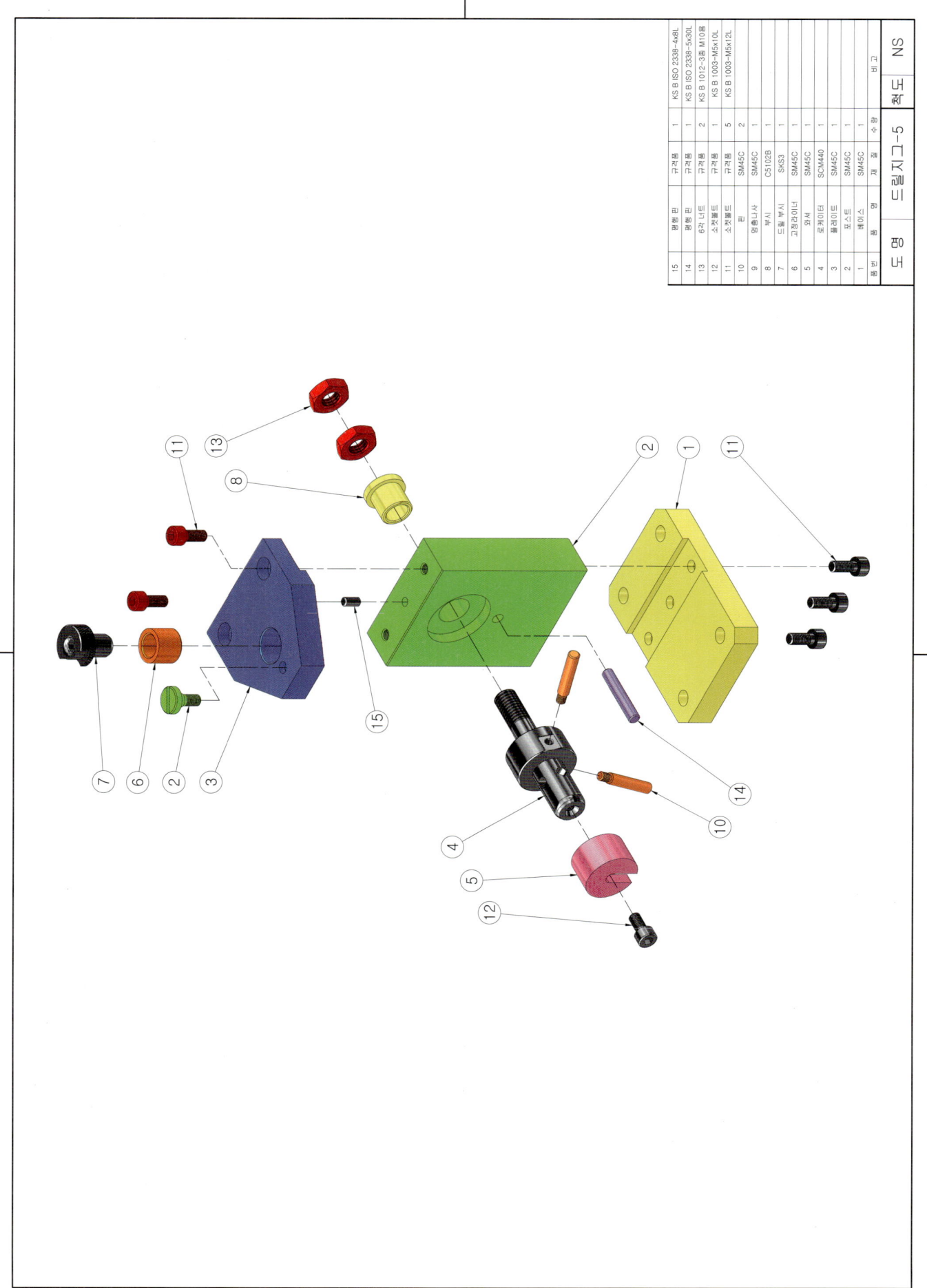

27. 드릴지그-5

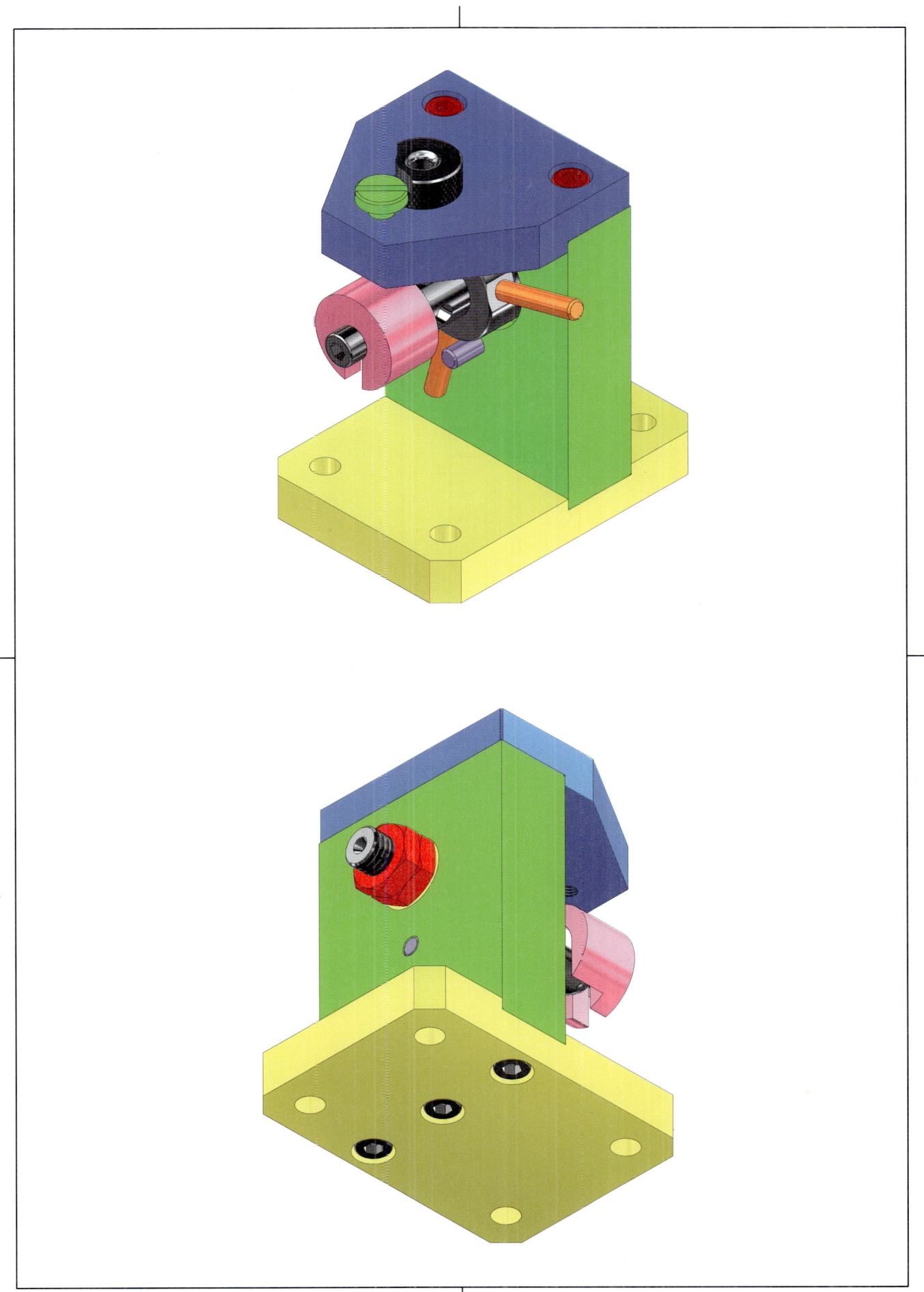

28. 드릴지그-6

| 응시종목 | 기능사, 산업기사 | 도 명 | 드릴지그-6 | 척도 | 1:1 |

부품도(2D) : 1, 2, 3, 5
등각 투상도(3D) : 1, 2, 3, 5, 6, 7

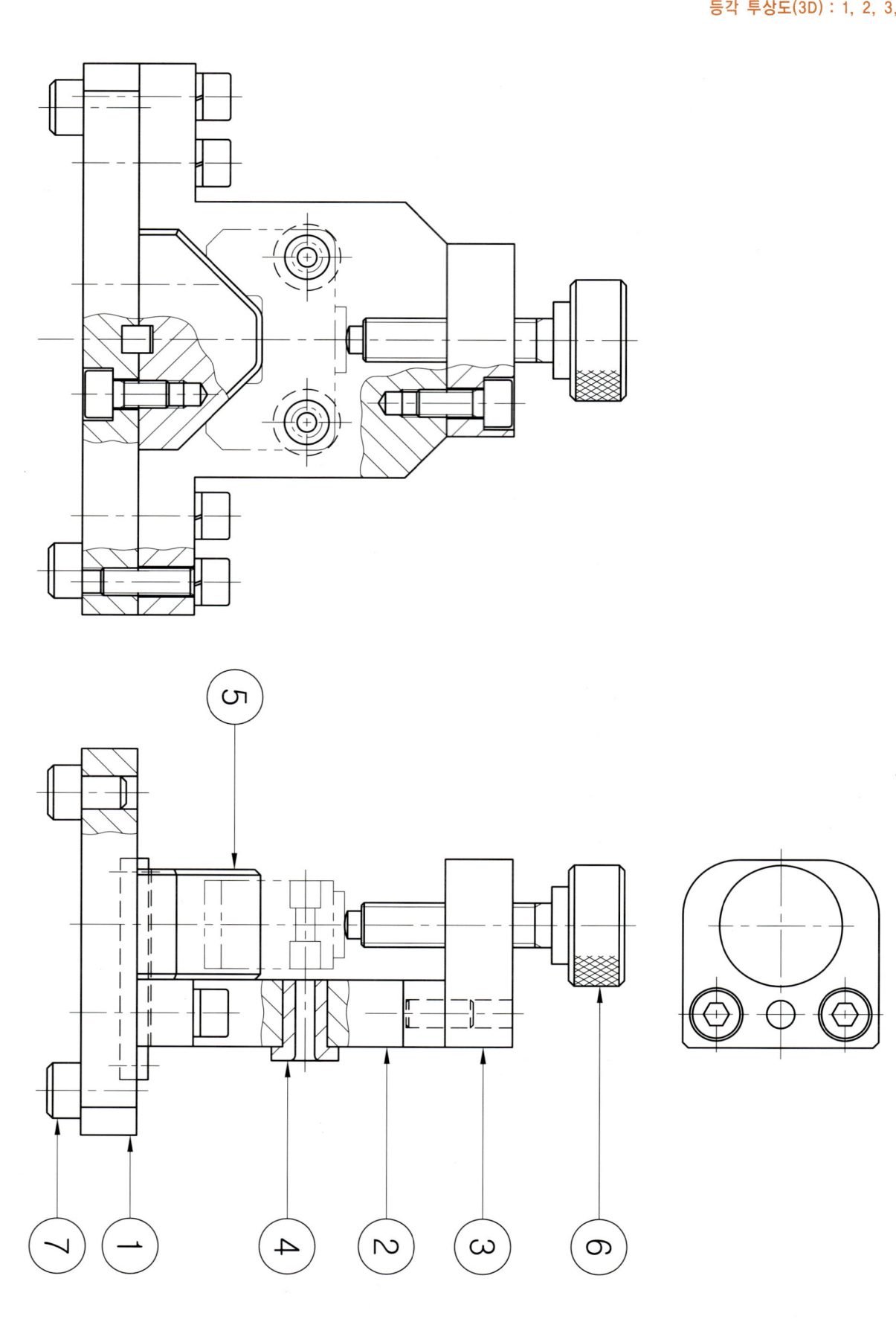

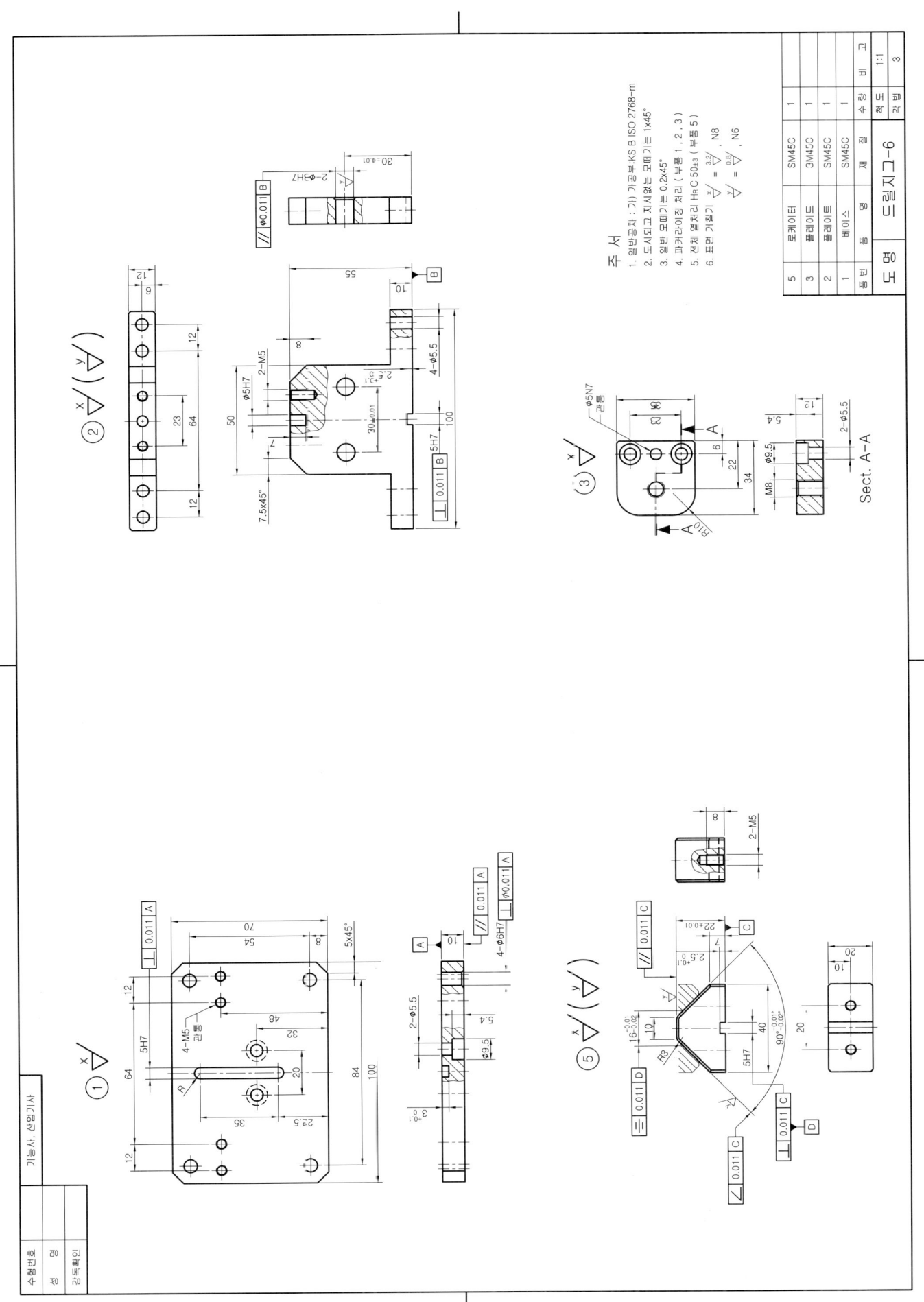

28. 드릴지그-6

전산응용기계제도기능사 렌더링 등각 투상도 예제 도면

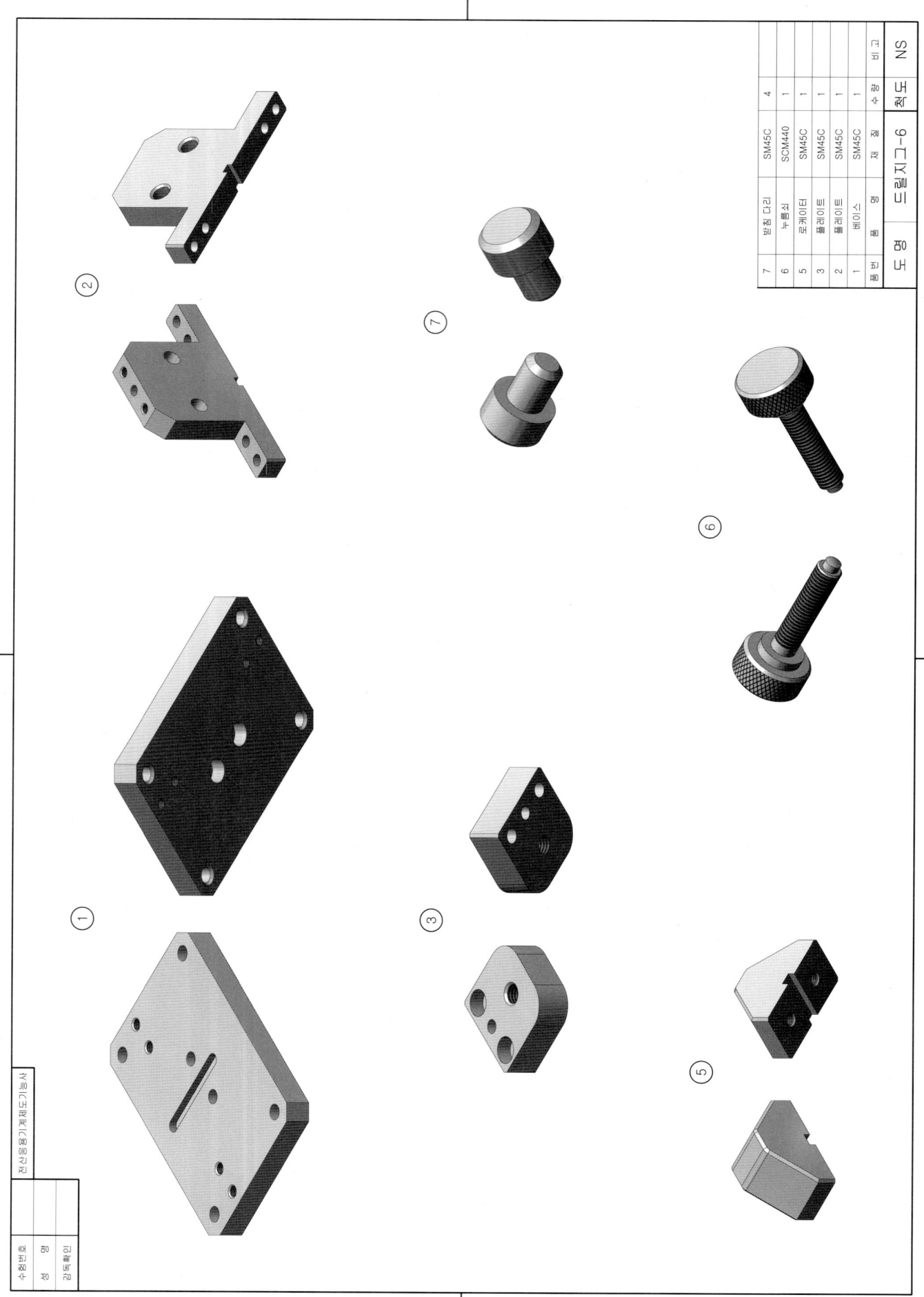

28. 드릴지그-6

기계설계산업기사 3차원 모델링도 예제 도면

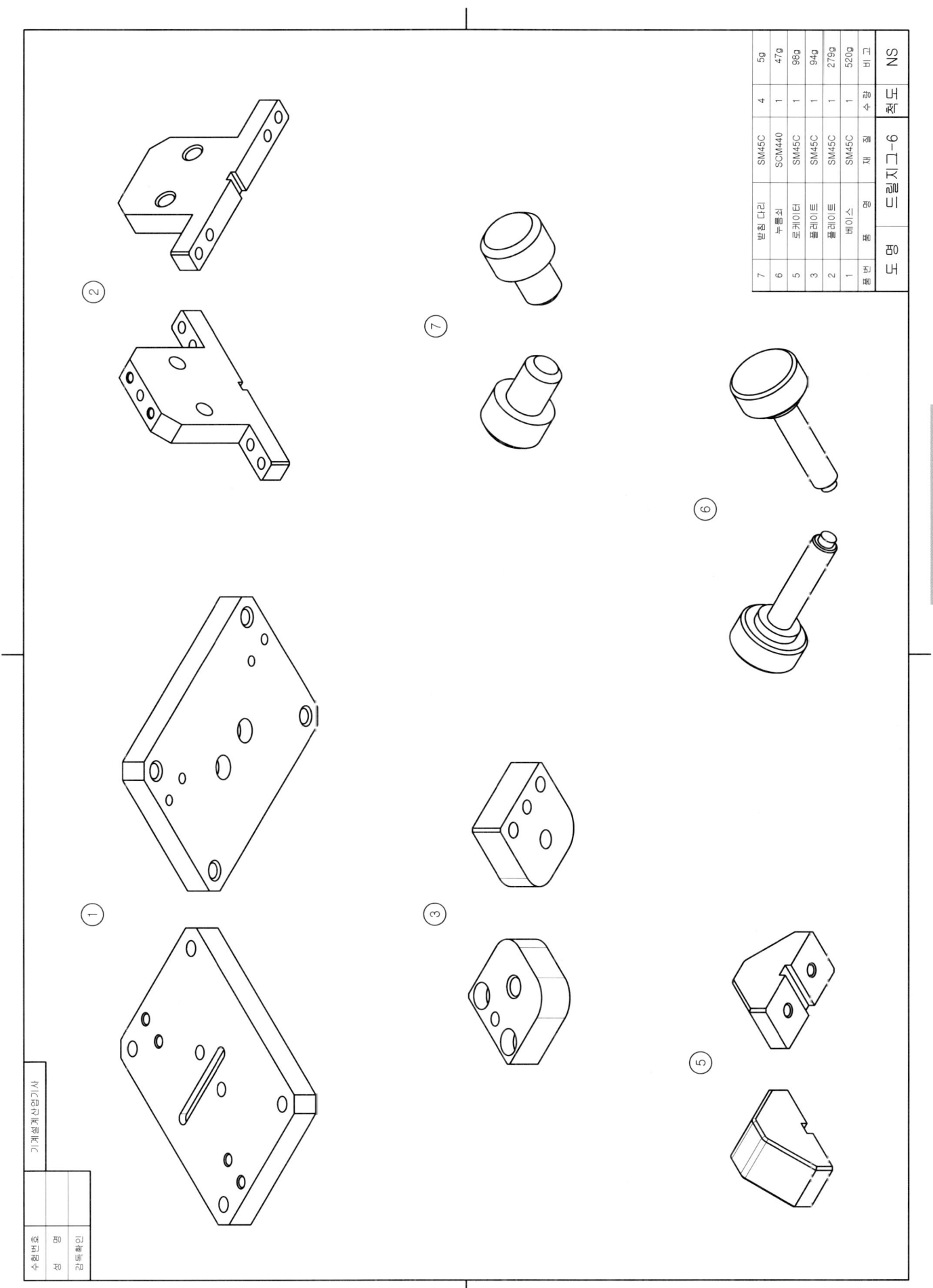

28. 드릴지그-6

등각 분해도 예제 도면

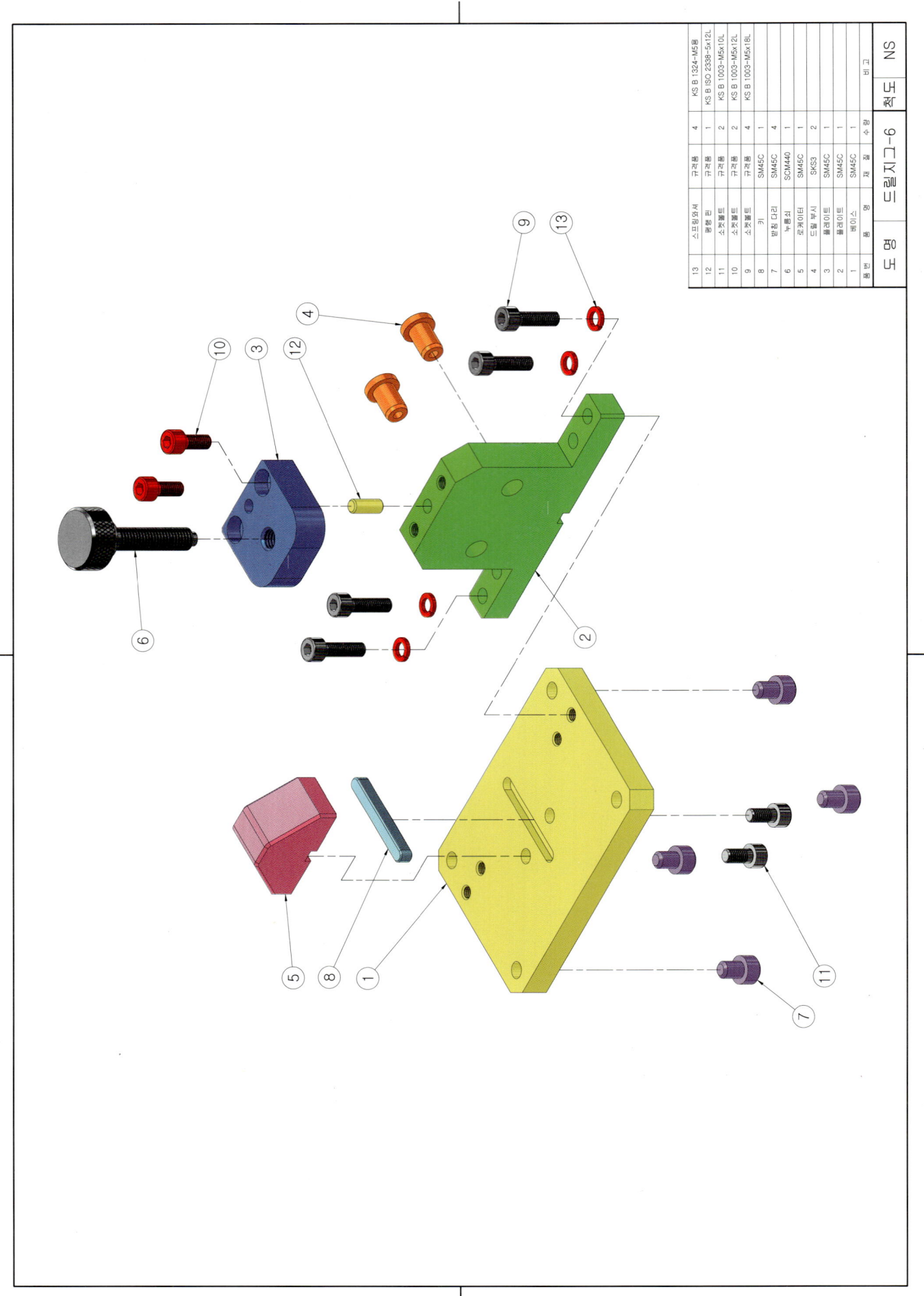

28. 드릴지그-6

등각 조립도 예제 도면

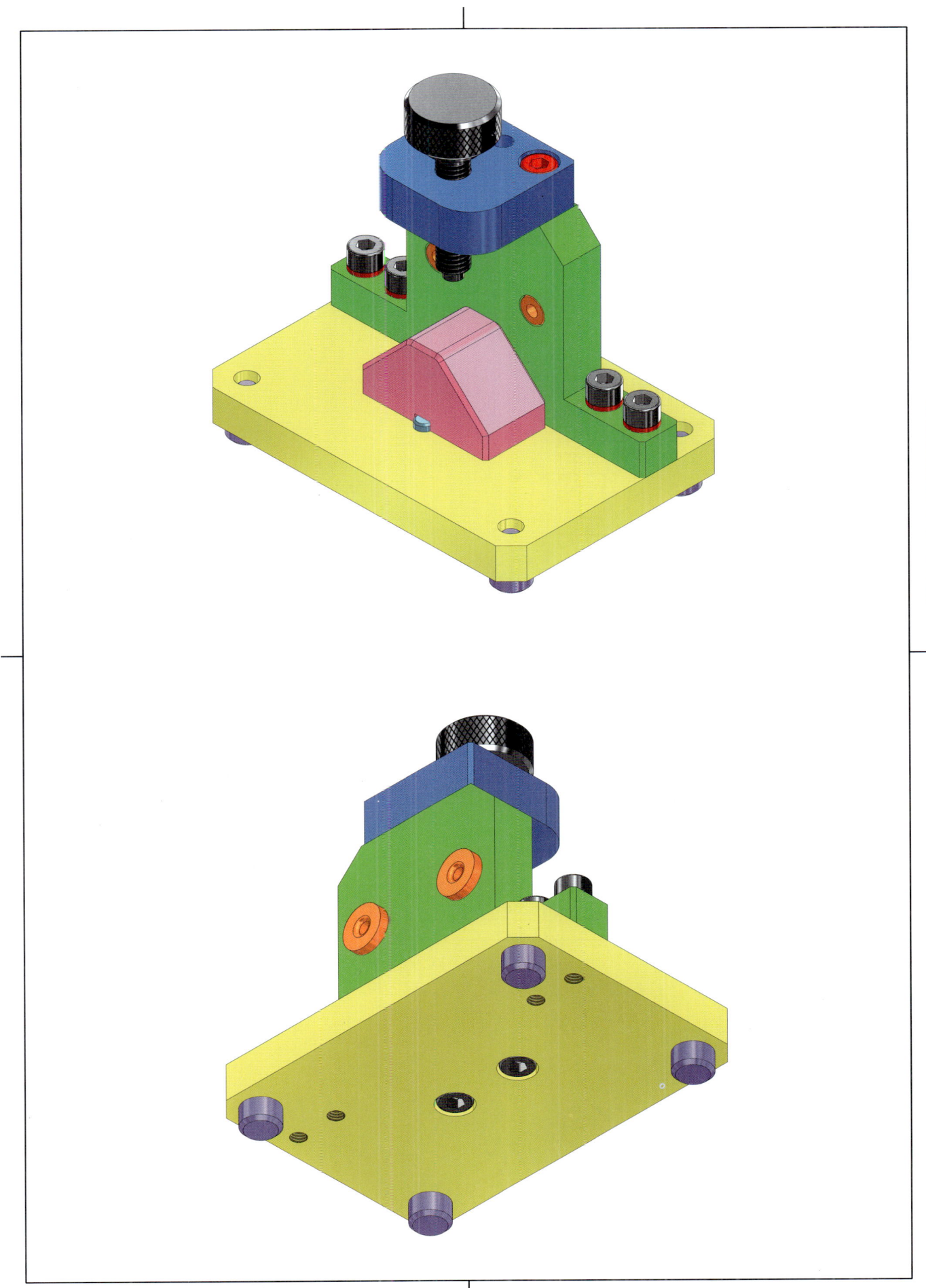

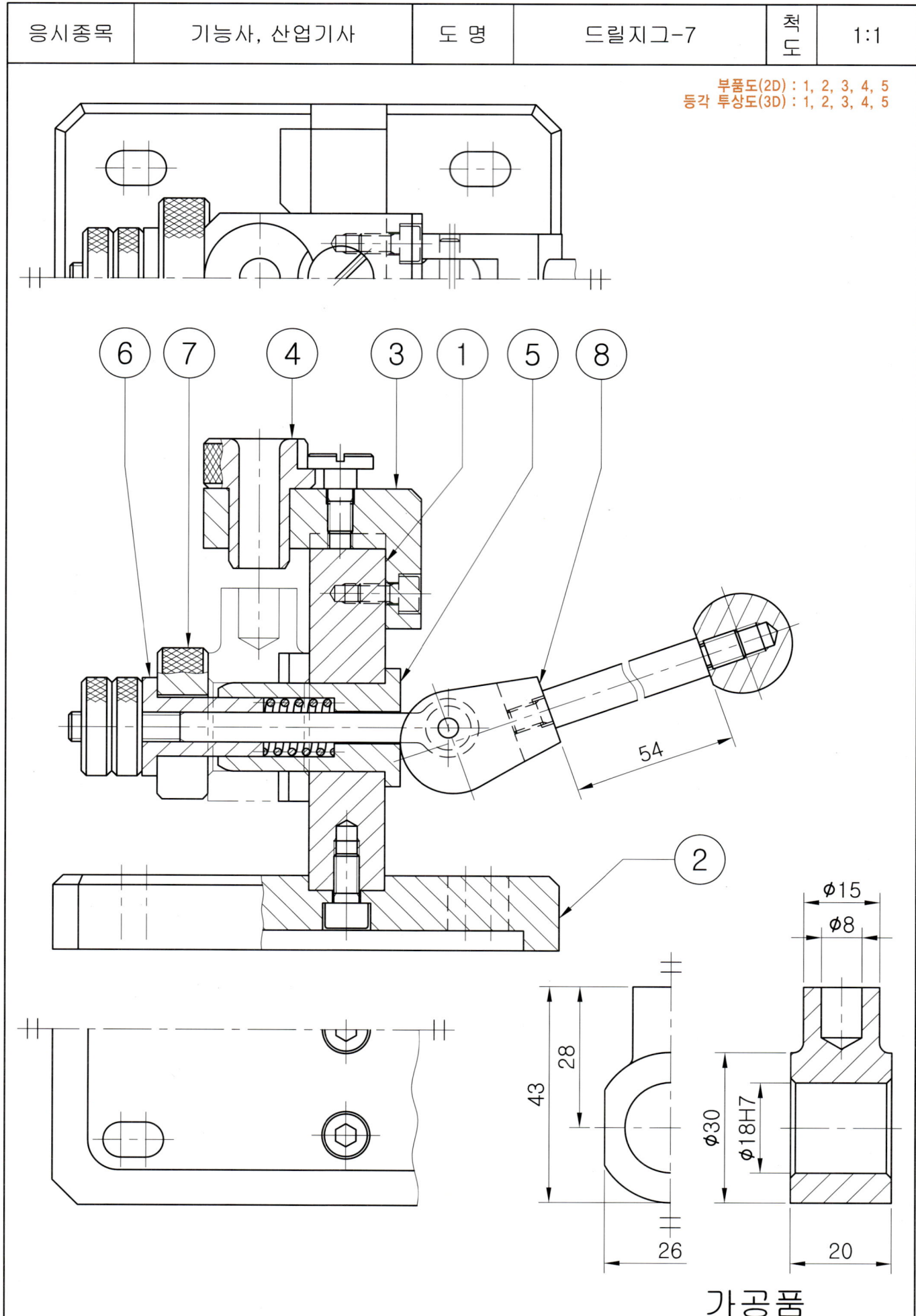

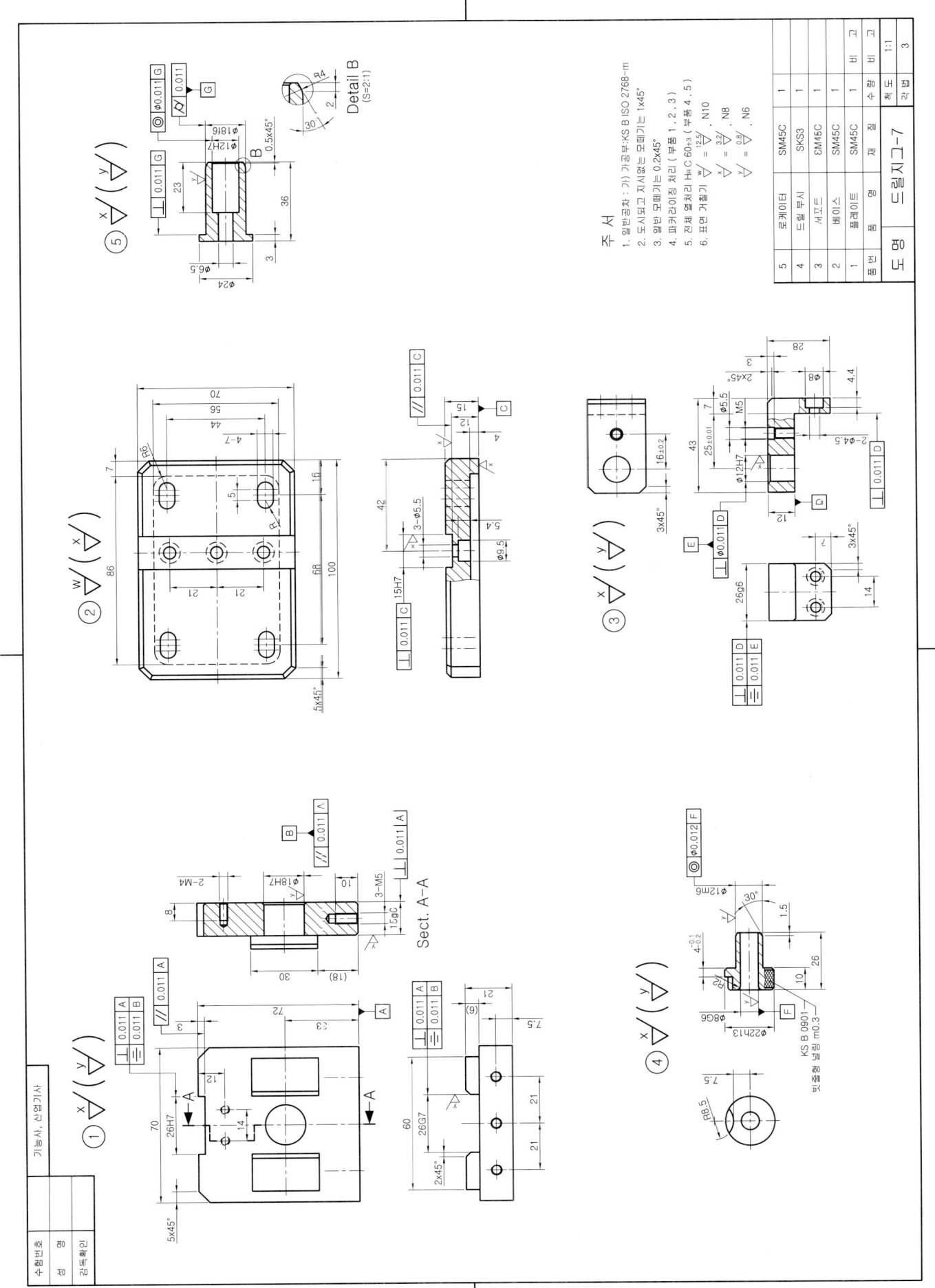

29. 드릴지그-7

전산응용기계제도기능사 렌더링 등각 투상도 예제 도면

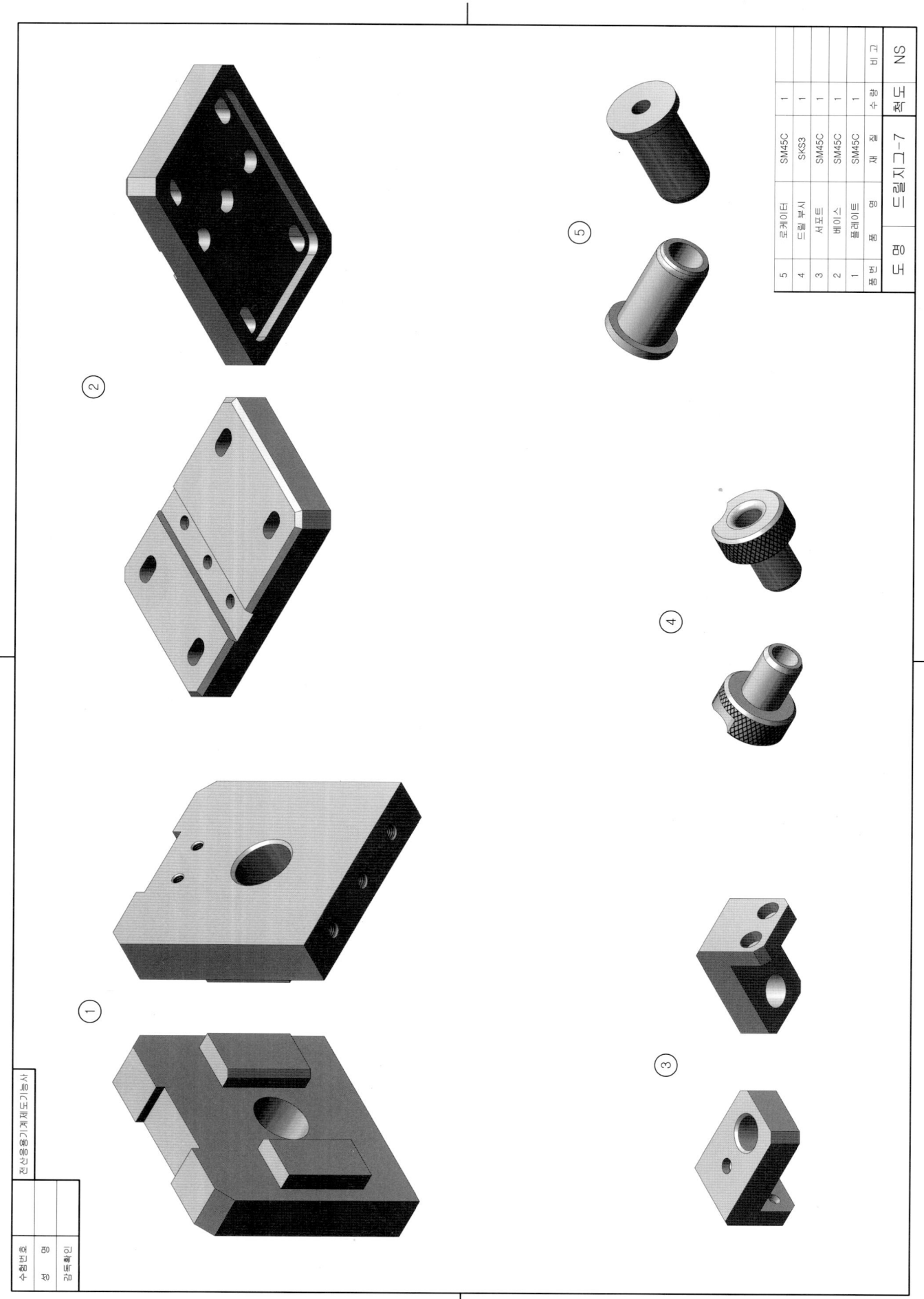

29. 드릴지그-7

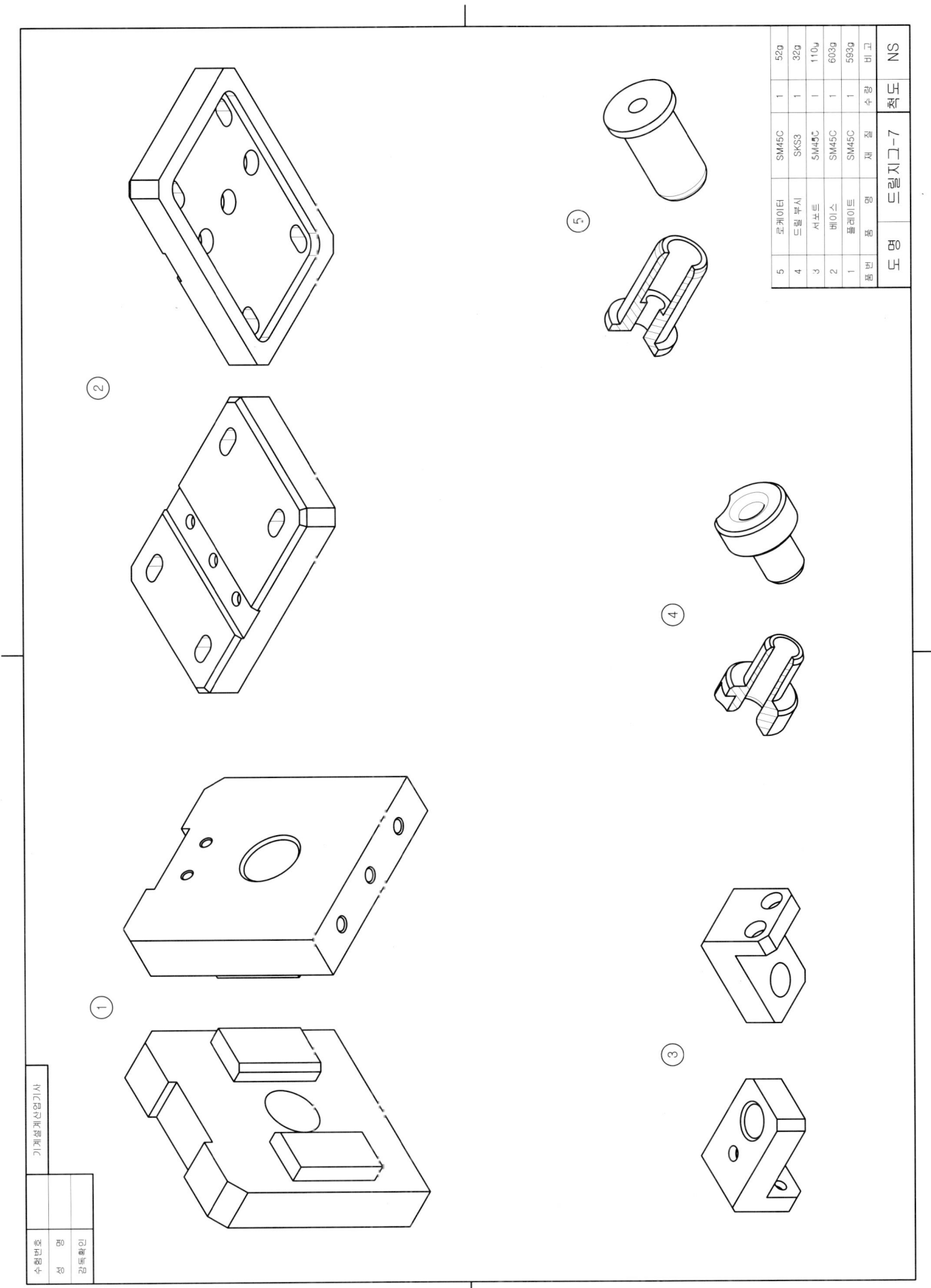

29. 드릴지그-7

등각 분해도 예제 도면

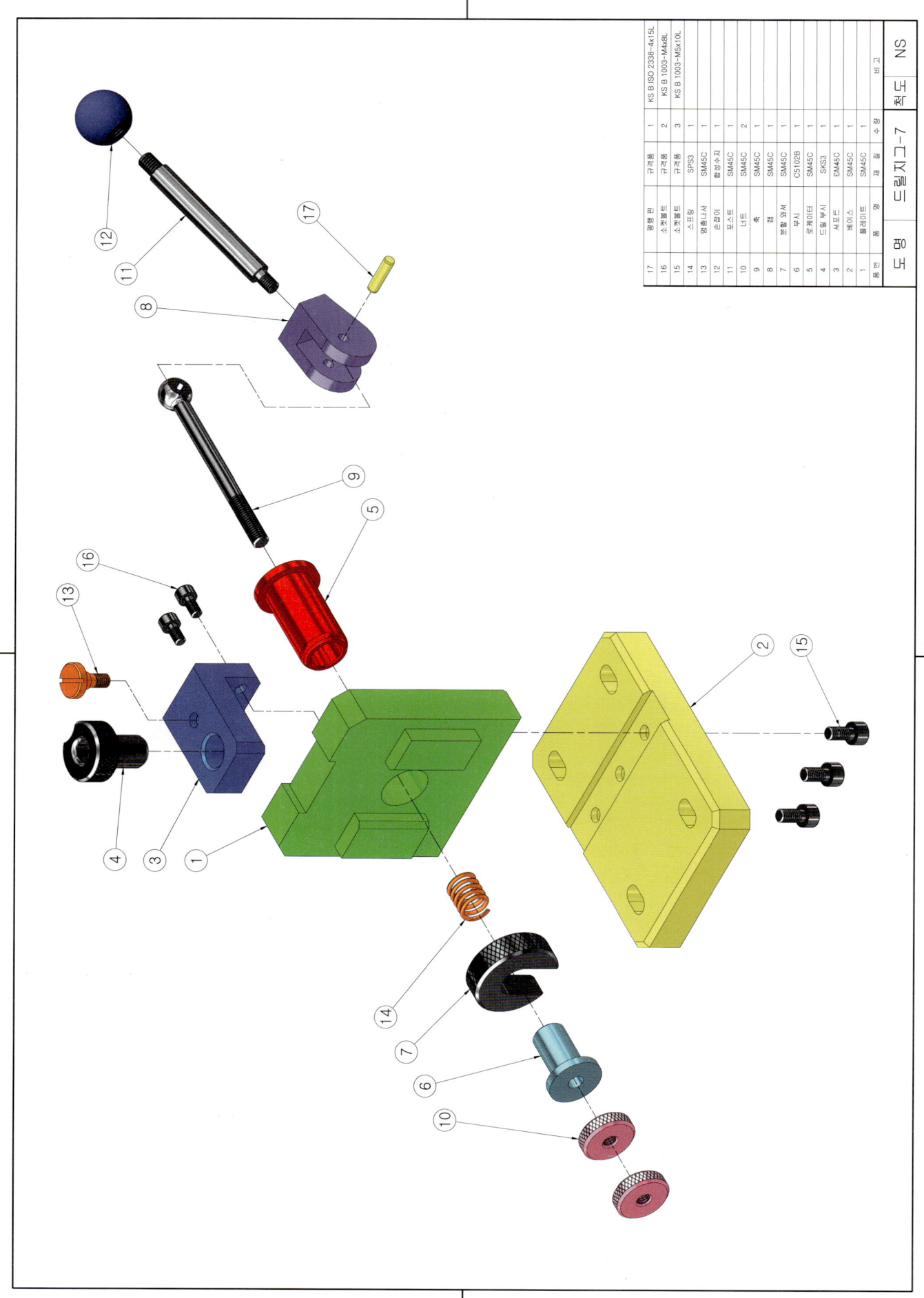

29. 드릴지그-7

등각 조립도 예제 도면

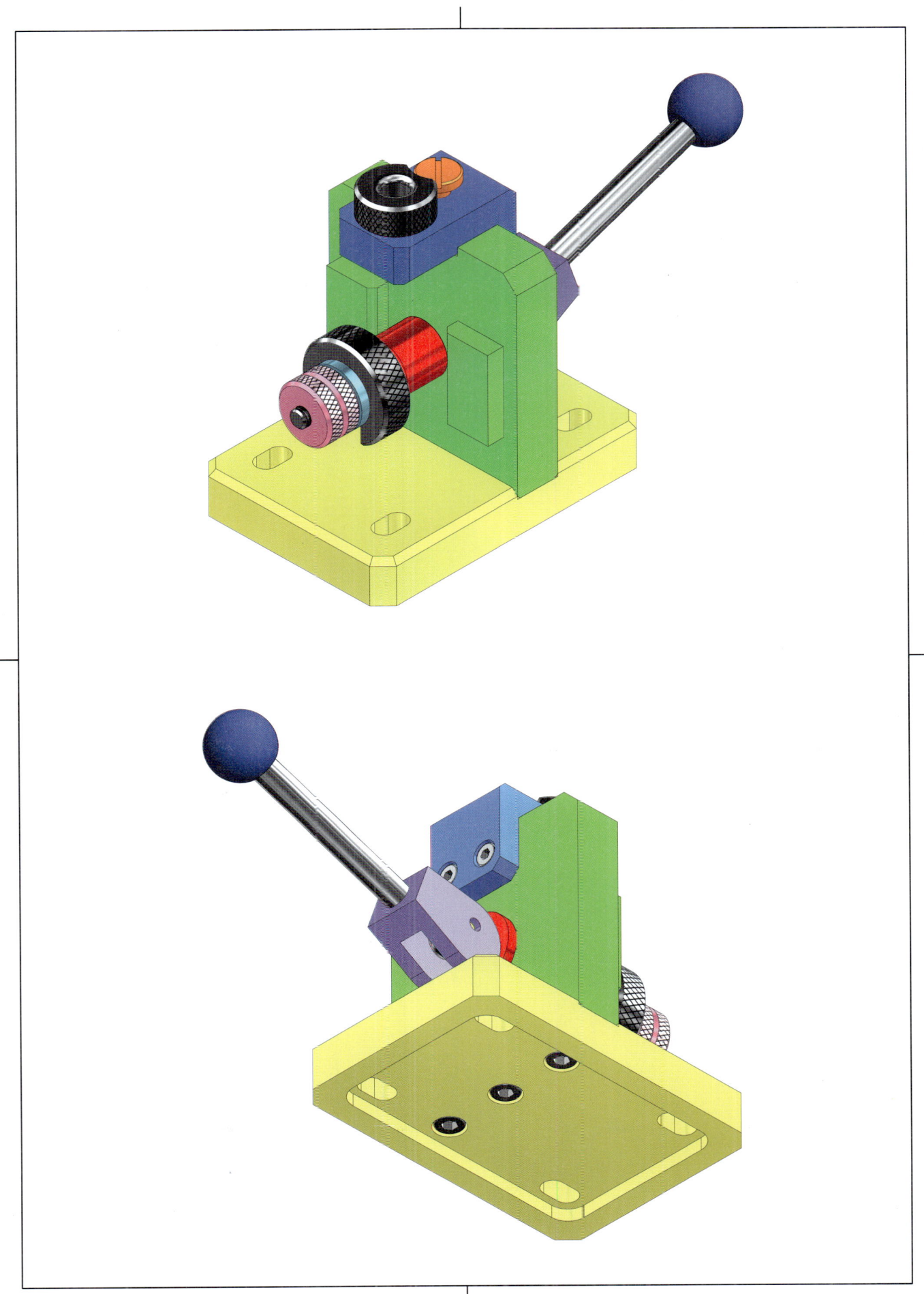

30. 드릴지그-8

| 응시종목 | 기능사, 산업기사 | 도 명 | 드릴지그-8 | 척도 | 1:1 |

부품도(2D) : 1, 2, 3, 4
등각 투상도(3D) : 1, 2, 3, 4, 5

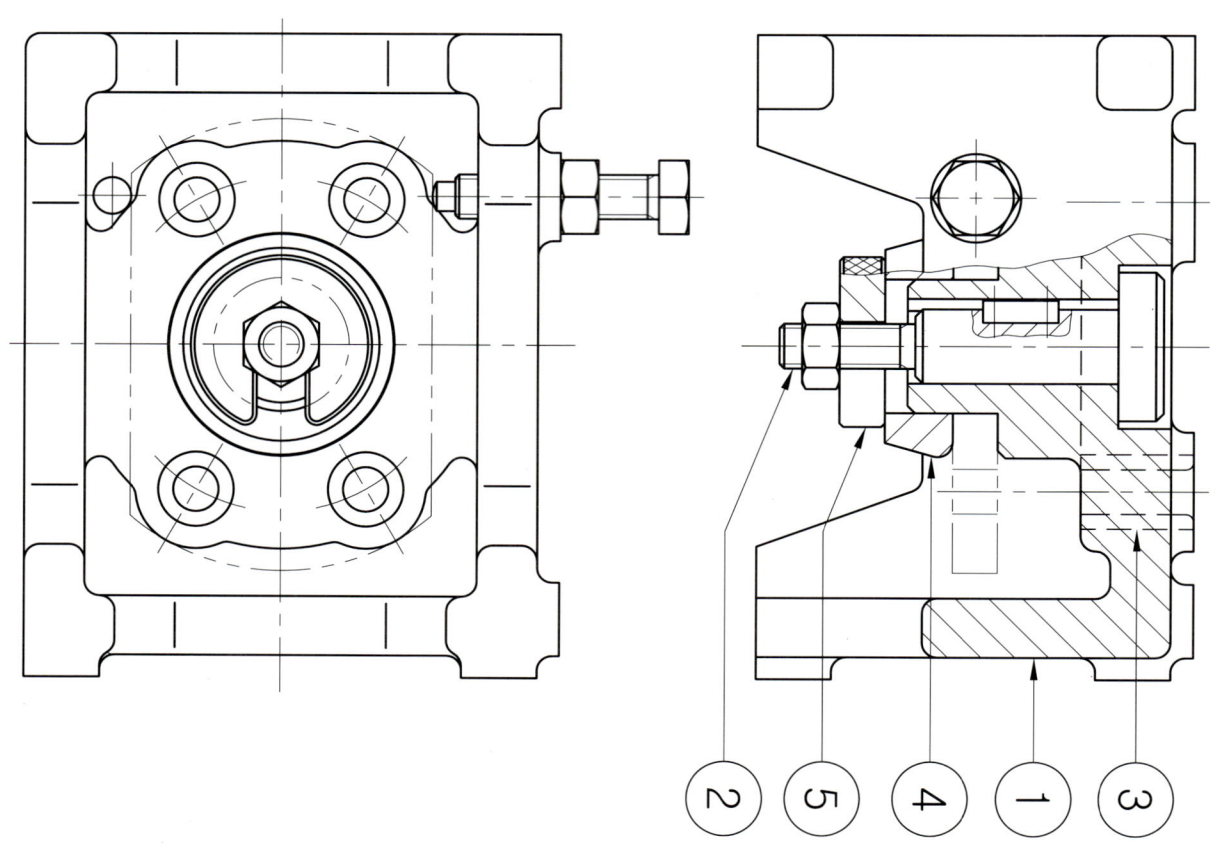

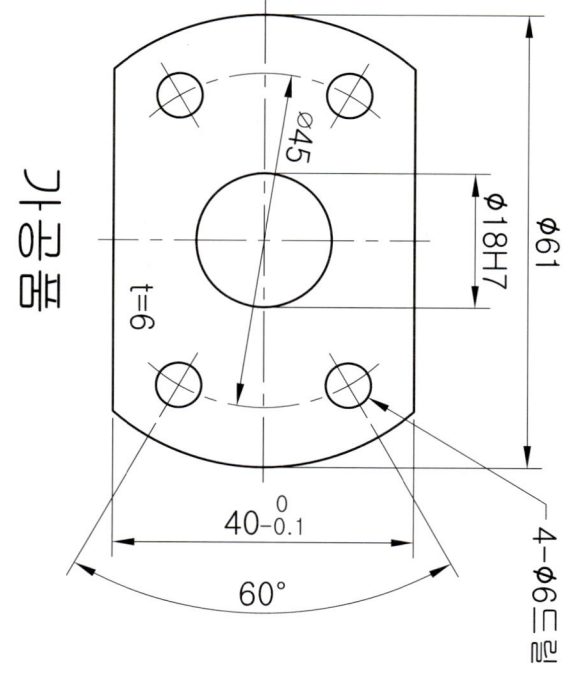

가공품

ø45, ø18H7, ø61, t=6, 40₋₀.₁⁰, 60°, 4-ø6드릴

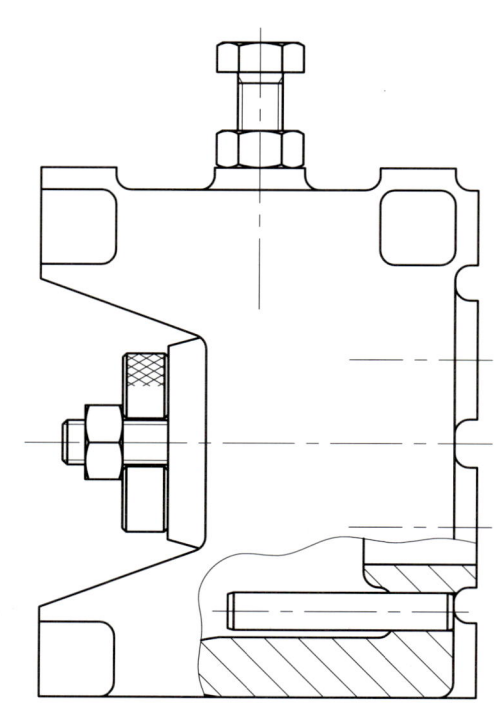

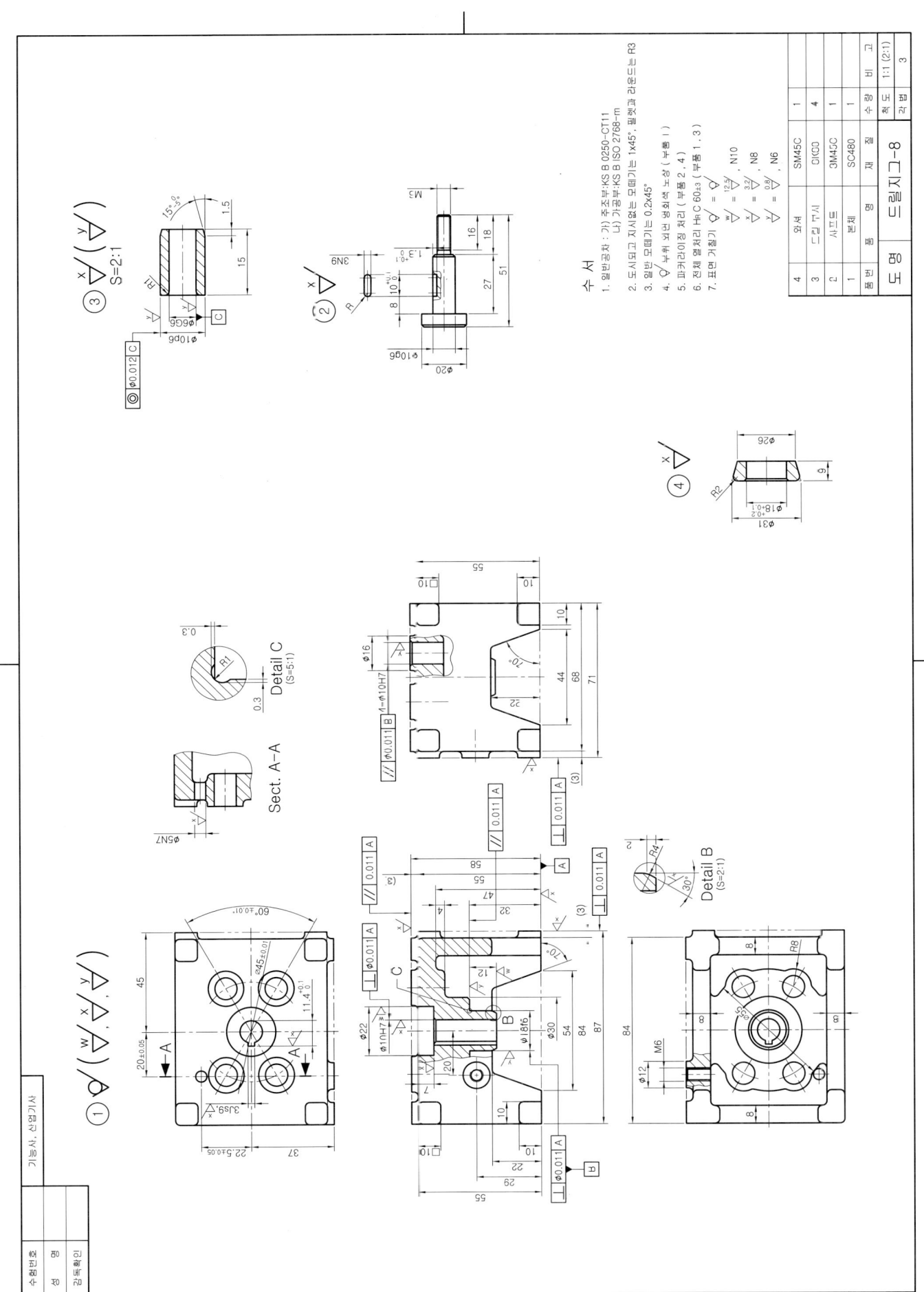

30. 드릴지그-8

전산응용기계제도기능사 렌더링 등각 투상도 예제 도면

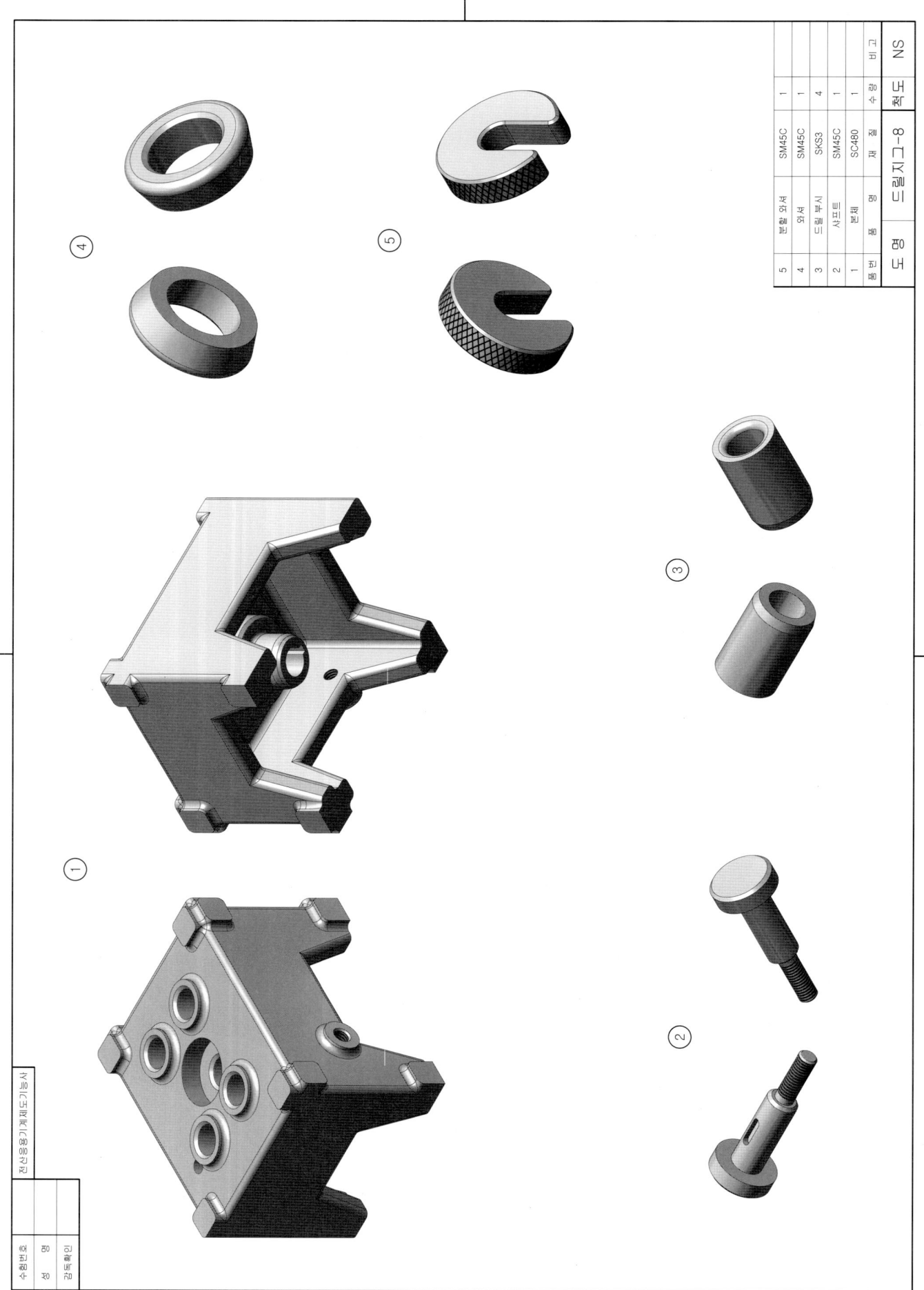

30. 드릴지그-8

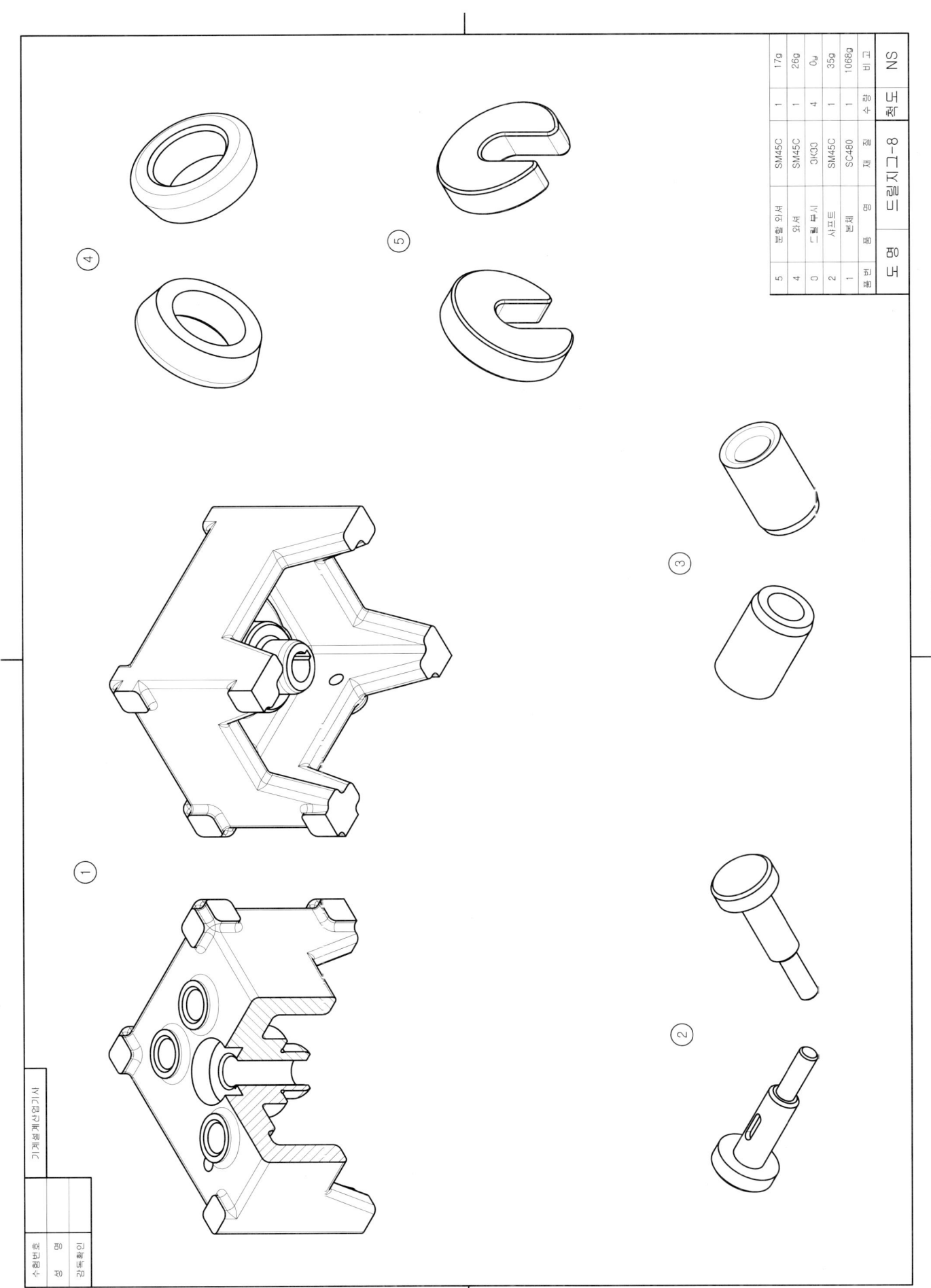

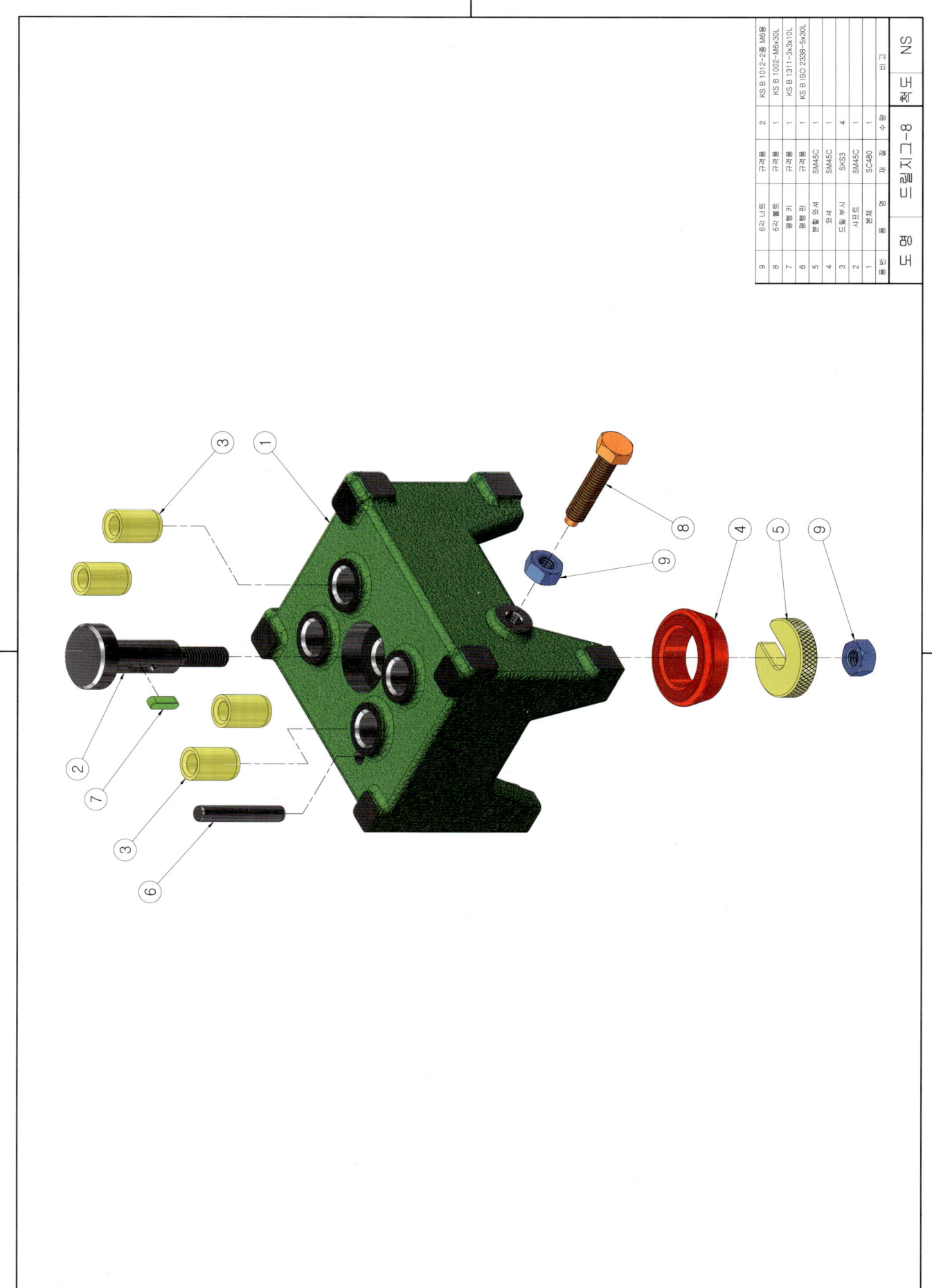

30. 드릴지그-8

등각 조립도 예제 도면

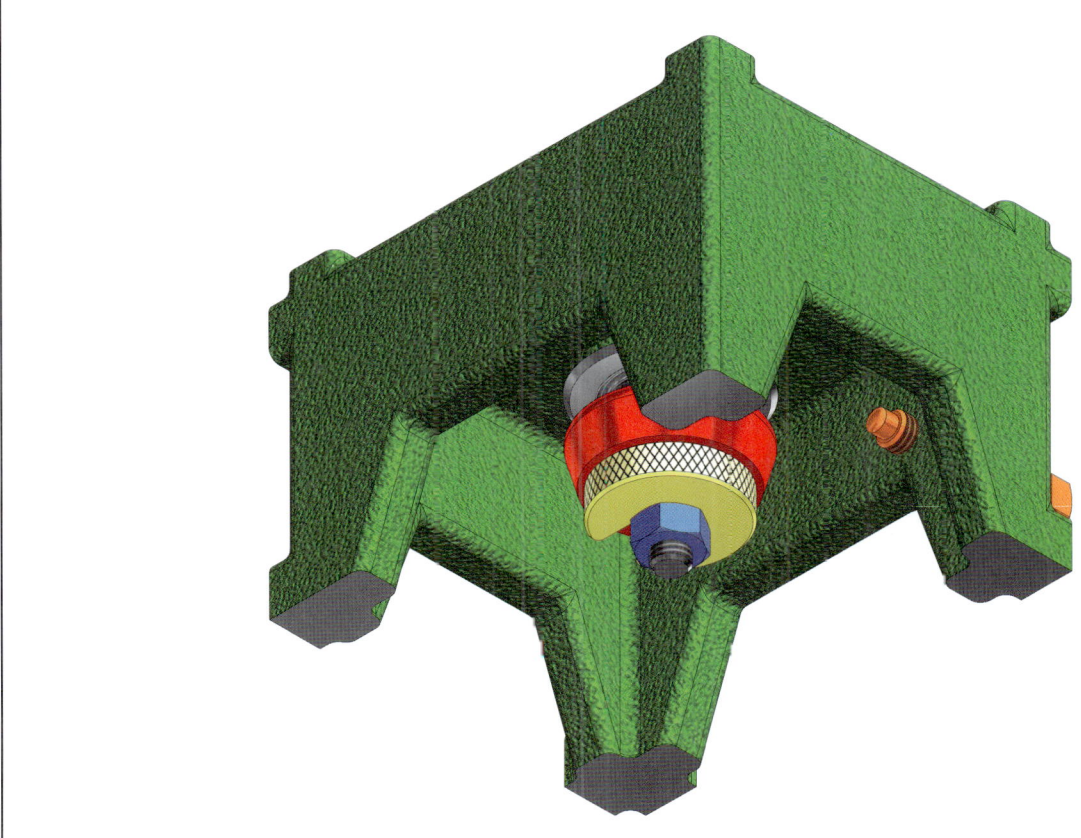

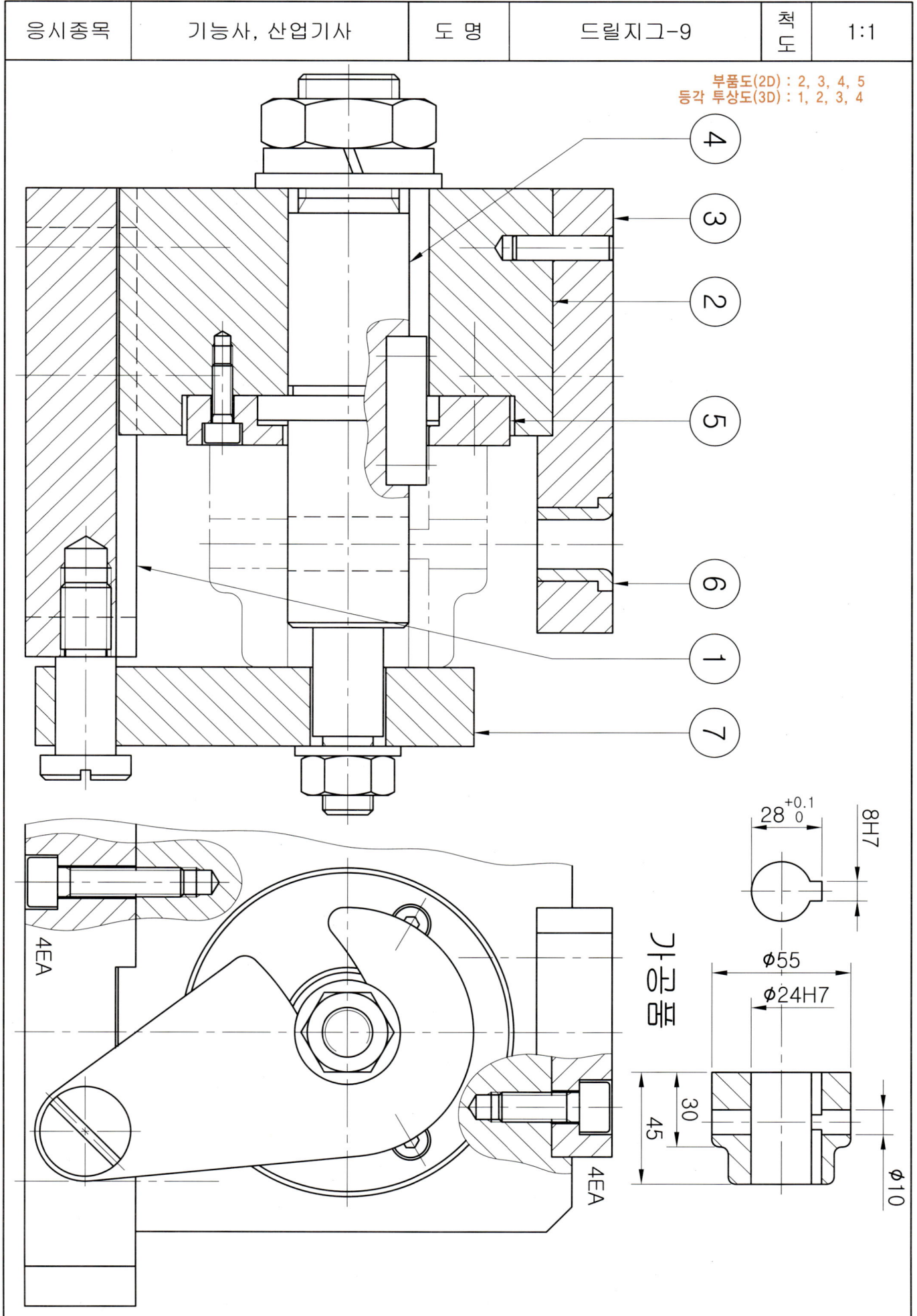

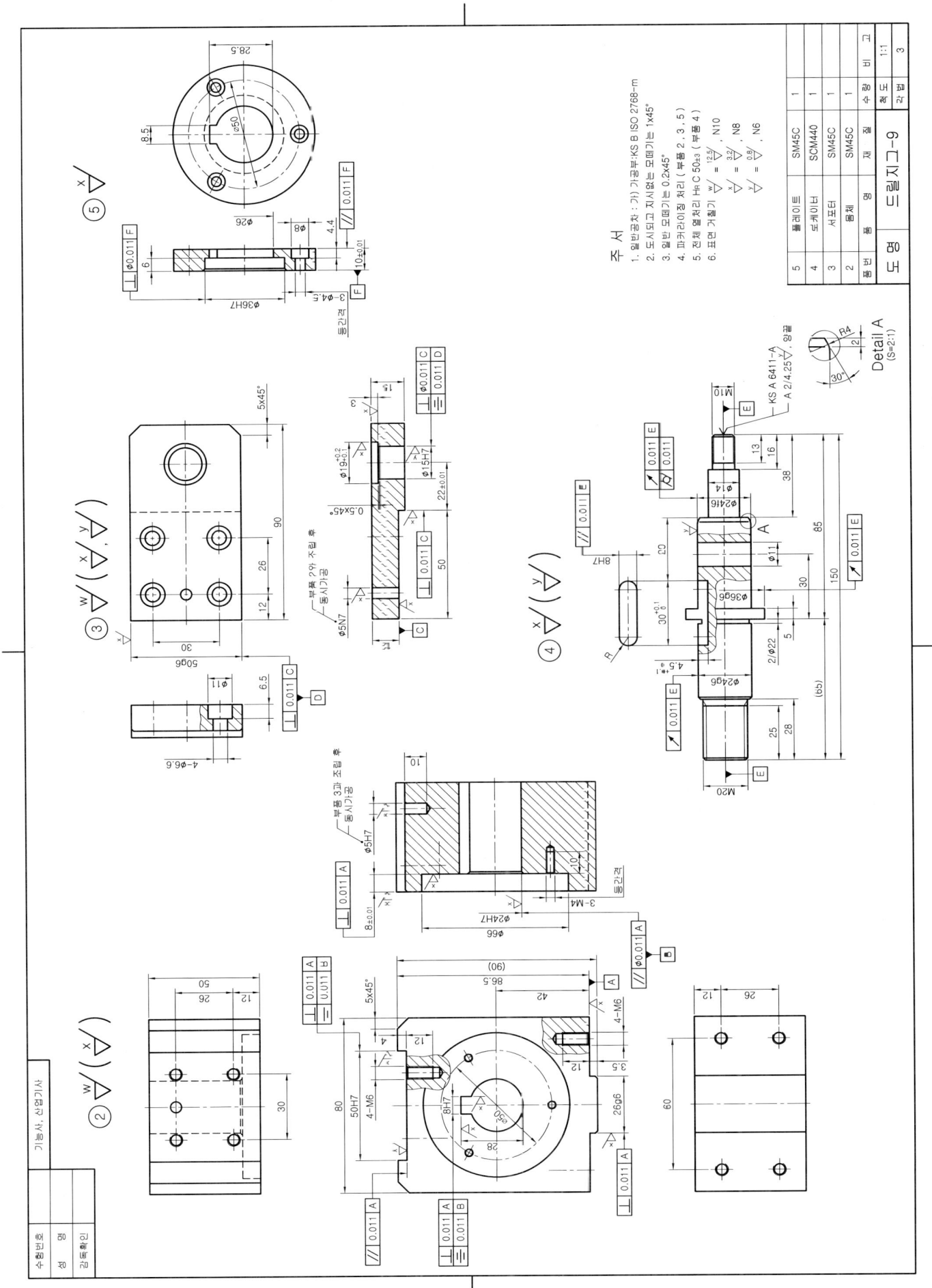

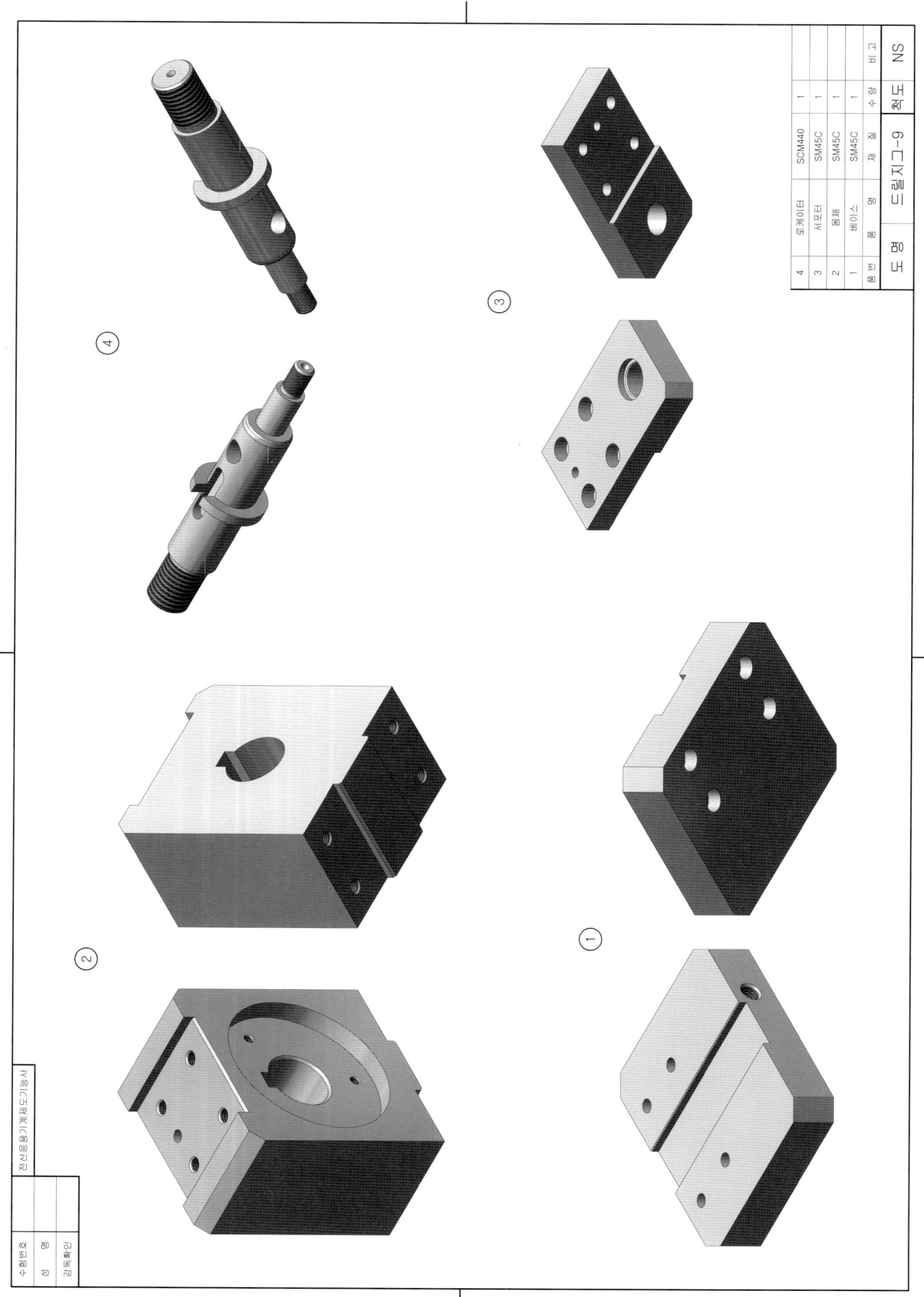

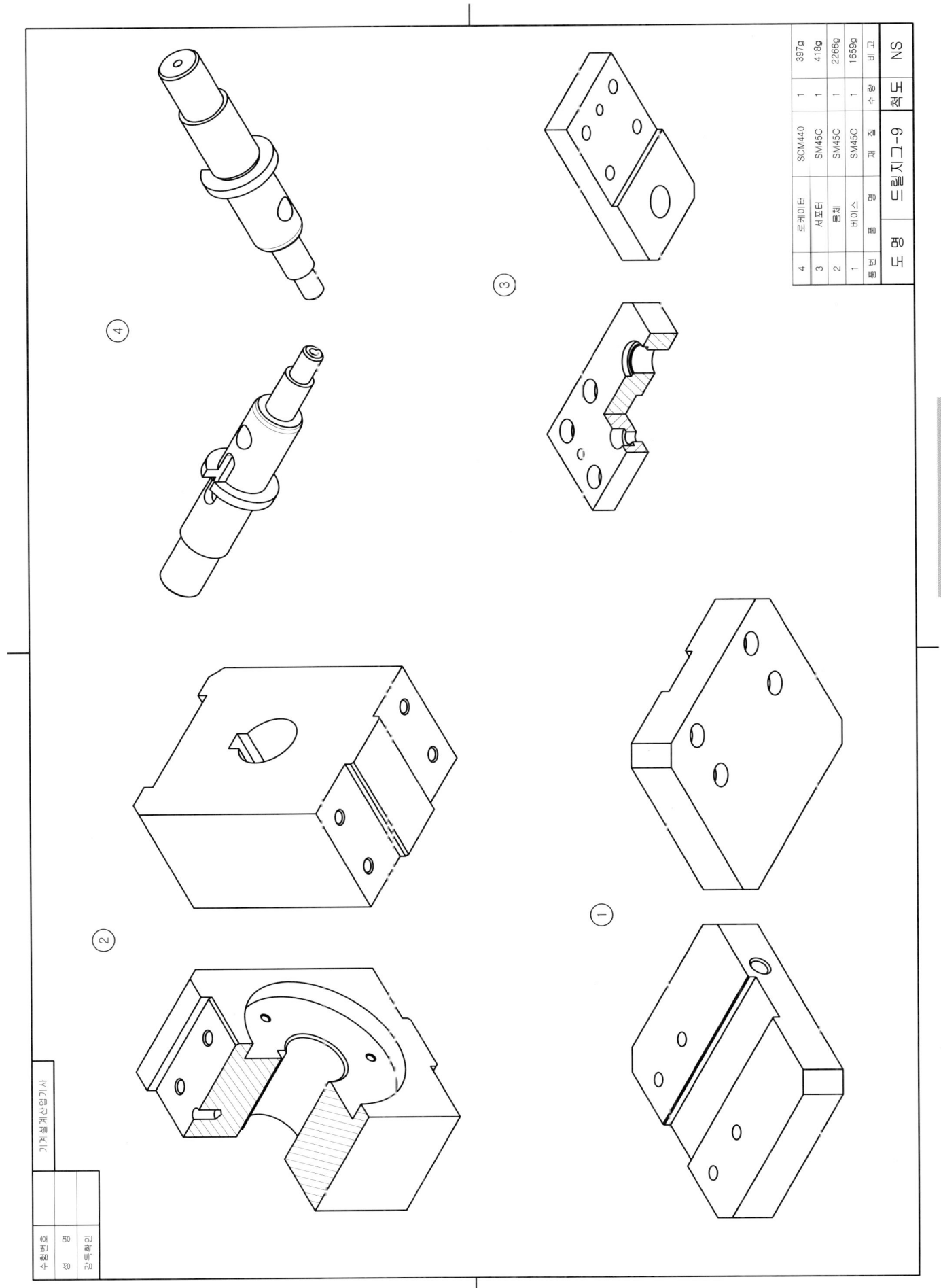

31. 드릴지그-9

등각 분해도 예제 도면

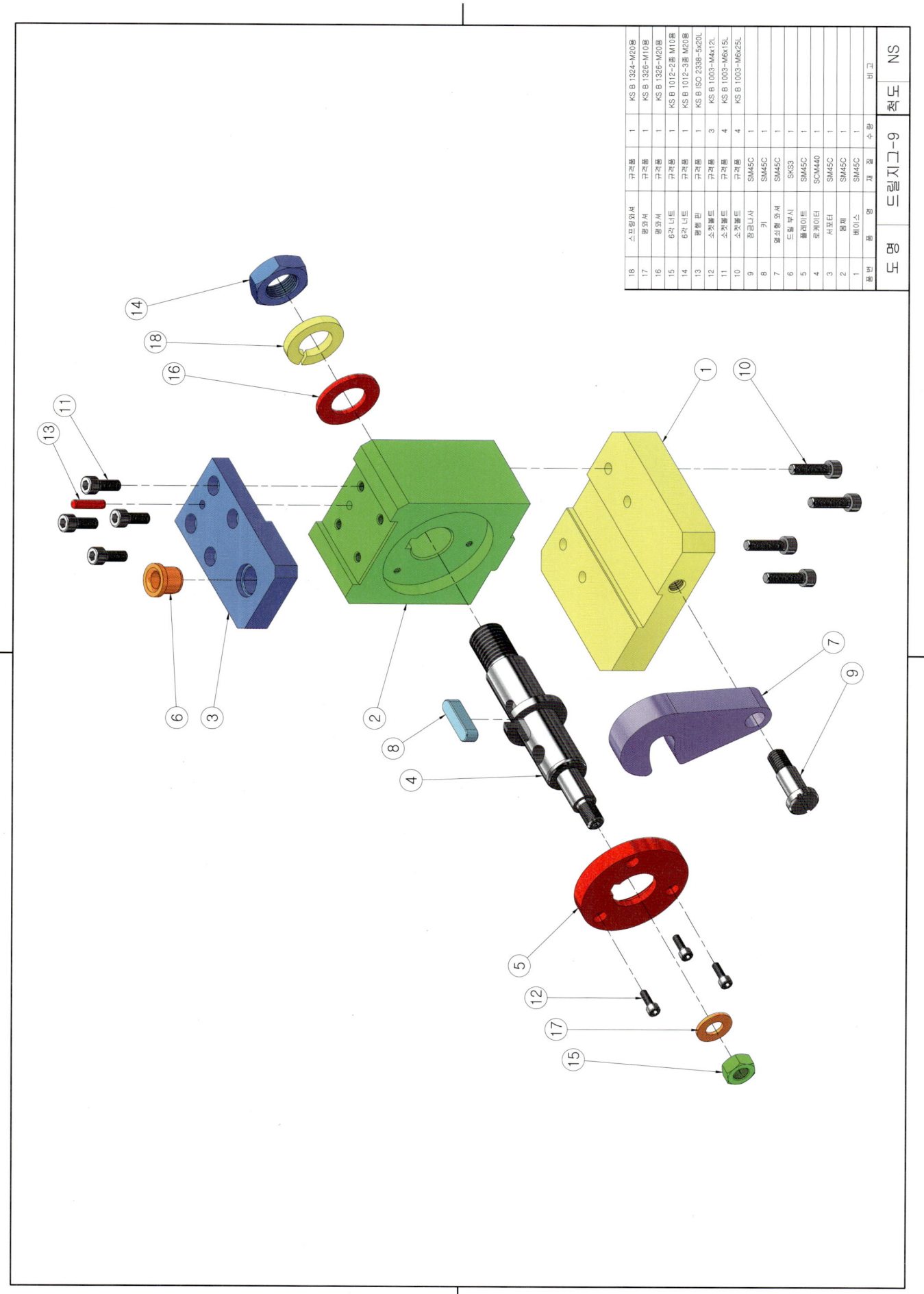

31. 드릴지그-9

등각 조립도 예제 도면

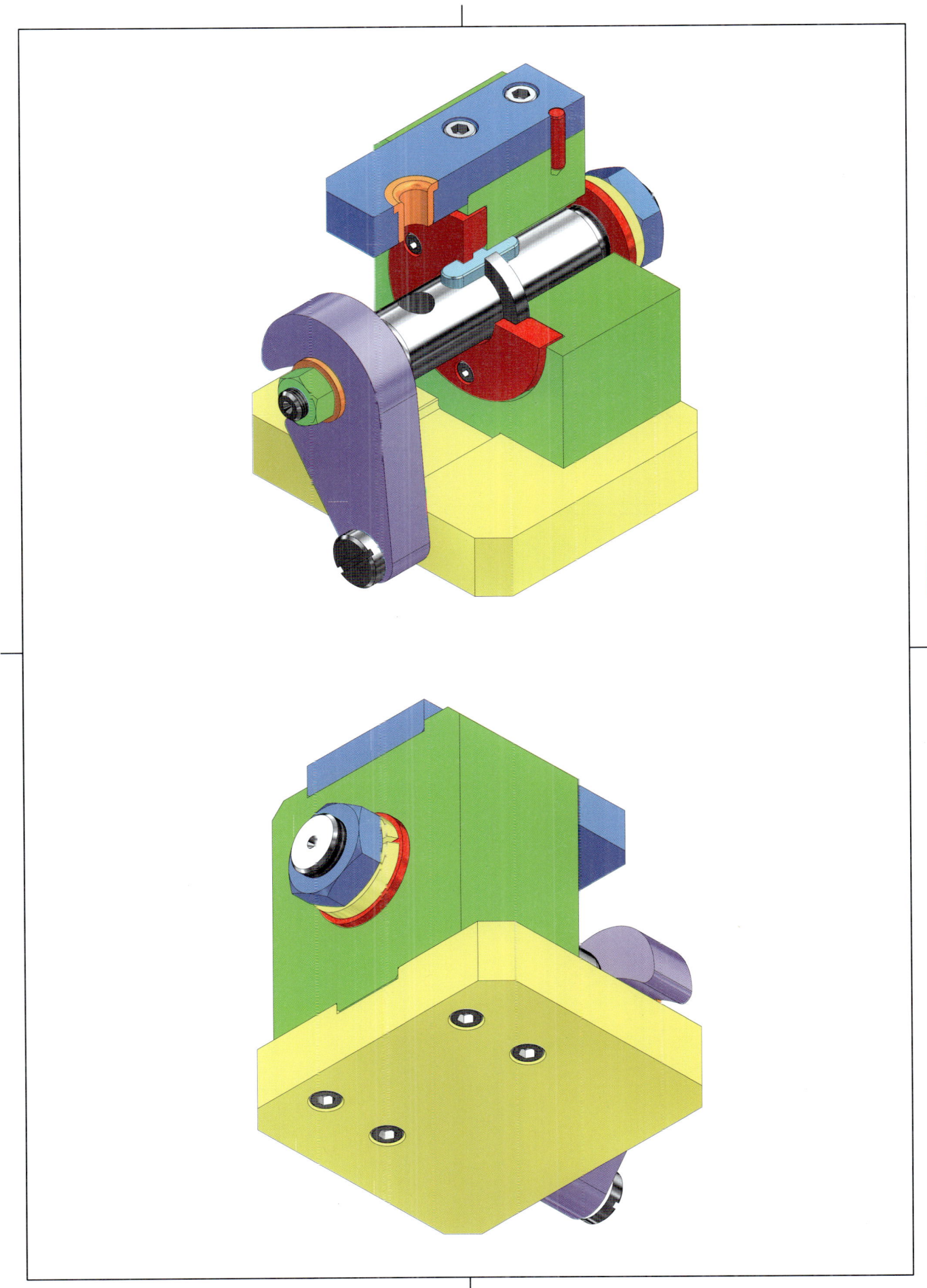

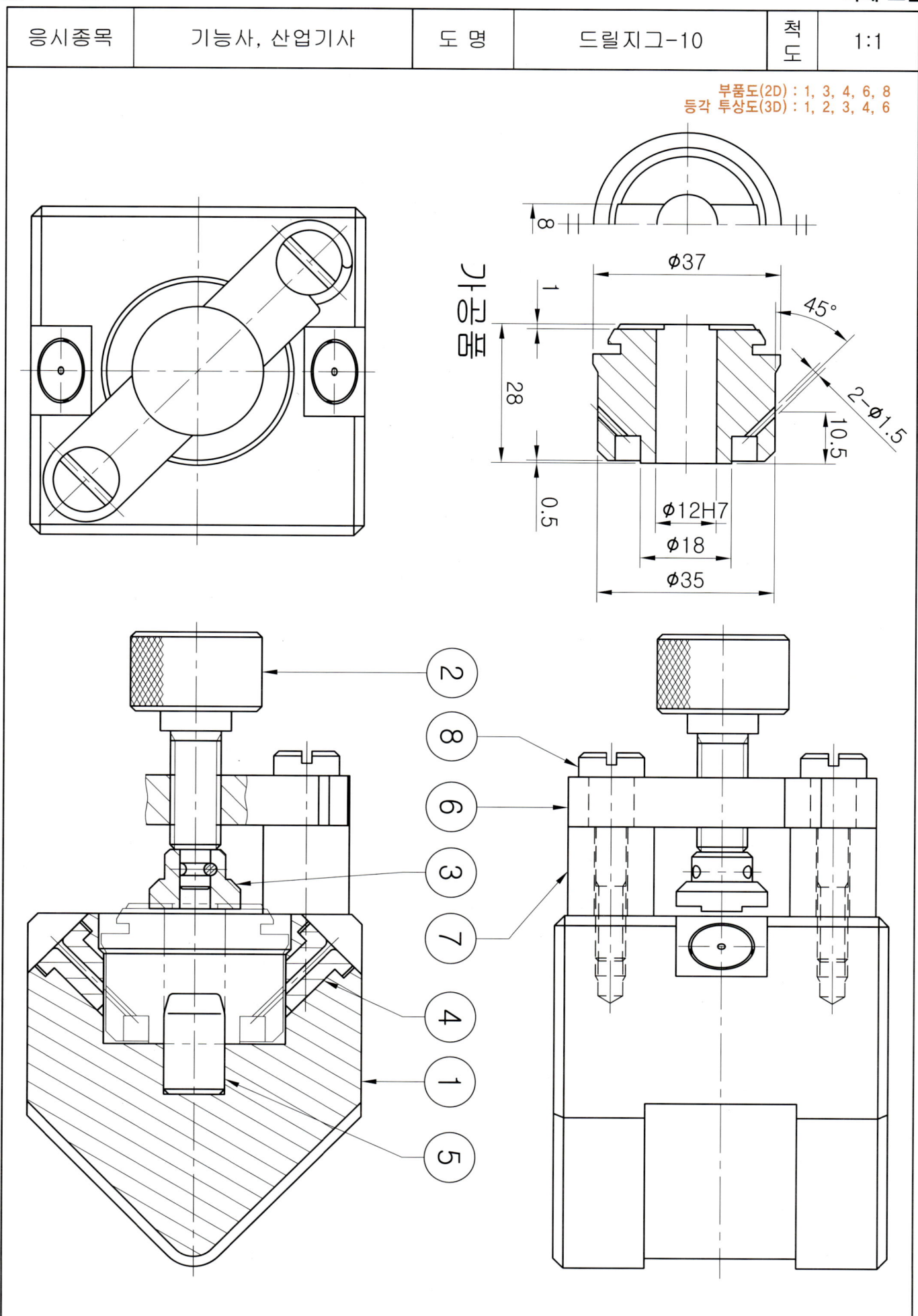

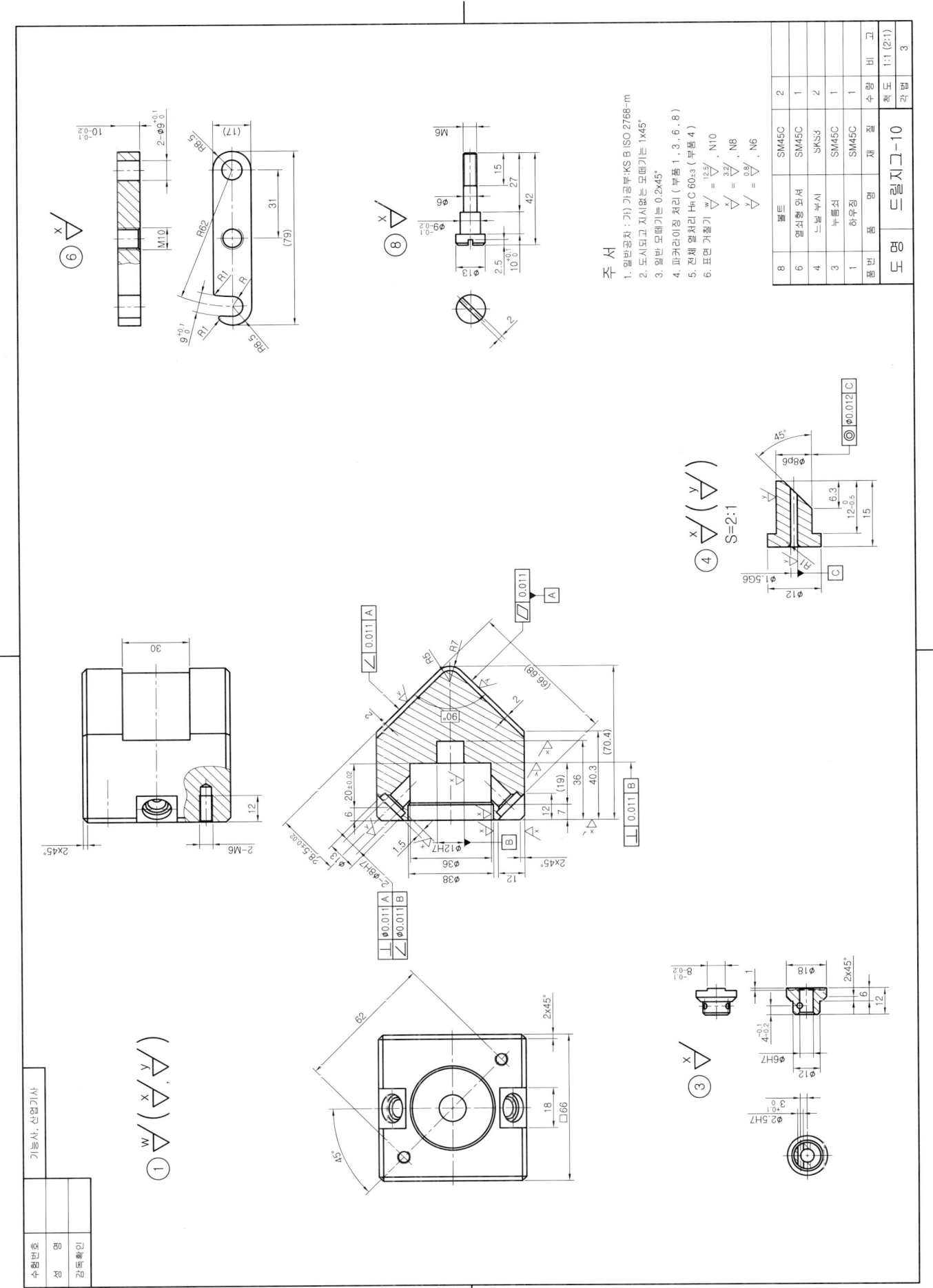

32. 드릴지그-10

전산응용기계제도기능사 렌더링 등각 투상도 예제 도면

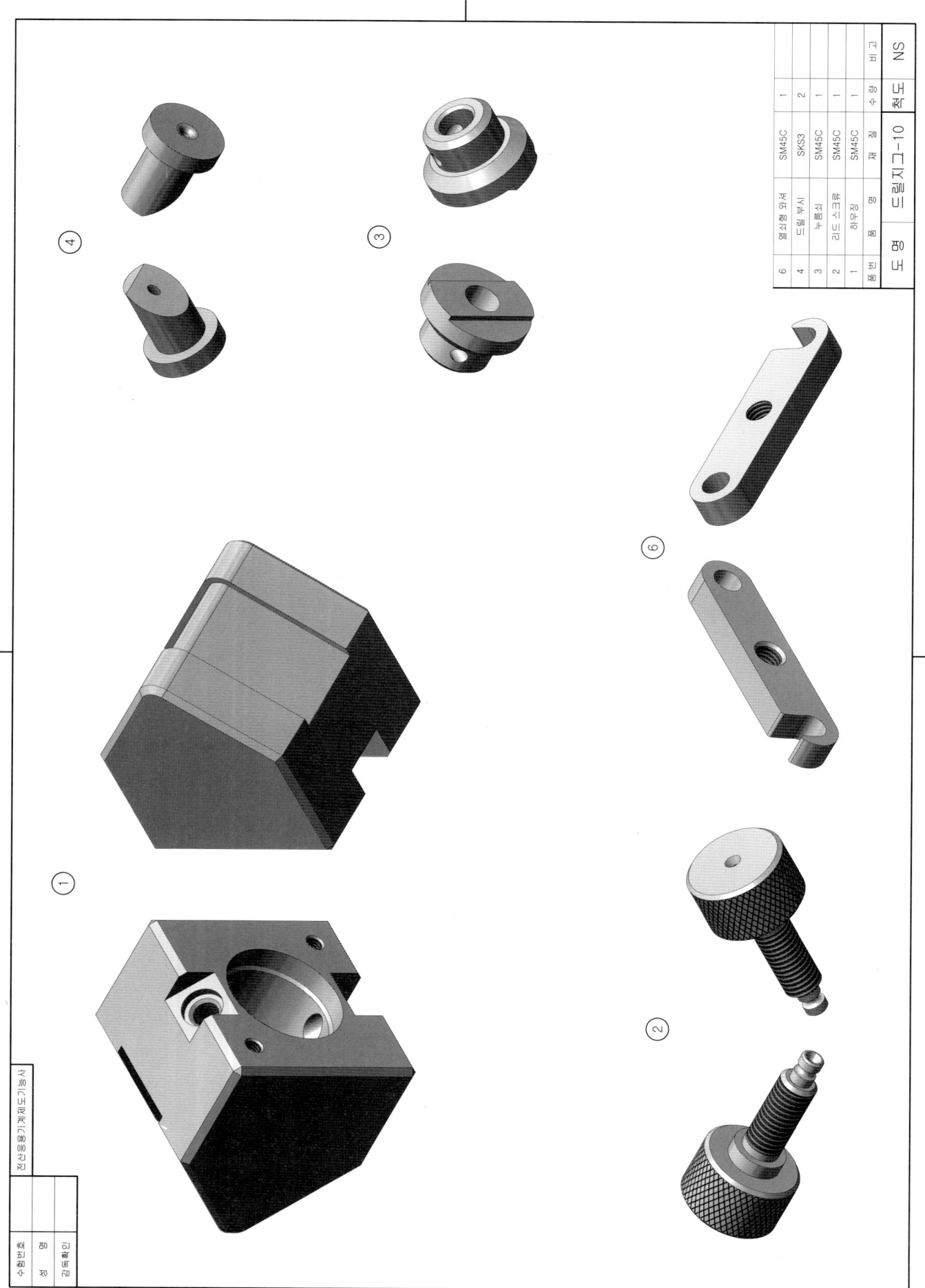

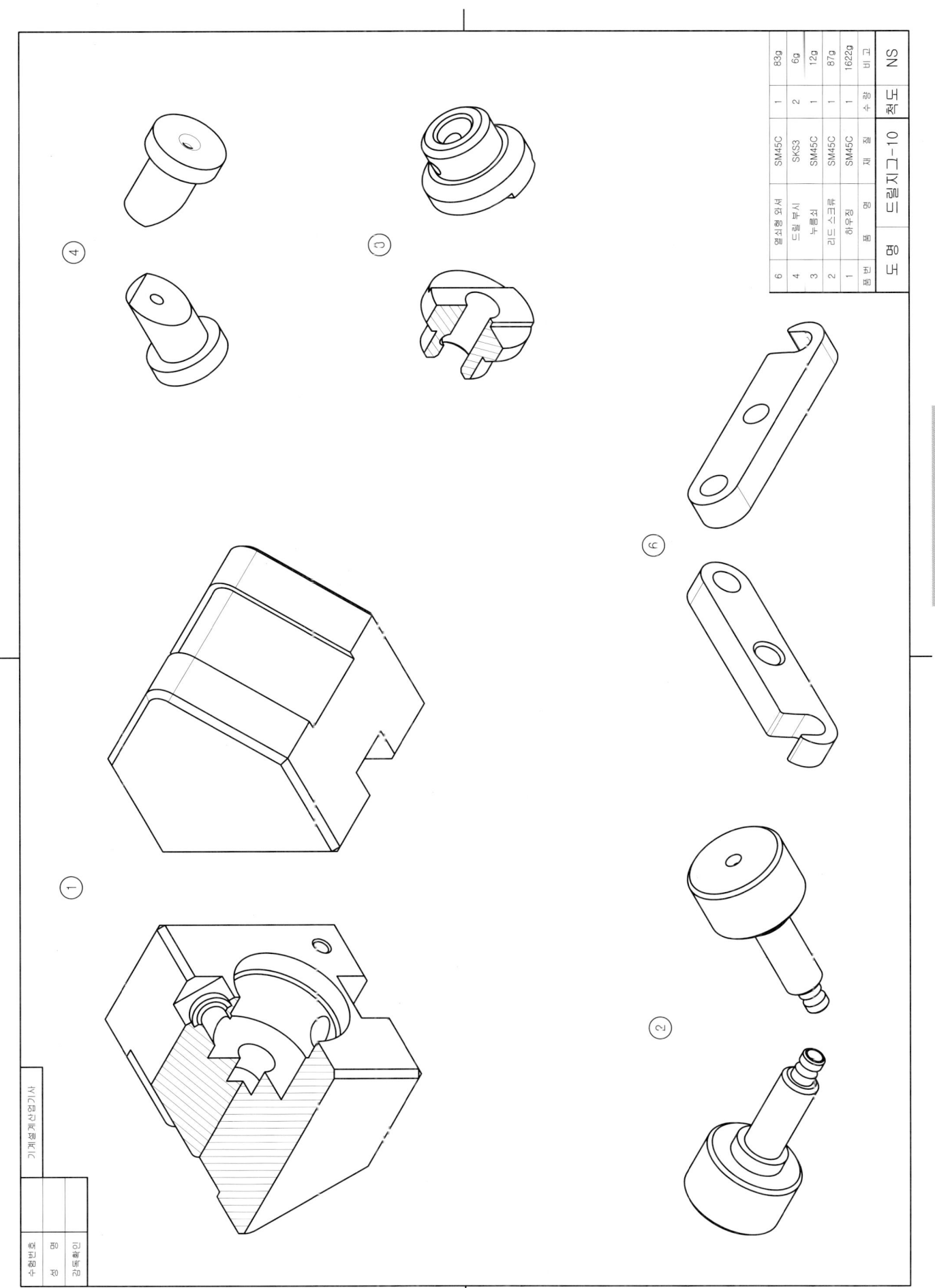

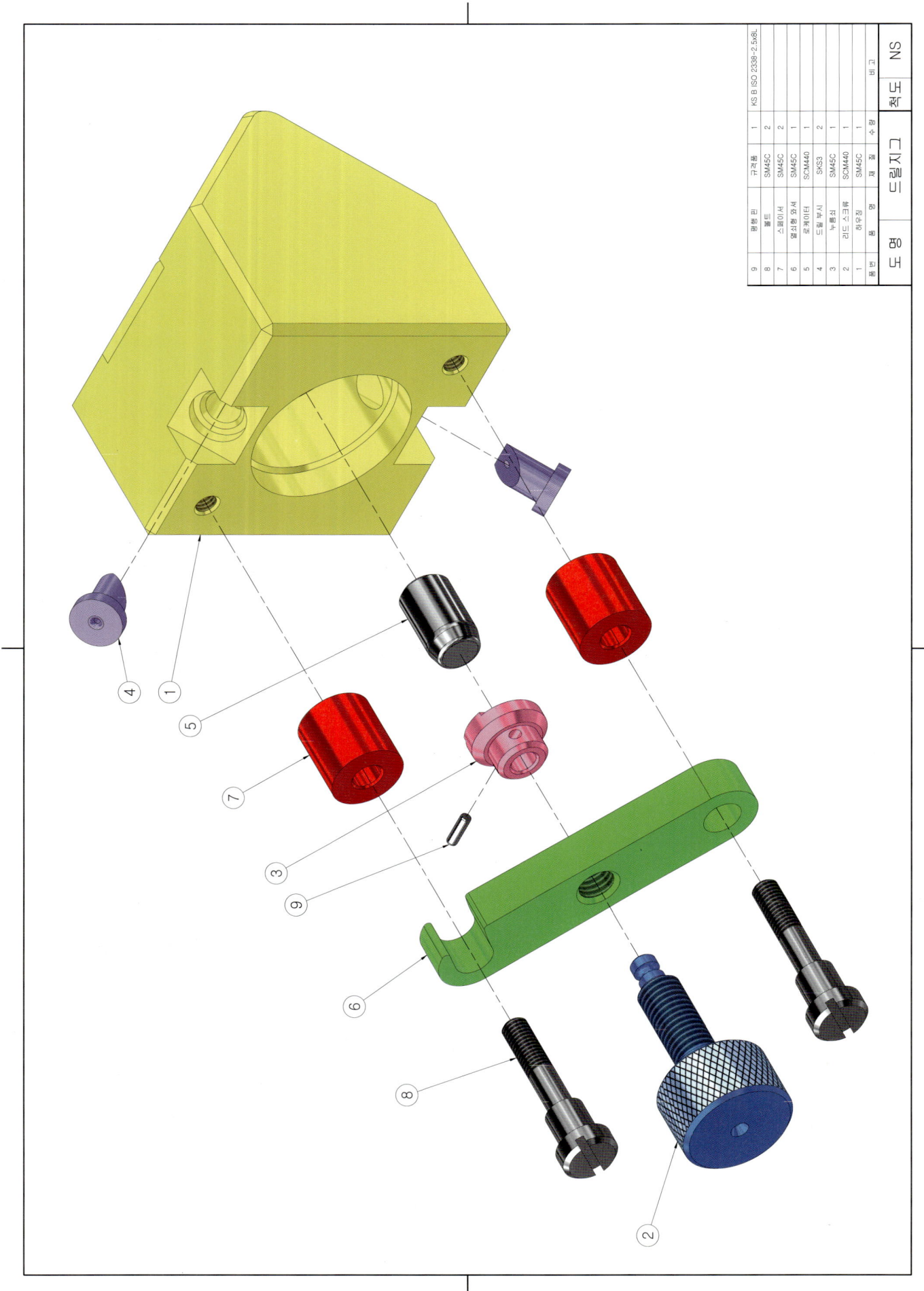

32. 드릴지그-10

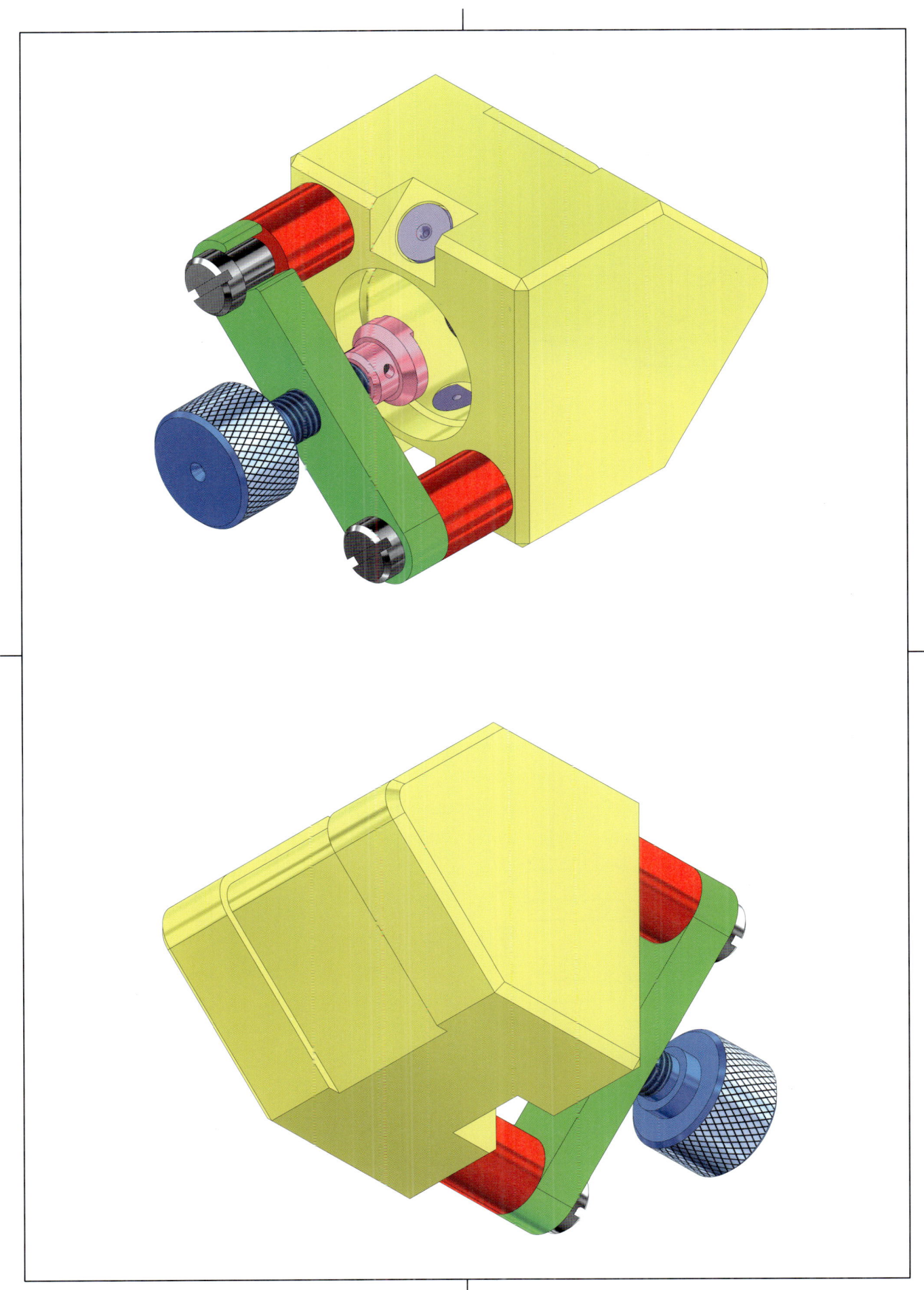

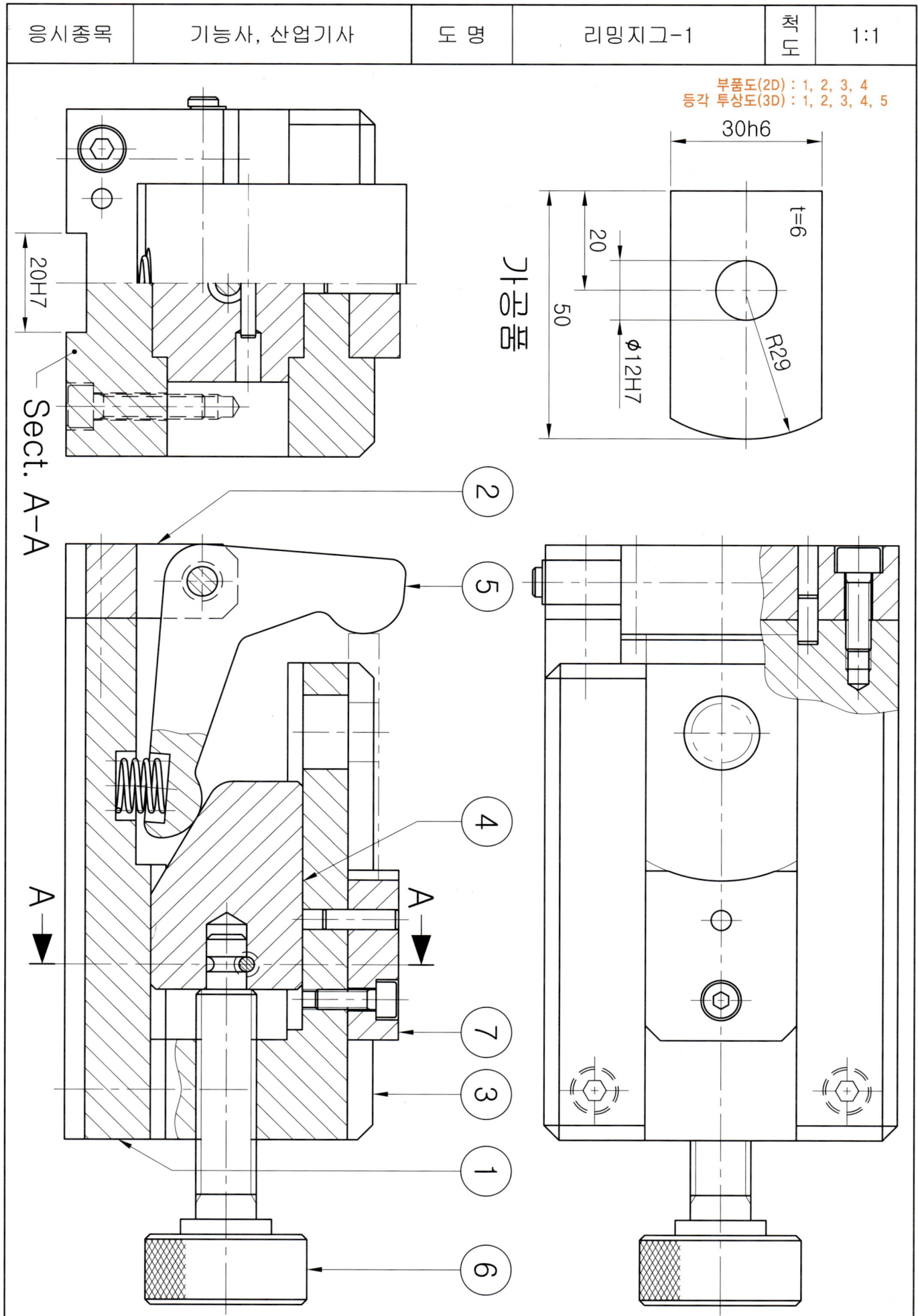

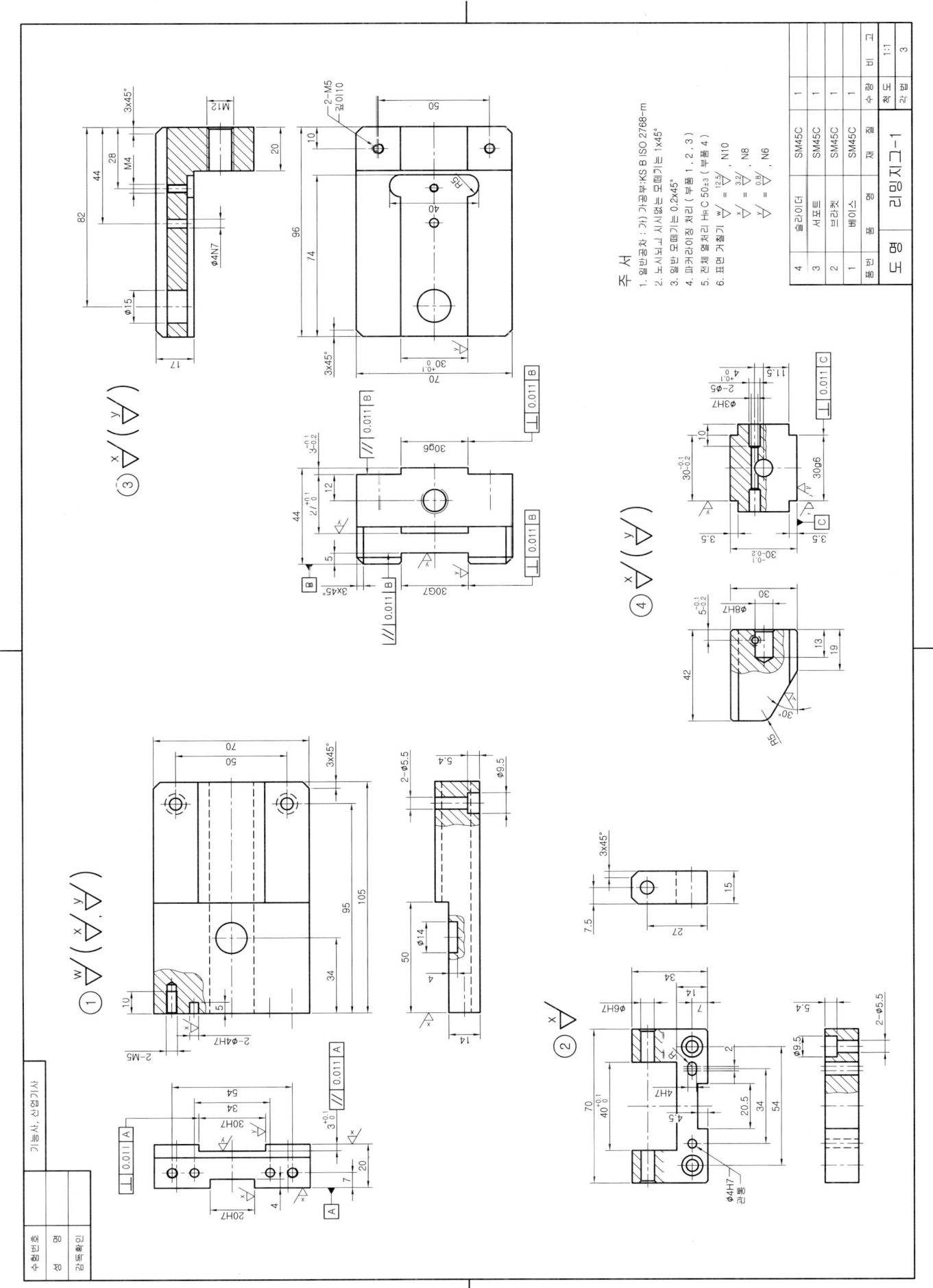

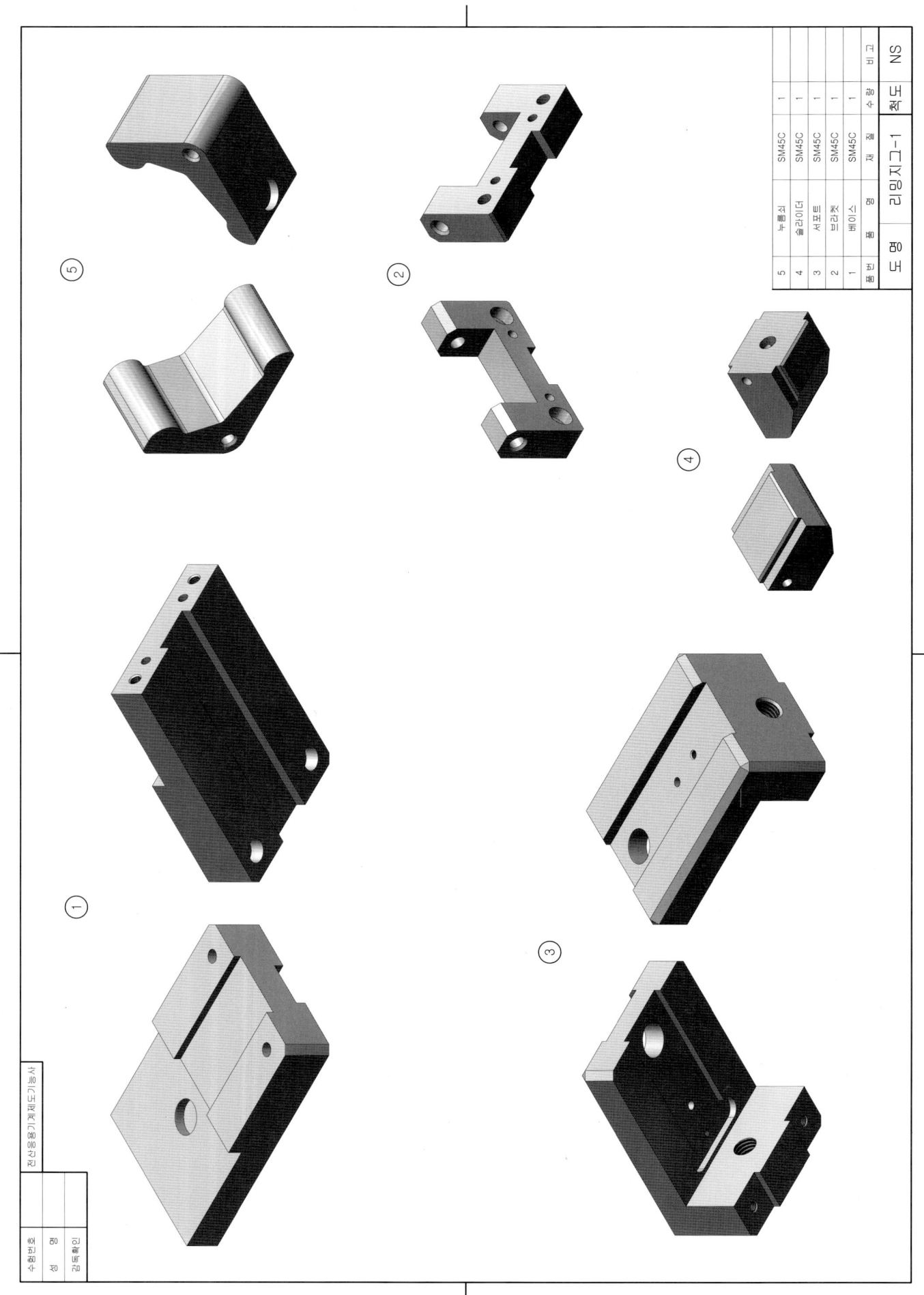

33. 리밍지그-1

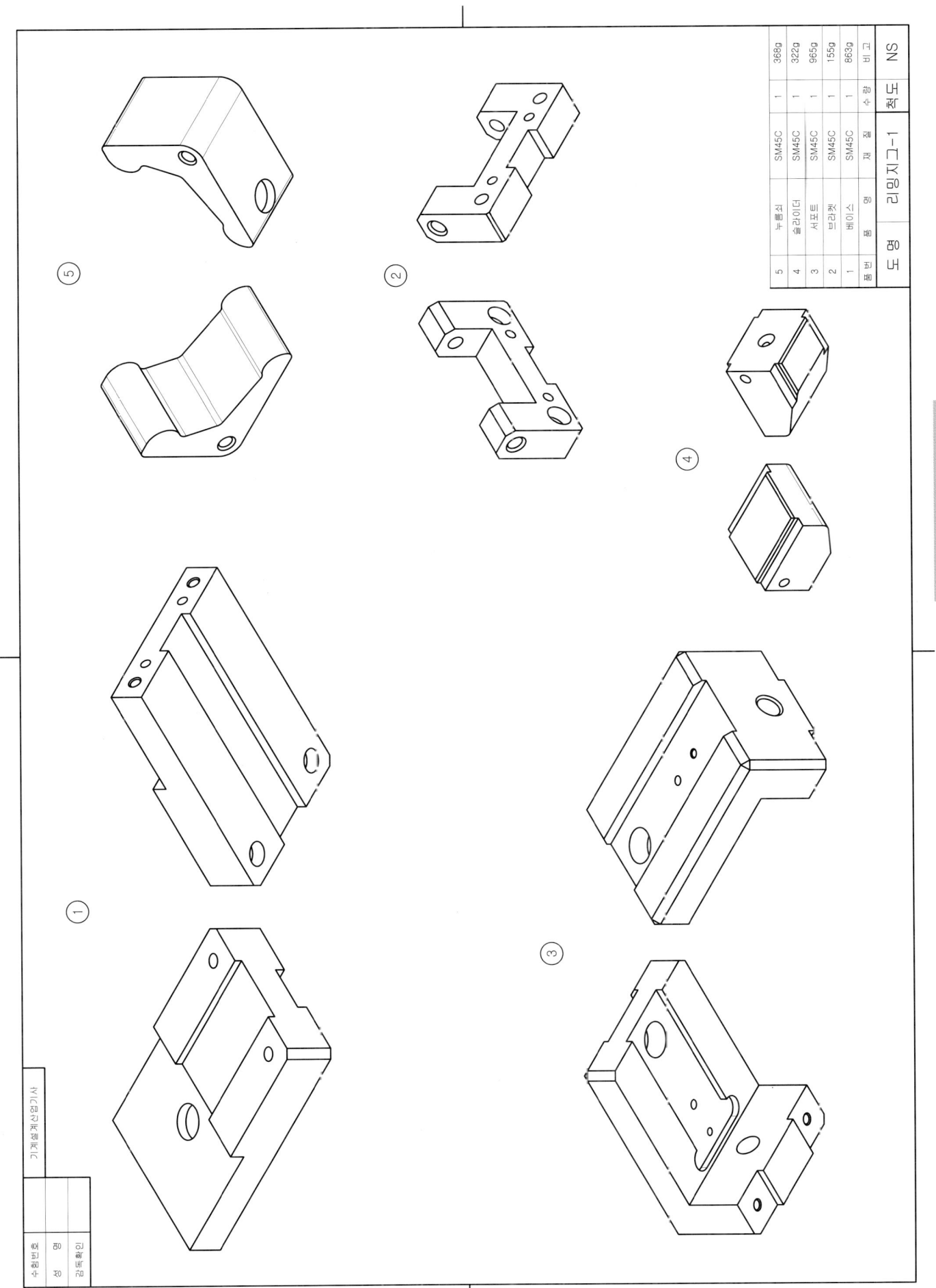

33. 리밍지그-1

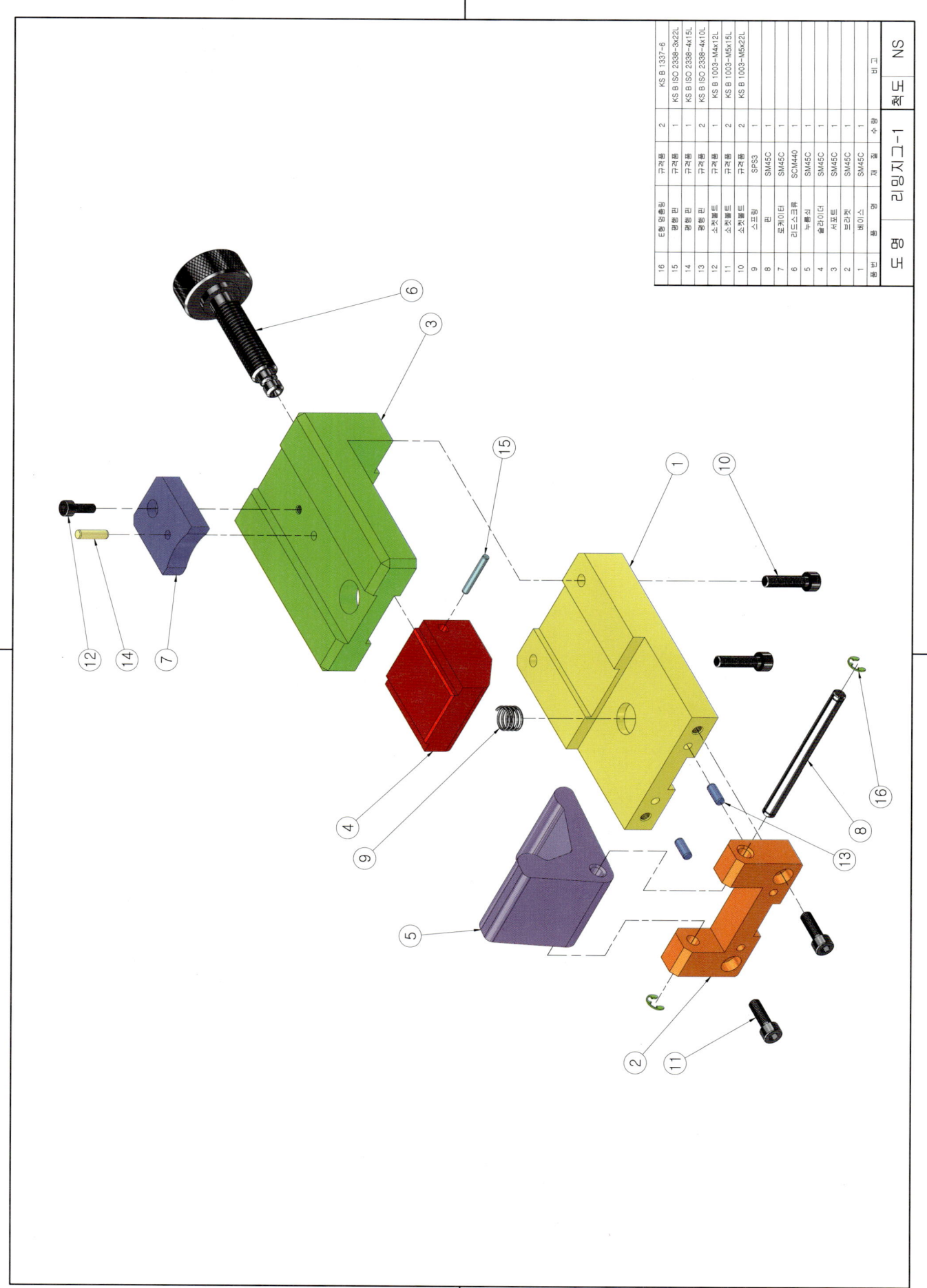

33. 리밍지그-1

등각 조립도 예제 도면

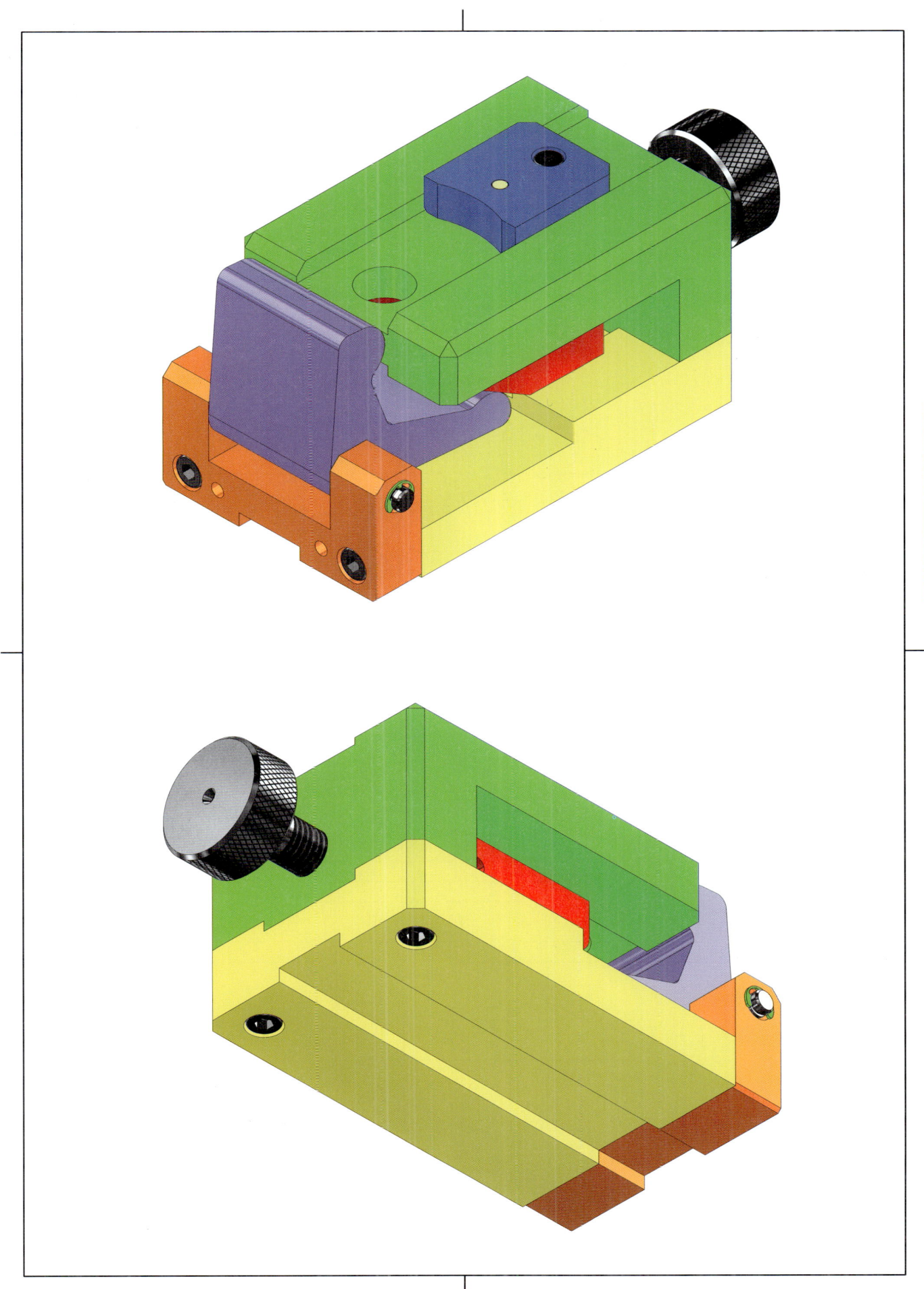

34. 리밍지그-2

응시종목	기능사, 산업기사	도 명	리밍지그-2	척도	1:1

부품도(2D) : 1, 2, 4, 6, 7
등각 투상도(3D) : 1, 2, 3, 4, 6, 7

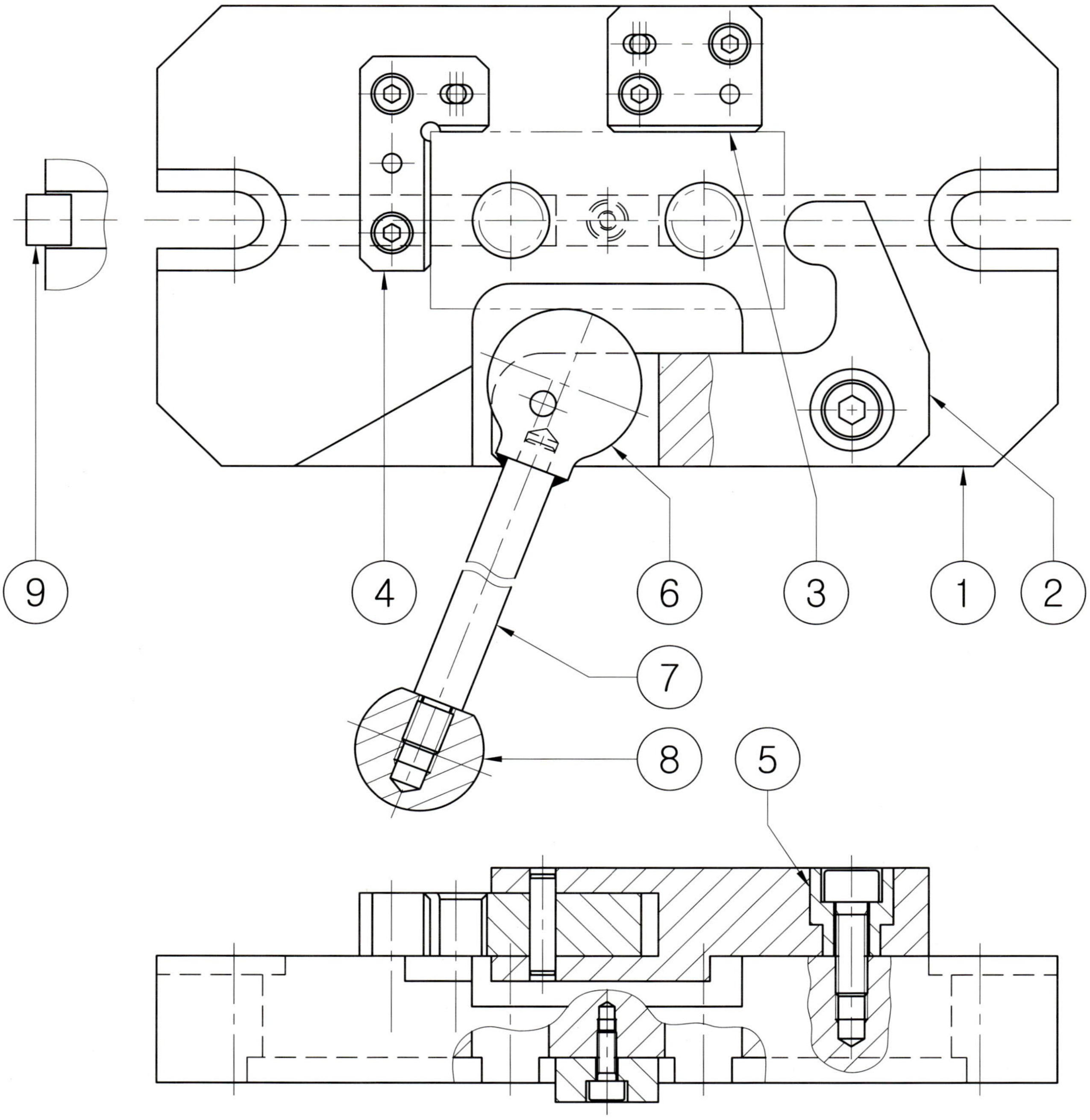

가공품

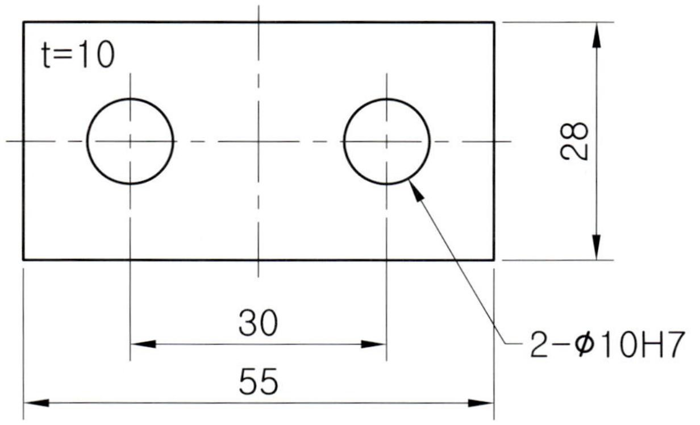

t=10
28
30
55
2-∅10H7

34. 리밍지그-2

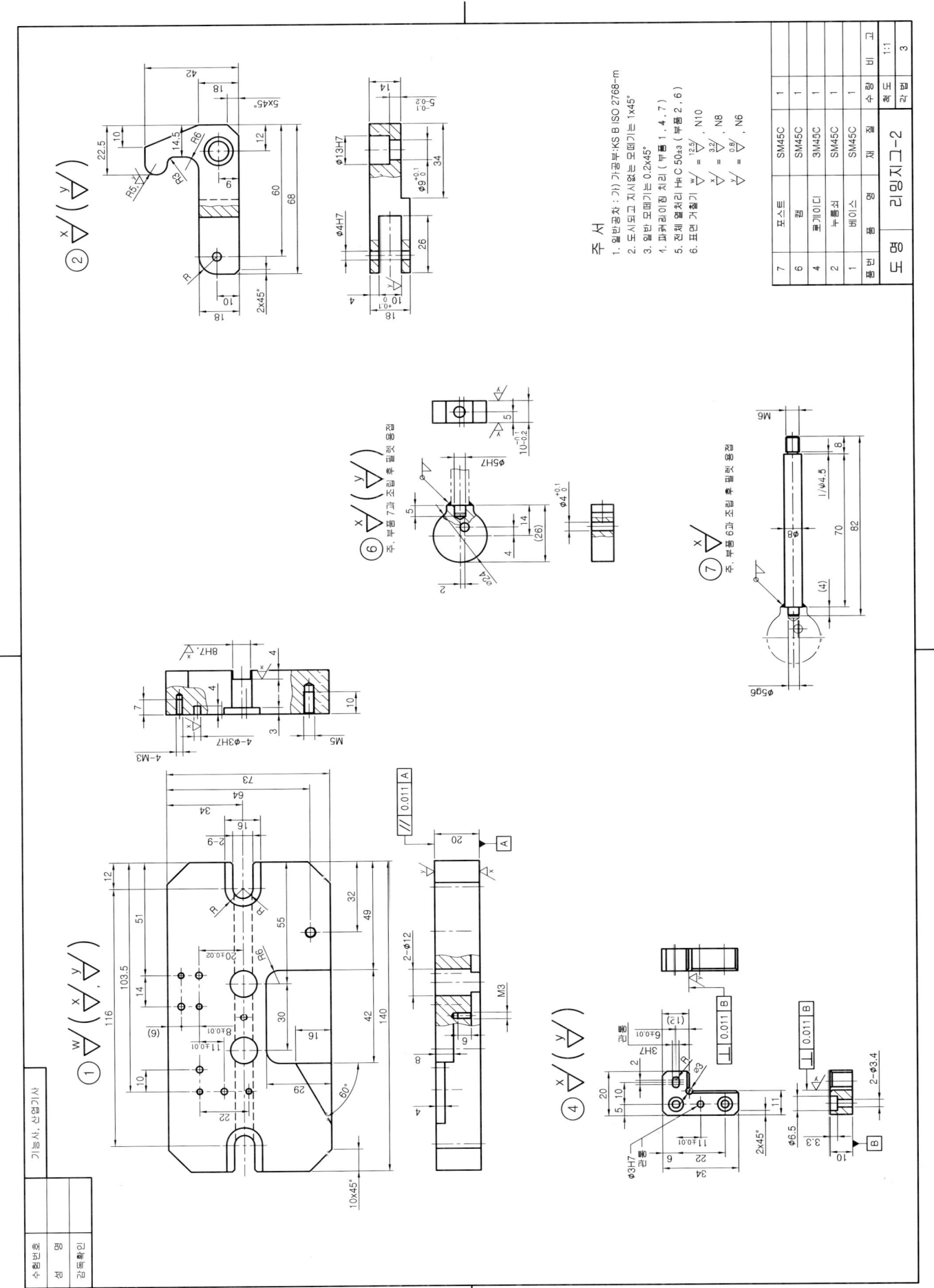

34. 리밍지그-2

전산응용기계제도기능사 렌더링 등각 투상도 예제 도면

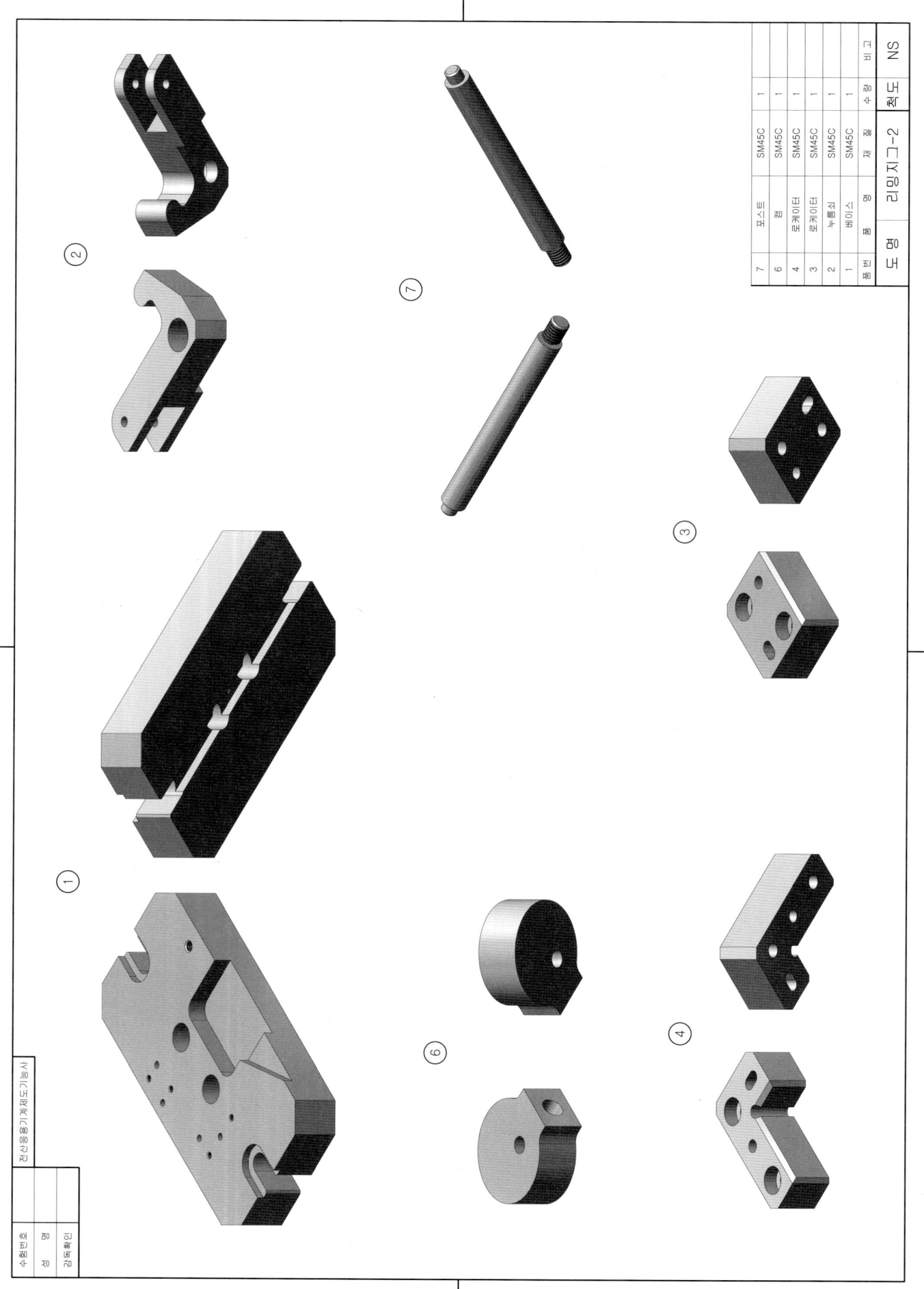

34. 리밍지그-2

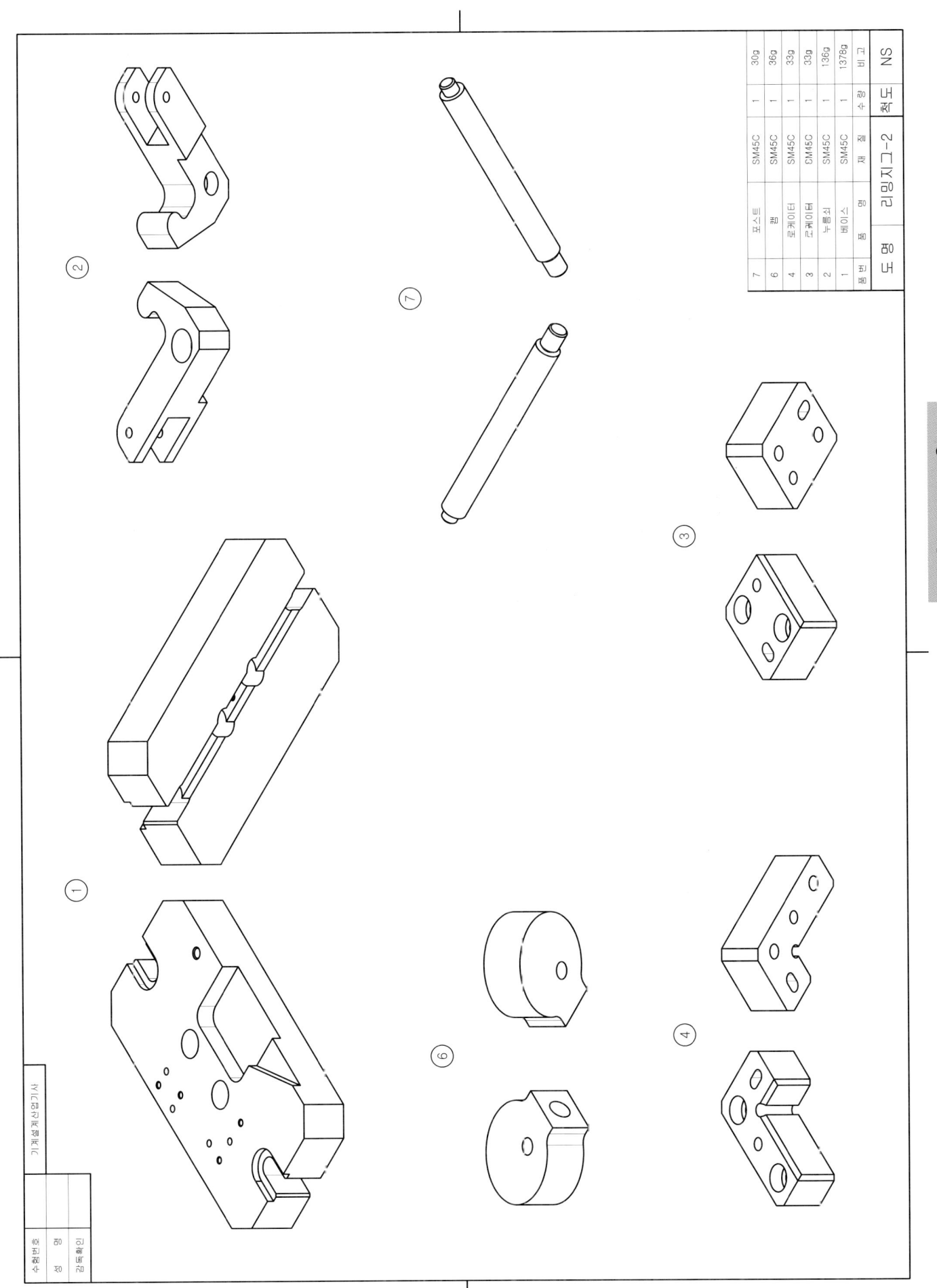

34. 리밍지그-2

등각 분해도 예제 도면

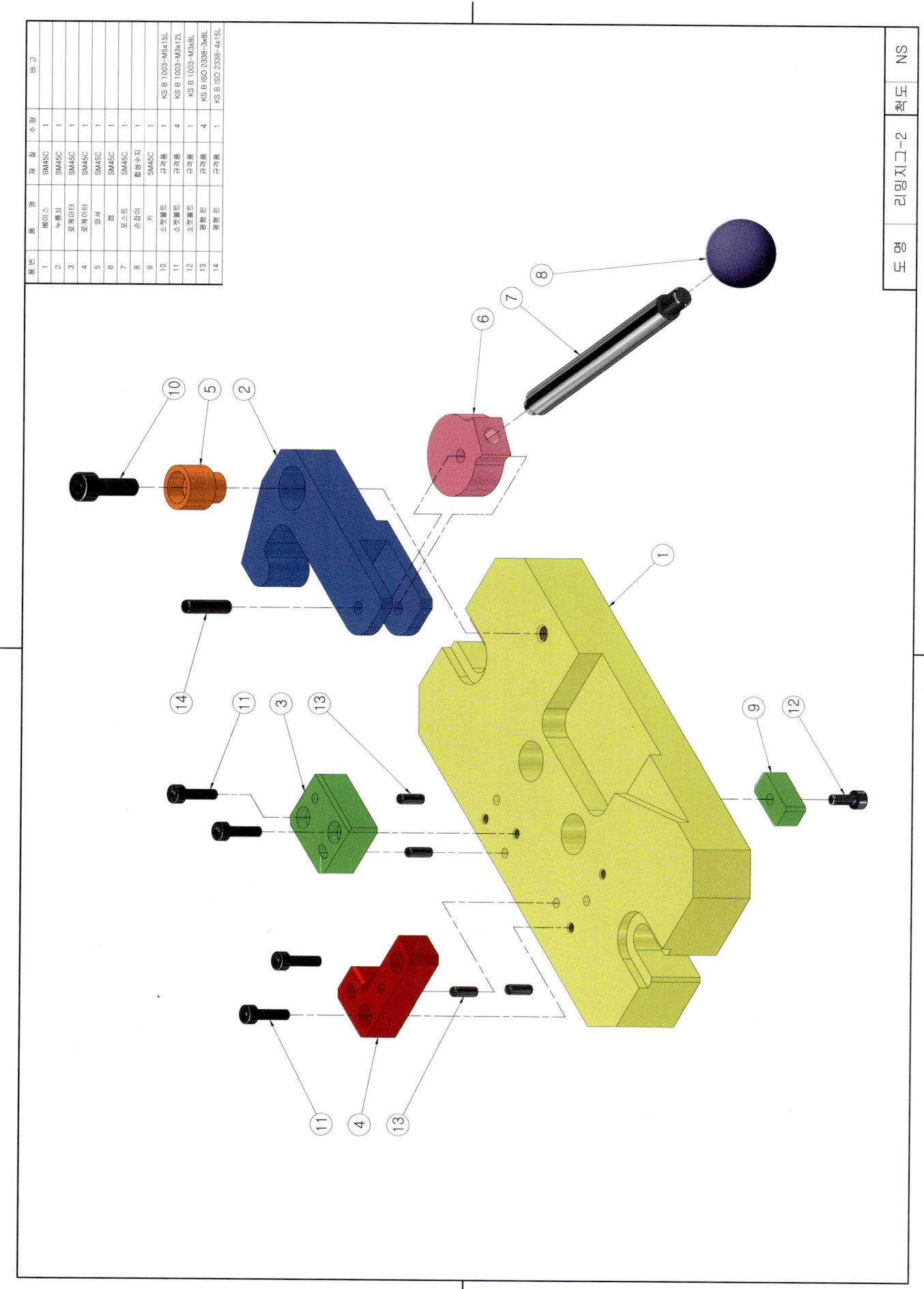

34. 리밍지그-2

등각 조립도 예제 도면

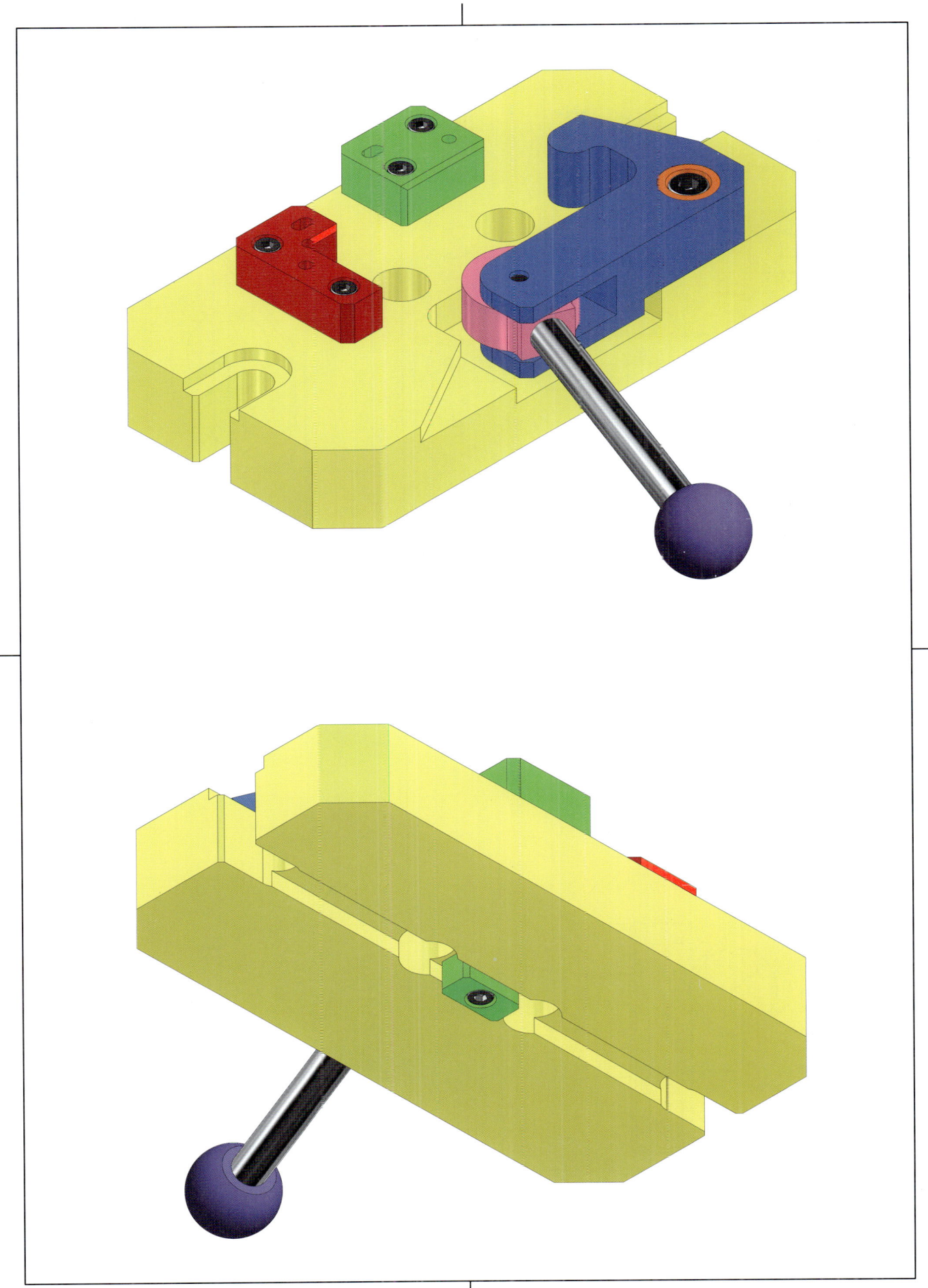

35. 리밍지그-3

| 응시종목 | 기능사, 산업기사 | 도 명 | 리밍지그-3 | 척도 | 1:1 |

부품도(2D) : 1, 2, 3, 5, 6
등각 투상도(3D) : 1, 2, 3, 5, 6, 8

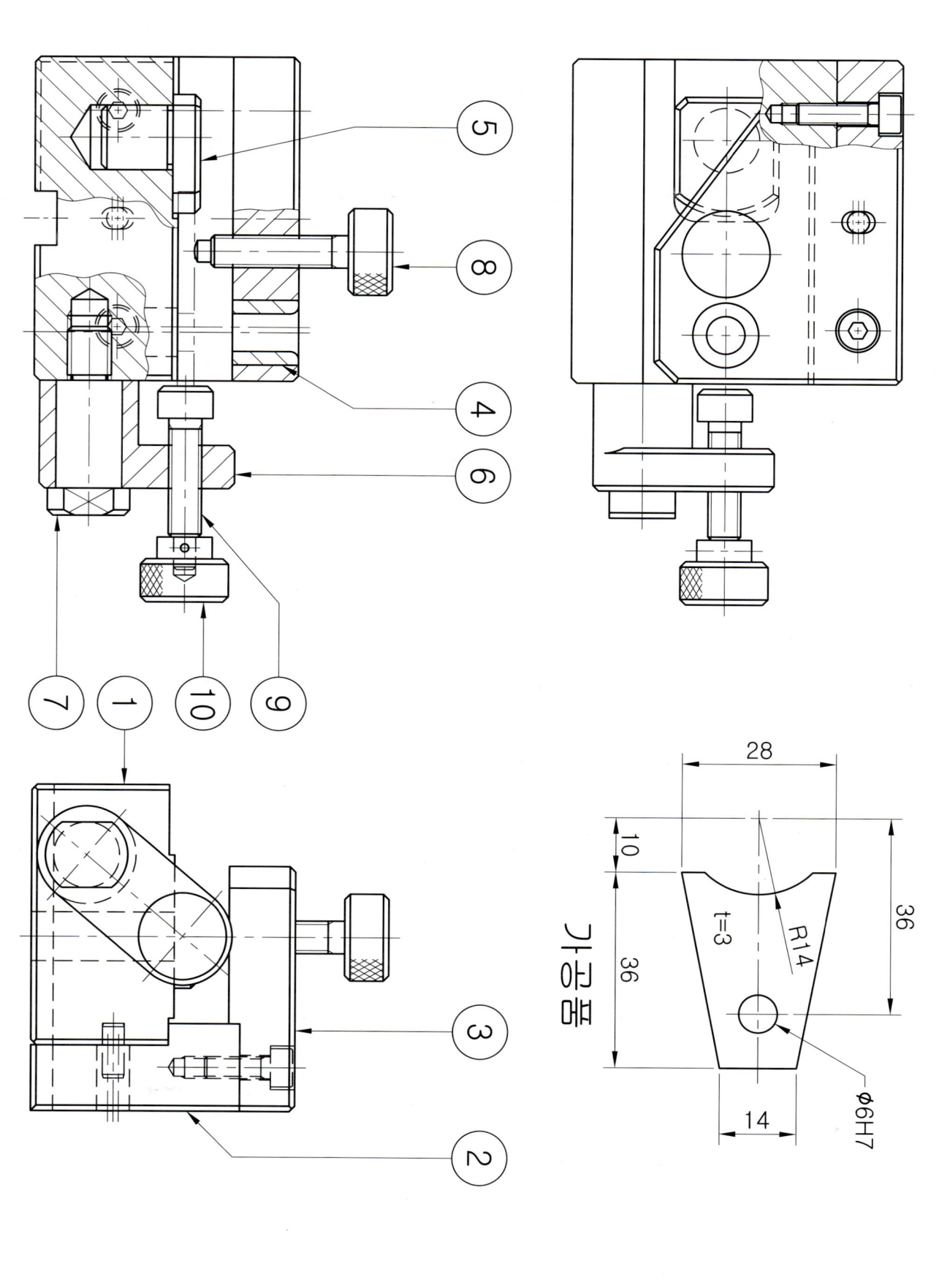

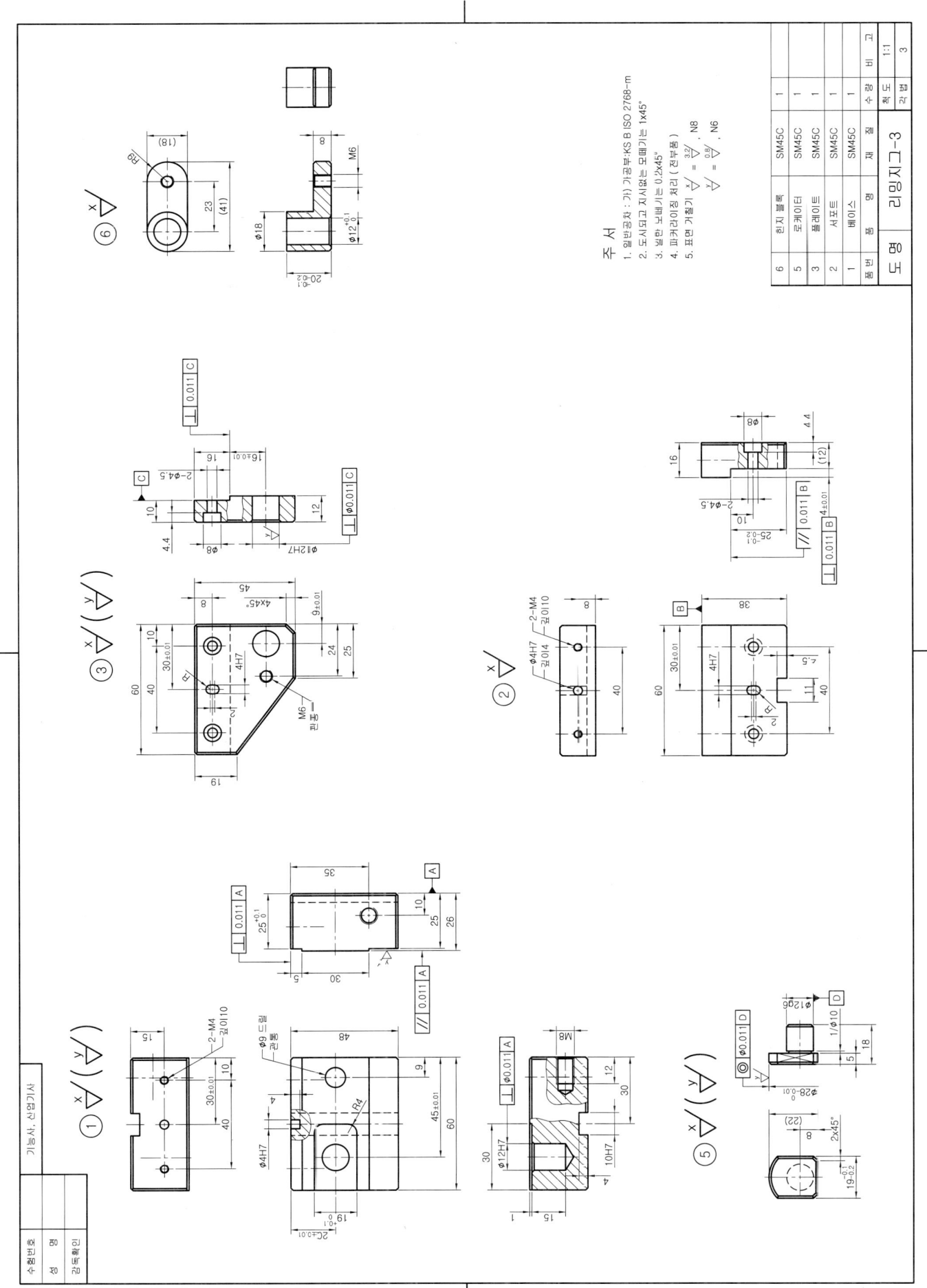

35. 리밍지그-3

전산응용기계제도기능사 렌더링 등각 투상도 예제 도면

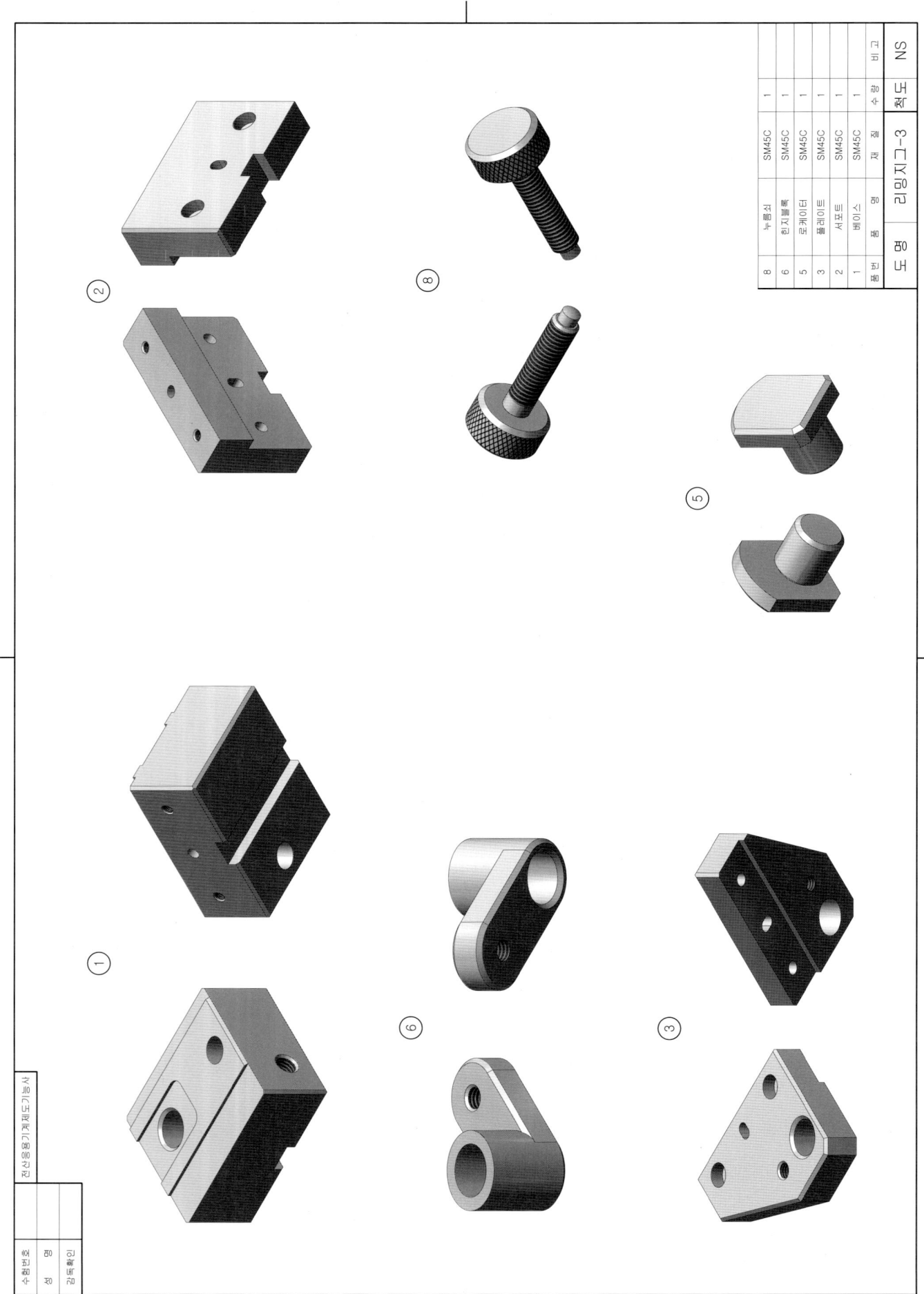

35. 리밍지그-3

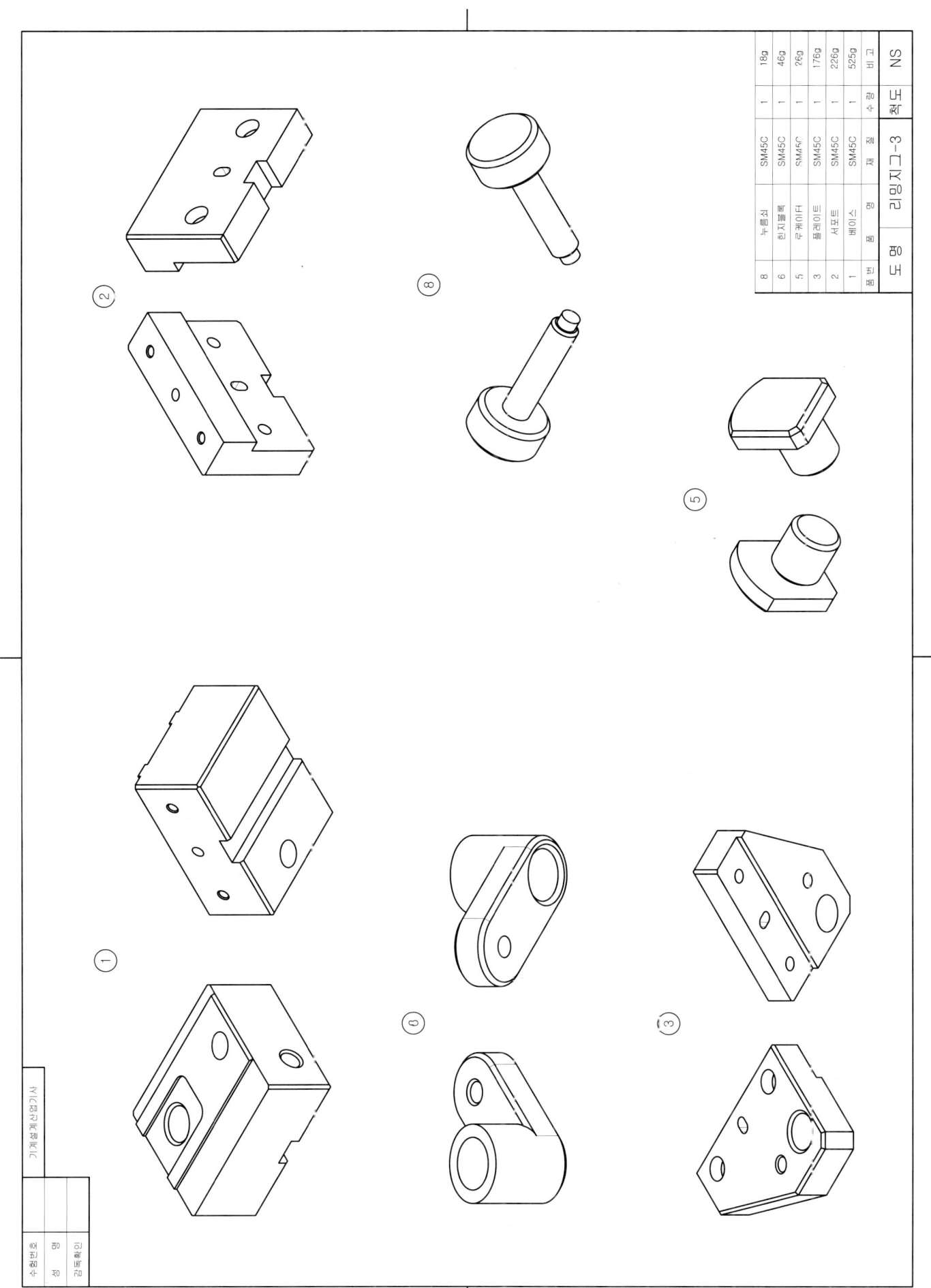

35. 리밍지그-3

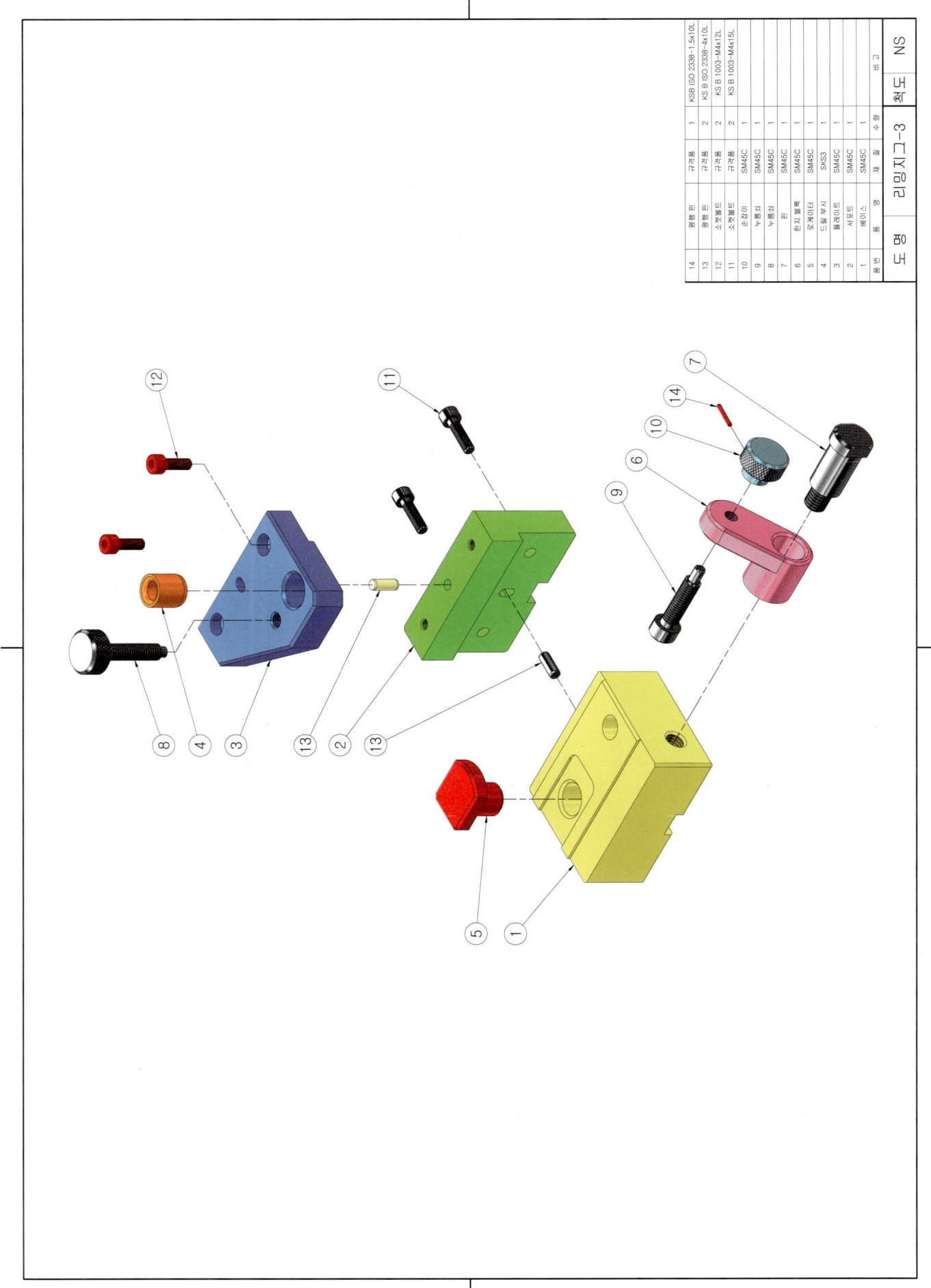

35. 리밍지그-3

등각 조립도 예제 도면

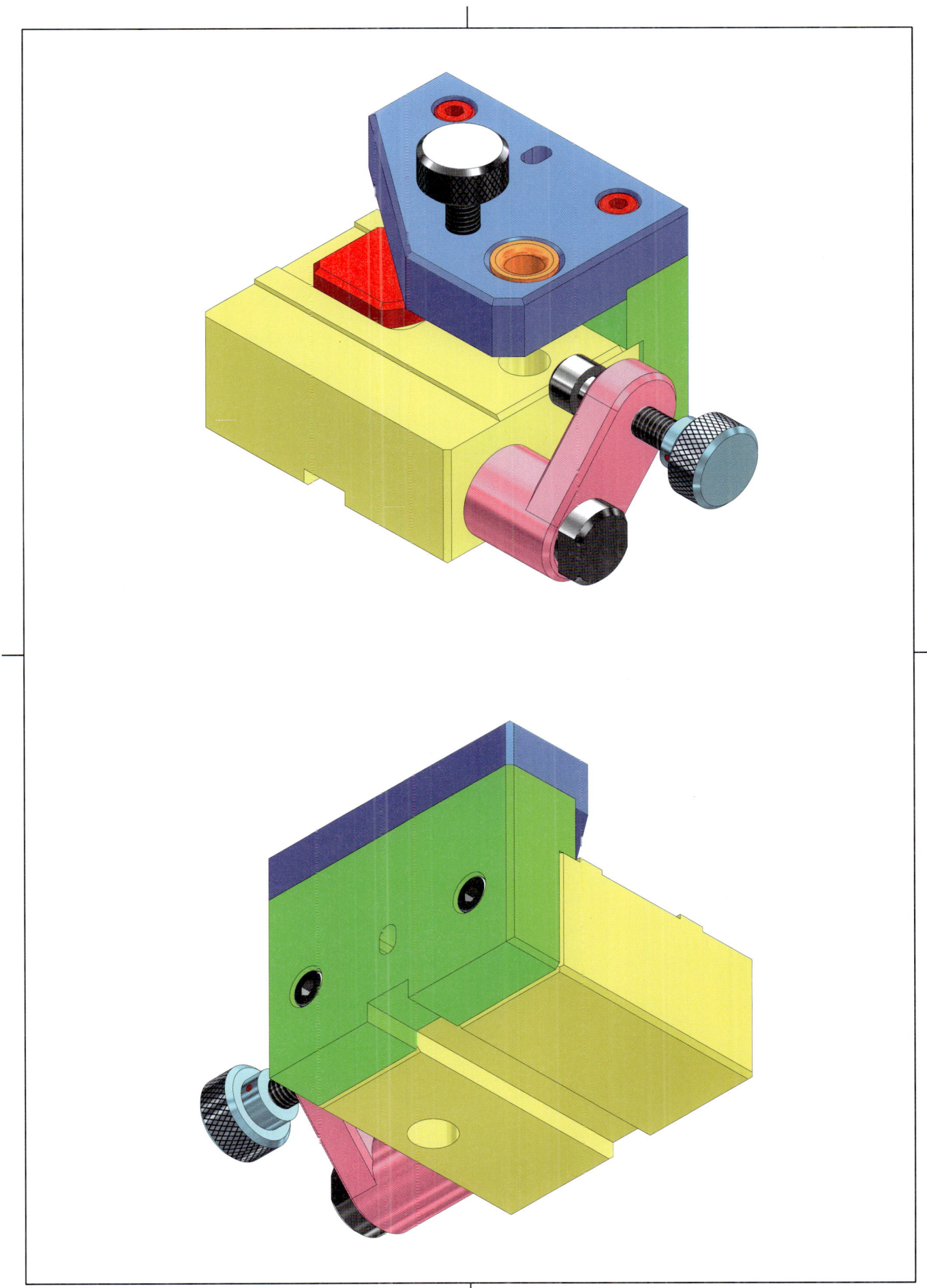

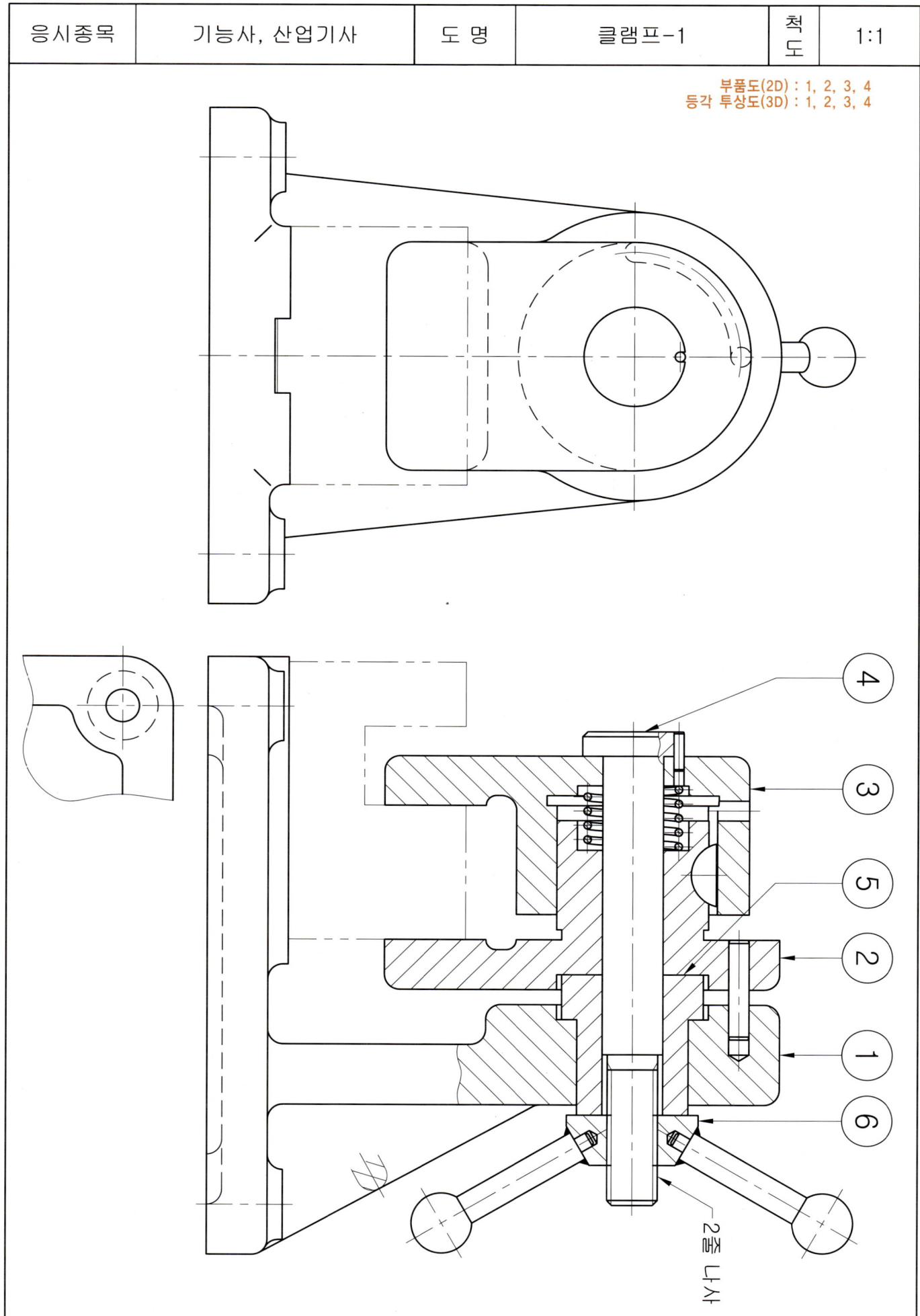

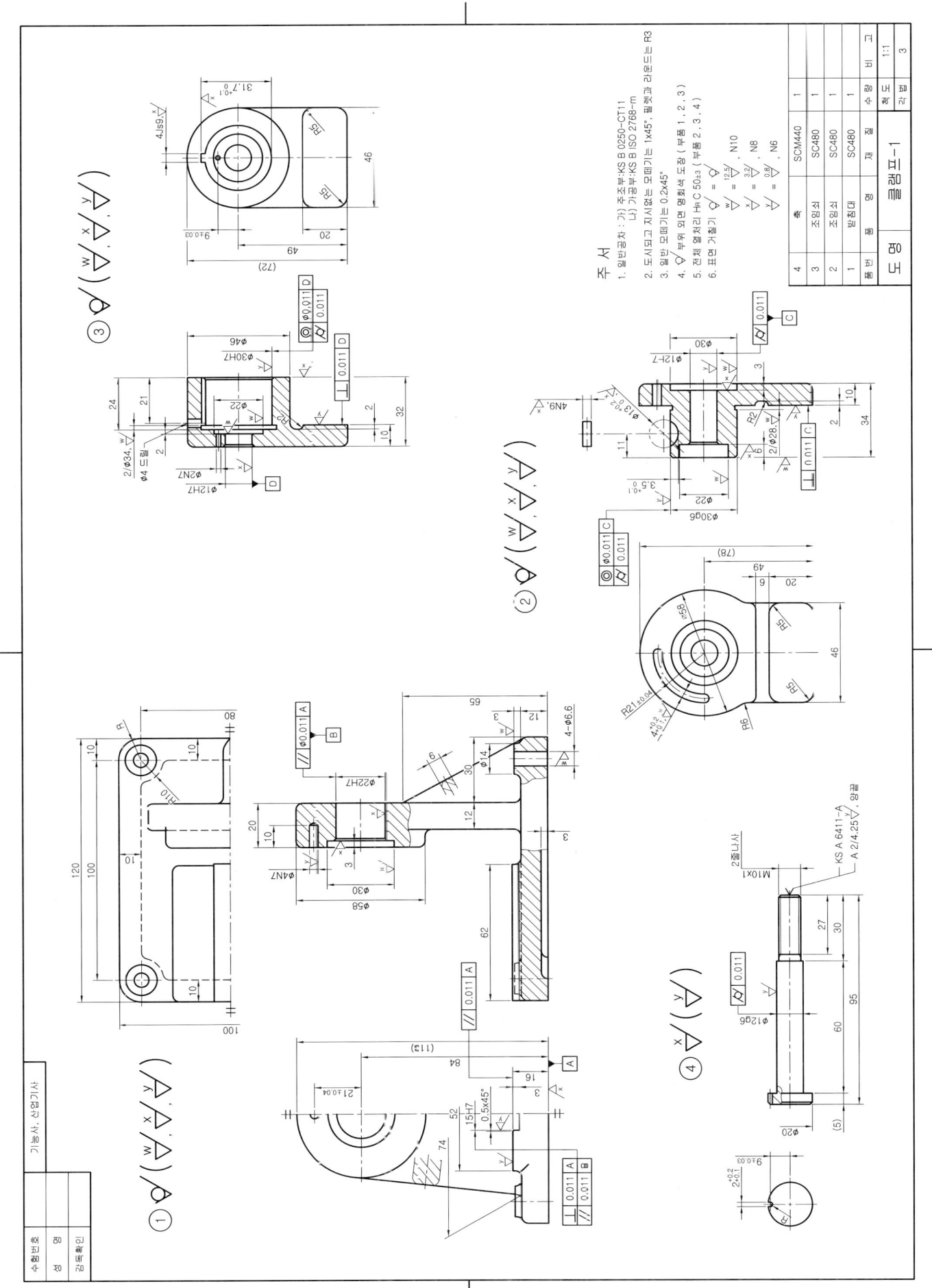

36. 클램프-1

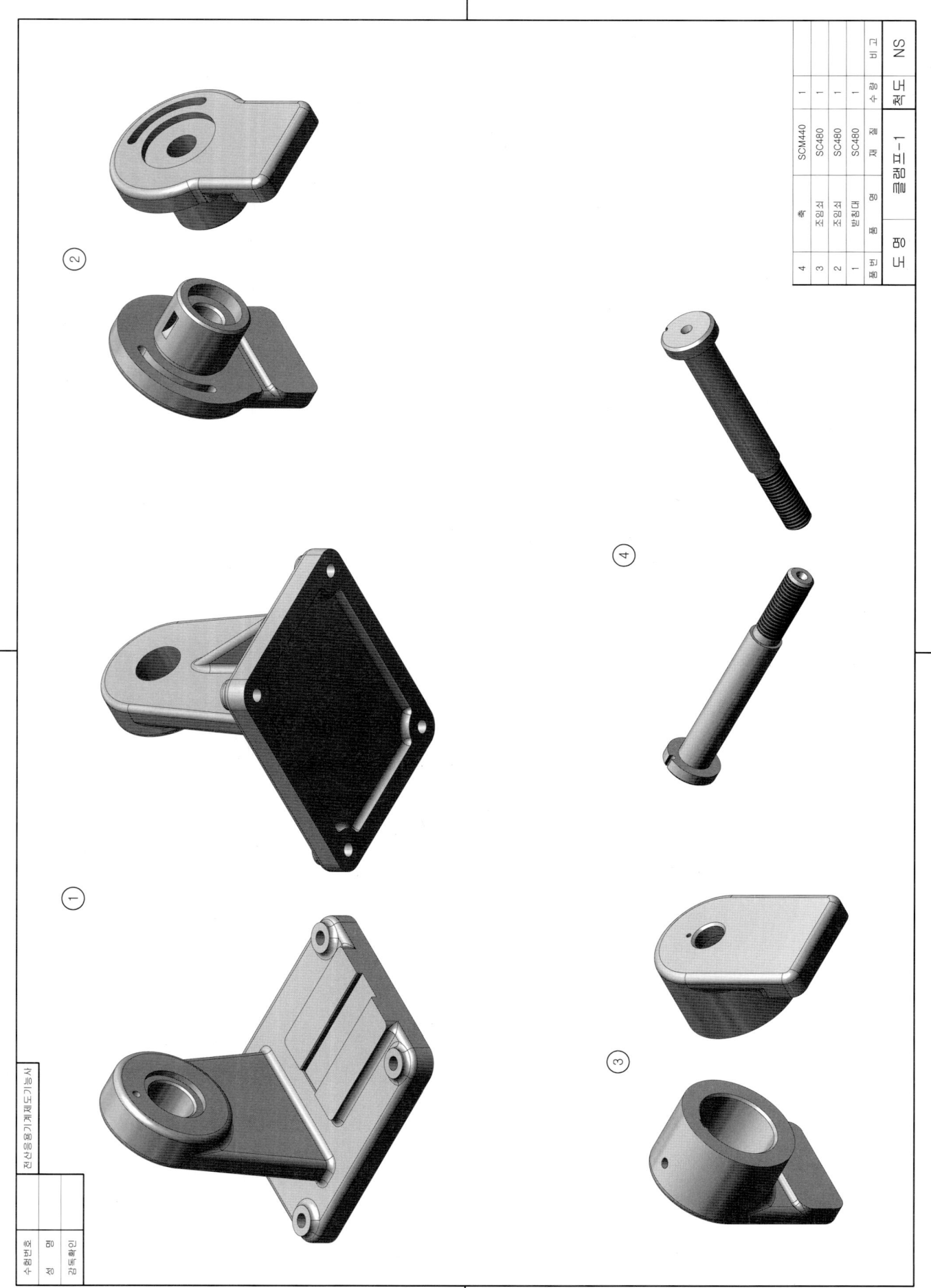

36. 클램프-1

기계설계산업기사 3차원 모델링도 예제 도면

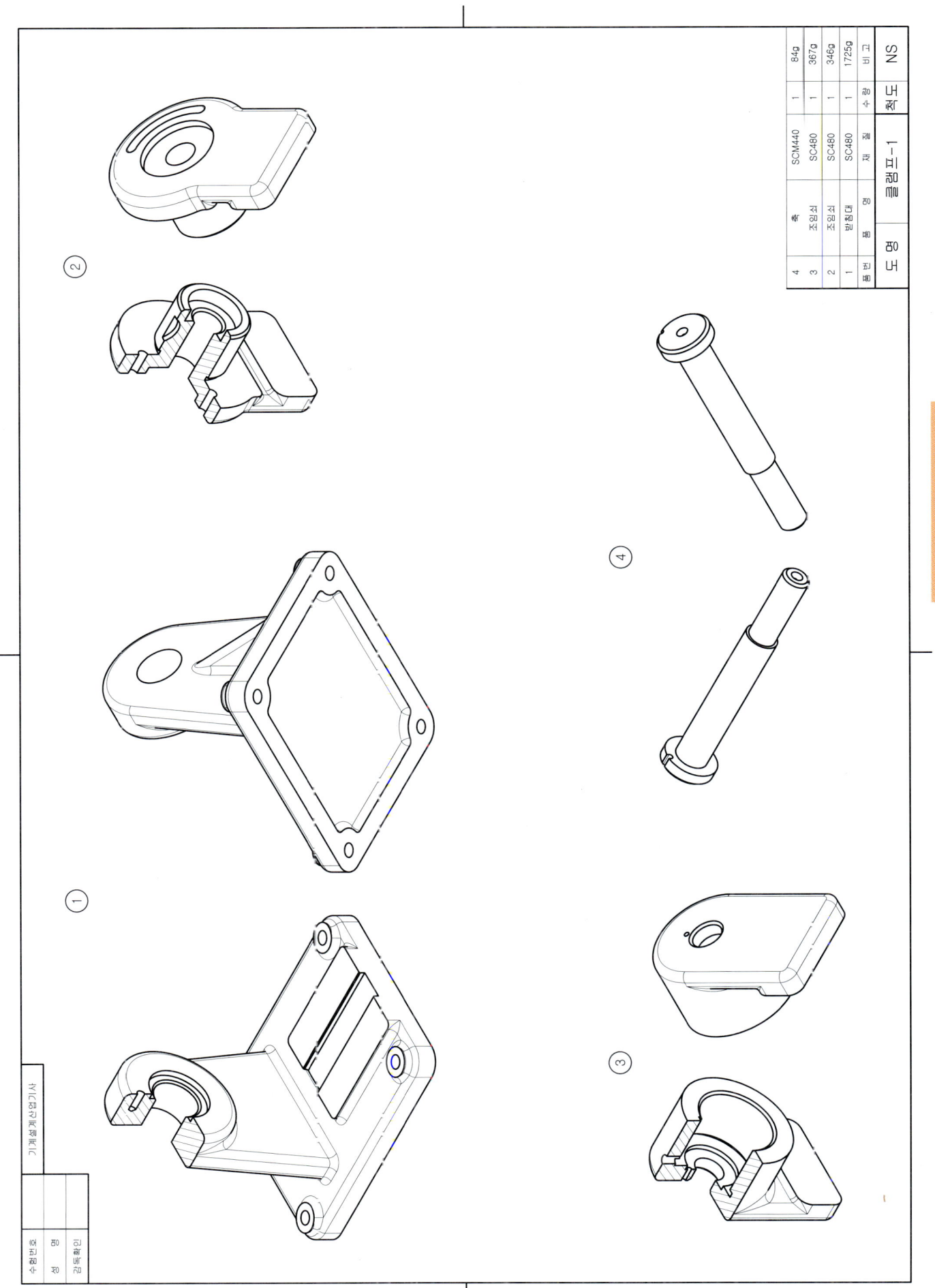

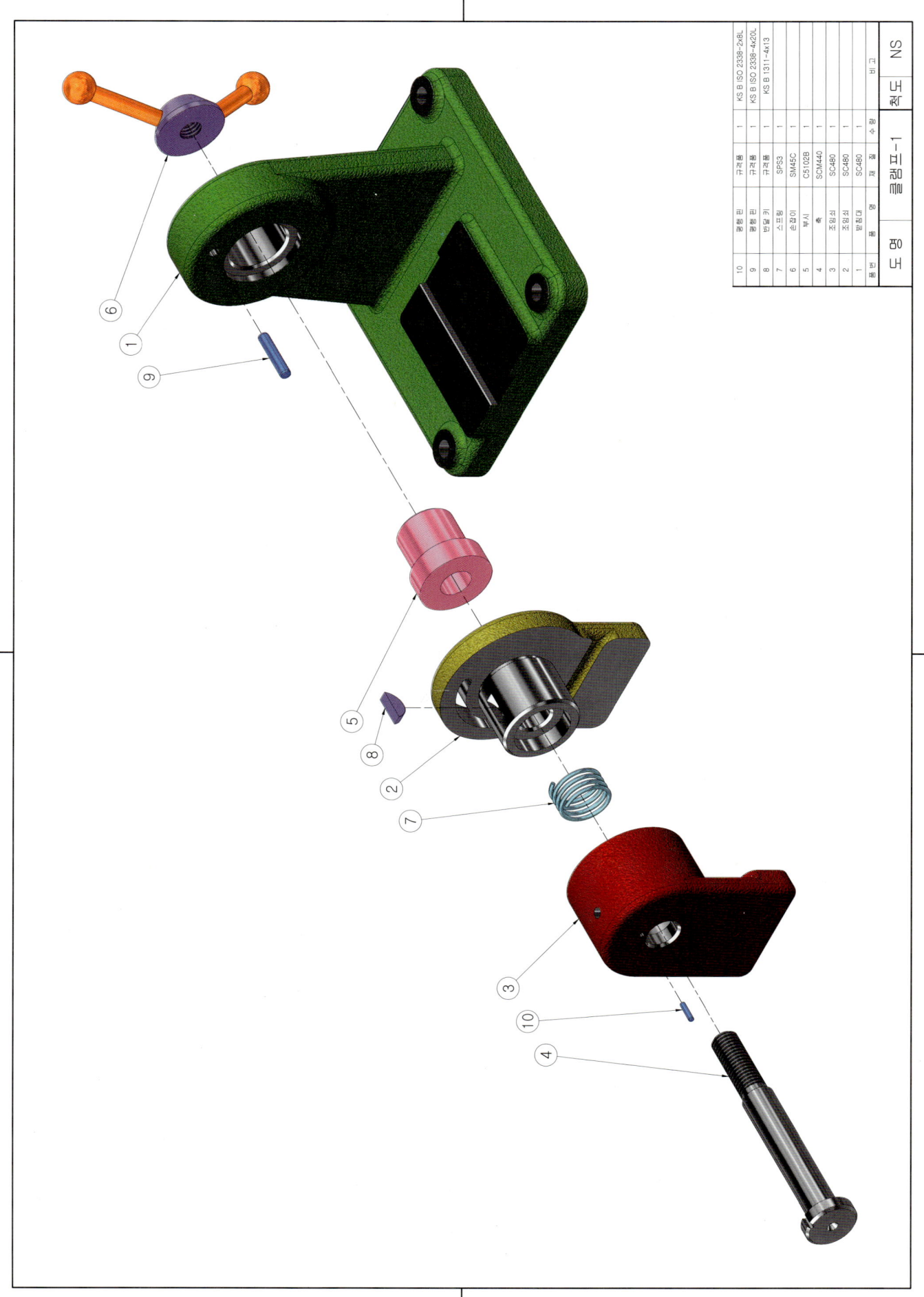

36. 클램프-1

등각 조립도 예제 도면

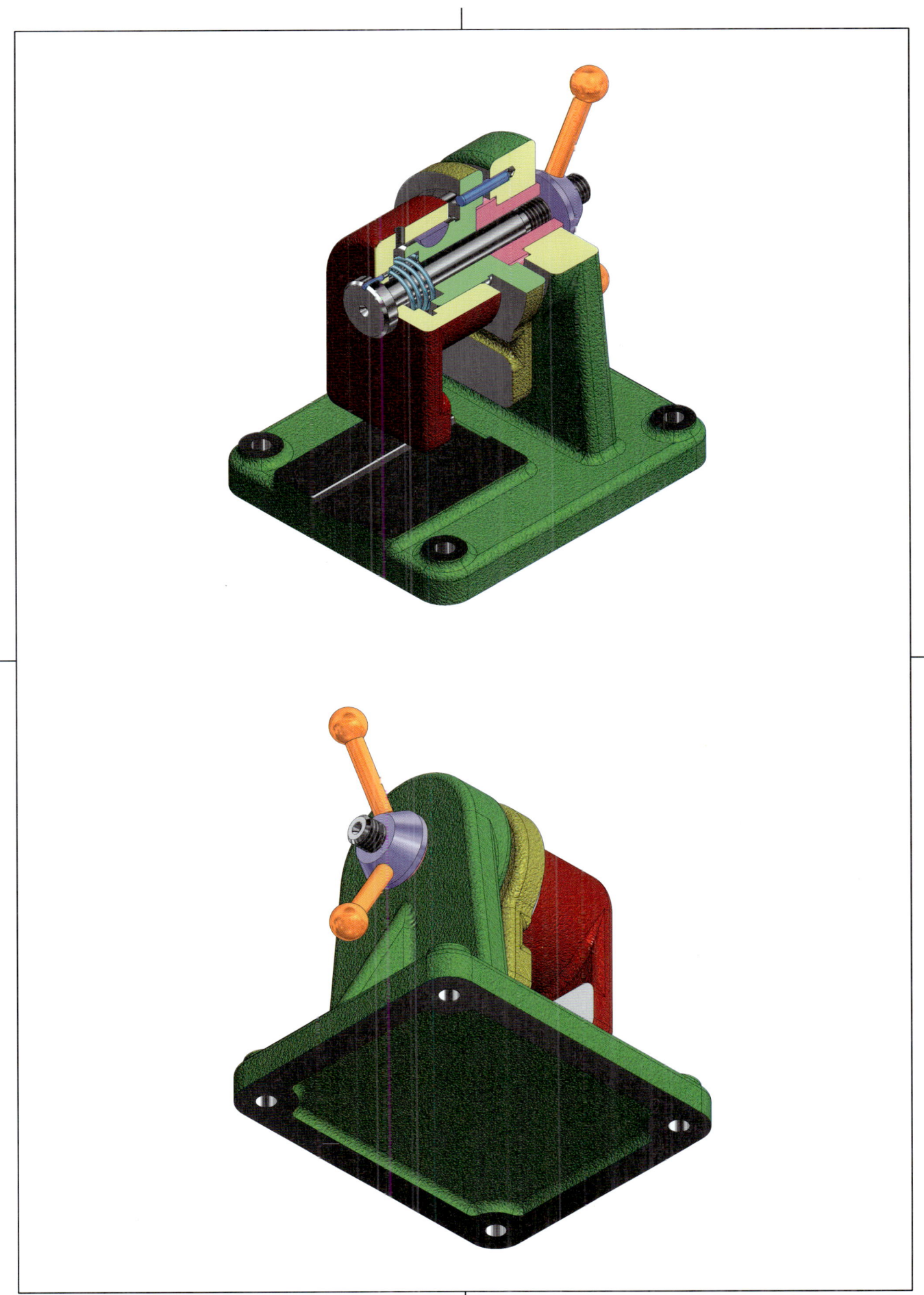

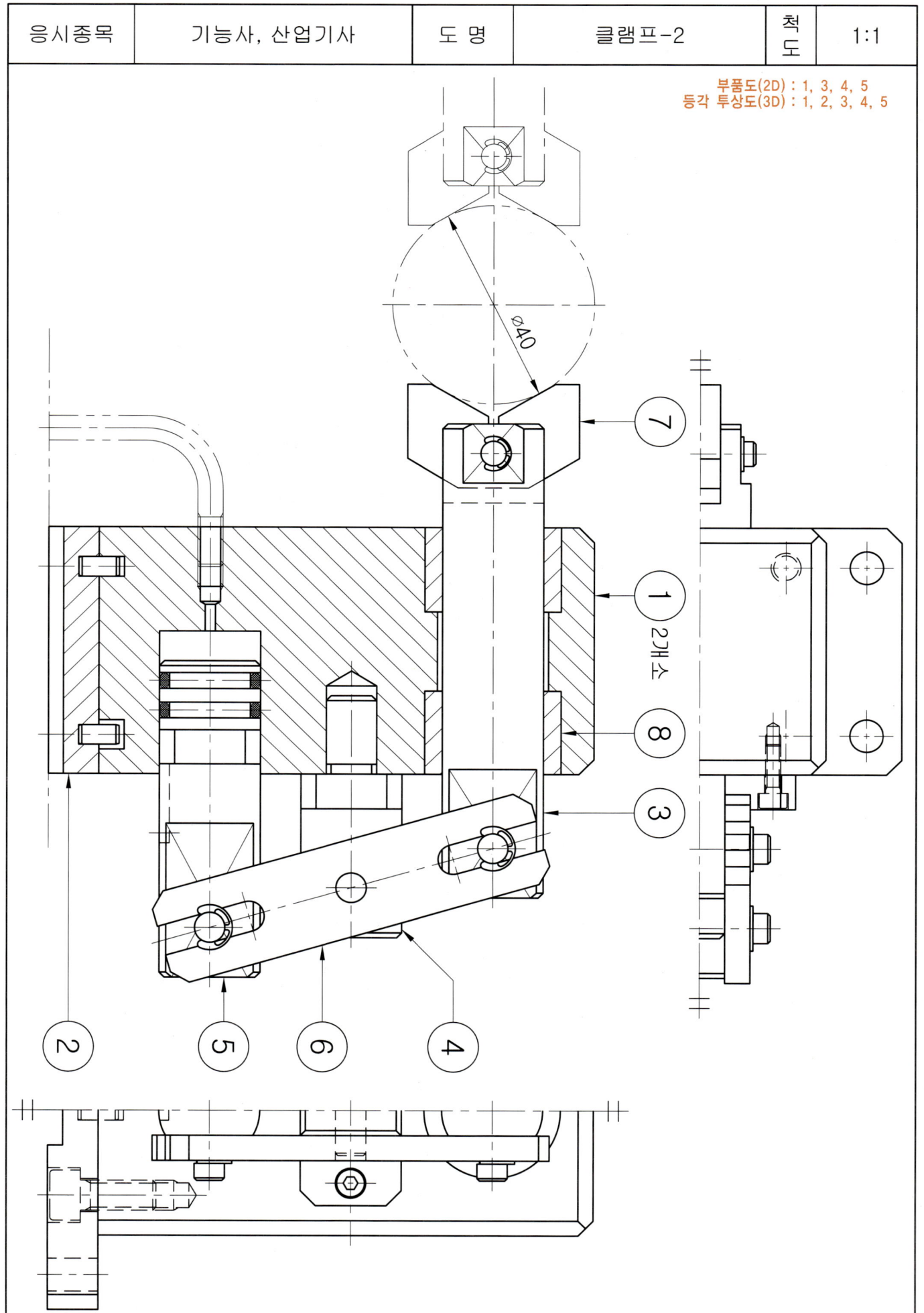

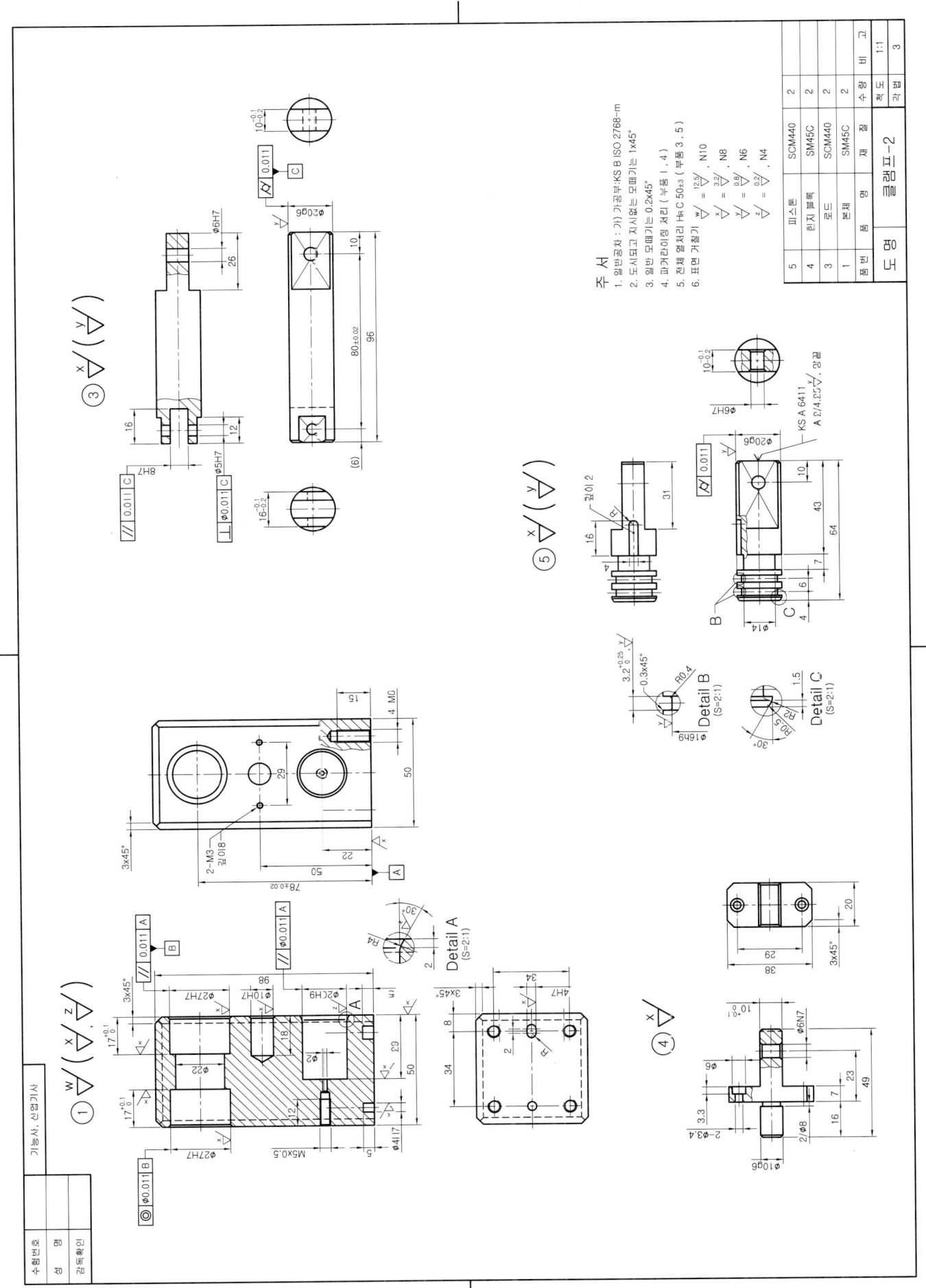

37. 클램프-2

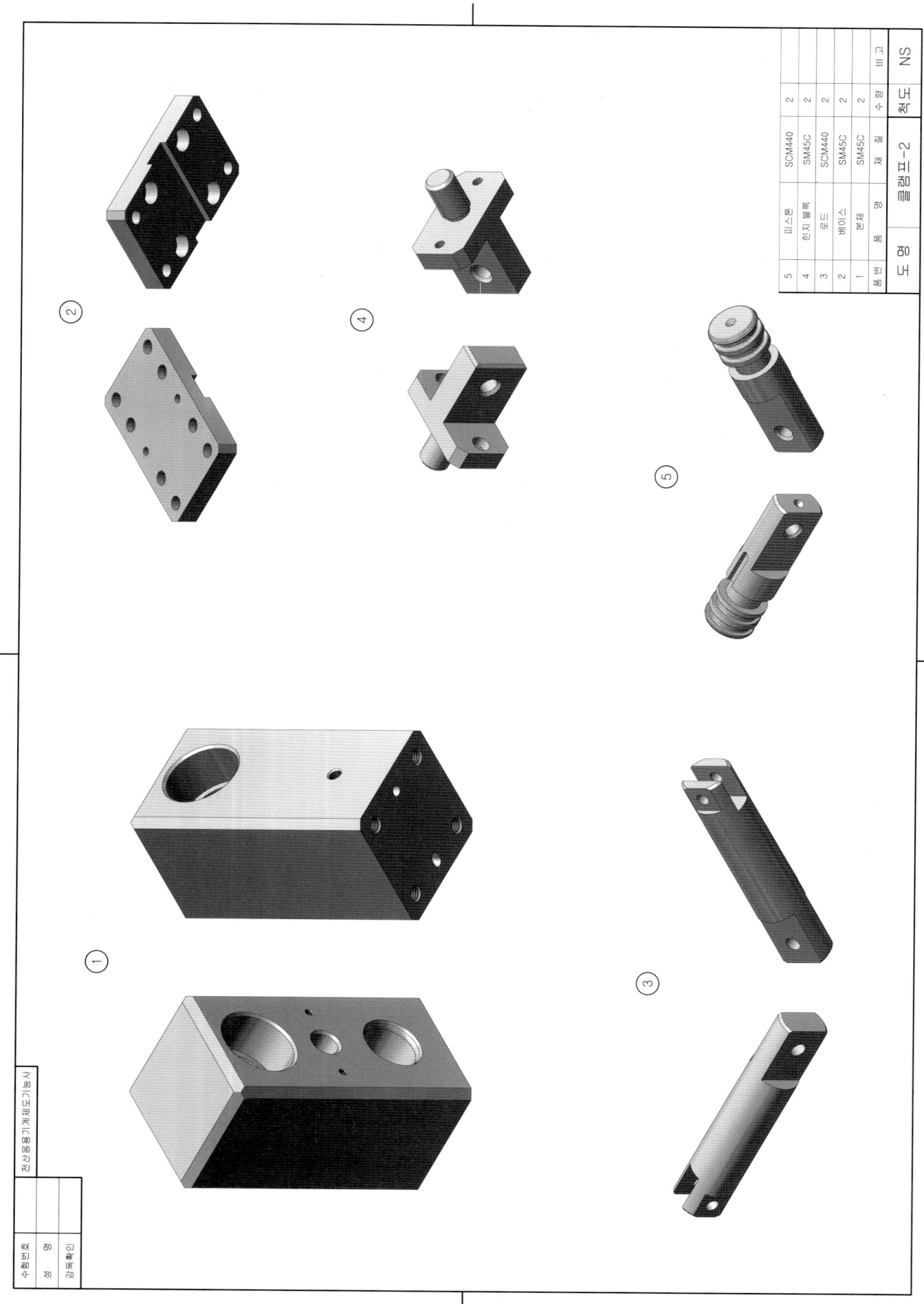

37. 클램프-2

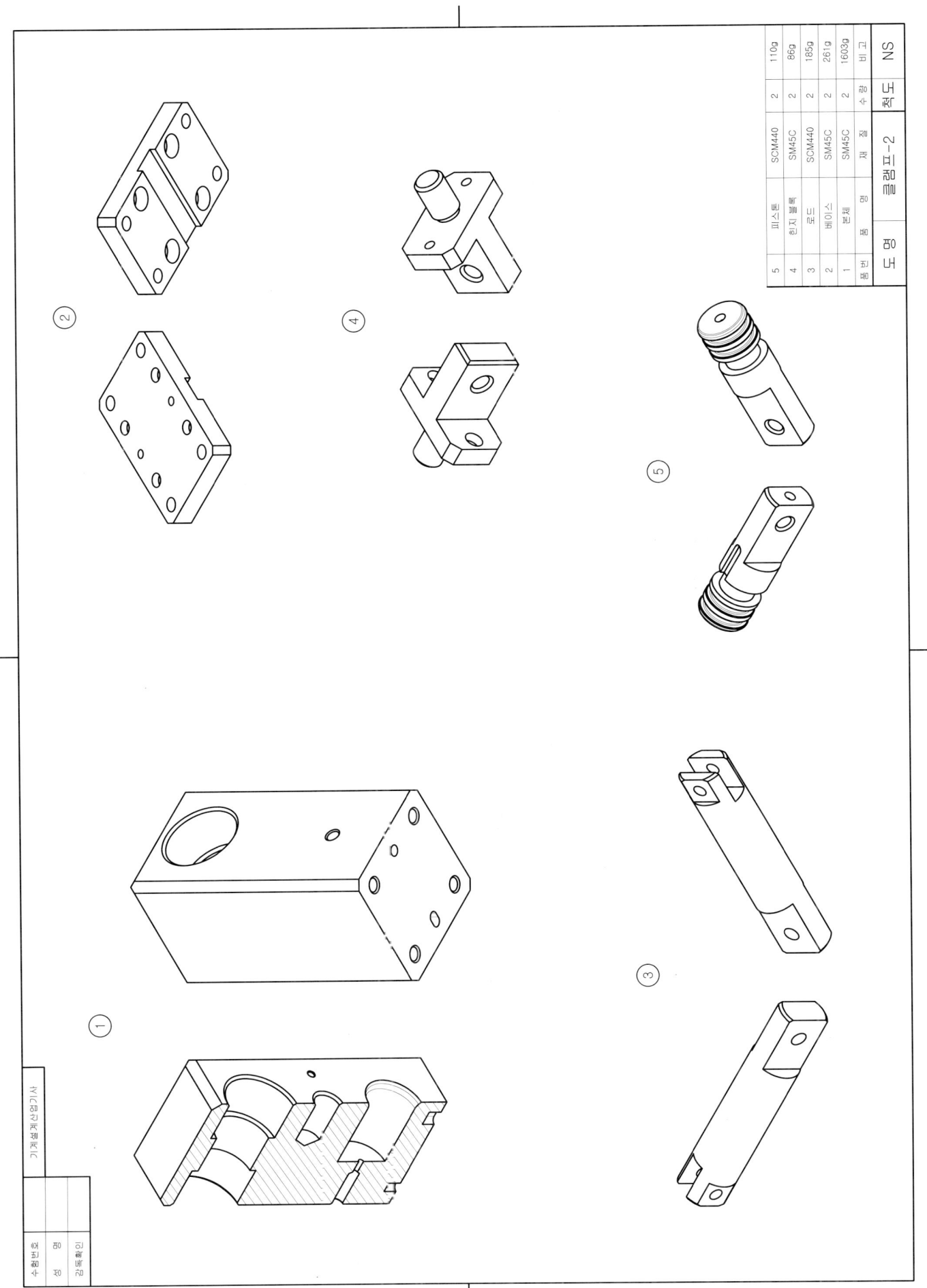

37. 클램프-2

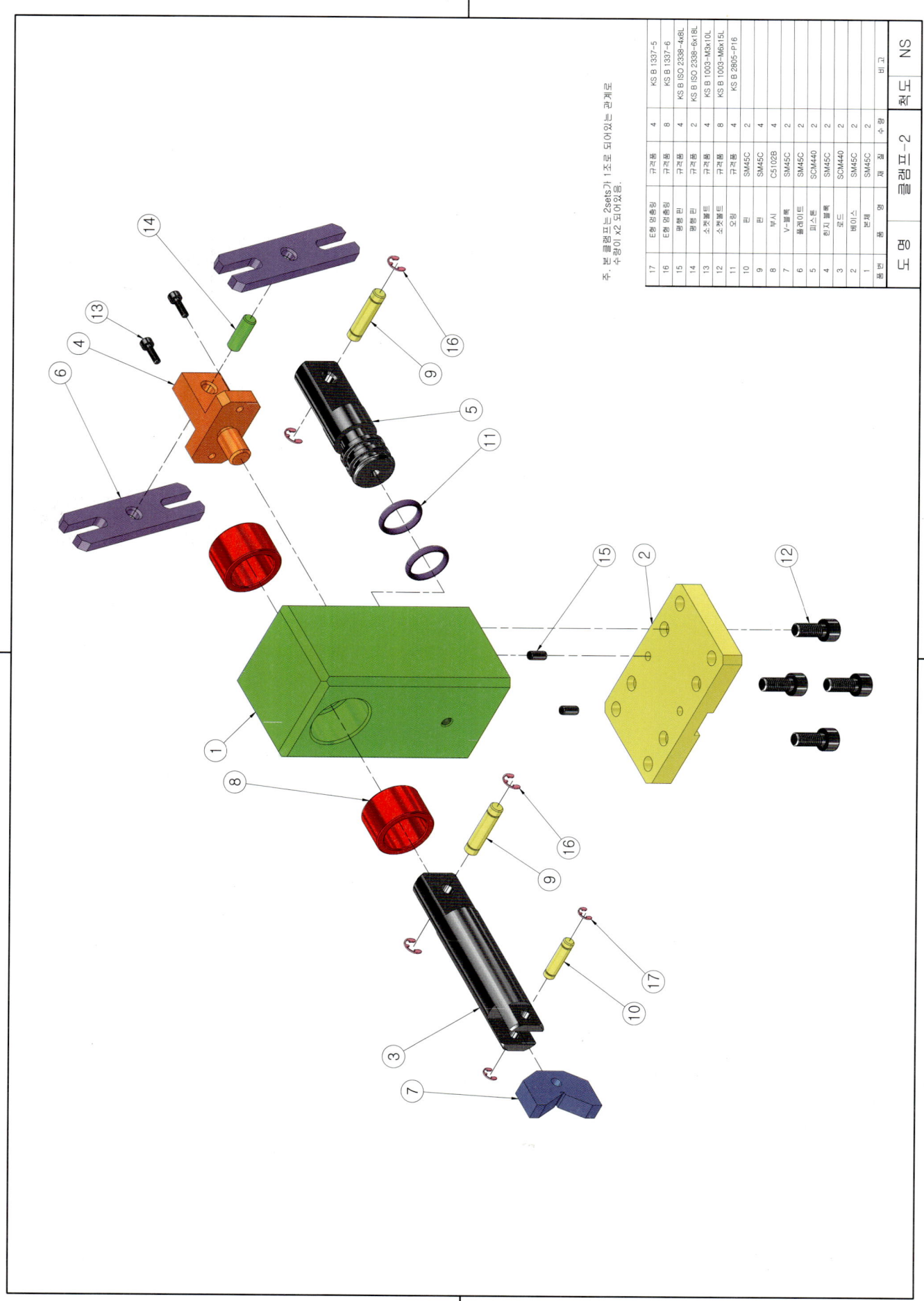

37. 클램프-2

등각 조립도 예제 도면

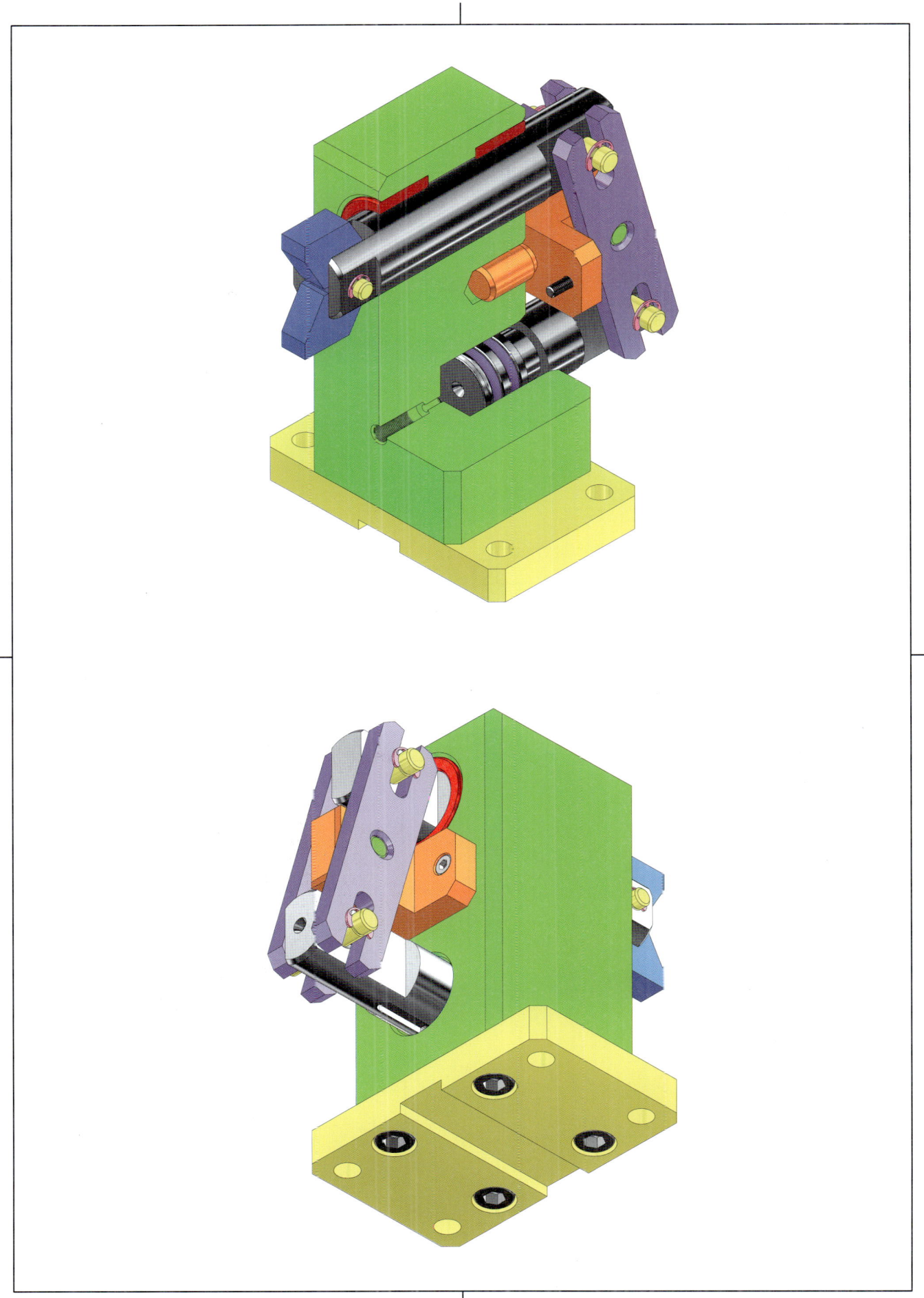

38. 에어척-1

| 응시종목 | 기능사, 산업기사 | 도 명 | 에어척-1 | 척도 | 1:1 |

부품도(2D) : 1, 2, 3, 5, 6
등각 투상도(3D) : 1, 2, 3, 5, 6

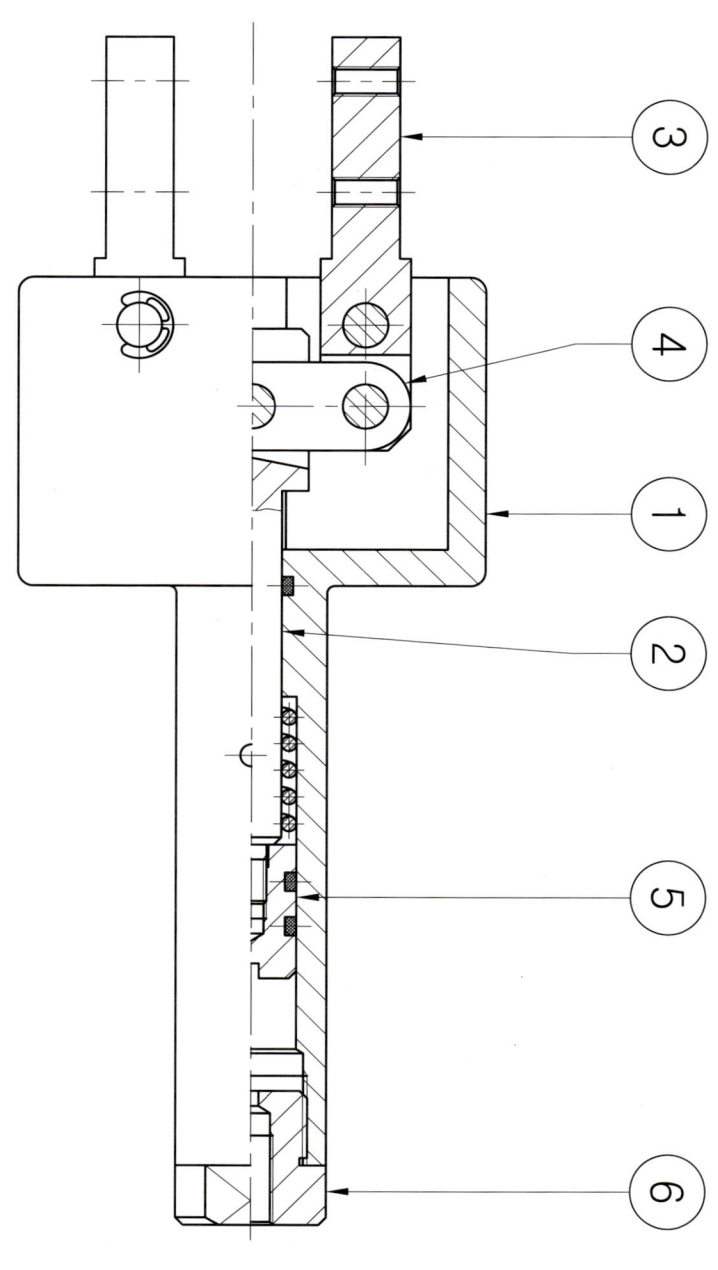

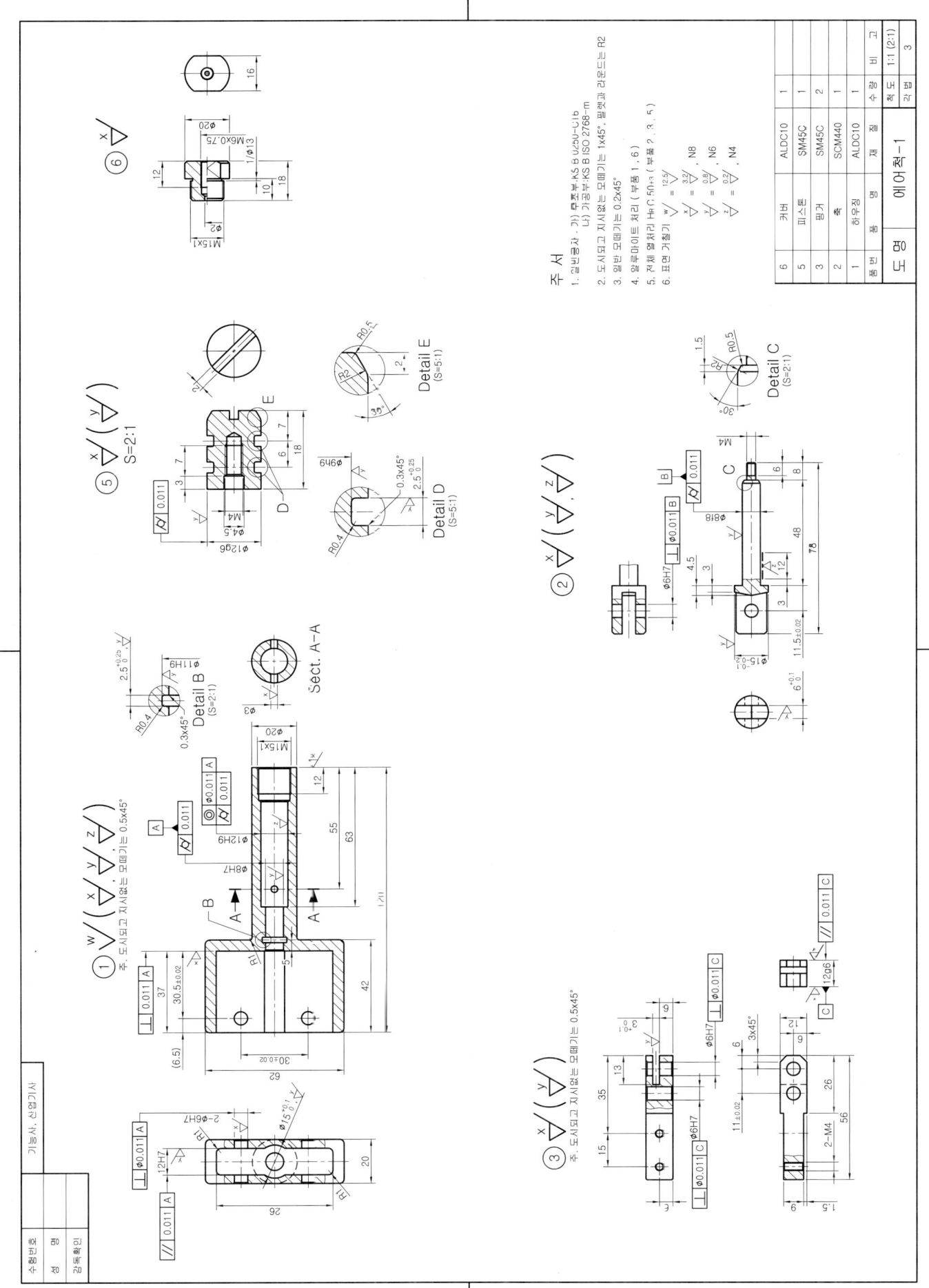

38. 에어척-1

전산응용기계제도기능사 렌더링 등각 투상도 예제 도면

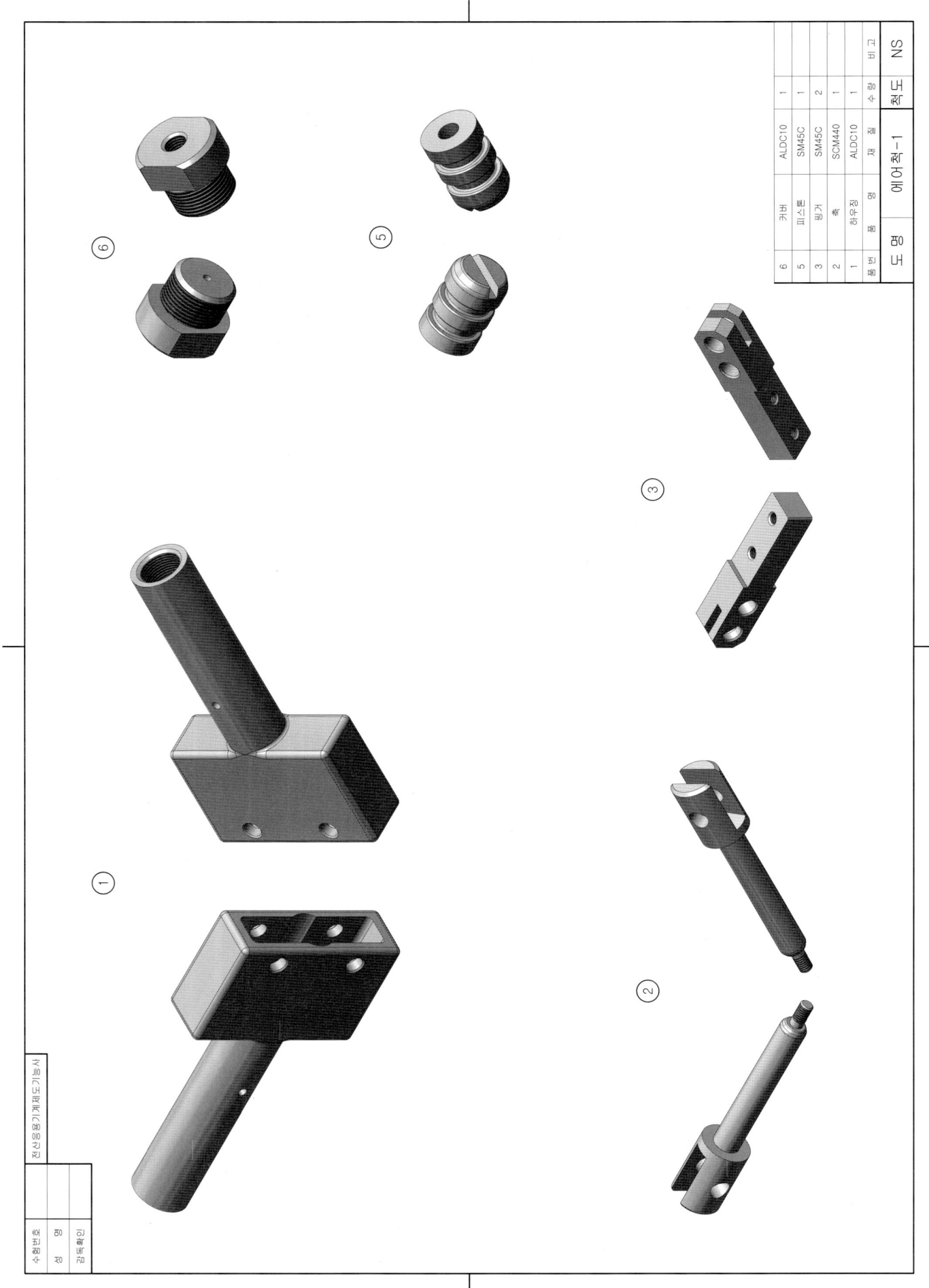

38. 에어척-1

기계설계산업기사 3차원 모델링도 예제 도면

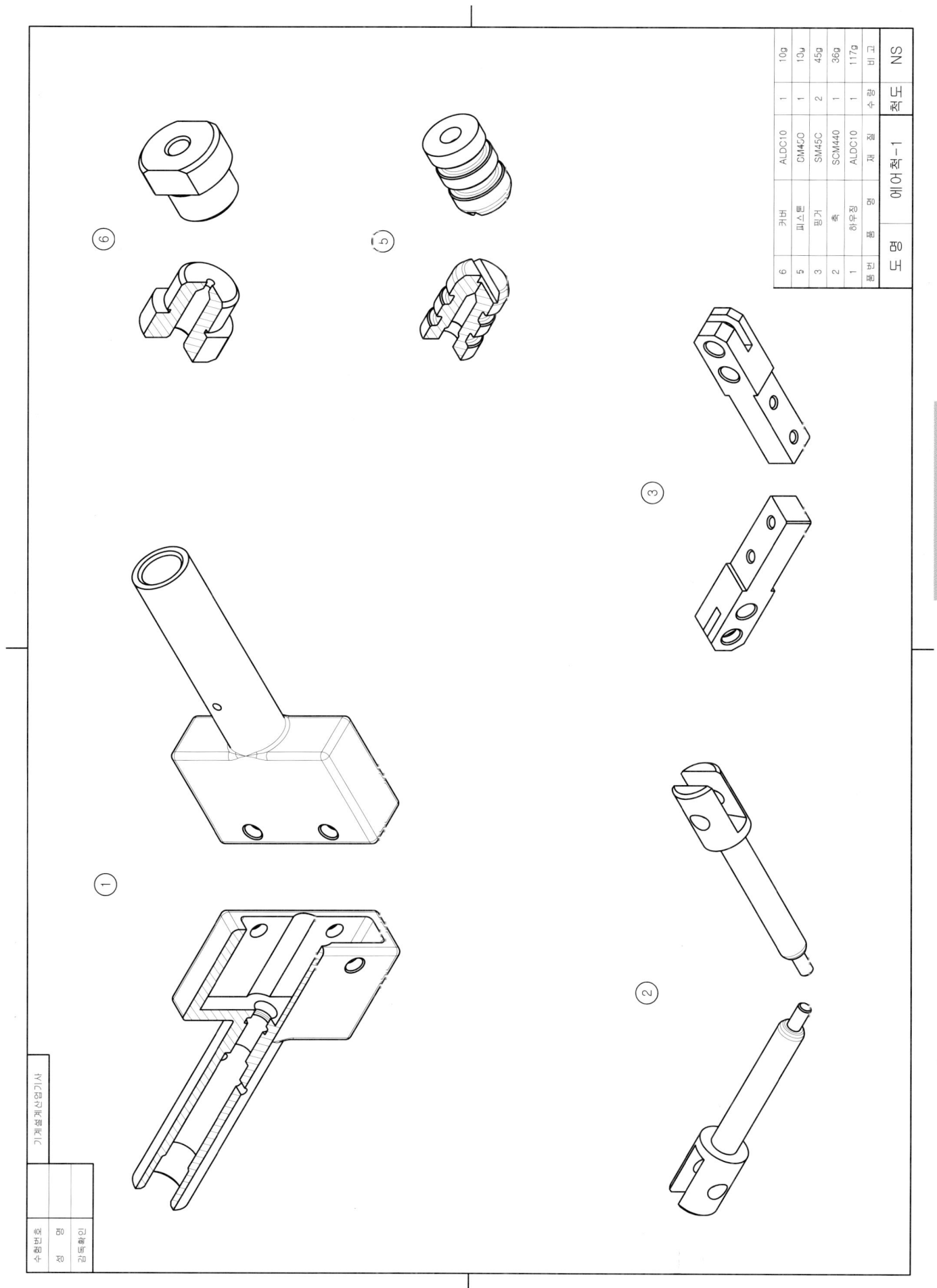

품번	품명	재질	수량	비고
6	커버	ALDC10	1	10g
5	피스톤	CM45C	1	10g
3	핑거	SM45C	2	45g
2	축	SCM440	1	36g
1	하우징	ALDC10	1	117g

도명: 에어척-1 척도: NS

38. 에어척-1

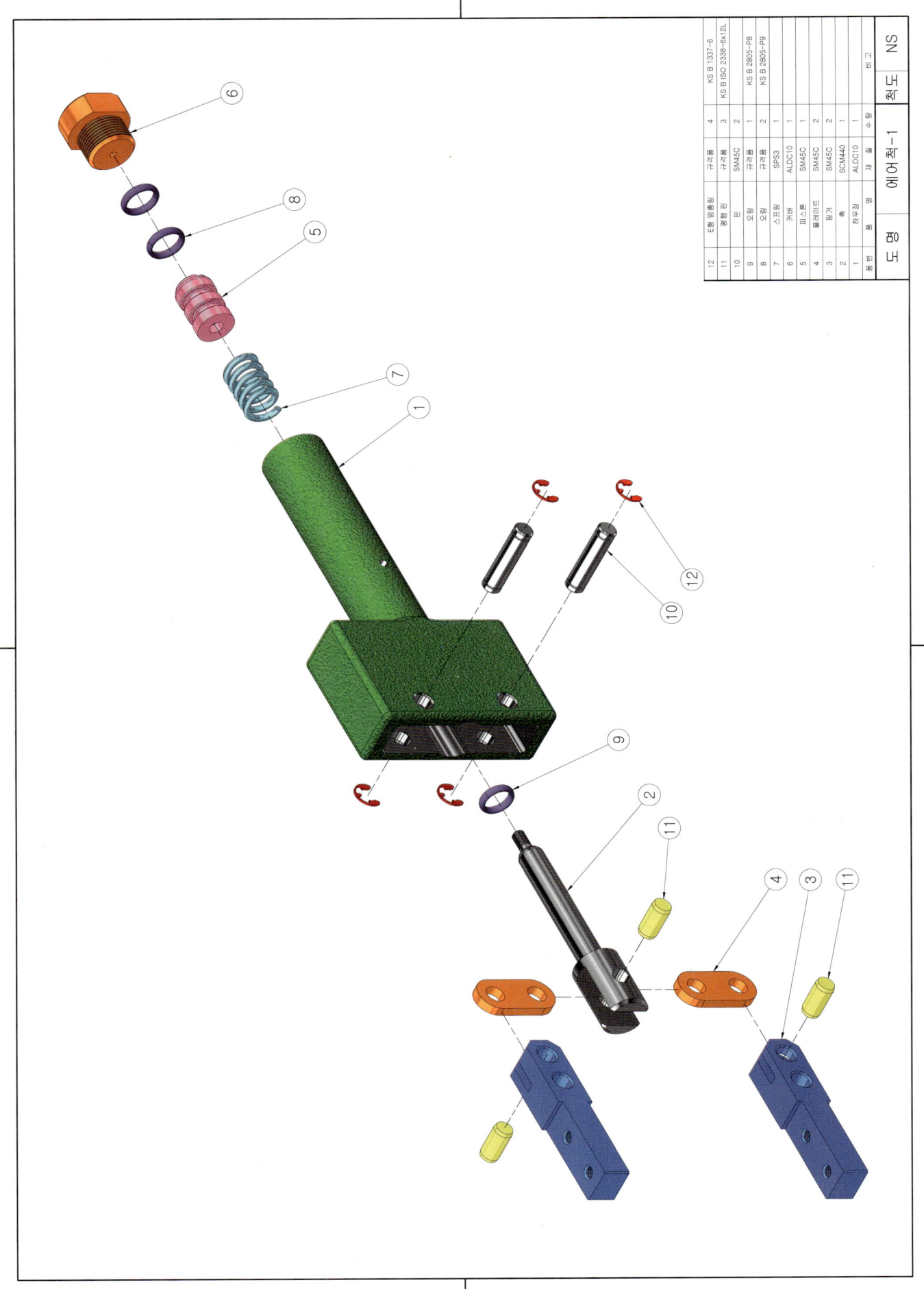

38. 에어척-1

등각 조립도 예제 도면

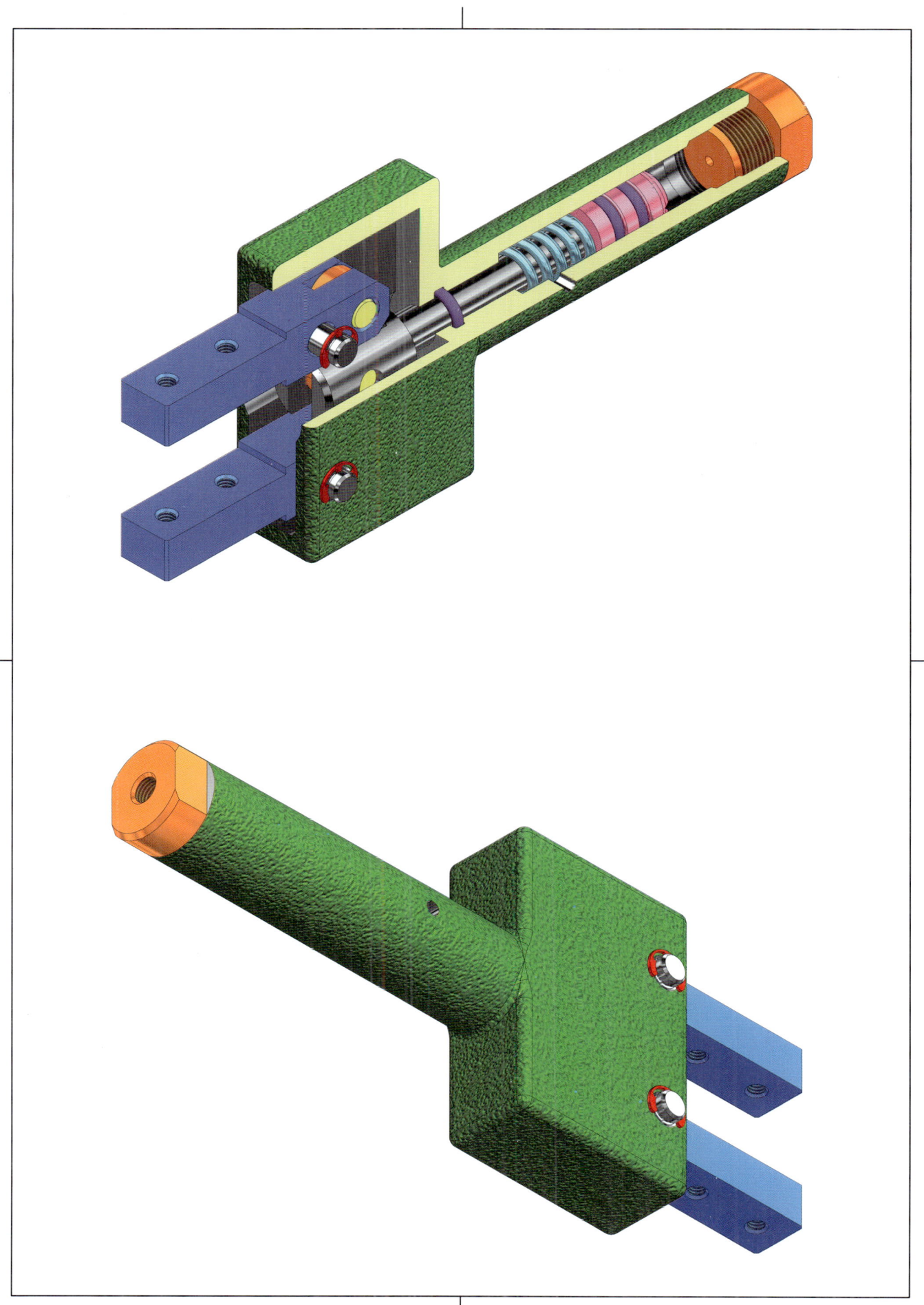

39. 에어척-2

| 응시종목 | 기능사, 산업기사 | 도 명 | 에어척-2 | 척도 | 1:1 |

부품도(2D): 1, 2, 3, 5
등각 투상도(3D): 1, 2, 3, 4, 5

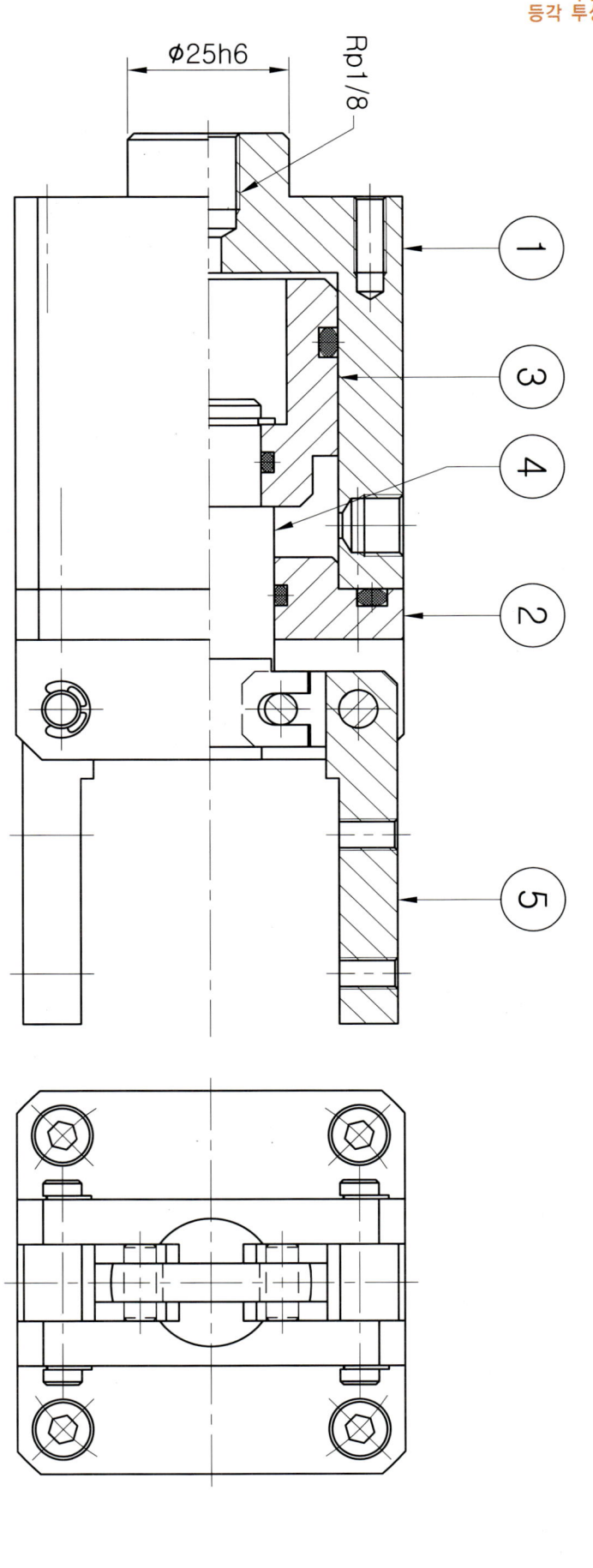

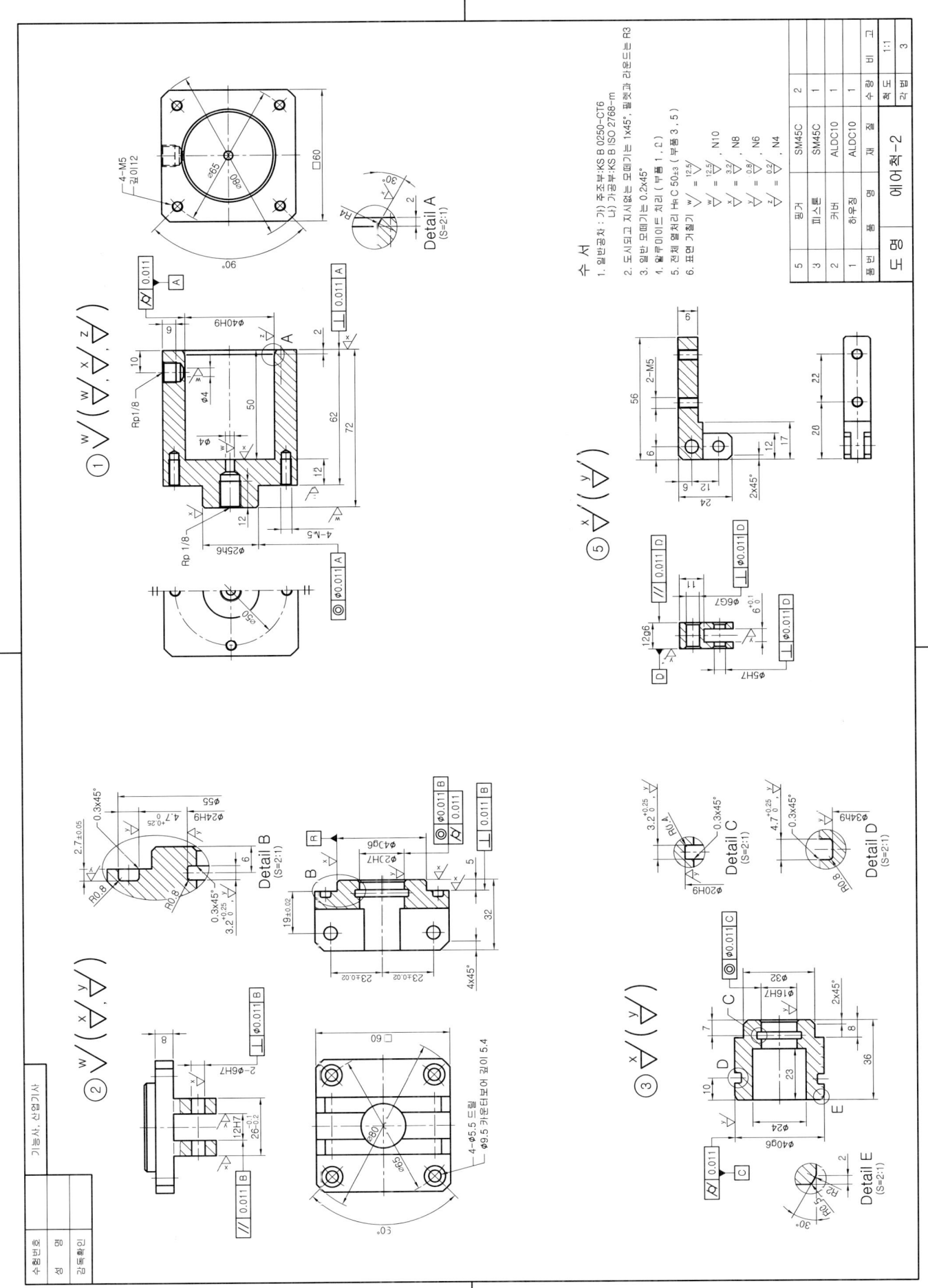

39. 에어척-2

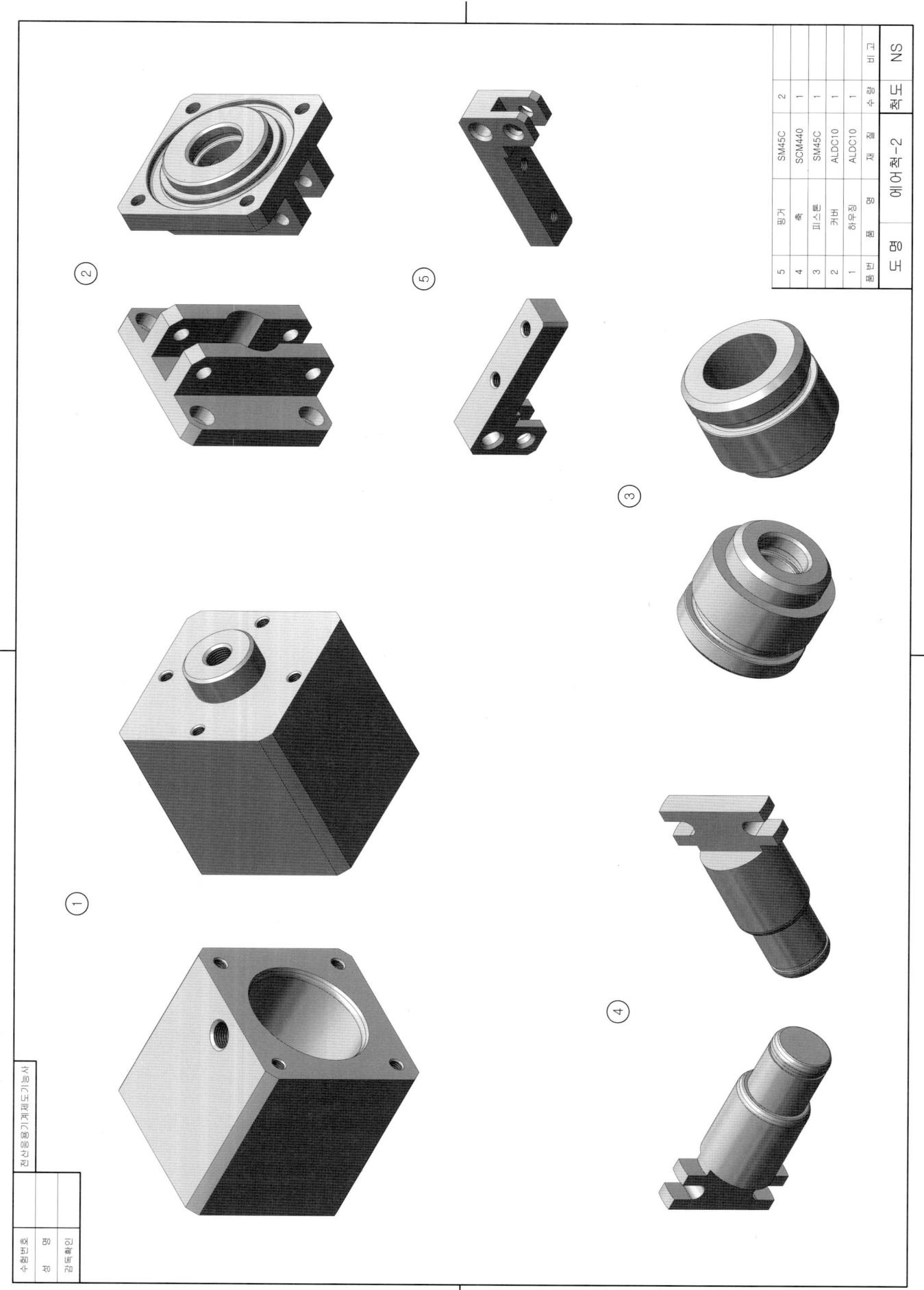

39. 에어척-2

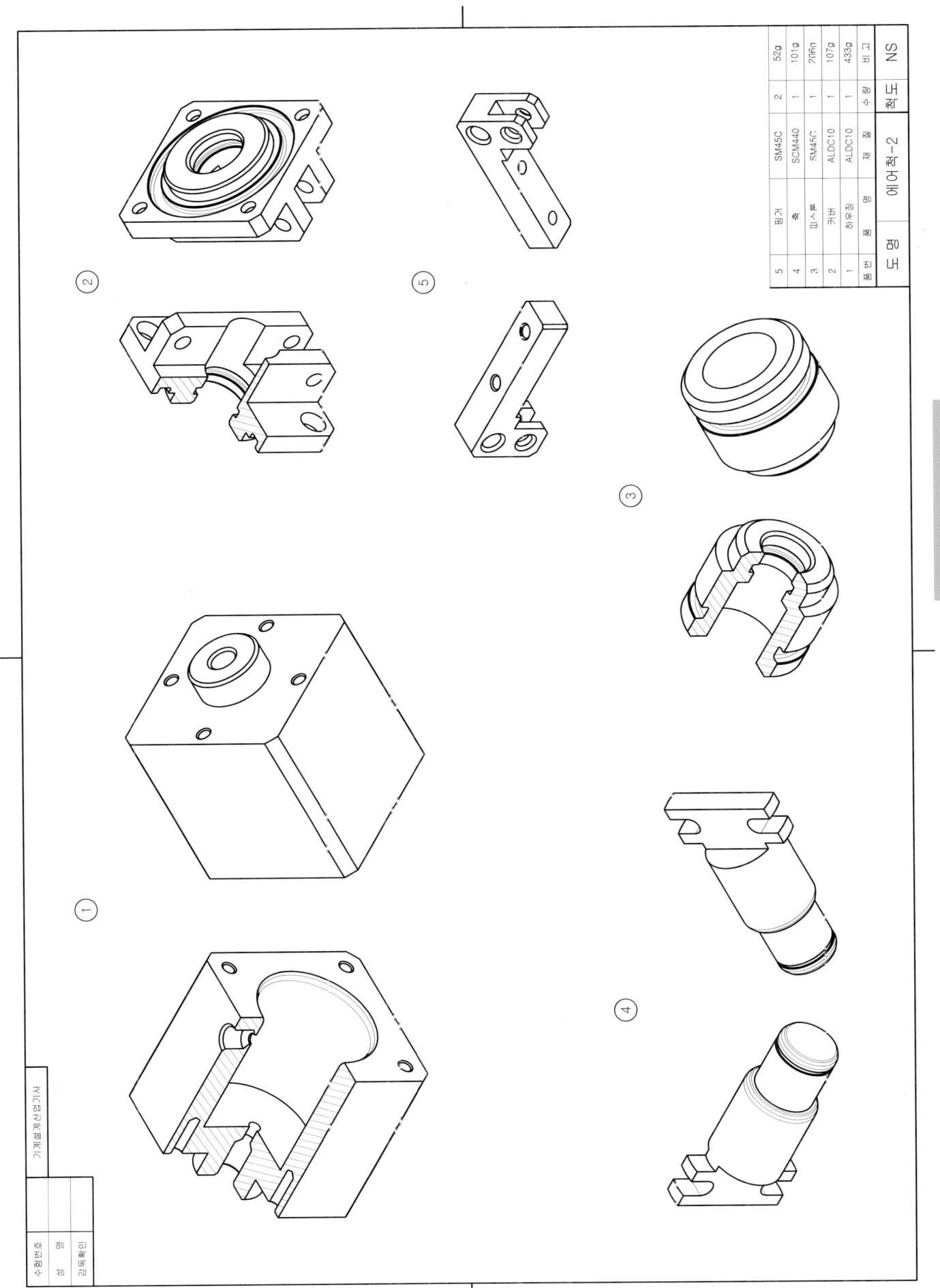

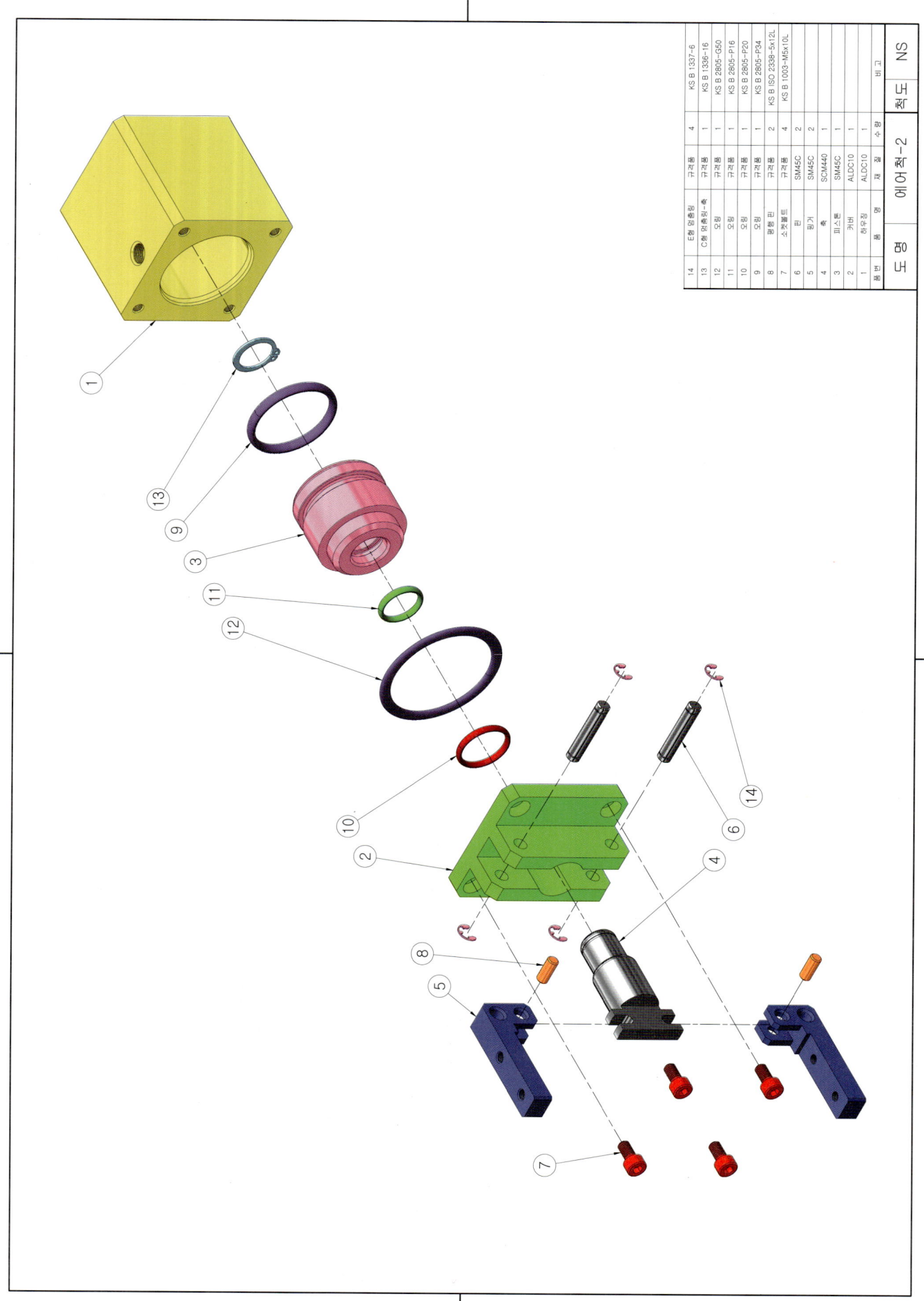

39. 에어척-2

등각 조립도 예제 도면

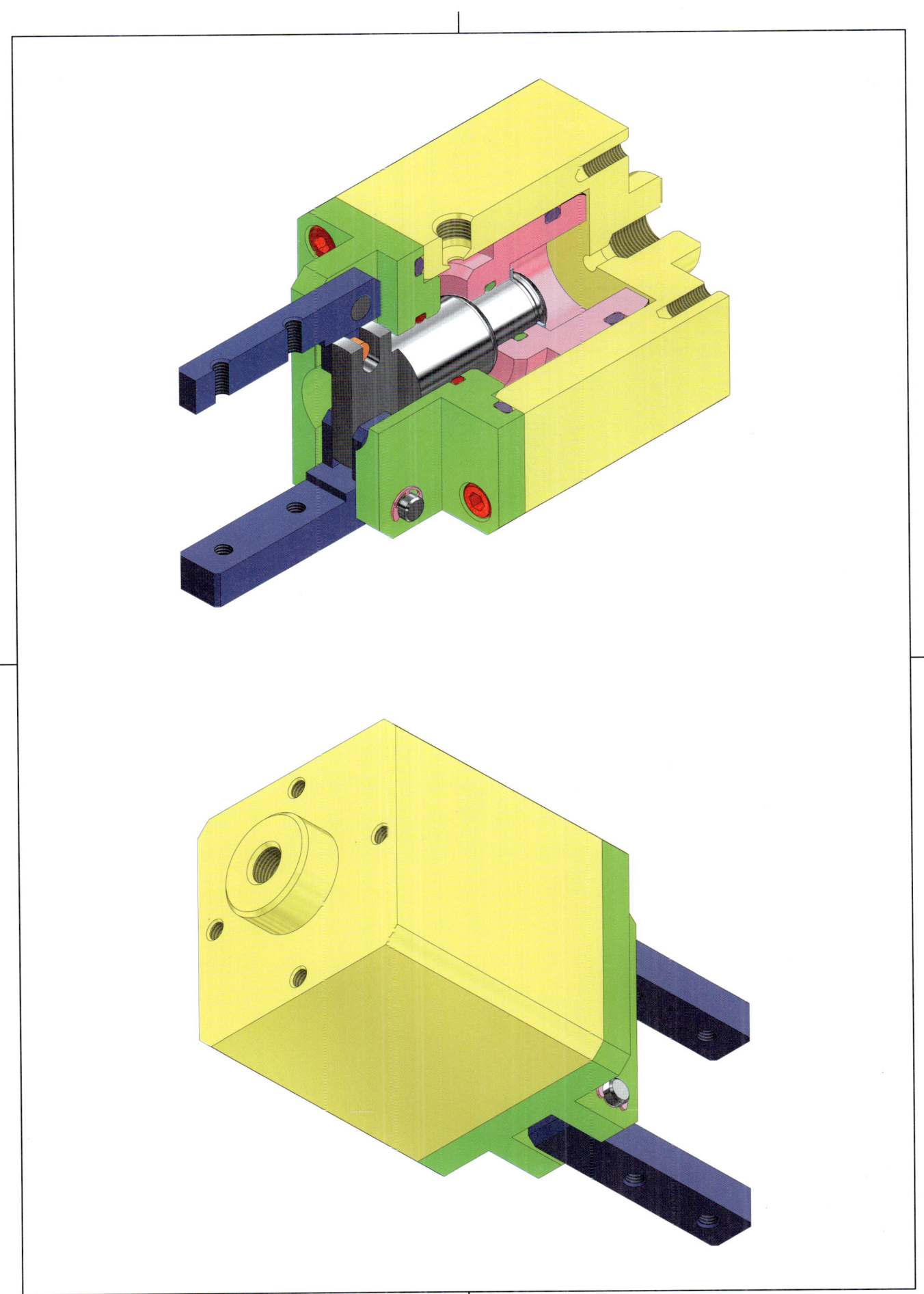

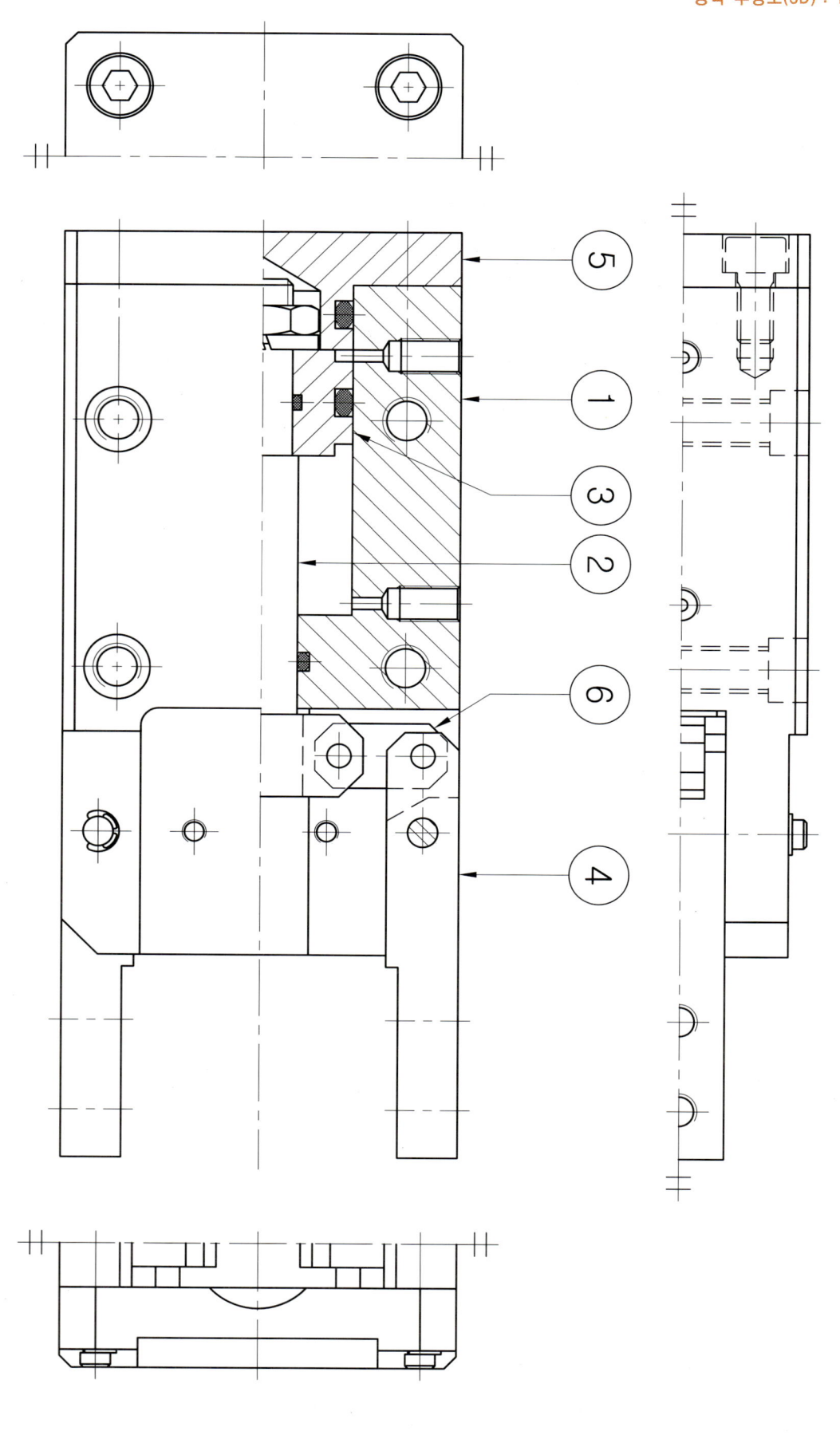

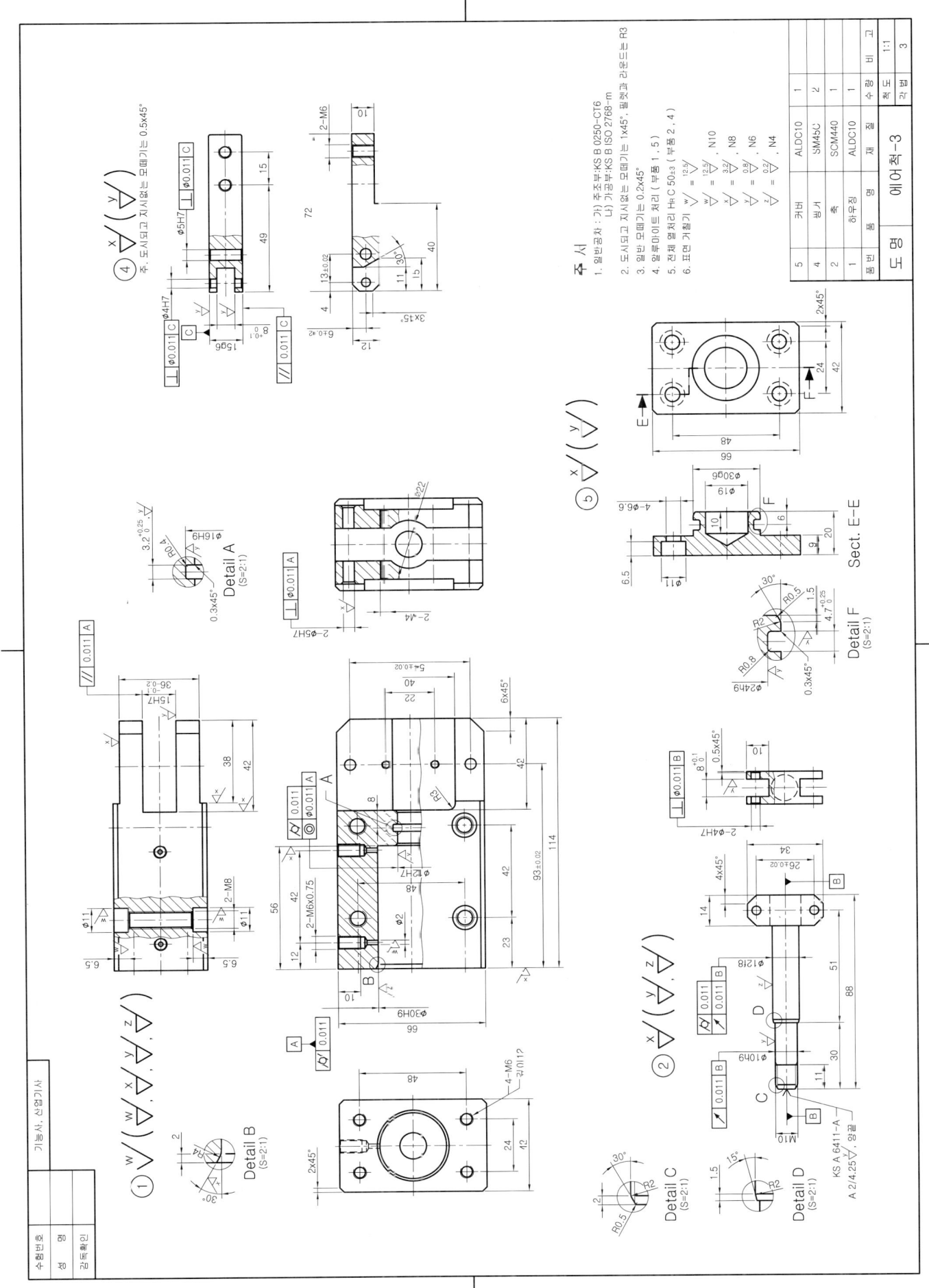

40. 에어척-3

전산응용기계제도기능사 렌더링 등각 투상도 예제 도면

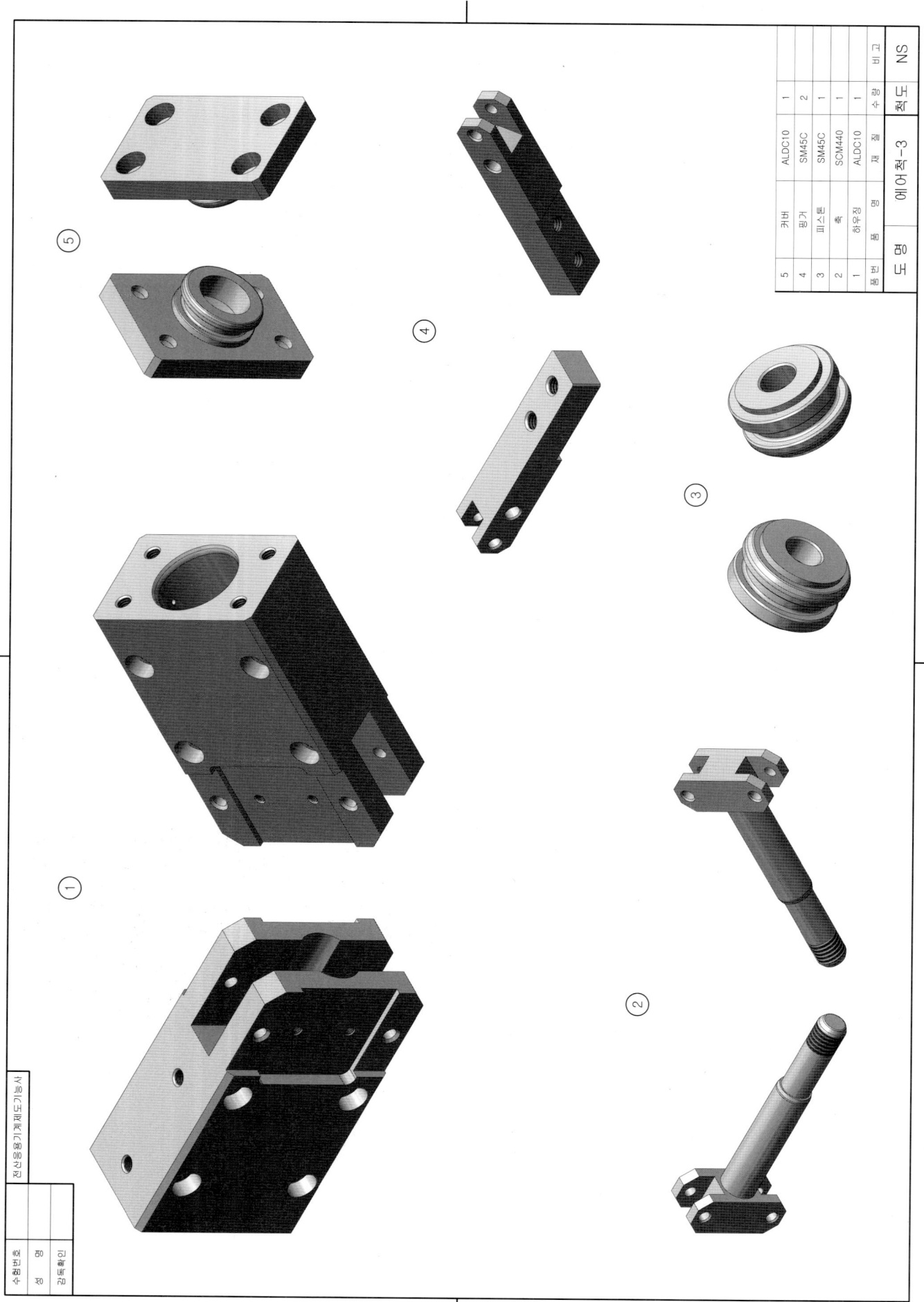

40. 에어척-3

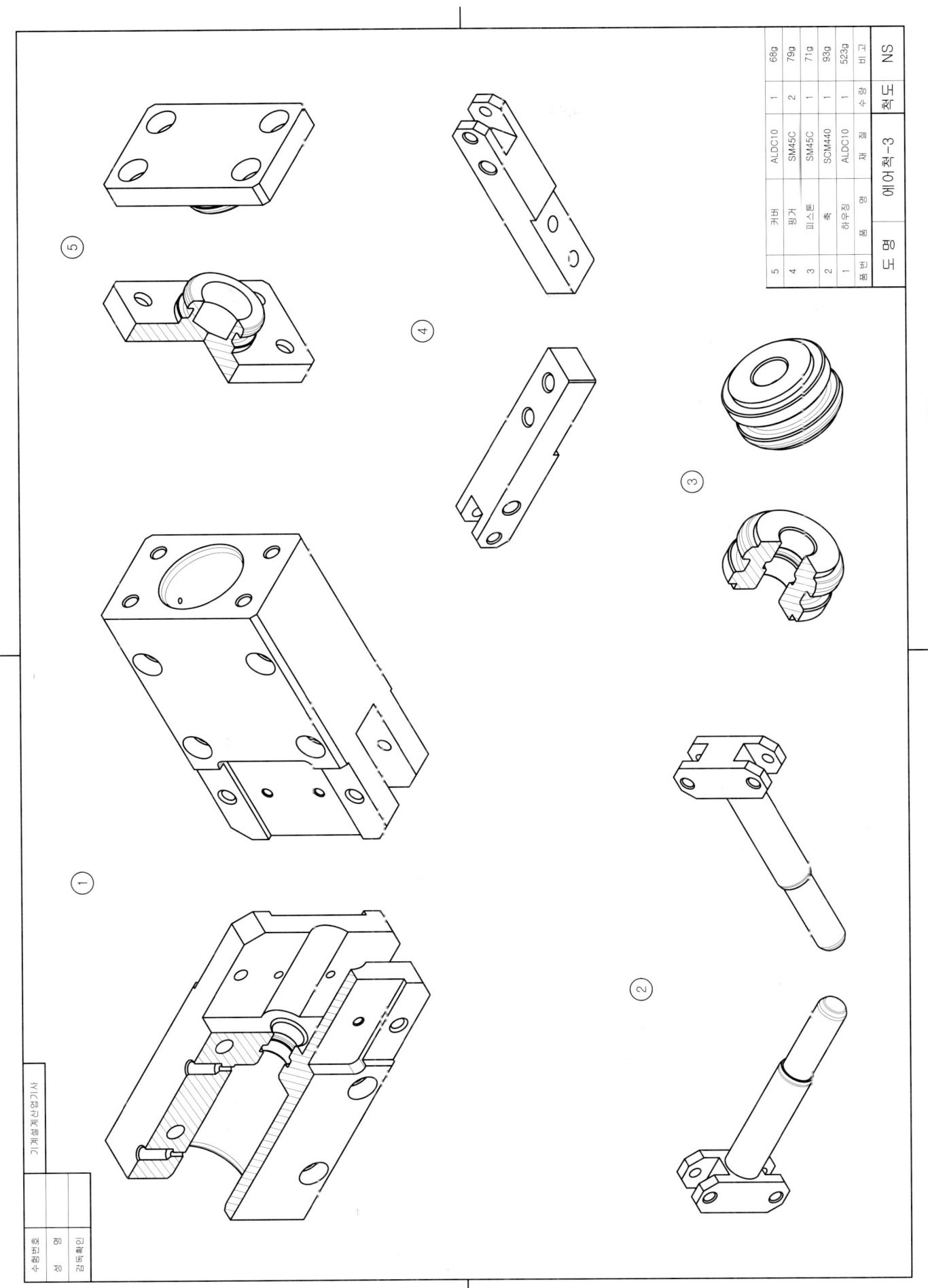

40. 에어척-3

등각 분해도 예제 도면

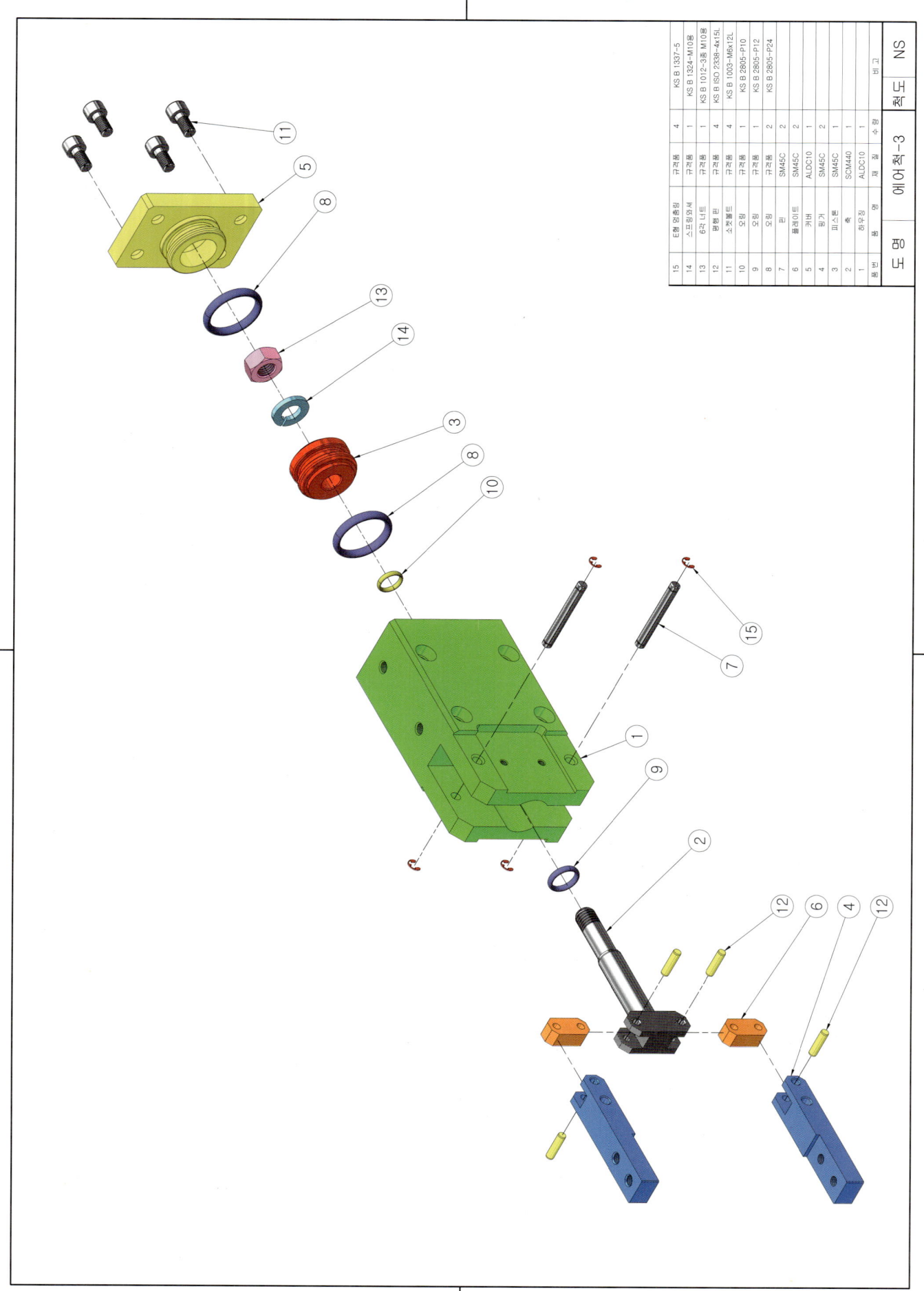

40. 에어척-3

등각 조립도 예제 도면

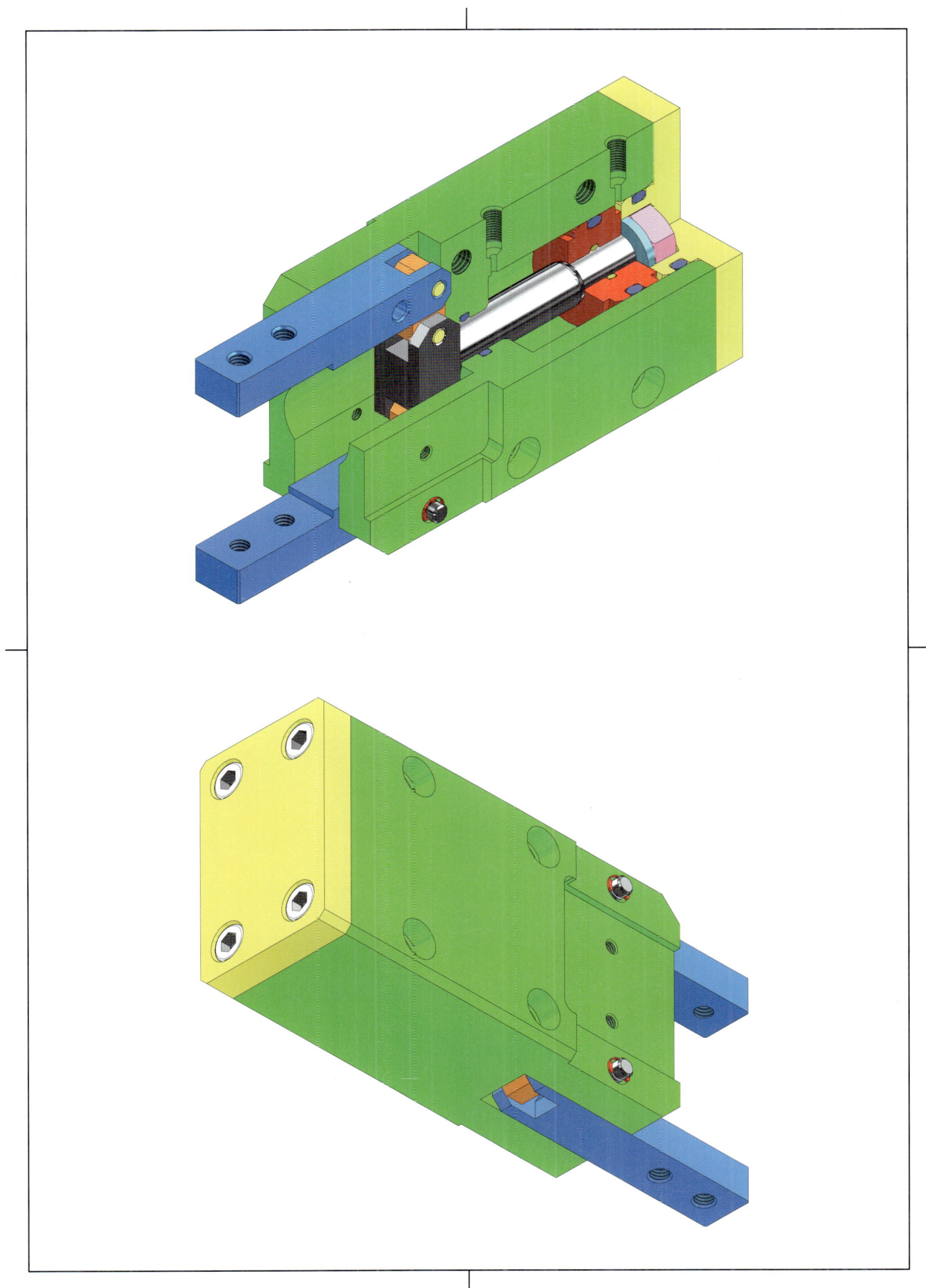

Chapter 3
자주 출제되는 KS 규격의 설계 적용법

1. 키 ·· 278
2. 반달키 ·· 284
3. 경사키 ·· 286
4. 키 및 키홈의 끼워맞춤 ·· 287
5. 자리파기, 카운터보링, 카운터싱킹 ······················ 289
6. 치공구용 지그 부시 ·· 292
7. 기어의 제도 ·· 299
8. V-벨트 풀리 ··· 307
9. 나사 ··· 315
10. V-블록 ··· 317
11. 더브테일 ··· 319
12. 롤러 체인 스프로킷 ·· 322
13. T홈 ·· 325
14. 멈춤링(스냅링) ·· 326
15. 오일실 ·· 333
16. 널링 ··· 339
17. 표면거칠기 기호의 크기 및 방향과 품번의 도시법 ···· 340
18. 구름베어링 로크 너트 및 와셔 ························· 341
19. 센터 ··· 344
20. 오링 ··· 346
21. 구름 베어링의 적용 ·· 349

자주 출제되는 KS 규격의 설계 적용법

Lesson 01 키(Key)
KS B 1311:2009

■ 용도
보통 축은 베어링에 의해 양단 지지되고 있는 경우가 일반적이며 축의 한쪽 또는 양쪽에 기어나 풀리와 같은 회전체의 보스(boss)와 축에 키홈을 파고 키를 끼워넣어 고정시켜 회전운동시에 미끄럼 발생없이 동력을 전달하는 곳에 사용하는 축계 기계요소이다.

■ 종류
평행키(활동형, 보통형, 조임형), 반달키, 경사키, 접선키, 둥근키, 안장키, 평키(납작키), 원뿔키, 스플라인, 세레이션 등이 있는데 일반적으로 평행키(묻힘키)의 보통형이 가장 널리 사용된다.

1. 여러 가지 키의 종류 및 형상

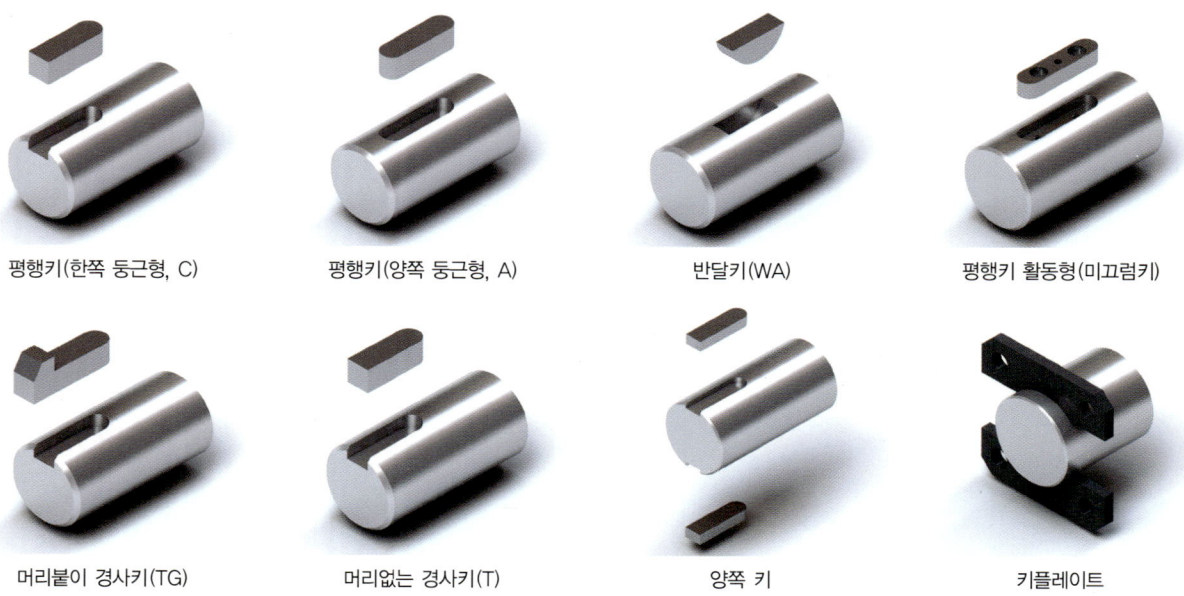

평행키(한쪽 둥근형, C) 평행키(양쪽 둥근형, A) 반달키(WA) 평행키 활동형(미끄럼키)

머리붙이 경사키(TG) 머리없는 경사키(T) 양쪽 키 키플레이트

2. 기준치수 및 축과 구멍의 KS규격 주요 치수

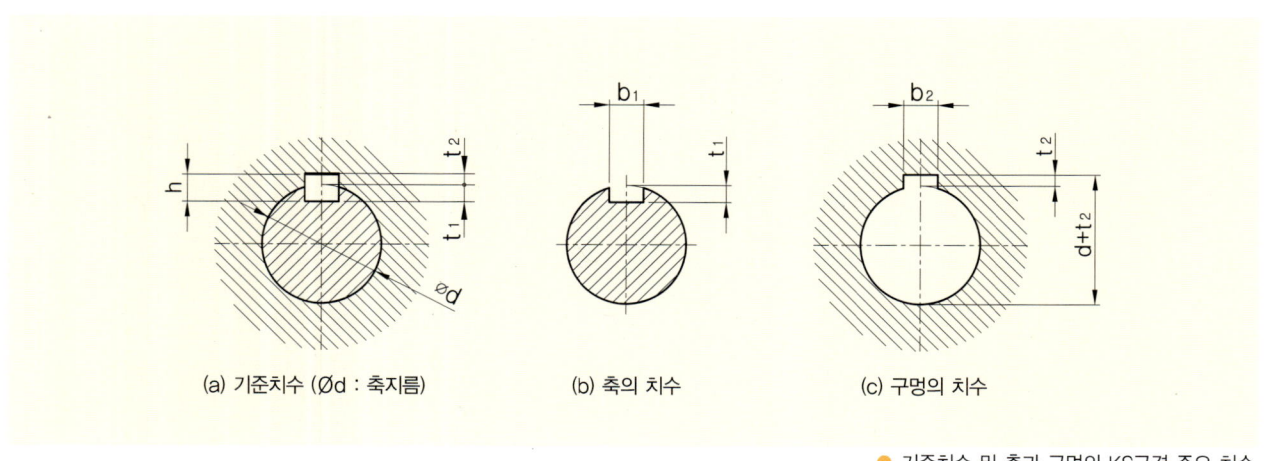

(a) 기준치수 (Ød : 축지름)　　(b) 축의 치수　　(c) 구멍의 치수

● 기준치수 및 축과 구멍의 KS규격 주요 치수

3. 엔드밀로 가공된 축의 치수 기입 예

축의 키홈은 일반적으로 홈 밀링커터나 엔드밀이라는 절삭공구를 사용하여 가공을 하며 회전체의 보스(구멍)의 키홈은 브로우치(broach)라는 공구나 슬로터(slotter)를 이용해서 가공한다. 슬로터는 대량 생산의 경우 사용하며 키홈 뿐만 아니라 스플라인 등 다각형 구멍의 가공에 편리하다.

■ 밀링머신의 절삭가공 예

● Solid carbide end mill(이미지 제공 : SECO)

● 엔드밀로 축의 키홈 가공 예

● 밀링에서 여러 가지 홈 가공 예
  (이미지 제공 : SANDVIK)

■ 브로우치의 키홈 절삭가공 예

● 키홈 가공용 브로우치

● 브로우치로 기어 내경 키홈 가공 예

■ 슬로터의 절삭가공 예

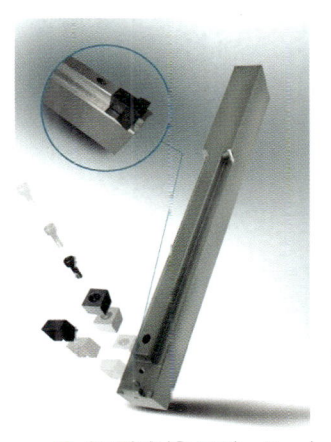

● 슬로팅머신용 공구(toollings)

● 슬로팅머신

■ 엔드밀로 가공된 축의 치수 기입 예

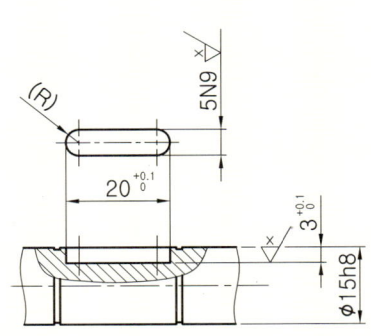
● 적용 축지름 Ø15

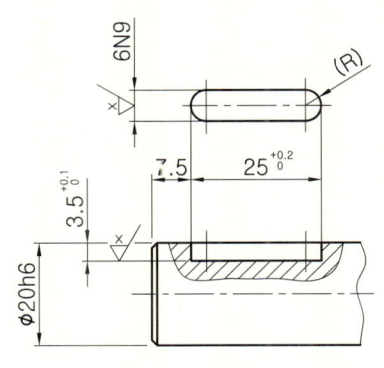
● 적용 축지름 Ø20

■ 자주 출제되는 KS 규격의 설계 적용법

4. 밀링커터로 가공된 축의 치수 기입 예

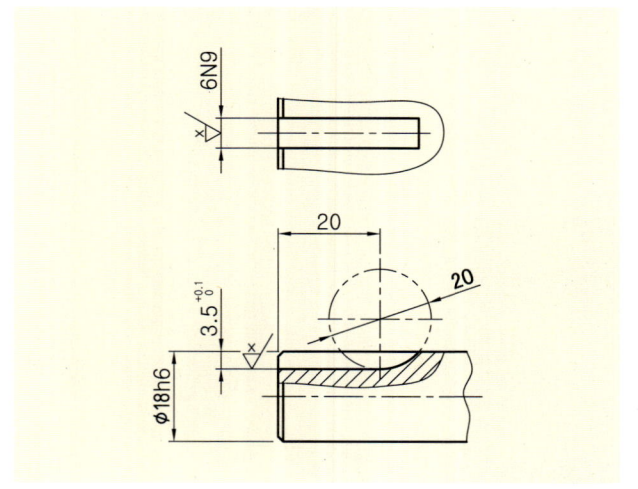

● 적용 축지름 Ø18

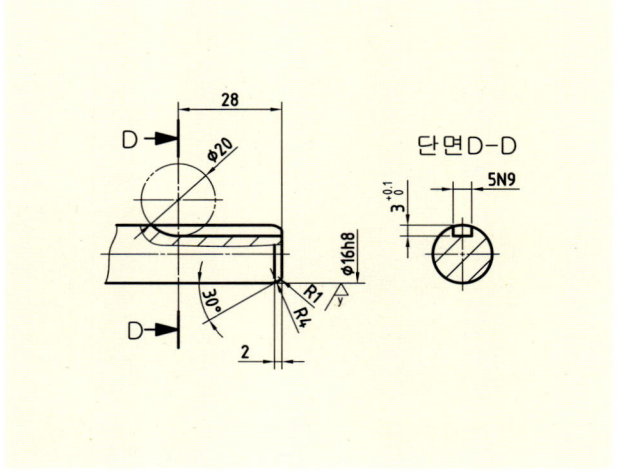

● 적용 축지름 Ø16

5. 구멍의 키홈 치수 기입 예

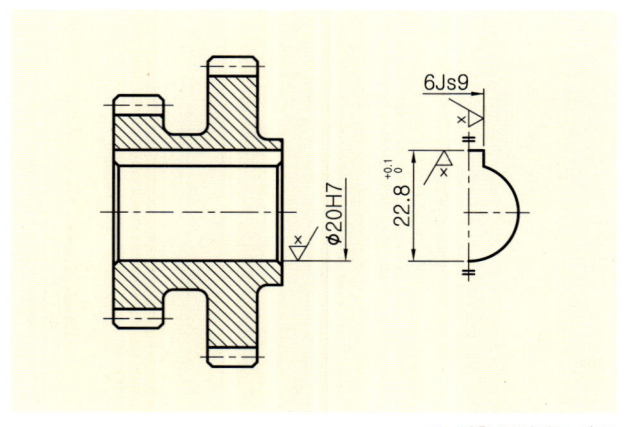

● 적용 구멍지름 Ø20

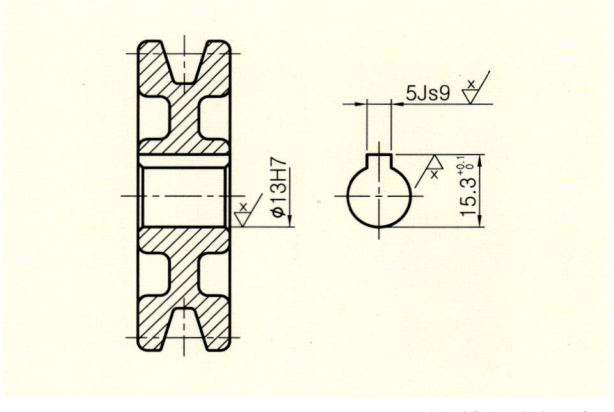

● 적용 구멍지름 Ø13

■ 평행키 보통형(구, 묻힘키 보통급) 주요 규격 치수

적용 축지름 Ø d 초과~이하	기준치수 b_1, b_2	축 t_1	구멍 t_2	t_1, t_2의 허용차	축 b_1 허용차 N9	구멍 b_2 허용차 Js9
6~8	2	1.2	1.0	+0.1 0	−0.004 −0.029	±0.0125
8~10	3	1.8	1.4			
10~12	4	2.5	1.8			
12~17	5	3.0	2.3		0 −0.030	±0.0150
17~22	6	3.5	2.8			
20~25	7	4.0	3.0	+0.2 0	0 −0.036	±0.0180
22~30	8					
30~38	10	5.0	3.3			
38~44	12				0 −0.043	±0.0215
44~50	14	5.5	3.8			

6. 동력전달장치에 적용된 평행키의 KS규격을 찾아 도면에 적용하는 법

위에 축과 구멍의 키홈 치수 기입 예처럼 키홈의 치수를 KS규격에서 찾는 방법은 키가 조립되는 **기준 축지름 d**에 해당하는 규격을 찾아 축에는 **키홈의 깊이** t_1과 **폭인** b_1을 찾아 적용하고 구멍에도 키홈의 깊이 t_2와 폭인 b_2에 해당되는 **허용차**를 기입해 주면 된다. 평행키는 사용빈도가 높고, 실기시험 출제 도면에도 자주 나오는 부분이므로 반드시 키가 조립되는 축과 구멍의 키홈 치수 및 허용차를 올바르게 적용할 수 있어야 한다. 키홈의 치수에는 조임형과 보통형이 있는데 특별한 지시가 없는 한 일반적으로 **보통형**(허용차 b_1 : N9, b_2 : J_s9)를 적용해 주면 된다.

❶ 동력전달장치에 적용된 키의 치수 기입법

동력전달장치의 축과 회전체(평벨트 풀리, 스퍼기어)에 적용된 평행키(보통형) 관련 KS규격의 주요 규격 치수 및 공차를 찾아서 실제 도면에 적용해 보도록 하겠다.

● 참고 입체도

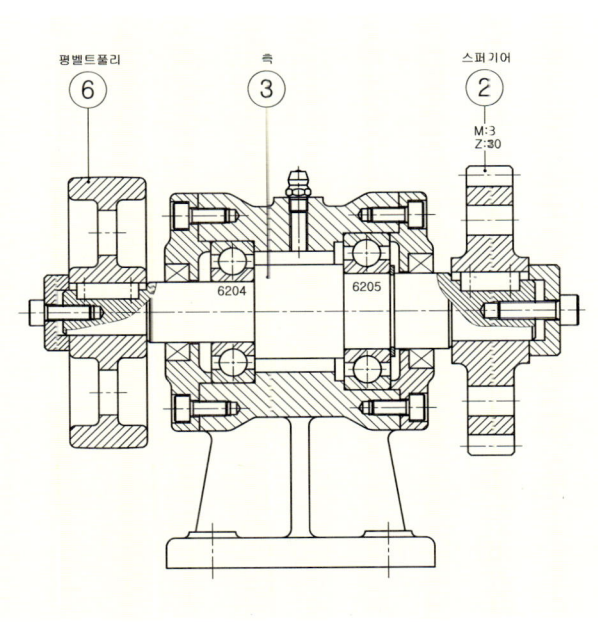

● 동력전달장치에 적용된 평행키

● 평벨트 풀리와 축의 평행키

● 스퍼기어와 축의 평행키

■ 자주 출제되는 KS 규격의 설계 적용법

❷ 축에 파져 있는 키홈의 치수

축에 관련된 키홈의 치수는 [KS B 1311]에 따라서 제일 먼저 적용하는 **축지름 d**에 해당하는 t_1과 b_1의 치수를 찾아 기입하면 된다.

■ 적용하는 기준 축지름 Ø15mm, Ø20m

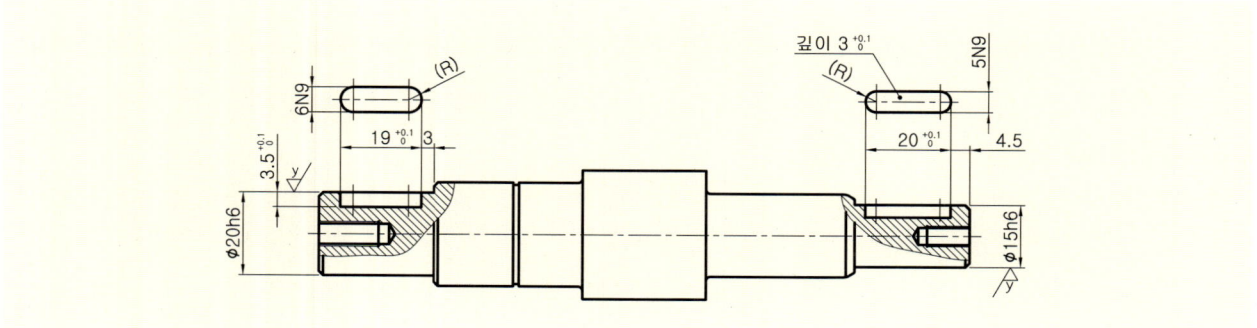

● 축에 관련된 키홈의 주요 KS 규격 치수

[주] 투상도 및 치수는 평행키와 관련된 사항들만 도시하였다.

❸ 구멍에 파져 있는 키홈의 치수

평벨트풀리와 스퍼기어의 구멍에 관련된 키홈의 치수는 축의 경우와 마찬가지로 제일 먼저 적용하는 **축지름 d**에 해당하는 t_2와 b_2의 치수를 찾아 기입하면 된다. 이때 주의 사항으로 구멍쪽의 키홈의 깊이인 t_2는 축지름 d와 합한 값을 기입하고 공차를 적용해주는 것이 바람직하다.

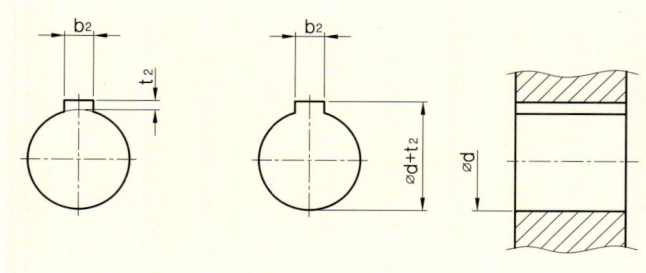

● 구멍에 관련된 키홈의 주요 KS 규격 치수

❹ 구멍에 끼워지는 축지름이 기준이 된다. 구멍지름 : Ø15mm, Ø20mm

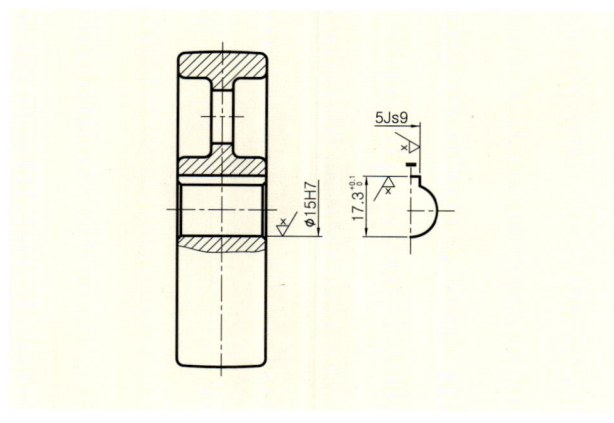

● 평벨트 풀리의 키홈

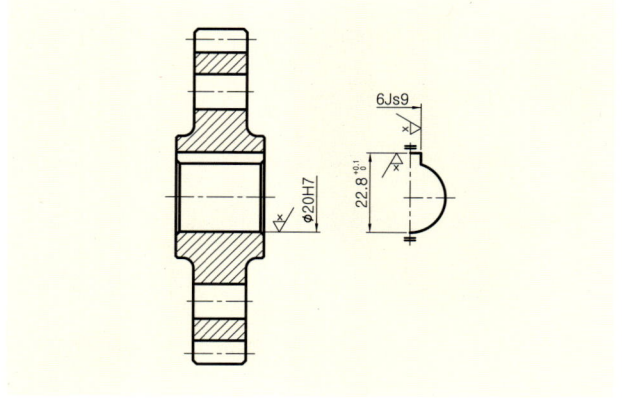

● 스퍼기어의 키홈

[주] 투상도 및 치수는 평행키와 관련된 사항들만 도시하였다.

■ 평행키의 KS규격 [KS B 1311]

묻힘키 및 키홈에 대한 표준은 일반 기계에 사용하는 강제의 평행키, 경사키 및 반달키와 이것들에 대응하는 키홈에 대하여 아래와 같이 KS규격으로 규정하고 있다.

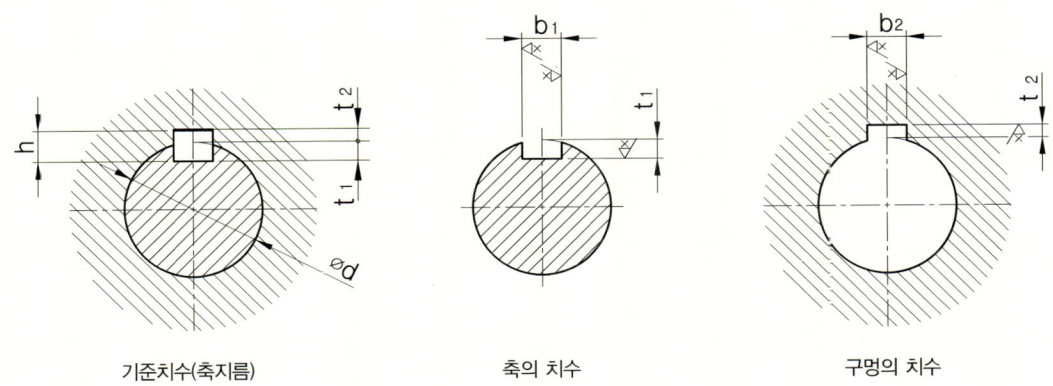

기준치수(축지름)　　　　　축의 치수　　　　　구멍의 치수

[단위 : mm]

키의 호칭 치수 b×h	키의 치수 b 기준치수	키의 치수 b 허용차 (h9)	키의 치수 h 기준치수	키의 치수 h 허용차		c	l	키홈의 치수 b_1 b_2 의 기준치수	조립형 b_1, b_2 허용차 (P9)	보통형 b_1 (축) 허용차 (N9)	보통형 b_2 (구멍) 허용차 (Js9)	r_1 및 r_2	t_1 (축) 기준치수	t_2 (구멍) 기준치수	t_1 t_2 의 허용오차	참고 적용하는 축지름 d (초과~이하)
2×2	2	0 −0.025	2	0 −0.025		0.16 ~ 0.25	6~20	2	−0.006 −0.031	−0.004 −0.029	±0.0125	0.08 ~ 0.16	1.2	1.0	+0.1 0	6~8
3×3	3		3				6~36	3					1.8	1.4		8~10
4×4	4	0 −0.030	4	0 −0.030	h9		8~45	4	−0.012 −0.042	0 −0.030	±0.0150		2.5	1.8		10~12
5×5	5		5				10~56	5					3.0	2.3		12~17
6×6	6		6			0.25 ~ 0.40	14~70	6				0.16 ~ 0.25	3.5	2.8		17~22
(7×7)	7	0 −0.036	7	0 −0.036			16~80	7	−0.015 −0.051	0 −0.036	±0.0180		4.0	3.3		20~25
8×7	8		7				18~90	8					4.0	3.3		22~30
10×8	10		8				22~110	10					5.0	3.3		30~38
12×8	12		8	0 −0.090		0.40 ~ 0.60	28~140	12					5.0	3.3	+0.2 0	38~44
14×9	14		9		h11		36~160	14				0.25 ~ 0.40	5.5	3.8		44~50
(15×10)	15	0 −0.043	10				40~180	15	−0.018 −0.061	0 −0.043	±0.0215		5.0	5.3		50~55
16×10	16		10				45~180	16					6.0	4.3		50~58
18×11	18		11	0 −0.110			50~200	18					7.0	4.4		58~65

Tip

적용하는 기준 축지름은 키의 강도에 대응하는 토크(Torque)에서 구할 수 있는 것으로 일반 용도의 기준으로 나타낸다. 키의 크기가 전달하는 토크에 대하여 적절한 경우에는 적용하는 축지름보다 굵은 축을 사용하여도 좋다.

그 경우에는 키의 옆면이 축 및 허브에 균등하게 닿도록 t_1, t_2를 수정하는 것이 좋다. 적용하는 축지름보다 가는 축에는 사용하지 않는 편이 좋다. 도면에 키가 적용되어 있는 경우 자로 재면 여러 가지 수치가 나오는데 키의 길이 "l"의 치수는 키홈처럼 규격화 된 것이 아니라 표준으로 제작되는 범위 내에서 설계자가 선정해주면 된다.

키홈의 길이는 키보다 긴 경우가 많으며, 실제로 현장에서는 표준길이로 절단하여 판매하는 키를 구매하여 필요에 맞게 절단하고 거친 절단부를 다듬질하여 사용한다. 적용하는 축지름이 겹치는 경우가 있는데 예를 들어 20~25와 22~30과 같은 경우에는 키의 호칭치수(b×h)를 보고 (7×7)의 경우처럼 괄호로 표기한 것은 국제규격(ISO)에 없는 경우로서 가능하면 설계에 사용하지 않는 것이 좋다.

■ 자주 출제되는 KS 규격의 설계 적용법

Lesson 02 반달키(Woodruff Key)

홈 밀링커터로 축에 반달 모양의 홈가공을 하고 반원판 모양의 키를 회전체에 끼워맞추어 사용하는데 축에 테이퍼가 있어도 사용이 가능하며 단점으로는 축에 홈을 깊이 파야 하므로 축의 강도가 저하될 수가 있어 비교적 큰 힘이 걸리지 않는 곳에 사용한다. 키 홈은 A종 둥근바닥과 B종 납작바닥으로 구분한다. 둥근바닥의 반달키는 기호로 WA, 납작바닥의 반달키는 기호 WB로 표기하며 키는 홈 속에서 자유롭게 기울어질 수 있어 키가 자동적으로 축과 보스에 조정된다.

한국산업표준 [KS B 1311]에 따르면 반달키는 보통형과 조임형으로 세분하고, 구멍용 키홈의 너비 b_2의 허용차를 **보통형**에서는 **Js9**로 **조임형**에서는 **P9**로 새로 규정하고 있다. 반달키의 KS규격을 찾는 방법은 평행키와 동일하며 축지름 **d**를 기준으로 키홈지름 d_1의 치수가 작은 것과 키홈의 깊이 t_1의 깊이치수가 작은 것을 찾아 적용하고 나머지 규격 치수를 찾아 적용하면 된다.

● 모터 축에 적용된 반달키

● 반달키 가공용 홈 밀링커터

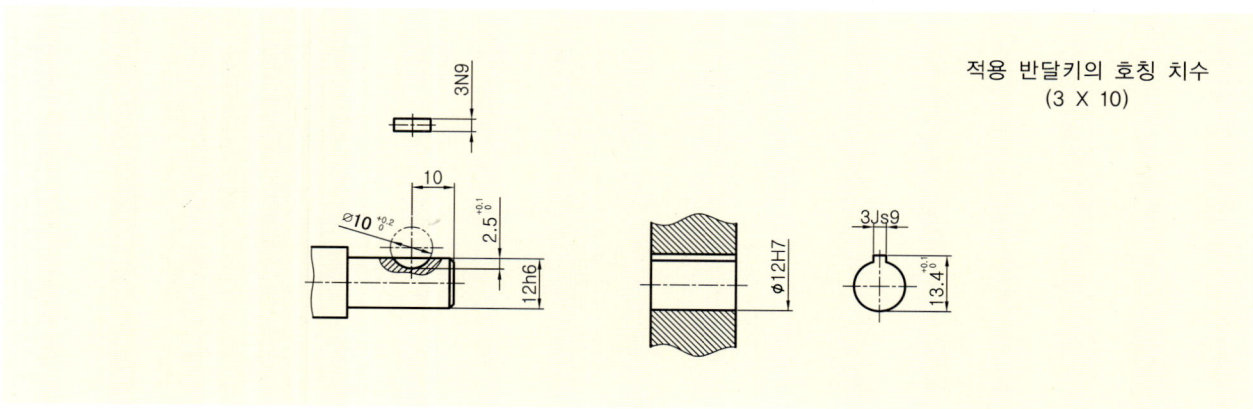

적용 반달키의 호칭 치수
(3 X 10)

● 반달키 치수 기입 예 (기준 축지름 Ø12)

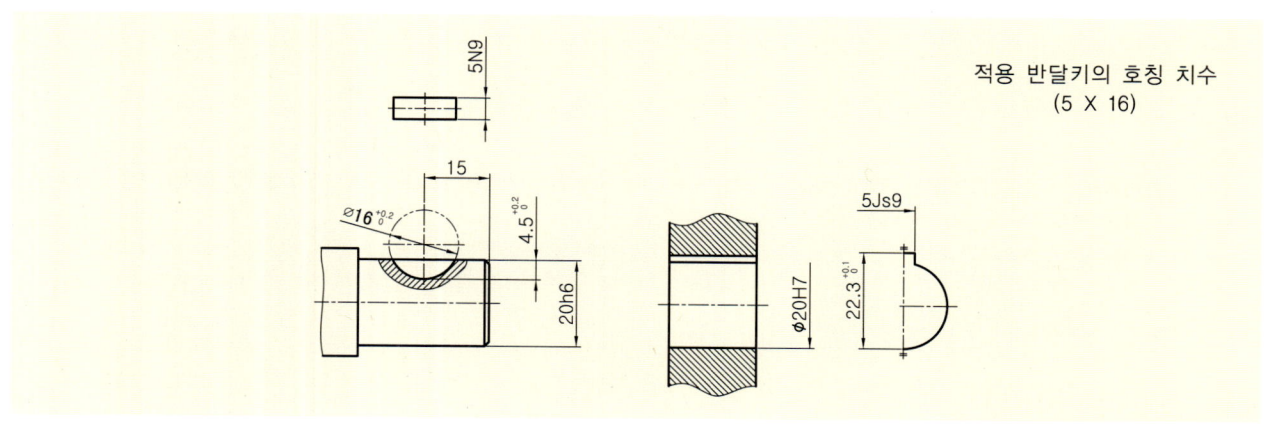

적용 반달키의 호칭 치수
(5 X 16)

● 반달키 치수 기입 예 (기준 축지름 Ø20)

■ 반달키의 허용차

키의 종류		새로운 규격		키홈의 너비		키의 종류	구 규격		키홈의 너비	
		키의 너비 b	키의 높이 h	t_1	b_2		키의 너비 b	키의 높이 h	b_1	b_2
반달키	보통형	h9	h11	N9	Js9	반달키	h9	h11	N9	F9
	조임형	h9	h11	P9						

■ 반달키 키홈의 모양과 치수 KS B 1311:2009

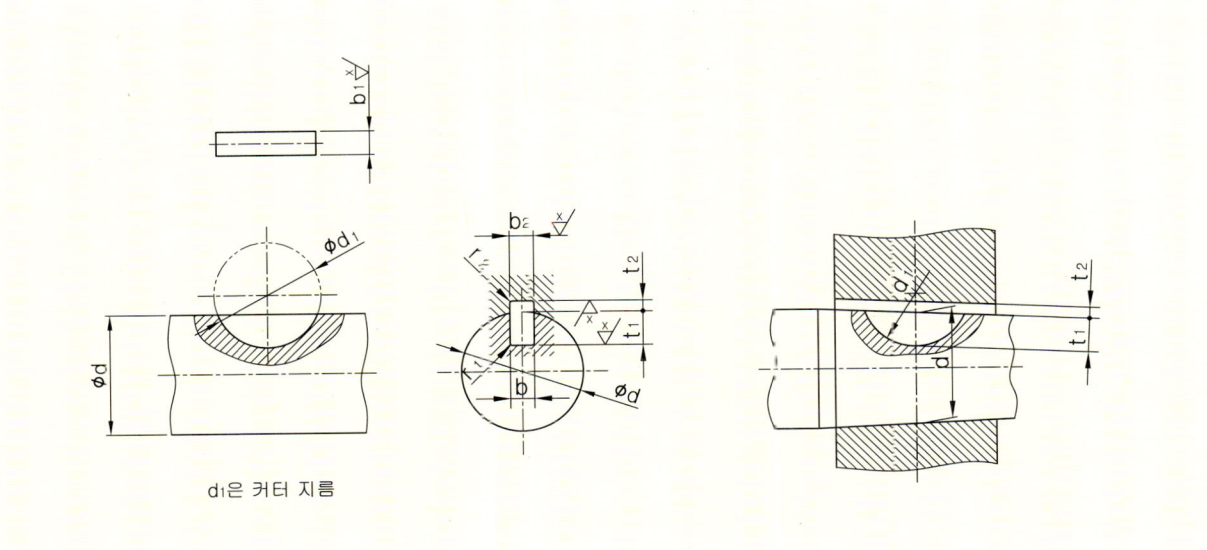

d_1은 커터 지름

● 기준치수 및 축과 구멍의 KS규격 주요 치수

[단위 : mm]

키의 호칭 치수 b×d₀	b_1, b_2의 기준 치수	키 홈 의 치 수										참고 (계열 3)
		보통형		조임형	t_1 (축)		t_2 (구멍)		r_1 및 r_2	d_1		적용하는 축 지름 d (초과~이하)
		b_1 허용차 (N9)	b_2 허용차 (Js9)	b_1, b_2의 허용차 (P9)	기준 치수	허용차	기준 치수	허용차	키 홈 모서리	기준 치수	허용차 (h9)	
2.5×10	2.5	-0.004 -0.029	±0.012	-0.006 -0.031	2.7	+0.1 0	1.2	+0.1 0	0.08~0.16	10	+0.2 0	7~12
(3×10)	3				2.5		1.4			10		8~14
3×13	3				3.8	+0.2 0				13		9~16
3×16	3				5.3					16		11~18
(4×13)	4				3.5	+0.1 0	1.7			13		11~18
4×16	4				5.0		1.8			16		12~20
4×19	4				6.0	+0.2 0				19	+0.3 0	14~22
5×16	5	0 -0.030	±0.015	-0.012 -0.042	4.5		2.3		0.16~0.25	16	+0.2 0	14~22
5×19	5				5.5					19		15~24
5×22	5				7.0					22		17~26
6×22	6				6.5	+0.3 0		+0.2 0		22	+0.3 0	19~28
6×25	6				7.5		2.8			25		20~30
(6×28)	6				8.6	+0.1 0	2.6	+0.1 0		28		22~32
(6×32)	6				10.6					32		24~34

자주 출제되는 KS 규격의 설계 적용법

Lesson 3 경사키
KS B 1311:2009

경사키는 테이퍼키(Taper key) 혹은 구배키라고도 한다. 경사키와 축, 경사키와 보스는 폭방향으로 서로 평행하며, 경사키는 축과 보스에 모두 헐거운 끼워맞춤을 적용한다. 키의 폭 b는 축부분 키홈의 폭 b_1보다 작고, 보스 부분 키홈의 폭 b_2보다도 작다. 즉, 경사키의 폭방향 끼워맞춤에서 축부분 키홈과 키 사이의 결합을 D10/h9(**헐거운 끼워맞춤**)로 적용한다.

■ 경사키 및 키홈의 모양과 치수 - KS B 1311

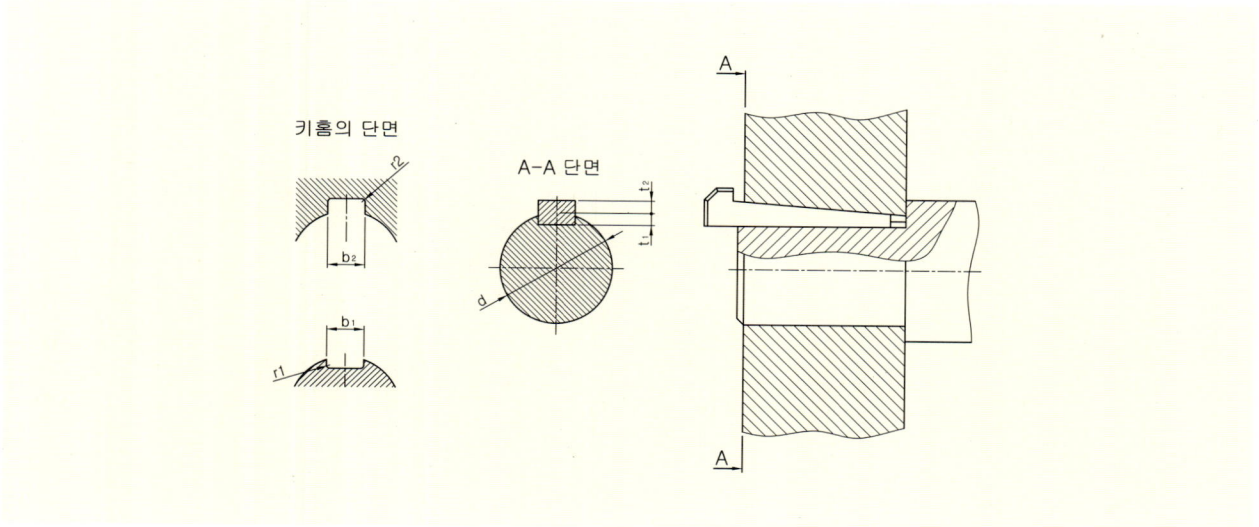

● 기준치수 및 축과 구멍의 KS규격 주요 치수

[단위 : mm]

키의 호칭 치수 b×h	키의 치수 b 기준치수	허용차 (h9)	키의 치수 h 기준치수	허용차	h_1	c	l	키홈의 치수 b_1 및 b_2 기준치수	허용차 (D10)	r_1 및 r_2	t_1 (축) 기준치수	t_2 (구멍) 기준치수	t_1, t_2 허용오차	참고 적용하는 축 지름 d (초과~이하)
2×2	2	0 −0.025	2	0 −0.025	–	0.16 ~ 0.25	6~20	2	+0.060 +0.020	0.08 ~ 0.16	1.2	0.5	+0.05 0	6~8
3×3	3		3		–		6~36	3			1.8	0.9		8~10
4×4	4	0 −0.030	4	0 −0.030	7		8~45	4	+0.078 +0.030		2.5	1.2		10~12
5×5	5		5		8	0.25 ~ 0.40	10~56	5			3.0	1.7	+0.1 0	12~17
6×6	6		6		10		14~70	6		0.16 ~ 0.25	3.5	2.2		17~22
(7×7)	7	0 −0.036	7.2	0 −0.036			16~80	7	+0.098 +0.040		4.0	3.0		20~25
8×7	8		7	0 −0.090	11		18~90	8			4.0	2.4		22~30
10×8	10		8		12		22~110	10			5.0	2.4	+0.2 0	30~38
12×8	12		8		12		28~140	12			5.0	2.4		38~44
14×9	14		9		14	0.40 ~ 0.60	36~160	14		0.25 ~ 0.40	5.5	2.9		44~50
(15×10)	15	0 −0.043	10.2	0 −0.110	15		40~180	15	+0.120 +0.050		5.0	5.0	+0.1 0	50~55
16×10	16		10	0 −0.090	16		45~180	16			6.0	3.4		50~58
18×11	18		11		18		50~200	18			7.0	3.4	+0.2 0	58~65
20×12	20	0 −0.052	12	0 −0.110	20	0.60 ~ 0.80	56~220	20	+0.149 +0.065	0.40 ~ 0.60	7.5	3.9		65~75

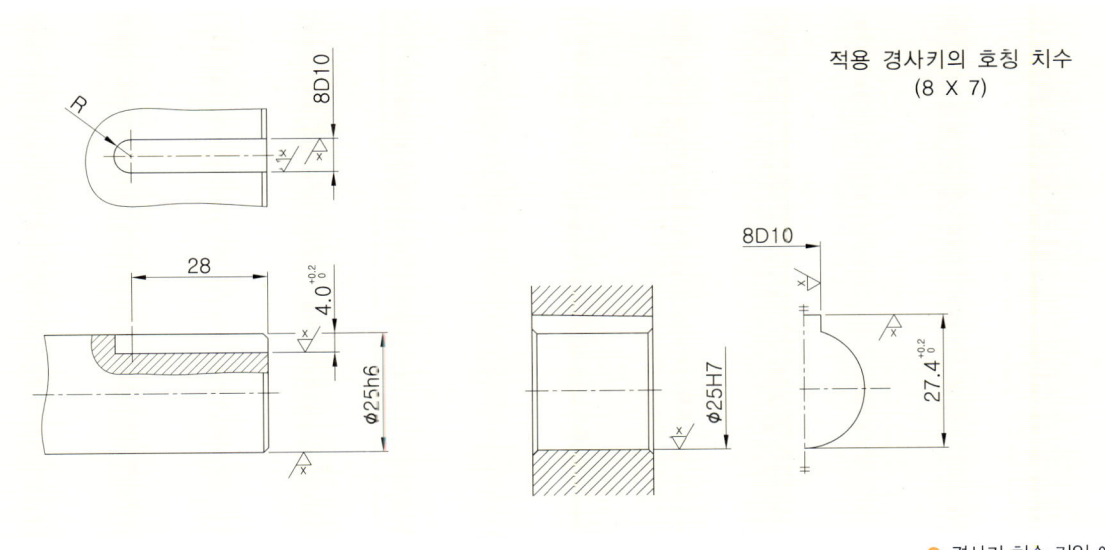

● 경사키 치수 기입 예

Lesson 04 키 및 키홈의 끼워맞춤

키 및 키홈 관계의 표준은 1965년에 KS B 1311(묻힘키 및 키홈), KS B 1312(반달키 및 키홈) 및 KS B 1313(미끄럼키 및 키홈)이 제정되었다. 1984년에 KS B 1313은 ISO 표준을 가능한 한 도입하여 대폭적인 개정이 이루어졌는데 평행키에서 **보통형**은 구 규격 묻힘키의 '보통급', **조임형**은 묻힘키의 '정밀급'을 나타내며, **활동형**은 구 규격에서 미끄럼키를 말한다. 아직 규격의 개정전인 도서나 KS 규격집에는 구 규격을 나타낸 것들이 있으니 혼동하지 않도록 주의를 필요로 한다.

■ [키의 종류 및 기호] KS B 1311:2009

종 류	모 양	기 호
평행키 (보통형, 조임형)	나사용 구멍 없는 평행키	P (Parallel key)
평행키 (활동형)	나사용 구멍 부착 평행키	PS (Parallel Sliding keys)
경사키	머리 없는 경사키	T (Taper key)
	머리붙이 경사키	TG (Taper key with Gib head)
반달키	둥근 바닥 반달키	WA (Woodruff keys A type)
	납작 바닥 반달키	WB (Woodruff keys B type)

■ [신 규격과 구 규격의 끼워맞춤 방식 대조표] 키에 의한 축, 허브의 경우 KS B 1311:2009

신 규격				구 규격			
키의 종류	키의 너비 b	키의 높이 h	키홈의 너비 || 키의 종류	키의 너비 b	키의 높이 h	키홈의 너비	
			b_1	b_2				b_1	b_2
평행키 활동형	h9	정사각형 단면 h9	H9	D10	미끄럼키	h8	h10	N9	E9
평행키 보통형			N9	Js9	평행키 2종			H9	
평행키 조임형			P9 || 평행키 1종	p7	h9	H8	F7
경사키		직사각형단면 h11	D10 || 경사키	h9	h10	D10	
반달키 보통형			N9	Js9	반달키	h9	h11	N9	F9
반달키 조임형			P9							

자주 출제되는 KS 규격의 설계 적용법

키의 호칭 치수 b×h	키의 치수					c	l	키 홈의 치수								참고
	b		h						b_1 b_2 의 기준 치수	조립형	보통형		r_1 및 r_2	t_1 (축) 기준 치수	t_2 (구멍) 기준 치수	t_1 t_2 의 허용 오차	적용하는 축지름 d (초과~이하)
	기준 치수	허용차 (h9)	기준 치수	허용차						b_1, b_2 허용차 (P9)	b_1 (축) 허용차 (N9)	b_2 (구멍) 허용차 (Js9)					
2×2	2	0 −0.025	2	0 −0.025	h9	0.16 ~ 0.25	6~20	2	−0.006 −0.031	−0.004 −0.029	±0.0125	0.08 ~ 0.16	1.2	1.0	+0.1 0	6~8
3×3	3		3				6~36	3					1.8	1.4		8~10
4×4	4	0 −0.030	4	0 −0.030			8~45	4	−0.012 −0.042	0 −0.030	±0.0150		2.5	1.8		10~12
5×5	5		5			0.25 ~ 0.40	10~56	5					3.0	2.3		12~17
6×6	6		6				14~70	6				0.16 ~ 0.25	3.5	2.8		17~22
(7×7)	7	0 −0.036	7	0 −0.036			16~80	7	−0.015 −0.051	0 −0.036	±0.0180		4.0	3.3		20~25
8×7	8		7				18~90	8					4.0	3.3		22~30
10×8	10		8				22~110	10					5.0	3.3		30~38
12×8	12		8	0 −0.090	h11	0.40 ~ 0.60	28~140	12				0.25 ~ 0.40	5.0	3.3	+0.2 0	38~44
14×9	14		9				36~160	14					5.5	3.8		44~50
(15×10)	15	0 −0.043	10				40~180	15	−0.018 −0.061	0 −0.043	±0.0215		5.0	5.3		50~55
16×10	16		10				45~180	16					6.0	4.3		50~58
18×11	18		11	0 −0.110			50~200	18					7.0	4.4		58~65

■ [키와 축 및 허브(보스)와의 관계]

형 식	적용하는 키	설명
활동형	평행키	축과 허브가 상대적으로 축방향으로 미끄러지며 움직일 수 있는 결합
보통형	평행키, 반달키	축에 고정된 키에 허브를 끼우는 결합(주)
조임형	평행키, 경사키, 반달키	축에 고정된 키에 허브를 조이는 결합(주) 또는 조립된 축과 허브 사이에 키를 넣는 결합

【주】 선택 끼워맞춤이 필요하다.
여기서 허브(hub)란 기어나 V-벨트풀리, 스프로킷, 캠 등의 회전체의 보스(boss)를 말한다.

Lesson 05 자리파기, 카운터보링, 카운터싱킹 | KS B 1003, KS B 1003의 부속서

6각 구멍붙이(6각 홈붙이) 볼트에 관한 규격은 KS B 1003에 규정되어 있으며, 6각 구멍붙이 볼트를 사용하여 기계 부품을 결합시킬 때 볼트의 머리가 노출되지 않도록 볼트 머리 높이보다 약간 깊은 자리파기(카운터보링, DCB) 가공을 실시하는 데 KS B 1003의 부속서에 6각 구멍붙이 볼트에 대한 자리파기 및 볼트 구멍 치수의 규격이 정해져 있다. 볼트 구멍 지름 및 카운터 보어 지름은 KS B 1007에 규정되어 있으며, 볼트 구멍 지름의 등급은 나사의 호칭 지름과 볼트의 구멍 지름에 따라 1~4급으로 구분하며, 4급은 주로 주조 구멍에 적용한다.

■ 자리파기용 공구와 자리파기의 종류

■ 볼트 구멍 및 카운터보어 지름

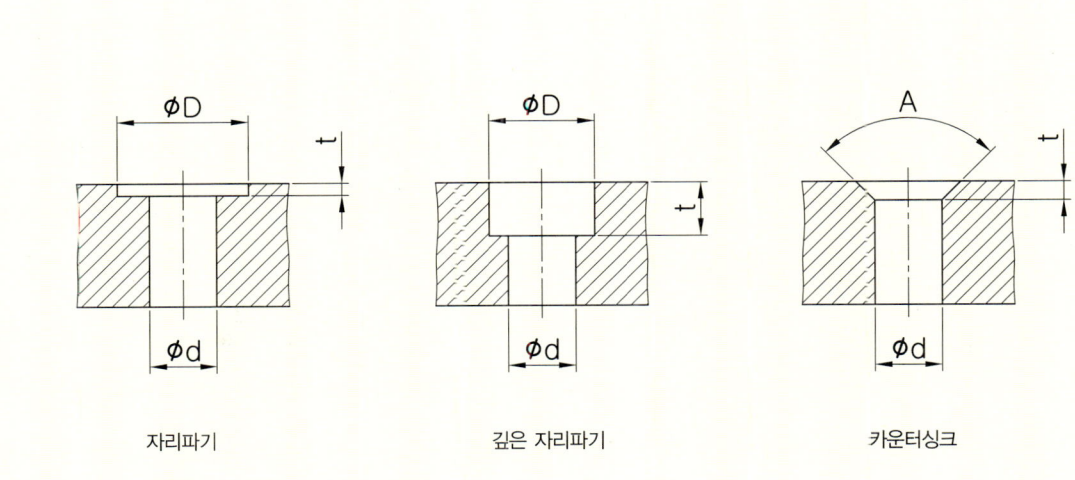

자주 출제되는 KS 규격의 설계 적용법

호칭		자리파기 (Spot Facing)		깊은 자리파기 (Counter Bore)		카운터싱크 (Counter sink)		도면 지시 예
나사	⌀d	⌀D	깊이(t)	⌀D	깊이(t)	깊이(t)	각도(A)	
M3	3.4	9	0.2	6.5	3.3	1.75	90°$^{+2'}_{0}$	5.5D / DS ⌀13 DP 0.3
M4	4.5	11	0.3	8	4.4	2.3		
M5	5.5	13	0.3	9.5	5.4	2.8		
M6	6.6	15	0.5	11	6.5	3.4		
M8	9	20	0.5	14	8.6	4.4		
M10	11	24	0.8	17.5	10.8	5.5	90°$^{+2'}_{0}$	6.6D / DCB ⌀11 DP 6.5
M12	14	28	0.8	22	13	6.5		
M14	16	32	0.8	23	15.2	7		
M16	18	35	1.2	26	17.5	7.5		
M18	20	39	1.2	29	19.5	8		
M20	22	43	1.2	32	21.5	8.5		
M22	24	46	1.2	35	23.5	13.2	60°$^{+2'}_{0}$	4.5D / DCS 90° DP 2.3
M24	26	50	1.6	39	25.5	14		
M27	30	55	1.6	43	29	–		
M30	33	62	1.6	48	32	16.6		
M33	36	66	2.0	54	35	–		

- **스폿페이싱(Spot Facing)** : 6각 볼트의 머리나 너트, 와셔가 접촉되는 면이 2차 기계가공을 하기 전의 거친 다듬질로 되어있는 주조부 등에 올바른 접촉면을 가질 수 있도록 평탄하게 다듬질하는 가공
- **카운터보링(Counter Boring)** : 6각 구멍붙이 볼트의 머리가 부품에 묻혀 외부로 돌출되지 않도록 드릴 가공한 구멍에 깊은 자리파기를 하는 가공
- **카운터싱킹(Counter Sinking)** : 접시머리볼트나 작은나사의 머리 부분이 완전히 묻힐 수 있도록 구멍의 가장자리를 원뿔형으로 경사지게 자리파기를 하는 가공

[적용 예]
편심구동장치 본체에 M4의 TAP 가공이 되어 있는 경우 품번③ 커버에 카운터보링(DCB)에 관한 치수기입의 적용 예로 치수기입은 지시선에 의한 치수기입법과 치수선과 치수보조선에 의한 방법을 예로 도시하였다.

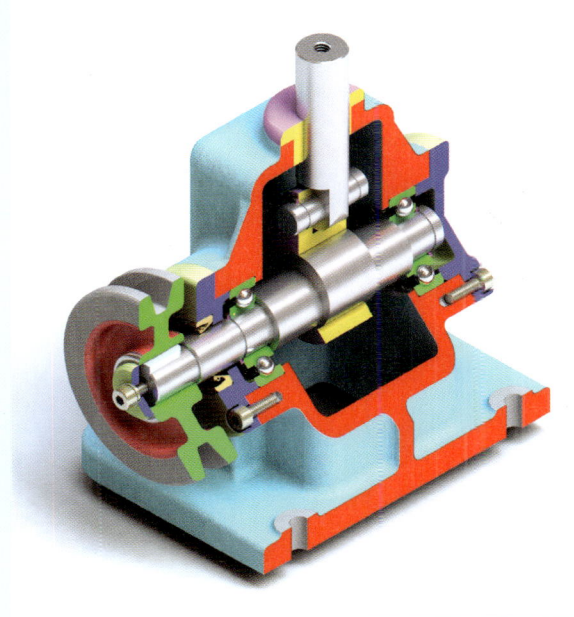

● 편심구동장치 입체도

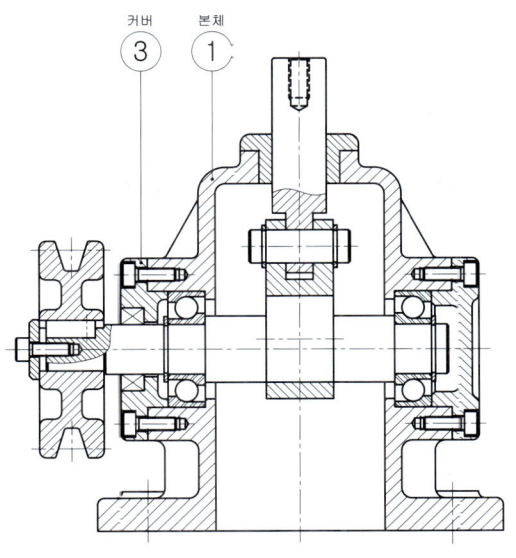

● 편심구동장치 커버에 적용된 깊은 자리파기(카운터보링)

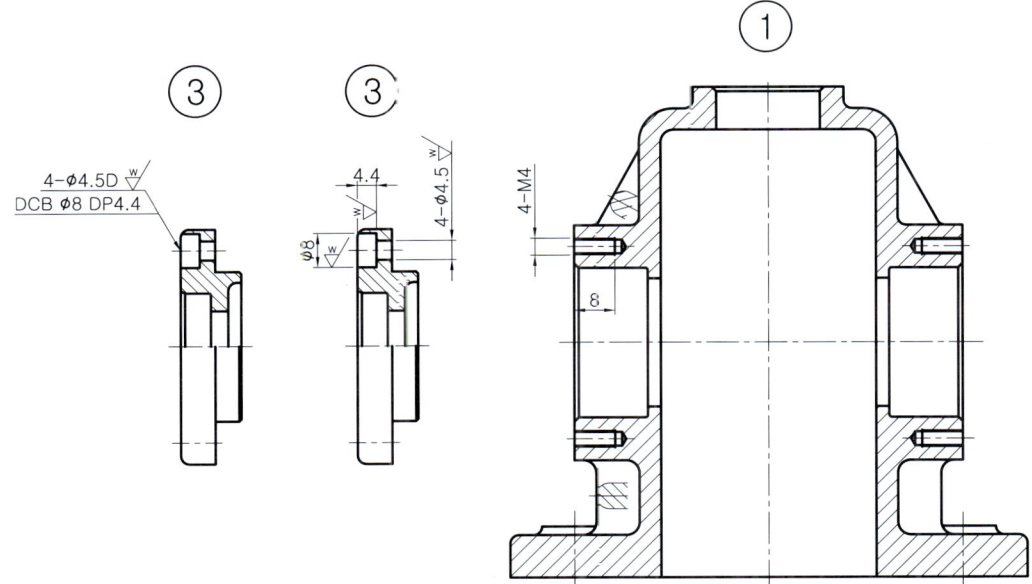

● 편심구동장치 부품도 치수 기입 예

자주 출제되는 KS 규격의 설계 적용법

Lesson 06 치공구용 지그 부시

부시(bush)는 드릴(drill), 리이머(reamer), 카운터 보어(counter bore), 카운터 싱크(counter sink), 스폿 페이싱(spot facing) 공구와 기타 구멍을 뚫거나 수정하는데 사용하는 회전공구를 위치결정(locating)하거나 안내(guide)하는데 사용하는 정밀한 치공구(Jig & Fixture) 요소이다.

부시는 반복 작업에 의한 재료의 마모와 가공 후 정밀도를 유지하기 위해 통상 열처리를 실시하고 정확한 치수로 연삭되어 있으며 동심도는 일반적으로 0.008 이내로 한다.

■ 여러 가지 치공구 요소의 형상

칼라없는 고정부시 　　칼라있는 고정부시 　　노치형 삽입부시 　　노치형 삽입부시

지그용 멈춤쇠 　　지그용 멈춤나사 　　지그용 너트 　　지그용 너트(평면 자리붙이형)

지그용 너트(구면 자리붙이형) 　　C형 와셔 　　구면 와셔 　　고리 모양 와셔

위치결정 핀 　　스트랩 클램프

■ 여러 가지 부시의 조립상태

Tip
● 드릴 부시의 치수결정 순서
1. 드릴 직경 선정
2. 부시의 내경과 외경 선정
3. 부시의 길이와 부시 고정판(jig plate) 두께 결정
4. 부시의 위치결정(locating)

1. 고정 부시(press fit bush)

고정 부시는 머리가 없는 고정 부시와 머리가 있는 고정 부시의 두 가지 종류가 있으며 부시를 자주 교환할 필요가 없는 소량 생산용 지그에 사용한다.

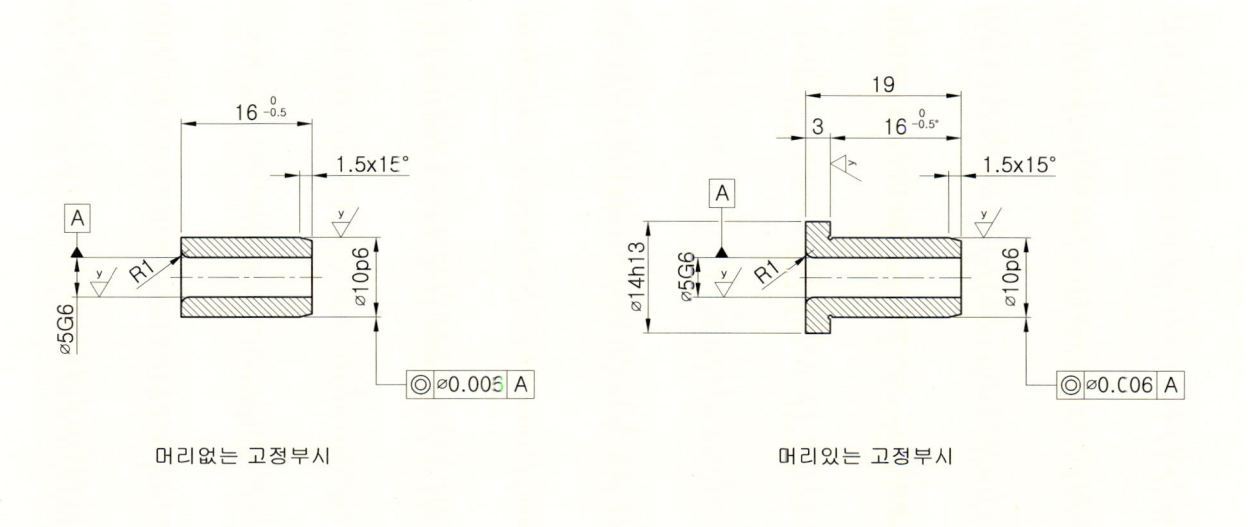

머리없는 고정부시   머리있는 고정부시

● 지그용 고정 부시 치수 기입 예

Tip
1. 드릴(drill)이나 리머(reamer) 가공시 공구(tool)의 안내(guide) 역할을 하는 치공구 요소이다.
2. 재질은 STC3(탄소공구강), SKS3(합금공구강) 등을 사용한다.
3. 전체 열처리를 한다. (예 : HRC 60±2)

■ 지그용 고정부시 [KS B 1030]

칼라없는 고정부시

칼라있는 고정부시

자주 출제되는 KS 규격의 설계 적용법

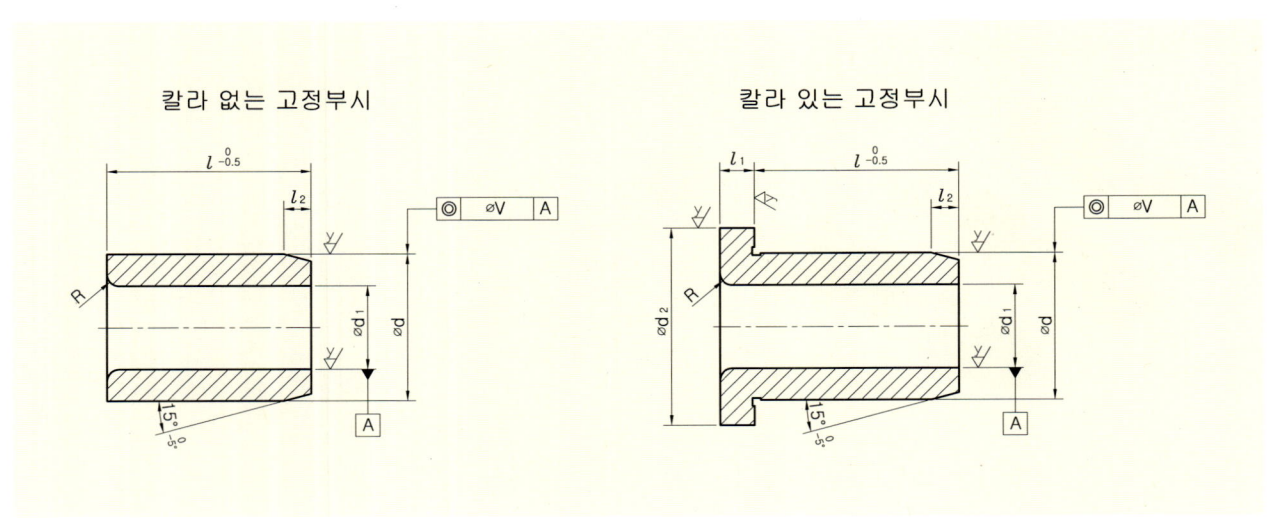

● 고정 부시

d_1 드릴용(G6) 리머용(F7)	d		d_2		공차 ($l_{-0.5}^{\ 0}$)				l_1	l_2	R
	기준 치수	허용차(p6)	기준치수	허용차(h13)							
1 이하	3	+ 0.012 + 0.006	7	0 - 0.220	6	8			2		0.5
1 초과 1.5 이하	4	+ 0.020 + 0.012	8		6	8	10	12			0.8
1.5 초과 2 이하	5		9								
2 초과 3 이하	7	+ 0.024 + 0.015	11	0 - 0.270	8	10	12	16	2.5	1.5	1.0
3 초과 4 이하	8		12								
4 초과 6 이하	10		14		10	12	16	20	3		
6 초과 8 이하	12	+ 0.029 + 0.018	16	0 - 0.330	12	16	20	25			2.0
8 초과 10 이하	15		19								
10 초과 12 이하	18		22						4		

2. 삽입부시(renewable bush)

삽입부시는 지그 플레이트에 라이너 부시(가이드 부시)를 설치하여 라이너 부시 내경에 삽입 부시 외경이 미끄럼 끼워맞춤 되도록 연삭되어 있으며, 부시가 마모되면 교환을 할 수 있는 다량 생산용 지그에 적합하며, 다양한 작업을 위하여 라이너 부시에 여러 용도의 삽입 부시를 교환하여 사용된다. 삽입 부시는 회전 삽입 부시와 고정 삽입부시로 분류한다.

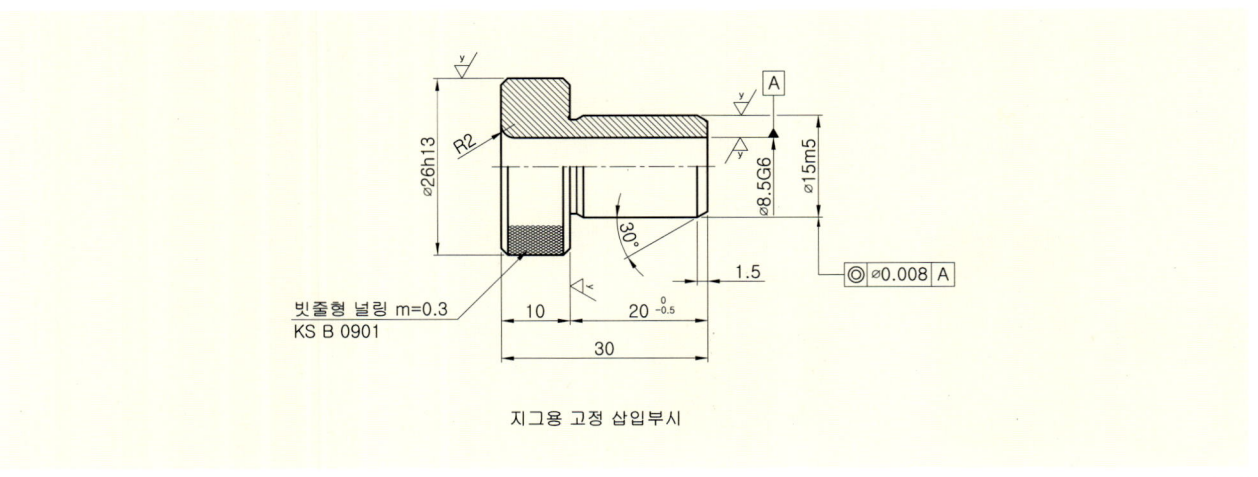

● 지그용 고정 삽입부시 치수 기입 예

■ 지그용 고정 삽입부시 [KS B 1030]

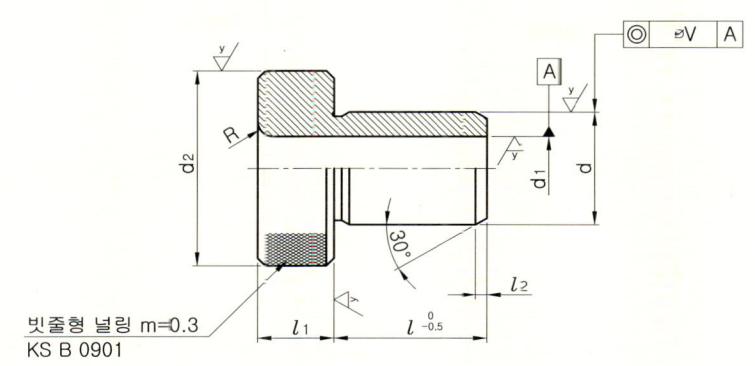

빗줄형 널링 m=0.3
KS B 0901

d₁ 드릴용(G6) 리머용(F7)		d		d₂		$l_{-0.5}^{0}$	l₂	R
		기준 치수	허용차 (n5)	기준 치수	허용차 (h13)			
	4 이하	8	+0.012 +0.006	15	0 -0.270	10 12 16	8	1
4 초과	6 이하	10		18		12 16 20 25		
6 초과	8 이하	12	+0.015 +0.007	22	0 -0.330	16 20 (25) 28 36	10	1.5
8 초과	10 이하	15		25				2
10 초과	12 이하	18		30				
12 초과	15 이하	22	+0.017 +0.008	34	0 -0.390	20 25 (30) 36 45	12	
15 초과	18 이하	26		39				
18 초과	22 이하	30		46		25 (30) 36 45 56		3

1. 하나의 구멍에 여러 가지 작업을 할 경우 교체 및 장착이 용이한 부시로 노치형 부시라고도 한다.
2. 부시 재질은 STC3(탄소공구강), SKS3(합금공구강) 등을 사용한다.
3. 전체 열처리를 한다. (예 : HRC 60±2)

3. 라이너 부시(liner bush)

삽입 부시의 안내용 고정부시로 지그판에 영구히 설치하며, 정밀하고 높은 경도를 지니기 때문에 지그의 정밀도를 장기간 유지할 수 있다. 머리 없는 것과 머리 있는 것의 두가지가 있다.

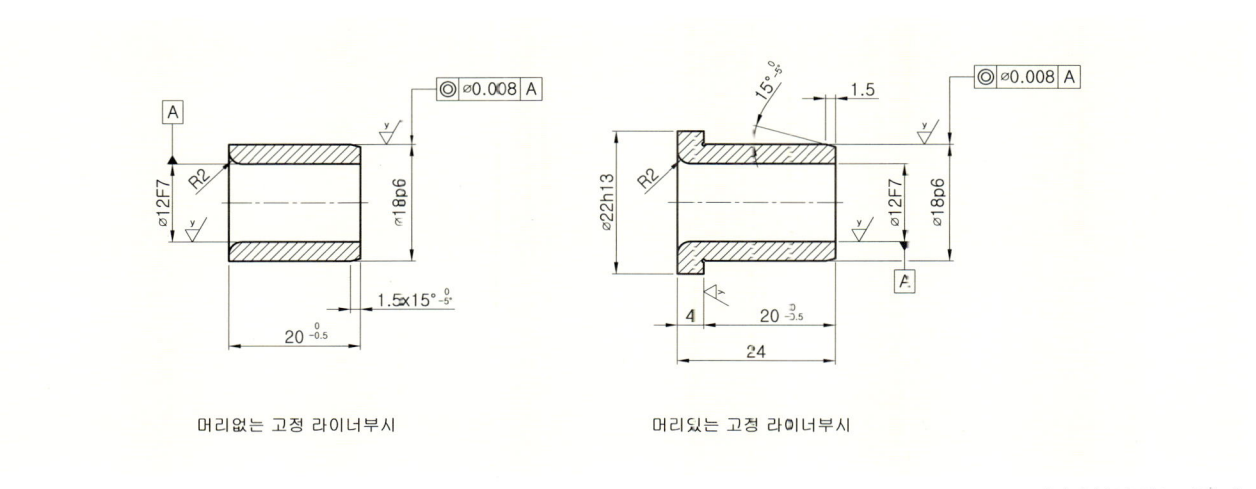

머리없는 고정 라이너부시   머리있는 고정 라이너부시

● 라이너 부시 치수 기입 예

■ 자주 출제되는 KS 규격의 설계 적용법

■ 라이너 부시 [KS B 1030]

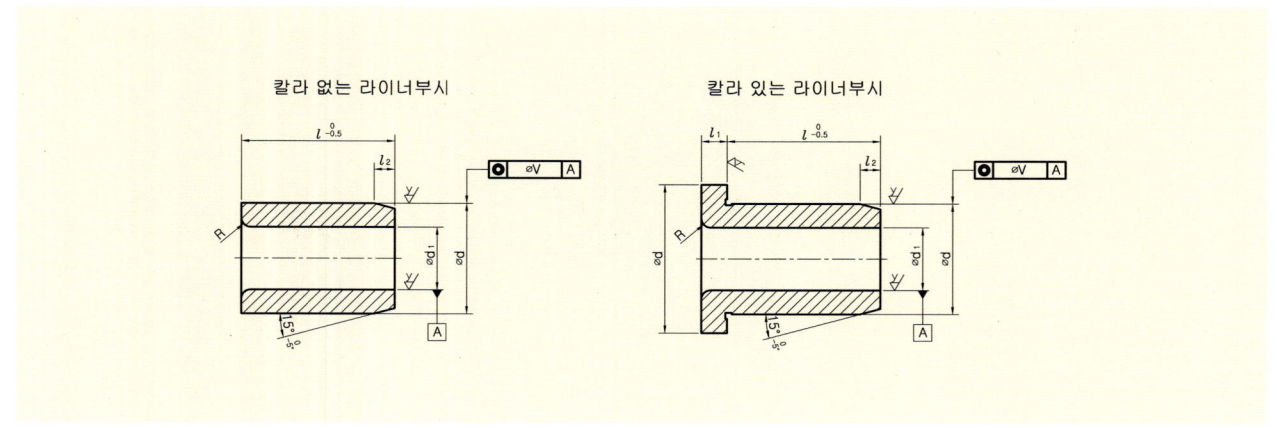

[단위:mm]

d_1		d		d_2		$l^{\ 0}_{-0.5}$	l_1	l_2	R
기준 치수	허용차 (F7)	기준 치수	허용차 (p6)	기준 치수	허용차 (h13)				
8	+0.028 +0.013	12	+0.029 +0.018	16	0 -0.270	10 12 16	3	1.5	2
10		15		19		12 16 20 25			
12	+0.034 +0.016	18		22	0 -0.330		4		
15		22	+0.035 +0.022	26		16 20 (25) 28 36			
18		26		30					
22	+0.041 +0.020	30	+0.042 +0.026	35	0 -0.390	20 25 (30) 36 45	5		3
26		35		40					
30		42		47		25 (30) 36 45 56			

4. 노치형 부시

회전 삽입 부시(slip renewable bush)라고도 하며, 이 부시는 한 구멍에 여러 가지 가공 작업을 할 경우 라이너 부시를 지그판에 고정시킨 후 노치형 부시를 삽입한 후 플랜지부에 잠금나사로 고정시켜 사용한다.

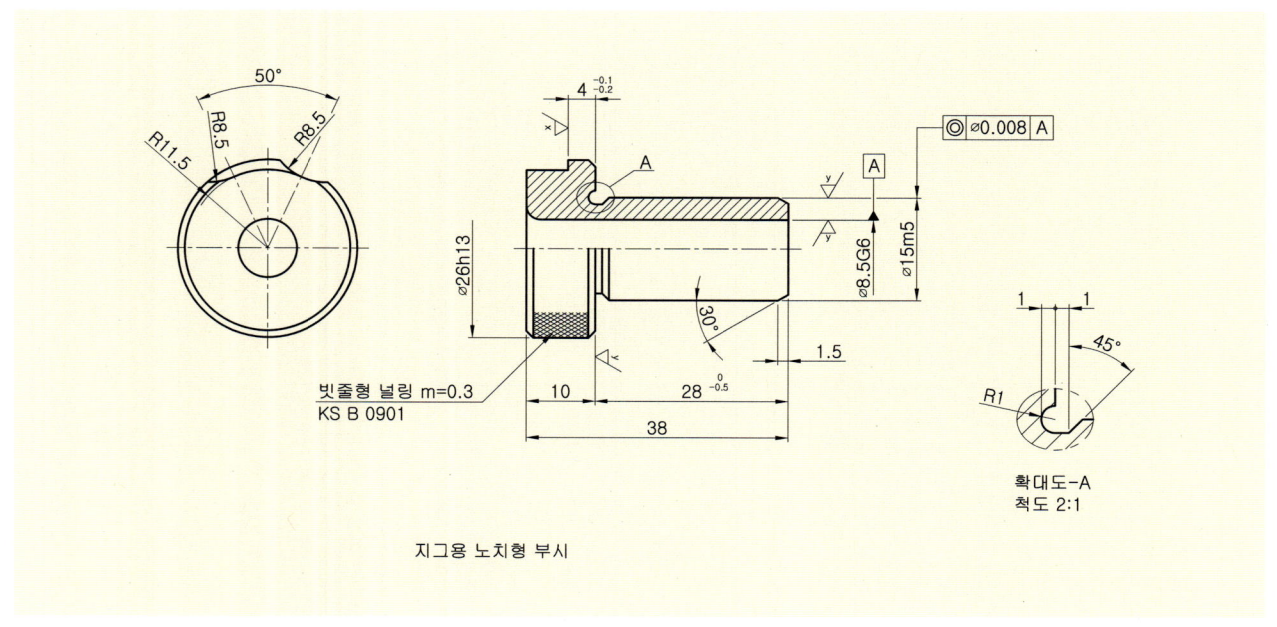

지그용 노치형 부시

● 노치형 부시 치수 기입 예

■ 노치형 부시 [KS B 1030]

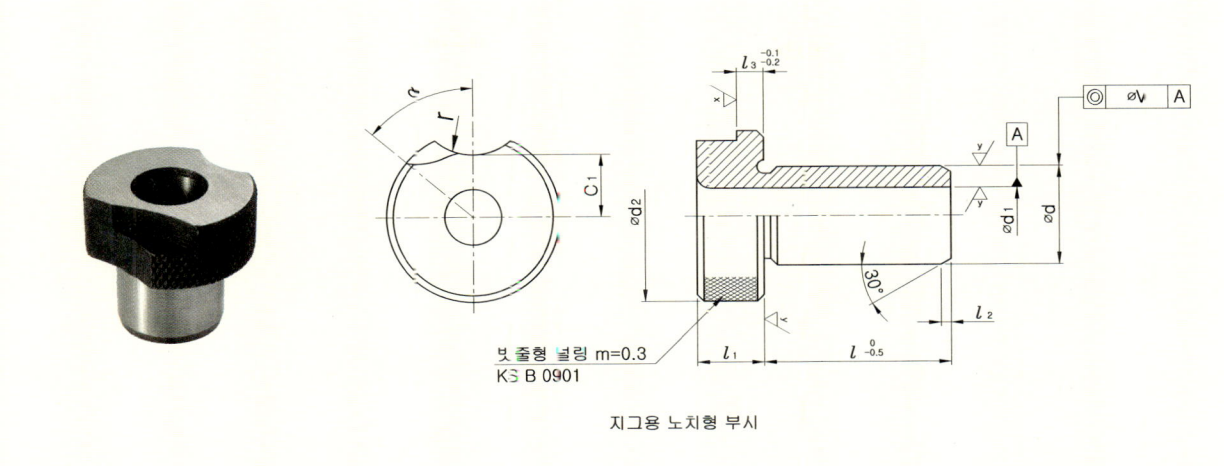

지그용 노치형 부시

● 노치형 부시의 주요 치수

[단위:mm]

d_1 드릴용(G6) 리머용(F7)	d 기준치수	d 허용차 (m5)	d_2 기준치수	d_2 허용차 (h13)	$l_{-0.5}^{0}$	l_1	l_2	R	l_3 기준치수	l_3 허용차	C_1	r	α (°)
4 이하	8	+ 0.012 +0.006	15	0 −0.270	10 12 16	8	1	3		4.5	7	65
4 초과 6 이하	10		18		12 16 20 25					6		
6 초과 8 이하	12		22							7.5		60
8 초과 10 이하	15	+ 0.015 +0.007	26	0 −0.330	16 20 (25) 28 36	10	1.5	2	4	− 0.1 − 0.2	9.5	8.5	50
10 초과 12 이하	18		30							11.5		
12 초과 15 이하	22	+ 0.017 +0.008	34	0 −0.390	20 25 (30) 36 45	12				13	10.5	35
15 초과 18 이하	26		39							15.5		
18 초과 22 이하	30		46		25 (30) 36 45 56			3	5.5		19		30

5. 드릴지그 사례

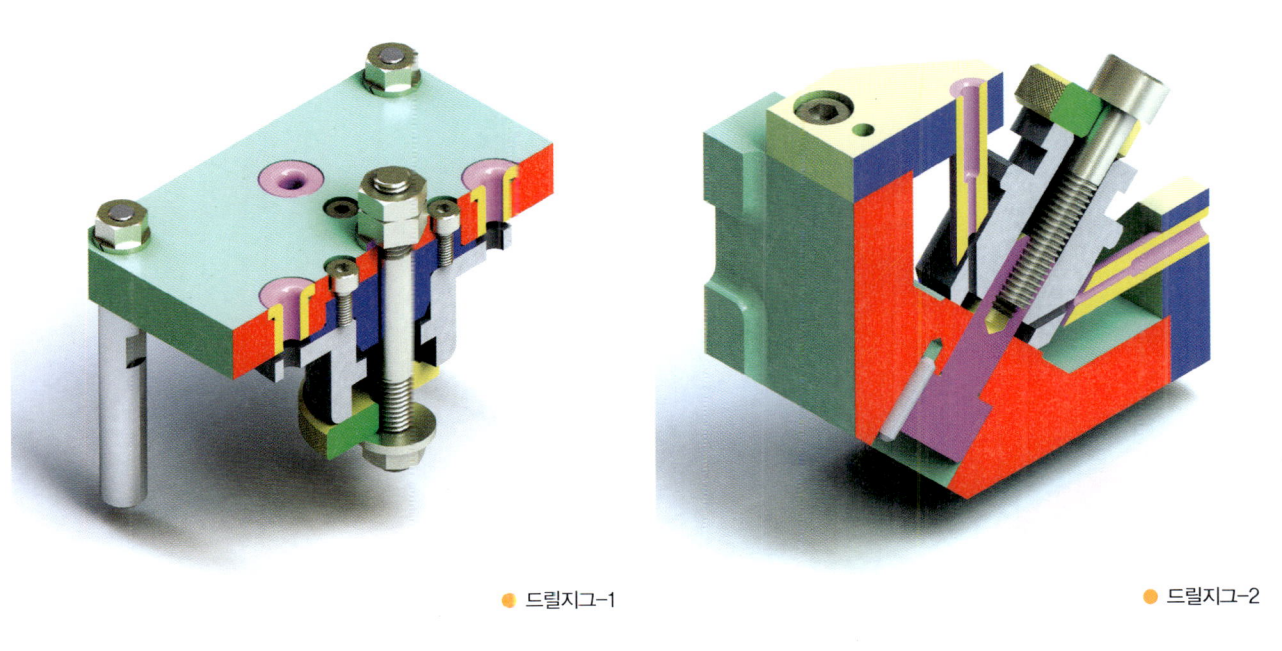

● 드릴지그-1　　　　　● 드릴지그-2

6. 지그 설계의 치수 표준

❶ 센터 구멍

선반, 밀링용 지그의 구멍은 다음의 5종류로 한다.

D = 12mm 이하 ± 0.01mm

D = 16mm 이하 ± 0.01mm

D = 20mm 이하 ± 0.01mm

D = 25mm 이하 ± 0.01mm

(선반은 가급적 이 구멍을 이용한다.)

D = 35mm 이하 ± 0.01mm

(밀링은 가급적 이 구멍을 이용한다.)

❷ 중심 맞춤 구멍

중심 맞춤 구멍(중심맞춤 센터 및 리머 볼트용 구멍)의 중심거리에 대해서는 다음의 치수공차를 적용한다.

❸ 볼트 구멍의 거리

볼트 구멍 등과 같이 축과 구멍과 0.5mm 이상의 틈새를 갖는 구멍의 중심거리에 대해서는 다음의 치수공차를 적용한다.

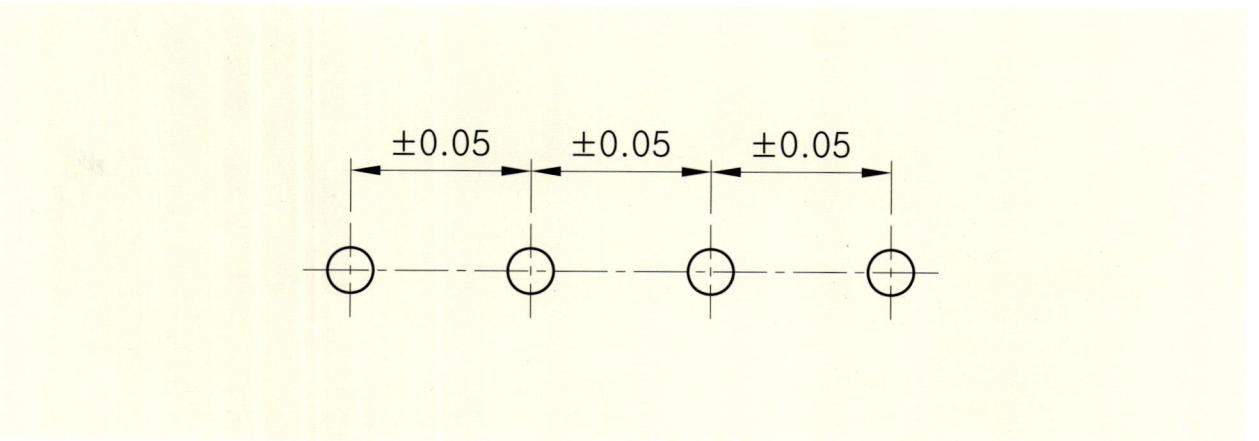

❹ 각도

특히 정밀도를 요구하지 않는 각도에는 다음의 치수공차를 적용한다. ±30′

Lesson 07 기어의 제도

KS B 0002

기어는 2개 또는 그 이상의 축 사이에 회전 또는 동력을 전달하는 요소로 한 축으로 부터 다른 축으로 동력을 전달하는 데 사용되는 대표적인 동력전달용 기계요소이다. 또한 기어는 동력을 주고받는 두 축 사이의 거리가 가까운 경우에 사용되며, 동력전달이 확실하고 속도비를 일정하게 유지할 수 있는 장점이 있어 전동 장치, 변속 장치 등에 널리 이용된다. 맞물려 회전하는 한 쌍의 기어에서 잇수가 많은 쪽을 **기어**, 잇수가 적은 쪽을 **피니언**(pinion)이라 한다. 기어의 정밀도에 관한 등급 규정은 기존 **KS B 1405**는 폐지(2005-0293)되었으며 **KS B ISO 1328-1**에서 스퍼어기어 및 헬리컬기어의 등급에 관하여 규정하고 있으며 기어의 등급은 정밀도에 따라서 9등급으로 한다. (0급, 1급, 2급, 3급, 4급, 5급, 6급, 7급, 8급)

1. 기어의 종류

❶ 두 축이 평행한 기어

- **스퍼 기어(spur gear)** : 잇줄이 축에 평행한 직선의 원통형 기어로 평기어라고도 하며 제작하기 쉬우므로 일반적인 기구나 기계장치에 가장 널리 사용되지만 소음이 발생되는 단점이 있다.

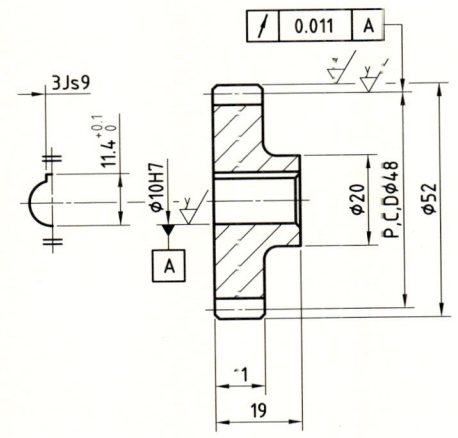

● 스퍼기어의 제도와 요목표

스퍼기어 요목표	
기어 치형	표준
공구 모듈	2
공구 치형	보통이
공구 압력각	20°
전체이높이	4.5
피치원지름	ø48
잇수	24
다듬질 방법	호브절삭
정밀도	KS B ISO 1328-1, 4급

스퍼 기어 제원	스퍼 기어 주요 계산 공식	

1. 모듈(m) : 2
2. 잇수(z) : 24
3. 피치원 지름 : 48
4. 재질 : SM45C, SCM415
   대형기어의 경우 주강품
   SC420, SC450
	피치 원 지름(P.C.D)	P.C.D = m×z
		= 2×24 = 48

	이끝원 지름(D)	외접 기어 외경 D=PCD+(2m)=48+(2×2)=52 내접 기어 D=PCD−(2m)=48−(2×2)=44
	전체 이 높이(h)	h=2.25×m=2.25×2=4.5

자주 출제되는 KS 규격의 설계 적용법

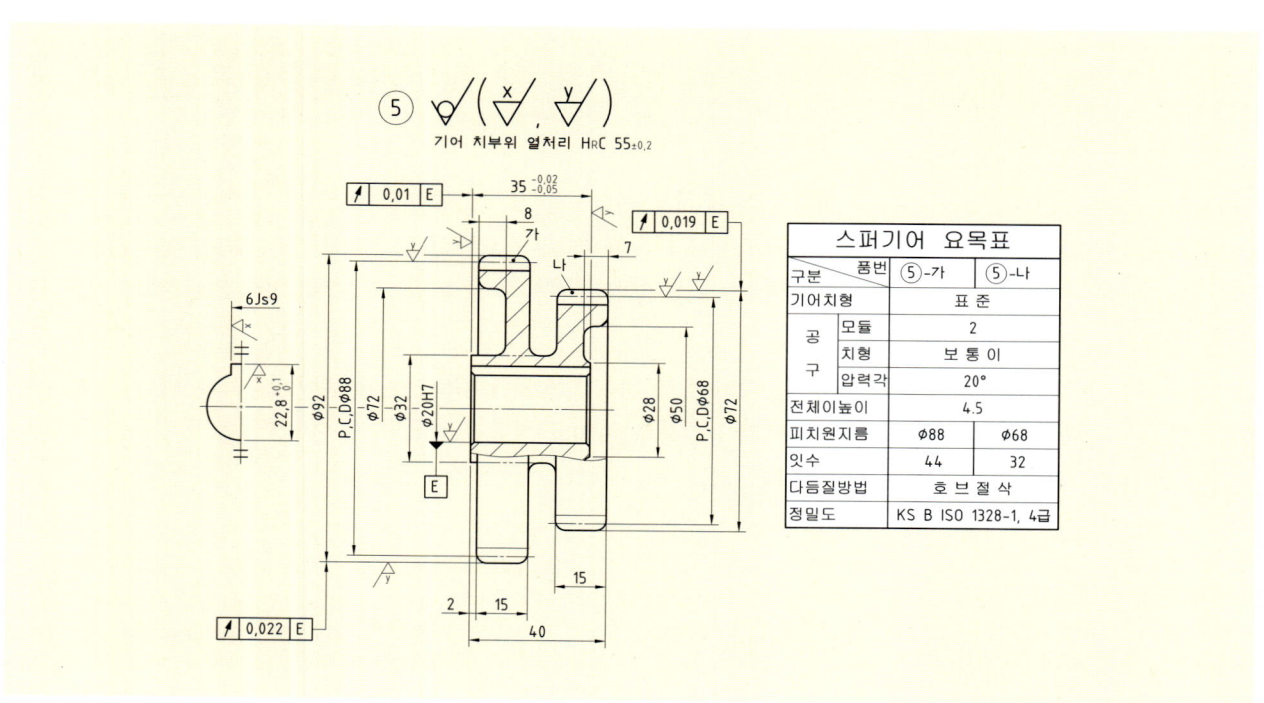

● 이중 스퍼기어의 제도와 요목표

■ **래크 기어(rack gear)** : 스퍼기어와 맞물리는 래크는 직선 형태의 기어로 피치원통 반지름이 무한대 ∞ 인 기어의 일부분이다. 래크와 맞물리는 기어 짝을 피니언(pinion)이라 한다. 래크는 직선 왕복 운동을 하고 피니언은 회전 운동을 한다.

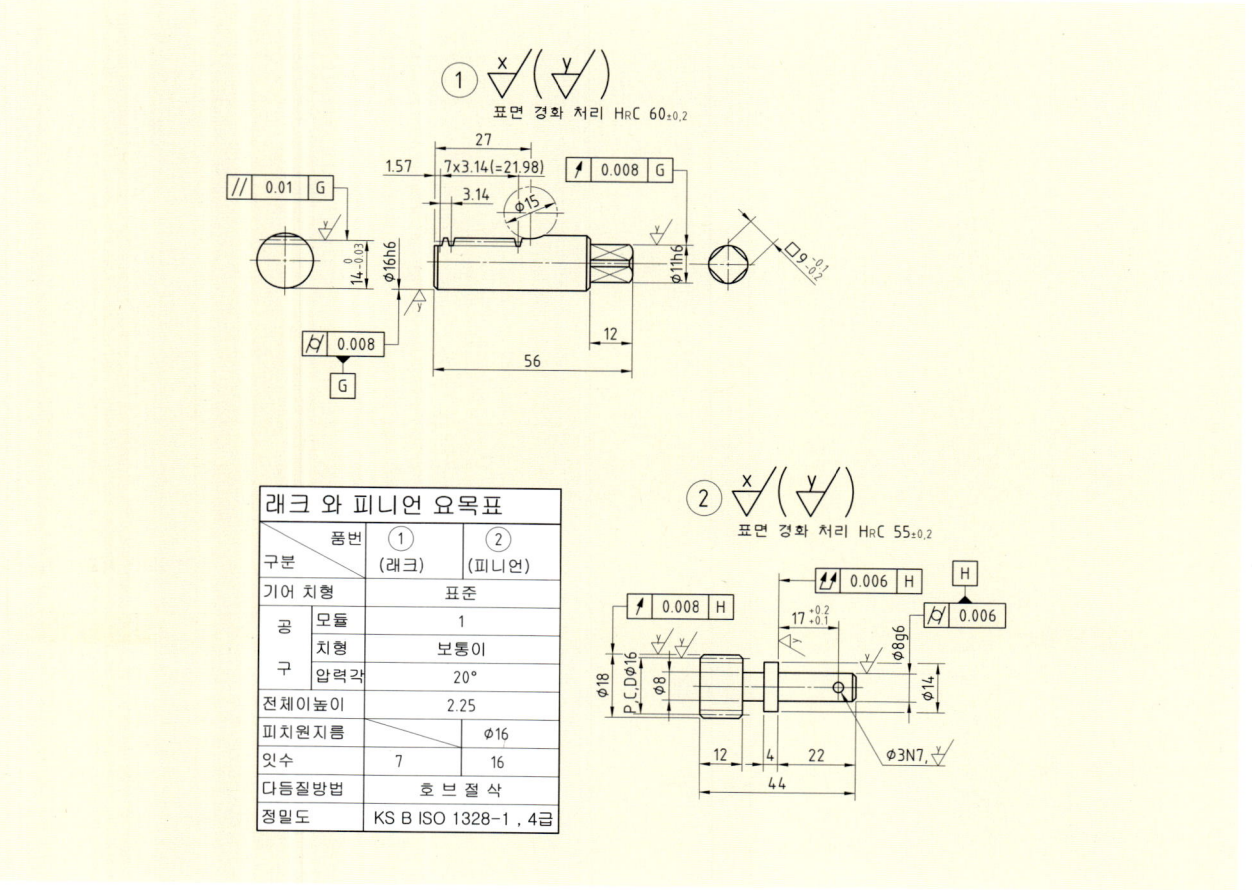

● 래크와 피니언

래크와 피니언 제원	피니언 기어 주요 계산 공식	
1. 모듈(m) : 1 2. 래크 잇수(z_1) : 7 　피니언 기어 잇수(z_2) : 16 3. 피치원 지름 : 16 4. 재질 : SM45C, SCM415 　SCM435 등	피니언 기어 피치원 지름(P.C.D)	P.C.D=m×z=1×16=16
	이끝원 지름(D)	피니언 기어 외경 D=PCD+(2m)=16+(2×1)=18
	전체 이 높이(h)	h=2.25×m=2.25×1=2.25

■ **내접 기어(internal gear)** : 원형의 링(ring) 안쪽에 이가 있는 원통형 기어로 공간을 적게 차지하고 원활하게 작동하며 높은 속도비를 얻을 수 있다. 일반적으로 감속기나 유성기어 장치(planetary gear system), 기어 커플링 등에 사용된다.

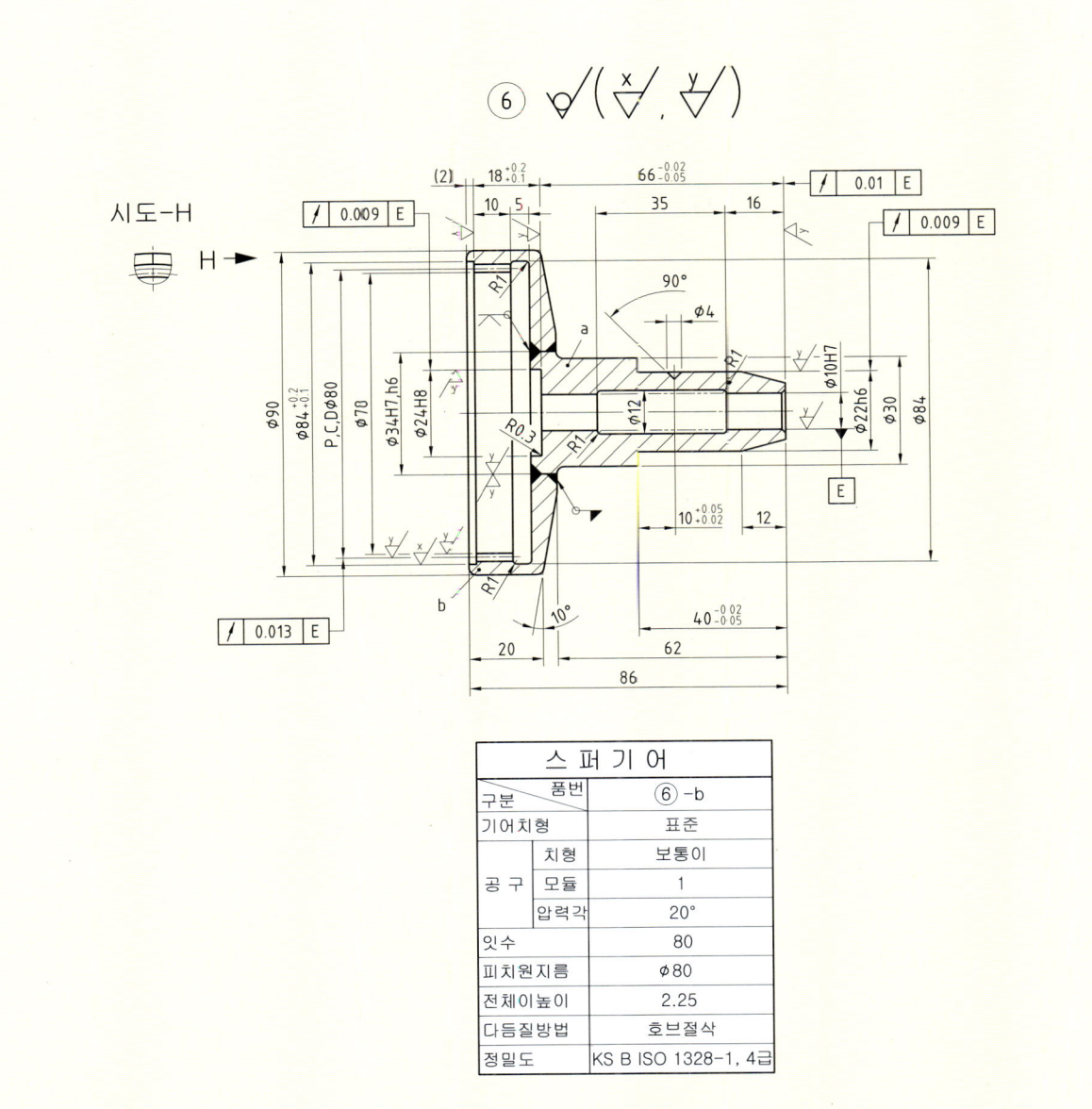

● 내접 기어의 제도와 요목표

자주 출제되는 KS 규격의 설계 적용법

내접 기어 제원	내접 기어 주요 계산 공식	
1. 모듈(m) : 1 2. 잇수(z) : 80 3. 피치원 지름 : 80 4. 재질 : SM45C, SCM415 　대형기어의 경우 주강품 　SC420, SC450	피치원 지름(P.C.D)	$P.C.D = m \times z$ $= 1 \times 80 = 80$
	이끝원 지름(D)	내접 기어 외경 $D = PCD - (2m) = 80 - (2 \times 1) = 78$
	전체 이 높이(h)	$h = 2.25 \times m = 2.25 \times 1 = 2.25$

■ **헬리컬 기어(helical gear)** : 축에 대하여 비틀린 이(나선)를 가진 원통형 기어로 스퍼 기어에 비해서 더 큰 하중에 견딜 수 있으며 소음도 적어서 정숙한 운전이 가능하여 자동차 변속기 등에 널리 사용된다. 다만, 이의 비틀림 때문에 축방향의 추력(thrust)이 발생하는 것이 단점이다. 그러나 이중 헬리컬 기어(double helical gear)나 헤링본 기어(herringbone gear)는 왼쪽 비틀림(LH) 이와 오른쪽 비틀림(RH) 이를 둘 다 가지고 있기 때문에 추력을 방지할 수 있다.

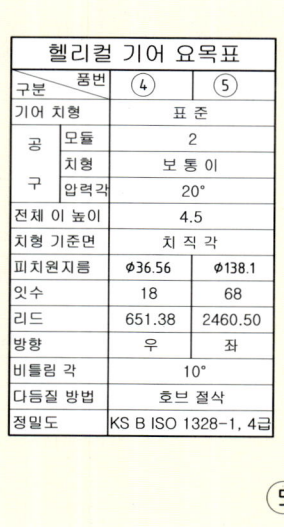

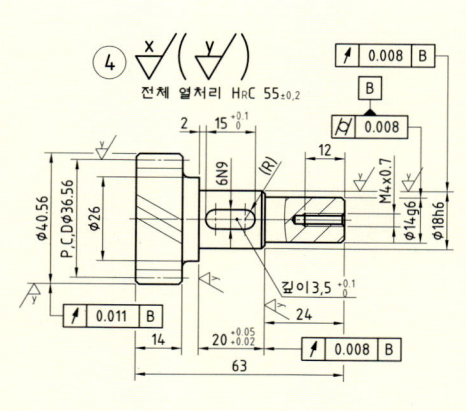

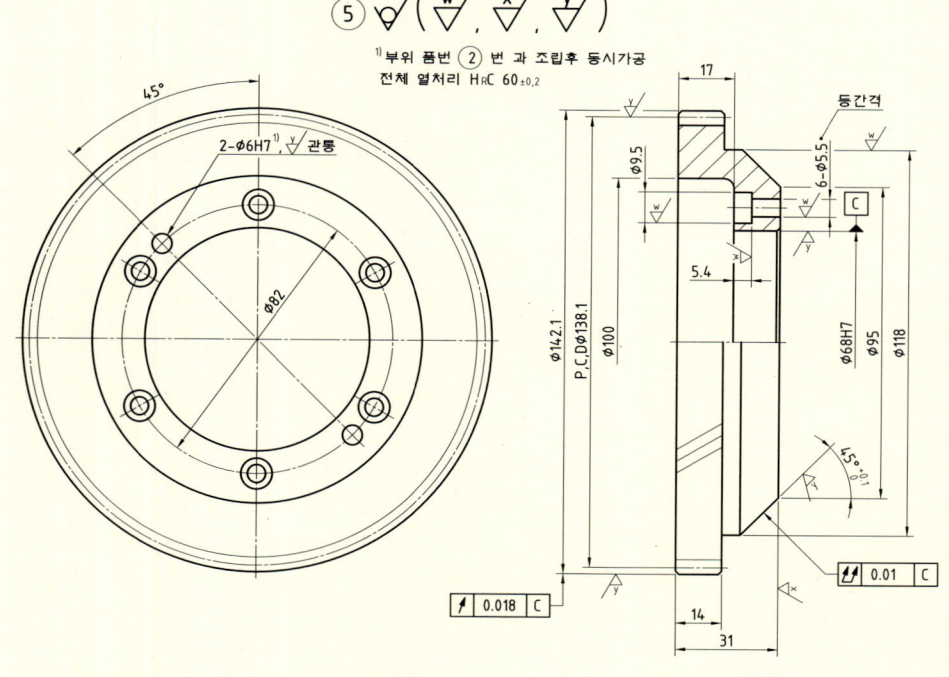

● 헬리컬기어의 제도와 요목표

헬리컬 기어 제원	표준 헬리컬 기어 주요 계산 공식			
	항목	기호	소기어 ④	대기어 ⑤
1. 치직각 모듈 : 2 2. 잇수(z) : 18, 68 3. 피치원 지름 : 36.56, 138.1 4. 비틀림각 : 10° 5. 재질 : SM45C, SCM415 　대형기어의 경우 주강품 　SC420, SC450	치직각 모듈	m_n	$m_n = m_t \cos\beta = \dfrac{d\cos\beta}{z}$	
	피치원 지름	d	$d_1 = \dfrac{z_1 m_n}{\cos\beta}$ $= \dfrac{18 \times 2}{\cos 10°} = 36.56$	$d_2 = \dfrac{z_2 m_n}{\cos\beta}$ $= \dfrac{68 \times 2}{\cos 10°} = 138.10$
	비틀림각	β	$\beta = \tan^{-1}\left(\dfrac{\pi d}{p_z}\right) = \cos^{-1}\left(\dfrac{z m_n}{d}\right)$	
	리드	p_z	$p_z = \dfrac{\pi d}{\tan\beta} = \dfrac{\pi z m_n}{\sin\beta}$ $= \dfrac{\pi \times 36.56}{\tan 10°} = 651.38$	$p_z = \dfrac{\pi d}{\tan\beta} = \dfrac{\pi z m_n}{\sin\beta}$ $= \dfrac{\pi \times 138.1}{\tan 10°} = 2460.50$
	이끝 높이	h_a	$h_a = m_n = 2$	
	이뿌리 높이	h_f	$h_f = 1.25 m_n = 1.25 \times 2 = 2.5$	
	전체 이 높이	h	$h = h_a + h_f = 2.25 m_n = 4.5$	
	중심거리	a	$a = \dfrac{(d_1+d_2)}{2} = \dfrac{(z_1+z_2)m_n}{2\cos\beta} = \dfrac{(36.56+138.1)}{2\cos 10°} = 88.68$	

■ **헬리컬 랙(helical rack)** : 헬리컬기어와 맞물리는 비틀림을 가진 직선 치형의 기어로 헬리컬 기어의 피치원통 반지름이 무한대 ∞로 된 기어이다.

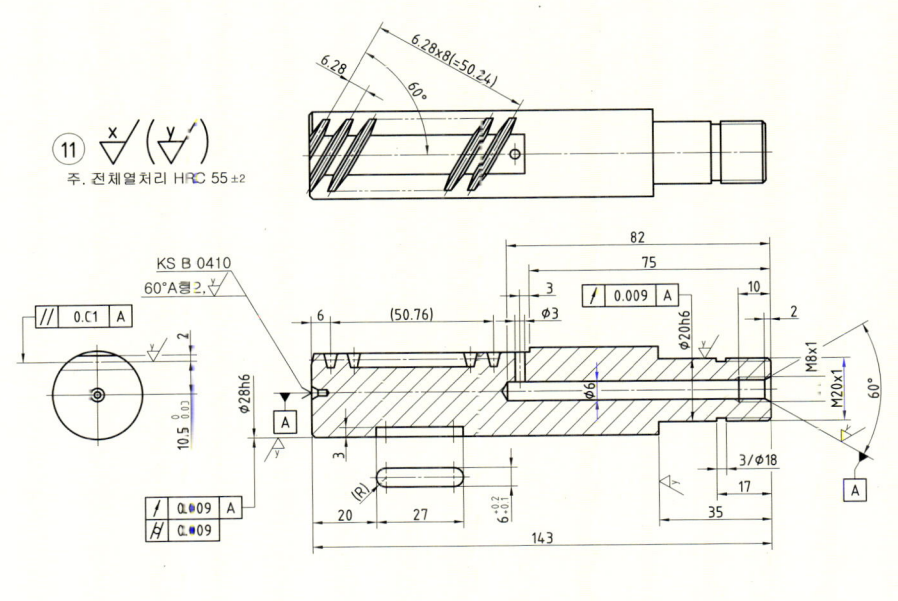

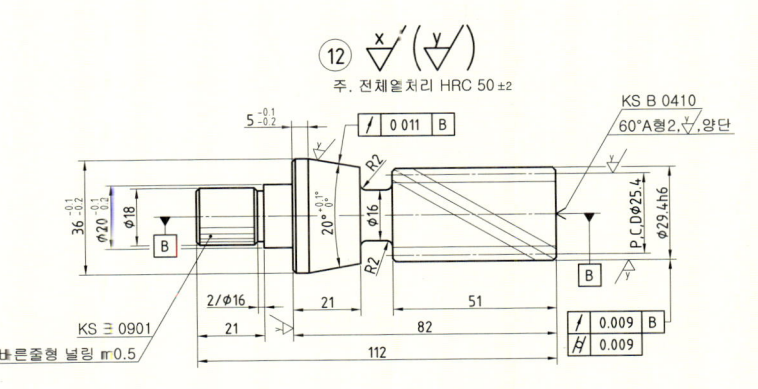

● 헬리컬랙과 피니언의 제도와 요목표

■ 자주 출제되는 KS 규격의 설계 적용법

❷ 두 축이 교차하는 기어

■ **직선 베벨기어(straight bevel gear)** : 잇줄이 직선인 베벨기어로 피치 원뿔(pitch cone)의 모선과 같은 방향으로 경사진 원뿔형 이를 가진 기어이다. 주로 두 축이 90°로 교차하는 곳에 사용되며 동력전달용 베벨기어로 가장 널리 사용된다.

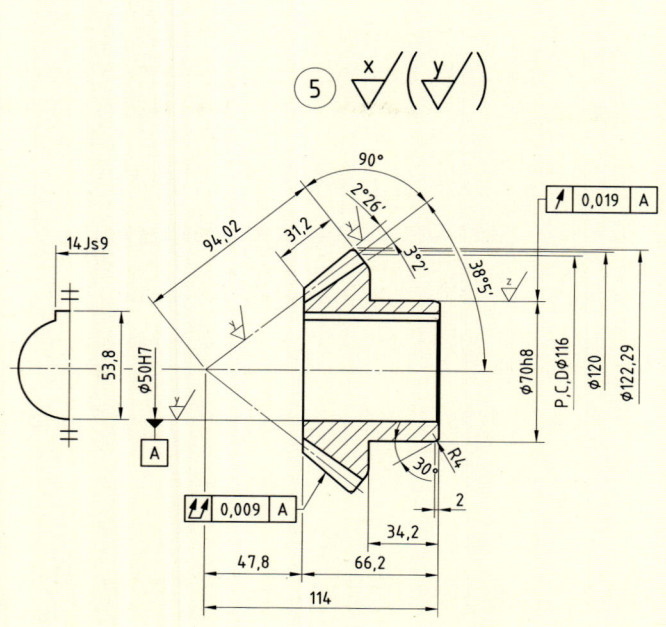

직선베벨기어 요목표		
구분 \ 품번	⑤	⑥
기어 치형	글리슨 식	
모듈	4	
압력각	20°	
잇수	29	37
축각	90°	
피치원지름	Φ116	Φ148
원추거리	94.02	
피치원추각	38° 5'	51° 55'
다듬질방법	연 삭	
정밀도	KS B 1412, 4급	

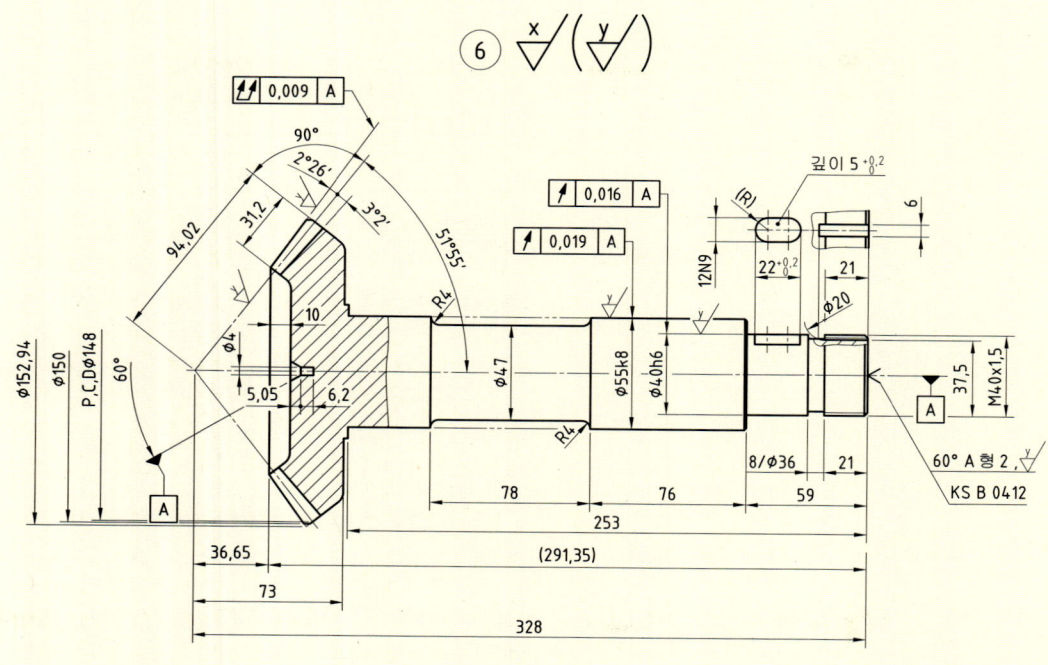

● 직선 베벨기어의 제도와 요목표

용어	기호	직선 베벨기어 주요 계산 공식	
		소기어 ⑤	대기어 ⑥
피치원 직경	d	$d_1 = z_1 m$	$d_2 = z_2 m$
피치원추각	δ	$\delta_1 = \tan^{-1} \dfrac{z_1}{z_2}$	$\delta_2 = 90° - \delta_1$
원추거리	R_e	$R_e = \dfrac{d_2}{2\sin\delta_2}$	
이끝각	θ_a	$\theta_a = \tan^{-1} \dfrac{h_a}{R_e}$	
이뿌리각	θ_f	$\theta_f = \tan^{-1} \dfrac{h_f}{R_e}$	
이끝원추각	δ_a	$\delta_{a1} = \delta_1 + \theta_a$	$\delta_{a2} = \delta_2 + \theta_a$
이뿌리 원추각	δ_f	$\delta_{f1} = \delta_1 - \theta_f$	$\delta_{f2} = \delta_2 - \theta_f$
이끝원직경 (바깥단)	d_a	$d_{a1} = d_1 + 2h_a\cos\delta_1$	$d_{a2} = d_2 + 2h_a\cos\delta_2$
배원추각	δ_b	$\delta_{b1} = 90° - \delta_1$	$\delta_{b2} = 90° - \delta_2$
이끝원추와 배원추와의 각	θ_1	$\theta_1 = 90° - \theta_a$	
원추 정점에서 바깥단까지	R	$R_1 = \dfrac{d_2}{2} - h_a \sin\delta_1$	$R_2 = \dfrac{d_1}{2} - h_a \sin\delta_2$
이끝 사이의 축방향거리	X_b	$X_{b1} = \dfrac{b\cos\delta_{a1}}{\cos\theta_a}$	$X_{b2} = \dfrac{b\cos\delta_{a2}}{\cos\theta_a}$
축각	Σ	$\Sigma = \delta_1 + \delta_2 = 90°$	
이폭	b	$b = \dfrac{a}{6\sin\delta}$ 또는 $b \leq \dfrac{R_e}{3}$	

❸ 두 축이 어긋난 기어

■ **웜과 웜휠(worm & worm wheel)** : 웜은 수나사와 비슷하다. 웜과 짝을 이루는 웜휠은 헬리컬 기어와 비슷하지만 웜의 축 방향에서 보면 웜을 감싸듯이 맞물린다는 점이 다르다. 웜과 웜휠의 두드러진 특징은 매우 큰 속도비를 얻을 수 있다는 것이다. 그러나 미끄럼 때문에 전동 효율은 매우 낮은 편이다.

자주 출제되는 KS 규격의 설계 적용법

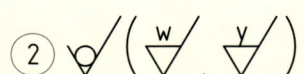
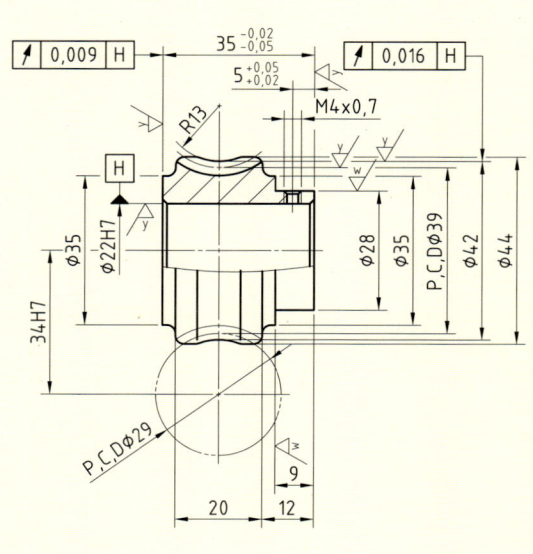
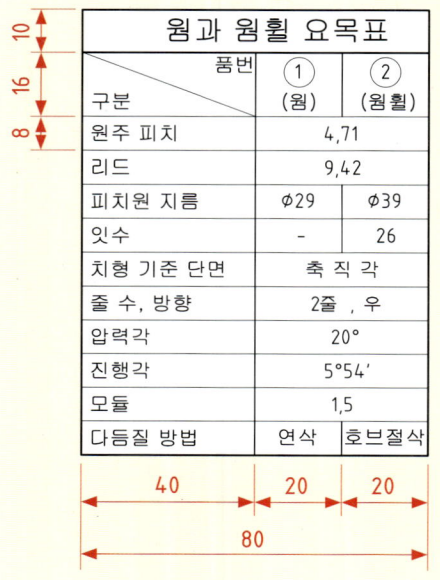
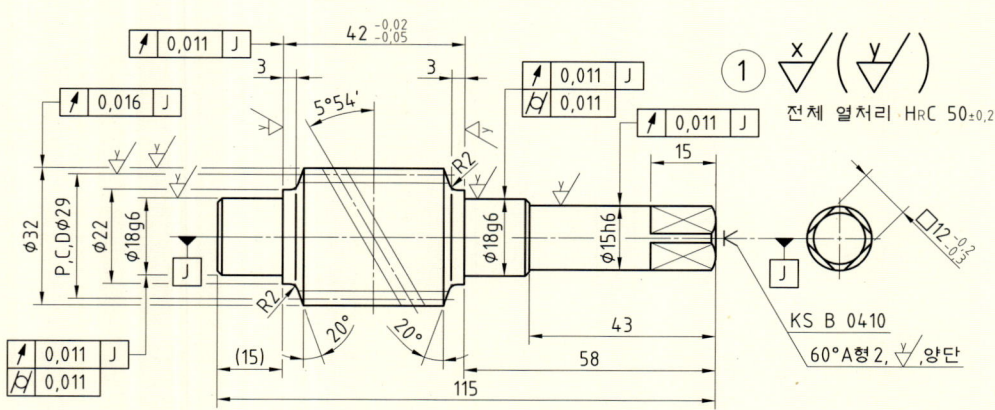

● 웜과 웜휠의 제도와 요목표

용어	기호	표준 웜기어 주요 계산 공식 웜	표준 웜기어 주요 계산 공식 웜휠
중심거리	a	$a = \dfrac{d_1 + d_2}{2}$	
축방향피치	p_x	$p_x = \dfrac{p_z}{z_1} = \dfrac{p_n}{\cos\gamma} = \pi m_t$	—
정면피치	p_t	—	$p_t = \dfrac{\pi d_2}{z} = \dfrac{p_n}{\cos\gamma}$
치직각피치	p_n	$p_n = \pi m_n = p_x \cos\gamma$	
리드	p_z	$p_z = z_1 p_x = z_1 \pi m_t$	—
진행각	γ	$\gamma = \tan^{-1}\left(\dfrac{p_z}{\pi d_1}\right)$	
피치원 직경	d	$d_1 = \dfrac{p_z}{\pi \tan\gamma}$	$d_2 = \dfrac{z_2 m_n}{\cos\gamma}$
이끝원직경	d_a	$d_{a1} = d_1 + 2h_a$	$d_{a2} = d_t + 2r_t\left(1 - \cos\dfrac{\theta}{2}\right)$
이뿌리원직경	d_f	$d_{f1} = d_1 - 2h_f$	$d_{f2} = d_2 - 2h_f$
목의 둥근 반지름	r_t	—	$r_t = \dfrac{d_1}{2} - h_a = a - \dfrac{d_t}{2}$
목의 직경	d_t	—	$d_t = d + 2h_a$
축평면압력각	α_a	$\alpha_a = \tan^{-1}\left(\dfrac{\tan\alpha_n}{\cos\gamma}\right)$	
치직각압력각	α_n	$\alpha_n = \tan^{-1}(\tan\alpha_a \cos\gamma)$ 또는 20°	
정면모듈	m_t	$m_t = \dfrac{p_x}{\tau} = \dfrac{m_n}{\cos\gamma}$	
치직각모듈	m_n	$m_n = m_t \cos\gamma = \dfrac{p_x \cos\gamma}{\pi}$	
잇수	z	$z_1 = \dfrac{p_z}{p_x}$	$z_2 = \dfrac{d_2 \cos\gamma}{m_n} = \dfrac{\pi d_2}{p_t}$

Lesson 08 V-벨트 풀리

벨트 풀리는 평벨트 풀리와 이붙이 벨트 풀리(타이밍 벨트 풀리) 및 V-벨트 풀리 등으로 분류하며 그 중에서 V-벨트 풀리는 말 그대로 풀리에 V자 형태의 홈 가공을 하고 단면이 사다리꼴 모양인 벨트를 걸어 동력을 전달할 때 풀리와 벨트 사이에 발생하는 쐐기 작용에 의해 마찰력을 더욱 증대시킨 풀리로 주철제가 많지만 강판이나 경합금제의 것도 있다.

KS 규격에서는 KS B 1400, 1403이 규정되어 있으며, V-벨트 풀리의 종류로는 호칭 지름에 따라서 M형, A형, B형, C형, D형, E형 등 6종류가 있는데 M형의 호칭 지름이 가장 작으며 E형으로 갈수록 호칭 지름 및 형상 치수가 크게 된다. 타이밍 벨트는 벨트의 이와 풀리의 홈이 서로 맞물려 동력을 전달하는 것으로 벨트의 미끄러짐이 없어 벨트의 장력 조절이 필요없고 윤활유 급유가 장치가 필요 없는 장점이 있으며 속도 범위와 동력전달 범위가 넓어 널리 사용되고 있다. 타이밍 풀리의 치형은 인벌류트 치형을 사용하고 있으며 인벌류트 치형은 벨트가 풀리에 맞물려 돌아갈 때 벨트 치형의 운동에 따라서 조성된 궤적을 기본으로 설계하는데 회전 중의 벨트 이와 풀리의 이의 간섭이 적고 매우 부드러운 회전을 얻을 수가 있다.

자주 출제되는 KS 규격의 설계 적용법

1. KS규격의 적용방법

아래 V-벨트의 KS규격에서 기준이 되는 호칭치수는 V-벨트의 형별(M,A,B,C,D,E)과 호칭지름(dp)가 된다. 일반적으로 도면에서는 형별을 표기해주는데 형별 표기가 없는 경우 조립도면에서 호칭지름(dp)과 $\alpha°$의 각도를 재서 작도하면 된다.

예를들어 V-벨트의 형별이 **A형**으로 되어있고 **호칭지름(dp)**이 87mm라고 한다면, 아래 규격에서 $\alpha°$, l_0, k, k_0, e, f, de 치수를 찾아 적용하고 부분확대도를 적용하는 경우 확대도를 작도한 후에 r_1, r_2, r_3의 수치를 찾아 적용해주면 된다.

■ V-벨트 풀리의 KS규격

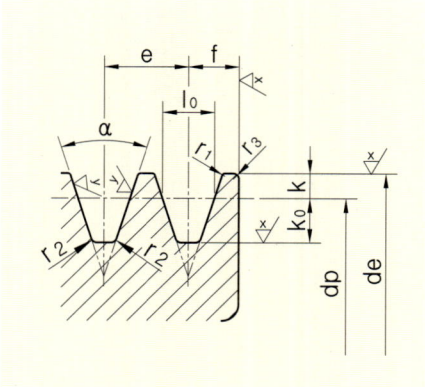

■ 홈부 각 부분의 치수허용차

V벨트의 형별	α의 허용차(°)	k의 허용차	e의 허용차	f의 허용차
M		–		
A		+0.2 0	± 0.4	±1
B				
C	± 0.5	+0.3 0		
D		+0.4 0	± 0.5	+2 -1
E		+0.5 0		+3 -1

[주] k의 허용차는 바깥지름 de를 기준으로 하여, 홈의 나비가 l_0가 되는 dp의 위치의 허용차를 나타낸다.

■ 주철제 V-벨트 풀리 홈부분의 모양 및 치수 [KS B 1400]

V벨트 형 별	호칭지름 (dp)	α°	l_0	k	k_0	e	f	r_1	r_2	r_3	(참고) V 벨트의 두께	비고
M	50 이상 71 이하 71 초과 90 이하 90 초과	34 36 38	8.0	2.7	6.3	–	9.5	0.2~0.5	0.5~1.0	1~2	5.5	M형은 원칙적으로 한 줄만 걸친다.(e)
A	71 이상 100 이하 100 초과 125 이하 125 초과	34 36 38	9.2	4.5	8.0	15.0	10.0	0.2~0.5	0.5~1.0	1~2	9	
B	125 이상 160 이하 160 초과 200 이하 200 초과	34 36 38	12.5	5.5	9.5	19.0	12.5	0.2~0.5	0.5~1.0	1~2	11	
C	200 이상 250 이하 250 초과 315 이하 315 초과	34 36 38	16.9	7.0	12.0	25.5	17.0	0.2~0.5	1.0~1.6	2~3	14	
D	355 이상 450 이하 450 초과	36 38	24.6	9.5	15.5	37.0	24.0	0.2~0.5	1.6~2.0	3~4	19	
E	500 이상 630 이하 630 초과	36 38	28.7	12.7	19.3	44.5	29.0	0.2~0.5	1.6~2.0	4~5	25.5	

■ V-벨트 풀리의 바깥둘레 흔들림 및 림 측면 흔들림의 허용값

호칭지름	바깥둘레 흔들림의 허용값	림 측면 흔들림의 허용값	바깥지름 d_e의 허용값
75 이상 118 이하	± 0.3	± 0.3	± 0.6
125 이상 300 이하	± 0.4	± 0.4	± 0.8
315 이상 630 이하	± 0.6	± 0.6	± 1.2
710 이상 900 이하	± 0.3	± 0.8	± 1.6

1. 호칭치수는 형별(예 : M형)과 호칭지름(d_p)이 된다.
2. 풀리의 재질은 보통 회주철(GC250)을 적용한다.
3. 형별 중 M형은 원칙적으로 한줄만 걸친다.(기호 : e)
4. 크기는 형별에 따라 M, A, B, C, D, E형으로 분류하고, 폭에 가장 좁은 것은 M형, 가장 넓은 것은 E형이다.

2. V-벨트풀리 치수 기입 예

■ 아래 편심구동장치에서 품번 ② M형, dp=60mm 일 때 작도 및 치수 기입 적용 예

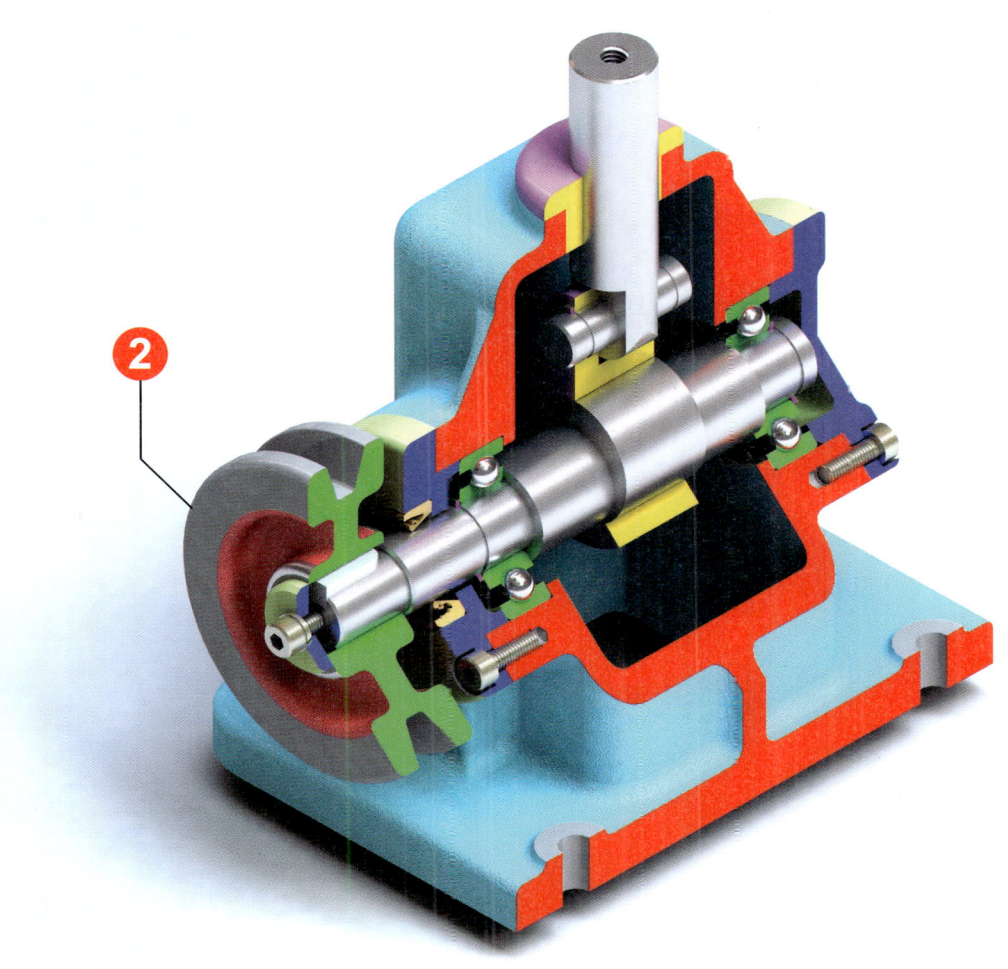

● 편심구동장치 등각도

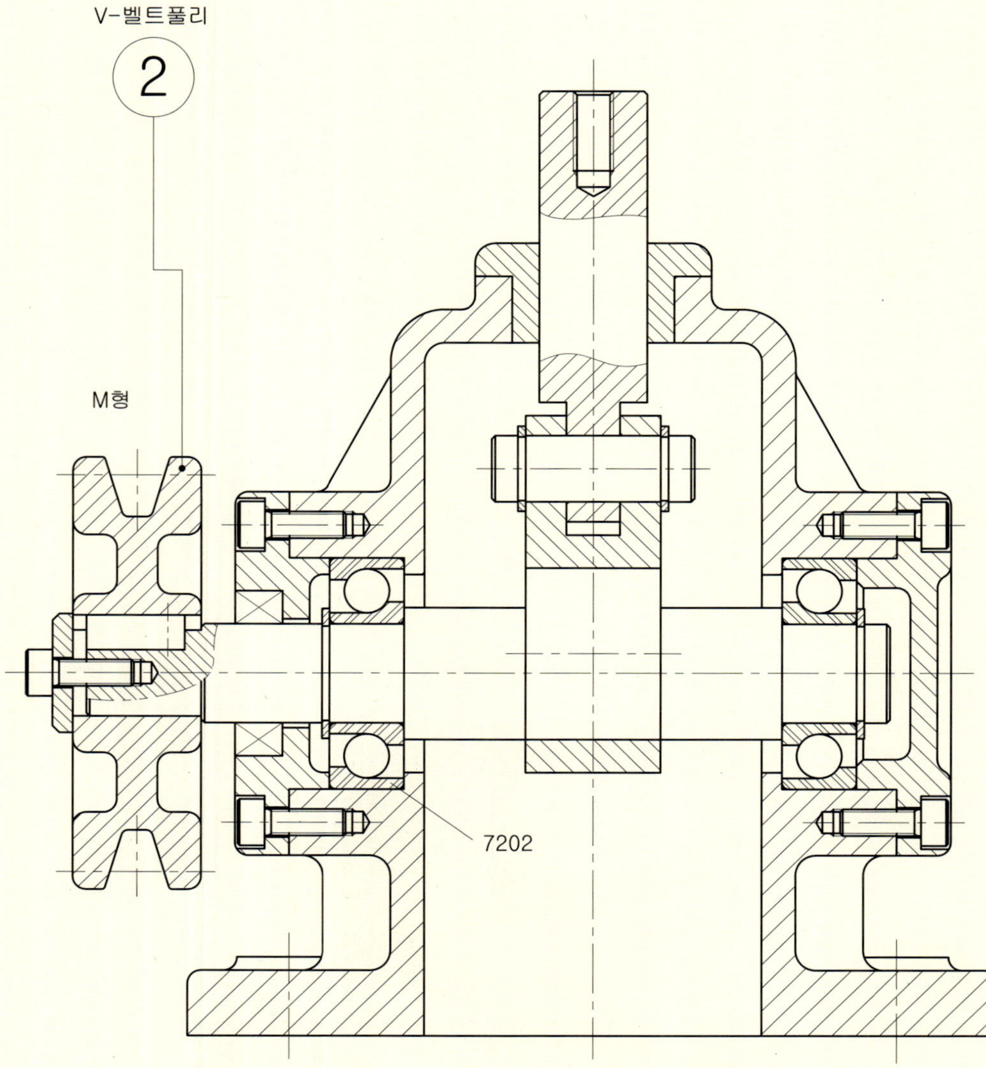

자주 출제되는 KS 규격의 설계 적용법

V-벨트풀리
②

M형

7202

● 편심구동장치 조립도

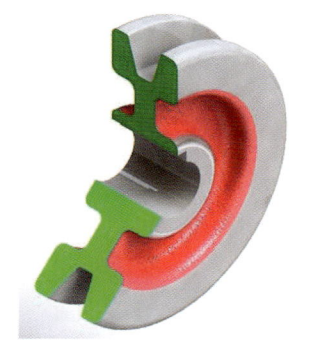

● M형 V-벨트풀리 입체도

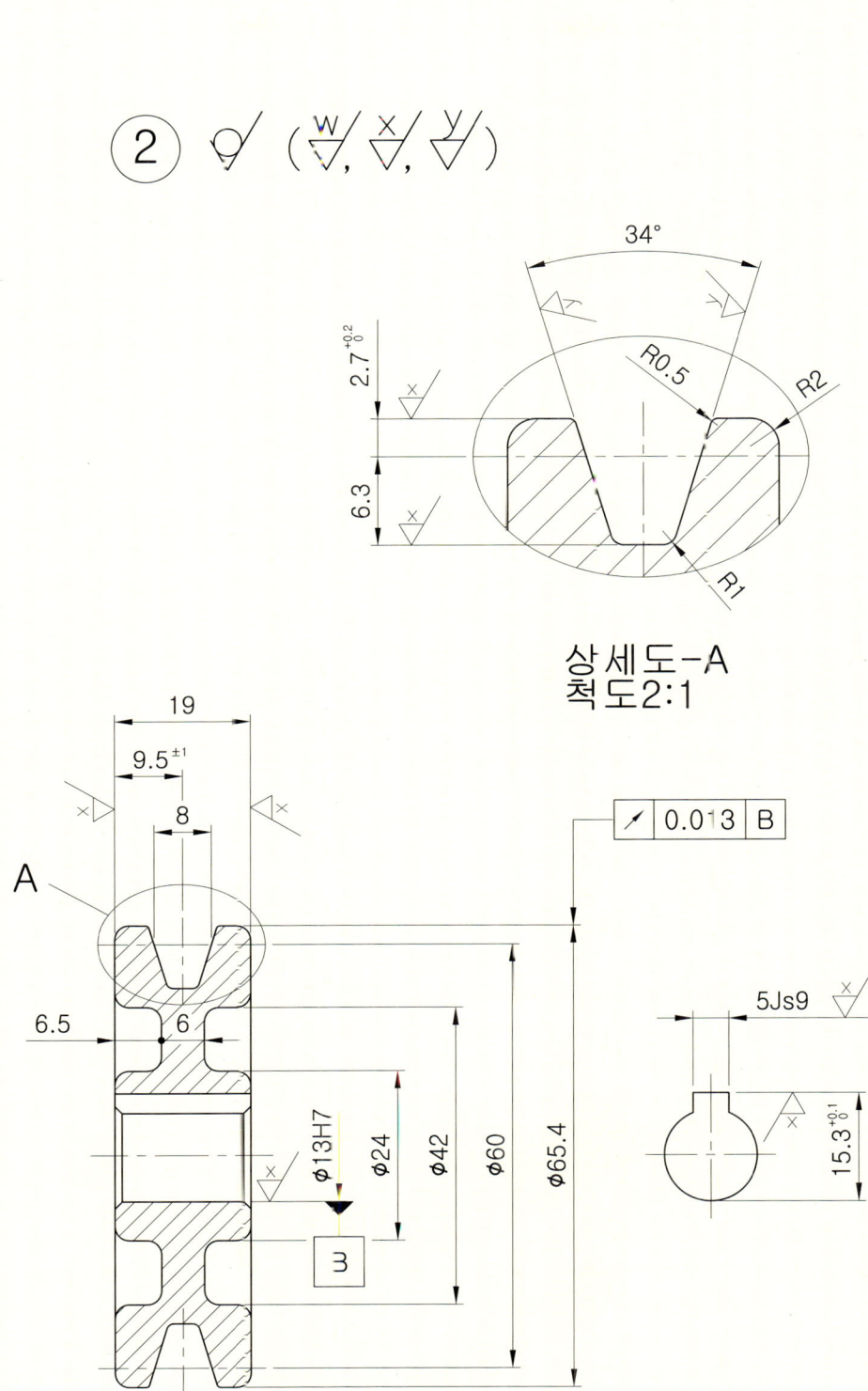

● M형 V-벨트풀리 주요부 치수

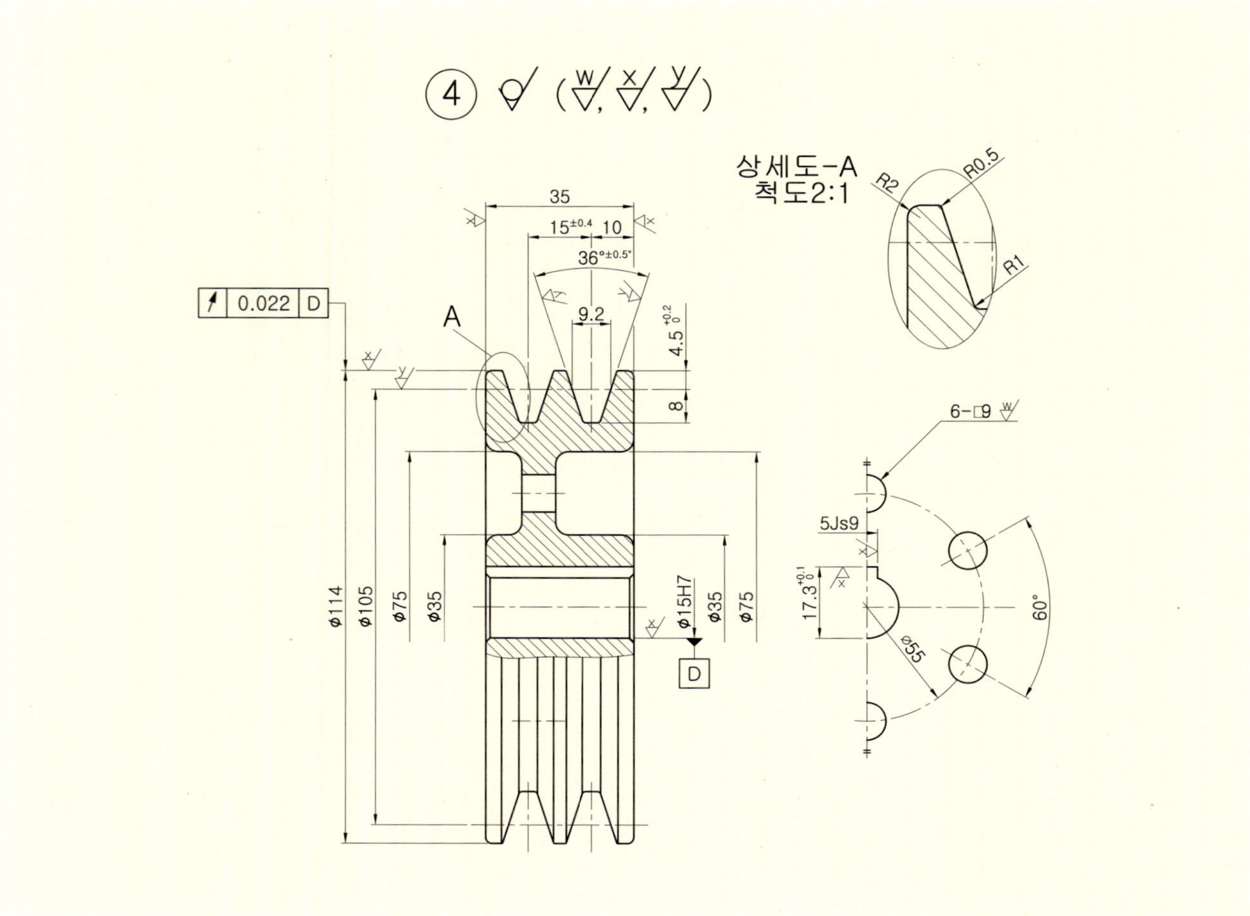

■ 자주 출제되는 KS 규격의 설계 적용법

● A형 V-벨트풀리

3. 평벨트 풀리 치수 기입 예 [참고 : 평벨트 풀리 KS B 1402 폐지]

■ 아래 벨트전동장치에서 품번 ③의 평벨트 풀리 치수 기입을 예로 들었다.

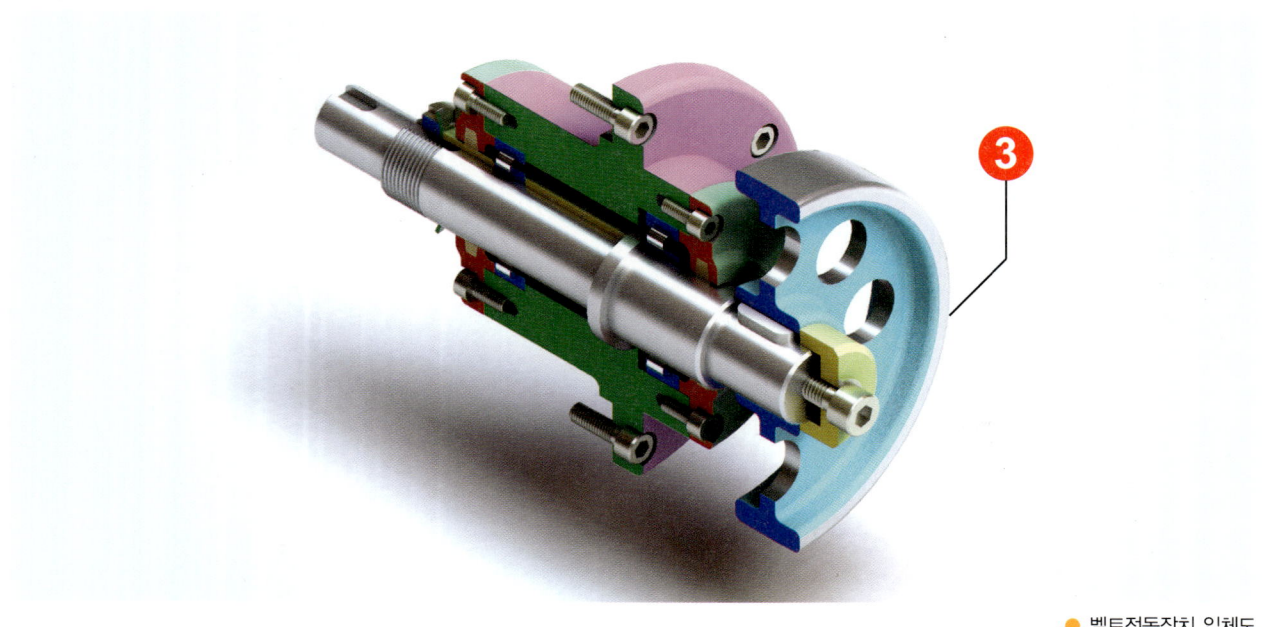

● 벨트전동장치 입체도

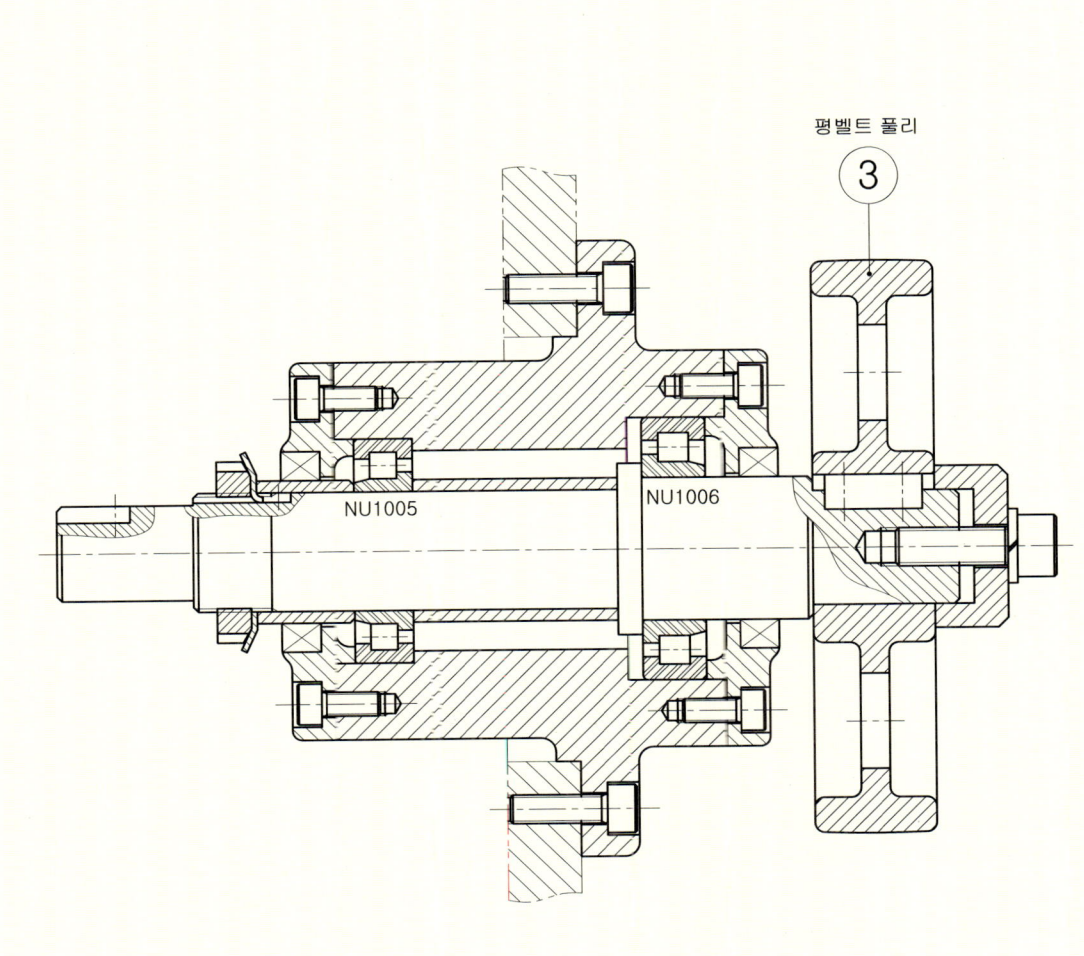

● 벨트전동장치 조립도

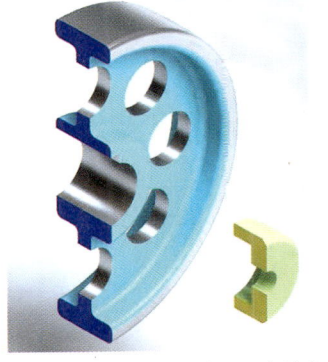

● 평벨트 풀리 입체도

자주 출제되는 KS 규격의 설계 적용법

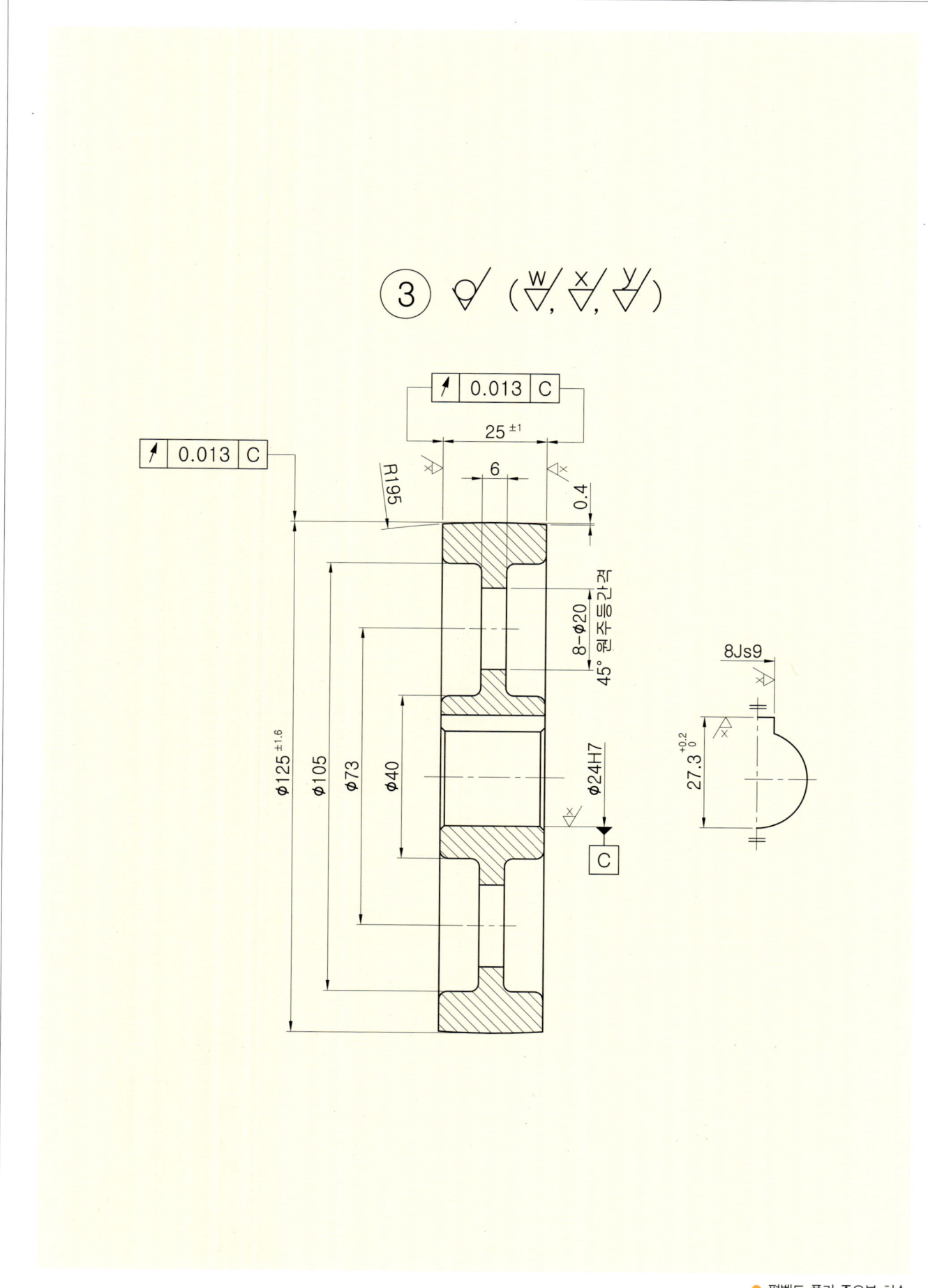

● 평벨트 풀리 주요부 치수

Lesson 09 나사

나사는 우리 주변에서도 쉽게 찾아볼 수 있는 기계요소로서 암나사와 수나사가 있으며 수나사를 회전시켜 암나사의 내부에 직선적으로 이동하면서 체결이 된다. 즉 회전운동을 직선운동으로 바꾸어 주는 것이다. 이때 회전운동은 적은 힘으로 움직여도 직선운동으로 바뀌면 큰 힘을 발휘할 수 있다. 나사는 2개 이상의 부품을 작은 힘으로 조이거나 푸는 고착나사, 2개 부품 사이의 거리나 높이를 조절하는 조정(조절)나사, 부품에 회전운동을 주어 동력을 전달시키거나 이동시키는 운동 또는 동력전달나사, 파이프를 연결시키는 접합용 나사 등 아주 다양한 종류가 있으며 쓰이지 않는 곳이 없을 정도로 작지만 중요한 기계요소이다.

나사는 KS B ISO 6410에 의거하여 약도법으로 제도하는 것을 원칙으로 한다.

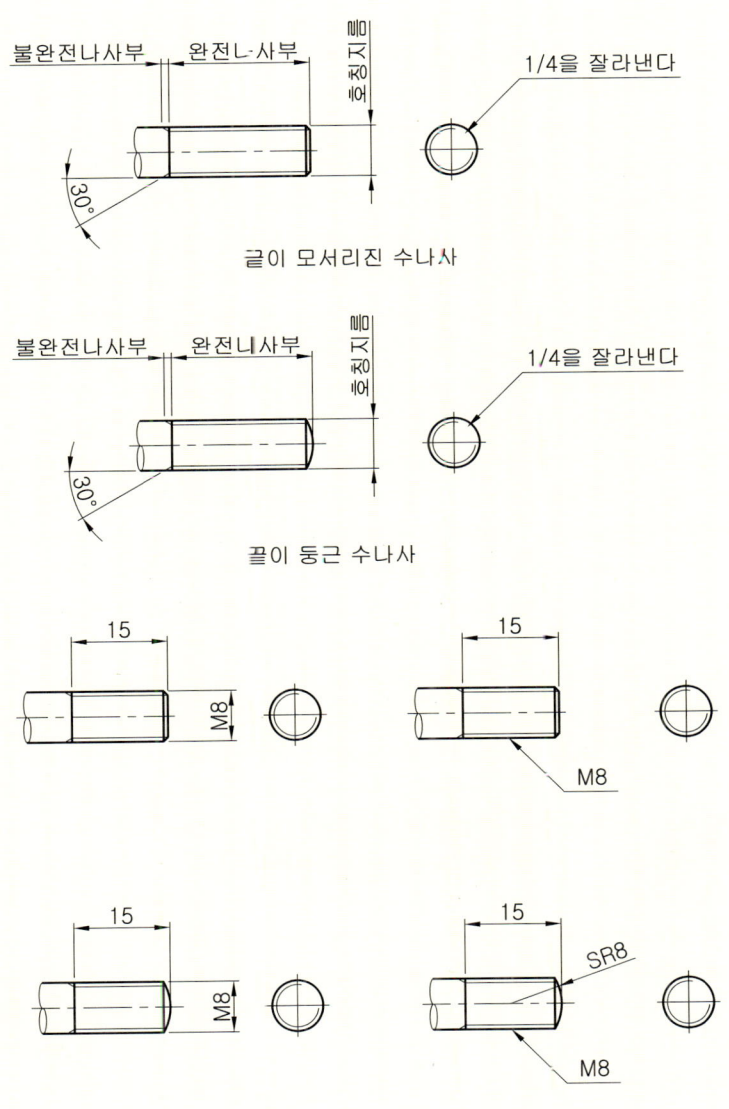

● 수나사의 제도법

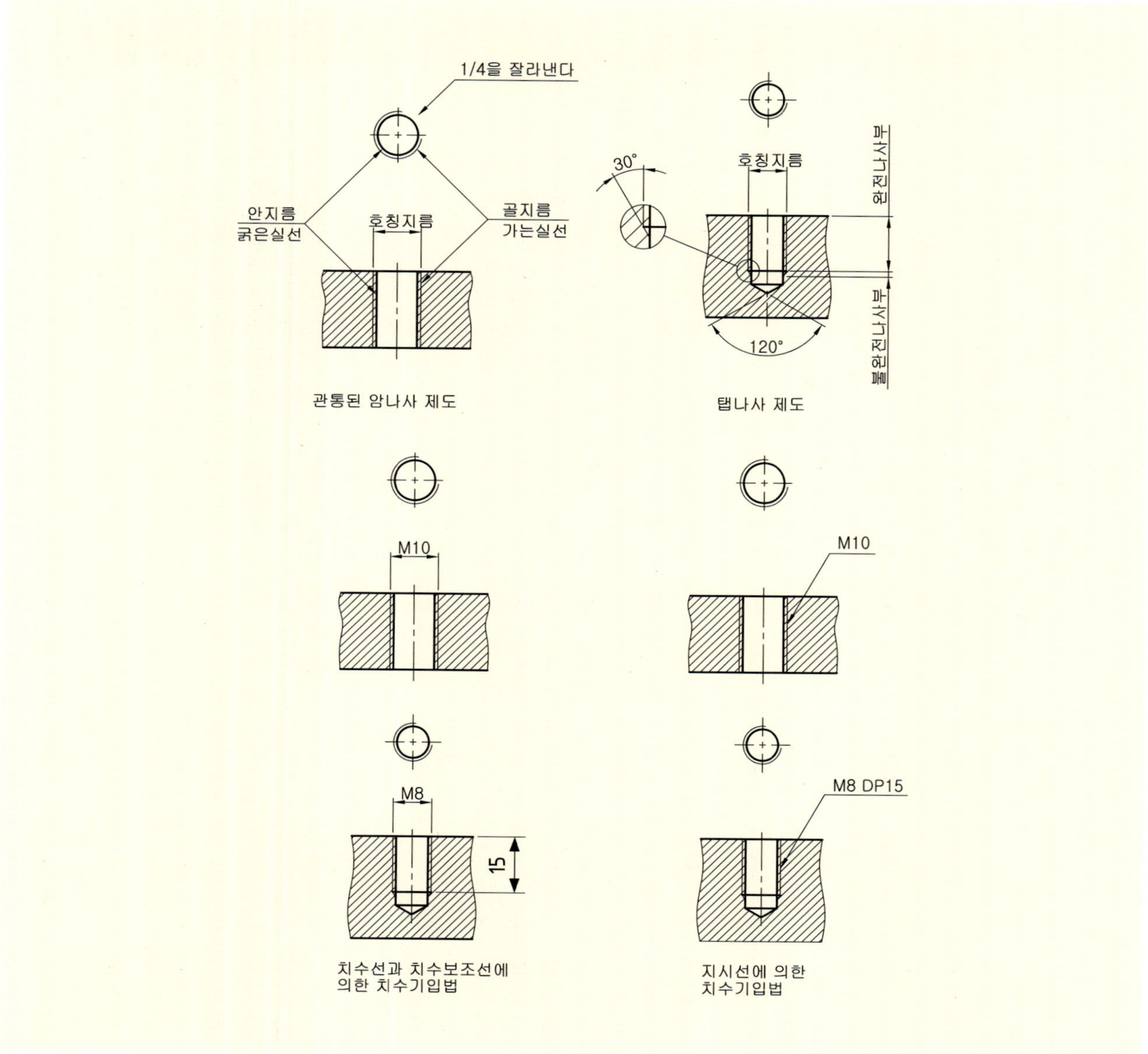

자주 출제되는 KS 규격의 설계 적용법

● 암나사의 제도법

Tip

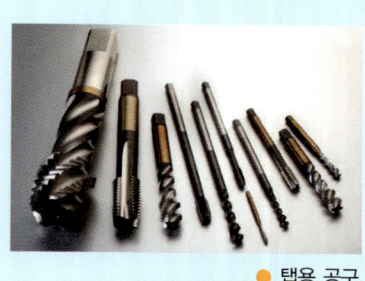
● 탭용 공구

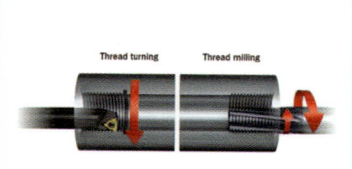
● 선반과 밀링에서 나사내기
[이미지 제공 : SANDBIK]

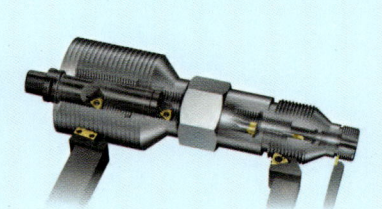
● 수나사 및 암나사 작업
[이미지 제공 : SANDBIK]

KS B 0069 나사공구용어에서는 주로 회전과 나사의 리드와 일치하는 이송에 의하여 아래구멍(하혈)에 암나사를 형성하는 수나사 모양의 공구로서 다시 말해, 탭(tap)이란 암나사를 가공하는 공구이며 탭가공(탭핑:tapping)이란 탭을 사용하여 암나사를 가공하는 것을 의미한다.

■ 나사의 종류를 표시하는 기호 및 나사의 호칭에 대한 표시 방법의 보기 [KS B 0200]

구 분		나사의 종류	나사의 종류를 표시하는 기호	나사의 호칭에 대한 표시 방법의 보기	관련 표준
일반용	ISO표준에 있는것	미터보통나사	M	M8	KS B 0201
		미터가는나사		M8x1	KS B 0204
		미니츄어나사	S	S0.5	KS B 0228
		유니파이 보통 나사	UNC	3/8-16UNC	KS B 0203
		유니파이 가는 나사	UNF	No.8-36UNF	KS B 0206
		미터사다리꼴나사	Tr	Tr10x2	KS B 0229의 본문
		관용 테이퍼 나사 - 테이퍼 수나사	R	R3/4	KS B 0222의 본문
		관용 테이퍼 나사 - 테이퍼 암나사	Rc	Rc3/4	
		관용 테이퍼 나사 - 평행 암나사	Rp	Rp3/4	
		관용평행나사	G	G1/2	KS B 0221의 본문
	ISO표준에 없는것	30도 사다리꼴나사	TM	TM18	KS B 0206
		29도 사다리꼴나사	TW	TW20	
		관용 테이퍼 나사 - 테이퍼 나사	PT	PT7	KS B 0222의 본문
		관용 테이퍼 나사 - 평행 암나사	PS	PS7	
		관용 평행나사	PF	PF7	KS B 0221
특수용		후강 전선관나사	CTG	CTG16	KS B 0223
		박강 전선관나사	CTC	CTC19	
		자전거 나사 - 일반용	BC	BC3/4	KS B 0224
		자전거 나사 - 스프크용		BC2.6	
		미싱나사	SM	SM1/4 산40	KS B 0225
		전구나사	E	E10	KS C 7702
		자동차용 타이어 밸브나사	TV	TV8	KS R 4006의 부속서
		자전거용 타이어 밸브나사	CTV	CTV8 산30	KS R 8004의 부속서

Lesson 10 V-블록

V-블록은 90°, 120°의 각을 갖는 V형의 홈을 가진 주철제 또는 강 재질의 다이(die)로 주로 환봉을 올려놓고 클램핑(clamping)하여 구멍 가공을 하거나 금긋기 및 중심내기(centering)에 주로 사용하는 요소이다.

위치결정 V-블록은 원통형상의 공작물을 위치결정하는 데 사용하는 블록이다.

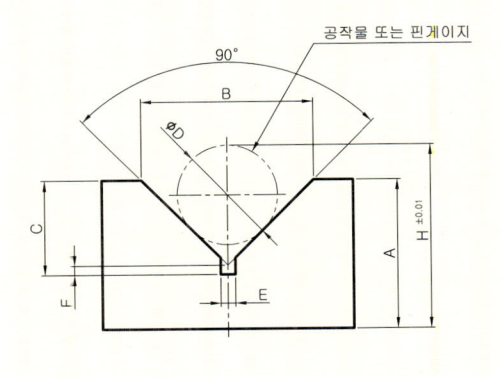

● V-블록 치수 기입

1. ØD 는 도면상에 주어진 공작물의 외경치수나 핀게이지의 치수를 재서 기입하거나 임의로 정한다.
2. A, B, C, D, E, F 의 값은 주어진 도면의 치수를 재서 기입한다.

자주 출제되는 KS 규격의 설계 적용법

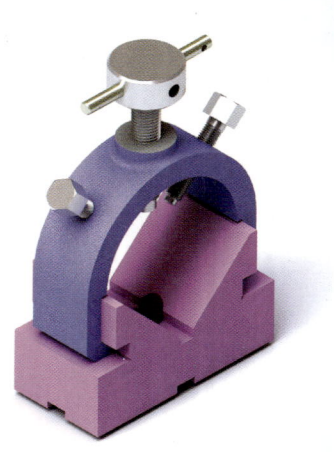

■ H치수 구하는 계산식

① V-블록 각도($\theta°$)가 90°인 경우 H의 값

$$Y = \sqrt{2} \times \frac{D}{2} - \frac{B}{2} + A + \frac{D}{2}$$

② V-블록 각도($\theta°$)가 120°인 경우 H의 값

$$Y = \frac{D}{2} \div \cos 30° - \tan 30° \times \frac{B}{2} + A + \frac{D}{2}$$

● V-블록

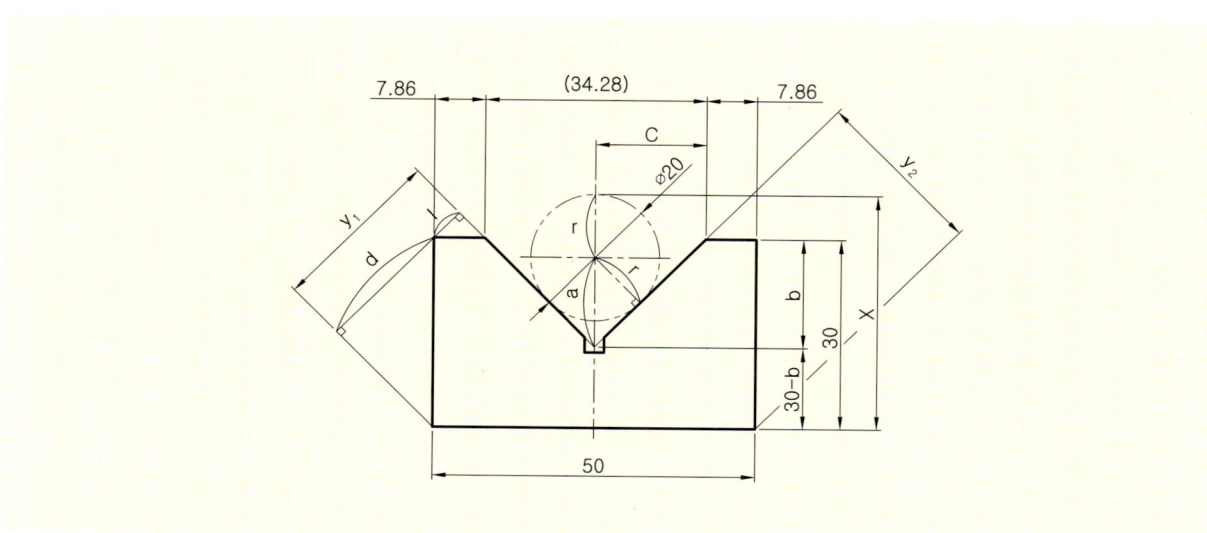

● V-블록 가공 치수 계산

■ V홈을 가공하기 위한 치수 구하는 계산식

X를 구하는 방법

$X = r + a + (30 - b)$ $r = 10$

$a = \dfrac{10}{\cos 45°} = 10 \times \sec 45°$

$10 \times 1.4142 = 14.142$

$b = c = 17.14$

따라서 $X = 10 + 14.142 + (30 - 17.14)$
$= 37.002 ≒ 37.0$

■ Y_1과 Y_2를 구하는 방법

$Y_1 = Y_2$, $Y_1 = d + l$
$= 30 \times \cos 45° + 7.86 \times \cos 45°$
$= 30 \times 0.7071 + 7.86 \times 0.7071 ≒ 26.77$

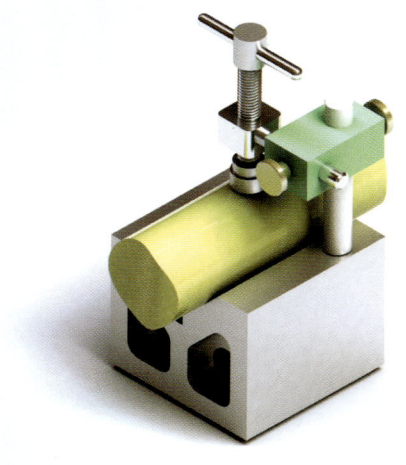

● V-블록 클램프

Lesson 11 더브테일

더브테일 홈(dovetail groove)은 주로 공작기계나 측정기계의 미끄럼 운동면에 사용되고 있으며 각도는 60°의 것이 대부분이다. 비둘기 꼬리 모양을 한 홈을 말하며 밀링머신 등으로 가공할 때 더브테일 커터라고 하는 총형 커터를 사용한다.

1. 외측용 더브테일

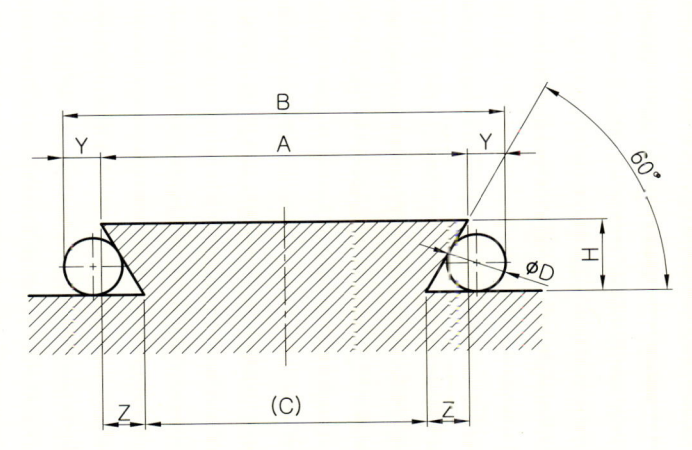

■ 설계 계산식

A, H, ØD 치수를 결정한다.

$Y = 1.366D - 0.577H$

$B = A + ZY$

$Z = 0.577H$

$C = A - 2Z$

● 외측용 60° 블록 더브테일

2. 내측용 더브테일

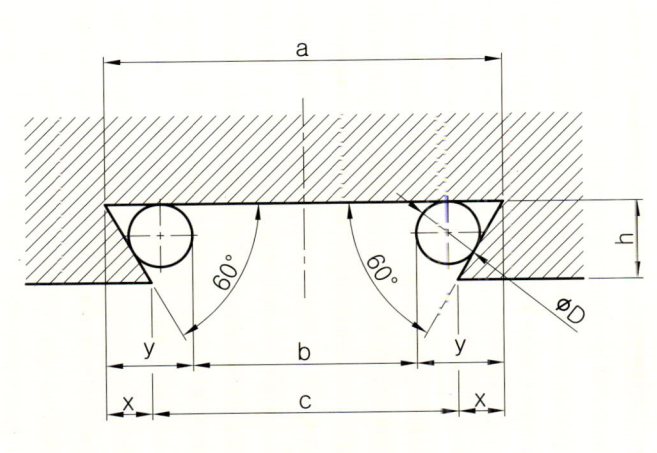

■ 설계 계산식

a, h, ØD 치수를 결정한다.

$y = 1.366D$

$b = a - 2y$

$x = 0.577h$

$c = a - 2x$

● 60° 오목 더브테일

[참고] $\cot\alpha = \dfrac{1}{\tan\alpha} = \dfrac{1}{\tan 60} = 0.57735$

자주 출제되는 KS 규격의 설계 적용법

■ 치수기입 적용 예

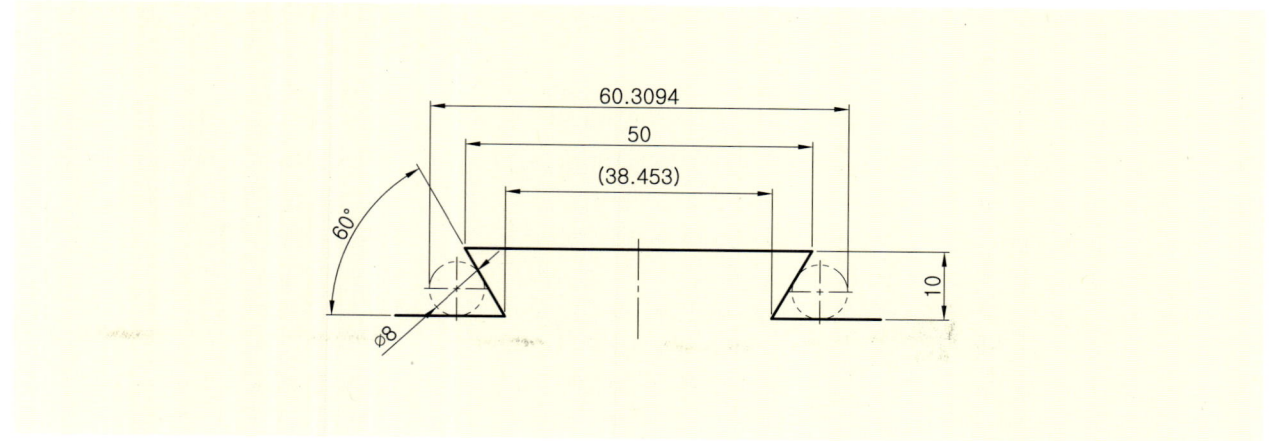

● 외측용 더브테일 치수 기입 예

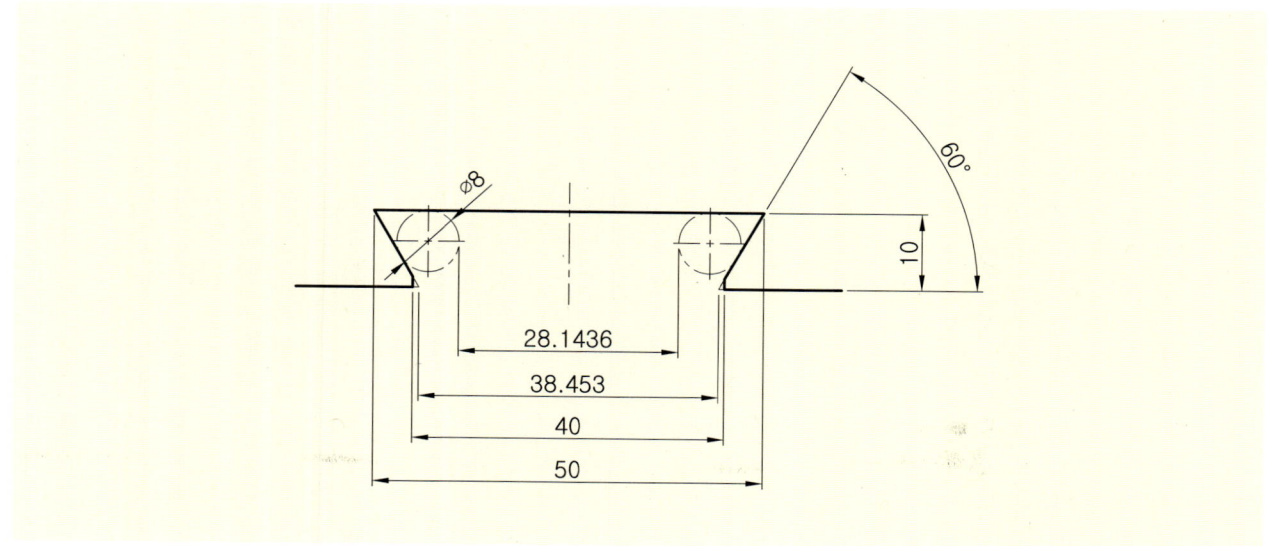

● 내측용 더브테일 치수 기입 예

● 외측용 더브테일   ● 내측용 더브테일

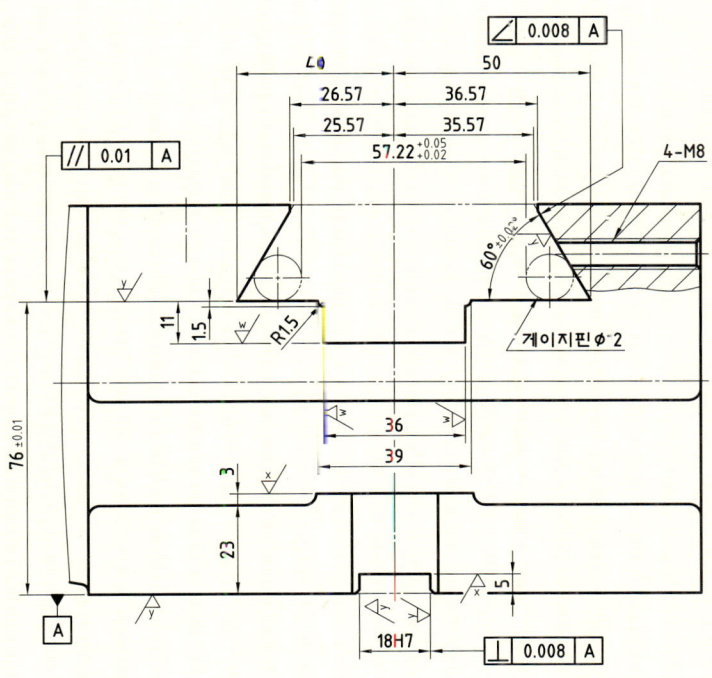

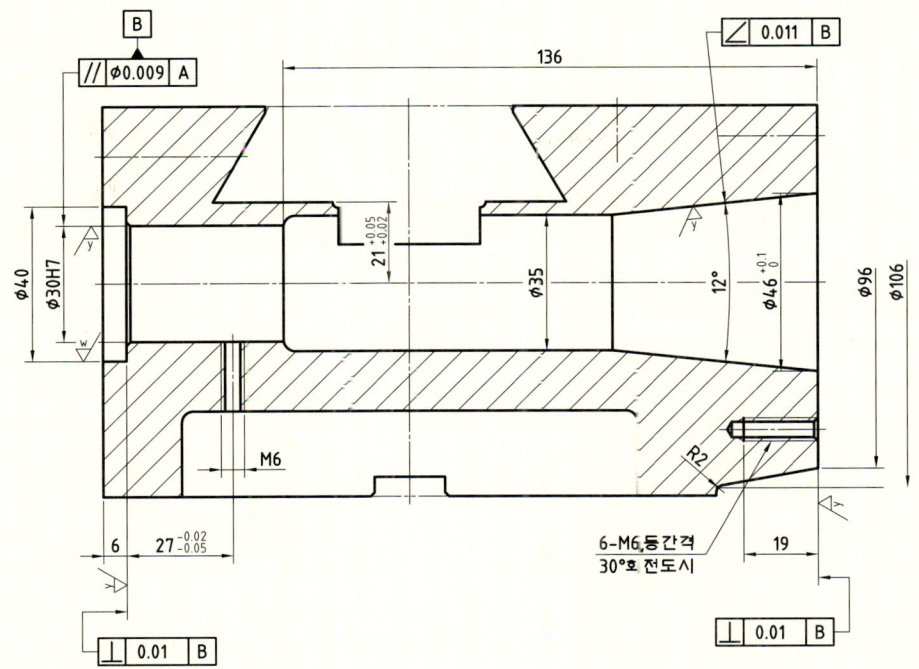

● 더브테일 홈의 도시

Lesson 12 롤러 체인 스프로킷

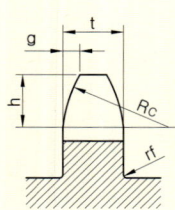
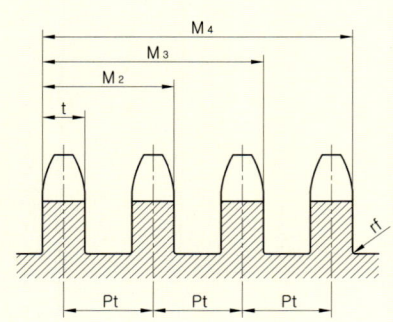

체인 호칭번호	모떼기 폭 g (약)	모떼기 깊이 h (약)	모떼기 반지름 Rc (최소)	둥글기 rf (최대)	롤러외경 Dr (최대)	피치 P	치폭 t (최대) 단열	치폭 t (최대) 2,3열	치폭 t (최대) 4열 이상	가로피치 Pt
25	0.8	3.2	6.8	0.3	3.30	6.35	2.8	2.7	2.4	6.4
35	1.2	4.8	10.1	0.4	5.08	9.525	4.3	4.1	3.8	10.1
41	1.6	6.4	13.5	0.5	7.77	12.70	5.8	–	–	–
40	1.6	6.4	13.5	0.5	7.95	12.70	7.2	7.8	6.5	14.4
50	2.0	7.9	16.9	0.6	10.16	15.875	8.7	8.4	7.9	18.1
60	2.4	9.5	20.3	0.8	11.91	19.05	11.7	11.3	10.6	22.8
80	3.2	12.7	27.0	1.0	15.88	25.40	14.6	14.1	13.3	29.3
100	4.0	15.9	33.8	1.3	19.05	31.75	17.6	17.0	16.1	35.8

● 롤러 체인 스프로킷 KS규격

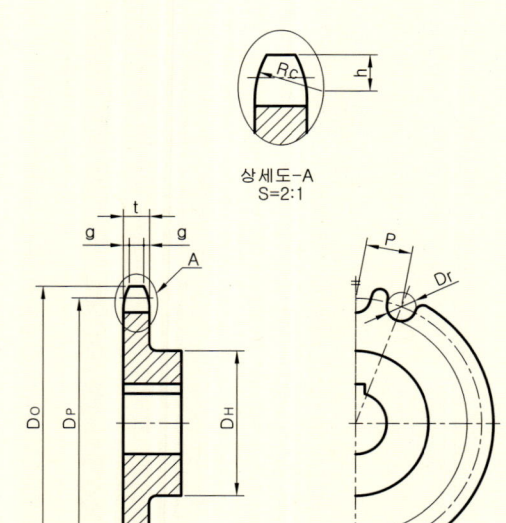

재질 : SF50(탄소강 단강품)

체인과 스프로킷 요목표

종 류	구분	품번 Ⓝ
롤러체인	호 칭	
롤러체인	원주피치	
롤러체인	롤러외경	
스프로킷	이모양	
스프로킷	잇 수	
스프로킷	피치원지름	

● 롤러 체인 스프로킷 제도와 주요 치수 기입법

⑤ ⱽ⁄(ⱽ⁄)

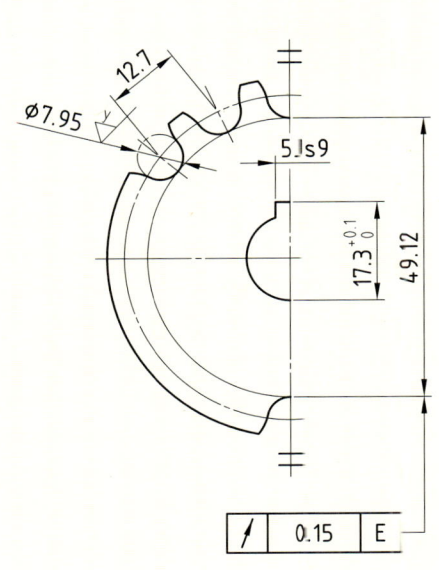

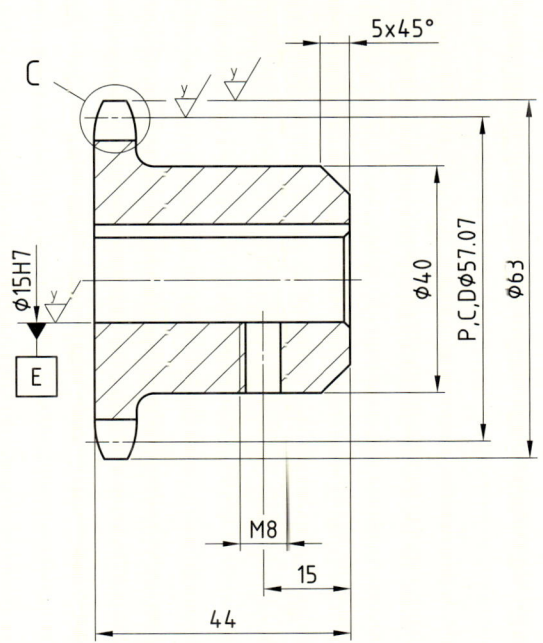

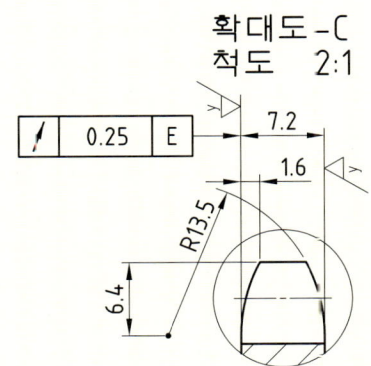

확대도-C
척도 2:1

체인, 스프로킷 요목표		
종류	품번 구분	⑤
체인	호칭	40
	원주 피치	12.70
	롤러 외경	Ø7.95
스프로킷	잇수	14
	치형	U형
	피치원지름	Ø57.07

● 롤러 체인 스프로킷 주요부 치수와 요목표 적용 예

자주 출제되는 KS 규격의 설계 적용법

■ 체인과 스프로킷 적용 예

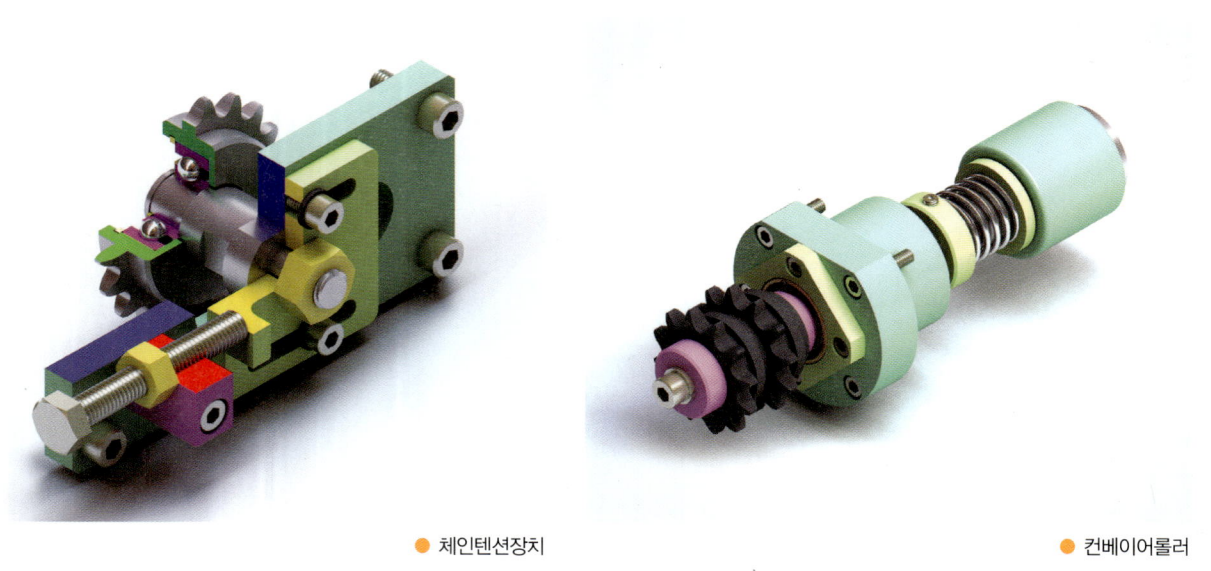

● 체인텐션장치   ● 컨베이어롤러

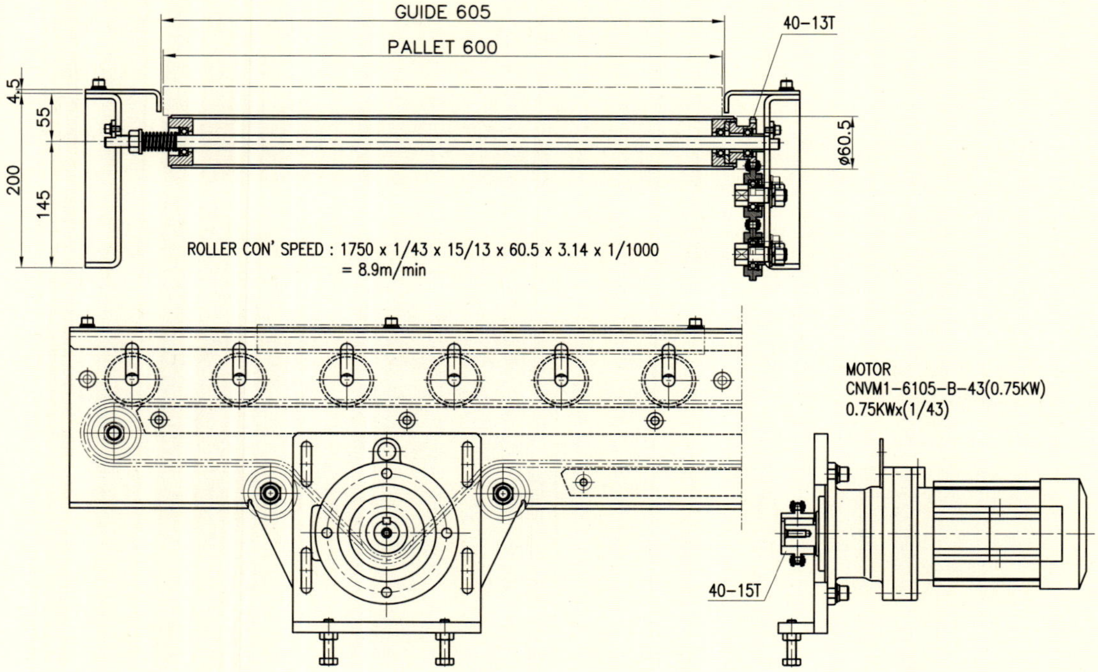

● 파레트 이송 컨베이어

Lesson 13 T홈

T홈은 보통 범용밀링이나 레이디얼 드릴링머신의 베드(bed) 면에 여러 개의 홈이 있어 공작물이나 바이스(vise)를 견고하게 고정하는 경우에 T홈 볼트로 위치를 결정한 후 너트로 쥐어 사용한다.

1. T홈의 모양 및 주요 치수

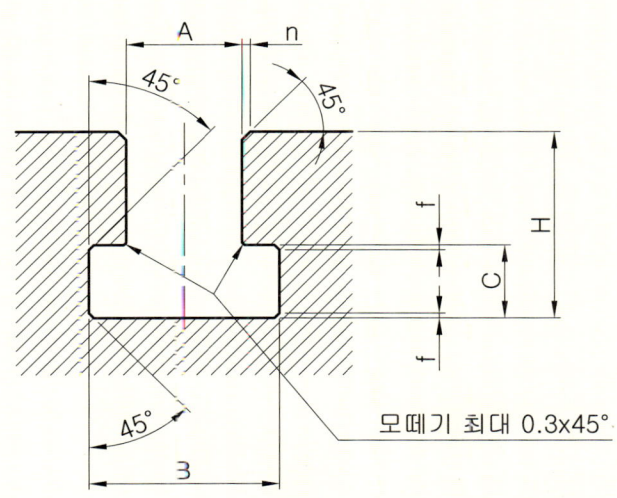

● T홈의 주요치수

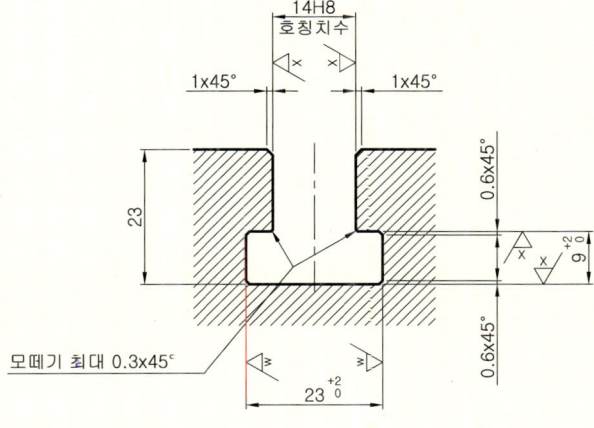

● T홈 커터

Tip

1. T홈의 호칭치수는 A로 위쪽 부분의 홈이다.
2. 치수기입이 복잡한 경우는 상세도로 도시한다.
3. T홈의 호칭치수 A의 허용차는 0급에서 4급까지 5등급이 있다.

■ 자주 출제되는 KS 규격의 설계 적용법

2. T홈의 치수 기입 예

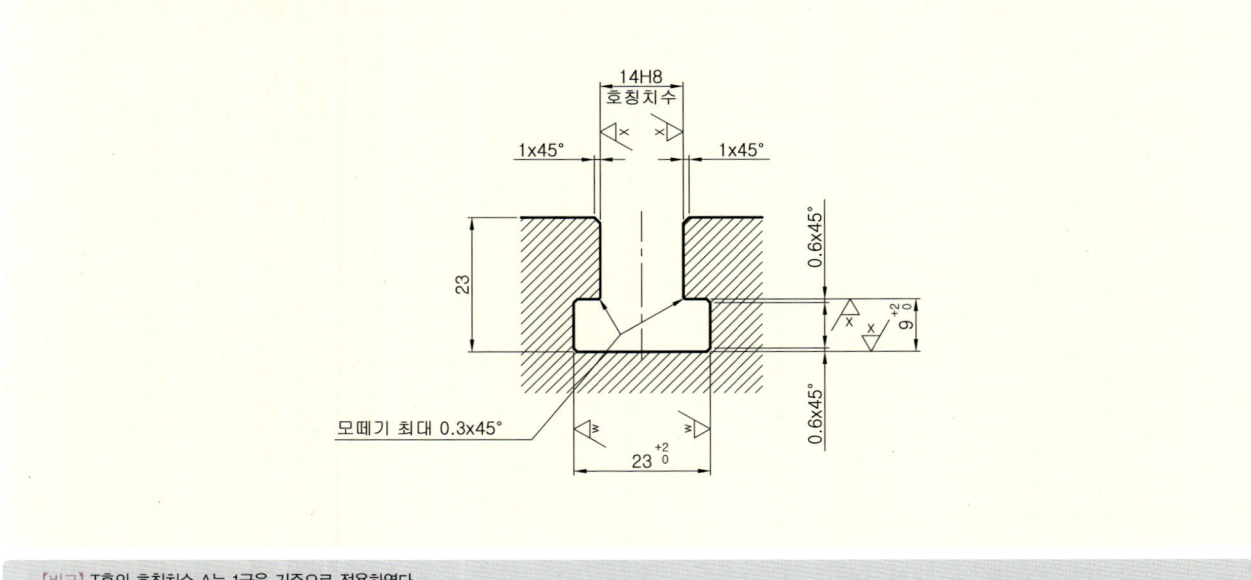

[비고] T홈의 호칭치수 A는 1급을 기준으로 적용하였다.

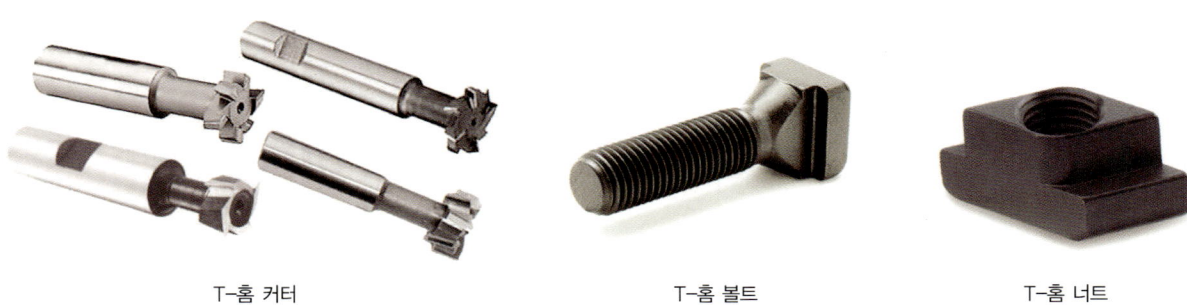

T-홈 커터　　　　　T-홈 볼트　　　　　T-홈 너트

Lesson 14 멈춤링(스냅링)

멈춤링은 축용과 구멍용의 2종류가 있으며, 흔히 스냅링(snap ring)이라 부르는데 베어링이나 축계 기계요소들의 이탈을 방지하기 위해 축과 구멍에 홈 가공을 하여 스냅링 플라이어(snap ring plier)라고 하는 전용 조립공구를 사용하여 스냅링에 가공되어 있는 2개소의 구멍을 이용해서 스냅링을 벌리거나 오므려 조립한다.
고정링으로는 C형과 E형 멈춤링이 일반적으로 사용된다. C형은 KS 규격에서 호칭번호 10에서 125까지 규격화되어 있다. E형은 그 모양이 E자 형상의 멈춤링으로 비교적 축지름이 작은 경우에 사용하며, 축지름이 1mm 초과 38mm 이하인 축에 사용하며 탈착이 편리하도록 설계되어 있다. 또한 멈춤링은 충분한 강도를 가져야 하며, 재료의 탄성이 크기 때문에 조립 후 위치의 유지와 탈착이 쉬워야 한다.

■ 여러 가지 멈춤링의 종류 및 형상

축용 C형 멈춤링

구멍용 C형 멈춤링

E형 멈춤링

축용 C형 동심 멈춤링

구멍용 C형 동심 멈춤링

1. 축용 C형 멈춤링(스냅링)

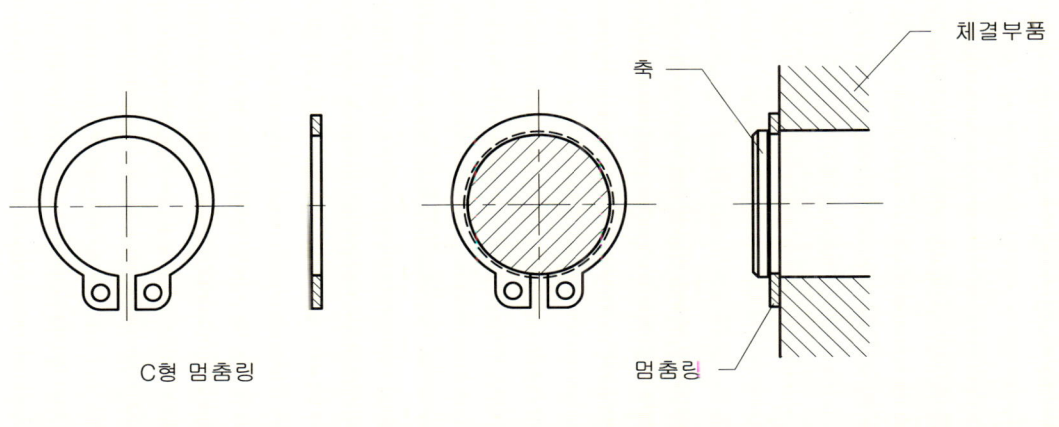

● 축용 C형 멈춤링 설치 상태도

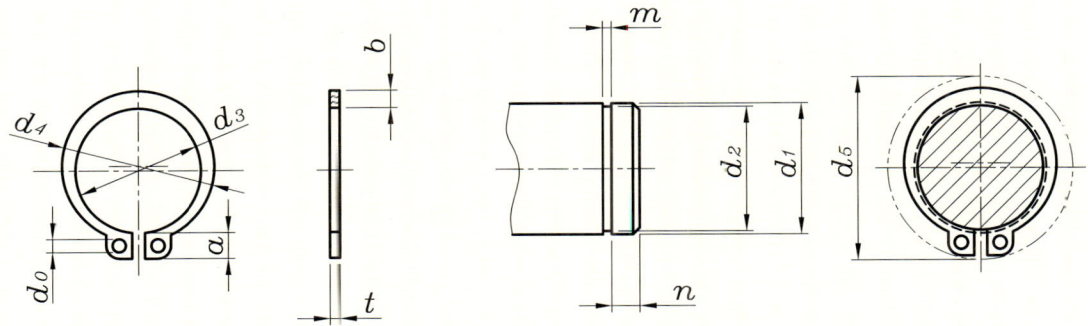

● 축용 C형 멈춤링에 적용되는 주요 KS규격 치수

■ 자주 출제되는 KS 규격의 설계 적용법

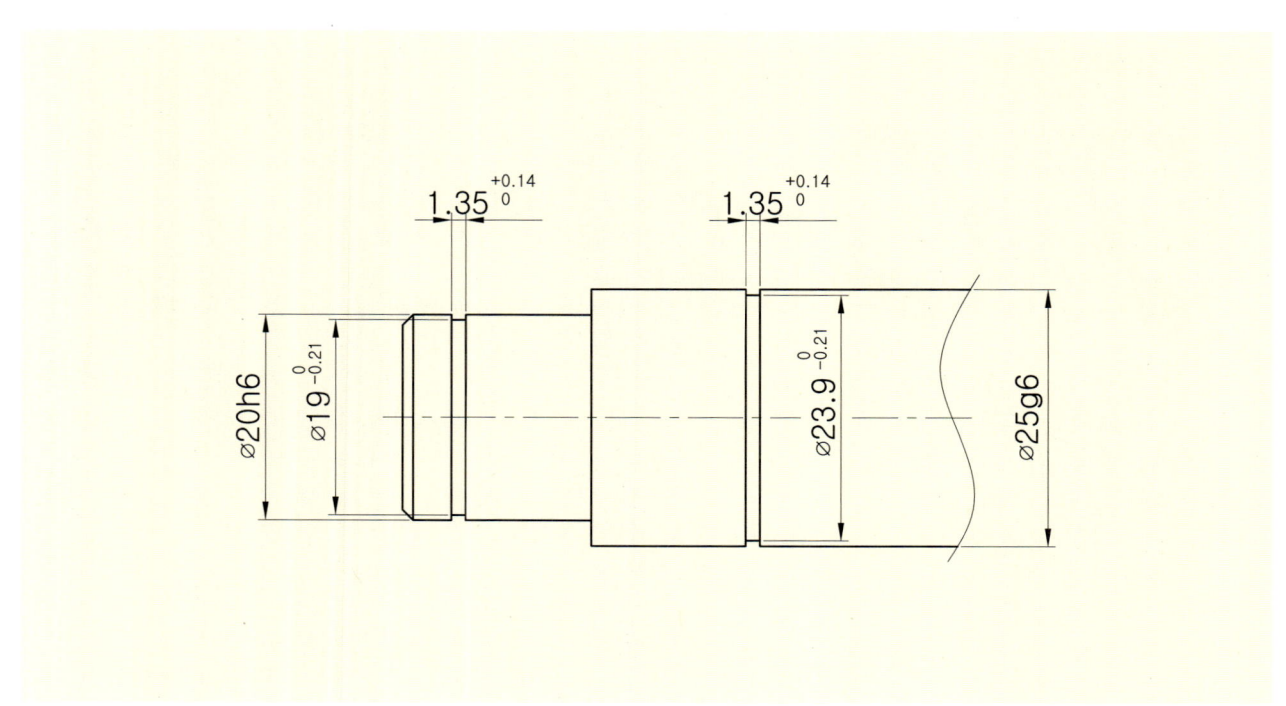

● 축용 C형 멈춤링의 치수기입

1. 멈춤링이 체결되는 축의 **지름**을 호칭 **지름** d_1으로 한다.
2. d_1을 기준으로 멈춤링이 끼워지는 d_2, 홈의 폭 m 및 각 부의 허용차를 찾아 기입한다.
3. 치수기입이 복잡한 경우는 상세도로 도시한다.

■ 축용 C형 멈춤링 [KS B 1336]

[단위 : mm]

호 칭			멈 춤 링							적용하는 축(참고)					
			d_3		t		b	a	d_0			d_2		m	n
1	2	3	기준 치수	허용차	기준 치수	허용차	약	약	최소	d_5	d_1	기준 치수	허용차	기준 치수	허용차	최소
10			9.3	±0.15			1.6	3	1.2	17	10	9.6	0 −0.09	1.15	0 −0.11	1.5
	11		10.2				1.8	3.1		18	11	10.5				
12			11.1				1.8	3.2	1.5	19	12	11.5				
		13	12		1	±0.05	1.8	3.3		20	13	12.4				
14			12.9				2	3.4		22	14	13.4			+0.14 0	
15			13.8	±0.18			2.1	3.5		23	15	14.3				
16			14.7				2.2	3.6	1.7	24	16	15.2				
17			15.7				2.2	3.7		25	17	16.2				
18			16.5				2.6	3.8		26	18	17				
	19		17.5				2.7	3.8	2	27	19	18				
20			18.5				2.7	3.9		28	20	19		1.35		
		21	19.5		1.2	±0.06	2.7	4		30	21	20				
22			20.5	±0.2			2.7	4.1		31	22	21	0 −0.21			
		24	22.2				3.1	4.2		33	24	22.9				
25			23.2				3.1	4.3		34	25	23.9				

■ 멈춤링 적용 예

● 축용 스냅링과 스냅링 플라이어

● 구멍용 스냅링과 스냅링 플라이어

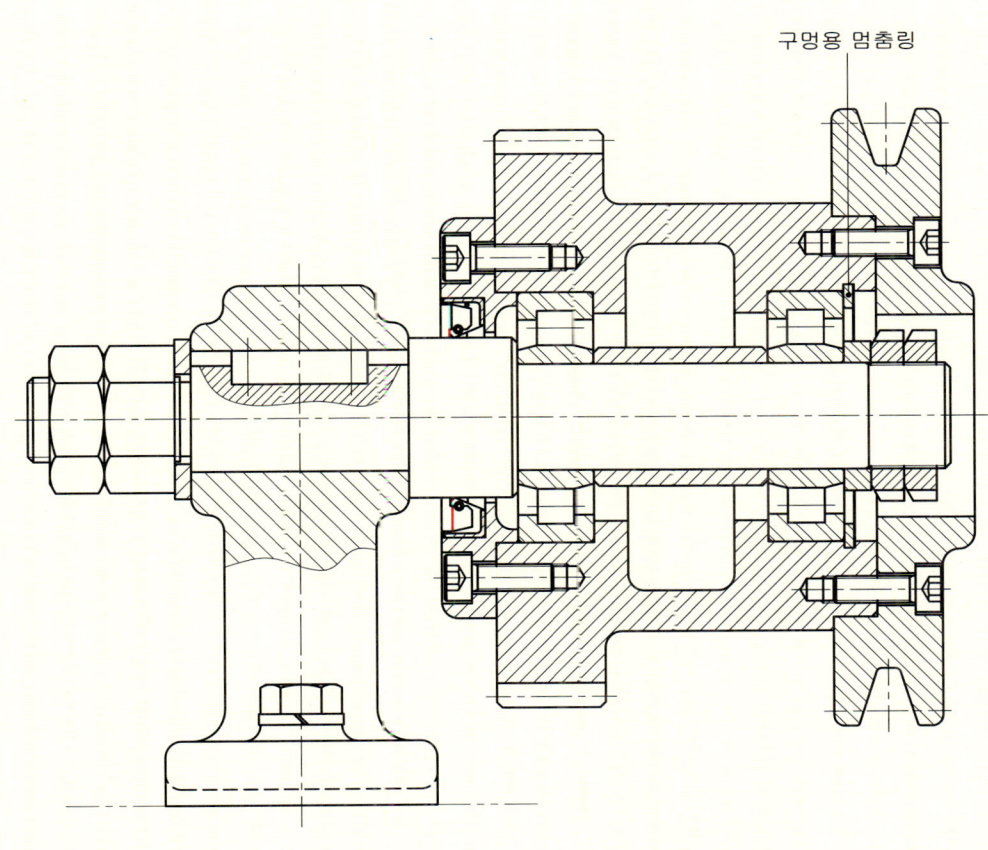

● 구멍용 멈춤링 설치 상태도

1. 멈춤링이 체결되는 **축**의 **지름**을 호칭 **지름** d_1으로 한다.
2. d_1을 기준으로 멈춤링이 끼워지는 d_2, 홈의 폭 m 및 각 부의 허용차를 찾아 기입한다.
3. 치수기입이 복잡한 경우는 상세도로 도시한다.

자주 출제되는 KS 규격의 설계 적용법

■ 구멍용 C형 멈춤링 [KS B 1336]

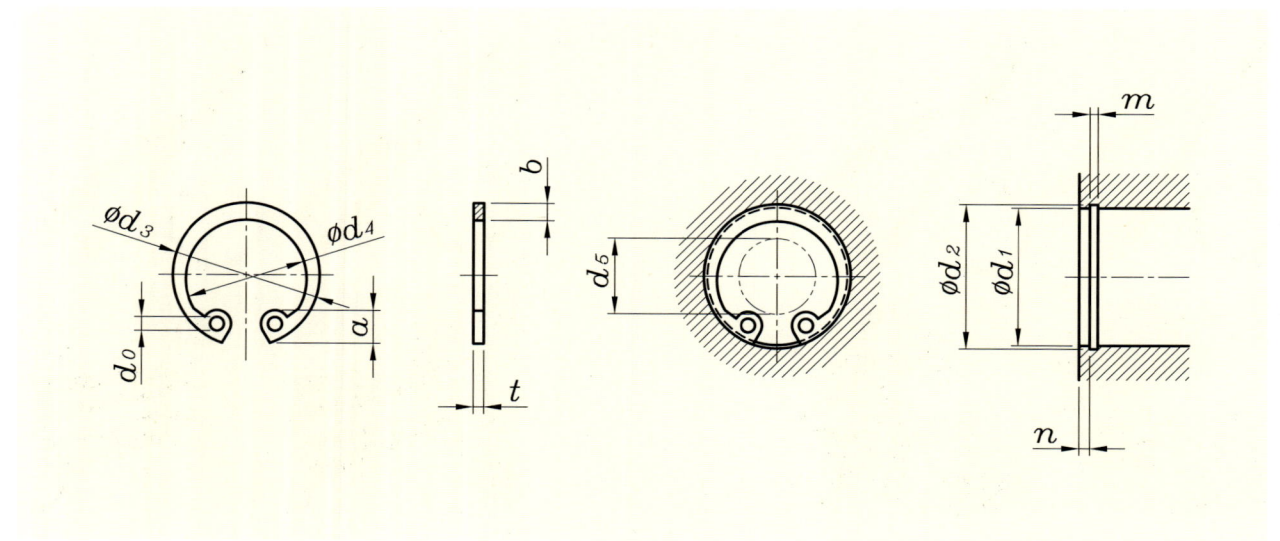

● 축용 C형 멈춤링에 적용되는 주요 KS규격 치수

[단위 : mm]

호칭			멈춤링							적용하는 구멍 (참고)					
			d_3		t		b	a	d_0	d_5	d_1	d_2		m	n
1	2	3	기준치수	허용차	기준치수	허용차	약	약	최소			기준치수	허용차	기준치수	최소
10			10.7				1.8	3.1	1.2	3	10	10.4			
11			11.8				1.8	3.2		4	11	11.4			
12			13				1.8	3.3	1.5	5	12	12.5	+0.11 0		
	13		14.1	±0.18			1.8	3.5		6	13	13.6			
14			15.1				2	3.6		7	14	14.6			
	15		16.2				2	3.6		8	15	15.7		1.15	
16			17.3		1	±0.05	2	3.7	1.7	8	16	16.8			
	17		18.3				2	3.8		9	17	17.8			
18			19.5				2.5	4		10	18	19			
19			20.5				2.5	4		11	19	20			1.5
20			21.5				2.5	4		12	20	21			
		21	22.5	±0.2			2.5	4.1		12	21	22	+0.21 0		
22			23.5				2.5	4.1		13	22	23			
	24		25.9				2.5	4.3	2	15	24	25.2		+0.14 0	
25			26.9				3	4.4		16	25	26.2			
	26		27.9		1.2		3	4.6		16	26	27.2		1.35	
28			30.1				3	4.6		18	28	29.4			
30			32.1				3	4.7		20	30	31.4			
32			34.4			±0.06	3.5	5.2		21	32	33.7			
		34	36.5	±0.25			3.5	5.2		23	34	35.7			
35			37.8				3.5	5.2		24	35	37			
	36		38.8		1.6		3.5	5.2		25	36	38	+0.25 0	1.75	
37			39.8				3.5	5.2		26	37	39			
	38		40.8				4	5.3	2.5	27	38	40			2
40			43.5				4	5.7		28	40	42.5			
42			45.5	±0.4	1.8	±0.07	4	5.8		30	42	44.5		1.95	
45			48.5				4.5	5.9		33	45	47.5			
47			50.5	±0.45			4.5	6.1		34	47	49.5		1.9	

■ 스냅링 플라이어와 설치 홈 가공

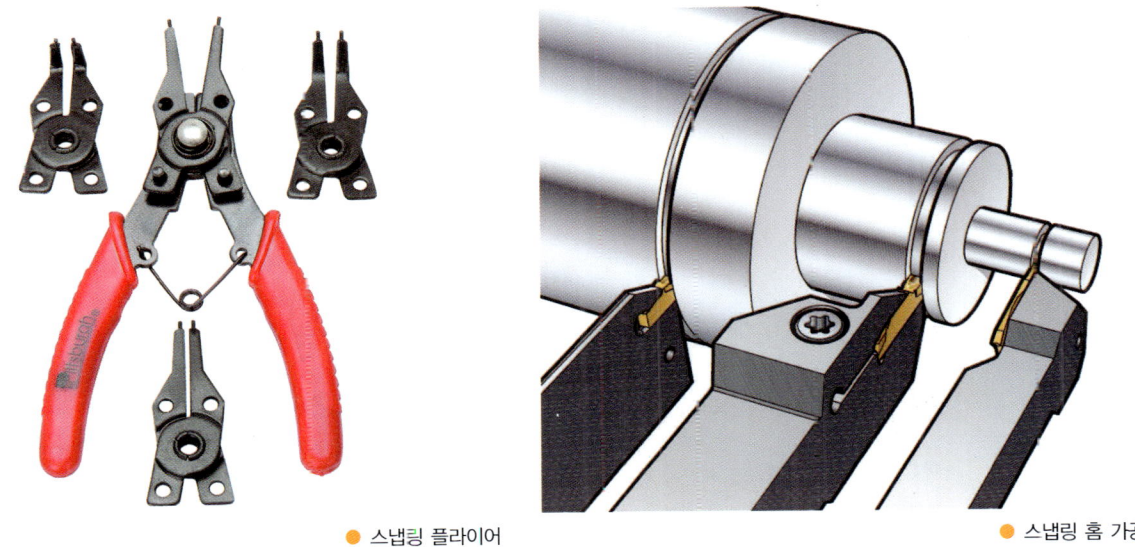

● 스냅링 플라이어   ● 스냅링 홈 가공

2. C형 동심 멈춤링의 적용 [호칭지름 Ø20mm인 경우의 축과 구멍의 적용 예]

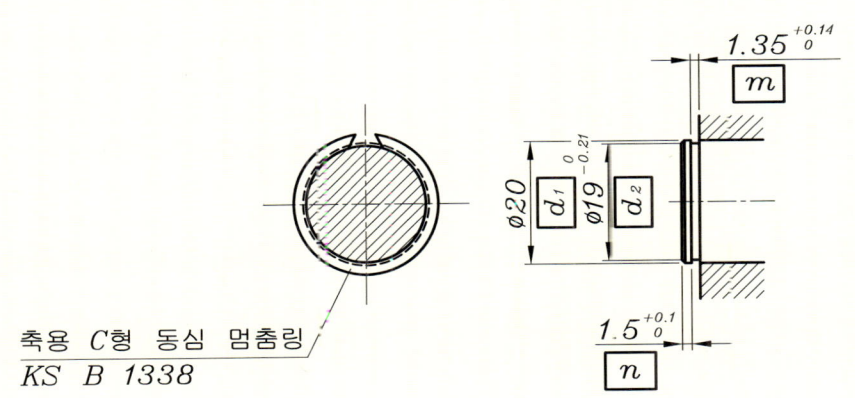

● 축용 C형 동심 멈춤링 적용 치수

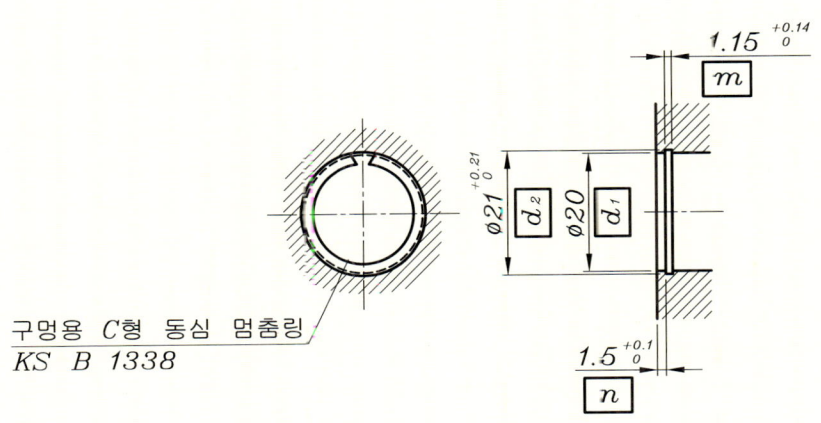

● 구멍용 C형 동심 멈춤링 적용 치수

3. E형 멈춤링(스냅링)의 치수 적용

E형 멈춤링은 비교적 축의 지름이 작은 경우에 적용하며, 그 형상이 E자 모양의 멈춤링으로 축 지름이 1~38mm 이하인 축에 적용할 수 있도록 표준 규격화되어 있으며 탈착이 편리한 형상으로 되어 있다. 호칭지름은 적용하는 축의 안지름 d_2이다.

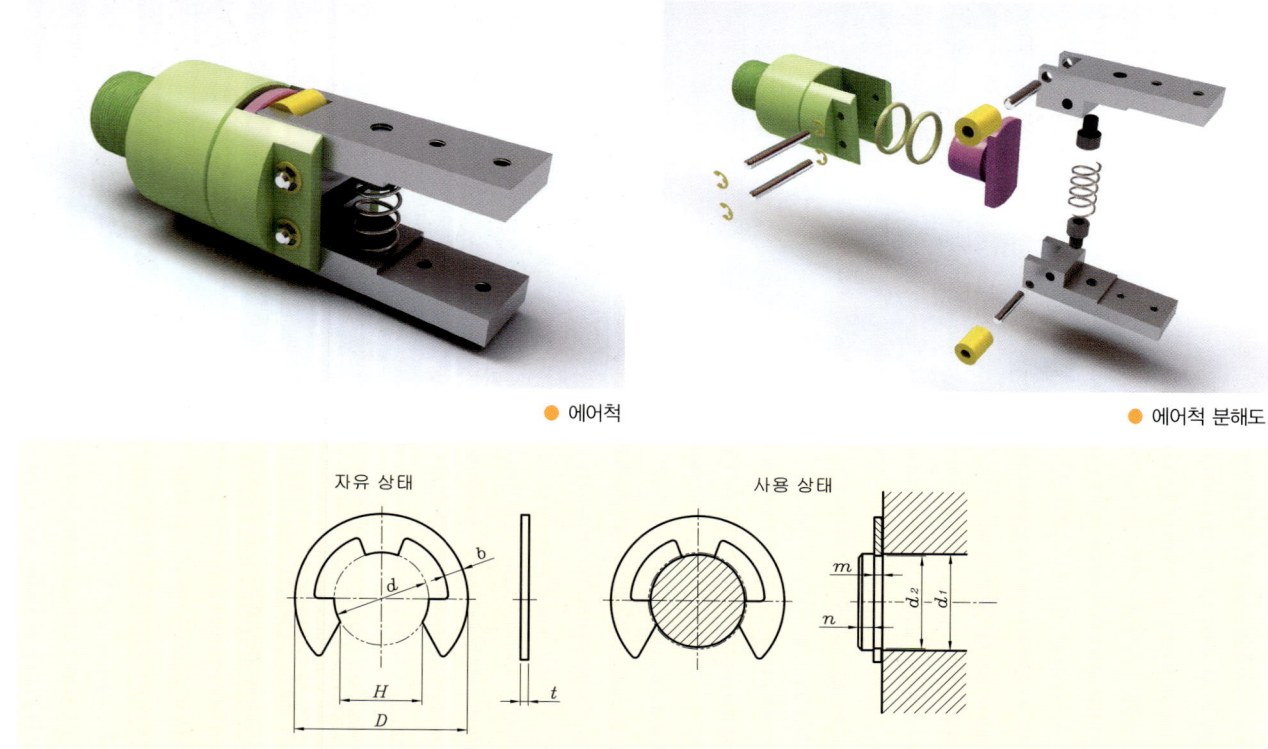

● 에어척 ● 에어척 분해도

■ E형 멈춤링 [KS B 1337]

[단위 : mm]

호칭 지름	멈춤링									적용하는 축 (참고)					
	d		D		H		t		b	d_1의 구분		d_2		m		n
	기본 치수	허용차	기본 치수	허용차	기본 치수	허용차	기본 치수	허용차	약	초과	이하	기본 치수	허용차	기본 치수	허용차	최소
0.8	0.8	0 / −0.08	2	±0.1	0.7	0 / −0.25	0.2	±0.02	0.3	1	1.4	0.8	+0.05 / 0	0.3	+0.05 / 0	0.4
1.2	1.2		3		1		0.3	±0.025	0.4	1.4	2	1.2		0.4		0.6
1.5	1.5		4		1.3		0.4	±0.03	0.6	2	2.5	1.5	+0.06 / 0			0.8
2	2	0 / −0.09	5		1.7		0.4		0.7	2.5	3.2	2		0.5		1
2.5	2.5		6		2.1		0.4		0.8	3.2	4	2.5				
3	3		7		2.6		0.6		0.9	4	5	3				
4	4		9	±0.2	3.5	0 / −0.30	0.6		1.1	5	7	4	+0.075 / 0	0.7	+0.1 / 0	1.2
5	5	0 / −0.12	11		4.3		0.6	±0.04	1.2	6	8	5				
6	6		12		5.2		0.8		1.4	7	9	6				
7	7		14		6.1		0.8		1.6	8	11	7		0.9		1.5
8	8	0 / −0.15	16		6.9	0 / −0.35	0.8		1.8	9	12	8	+0.09 / 0			1.8
9	9		18		7.8		0.8		2.0	10	14	9				
10	10		20		8.7		1.0	±0.05	2.2	11	15	10		1.15		2
12	12	0 / −0.18	23		10.4		1.0		2.4	13	18	12	+0.11 / 0		+0.14 / 0	2.5
15	15		29	±0.3	13.0	0 / −0.45	1.6	±0.06	2.8	16	24	15		1.75		3
19	19	0 / −0.21	37		16.5		1.6		4.0	20	31	19	+0.13 / 0			3.5
24	24		44		20.8	0 / −0.50	2.0	±0.07	5.0	25	38	24		2.2		4

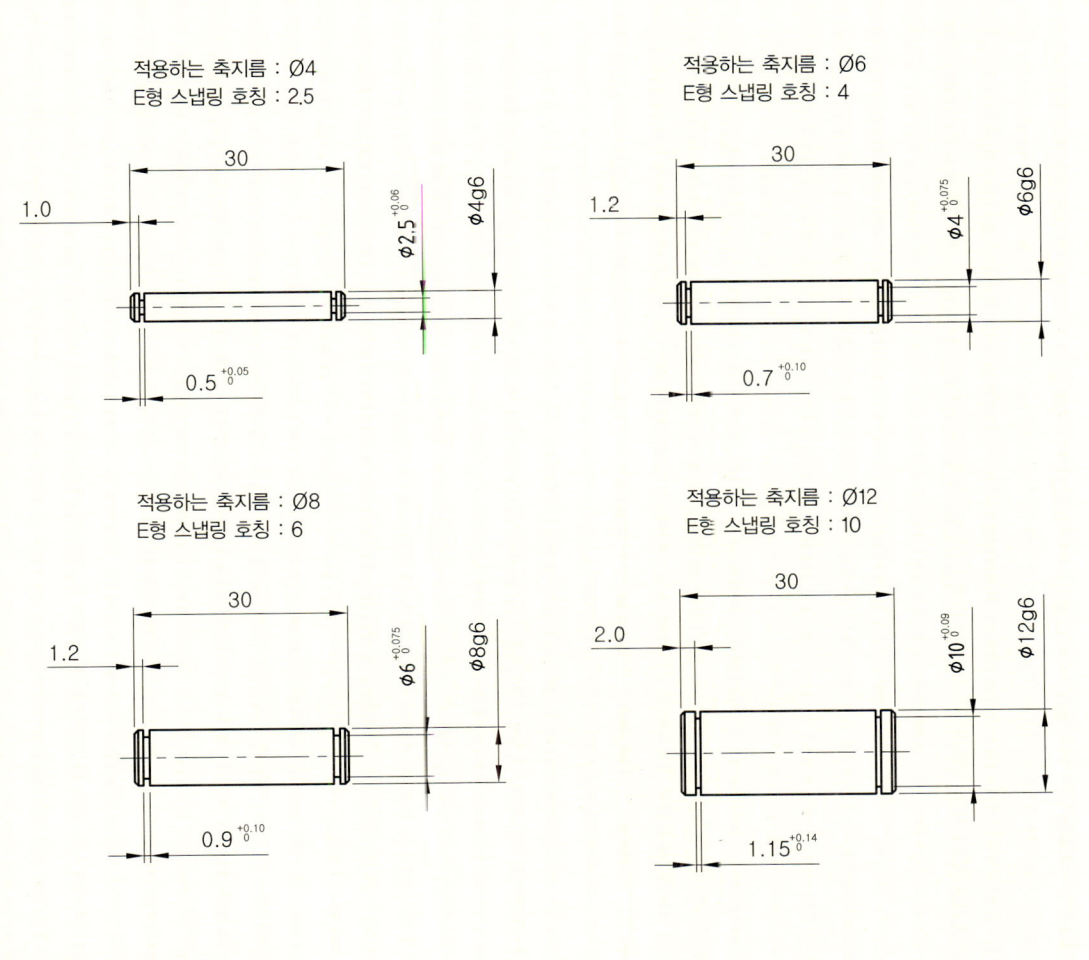

● E형 멈춤링의 치수기입 예

Lesson 15 오일실

오일실은 회전용으로 사용하며 외부로 부터 침투되는 먼지나 오염물질 등을 내부에 있는 오일, 그리스 및 윤활제 등과 접촉하지 못하도록 하는 역할을 하는 기계요소이다.

독일에서 최초로 개발되었으며, 현재는 다양한 오일 실이 개발되어 산업 현장 곳곳에서 사용되고 있다. 특히 기계류의 회전축 베어링 부를 밀봉시키고, 윤활유를 비롯한 각종 유체의 누설을 방지하며 외부에서 이물질, 더스트(dust) 등의 침입을 막는 회전용 실로서 가장 일반적으로 사용되고 있다.

자주 출제되는 KS 규격의 설계 적용법

1. 오일실의 KS규격을 찾아 적용하는 방법

오일실의 KS규격을 찾아 적용하는 방법은 적용할 **축지름 d**를 기준으로 **오일실의 외경 D**와 오일실의 폭 B를 찾고 축의 경우에는 오일실이 삽입되는 **축끝의 모떼기 치수**와 **축지름**에 대한 알맞은 **공차**를 적용하고, 구멍의 경우에는 오일실이 삽입되는 **구멍의 모떼기 치수**와 **공차** 그리고 **하우징의 폭**에 적용되는 허용차를 찾아 적용시키면 된다. 다음의 조립도에 도시된 오일실의 표현 방법은 다르지만 둘 다 오일실이 적용된 것을 나타낸다.

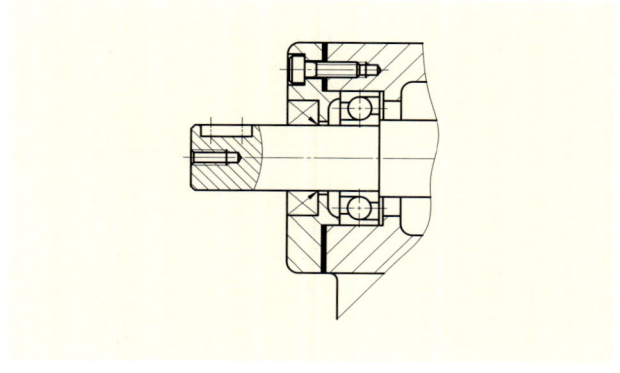
● 오일실의 도시법 [1]

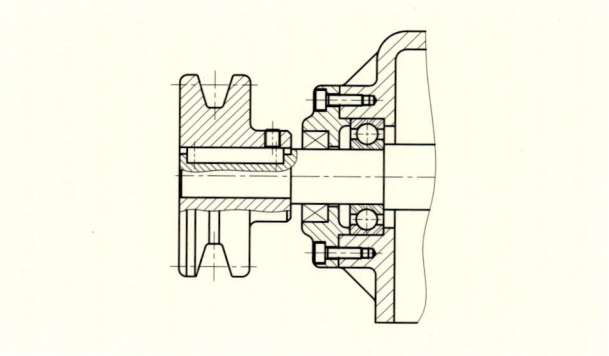
● 오일실의 도시법 [1]

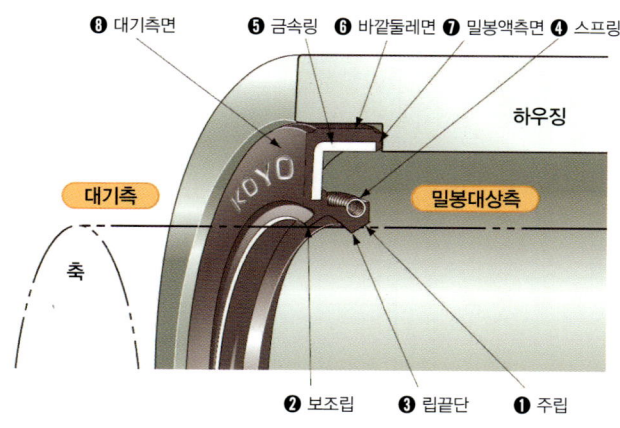
● 대표적인 오일실의 형상과 각부의 명칭

■ 축 및 하우징의 치수

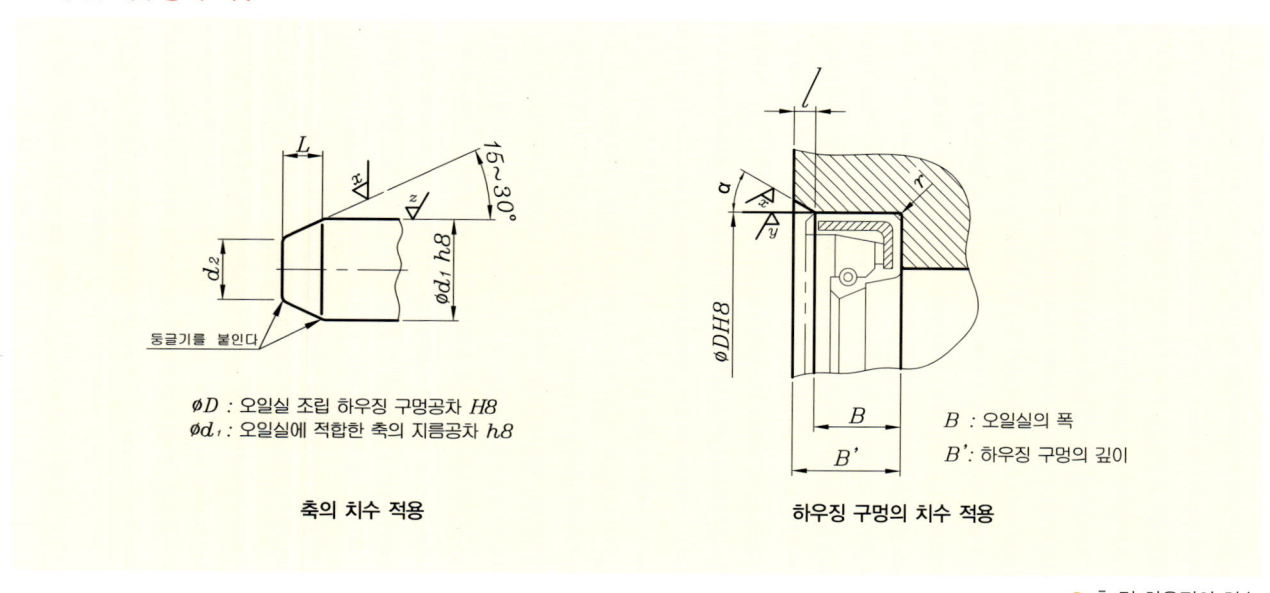
● 축 및 하우징의 치수

오일실 폭	하우징 폭
B	B'
6 이하	B + 0.2
6~10	B + 0.3
10~14	B + 0.4
14~18	B + 0.5
18~25	B + 0.6

1. 축의 지름 d를 기준으로 오일실의 외경 D, 폭 B를 찾아 치수를 적용한다.
2. $\alpha = 15~30°$
3. $l = 0.1B~0.15B$
4. $r \geq 0.5\,mm$
5. D = 오일실의 외경

■ 오일실 [KS B 2804]

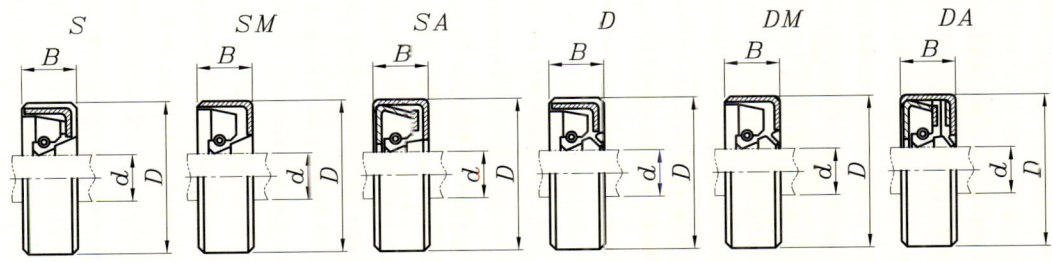

[단위 : mm]

호칭 안지름 d	바깥 지름 D	오일실 폭 B	하우징 폭 B'	호칭 안지름 d	바깥 지름 D	오일실 폭 B	하우징 폭 B'
7	18	7	7.3	20	32	8	8.3
	20				35		
8	18	7		22	35	8	
	22				38		
9	20	7		24	38	8	
	22				40		
10	20	7		25	38	8	
	25				40		
11	22	7		★26	38	8	
	25				42		
12	22	7		28	40	8	
	25				45		
★13	25	7		30	42	8	
	28				45		
14	25	7		32	52	11	11.4
	28			35	55	11	
15	25	7		38	58	11	
	30			40	62	11	

2. 축 및 구멍의 치수

■ 오일실 조립부 치수 기입예

[축의 치수] 기준 축 지름이 Ø30mm 인 경우 적용 예

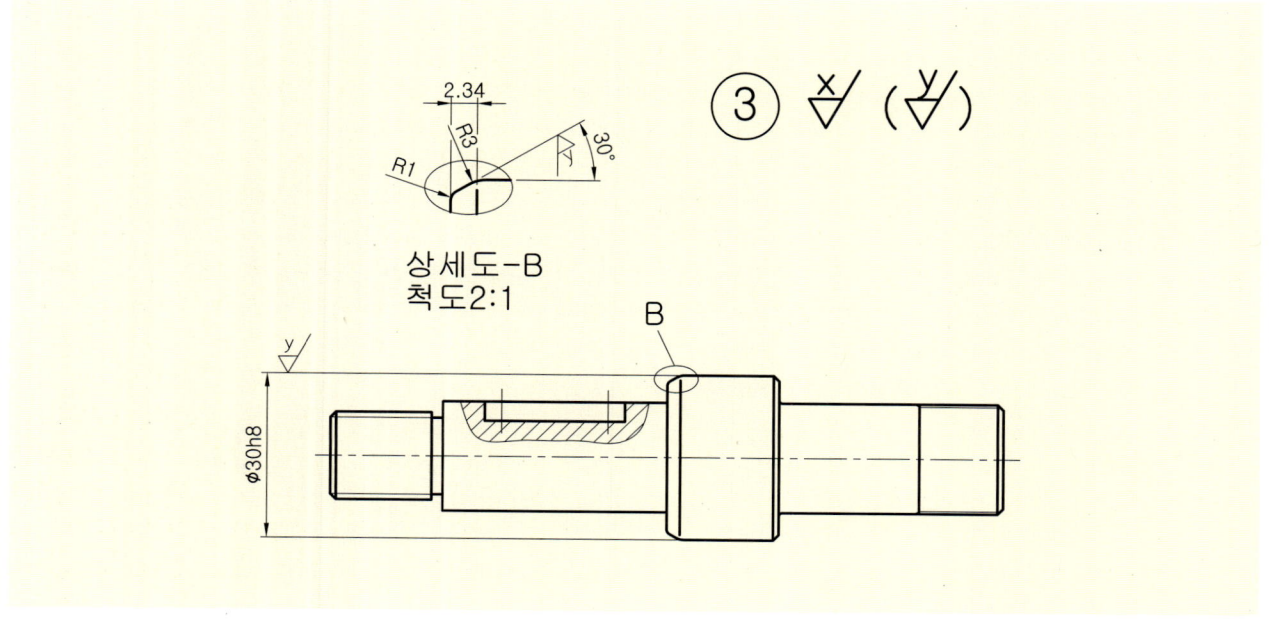

● 축의 오일실 조립부 치수 기입예

[구멍의 치수] 축 지름(기준) d=15, 바깥지름 D=25, 나비 B=7

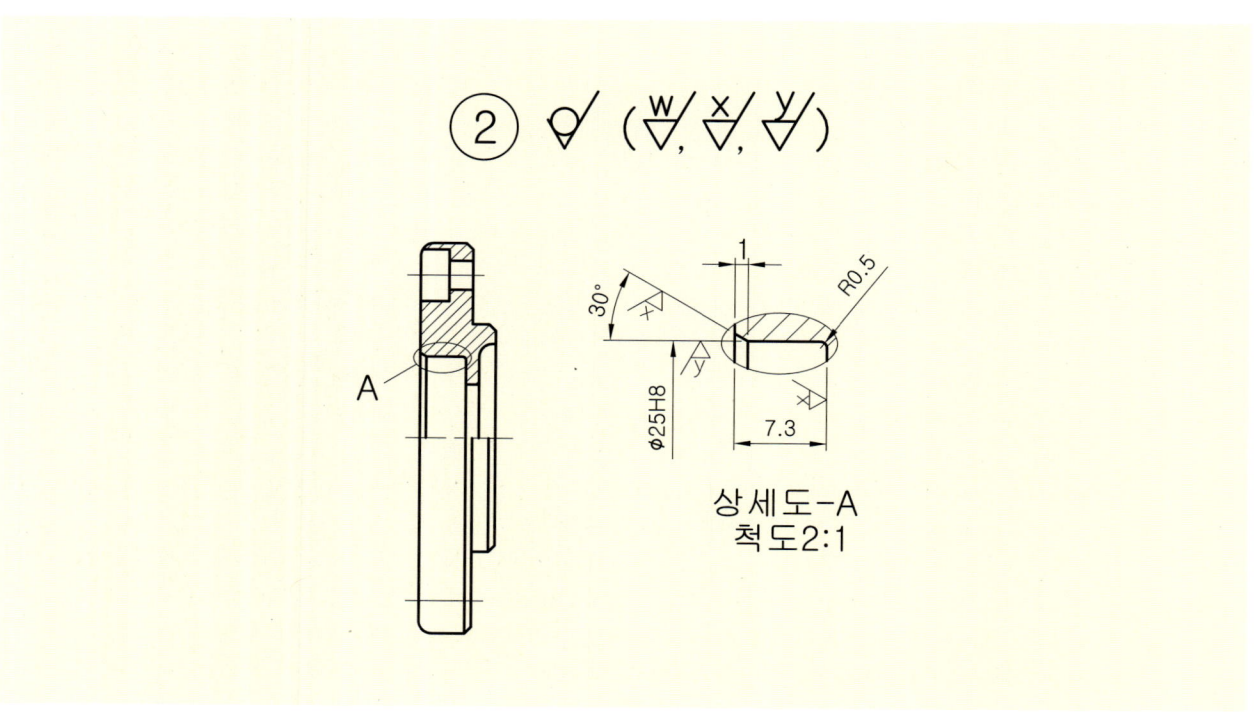

● 커버 구멍의 오일실 조립부 치수 기입예

❶ $\alpha = 30°$로 정한다.
❷ $l = 0.1 \times B = 0.1 \times 7 = 0.7$ 또는 $l = 0.15 \times B = 0.15 \times 7 = 1.05$

■ 축의 지름에 따른 끝단의 모떼기 치수 (d₁, d₂, L)

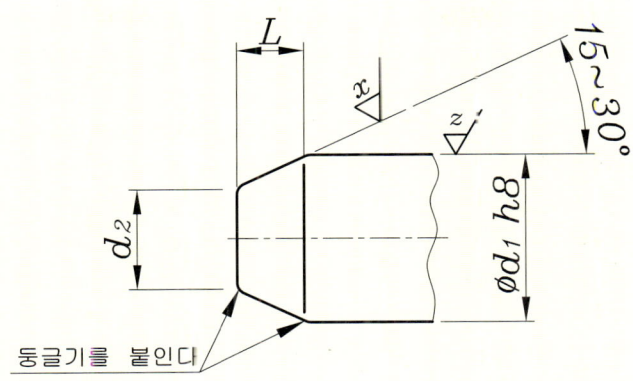

● 축끝의 모떼기 치수

축의 지름 d₁	d₂ (최대)	모떼기 L 30°	축의 지름 d₁	d₂ (최대)	모떼기 L 30°	축의 지름 d₁	d₂ (최대)	모떼기 L 30°
7	5.7	1.13	55	51.3	3.2	180	173	6.06
8	6.6	1.21	56	52.3	3.2	190	183	6.06
9	7.5	1.3	★53	54.2	3.2	200	193	6.06
10	8.4	1.39	60	56.1	3.38	★210	203	6.06
11	9.3	1.47	★62	58.1	3.38	220	213	6.06
12	10.2	1.56	63	59.1	3.38	(224)	(217)	6.06
★13	11.2	1.56	65	61	3.46	★230	223	6.06
14	12.1	1.65	★68	63.9	3.55	240	233	6.06
15	13.1	1.65	70	65.8	3.64	250	243	6.06
16	14	1.73	(71)	(66.8)	3.64	260	249	9.53
17	14.9	1.82	75	70.7	3.72	★270	259	9.53
18	15.8	1.91	80	75.5	3.9	280	268	10.39
20	17.7	1.99	85	80.4	3.98	★290	279	9.53
22	19.6	2.08	90	85.3	4.07	300	289	9.53
24	21.5	2.17	95	90.1	4.24	(315)	(304)	9.53
25	22.5	2.17	100	95	4.33	320	309	9.53
★26	23.4	2.25	105	99.9	4.42	340	329	9.53
28	25.3	2.34	110	104.7	4.59	(355)	(344)	9.53
30	27.3	2.34	(112)	(106.7)	4.59	360	349	9.53
32	29.2	2.42	★115	109.6	4.68	380	369	9.53
35	32	2.6	120	114.5	4.76	400	389	9.53
38	34.9	2.68	125	119.4	4.85	420	409	9.53
40	36.8	2.77	130	124.3	4.94	440	429	9.53
42	38.7	2.86	★135	129.2	5.02	(450)	(439)	9.53
45	41.6	2.94	140	133	6.06	460	449	9.53
48	44.5	3.03	★145	138	6.06	480	469	9.53
50	46.4	3.12	150	143	6.06	500	489	9.53
★52	48.3	3.2	160	153	6.06			
			170	163	6.06			

【비고】★을 붙인 것은 KS B 0406에 없는 것이고, ( )를 붙인 것은 되도록 사용하지 않는다.

■ 자주 출제되는 KS 규격의 설계 적용법

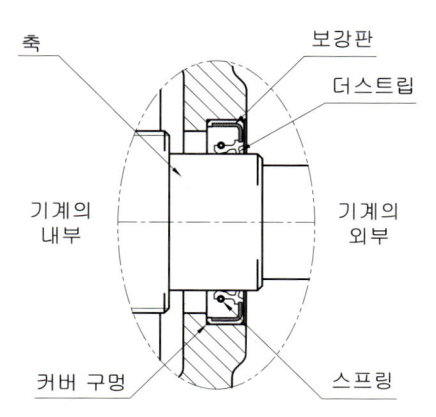

● 오일실의 조립 상태

일반적으로 오일실은 하우징 구멍에 압입시켜 고정하고 회전축과 실립(seal lip)부를 접촉시켜 밀봉효과를 낸다. 일반적으로 오일실은 축을 지지해주는 베어링보다 안측이 아닌 바깥측에 설치하는데 위의 그림과 같이 조립부를 자세히 보면 더스트립 부가 바깥쪽으로 향하도록 설치하며 즉 실립부가 구멍의 안쪽에 위치하도록 조립해야 밀봉이 원활하게 되는 것이다.
실립부에 부착된 스프링에 의해서 축에 밀착이 되어 기계내부의 유체가 바깥쪽으로 유출되는 것을 방지하고, 더스트립은 외부로부터 먼지나 이물질 등이 침입하는 것을 방지하는 역할을 한다.
실부가 접촉하는 축의 표면은 선반에서 가공한 상태로 그냥 조립하면 안되고 그라인딩이나 버핑 등의 다듬질을 하여 표면거칠기를 양호하게 해 줄 필요가 있다. 축의 재질은 기계구조용탄소강이나 저합금강, 스테인리스강 등이 추천되며 일반적으로 표면경도는 HRC30 이상이 요구된다.
따라서 열처리 또는 경질 크롬 도금 등의 후처리를 필요로 하는데 경질크롬도금을 하게 되면 축의 표면이 지나치게 매끄러워질 수 있으므로 표면을 버핑이나 연마를 실시하며 오일실은 **H8**의 축과 조립하여 사용하는 것을 전제로 한다. 하우징 구멍의 치수허용차는 **호칭치수 400mm 이하는 H7 또는 H8을 400mm를 초과하는 경우는 H7**을 적용한다.

■ 오일실의 적용 예

● 동력전달장치 참고 입체도

[참 고] 펠트링의 적용 예

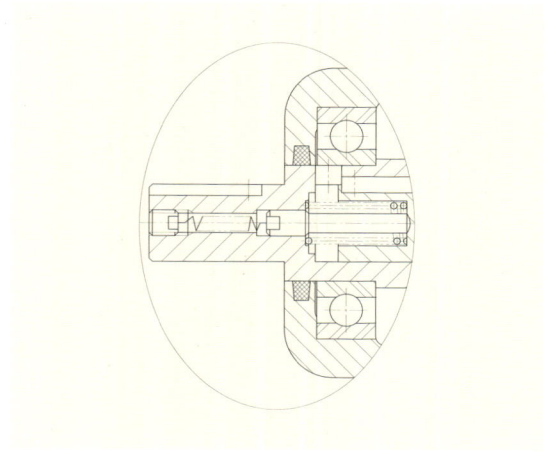

● 동력전달장치 참고 입체도

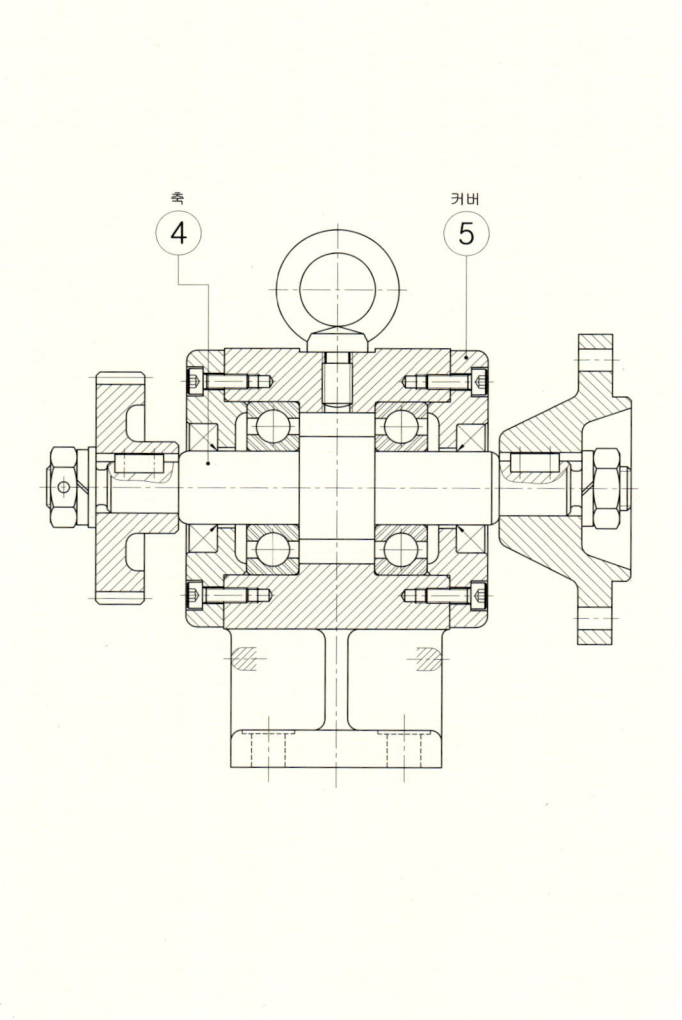

● 동력전달장치에 적용된 오일실

Lesson 16 널링

| KS B 0901

널링(Knurling)은 핸들, 측정 공구 및 제품의 손잡이 부분에 바른줄이나 빗줄 무늬의 홈을 만들어서 미끄럼을 방지하는 가공이다. 널링의 표시 방법은 간단하며 빗줄형의 경우 헤칭각도(30°)에 주의한다.

1. 널링 표시 방법

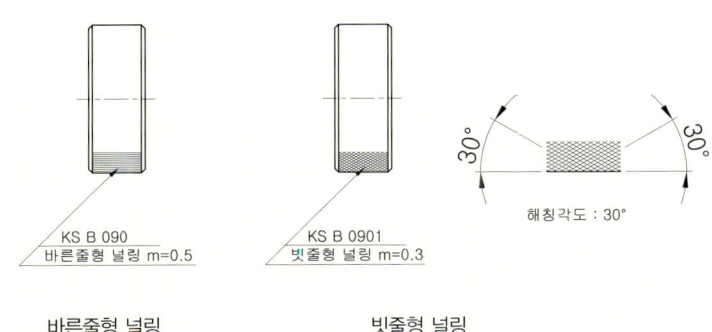

● 널링 표시 방법

2. 널링 도시 예

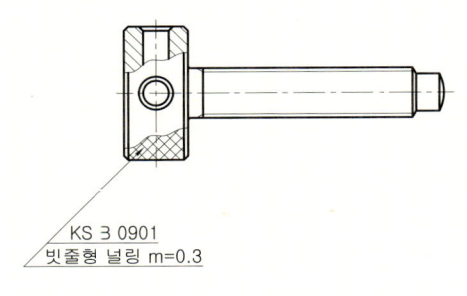

● 널링 도시 예

3. 널링가공용 공구

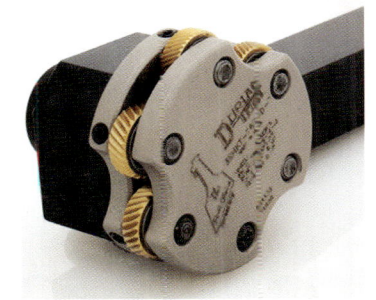

● 널링가공용 공구

4. 널링 가공 부품 예

● 바른줄형 널림

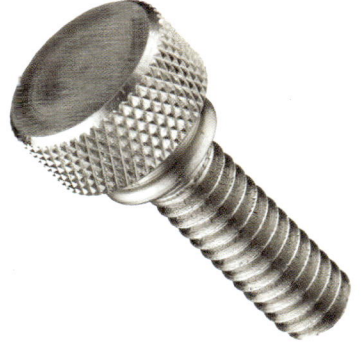

● 빗줄형 널림

자주 출제되는 KS 규격의 설계 적용법

Lesson 17 표면거칠기 기호의 크기 및 방향과 품번의 도시법

표면거칠기 기호 및 다듬질 기호의 비교와 명칭 그리고, 표면거칠기 기호를 도면상에 도시하는 방법과 문자의 방향을 알아보도록 하자. 부품도상에 기입하는 경우와 품번 우측에 기입하는 방법에 대해서 알기 쉽도록 그림으로 나타내었다.

명칭(다듬질 정도)	다듬질 기호(구기호)	표면거칠기(신기호)	산술(중심선) 평균거칠기(Ra)값	최대높이(Ry)값	10점 평균 거칠기(Rz)값
매끄러운 생지	~	∀	특별히 규정하지 않는다.		
거친 다듬질	▽	w/∀	Ra25 Ra12.5	Ry100 Ry50	Rz100 Rz50
보통 다듬질	▽▽	x/∀	Ra6.3 Ra3.2	Ry25 Ry12.5	Rz25 Rz12.5
상 다듬질	▽▽▽	y/∀	Ra1.6 Ra0.8	Ry6.3 Ry3.2	Rz6.3 Rz3.2
정밀 다듬질	▽▽▽▽	z/∀	Ra0.4 Ra0.2 Ra0.1 Ra0.05 Ra0.025	Ry1.6 Ry0.8 Ry0.4 Ry0.2 Ry0.1	Rz1.6 Rz0.8 Rz0.4 Rz0.2 Rz0.1

● 표면거칠기 표기법

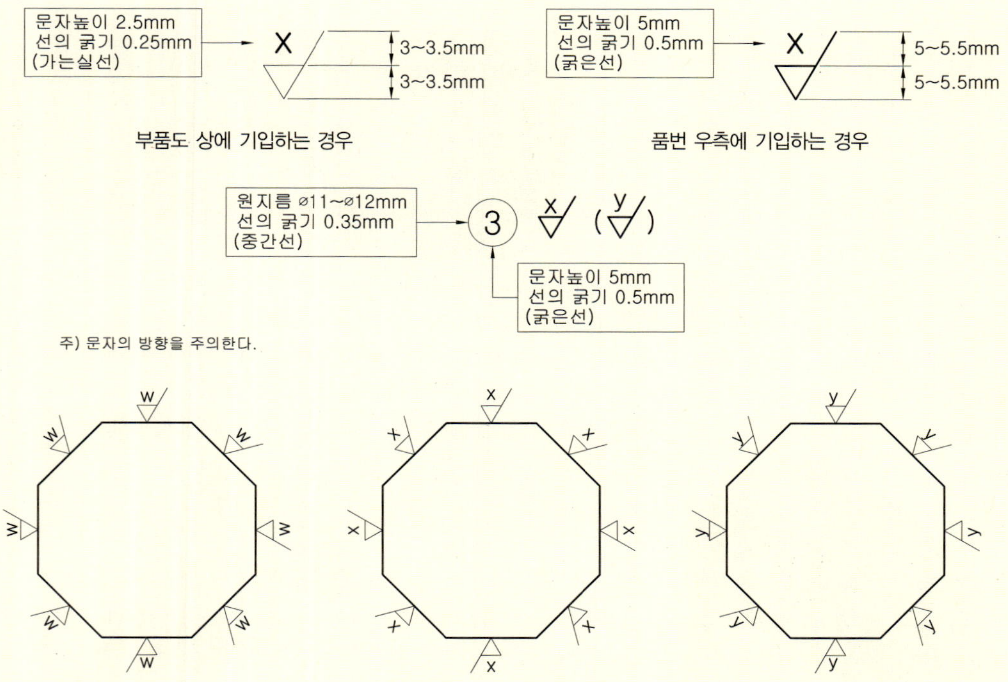

● 표면거칠기 기호의 크기 및 방향 도시법과 품번 도시법

Lesson 18 · 구름베어링 로크 너트 및 와셔

KS B 2004

베어링용 너트와 와셔는 축에 가는 나사 가공을 하고 키홈 모양의 홈 가공을 하여 베어링 내륜에 접촉하도록 전용 와셔를 체결한 후 로크 너트로 고정시켜 베어링의 이탈을 방지하는 목적으로 주로 사용한다. 베어링의 고정뿐만이 아니라 칼라(collar)나 부시(bush)류를 밀착하여 고정시키는 역할을 하는 곳에도 많이 사용한다. 흔히 베어링 로크너트 및 베어링 와셔라고 부른다.

너트가 체결되는 축 부위가 가는 나사부이므로 "**d**"의 치수는 베어링너트와 와셔 쪽의 적용 축경을 보면 되고, 나머지 와셔가 체결되는 "**M**", "**f₁**"의 치수는 와셔 쪽에서 찾아 적용하면 된다. **너트** 계열은 **AN**, **와셔** 계열은 **AW**로 호칭하며 나사 축지름 Ø10mm 부터 규격화되어 있다.

보통 축의 한쪽에 나사가공을 하고 베어링을 끼우게 되므로 베어링이 끼워지는 축 부분에도 공차관리를 하지만 실무현장에서는 일반적으로 가는 나사 가공(피치)을 한 축 부위 외경에도 공차를 지정해 주는데 이는 베어링의 내경은 정밀하게 연삭가공이 되어 있는데 조립시 축의 나사산에 의해 흠집이 발생하지 않도록 하기 위함이다.

베어링용 너트 (AN)

베어링용 와셔 – A형 와셔(끝 부분을 구부린 형식)

동력전달장치 참고 입체도

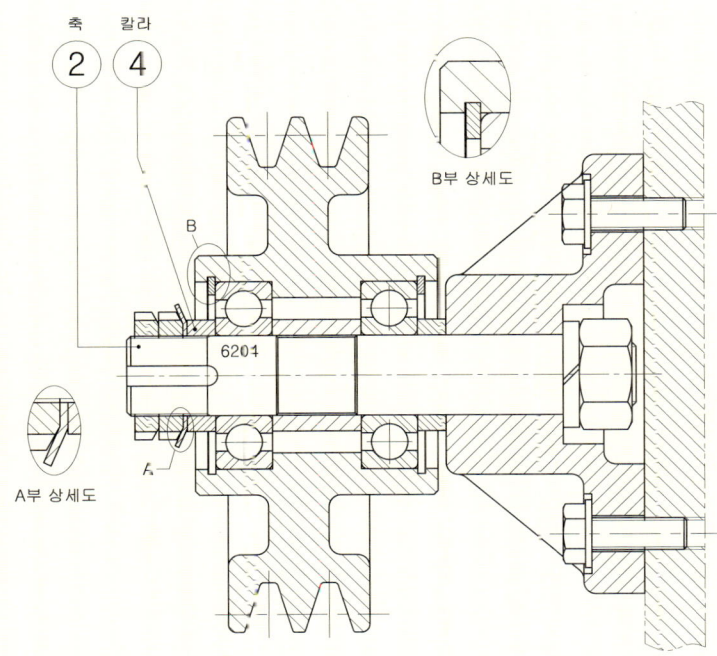

● 동력전달장치에 적용된 로크 너트 및 와셔

■ 자주 출제되는 KS 규격의 설계 적용법

[적용 예] 동력전달장치에서 품번② 기준 축지름 d가 M20일 때의 적용 예이다.

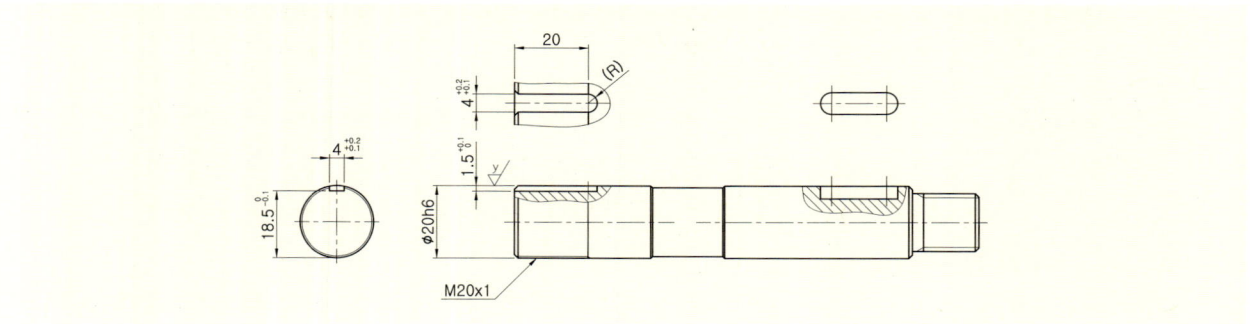

● 커버 구멍의 오일실 조립부 치수 기입예

■ 구름베어링 로크 와셔 상대 축 홈 치수 [KS 미제정]

너트 호칭 번호	와셔 호칭 번호	호칭 치수× 피치	축홈의 가공치수 및 공차			
AN너트	AW와셔	M	F	공차	H	공차
AN02	AW02	M15× 1			13.5	
AN03	AW03	M17× 1	4		15.5	
AN04	AW04	M20× 1			18.5	
AN05	AW05	M25× 1.5			23	
AN06	AW06	M30× 1.5	5		27.5	
AN07	AW07	M35× 1.5			32.5	
AN08	AW08	M40× 1.5			37.5	
AN09	AW09	M45× 1.5	6	+0.2 +0.1	42.5	0 −0.1
AN10	AW10	M50× 1.5			47.5	
AN11	AW11	M55× 2			52.5	
AN12	AW12	M60× 2			57.5	
AN13	AW13	M65× 2	8		62.5	
AN14	AW14	M70× 2			66.5	
AN15	AW15	M75× 2			71.5	
AN16	AW16	M80× 2	10		76.5	
AN17	AW17	M85× 2			81.5	

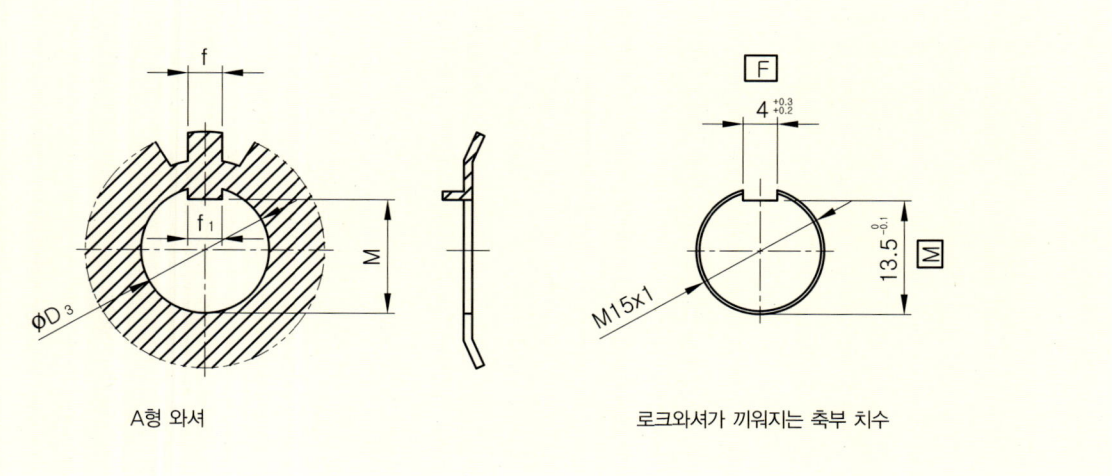

A형 와셔   로크와셔가 끼워지는 축부 치수

● 기준 축지름 d가 M15인 경우

■ 구름베어링용 너트(와셔를 사용하는 로크너트) [KS B 2004]

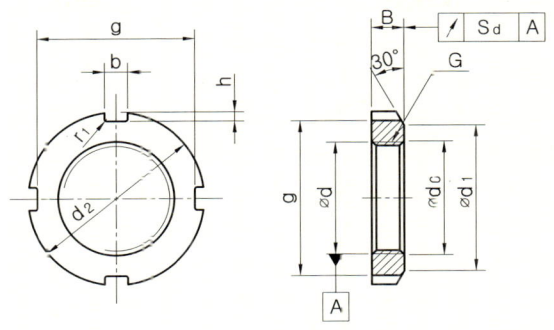

[단위 : mm]

호칭 번호	나사의 호칭 G	기 준 치 수									r_1 (최대)	조합하는 와셔 호칭번호	축 지름 (축용)
		d	d_1	d_2	B	b	h	d_6	g	D_6			
AN 00	M10×0.75	10	13.5	18	4	3	2	10.5	14	10.5	0.4	AW 00	10
AN 01	M12×1	12	17	22	4	3	2	12.5	18	12.5	0.4	AW 01	12
AN 02	M15×1	15	21	25	5	4	2	15.5	21	15.5	0.4	AW 02	15
AN 03	M17×1	17	24	28	5	4	2	17.5	24	17.5	0.4	AW 03	17
AN 04	M20×1	20	26	32	6	4	2	20.5	28	20.5	0.4	AW 04	20
AN 05	M25×1.5	25	32	38	7	5	2	25.8	34	25.8	0.4	AW 05	25
AN 06	M30×1.5	30	38	45	7	5	2	30.8	41	30.8	0.4	AW 06	30
AN 07	M35×1.5	35	44	52	8	5	2	35.8	48	35.8	0.4	AW 07	35

■ 구름베어링 너트용 와셔 [KS B 2004]

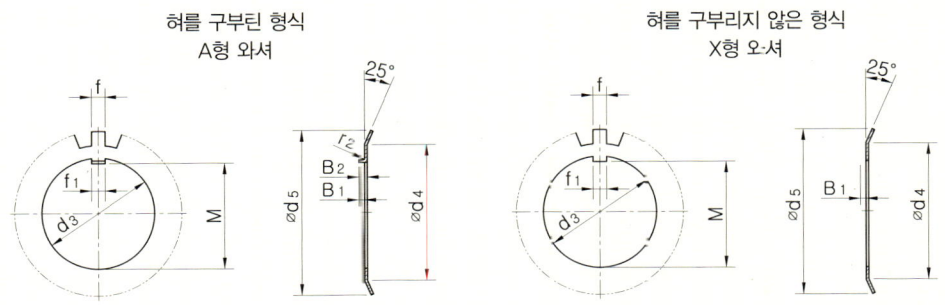

[단위 : mm]

구분	호칭번호		기 준 치 수							N 최소잇수	축 지름 (축용)
	혀를 구부린 형식 A형 와셔	혀를 구부리지 않은 형식 X형 와셔	d_3	d_4	d_5	f_1	M	f	B_1	B_2		
와셔 계열 AW	AW 02	AW 02	15	21	28	4	13.5	4	1	2.5	11	15
	AW 03	AW 03	17	24	32	4	15.5	4	1	2.5	11	17
	AW 04	AW 04	20	26	36	4	18.5	4	1	2.5	11	20
	AW 05	AW 05	25	32	42	5	23	5	1	2.5	13	25
	AW 06	AW 06	30	38	49	5	27.5	5	1	2.5	13	30
	AW 07	AW 07	35	44	57	6	32.5	5	1	2.5	13	35

자주 출제되는 KS 규격의 설계 적용법

Lesson 19 센터
KS B 0410, KS B 0618, KS A ISO 6411

센터(Center)는 선반(lathe) 작업에 있어서 축과 같은 공작물을 주축대와 심압대 사이에 끼워 지지하는 공구로 주축에 끼워지는 회전센터(live center)와 심압대에 삽입되는 고정센터(dead center)가 있다. 센터의 각도는 보통 60°이나 대형 공작물의 경우 75°, 90°의 것을 사용하는 경우도 있다.

선반 가공시 공작물의 양끝을 센터로 지지하기 위하여 센터드릴로 가공해두는 구멍을 센터 구멍(Center hole)이라고 한다.

센터구멍의 치수는 KS B 0410을 따르고 센터구멍의 간략 도시 방법은 KS A ISO 6411-1:2002를 따른다.

● 범용선반   ● 회전센터   ● 고정센터

1. 센터 구멍의 종류 [KS B 0410]

종 류	센터 각도	형식	비 고
제 1 종	60°	A형, B형, C형, R형	A형 : 모떼기부가 없다.
제 2 종	75°	A형, B형, C형	B, C형 : 모떼기부가 있다.
제 3 종	90°	A형, B형, C형	R형 : 곡선 부분에 곡률 반지름 r이 표시된다.

[비고] 제2종 75° 센터 구멍은 되도록 사용하지 않는다.
[참고] KS B ISO 866은 제1종 A형, KS B ISO 2540은 제1종 B형, KS B ISO 2541은 제1종 R형에 대하여 규정하고 있다.

2. 센터 구멍의 표시방법 [KS B 0618 : 2000]

센터 구멍	반드시 남겨둔다.	남아 있어도 좋다.	남아 있어서는 안된다.	기호 크기
도시 기호	<	없음(무기호)	K	기호 선 굵기 (약 0.35mm)
도시 방법	규격번호 호칭방법	규격번호 호칭방법	규격번호 호칭방법	5, 60, 4

3. 센터구멍의 호칭

센터구멍의 호칭은 적용하는 드릴에 따라 다르며, 국제 규격이나 이 부분과 관계 있는 다른 규격을 참조할 수 있다. 센터구멍의 호칭은 아래를 따른다.

- ❶ 규격의 번호
- ❷ 센터구멍의 종류를 나타내는 문자(R, A 또는 B)
- ❸ 파일럿 구멍 지름 d
- ❹ 센터 구멍의 바깥지름 D(D_1~D_3)
  두 값(d와 D)은 '/'로 구분지어 표시한다.

규격번호 : KS A ISO 6411-1, A형 센터구멍, 호칭지름 d = 2mm, 카운터싱크지름 D= 4.25mm인 센터 구멍의 도면 표시법은 다음과 같다.

KS A ISO 6411 -1 A 2/4.25

4. 센터구멍의 적용예

❶ 센터구멍을 남겨놓아야 하는 경우의 치수기입 법(KS A ISO 6411-1 표시법)

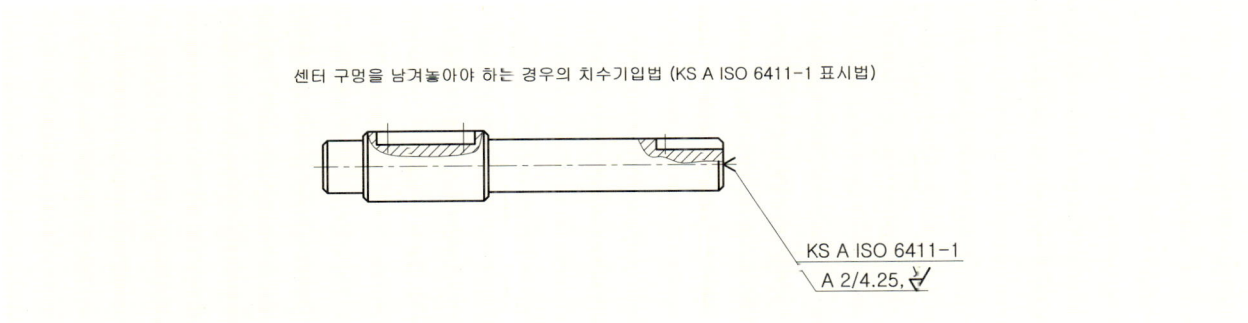

❷ 센터구멍을 남겨놓지 말아야 하는 경우의 치수기입 법(KS A ISO 6411-1 표시법)

[참고]

● 센터구멍 가공

자주 출제되는 KS 규격의 설계 적용법

Lesson 20 오링

KS B 2799

오링(O-Ring)은 고정용 실의 대표적인 요소이며, 단면이 원형인 형상의 패킹(packing)의 하나로써, 일반적으로 축이나 구멍에 홈을 파서 끼워넣은 후 적절하게 압축시켜 기름이나 물, 공기, 가스 등 다양한 유체의 누설을 방지하는데 사용하는 기계요소로 재질은 합성고무나 합성수지 등으로 하며 밀봉부의 홈에 끼워져 기밀성 및 수밀성을 유지하는 곳에 많이 사용된다.

실 가운데 패킹과 오링이 있는데 패킹은 주로 공압이나 유압 실린더 기기와 같이 왕복 운동을 하는 곳에 주로 사용되며, 오링은 주로 고정용으로 여러 분야에 널리 사용되고 있다.

참고로 오링 중 P계열은 운동용과 고정용으로 G계열은 고정용으로만 사용한다.

● 오링이 장착된 공압실린더 ● 공압실린더 분해구조도

아래 도면의 공압실린더 조립도의 부품 중에 오링이 조립되어있는 품번② 피스톤과 품번④ 로드커버의 부품도면에서 오링과 관련된 규격을 적용해 본다.

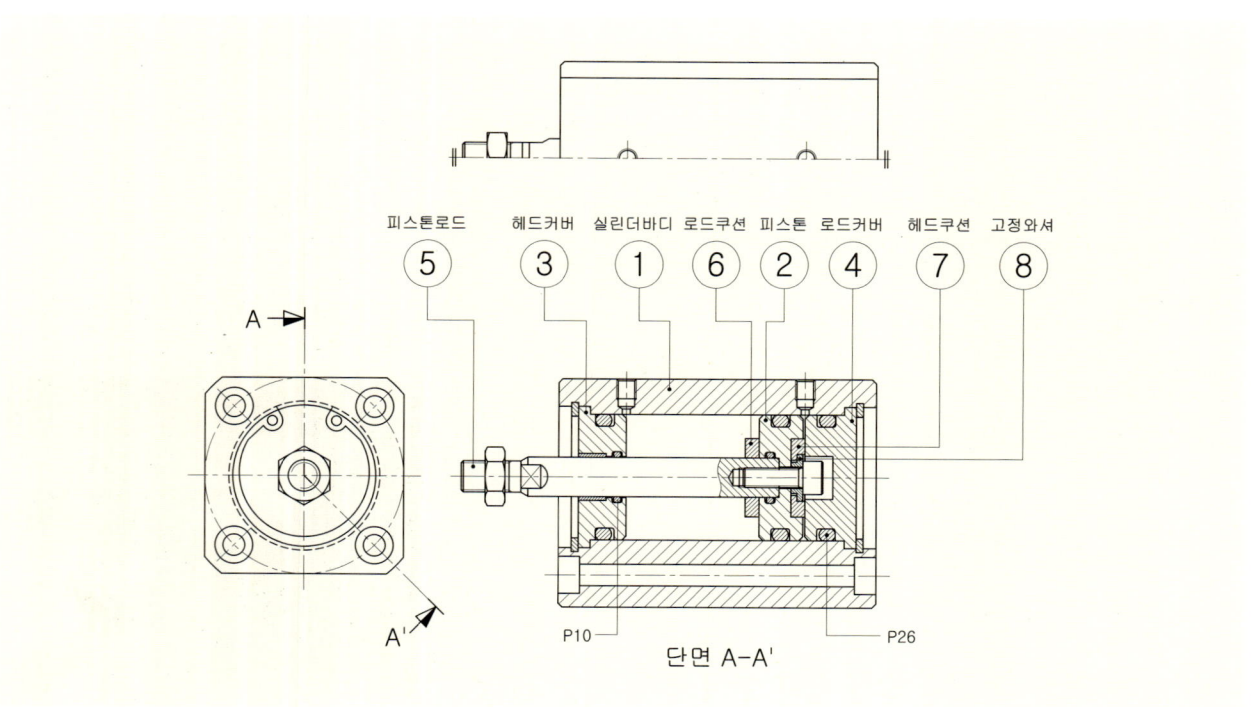

● 공압실린더 조립도

1. 오링 규격 적용 방법

품번② 피스톤에는 2개소의 오링이 부착된 것을 알 수가 있다. 먼저 호칭치수 **d=10H7/10e8** 내경부위에 적용된 오링의 공차를 찾아 넣어보자. 호칭치수 **d10**을 기준으로 오링이 끼워지는 바깥지름 **D=13**, 홈부의 치수 구분 중에 G의 경우는 오링을 1개만 사용했으므로 백업링 없음에서 **2.5**를 찾고 폭 치수 G의 공차 **+0.25~0**을 적용해 준다(상세도-A 참조). 또한 R은 **최대 0.4**임을 알 수가 있다.

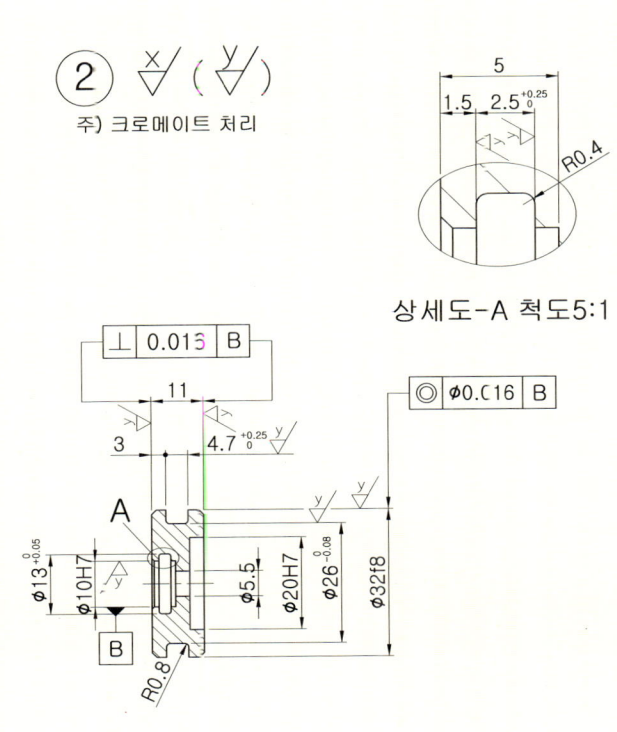

● 피스톤 부품도

다음으로 호칭치수 **D=32**의 외경에 적용되는 오링의 치수를 찾아보면, **d=26**이고 공차는 **0~-0.08**, 그리고 홈부 G의 치수는 역시 백업링을 사용하지 않으므로 G=4.7에 공차는 **+0.25~0**임을 알 수가 있다. 또한 R은 최대 **0.7**로 적용하면 된다.

■ 운동용 및 고정용 (원통면)의 홈 부의 모양 및 치수

오링의 호칭번호	홈 부의 치수					G+0.25 0			R 최대	E 최대
	d	참고		D	D의 허용차에 상당하는 끼워맞춤 기호	백업링 없음	백업링 1개	백업링 2개		
		d의 허용차에 상당하는 끼워맞춤 기호								
P3	3			6	H10					
P4	4		e9	7						
P5	5			8						
P6	6	h9	f8	9	+0.05 0	2.5	3.9	5.4	0.4	0.05
P7	7	0 −0.05		10	H9					
P8	8		e8	11						
P9	9			12						
P10	10			13						

다음으로 **품번④ 로드커버**의 부품도면에서 오링과 관련된 규격을 적용해 보자. 마찬가지로 먼저 호칭치수 **D=32, d=26**을 기준으로 해서 도면에 적용하면 아래와 같이 치수 및 공차가 적용됨을 알 수가 있다.

■ 자주 출제되는 KS 규격의 설계 적용법

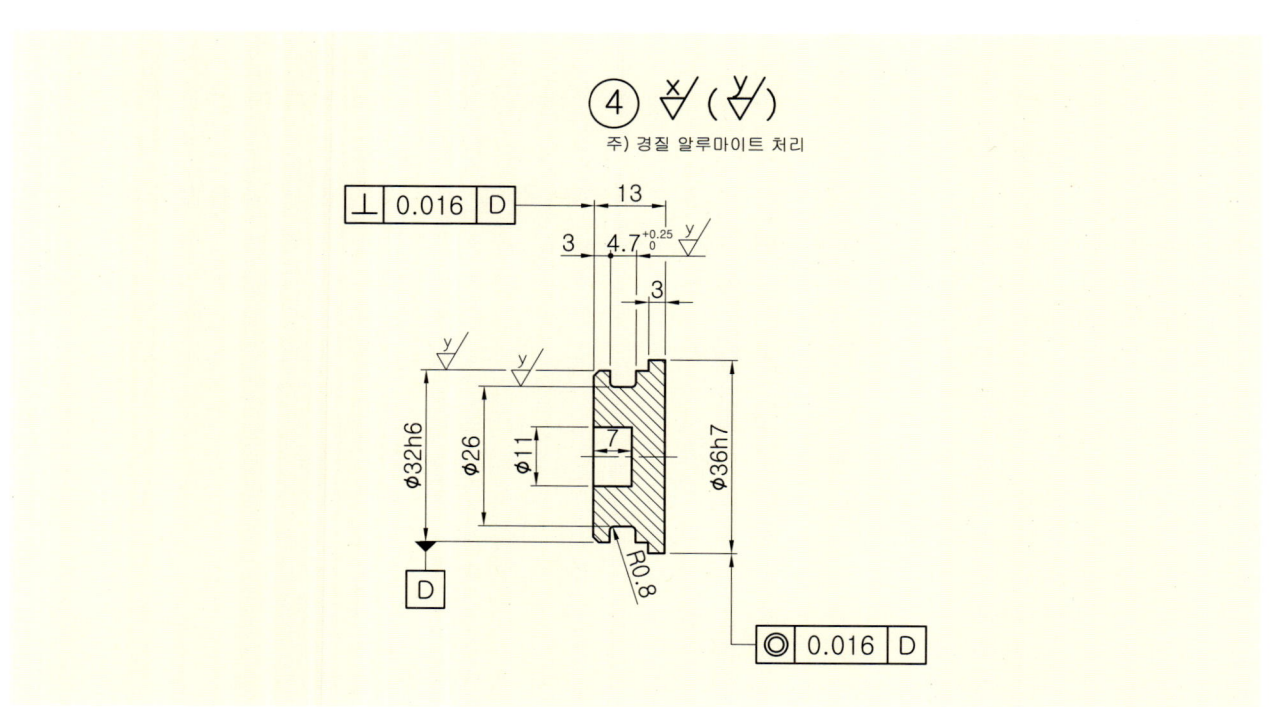

● 피스톤 부품도

O링의 호칭번호	홈 부의 치수					D의 허용차에 상당하는 끼워맞춤 기호	G+0.25 0			R 최대	E 최대
	d	[참 고]		D			백업링 없음	백업링 1개	백업링 2개		
		d의 허용차에 상당하는 끼워맞춤 기호									
P22A	22			28							
P22.4	22.4			28.4							
P24	24			30							
P25	25			31							
P25.5	25.5			31.5							
P26	26		e8	32							
P28	28			34							
P29	29			35							
P29.5	29.5			35.5							
P30	30			36							
P31	31			37							
P31.5	31.5			37.5							
P32	32	0 −0.08	h9	38	+0.08 0	H9	4.7	6.0	7.8	0.7	0.08
P34	34			40							
P35	35		f8	41							
P35.5	35.5			41.5							
P36	36			42							
P38	38			44							
P39	39		e7	45							
P40	40			46							
P41	41			47							
P42	42			48							
P44	44			50							
P45	45			51							
P46	46			52							
P48	48			54							
P49	49			55							
P50	50			56							

Lesson 21 구름베어링의 적용

베어링(Bearing)은 축계 기계요소의 하나로 베어링을 하우징(Housing)에 설치하고 베어링 내경에 축을 끼워맞춤하여 회전운동을 원활하게 하기 위하여 사용하며 크게 **구름베어링**과 **미끄럼베어링**으로 분류한다. 구름베어링(이하 베어링이라 함)은 일반적으로 궤도륜과 전동체 및 케이지(리테이너)로 구성되어 있는 기계요소로 주로 부하를 받는 하중의 방향에 따라 **레이디얼 베어링**과 **스러스트 베어링**으로 구분한다.

또한 전동체의 종류에 따라 볼베어링과 롤러베어링으로 나뉘어진다. 쉽게 설명하자면 동력을 전달하는 축은 나홀로 회전할 수 없기 때문에 2개 또는 그 이상의 무엇인가가 지지하고 있어야 한다. 또한 축은 회전을 하므로 축을 지지하고 있는 것과 접촉하면 열이 발생하게 되는데 이러한 열의 발생이 없이 회전이 잘 되게 하는 것이 베어링이다. 주로 사용하는 구름베어링 중 볼베어링이 적용된 도면이 많으므로 적용 빈도가 높은 볼베어링에 관한 규격을 찾는 방법과 끼워맞춤 공차적용에 관하여 알아보기로 한다.

볼베어링은 내부에 볼(Ball)이 있으며 볼베어링은 내부의 볼로 구름운동을 하므로 고속회전에는 적합하지만, 충격에 약하고, 무거운 하중이 걸리는 곳에 적합하지 않다. 베어링의 끼워맞춤 관련 공차는 현장 실무자들도 정확한 정의와 적용에 있어 혼란을 겪는 사례도 적지 않다.

1. 베어링의 호칭

베어링은 KS B 2012에서 호칭번호에 대하여 규정하고 있으며, KS B 2013에 호칭번호에 따라 **안지름(d), 바깥지름(D), 폭(B)** 등의 주요치수가 규정되어 있다. 호칭번호 중에 아래 보기와 같이 끝번호 두자리는 베어링의 안지름 번호(호칭 베어링 안지름)를 나타내는 것으로 적용하는 축지름을 쉽게 알 수가 있다. 또한 맨 앞의 숫자는 형식기호를 의미하고 2번째 기호는 치수계열 기호로 지름 계열이나 나비(또는 높이)계열 기호로 끼워맞춤 적용 시 관련이 있다. 베어링의 종류에는 베어링의 형식에 따라 깊은 홈 볼베어링, 앵귤러 볼베어링, 자동조심 볼베어링, 원통 롤러베어링, 니들 롤러베어링, 스러스트 볼베어링, 자동조심 롤러베어링 등 다양한 종류가 있다. 이 중에서 출제시험에도 자주 나오는 깊은 홈 볼베어링에 대해서 알아보기로 한다.

■ 베어링 계열기호 (깊은 홈 볼베어링의 경우)

베어링의 형식	단면도	형식기호	치수계열 기호	베어링 계열 기호
깊은 홈 볼 베어링	단열 홈없음 비분리형	6	17 18 19 10 02 03 04	67 68 69 60 62 63 64

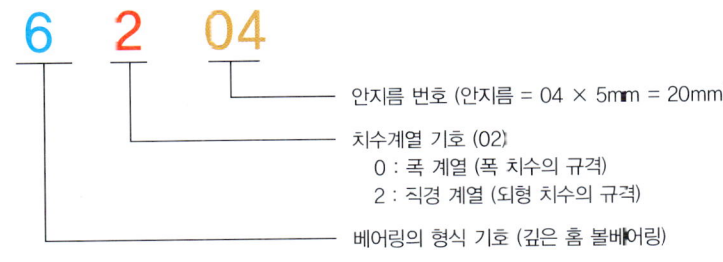

자주 출제되는 KS 규격의 설계 적용법

호칭베어링 안지름은 안지름 번호 중 **04** 이상은 **5**를 곱해주면 안지름치수를 알 수 있으며 규격을 찾아보지 않고도 적용 축지름이 **20mm**인 것을 금방 알 수가 있다. 만약 호칭베어링 안지름이 **25**로 되어있다면 안지름 번호가 **05**라는 것을 파악할 수 있는 것이다.

베어링 안지름 번호와 호칭 베어링 안지름 중 **00**은 **10mm**, **01**은 **12mm**, **02**는 **15mm**, **03**은 **17mm**이며, **04**부터 **5**를 곱하면 적용하는 축지름을 쉽게 알 수가 있다. 예외로 /22, /28, /32 등의 경우는 그 수치가 호칭 베어링 안지름(mm)치수이다.

2. 베어링의 끼워맞춤

구름베어링의 끼워맞춤을 이해하고 적용하려면 먼저 베어링이 설치되어 있는 장치나 기계에서 어떤 하중을 받고 있는지를 정확히 알아야 할 필요가 있다. 일반적으로 시험 과제도면에 나오는 동력전달장치 등의 경우 **일체 하우징 구멍**에서 하중의 종류 중 **외륜 회전하중**을 받는 **보통하중** 또는 **중하중**인 경우 **N7**을 적용하면 무리가 없을 것이다. 주로 볼베어링에 적용하며, **가벼운하중(경하중)** 또는 **변동하중**을 받는 경우는 **M7**을 적용해주면 된다. 또한 **외륜정지하중**의 조건에서 **모든 종류의 하중에 적용**할 수 있는 하우징구멍의 공차등급은 **H7**, **경하중** 또는 **보통하중**인 경우 **H8**을 적용해주면 된다.

반면 베어링에 끼워지는 축의 경우에는 **축 지름**과 **적용 하중**에 따라 축의 공차 범위 등급을 선정할 수가 있는데 예를 들어 하중의 조건이 **내륜 회전하중** 또는 **방향부정하중**이면서 **보통하중**을 받는 경우 축 지름에 따라서 **js5**, **k5**, **m5**, **m6**, **n6**, **p6**, **r6**를 적용하며 **경하중** 또는 **변동하중**인 경우 축 지름에 따라서 **h5**, **js6**, **k6**, **m6**를 적용하면 된다. 아래표에 나타낸 축과 구멍에 적용하는 공차 범위 등급은 KS와 JIS가 동일한 규격으로 규정하고 있는 내용이므로 참고하기 바란다.

3. 베어링 끼워맞춤 공차 선정 순서

❶ 조립도에 적용된 베어링의 규격을 보거나 규격이 없는 경우 직접 재서 안지름, 바깥지름, 폭을 보고 KS규격에서 찾아 축지름과 적용하중을 선택한다.

❷ **축**이 **회전**하는 경우 **내륜회전하중**, 축은 고정이고 하우징이 회전하는 경우 **외륜회전란**을 선택하여 해당하는 공차를 선택한다.

❸ 레이디얼 베어링(0급, 6X급, 6급)에 대하여 일반적으로 사용하는 축과 하우징 구멍의 공차 범위 등급에서 해당하는 것을 선택한다.

> **Tip**
> 도면에 적용한 베어링의 규격에서 적용할 하중을 선택할 수도 있다. 베어링의 호칭번호 중에 두 번째 숫자로 표기하는 베어링 계열기호(지름번호)는 예를 들어 단열 깊은 홈 볼베어링 6204에서 2는 **치수계열기호 02**에서 0을 뺀 것이고 이 치수계열기호가 커짐에 따라 베어링의 폭과 바깥지름이 커지므로 적용하중하고 연관이 있게 되는 것이다. 0, 1의 경우 **아주 가벼운 하중용**, **2는 가벼운 하중용**, **3은 보통 하중용**, **4는 큰하중용**으로 구분할 수 있다. 베어링의 치수가 나와 있는 규격을 살펴보면 금방 이해할 수 있을 것이다.(예 : 6000, 6200, 6300, 6400의 베어링의 안지름은 20mm로 동일하지만 베어링의 바깥지름과 폭의 치수는 다른 것을 알 수 있다.) 베어링이 가지고 있는 기능과 특성 등을 적절하게 이용하려면, 베어링 내륜과 축과의 끼워맞춤 및 베어링외륜과 하우징과의 끼워맞춤이 그 사용 용도에 따라 적합해야 한다. 따라서 적절한 끼워맞춤을 선정한다는 것은 용도에 적합한 베어링을 선정하는 것과 마찬가지로 중요한 사항이며, 적절하지 못한 끼워맞춤은 베어링의 조기 파손의 원인을 제공하기도 한다.

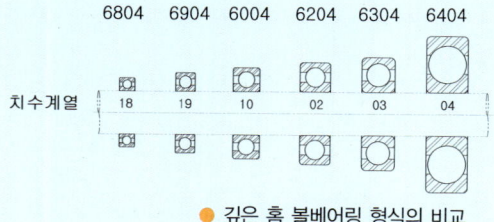

● 깊은 홈 볼베어링 형식의 비교

4. 하중 용어의 정의

1. **내륜 회전하중** : 베어링의 내륜에 대하여 하중의 작용선이 상대적으로 회전하고 있는 하중
2. **내륜 정지하중** : 베어링의 내륜에 대하여 하중의 작용선이 상대적으로 회전하고 있지 않은 하중
3. **외륜 정지하중** : 베어링의 외륜에 대하여 하중의 작용선이 상대적으로 회전하고 있지 않은 하중
4. **외륜 회전하중** : 베어링의 외륜에 대하여 하중의 작용선이 상대적으로 회전하고 있는 하중
5. **방향 부정하중** : 하중의 방향을 확정할 수 없는 하중(하중의 방향이 양 궤도륜에 대하여 상대적으로 회전 또는 요동하고 있다고 생각되어지는 하중)
6. **중심 축하중** : 하중의 작용선이 베어링 중심축과 일치하고 있는 하중
7. **합성하중** : 레이디얼 하중과 축 하중이 합성되어 베어링에 작동하는 하중

5. 베어링 원통 구멍의 끼워맞춤 [KS B 2051]

■ 레이디얼 베어링의 내륜에 대한 끼워맞춤

베어링의 등급	내륜 회전 하중 또는 방향 부정 하중									내륜 정지 하중	
	축의 공차 범위 등급										
0급 6X급 6급	r6	p6	n6	m6 m5	k6 k5	js6 js5	h5	h6 h5	g6 g5	f6
5급	–	–	–	m5	k4	js4	h4	h5	–	–
끼워맞춤	억지끼워맞춤			중간끼워맞춤				헐거운 끼워맞춤		

■ 레이디얼 베어링의 외륜에 대한 끼워맞춤

베어링의 등급	외륜정지하중				방향부정하중 또는 외륜회전 하중				
	구멍의 공차 범위 등급								
0급 6X급 6급	G7	H7 H6	JS7 JS6	–	JS7 JS6	K7 K6	M7 M6	N7 N6	P7
5급	–	H5	JS5	K5	–	K5	M5	–	–
끼워맞춤	억지끼워맞춤				중간끼워맞춤			헐거운 끼워맞춤	

■ 스러스트 베어링의 내륜에 대한 끼워맞춤

베어링의 등급	중심 축 하중 (스러스트 베어링 전반)		합성하중 (스러스트 자동조심 롤러베어링의 경우)			
			내륜회전하중 또는 방향부정하중			내륜정지하중
	축의 공차 범위 등급					
0급,6급	js6	h6	n6	m6	k6	js6
끼워맞춤	중간끼워맞춤		억지끼워맞춤			중간끼워맞춤

■ 스러스트 베어링의 외륜에 대한 끼워맞춤

베어링의 등급	중심 축 하중 (스러스트 베어링 전반)		합성하중 (스러스트 자동조심 롤러베어링의 경우)			
			외륜정지하중 또는 방향부정하중			외륜회전하중
	구멍의 공차 범위 등급					
0급,6급	–	H8	G7	H7	JS7	K7	M7
끼워맞춤	헐거운끼워맞춤		중간끼워맞춤			

■ 자주 출제되는 KS 규격의 설계 적용법

■ 레이디얼 베어링(0급, 6X급, 6급)에 대하여 일반적으로 사용하는 축의 공차 범위 등급

운전상태 및 끼워맞춤 조건		볼베어링		원통롤러베어링 테이퍼롤러베어링		자동조심 롤러베어링		축의 공차등급	비고
		축 지름(mm)							
		초과	이하	초과	이하	초과	이하		
원통구멍 베어링(0급, 6X급, 6급)									
내륜회전 하중 또는 방향부정하중	경하중 또는 변동하중	- 18 100 -	18 100 200 -	- - 40 140	- 40 140 200	- - - -	- - - -	h5 js6 k6 m6	정밀도를 필요로 하는 경우 js6, k6, m6 대신에 js5, k5, m5를 사용한다.
	보통하중	- 18 100 140 200 - -	18 100 140 200 280 - -	- - 40 100 140 200 -	- 40 100 140 200 400 -	- - - 40 65 100 140 280	- - 40 65 100 140 280 500	js5 k5 m5 m6 n6 p6 r6	단열 앵귤러 볼 베어링 및 원뿔롤러베어링인 경우 끼워맞춤으로 인한 내부 틈새의 변화를 고려할 필요가 없으므로 k5, m5 대신에 k6, m6를 사용할 수 있다.
	중하중 또는 충격하중	- - -	- - -	50 140 200	140 200 -	50 100 140	100 140 200	n6 p6 r6	보통 틈새의 베어링보다 큰 내부 틈새의 베어링이 필요하다.
내륜정지하중	내륜이 축 위를 쉽게 움직일 필요가 있다.	전체 축 지름						g6	정밀도를 필요로 하는 경우 g5를 사용한다. 큰 베어링에서는 쉽게 움직일 수 있도록 f6을 사용해도 된다.
	내륜이 축 위를 쉽게 움직일 필요가 없다.	전체 축 지름						h6	정밀도를 필요로 하는 경우 h5를 사용한다.
중심축하중		전체 축 지름						js6	-
테이퍼 구멍 베어링(0급) (어댑터 부착 또는 분리 슬리브 부착)									
전체하중		전체 축 지름						h9/IT5	전도축(伝導軸) 등에서는 h10/IT7로 해도 좋다.

【비고】 1. IT5 및 IT7은 축의 진원도 공차, 원통도 공차 등의 값을 표시한다. 2. 위 표는 강제 중실축에 적용한다.

■ 레이디얼 베어링(0급, 6X급, 6급)에 대하여 일반적으로 사용하는 하우징 구멍의 공차 범위 등급

하우징 (Housing)	조건		외륜의 축 방향의 이동	하우징 구멍의 공차범위 등급	비고
	하중의 종류				
일체 하우징 또는 2분할 하우징	외륜정지 하중	모든 종류의 하중	쉽게 이동할 수 있다.	H7	대형베어링 또는 외륜과 하우징의 온도차가 큰 경우 G7을 사용해도 된다.
		경하중 또는 보통하중	쉽게 이동할 수 있다.	H8	-
		축과 내륜이 고온으로 된다.		G7	대형베어링 또는 외륜과 하우징의 온도차가 큰 경우 F7을 사용해도 된다.
		경하중 또는 보통하중에서 정밀 회전을 요한다.	원칙적으로 이동할 수 없다.	K6	주로 롤러베어링에 적용된다.
			이동할 수 있다.	JS6	주로 볼베어링에 적용된다.
		조용한 운전을 요한다.	쉽게 이동할 수 있다.	H6	-
일체 하우징	방향부정 하중	경하중 또는 보통하중	통상 이동할 수 있다.	JS7	정밀을 요하는 경우 JS7, K7 대신에 JS6, K6를 사용한다.
		보통하중 또는 중하중	이동할 수 없다.	K7	
		큰 충격하중	이동할 수 없다.	M7	-
	외륜회전 하중	경하중 또는 변동하중	이동할 수 없다.	M7	-
		보통하중 또는 중하중	이동할 수 없다.	N7	주로 볼베어링에 적용된다.
		얇은 하우징에서 중하중 또는 큰 충격하중	이동할 수 없다.	P7	주로 롤러베어링에 적용된다.

【비고】 1. 위 표는 주철제 하우징 또는 강제 하우징에 적용한다.
2. 베어링에 중심 축 하중만 걸리는 경우 외륜에 레이디얼 방향의 틈새를 주는 공차범위 등급을 선정한다.

■ 스러스트 베어링(0급, 6급)에 대하여 일반적으로 사용하는 축의 공차 범위 등급

조건		축 지름(mm)		축의 공차 범위 등급	비고
		초과	이하		
중심 축(액시얼) 하중 (스러스트 베어링 전반)		전체 축 지름		js6	h6도 사용할 수 있다.
합성하중 (스러스트 자동조심 롤러베어링)	내륜정지하중	전체 축 지름		js6	–
	내륜회전하중 또는 방향부정하중	– 200 400	200 400 –	k6 m6 n6	k6, m6, n6 대신에 각각 js6, k6, m6도 사용할 수 있다.

■ 스러스트 베어링(0급, 6급)에 대하여 일반적으로 사용하는 하우징 구멍의 공차 범위 등급

조건		하우징구멍의 공차범위 등급	비 고
중심 축 하중 (스러스트 베어링 전반)		–	외륜에 레이디얼 방향의 틈새를 주도록 적절한 공차범위 등급을 선정한다.
		H8	스러스트 볼 베어링에서 정밀을 요하는 경우
합성하중 (스러스트 자동조심 롤러베어링)	외륜정지하중	H7	–
	방향부정하중 또는 외륜회전하중	K7	보통 사용 조건인 경우
		M7	비교적 레이디얼 하중이 큰 경우

[비고] 1. 위 표는 **주철제 하우징** 또는 **강제 하우징**에 적용한다.

- 레이디얼 하중과 액시얼 하중

레이디얼 하중이라는 것은 베어링의 중심축에 대해서 직각(수직)으로 작용하는 하중을 말하고 액시얼 하중이라는 것은 베어링의 중심축에 대해서 평행하게 작용하는 하중을 말한다. 덧붙여 말하면 스러스트 하중과 액시얼 하중은 동일한 것이다.

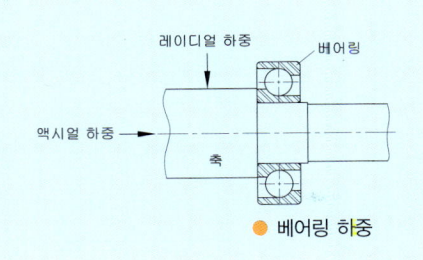

6. 깊은 홈 볼 베어링 6204의 적용예

다음의 전동장치 본체는 축의 양쪽을 2개의 볼베어링으로 지지하고 있다. 아래 KS규격에서 도면에 적용된 6204(개방형)베어링의 **d, D, B** 치수를 찾고 축의 지름과 하우징 구멍의 지름 치수를 찾아보면 **d=20mm, D=47mm, B=14mm** 임을 알 수 있다.

이제 축과 본체 구멍에 적용될 공차를 찾아 기입해 보자. 축에 어떤 회전체가 평행키로 고정되어 동력을 전달하는 구조로 본체 양쪽의 구멍에 설치된 베어링의 외륜은 고정되고 축(내륜)이 회전하므로 **내륜회전란**을 찾고, 하중조건이 '**가벼운 하중**'으로 보고 구멍의 공차등급을 **H8**로 적용해 주었다.

축의 경우에는 **내륜회전하중**에 '**경하중**' 조건이므로 **h5**를 적용해 준다. 참고적으로 베어링의 계열번호별 베어링의 크기는 안지름은 전부 동일하지만 베어링의 폭 및 바깥지름 치수가 차이가 나는 것을 알 수가 있다. 폭이 늘어나고 바깥지름이 커질수록 부하할 수 있는 하중의 크기가 커지게 되는 것으로 일반적인 공차의 적용시 이러한 식으로 적용하면 큰 무리가 없을 것이다.

단, 베어링을 적용할 때 정밀 고속 스핀들 등 특별히 정밀도 등급을 0급, 6X급, 6급이 아닌 5급, 4급 등을 필요호 하는 경우에는 공차 적용시 세심한 주의를 필요로 한다.

■ 자주 출제되는 KS 규격의 설계 적용법

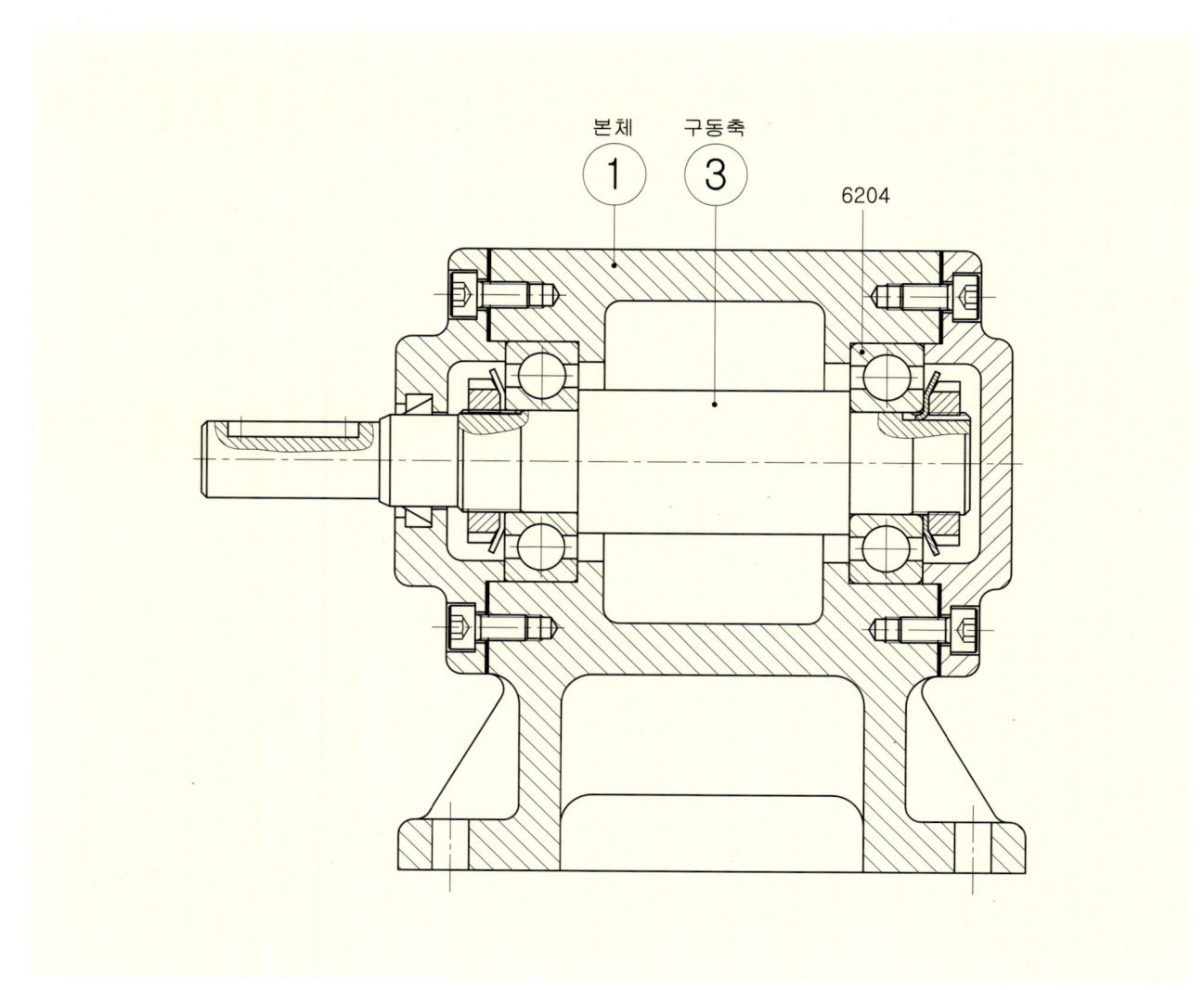

● 전동장치

■ 깊은 홈 볼 베어링 62계열의 호칭번호 및 치수 [KS B 2023]

호칭 번호							치 수			
원통 구멍					테이퍼구멍	원통 구멍				
개방형	한쪽 실	양쪽 실	한쪽 실드	양쪽실드	개방형	개방형 스냅링 홈 붙이	d	D	B	$r_s$min
623	–	–	623 Z	623 ZZ	–	–	3	10	4	0.15
624	–	–	624 Z	624 ZZ	–	–	4	13	5	0.2
625	–	–	625 Z	625 ZZ	–	–	5	16	5	0.3
626	–	–	626 Z	626 ZZ	–	–	6	19	6	0.3
627	627 U	627 UU	627 Z	627 ZZ	–	–	7	22	7	0.3
628	628 U	628 UU	628 Z	628 ZZ	–	–	8	24	8	0.3
629	629 U	629 UU	629 Z	629 ZZ	–	–	9	26	8	0.3
6200	6200 U	6200 UU	6200 Z	6200 ZZ	–	6200 N	10	30	9	0.6
6201	6201 U	6201 UU	6201 Z	620 1 ZZ	–	6201 N	12	32	10	0.6
6202	6202 U	6202 UU	6202 Z	6202 ZZ	–	6202 N	15	35	11	0.6
6203	6203 U	6203 UU	6203 Z	6203 ZZ	–	6203 N	17	40	12	0.6
6204	6204 U	6204 UU	6204 Z	6204 ZZ	–	6204 N	20	47	14	1

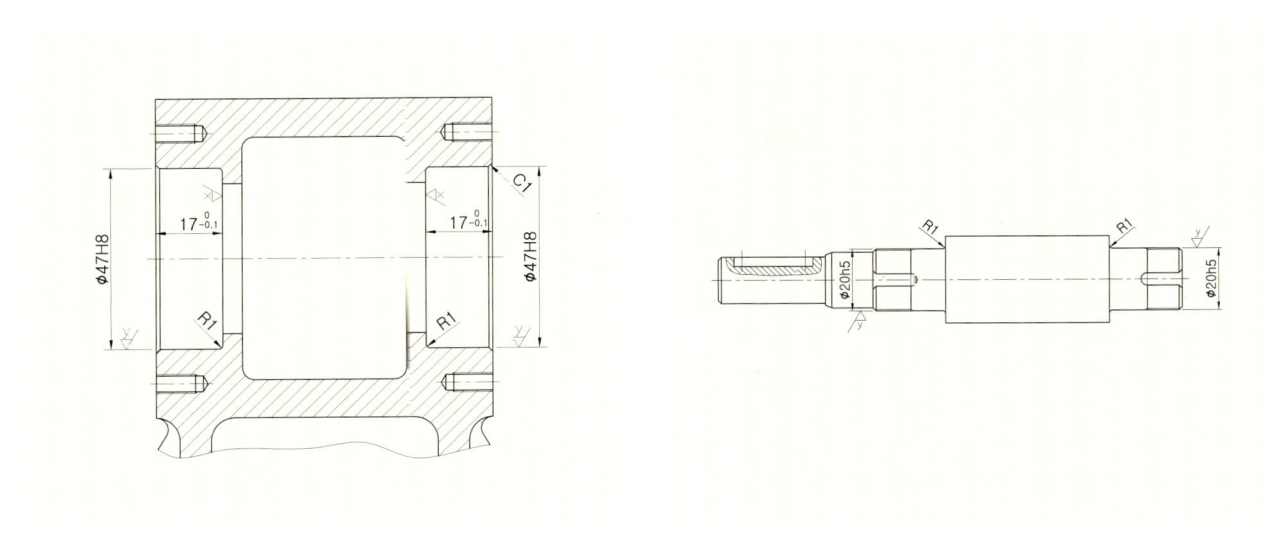

● 하우징 구멍의 치수　　　　　　　　　　　　　　● 축의 치수

■ 베어링의 끼워맞춤 선정 기준표

베어링의 끼워맞춤 선정에 있어 반드시 고려해야 할 사항으로 베어링에 작용하는 **하중**의 **조건**이나 베어링의 **내륜** 및 **외륜**의 **회전 상태**에 따른 끼워맞춤의 관계를 나타내었다.

■ 베어링의 끼워맞춤 선정 기준표

하중의 구분	베어링의 회전		하중의 조건	끼워맞춤	
	내륜	외륜		내륜	외륜
(그림)	회전	정지	내륜회전하중 외륜정지하중	억지 끼워 맞춤	헐거운 끼워 맞춤
(그림)	정지	회전	내륜회전하중 외륜정지하중	억지 끼워 맞춤	헐거운 끼워 맞춤
(그림)	정지	회전	외륜회전하중 내륜정지하중	헐거운 끼워 맞춤	억지 끼워 맞춤
(그림)	회전	정지	외륜회전하중 내륜정지하중	헐거운 끼워 맞춤	억지 끼워 맞춤
하중이 가해지는 방향이 일정하지 않은 경우	회전 또는 정지	회전 또는 정지	방향 부정 하중	억지 끼워 맞춤	억지 끼워 맞춤

● 베어링의 끼워맞춤

Chapter 4
기계설계산업기사 최신 실기시험 설계 변경 작업 예시

1. 동력전달장치-1 ·· 358
2. 동력전달장치-2 ·· 360
3. 동력전달장치-3 ·· 362
4. V-벨트 전동장치 ······································ 364
5. 평 벨트 전동장치 ···································· 366
6. 피벗 베어링 하우징 ································ 368
7. 아이들러 ·· 370
8. 기어박스 ·· 372
9. 축 받침 장치 ··· 374

설계 변경 조건에 따른 예시 답안은
웹하드나 도서출판 메카피아 네이버 카페에서 확인하실 수 있습니다.

① 웹하드 http://www.webhard.co.kr
아이디 : mechapia   비밀번호 : mecha1234

② 도서출판 메카피아 네이버 카페 http://www.mechabooks.co.kr

1. 동력전달장치-1

기계설계산업기사 최신 실기시험 설계 변경 문제 예시

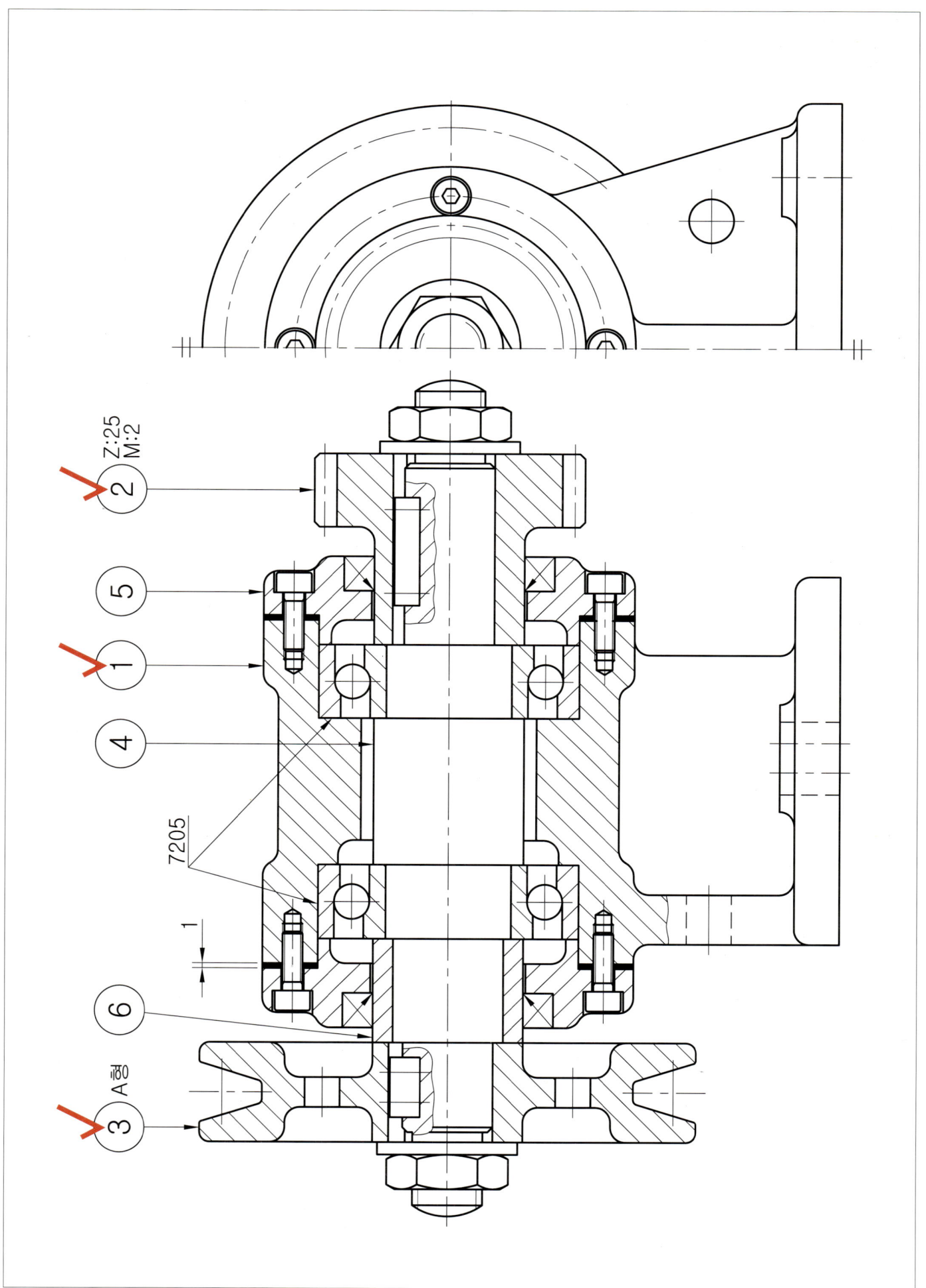

■ 기계설계산업기사 최신 실기시험 설계 변경 작업 예시

1. 변경사항

	현행	변경
과제명	부품도 및 모델링도 작업	설계 변경 작업 및 부품도/모델링도 작업
작업 시간	5시간	5시간 30분
적용 시기	2018년 기사 2회 실기시험까지	2018년 기사 3회 실기시험부터

2. 주요 작업 내용

□ 설계 변경 작업(변경 사항)

1. 조립도 형식의 문제 도면을 보고 주어진 설계 변경 조건에 따라 설계 변경 작업을 실시합니다.

설기 변경 조건(예)

- ①번 부품에 적용된 #7205 앵귤러 볼 베어링을 #6205 깊은 홈 볼 베어링으로 설계 변경시 수정되어야 하는 관련 부품이 있다면 변경하시오.
- ②번 부품에서 모듈 M:2를 M:1로 변경하고 PCD는 50으로 변경하시오.
- ③번 부품의 A형 V-벨트풀리를 M형 V-벨트풀리로 변경하시오.

---

2. 설계 변경 대상 부품이 변경될 경우 관련되는 다른 부품 역시 조건에 맞도록 설계 변경이 수반되어야 합니다.

3. 설계 변경 요구조건과 관계되는 항목만 설계 변경을 실시하며 그 외 관련이 없는 부분은 설계 변경하지 않아야 합니다.

□ 부품도/모델링도 작업(기존 작업과 동일)

1. 문제에서 지시한 부품에 대하여 설계 변경 사항을 반영한 후 2D 부품도 및 3D 모델링도 작업을 실시합니다.

2. 기능과 동작을 이해하여 투상도, 치수, 치수공차, 끼워맞춤 공차 등 한국산업표준(KS)에 따라 도면을 작성합니다.

3. 3D 모델링도는 형상을 잘 나타내는 등각축을 잡아서 각 부품당 2개의 View를 나타내며, 이 때 음영 및 렌더링 처리를 하여 표현합니다.

4. 그 외 지시되지 않은 사항은 기계 설계 및 KS 제도법을 기준으로 문제지 요구사항에 따라 2장(2D 부품도, 3D 모델링도)의 도면을 작성하여 제출합니다.

2. 동력전달장치-2

기계설계산업기사 최신 실기시험 설계 변경 문제 예시

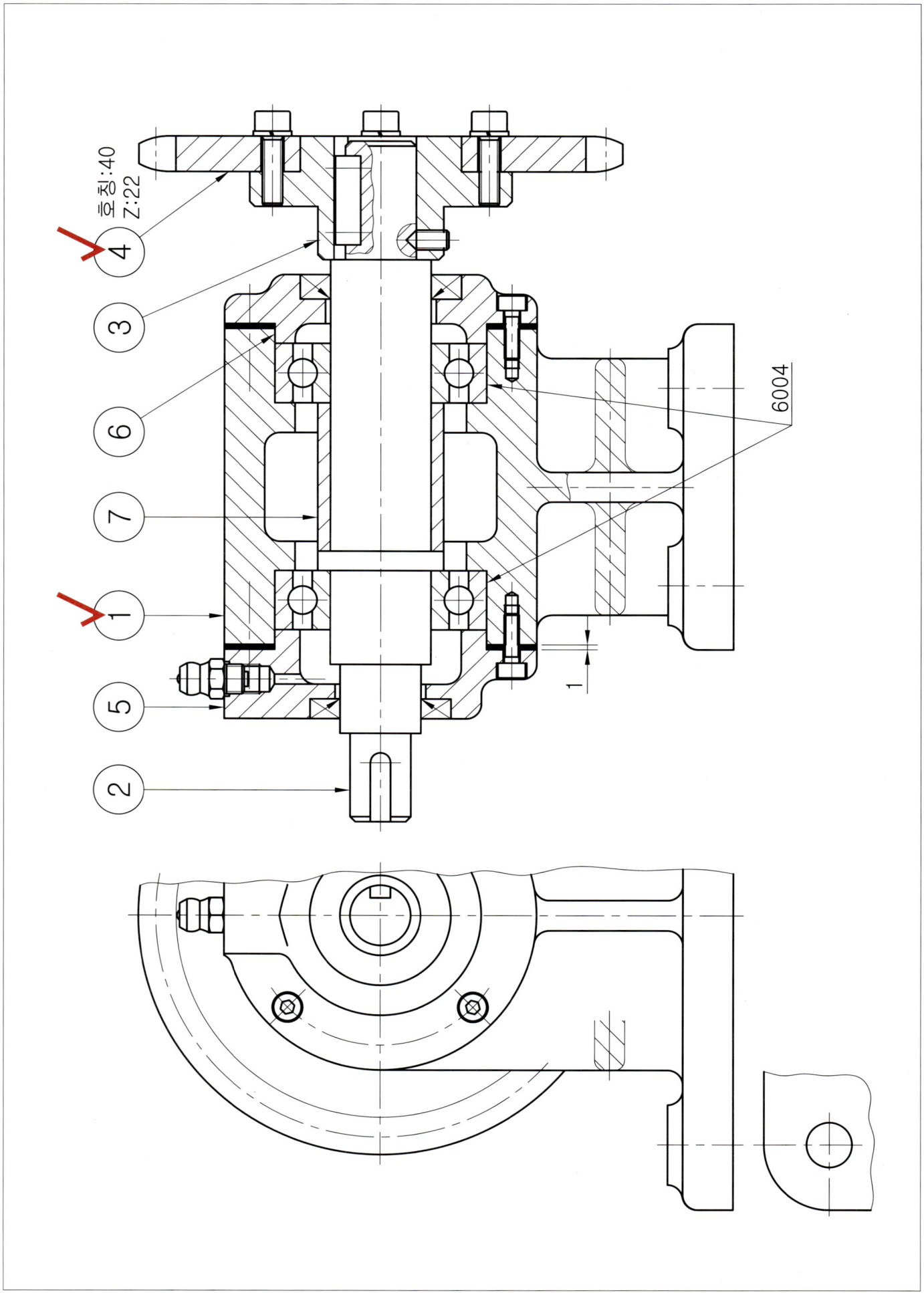

기계설계산업기사 최신 실기시험 설계 변경 작업 예시

1. 변경사항

	현행	변경
과제명	부품도 및 모델링도 작업	설계 변경 작업 및 부품도/모델링도 작업
작업 시간	5시간	5시간 30분
적용 시기	2018년 기사 2회 실기시험까지	2018년 기사 3회 실기시험부터

2. 주요 작업 내용

☐ 설계 변경 작업(변경 사항)

1. 조립도 형식의 문제 도면을 보고 주어진 설계 변경 조건에 따라 설계 변경 작업을 실시합니다.

설계 변경 조건(예)
○ ⑤번 부품에 설계 적용된 오일실을 오링으로 변경하시오. ○ ④번 부품의 잇수 Z를 '22'에서 '24'로 변경하시오.

2. 설계 변경 대상 부품이 변경될 경우 관련되는 다른 부품 역시 조건에 맞도록 설계 변경이 수반되어야 합니다.

3. 설계 변경 요구조건과 관계되는 항목만 설계 변경을 실시하며 그 외 관련이 없는 부분은 설계 변경하지 않아야 합니다.

☐ 부품도/모델링도 작업(기존 작업과 동일)

1. 문제에서 지시한 부품에 대하여 설계 변경 사항을 반영한 후 2D 부품드 및 3D 모델링도 작업을 실시합니다.

2. 기능과 동작을 이해하여 투상도, 치수, 치수공차, 끼워맞춤 공차 등 한국산업표준(KS)에 따라 도면을 작성합니다.

3. 3D 모델링도는 형상을 잘 나타내는 등각축을 잡아서 각 부품당 2개의 View를 나타내며, 이 때 음영 및 렌더링 처리를 하여 표현합니다.

4. 그 외 지시되지 않은 사항은 기계 설계 및 KS 제도법을 기준으로 문제지 요구사항에 따라 2장(2D 부품도, 3D 모델링도)의 도면을 작성하여 제출합니다.

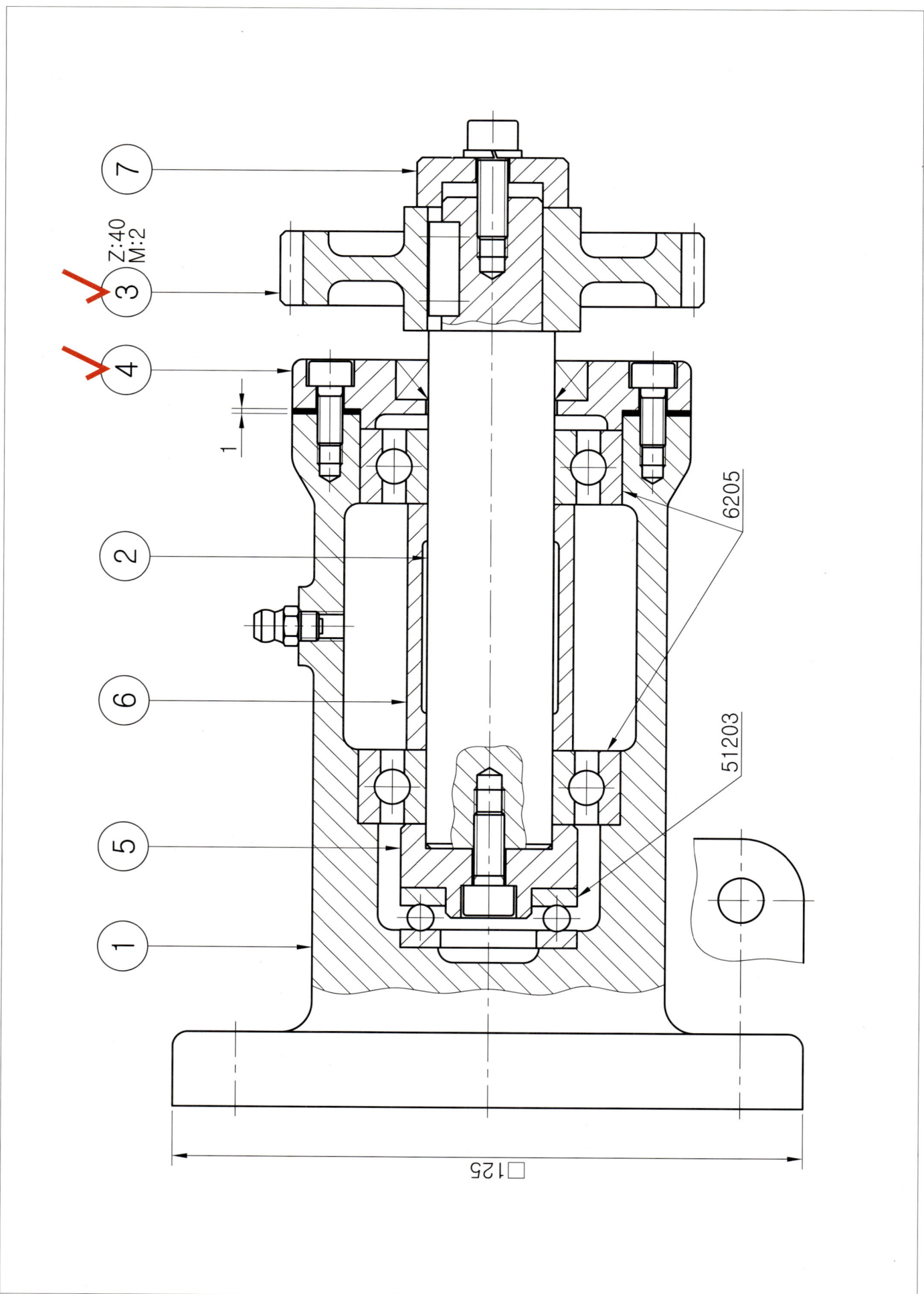

기계설계산업기사 최신 실기시험 설계 변경 작업 예시

1. 변경사항

	현행	변경
과제명	부품도 및 모델링도 작업	설계 변경 작업 및 부품도/모델링드 작업
작업 시간	5시간	5시간 30분
적용 시기	2018년 기사 2회 실기시험까지	2018년 기사 3회 실기시험부터

2. 주요 작업 내용

☐ 설계 변경 작업(변경 사항)

1. 조립도 형식의 문제 도면을 보고 주어진 설계 변경 조건에 따라 설계 변경 작업을 실시합니다.

설계 변경 조건(예)
○ ③번 부품에서 모듈을 '1.5'로, PCD를 '90'으로 변경하시오. ○ ④번 부품의 볼트 체결 구멍을 '4개소'에서 '6개소'로 변경하시오.

2. 설계 변경 대상 부품이 변경될 경우 관련되는 다른 부품 역시 조건에 맞도록 설계 변경이 수반되어야 합니다.

3. 설계 변경 요구조건과 관계되는 항목만 설계 변경을 실시하며 그 외 관련이 없는 부분은 설계 변경하지 않아야 합니다.

☐ 부품도/모델링도 작업(기존 작업과 동일)

1. 문제에서 지시한 부품에 대하여 설계 변경 사항을 반영한 후 2D 부품도 및 3D 모델링도 작업을 실시합니다.

2. 기능과 동작을 이해하여 투상도, 치수, 치수공차, 끼워맞춤 공차 등 한국산업표준(KS)에 따라 도면을 작성합니다.

3. 3D 모델링도는 형상을 잘 나타내는 등각축을 잡아서 각 부품당 2개의 View를 나타내며, 이 때 음영 및 렌더링 처리를 하여 표현합니다.

4. 그 외 지시되지 않은 사항은 기계 설계 및 KS 제도법을 기준으로 문제지 요구사항에 따라 2장(2D 부품도, 3D 모델링도)의 도면을 작성하여 제출합니다.

4. V-벨트 전동장치

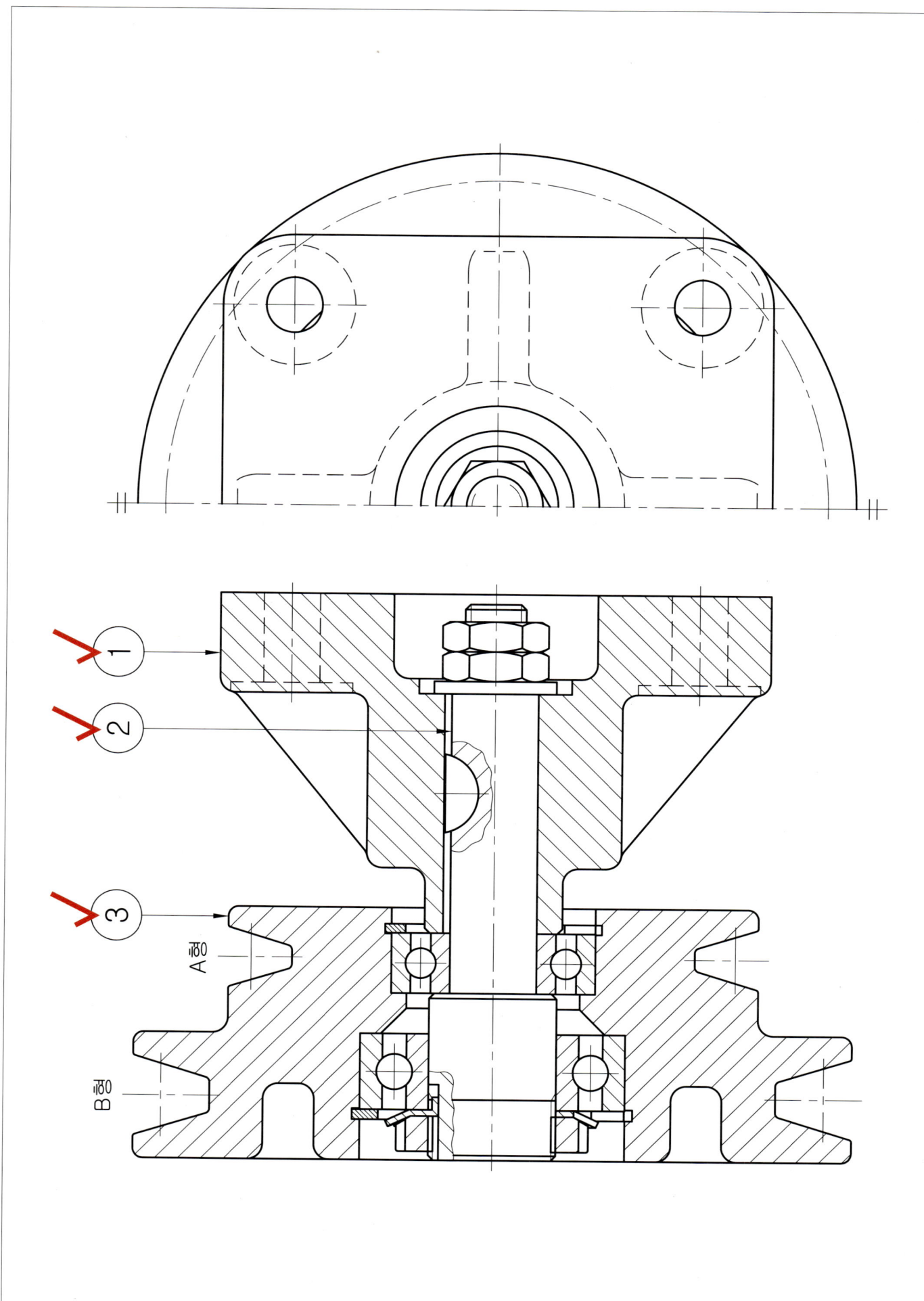

기계설계산업기사 최신 실기시험 설계 변경 작업 예시

1. 변경사항

	현행	변경
과제명	부품도 및 모델링도 작업	설계 변경 작업 및 부품도/모델링도 작업
작업 시간	5시간	5시간 30분
적용 시기	2018년 기사 2회 실기시험까지	2018년 기사 3회 실기시험부터

2. 주요 작업 내용

□ 설계 변경 작업(변경 사항)

1. 조립도 형식의 문제 도면을 보고 주어진 설계 변경 조건에 따라 설계 변경 작업을 실시합니다.

설계 변경 조건(예)

○ ①번 부품과 ②번 부품에 체결된 '반달키'를 '평행키' 보통형 규격으로 변경하시오.
  (단, 키의 길이는 10mm(양쪽 둥근형)로 한다.)
○ ③번 부품의 A형 V-벨트풀리를 M형 V-벨트풀리로 변경하시오.

---

2. 설계 변경 대상 부품이 변경될 경우 관련되는 다른 부품 역시 조건에 맞도록 설계 변경이 수반되어야 합니다.

3. 설계 변경 요구조건과 관계되는 항목만 설계 변경을 실시하며 그 외 관련이 없는 부분은 설계 변경하지 않아야 합니다.

□ 부품도/모델링도 작업(기존 작업과 동일)

1. 문제에서 지시한 부품에 대하여 설계 변경 사항을 반영한 후 2D 부품도 및 3D 모델링도 작업을 실시합니다.

2. 기능과 동작을 이해하여 투상도, 치수, 치수공차, 끼워맞춤 공차 등 한국산업표준(KS)에 따라 도면을 작성합니다.

3. 3D 모델링도는 형상을 잘 나타내는 등각축을 잡아서 각 부품당 2개의 View를 나타내며, 이 때 음영 및 렌더링 처리를 하여 표현합니다.

4. 그 외 지시되지 않은 사항은 기계 설계 및 KS 제도법을 기준으로 문제지 요구사항에 따라 2장(2D 부품도, 3D 모델링도)의 도면을 작성하여 제출합니다.

5. 평 벨트 전동장치

기계설계산업기사 최신 실기시험 설계 변경 문제 예시

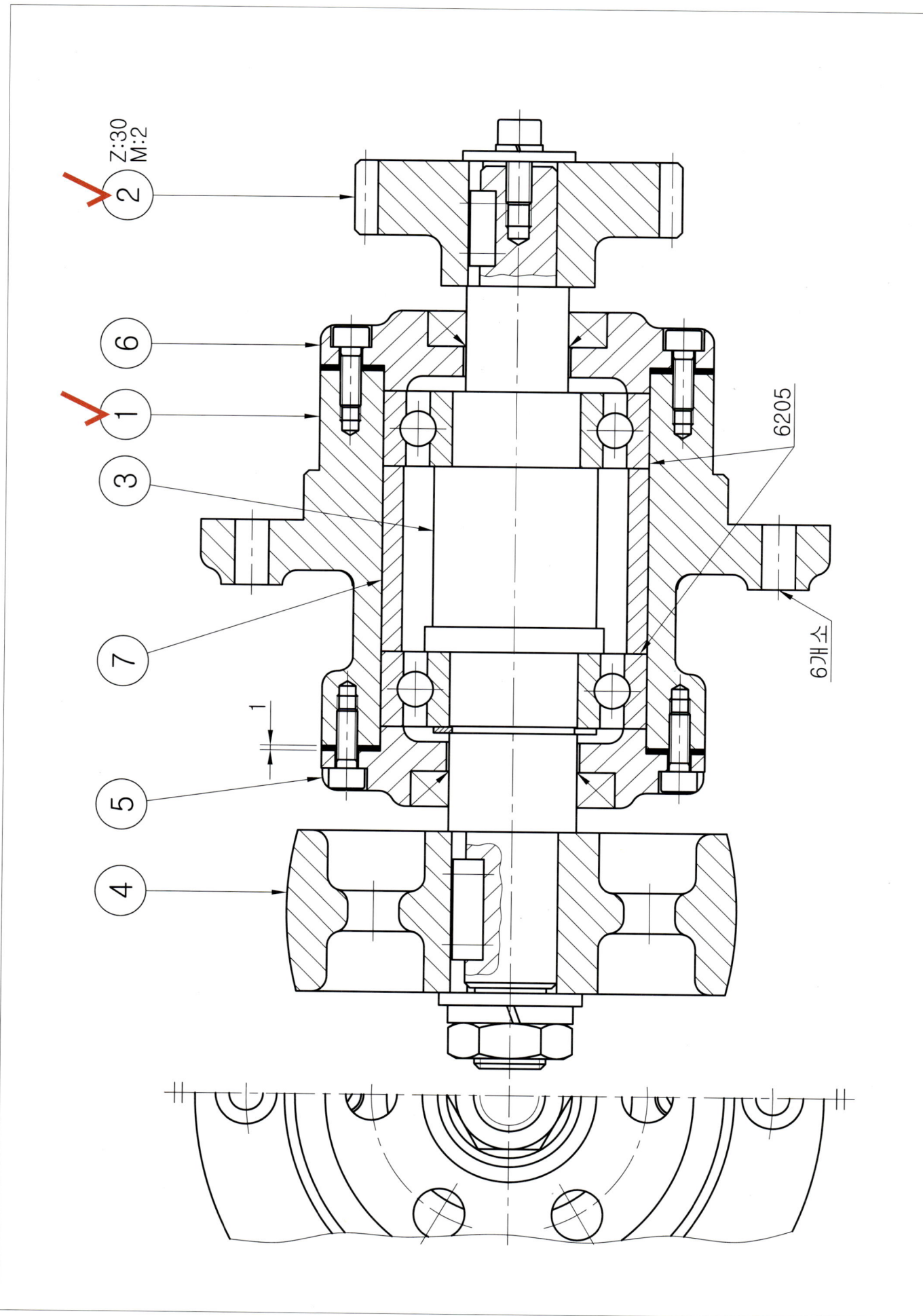

기계설계산업기사 최신 실기시험 설계 변경 작업 예시

1. 변경사항

	현행	변경
과제명	부품도 및 모델링도 작업	설계 변경 작업 및 부품도/모델링도 작업
작업 시간	5시간	5시간 30분
적용 시기	2018년 기사 2회 실기시험까지	2018년 기사 3회 실기시험부터

2. 주요 작업 내용

□ 설계 변경 작업(변경 사항)

1. 조립도 형식의 문제 도면을 보고 주어진 설계 변경 조건에 따라 설계 변경 작업을 실시합니다.

설계 변경 조건(예)
○ ①번 부품의 볼트 체결 구멍을 '6개소'에서 '8개소'로 변경하시오. ○ ②번 부품에서 모듈을 '1.5'로 잇수를 '40'으로 변경하시오.

2. 설계 변경 대상 부품이 변경될 경우 관련되는 다른 부품 역시 조건에 맞도록 설계 변경이 수반되어야 합니다.

3. 설계 변경 요구조건과 관계되는 항목만 설계 변경을 실시하며 그 외 관련이 없는 부분은 설계 변경하지 않아야 합니다.

□ 부품도/모델링도 작업(기존 작업과 동일)

1. 문제에서 지시한 부품에 대하여 설계 변경 사항을 반영한 후 2D 부품도 및 3D 모델링도 작업을 실시합니다.

2. 기능과 동작을 이해하여 투상도, 치수, 치수공차, 끼워맞춤 공차 등 한국산업표준(KS)에 따라 도면을 작성합니다.

3. 3D 모델링도는 형상을 잘 나타내는 등각축을 잡아서 각 부품당 2개의 View를 나타내며, 이 때 음영 및 렌더링 처리를 하여 표현합니다.

4. 그 외 지시되지 않은 사항은 기계 설계 및 KS 제도법을 기준으로 문제지 요구사항에 따라 2장(2D 부품도, 3D 모델링도)의 도면을 작성하여 제출합니다.

6. 피벗 베어링 하우징

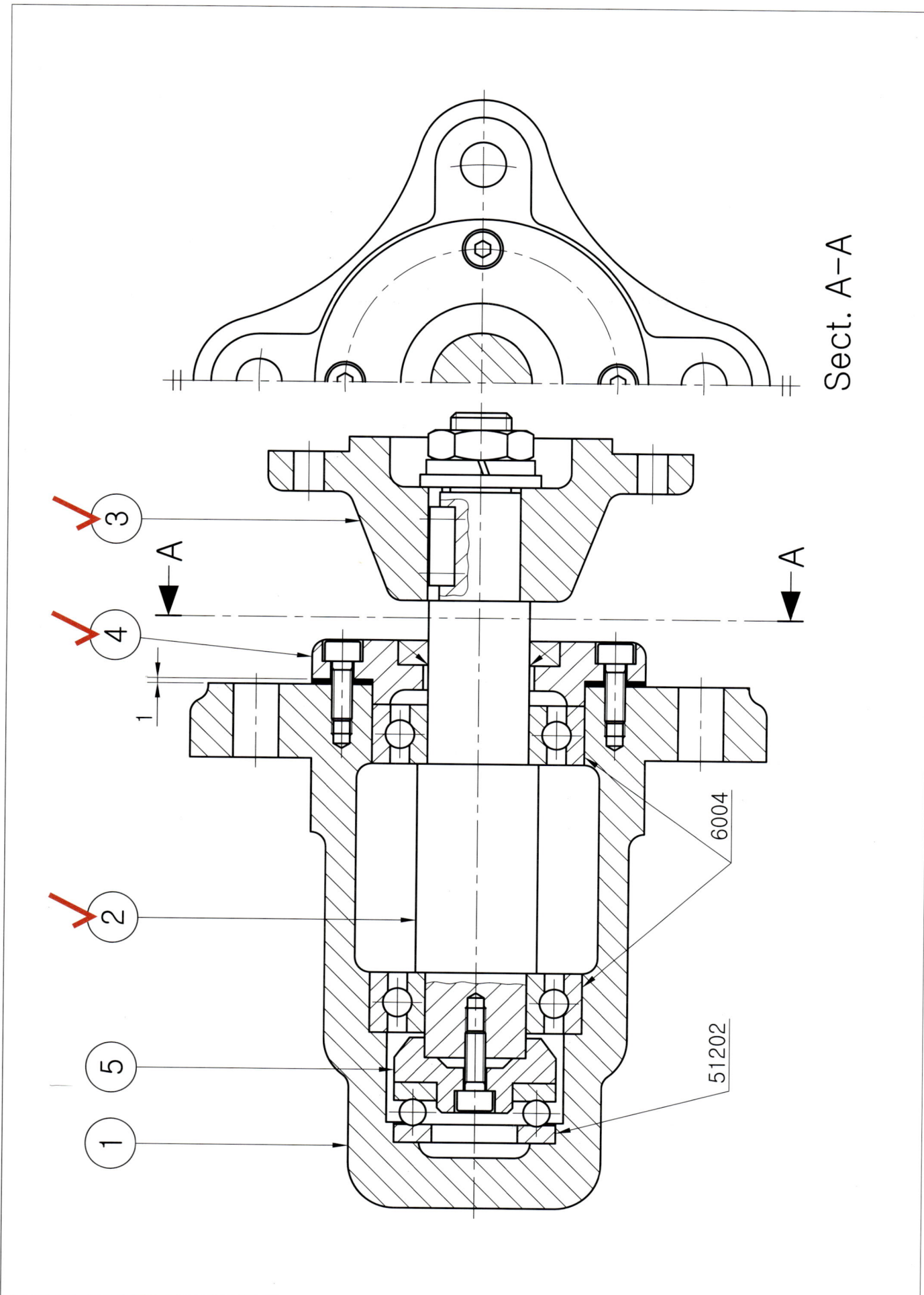

기계설계산업기사 최신 실기시험 설계 변경 작업 예시

1. 변경사항

	현행	변경
과제명	부품도 및 모델링드 작업	설계 변경 작업 및 부품도/모델링도 작업
작업 시간	5시간	5시간 30분
적용 시기	2018년 기사 2회 실기시험까지	2018년 기사 3회 실기시험부터

2. 주요 작업 내용

□ 설계 변경 작업(변경 사항)

1. 조립도 형식의 문제 도면을 보고 주어진 설계 변경 조건에 따라 설계 변경 작업을 실시합니다.

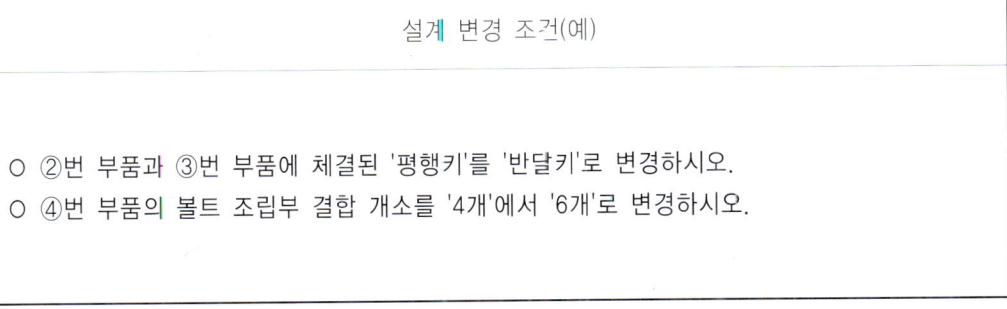

2. 설계 변경 대상 부품이 변경될 경우 관련되는 다른 부품 역시 조건에 맞도록 설계 변경이 수반되어야 합니다.

3. 설계 변경 요구조건과 관계되는 항목만 설계 변경을 실시하며 그 외 관련이 없는 부분은 설계 변경하지 않아야 합니다.

□ 부품도/모델링도 작업(기존 작업과 동일)

1. 문제에서 지시한 부품에 대하여 설계 변경 사항을 반영한 후 2D 부품도 및 3D 모델링도 작업을 실시합니다.

2. 기능과 동작을 이해하여 투상도, 치수, 치수공차, 끼워맞춤 공차 등 한국산업표준(KS)에 따라 도면을 작성합니다.

3. 3D 모델링도는 형상을 잘 나타내는 등각축을 잡아서 각 부품당 2개의 View를 나타내며, 이 때 음영 및 렌더링 처리를 하여 표현합니다.

4. 그 외 지시되지 않은 사항은 기계 설계 및 KS 제도법을 기준으로 문제지 요구사항에 따라 2장(2D 부품도, 3D 모델링도)의 도면을 작성하여 제출합니다.

7. 아이들러

기계설계산업기사 최신 실기시험 설계 변경 문제 예시

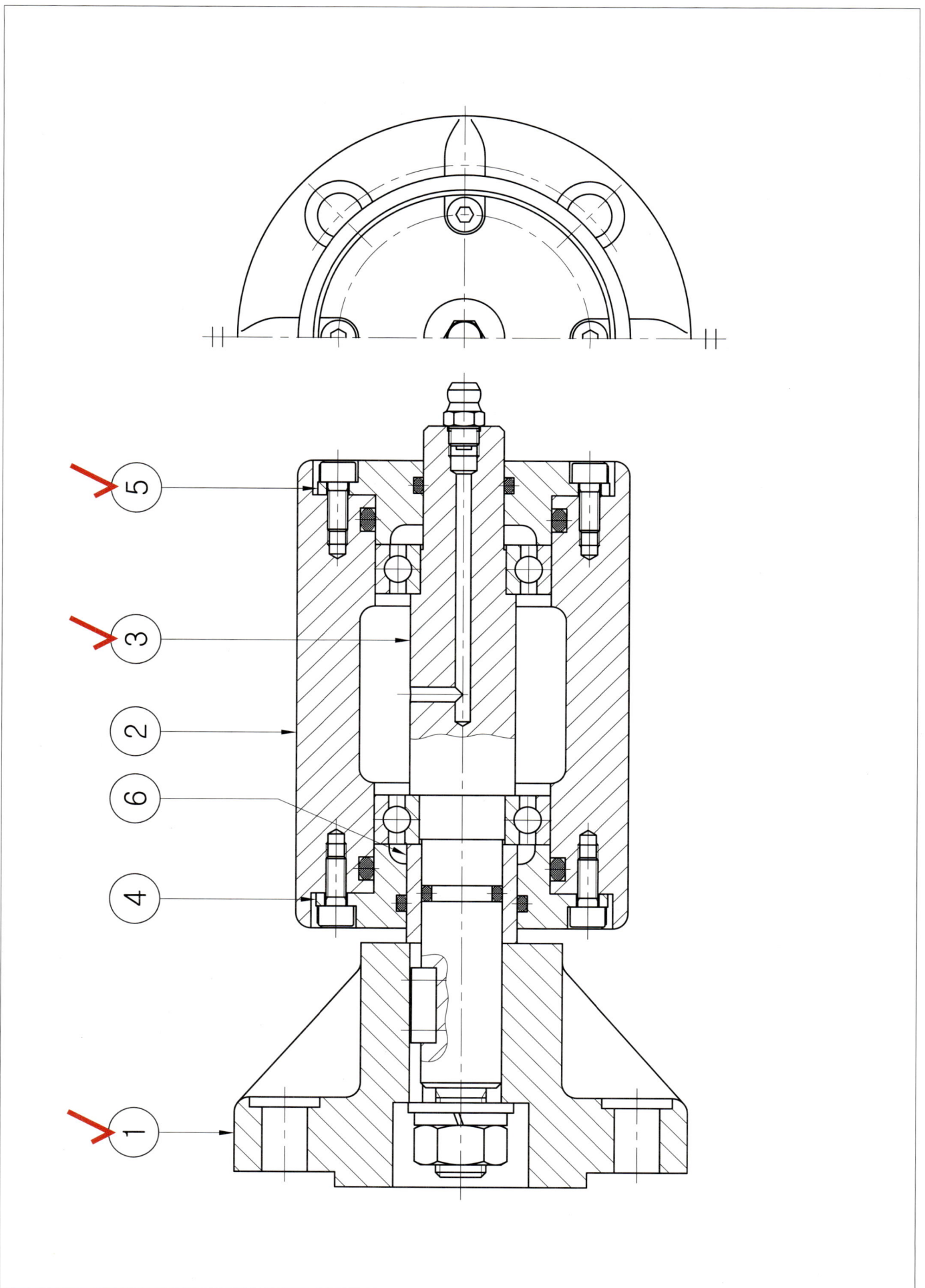

기계설계산업기사 최신 실기시험 설계 변경 작업 예시

1. 변경사항

	현행	변경
과제명	부품도 및 모델링드 작업	설계 변경 작업 및 부품도/모델링도 작업
작업 시간	5시간	5시간 30분
적용 시기	2018년 기사 2회 실기시험까지	2018년 기사 3회 실기시험부터

2. 주요 작업 내용

□ 설계 변경 작업(변경 사항)

1. 조립도 형식의 문제 도면을 보고 주어진 설계 변경 조건에 따라 설계 변경 작업을 실시합니다.

설계 변경 조건(예)

○ ①번 부품과 ③번 부품에 체결된 '평행키'를 '반달키'로 변경하시오.
○ ⑤번 부품에 체결된 볼트를 'M3' 규격으로 하고, 볼트 결합 개소를 '6개'로 변경하시오.

---

2. 설계 변경 대상 부품이 변경될 경우 관련되는 다른 부품 역시 조건에 맞도록 설계 변경이 수반되어야 합니다.

3. 설계 변경 요구조건과 관계되는 항목만 설계 변경을 실시하며 그 외 관련이 없는 부분은 설계 변경하지 않아야 합니다.

□ 부품도/모델링도 작업(기존 작업과 동일)

1. 문제에서 지시한 부품에 대하여 설계 변경 사항을 반영한 후 2D 부품드 및 3D 모델링도 작업을 실시합니다.

2. 기능과 동작을 이해하여 투상도, 치수, 치수공차, 끼워맞춤 공차 등 한국산업표준(KS)에 따라 도면을 작성합니다.

3. 3D 모델링도는 형상을 잘 나타내는 등각축을 잡아서 각 부품당 2개의 View를 나타내며, 이 때 음영 및 렌더링 처리를 하여 표현합니다.

4. 그 외 지시되지 않은 사항은 기계 설계 및 KS 제도법을 기준으로 둔제지 요구사항에 따라 2장(2D 부품도, 3D 모델링도)의 도면을 작성하여 제출합니다.

8. 기어박스

기계설계산업기사 최신 실기시험 설계 변경 문제 예시

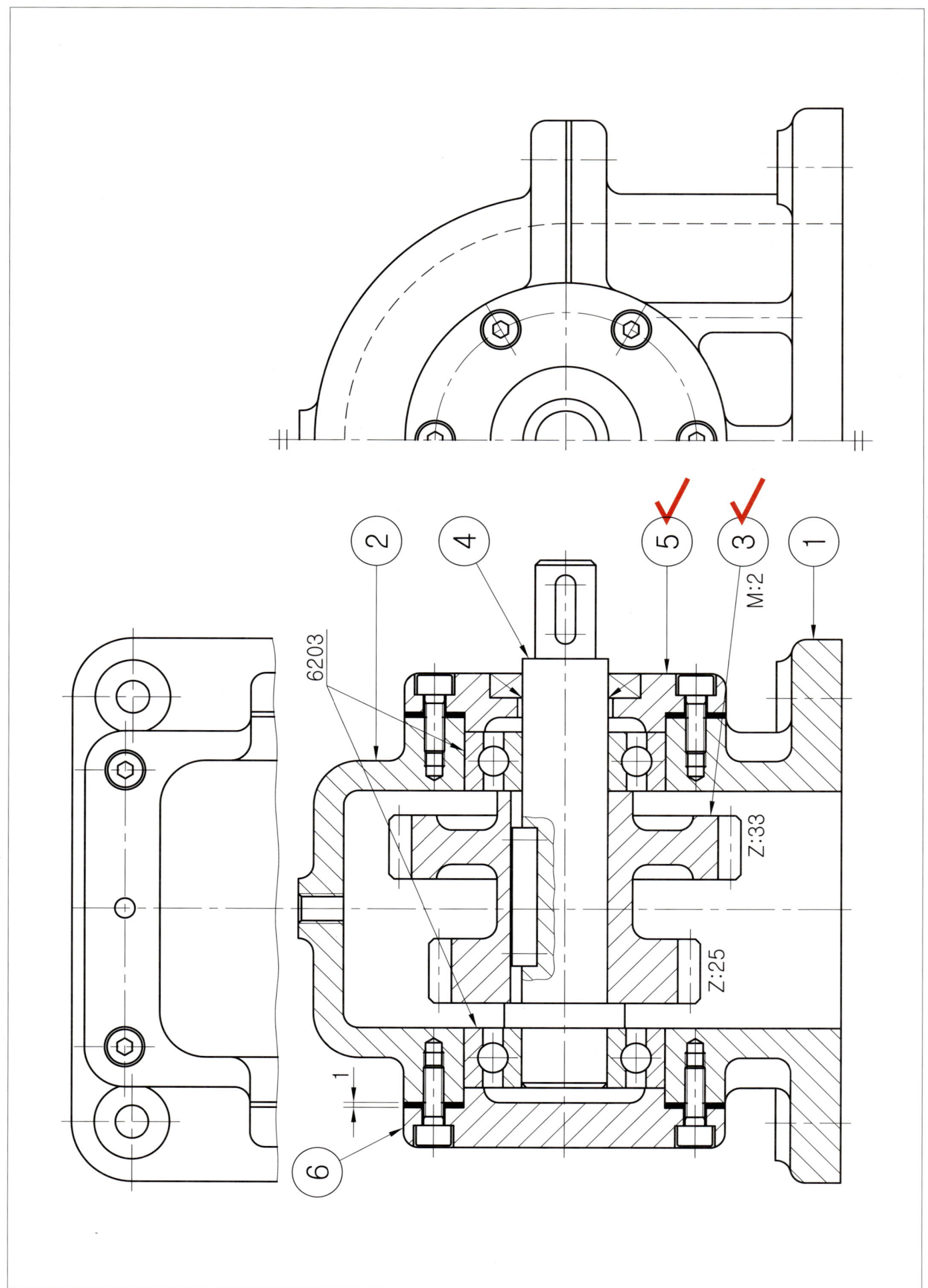

기계설계산업기사 최신 실기시험 설계 변경 작업 예시

1. 변경사항

	현행	변경
과제명	부품도 및 모델링도 작업	설계 변경 작업 및 부품도/모델링도 작업
작업 시간	5시간	5시간 30분
적용 시기	2018년 기사 2회 실기시험까지	2018년 기사 3회 실기시험부터

2. 주요 작업 내용

☐ 설계 변경 작업(변경 사항)

1. 조립도 형식의 문제 도면을 보고 주어진 설계 변경 조건에 따라 설계 변경 작업을 실시합니다.

설계 변경 조건(예)
○ ⑤번 부품의 볼트 체결 구멍을 '6개소'에서 '4개스'로 변경하시오. ○ ③번 부품의 모듈 M을 '1'로 변경하시오. (단, 잇수 25 → 50, 33 → 66으로 한다.)

2. 설계 변경 대상 부품이 변경될 경우 관련되는 다른 부품 역시 조건에 맞도록 설계 변경이 스반되어야 합니다.

3. 설계 변경 요구조건과 관계되는 항목만 설계 변경을 실시하며 그 외 관련이 없는 부분은 설계 변경하지 않아야 합니다.

☐ 부품도/모델링도 작업(기존 작업과 동일)

1. 문제에서 지시한 부품에 대하여 설계 변경 사항을 반영한 후 2D 부품도 및 3D 모델링도 작업을 실시합니다.

2. 기능과 동작을 이해하여 투상도, 치수, 치수공차, 끼워맞춤 공차 등 한국산업표준(KS)에 따라 도면을 작성합니다.

3. 3D 모델링도는 형상을 잘 나타내는 등각축을 잡아서 각 부품당 2개의 View를 나타내며, 이 따 음영 및 렌더링 처리를 하여 표현합니다.

4. 그 외 지시되지 않은 사항은 기계 설계 및 KS 제도법을 기준으로 문제지 요구사항에 따라 2장(2D 부품도, 3D 모델링도)의 도면을 작성하여 제출합니다.

9. 축 받침 장치

기계설계산업기사 최신 실기시험 설계 변경 문제 예시

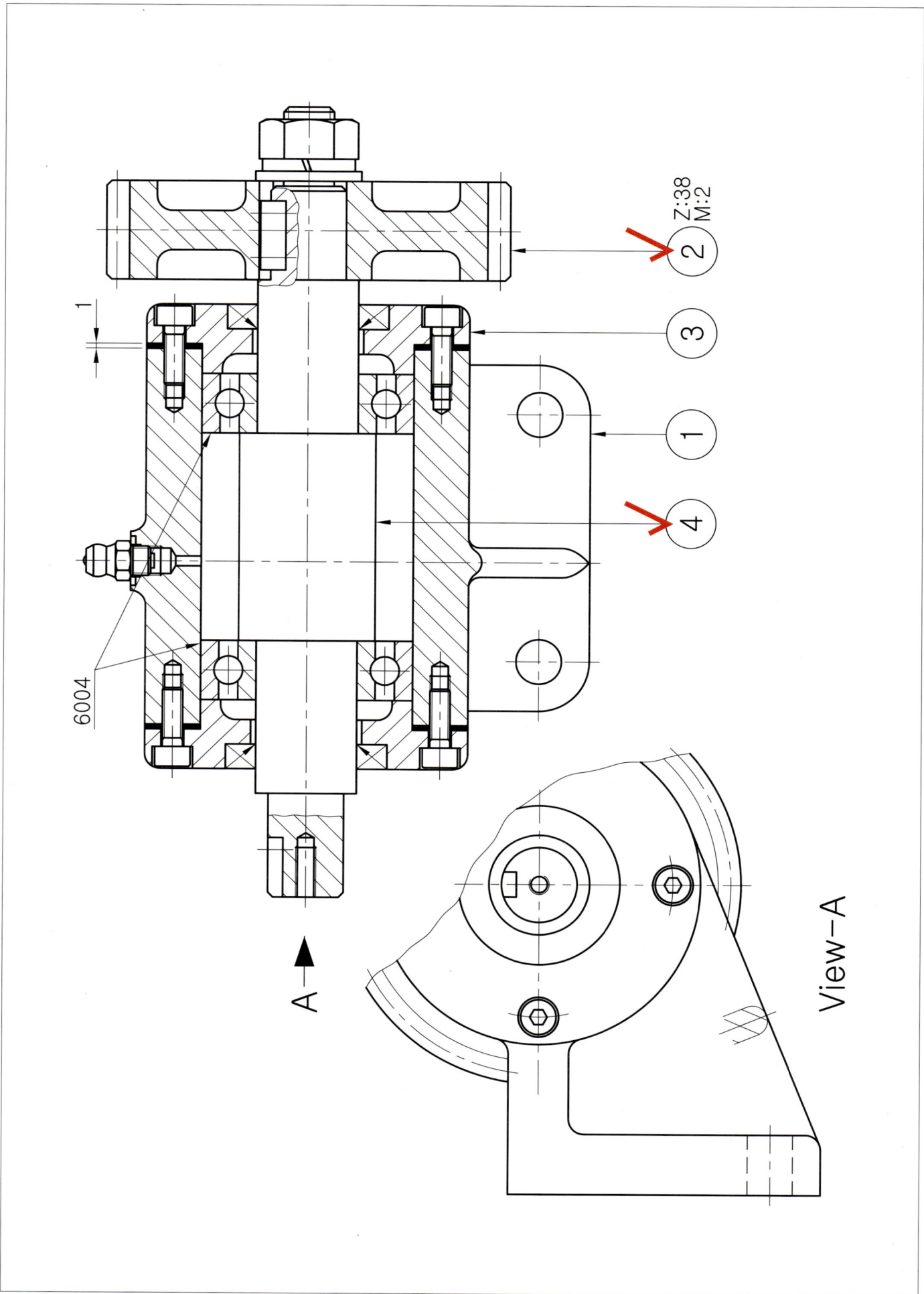

기계설계산업기사 최신 실기시험 설계 변경 작업 예시

1. 변경사항

	현행	변경
과제명	부품도 및 모델링도 작업	설계 변경 작업 및 부품도/모델링도 작업
작업 시간	5시간	5시간 30분
적용 시기	2018년 기사 2회 실기시험까지	2018년 기사 3회 실기시험부터

2. 주요 작업 내용

□ 설계 변경 작업(변경 사항)

1. 조립도 형식의 문제 도면을 보고 주어진 설계 변경 조건에 따라 설계 변경 작업을 실시합니다.

설계 변경 조건(예)
○ ②번 부품의 모듈을 '3', 잇수를 '25'로 변경하시오. ○ ②번 부품과 ④번 부품에 체결된 '평행키'를 '반달키'로 변경하시오.

2. 설계 변경 대상 부품이 변경될 경우 관련되는 다른 부품 역시 조건에 맞도록 설계 변경이 수반되어야 합니다.

3. 설계 변경 요구조건과 관계되는 항목만 설계 변경을 실시하며 그 외 관련이 없는 부분은 설계 변경하지 않아야 합니다.

□ 부품도/모델링도 작업(기존 작업과 동일)

1. 문제에서 지시한 부품에 대하여 설계 변경 사항을 반영한 후 2D 부품도 및 3D 모델링도 작업을 실시합니다.

2. 기능과 동작을 이해하여 투상도, 치수, 치수공차, 끼워맞춤 공차 등 한국산업표준(KS)에 따라 도면을 작성합니다.

3. 3D 모델링도는 형상을 잘 나타내는 등각축을 잡아서 각 부품당 2개의 View를 나타내며, 이 때 음영 및 렌더링 처리를 하여 표현합니다.

4. 그 외 지시되지 않은 사항은 기계 설계 및 KS 제도법을 기준으로 문제지 요구사항에 따라 2장(2D 부품도, 3D 모델링도)의 도면을 작성하여 제출합니다.

3D 모델링 / 3D 프린팅 / 3D 프린터 출력 서비스

3D 모델링, 3D 프린팅, 시뮬레이션 전문 기업 (주)메카피아

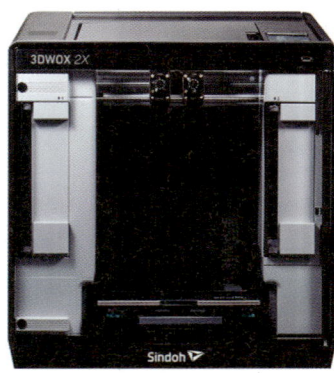  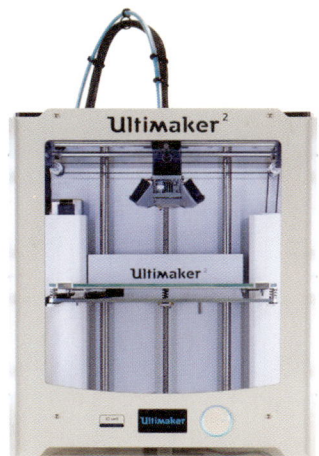

Sindoh 2X 　　　　　CUBICON Single Plus 　　　　　Ultimaker 2

판매 / 대여 / 교육

2D & 3D TECHNOLOGY 전문 기업 (주)메카피아　　　　　3D 모델링, 3D 프린팅, 시뮬레이션 전문 기업

문 의 1544-1605**(대표)** / **영업부** 02-861-9045
팩 스 02-861-9040 / **이메일** mechapia@mechapia.com
주 소 서울 금천구 서부샛길 606(가산동 543-1), 대성디폴리스지식산업센터 3층 제331호